教育部高等学校电子信息类专业教学指导委员会规划教材

高等学校电子信息类专业系列教材

嵌入式系统
原理及实践

孟利民 宋秀兰　主编

彭宏 卢为党 徐志江 应颂翔　副主编

清华大学出版社

北京

内 容 简 介

本书以目前流行的基于 ARM 架构的嵌入式微处理器及 Linux 操作系统为核心,结合作者多年的教学与科研工作经验,循序渐进地介绍了嵌入式系统原理、嵌入式系统开发环境、Linux 操作系统基础、Linux 环境下驱动程序开发以及应用程序开发等。按嵌入式系统基础实验、Linux 操作系统基础实验、Linux 环境下驱动实验、嵌入式系统应用实验四大分类,系统地介绍了将嵌入式系统技术实践融入无线通信、物联网等新技术中的相关案例。

本书共分为 13 章,第 1 章和第 2 章介绍了嵌入式系统基本概念和嵌入式处理器;第 3 章至第 5 章介绍了嵌入式教学实验系统、ARM 指令集以及开发环境的搭建;第 6 章给出了配套的第一类嵌入式系统基础实验;第 7 章和第 8 章介绍了 Linux 使用基础和 Linux 系统开发环境;第 9 章给出了配套的第二类 Linux 操作系统基础实验,包含 Linux 虚拟机、文件挂载、交叉编译、内核编译等核心内容;第 10 章介绍了 Linux 环境下驱动程序开发;第 11 章给出了配套的第三类 Linux 环境下驱动实验,包含 GPIO 驱动、I^2C 驱动、RTC 时钟驱动、按键驱动等实验;第 12 章介绍了 Linux 环境下应用程序开发;第 13 章给出了配套的第四类嵌入式系统应用实验,包含以太网传输、视频采集播放、WiFi 传输、蓝牙传输、温度/湿度采集、超声波测距、加速度传感器等应用实验。

本书适合作为高等学校电子信息类、计算机类、自动化类等相关专业本科生和研究生的教材,也适合作为相关专业的大型实验、课程设计、专业实践、毕业设计以及电子设计竞赛等的指导书,同时也可作为从事嵌入式系统设计和开发工作的研究人员及技术人员的参考书。

图书在版编目(CIP)数据

嵌入式系统原理及实践/孟利民,宋秀兰主编. —北京:清华大学出版社,2024.5
高等学校电子信息类专业系列教材
ISBN 978-7-302-66278-5

Ⅰ. ①嵌… Ⅱ. ①孟… ②宋… Ⅲ. ①微型计算机-系统设计-高等学校-教材 Ⅳ. ①TP360.21

中国国家版本馆 CIP 数据核字(2024)第 098079 号

责任编辑:赵 凯 李 晔
封面设计:李召霞
责任校对:郝美丽
责任印制:刘海龙

出版发行:清华大学出版社
    网　　址:https://www.tup.com.cn,https://www.wqxuetang.com
    地　　址:北京清华大学学研大厦 A 座 邮　编:100084
    社 总 机:010-83470000 邮　购:010-62786544
    投稿与读者服务:010-62776969,c-service@tup.tsinghua.edu.cn
    质量反馈:010-62772015,zhiliang@tup.tsinghua.edu.cn
    课件下载:https://www.tup.com.cn,010-83470236
印 装 者:三河市铭诚印务有限公司
经　　销:全国新华书店
开　　本:185mm×260mm 印 张:31.75 字　数:772 千字
版　　次:2024 年 7 月第 1 版 印　次:2024 年 7 月第 1 次印刷
印　　数:1～1500
定　　价:89.00 元

产品编号:095174-01

高等学校电子信息类专业系列教材

前 言
PREFACE

随着无线通信、物联网、智能设备等新技术的飞速发展,面向信息化、网络化、智能化的各类高性能芯片不断涌现,开发者需要根据不同的设计方案,选择合适的开发技术以实现系统功能,而能够量身定做的嵌入式系统技术正是应对新技术挑战的绝佳选择。硬件软件化和软件硬件化是未来智能化设备开发的重要实现方法,基于 ARM 处理器在智能化、定制化和网络化设备的普及以及 Linux 操作系统的日益完善,为智能设备的硬件软件化和软件硬件化提供了非常好的实现路径。本书结合作者在浙江工业大学通信工程专业教授嵌入式系统课程的多年经验,将嵌入式系统技术应用于无线通信、物联网等领域的科研和体会呈现给广大读者,以帮助新工科人才应对信息化、网络化、智能化领域的新技术挑战。

本书起源于 2008 年作者承担的无线网络摄像机科研项目,作者系统地研究了无线多媒体终端设备和相应的嵌入式软件,发现嵌入式技术具有巨大潜力,因为它将硬件软件化和软件硬件化的设计理念真正融入到了智能设备的制作中。之后作者着手制作了 PN-ARM9 嵌入式系统教学实验箱,配合自编实验讲义,在浙江工业大学通信工程专业的本科教学中加以实施。嵌入式系统教学是实践性很强的一门课程,学生除了学习一整套完整的理论体系和一系列的操作函数外,还必须针对某种应用进行实验,没有实验环节的嵌入式系统教学很难让学生融会贯通。为此,作者从基本知识、基础技能、综合应用等方面配以相应的实验案例,加强学生感性认识,培养学生的综合设计和应用能力。

2016 年,作者主编的《嵌入式系统原理、应用与实践教程》由清华大学出版社出版,并在浙江工业大学通信工程专业的“嵌入式系统”课程以及研究生的“专业实践”课程使用了 7 年,受到了广泛好评。然而,随着国内外无线通信、物联网、人工智能等新技术的突飞猛进,嵌入式系统的应用越来越广泛,对嵌入式系统教材的内容也提出了更高的要求。同时,教材编写组深度结合当前物联网应用的热点,更新了配套实验设备,设计了更多综合开发应用实例和成果,供读者学习实践。为此,教材编写组配合浙江工业大学通信工程国家一流专业建设点及“嵌入式系统”线上线下混合式一流课程建设需求,对教材进行全面改版升级,将教材更名为《嵌入式系统原理及实践》,并被列入浙江省普通本科高校“十四五”重点教材建设项目。

全面改版升级后的教材,主要解决的问题包括:

1. 修改使用过程中发现的错误,如示例代码书写问题,部分图例错误问题。

2. 部分章节内容更新调整。根据当前嵌入式技术的最新发展,更新了部分章节内容,主要有嵌入式系统的发展、嵌入式系统的应用、常用嵌入式操作系统等。

3. 补充新内容,主要包括 ARM 处理器的工作模式、寄存器组织、异常处理相关内容、ARM 伪指令、ARM 和 C 语言混合编程、make 相关使用等。

4. 根据教材的编写需求重新编写了部分章节。由于配套的实验箱进行了升级,原有的章节在实验箱部分介绍也不够详尽,故进行重新编写;增加了物联网应用相关原理的介绍内容。

5. 修订原有教材中的实验项目,本次修订对于所有的实验项目都重新梳理和编排,并增加了物联网应用相关的综合实践项目。按嵌入式系统基础实验、Linux 操作系统基础实验、

Linux 环境下驱动实验、嵌入式系统应用实验进行分类,共编写四大类 25 个实验,大大丰富了教材的实验实践环节内容。

6. 该教材配套有实验设备、课程网络资源、课程教学视频和实验内容电子材料等,课程组在超星学银在线教学平台建设了在线开放课程,录制了"嵌入式系统"课程的所有理论和实践内容教学视频,此外还包括课程大纲、课程教案、在线交流等课程辅助教学资源。

目前,在线教学平台累计访问量达 693 124 人次,累计 10 余所高校学生通过网站进行学习,为全面提升学生嵌入式系统综合开发应用能力提供有价值的参考学习资料。

本书以目前流行的基于 ARM 架构的嵌入式微处理器及 Linux 操作系统为核心,结合作者多年的教学与科研工作经验,以循序渐进的方式介绍了嵌入式系统原理、嵌入式处理器软硬件开发、嵌入式系统开发环境的搭建、嵌入式系统开发和调试工具、嵌入式系统驱动程序开发以及相关的实验案例,最后结合工程实际应用,介绍嵌入式系统在物联网等方面的综合应用设计开发。学习了本书内容就可以掌握嵌入式系统完整的知识体系和应用实践。

本书在编排上理论和实践内容各占 50%,在理论知识介绍的基础上充分体现实践的重要性。实践内容分为四部分,按嵌入式系统基础实验、Linux 操作系统基础实验、Linux 环境下驱动实验、嵌入式系统应用实验进行分类,便于将嵌入式系统技术实践融入无线通信、人工智能、物联网等新技术应用。

本书配套的线上线下教学资源融入了课程组多年动态新增资源,配套资源建设完善。本书的部分硬件实验开发了远程在线实境实验,学生可在任何有网络的地点完成实验,实验案例真实详细,能使学生循序渐进地掌握嵌入式开发的过程。此外,配合教学实验箱,教师还可带领学生进行嵌入式系统相关项目的开发,大大提升了实际的教学效果及学生实际掌握嵌入式原理及开发的能力。

随着信息与通信技术的迅猛发展,嵌入式系统技术在网络通信、电子消费、移动互联、工业控制等领域得到了广泛应用,同时它也是智能设备设计领域最为热门的技术之一。学习和应用嵌入式技术已经成为通信、电子、计算机和自动化领域工程师感兴趣的话题。衷心地希望本书能对高等院校相关专业的教师和学生,各类机构中从事嵌入式系统设计和开发的研究人员、技术工程师以及期望通过学习提升自我的爱好者们提供帮助。通过对嵌入式系统理论与实践的巧妙结合,不断适应当下信息与通信技术的发展要求,做到与时俱进。

本书由孟利民、宋秀兰、彭宏、卢为党、徐志江、应颂翔共同创作完成,是集体努力的成果。孟利民提供了多年来嵌入式教学实验讲义及相关科研资料,编写了第 3、6、9、11、13 章;宋秀兰编写了第 1、2、4、5、7 章,彭宏、卢为党、徐志江、应颂翔共同编写了第 8、10、12 章。感谢清华大学出版社赵凯、李晔编辑的大力支持,使本书得以与读者见面;感谢研究生许恩泽、柯旭清、包秀钦为本书的实验部分进行了大量调试和测试;感谢浙江工业大学教务处为本书的出版提供帮助,本书获得"浙江工业大学重点教材建设项目"支持;感谢浙江省高等教育学会教材建设分会给予本书"浙江省普通本科高校'十四五'重点教材建设项目"资助;感谢侄女儿孟晶妮对本书给予润色和校对;感谢所有对本书提供了帮助但未署名的老师和学生。

初心如磐,行臻致远;执着努力,坚卓竞远。未来,我们会一如既往地投身专业教学,为现代信息与通信技术发展持续贡献自己的绵薄之力。

由于知识所限,书中不足之处在所难免,恳请各位专家和读者指正。

教学大纲

教学课件

编　者

2024 年 6 月于杭州

目录
CONTENTS

<table>
<tr><td>

第1章

CHAPTER 1

</td><td>

嵌入式系统概述

</td></tr>
</table>

1.1　嵌入式系统的定义

嵌入式系统(Embedded System)是嵌入到对象体中的专用计算机系统。IEEE(电气和电子工程师协会)对嵌入式系统的定义为：嵌入式系统是"用于控制、监视或者辅助操作机器和设备的装置"。这主要是从应用对象上加以定义，涵盖了软硬件及辅助机械设备。国内普遍认同的嵌入式系统定义为：以应用为中心，以计算机技术为基础，软硬件可裁剪，适应应用系统对功能、可靠性、成本、体积、功耗严格要求的专用计算机系统。嵌入式系统不仅和一般 PC 上的应用系统不同，针对不同应用而设计的嵌入式系统之间的差别也很大。

1.2　嵌入式系统的特点

嵌入式系统特别强调"量身定做"的原则，开发人员往往需要针对某一种特殊用途开发出一个截然不同的嵌入式系统。嵌入式系统具有如下特点。

1. 嵌入式系统具有应用针对性

应用针对性是嵌入式系统的一个基本特征。体现这种应用针对性的首先是软件，软件实现特定应用所需要的功能，所以嵌入式系统应用中必须配置专用的应用程序；其次是硬件，大多数嵌入式系统的硬件是针对应用专门设计的，但也有一些标准化的嵌入式硬件模块，采用标准模块降低开发的技术难度和风险，缩短开发时间，但灵活性不足。

2. 嵌入式系统硬件扩展能力要求不高

在硬件方面，嵌入式系统作为一种专用的计算机系统，其功能、机械结构、安装要求比较固定，所以一般没有或仅有较少的扩展能力；在软件方面，嵌入式系统往往是一个设备的固定组成部分，其软件功能由设备的需求决定，在相对较长的生命周期里，一般不需要对软件进行改动。但也有一些特例，比如现在的手机，尤其是安装有嵌入式操作系统的智能手机，软件安装、升级比较灵活，但相对于桌面计算机其软件扩展能力还是相当弱。

3. 嵌入式系统操作系统精简

在现代的通用计算机中，没有操作系统是无法想象的，而在嵌入式计算机中情况则大不相同。在一个功能简单的嵌入式系统中，可能根本不需要操作系统，直接在硬件平台上运行应用程序；而一些功能复杂的嵌入式系统，可能需要支持有线/无线网络、文件系统，实现灵活的多媒体功能、支持实时多任务处理，此时，在硬件平台和应用软件之间增加一个操作系统层，可使应用软件的设计变得简单，而且便于实现更高的可靠性，缩短系统开发时间，使系统的研发工作变得可控。

目前存在很多种嵌入式操作系统,如 VxWorks、pSOS、嵌入式 Linux、WinCE、Andriod 等,这些操作系统功能日益完善,以前只在桌面通用操作系统中才有的功能,如网络浏览器、HTTP 服务器、Word 文档阅读与编辑等,现在也可以在嵌入式系统中实现。相对于通用操作系统,嵌入式操作系统具有模块化、结构精练、定制能力强、可靠性高、实时性好、便于写入非易失性存储器(固化)等特点。

4. 嵌入式系统一般有实时性要求

设备中的嵌入式系统常用于实现数据采集、信息处理、实时控制等功能,而采集、处理、控制往往是一个连续的过程。一个过程要求必须在一定长度的时间内完成,这就是系统实时性的要求。在如图 1-1 所示的语音处理系统中,可实现实时的数据采集、编码,并通过网络传输的功能,按照 8kHz 采样率、精度 8b 的工作模式进行单通道语音采样,这时系统会以每秒 8KB 的速率连续产生数据,计算机需要"及时"进行语音数据采集、数据压缩编码、通过网络发送数据等处理,任何一个环节处理不及时,都会导致语音数据丢失。

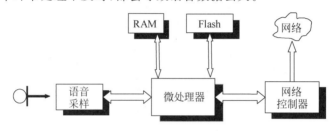

图 1-1　语音处理系统结构图

实时性和处理器速度并不相同,速度快的系统实时性不一定好,速度慢的系统实时性未必不能满足要求。计算机运行速度高,当然更有条件实现实时性,但运行速度不是实时性的充要条件。嵌入式系统的设计要求精练,因此在运算速度上不会留太多余量,为了保证实时性要求,更需要对硬件、软件进行精心设计。

5. 嵌入式系统一般有较高的成本控制要求

在满足需求的前提下,在嵌入式系统开发中,要求高效率的设计,减少硬件、软件冗余,恰到好处的设计可以最大限度地降低系统成本,并有利于提高系统的可靠性。通用计算机则追求更快的计算速度、更大的存储容量、更丰富的配置、更大的显示器。强大的硬件平台才能满足日益复杂的桌面操作系统及各种类型软件的需要,这样的计算机"通用性"才最强。

6. 嵌入式系统软件一般有固化的要求

在现代的通用计算机中,硬盘是操作系统和应用软件的载体,对于几吉字节,甚至几十吉字节、几百吉字节的软件及数据,硬盘是最好的记录介质。嵌入式系统软件一般把操作系统和应用软件直接固化在非易失性存储器(如 Flash 存储器)中。首先,嵌入式系统一般没有硬盘,就算有硬盘或存储卡之类的外部存储器,也很少用于存储系统软件,多是用于存储数据或用户扩展的软件;其次,无论是操作系统还是应用软件都很精练,所占空间相对通用计算机要小得多,所以有固化的条件;再次,嵌入式系统不像通用计算机那么容易安装和升级软件,而且也很少需要改动,所以要求软件存储可靠性高,因此有必要把软件固化;最后,软件固化有利于提高嵌入式系统的启动速度。

7. 嵌入式系统软件一般采用交叉开发的模式

目前软件设计工作大多采用集成开发环境,将代码编辑、编译、链接、仿真、调试等软件开发工具集成在一起。嵌入式系统针对具体的应用进行设计,其硬件、软件的配置往往不便于或不可能支持应用软件开发。在实际开发中,一般用通用计算机(主要是 PC)作为开发机,进行嵌入式软件的编辑、编译、链接,在开发机上进行仿真,或下载到嵌入式目标系统中运行测试,最终的目标代码固化到目标系统的存储器中运行,这就是交叉开发的软件设计模式。

8. 嵌入式系统在体积、功耗、可靠性和环境适应性上一般有特殊要求

嵌入式系统作为一个固定的组成部分"嵌入"在设备中,因受装配、供电、散热等条件的约束,其体积、功耗必然有一定的限制。例如,现在的手机功能越来越强大,但体积越来越小,集成度和装配密度非常高,在这种应用环境里,嵌入式计算机部分的芯片封装、电路板设计、系统装配等都要求紧凑、小巧。在功耗方面也有严格的要求,一方面密封在手机里,没有良好的散热条件,功耗控制不好会导致手机温度过高;另一方面,电路的功耗直接决定了手机一次充电后持续工作的时间。嵌入式系统作为设备的核心,其可靠性直接决定了设备可靠性,尤其在航空、航天、武器装备等应用中会有更严格的要求。

1.3 嵌入式系统的组成

嵌入式系统是具有应用针对性的专用计算机系统,应用时作为一个固定的组成部分"嵌入"在应用对象中。每个嵌入式系统都是针对特定应用定制的,所以彼此间在功能、性能、体系结构、外观等方面可能存在很大的差异,但从计算机原理的角度看,嵌入式系统包括硬件和软件两个组成部分。

图 1-2 给出的是一个典型的嵌入式系统组成,实际系统中可能并不包括所有的组成部分。嵌入式系统硬件部分以嵌入式处理器为核心,扩展存储器及外部设备控制器。在某些应用中,为提高系统性能,还可能为处理器扩展 DSP(Digital Signal Processor)或 FPGA(Field Programmable Gate Array)等作为协处理器,实现视频编码、语音编码及其他数字信号的处理等功能。在一些 SoC(System on Chip)中,将 DSP 或 FPGA 与处理器集成在一个芯片内,可降低系统成本、缩小电路板面积、提高系统可靠性。嵌入式系统软件部分一般包含 3 个层面:

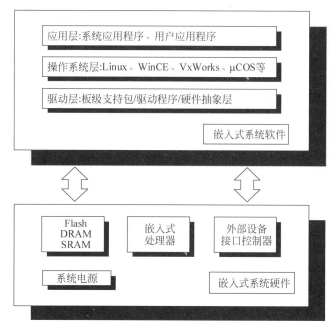

图 1-2 嵌入式系统组成

驱动层、操作系统层、应用层。驱动层一般由硬件抽象层（HAL）、板级支持包（BSP）和驱动程序组成，是嵌入式系统中不可或缺的重要部分。驱动层向下管理硬件资源，向上为操作系统提供一个抽象的虚拟硬件平台，是操作系统支持多硬件平台的关键。在嵌入式系统软件开发的过程中，用户主要针对设备驱动程序和用户应用程序进行开发。

1.4 嵌入式系统的分类

按照不同的标准，嵌入式系统有不同的分类方法。

1. 按处理器位宽分类

按处理器位宽可将嵌入式系统分为 8 位、16 位、32 位和 64 位系统，一般情况下，位宽越大，性能越强。对于通用计算机处理器，因为要追求尽可能高的性能，在发展历程中总是高位宽处理器取代、淘汰低位宽处理器。而嵌入式处理器不同，千差万别的应用对处理器要求也大不相同，因此不同性能的处理器都有各自的用武之地。

2. 按有无操作系统分类

在现代通用计算机中，操作系统是必不可少的系统软件。在嵌入式系统中有两种情况：有操作系统的嵌入式系统和无操作系统（裸机）的嵌入式系统。在有操作系统的情况下，嵌入式系统的任务管理、内存管理、设备管理、文件管理等都由操作系统完成，并且操作系统为应用软件提供丰富的编程接口，用户应用软件开发可以把精力都放在具体的应用设计上，这与在PC 上开发软件相似。在一些功能单一的嵌入式系统中，如基于 8051 单片机的嵌入式系统，硬件平台很简单，系统不需要支持复杂的显示界面、通信协议、文件系统、多任务的管理等，在这种情况下可以不用操作系统。

3. 按实时性分类

根据实时性要求，可将嵌入式系统分为软实时系统和硬实时系统两类。在硬实时系统中，系统要确保在最坏情况下的服务时间，即必须满足事件响应时间的截止期限。在这样的系统中，如果一个事件在规定期限内不能得到及时处理，则会导致致命的系统错误。在软实时系统中，一个事件在大多数情况下能够在规定的期限内得到及时处理，但允许偶尔稍微超出这个给定的时间范围才能正确地完成任务，只是影响系统性能，但不会带来致命的系统错误。

4. 按应用分类

嵌入式系统应用在各行各业，按照应用领域的不同可对嵌入式系统进行分类。

1）消费类电子产品

消费类电子产品是嵌入式系统需求最大的应用领域，日常生活中的各种电子产品都有嵌入式系统的身影，从传统的电视、冰箱、洗衣机、微波炉，到数字时代的影碟机、MP3、MP4、手机、数码相机、数码摄像机等，在可以预见的将来，可穿戴计算机也将走入日常生活。在现代社会中，人们被各种嵌入式系统的应用产品包围着，嵌入式系统已经在很大程度上改变了人们的生活方式。

2）过程控制类产品

过程控制类产品的应用有很多，如生产过程控制、数控机床、汽车电子、电梯控制等。过程控制引入嵌入式系统可显著提高效率和精确性。

3）信息、通信类产品

通信是信息社会的基础，其中最重要的是各种有线网络和无线网络，在这个领域大量应用了嵌入式系统，如路由器、交换机、调制解调器、多媒体网关、计费器等。很多与通信相关的信息终端也大量采用嵌入式技术,如 POS 机、ATM 机等。使用嵌入式技术的信息类产品还包括键盘、显示器、打印机、扫描仪等计算机外设。

4) 智能仪器、仪表产品

嵌入式系统在智能仪器、仪表中大量应用。采用计算机技术不仅提高仪器、仪表性能,还可以设计出传统模拟设备所不具备的功能。如传统的模拟示波器能显示波形,通过刻度人为计算频率、幅度等参数,而基于嵌入式计算机技术设计的数字示波器,除更稳定地显示波形外,还能自动测量频率、幅度,甚至可以将一段时间内的波形存储起来,供事后详细分析。

5) 航空、航天设备与武器系统

航空、航天设备与武器系统一向是高精尖技术集中应用的领域,如飞机、宇宙飞船、卫星、军舰、坦克、火箭、雷达、导弹、智能炮弹等,嵌入式计算机系统是这些设备的关键组成部分。

6) 公共管理与安全产品

这类应用包括智能交通、视频监控、安全检查、防火防盗设备等。现在常见的可视安全监控系统已基本实现数字化。在这种系统中,嵌入式系统常用于实现数字视频的压缩编码、硬盘存储、网络传输等,在更智能的视频监控系统中,嵌入式系统甚至能实现人脸识别、目标跟踪、动作识别、可疑行为判断等高级功能。

7) 生物、医学微电子产品

这类应用包括生物特征(指纹、虹膜)识别产品、红外温度检测、电子血压计、电子化的医学化验设备、医学检查设备等。

1.5　嵌入式系统的发展

信息时代、数字时代使得嵌入式产品获得了巨大的发展契机,为嵌入式市场展现了美好的前景,同时也对嵌入式生产厂商提出了新的挑战,从中我们可以看出未来嵌入式系统有以下几大发展趋势。

1. 向系统化方向发展

嵌入式开发是一项系统工程,因此嵌入式系统厂商不仅要提供嵌入式软硬件系统,而且需要提供强大的硬件开发工具和软件开发包支持。目前很多厂商已经充分考虑到这一点,在主推系统的同时,将开发环境也作为重点推广。比如三星在推广其 ARM 系列芯片的同时还提供开发板和板级支持包(BSP),而 WinCE 在主推系统时也提供 Embedded VC++ 作为开发工具,还有 VxWorks 的 Tornado 开发环境、DeltaOS 的 Limda 编译环境等都是这一趋势的典型体现。

2. 嵌入式微处理器将会向多核融合技术发展

无所不在的智能必将带来无所不在的计算,大量的音/视频信息、物理感知数据等需要高速的处理器来处理。面对海量数据,单个处理器可能无法在规定的时间完成处理,因此引入并行计算技术采用多个执行单元同时处理信息将成为必然的发展趋势,目前含有四核乃至八核的嵌入式微处理器已在智能手机中得到广泛应用。同时更应关注的一个新的发展趋势是:在复杂的信息处理系统中,ARM+DSP 及 ARM+FPGA 这种不同功能取向的多核融合技术正成为业界研究的热点。

3. 网络互联成为必然趋势

未来的嵌入式设备为了适应网络发展的要求,必然要求在硬件上提供各种网络通信接口。传统的单片机对于网络支持不足,而新一代的嵌入式处理器已经开始内嵌网络接口,除了支持

TCP/IP,还支持 IEEE 1394、USB、CAN、Bluetooth 或 IrDA 通信接口中的一种或者几种,同时需要提供相应的通信组网协议软件和物理层驱动软件。在软件方面,系统内核支持网络模块,甚至可以在设备上嵌入 Web 浏览器,真正实现随时随地用各种设备上网。

4. 嵌入式系统将在移动互联网和物联网应用中大放异彩

无论是移动互联网中的移动智能终端还是物联网系统中的智能传感节点及数据网关,其核心技术的基础就是嵌入式系统,嵌入式技术必将在这两个重要的应用方向上发挥巨大的作用。无线传感器网络出现后,将局域网中的智能传感节点及数据网关通过移动互联网带入了一个有线/无线的全面发展时代。与此同时,嵌入式微处理器的以太网接入技术有了重大的突破,使众多的嵌入式系统智能终端可以方便地与移动互联网相连,将移动互联网与嵌入式系统推进到一个全新的物联网时代,即嵌入式系统的网络应用时代。

5. 精简系统内核、算法,降低功耗和软硬件成本

未来的嵌入式产品是软硬件紧密结合的设备,为了降低功耗和成本,需要设计者尽量精简系统内核,只保留和系统功能紧密相关的软硬件,利用最少的资源实现最适当的功能,这就要求设计者选用最佳的编程模型并不断改进算法,优化编译器性能。因此,既要软件人员有丰富的硬件知识,又需要发展先进的嵌入式软件技术,如 Java、Web 和 WAP 等。

6. 提供友好的多媒体人机界面

嵌入式设备能与用户亲密接触,最重要的因素就是能提供非常友好的用户界面,图形界面和灵活的控制方式,使得用户感觉嵌入式设备就像一个熟悉的老朋友。这方面的要求使得嵌入式软件设计者在图形界面、多媒体技术上多下苦功。手写文字输入、体感输入、语音拨号上网以及彩色图形输入、图像输入都会使使用者获得自由的感受。

本章习题

1. 嵌入式系统的概念是什么?

2. 嵌入式系统的特点是什么?

3. 简述嵌入式系统的发展历程。

4. 嵌入式系统的功能是什么?

5. 嵌入式系统的硬件平台由哪些部分组成?

6. 硬件抽象层接口的定义和代码设计有哪些特点?

7. 嵌入式操作系统的主要特点是什么?

8. 简述嵌入式系统的分类。

9. 举例说明嵌入式系统的应用领域。

10. 嵌入式系统软实时和硬实时的区别是什么?举例说明。

11. 说明如下英文缩写的含义：MCU、WAP、PDA、ICP、ASP、RISC、DSP、HAL、BSP。

12. Linux 操作系统和 Android 操作系统的 BSP 是否相同?为什么?

<table>
<tr><td>第 2 章</td><td rowspan="2"></td></tr>
<tr><td>CHAPTER 2</td></tr>
</table>

嵌入式处理器概述

2.1 处理器原理

处理器通常指中央处理器(CPU),是所有计算机的核心。在介绍嵌入式处理器前,先简单介绍一下处理器的原理。

2.1.1 CPU 的指令系统

指令是 CPU 能理解并执行的命令单元,一条完整的指令一般包括操作码和操作数两个部分,操作码决定要完成的操作,而操作数则是操作过程中需要的数据或数据的地址。现代 CPU 都采用二进制表达方法,计算机硬件只识别 0 和 1 两个数字,所有的 CPU 指令都由这两个数字进行编码。例如,某个指令系统的指令长度为 32 位,操作码长度为 8 位,地址码长度也为 8 位,当收到一个 0000010 00000100 00000001 00000110 指令时,先分析前面的 8 位操作码,判断为减法操作,后面是 3 个操作数地址,CPU 在 00000100 地址中取出被减数,在 00000001 地址取出减数,送到 CPU 的算术逻辑单元中进行减法运算,并将计算结果送到 00000110 地址中。一条指令只能完成一个简单的功能,如加/减运算、逻辑判断、读数据、写数据等。要完成复杂功能,就需要把很多指令组合起来协调执行,这些有机组合在一起的指令就构成了程序。

不同 CPU 支持的指令不同,CPU 支持的所有指令的集合就是该 CPU 的指令系统,如 x86 指令系统、ARM 指令系统、MCS-51 指令系统等。指令系统是 CPU 的基本属性,主要包括以下几种类型的指令:

1) 算术运算指令——主要包括加、减、乘、除等数的计算。

2) 逻辑运算指令——实现逻辑数的与、或、非、异或等逻辑运算。

3) 数据传送指令——实现寄存器与寄存器、寄存器与存储单元以及存储单元与存储单元之间数据的传送。

4) 移位操作指令——包括算术移位、逻辑移位和循环移位 3 种,实现对操作数左移、右移一位或若干位。

5) 其他指令——除以上指令外还有一些其他指令,如堆栈操作指令、转移类指令、输入输出指令、多处理器控制指令、空操作指令等。

2.1.2 CPU 的分类

根据结构不同,可把处理器分为哈佛结构处理器和冯·诺依曼结构处理器。在冯·诺依曼结构处理器中,程序指令和数据采用统一的存储器,对数据和指令的寻址不能同时进行,只能交替完成。有别于冯·诺依曼结构,哈佛结构的处理器中数据和指令分开存储,通过不同的总线访问,其特点体现在两个方面:

1) 程序存储器和数据存储器分离,分开存储指令和数据,使用两套彼此独立的存储器总线,CPU 通过两套总线分别读、写程序存储器或数据存储器。

2) 在哈佛结构的处理器中,因为有两套相互独立的指令和数据存储器总线,因此可以同时进行指令和数据的访问,从而提高系统性能。而在改进的哈佛结构处理器中,独立的存储总线可以有不止两套,也可以有多套数据存储器总线,这可以进一步提高数据访问的速度。

根据指令格式的不同可以把 CPU 分为 CISC(Complex Instruction Set Computer,复杂指令集计算机)处理器和 RISC(Reduced Instruction Set Computer,精简指令集计算机)处理器。早期的 CPU 都采用 CISC 指令,最典型的就是 x86 系列处理器。CISC 的特点是有大量复杂的指令、指令长度可变、寻址方式多样。

在计算机发展之初,CPU 指令系统包含很少的指令,一些复杂的操作通过简单指令的组合来实现,如两个数 a 和 b 相乘可以用 a 个 b 的加法来实现。随着集成电路技术的迅速发展,为了软件编程方便和提高程序运行速度,在 CPU 的设计中不断增加可实现复杂功能的指令,如乘法运算中直接使用乘法指令而不是多个数的累加。随着复杂指令增多,CPU 指令系统变得越来越复杂。而指令越来越多、越来越复杂带来了另一个问题,是指令解码难度的增加和解码耗费时间的增加。因为指令系统的指令数量由指令操作码的位数决定,例如指令数量为 n,指令码位数为 k,则 $n=2^k$。CPU 指令编码宽度不可能随意增加,促使操作码扩展技术出现。假如操作码为 2 位,则正常情况可表示 4 条指令,分别是 00、01、10、11。为了增加指令长度,如果把编码 11 作为扩展码,并把操作码扩展到 4 位,则该指令系统就有 00、01、10、1100、1101、1110、1111 这 7 条指令,这就是长度可变的操作码编码方式。

上述这种具有大量复杂指令、指令长度可变且寻址方式多样的指令系统就是传统 CISC 指令系统。采用复杂指令系统的计算机有着较强的处理高级语言的能力,这有益于提高计算机的性能,但另一方面,复杂的指令、变长的编码、灵活的寻址方式大大增加了指令解码的难度,而随着硬件的高速发展,复杂指令所带来的速度提升已不及在解码上浪费的时间。

IBM 公司于 1975 年组织力量研究指令系统的合理性问题,发现 CISC 存在一些缺点:首先,在这种计算机中,各种指令的使用率差别很大,一个典型程序的运算过程所使用的 80% 指令,只占一个处理器指令系统的 20%,最频繁使用的是取、存和加这些最简单的指令,而占指令数 80% 的复杂指令却只有 20% 的机会用到。复杂的指令系统必然导致结构的复杂,从而增加了设计、制造的难度,尽管大规模集成电路技术已发展到很高的水平,但也很难把 CISC 的全部硬件集中在一个芯片上;另外,在 CISC 中,许多复杂指令需要完成复杂的操作,这类指令多数是某种高级语言的直接翻版,因而通用性差,采用二级的微码执行方式,降低了那些被频繁调用的简单指令系统的运行速度。针对 CISC 的弊端,业界提出了精简指令的设计思想,即指令系统应当只包含那些使用频率很高的少量指令,并提供一些必要的指令以支持操作系统和高级语言,按照这个原则发展而成的计算机被称为精简指令集计算机。RISC 的最大特点是指令长度固定,指令种类少,寻址方式种类少,大多数是简单指令且都能在一个时钟周期内完成,易于设计超标量与流水线,寄存器数量多,大量操作在寄存器之间进行。一般认为 RISC 处理器有以下几个方面的优点:

1) 芯片面积小

实现精简的指令系统需要的晶体管少,芯片面积自然就小一些。节约的面积可以用于实现提高性能的功能部件,如高速缓存、存储器管理和浮点运算器等,也便于在单片上集成更多其他模块,如网络控制器、语音/视频编码器、SDRAM 控制器、PCI 总线控制器等。

2) 开发时间短

开发一个结构简洁的处理器在人力、物力上的投入要更少,整个开发工作的时间更易于预测且可控制。

3) 性能高

在 CISC 处理器中,一些复杂的操作有专用的指令,对于单个的操作使用专用指令可以提高处理效率,但复杂指令的使用降低了所有其他指令的执行效率。完成同样功能的程序时,RISC 处理器需要更多的指令,但 RISC 单个指令执行效率高,而且 RISC 处理器容易实现更高的工作频率,从而使整体性能得到提高。RISC 处理器性能上的优点在处理器发展的实践中得到验证。

目前,通用计算机,如 PC、服务器等大多采用 CISC 结构的 x86 处理器,随着技术的发展,新的 x86 处理器融合了 RISC 的特性。在嵌入式处理器中,RISC 技术则得到普遍的应用,如 MIPS 处理器、ARM 处理器等。

2.1.3　CPU 结构

CPU 的典型组成部分包括运算器、控制器、寄存器阵列及连接各个部分的总线,如图 2-1 所示。运算器包括算术逻辑单元、累加器、暂存器及标志寄存器等,完成加、减、乘、除四则运算及各种逻辑运算。

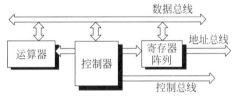

图 2-1　CPU 内部结构

控制器由指令寄存器、指令译码器、控制逻辑电路组成,完成 CPU 的全部控制功能。CPU 从存储器取出指令,通过数据总线存入指令寄存器,然后由指令译码器对指令进行译码。译码产生的结果与时钟信号配合,在控制逻辑电路中产生各种操作所必需的控制信号。控制信号经由控制总线送到微处理器系统的其他功能部件中,以便执行各种操作。CPU 在操作过程中需要获取数据并产生一些新数据,为了提高 CPU 的速度,在 CPU 内部设计一组临时存储器单元,用于操作数据及中间结果的存放与转移,这就是 CPU 的寄存器阵列。

如图 2-1 所示是 CPU 的最基本组成,现在一般意义的 CPU 内部包含的内容要丰富得多,如可能集成了 Cache(高速缓存)、中断控制器、动态 RAM 控制器、PCI 总线控制器等,甚至一个芯片内集成了多个处理器核。

2.1.4　大端和小端

在计算机中,内存可寻址的最小存储单位是字节。多字节数存放在内存时存在字节顺序的问题,即高位字节在前,还是低位字节在前,不同的处理器采取的字节顺序可能不一样,Motorola 的 PowerPC 系列 CPU 和 Intel 的 x86 系列 CPU 是两个不同字节顺序的典型代表。PowerPC 系列中低地址存放最高有效字节,即所谓大端(Big endian)方式;x86 系列中低地址存放最低有效字节,即所谓小端(Little endian)方式。表 2-1 和表 2-2 更清楚地说明了大端方式存储和小端方式存储的区别。对于一个十六进制 4 字节数 0x12345678,其最高有效字节是 0x12,最低有效字节是 0x78,存储的起始地址是 0。在大端存储方式下,最高有效字节是 0x12 存放在最低地址处,而小端存储方式下最低地址处存放的是最低有效字节 0x78。在嵌入式系统开发中,字节顺序的差异可能带来软件兼容性问题,需要特别注意。在很多嵌入式处理器中,大端和小端两种模式都可以支持,需要对处理器设置相应的工作模式。

表 2-1　大端存储方式

字 节 地 址	00	01	02	03
字　　　节	0x12	0x34	0x56	0x78

表 2-2　小端存储方式

字 节 地 址	00	01	02	03
字　　　节	0x78	0x56	0x34	0x12

2.2　嵌入式处理器的分类

参照通用计算机与嵌入式系统的分类,可以将微处理器分为通用处理器与嵌入式处理器两类。通用处理器以 x86 体系结构的产品为代表,基本为 Intel 和 AMD 两家公司所垄断。通用处理器针对通用计算机的需要进行设计,追求更快的计算速度、更大的数据吞吐率,从 8 位、16 位、32 位到 64 位一代代发展过来。通用处理器也可能应用在一些需要很高计算性能的嵌入式系统中,如在一些 PC104、Compact PCI 的主控板上可见到 Celeron、Pentium 处理器,这是通用计算机技术在嵌入式领域的一种应用。

在整个嵌入式领域,通用处理器的应用只是一部分,真正的主角当然是各种嵌入式处理器。因为嵌入式系统有应用针对性的特点,不同的系统对处理器的要求千差万别,所以嵌入式处理器种类繁多,据不完全统计,全世界嵌入式处理器的种类已经超过 1000 种,流行的体系结构有 30 多个。

所有嵌入式处理器中,8051 体系的占多半,生产 8051 单片机的半导体厂家有 20 多家,共 350 多种衍生产品。现在几乎每个半导体制造商都生产嵌入式处理器,越来越多的公司设立了自己的处理器设计部门。

嵌入式系统中的处理器可以分成以下几类。

1. 嵌入式微处理器(Embedded Micro Processor Unit,EMPU)

嵌入式微处理器字长一般为 16 位或 32 位,Intel、AMD、Motorola、ARM 等公司提供很多这样的处理器产品。嵌入式微处理器通用性比较好,处理能力较强,可扩展性好,寻址范围大,支持各种灵活的设计,且不限于某个具体的应用领域。在应用中,嵌入式微处理器需要在芯片外配置 RAM 和 ROM,根据应用要求往往要扩展一些外部接口设备,如网络接口、GPS、A/D 接口等。嵌入式微处理器及其存储器、总线、外设等安装在一块电路板上,称为单板计算机。

嵌入式微处理器在通用性上与通用处理器接近,但嵌入式微处理器在功能、价格、功耗、芯片封装、温度适应性、电磁兼容性方面更适合嵌入式系统应用要求。嵌入式处理器有很多种类型,如 xScale、Geode、Power PC、MIPS、ARM 等处理器。

2. 嵌入式微控制器(Embedded Micro Controller Unit,EMCU)

嵌入式微控制器又称单片机,目前在嵌入式系统中仍然有着极其广泛的应用。这种处理器内部集成 RAM、各种非易失性存储器、总线控制器、定时/计数器、看门狗、I/O、串行口、脉宽调制输出、A/D、D/A 等各种必要功能和外设。与嵌入式微处理器相比,微控制器的最大特点是将计算机最小系统所需的部件及一些应用需要的控制器/外部设备集成在一个芯片上,实现了单片化,使得芯片尺寸大大减小,从而使系统总功耗和成本下降、可靠性提高。微控制器的片上外设资源一般比较丰富,适合于控制,因此称为微控制器。MCU 品种丰富、价格低廉,目前占嵌入式系统 70% 以上的市场份额。

3. 嵌入式 DSP(Embedded Digital Signal Processor,EDSP)

在数字化时代,数字信号处理是一门应用广泛的技术,如数字滤波、FFT、谱分析、语音编码、视频编码、数据编码、雷达目标提取等,传统微处理器在进行这类计算操作时性能较低,专门的数字信号处理芯片 DSP 应运而生,DSP 的系统结构和指令系统针对数字信号处理进行了特殊设计,因而在执行相关操作时具有很高的效率。在应用中,DSP 总是完成某些特定的任务,硬件和软件需要为应用进行专门定制,因此 DSP 是一种嵌入式处理器。

4. 嵌入式片上系统(System on Chip,SoC)

某一类特定的应用对嵌入式系统的性能、功能、接口有相似的要求,针对嵌入式系统的这个特点,利用大规模集成电路技术将某一类应用需要的大多数模块集成在一个芯片上,从而在芯片上实现一个嵌入式系统的大部分核心功能,这种处理器就是 SoC。

SoC 把微处理器和特定应用中常用的模块集成在一个芯片上,应用时往往只需要在 SoC 外部扩充内存、接口驱动、一些分立元件及供电电路就可以构成一套实用的系统,极大地简化了系统设计的难度,同时有利于减小电路板面积、降低系统成本、提高系统可靠性。SoC 是嵌入式处理器的一个重要发展趋势。

MCU 和 SoC 都具有高集成度的特点,将计算机小系统的全部或大部分集成在单个芯片中,有些文献将嵌入式微控制器归为 SoC。本书为了更清晰地描述,将内部集成了 RAM 和 ROM 存储器、主要用于控制的单片机称为微控制器,而所说的 SoC 则没有内置的存储器,以嵌入式微处理器为核心,集成各种应用需要的外部设备控制器,具有较强的计算性能。

5. 嵌入式可编程片上系统(System on a Programmable Chip,SoPC)

随着 EDA 技术的快速发展和 VLSI 技术的不断进步,出现了 SoPC,其处于不断高速发展之中。SoPC 是一种基于 FPGA 的可重构 SoC,它集成了硬 IP 核或软 IP 核 CPU、DSP、存储器、外围 I/O 及可编程逻辑,是更加灵活、高效的 SoC 解决方案。SoC 与 SoPC 的区别:SoC 是专用集成系统,设计周期长,设计成本高;SoPC 是基于 FPGA 的可重构 SoC,是一种通用系统,设计周期短,设计成本低。

IP 核(Intellectual Property Core)称为知识产权核,它是经过预先设计、预先验证,且符合产业界普遍认同的设计规范和设计标准,具有功能相对独立的电路模块或子系统,可以复用于 SoC、SoPC 或复杂 ASIC 设计中。它是一种通过知识产权贸易在各设计公司间流通的完成特定功能的电路模块或子系统。

2.3　嵌入式处理器的特点

嵌入式处理器针对嵌入式系统特殊需要而设计,相较于通用处理器具有以下特点。

1. 嵌入式处理器种类繁多、功能多样、性能跨度大

这是由嵌入式系统应用针对性决定的。不同的系统对处理器的功能、性能、功耗、工作环境、封装等要求不同,为适应各种应用需要,嵌入式处理器发展出极其丰富的产品类型。这与通用处理器有很大的区别,应用在通用计算机上的处理器产品追求的是高性能,接口和功能有一定的标准规范,流行的产品种类有限。

2. 嵌入式处理器功耗低

嵌入式系统往往作为一个部件"嵌入"在一个设备/系统中,因供电或散热的限制,功耗必须得到有效控制。在嵌入式系统中处理器往往是功耗最大的器件,所以嵌入式处理器一般都有良好的功耗设计,尤其在电池供电的系统中,功耗是至关重要的问题。

3. 提供灵活的地址空间寻址能力

通用计算机结构标准化程度高,其地址空间的划分很明确。但嵌入式系统则不同,因为嵌入式应用千差万别,嵌入式系统地址空间的分配有很大的自由度,为了适应嵌入式系统的这个特点,嵌入式处理器一般有灵活的地址空间寻址能力。为此,一些嵌入式处理器提供多个片选信号,而且片选信号对应的起始地址、存储空间范围、存储器位宽可以自由设置。

4. 支持灵活的功耗控制

嵌入式处理器一般有严格的功耗设计,除了降低正常工作的功耗外,还有很多降低功耗的措施,如可变工作频率、降低工作电压,还可以设置多种工作模式,如正常模式、睡眠(Sleep)模式、下电(Power down)模式等。

5. 功能密集,提供丰富的外部接口

为了降低功耗和系统成本,使系统更精简,嵌入式处理器中功能模块的集成度越来越高,除了处理器核心外,很多传统的外部控制器被集成到微处理器中,如中断控制器、LCD 显示控制器、串行接口控制器、USB 控制器、网络控制器等。

视频讲解

2.4 熟悉 ARM 处理器

2.4.1 ARM 技术的发展

ARM 有两方面的含义:一方面指 ARM 公司,另一方面指基于 ARM IP 核的嵌入式微处理器。1990 年 11 月,ARM 公司成立于英国,原名 Advanced RISC Machine 有限公司,是苹果电脑、Acorn 电脑集团和 VLSI Technology 的合资企业。1991 年,ARM 推出首个嵌入式RISC 核心——ARM6 系列处理器后不久,VLSI 率先获得授权,一年后夏普和 GEC Plessey也成为授权用户,1993 年,德州仪器和 Cirrus Logic 亦签署了授权协议,从此 ARM 的知识产权产品和授权用户都急剧扩大。

ARM 是一家微处理器技术知识产权供应商,既不生产芯片,也不销售芯片,只设计 RISC微处理器,这些微处理器的知识产权就是公司的主要产品。ARM 知识产权授权用户众多,全球 20 家最大的半导体厂商中有 19 家是 ARM 的用户,全世界有 70 多家公司生产 ARM 处理器产品。ARM 微处理器应用范围广泛,包括汽车电子、消费电子、多媒体产品、工业控制、网络设备、信息安全、无线通信等。

2.4.2 ARM 处理器核

ARM 公司把 ARM 处理器分为经典 ARM 处理器、ARM Cortex 嵌入式处理器、ARMCortex 实时嵌入式处理器、ARM Cortex 系列处理器,如图 2-2 所示。经典 ARM 处理器包括传统的 ARM7、ARM9 和 ARM11 等,这些 ARM 内核在 ARM 公司主页上找不到了,已经全面转向基于 ARM Cortex 内核的处理器,这是 ARM 的发展方向。2005 年 3 月,ARM 公司公布了其最新的 ARMv7 架构的技术细节,定义了三大分工明确的系列:Cortex-A 系列面向尖端的基于虚拟内存的操作系统和用户应用;Cortex-R 系列针对实时系统;Cortex-M 系列对微控制器和低成本应用提供优化。

ARMv7 架构采用了 Thumb-2 技术,它是在 ARM 业界领先的 Thumb 代码压缩技术的基础上发展起来,并且保持了对已存 ARM 解决方案的代码兼容性。Thumb-2 技术比纯 32

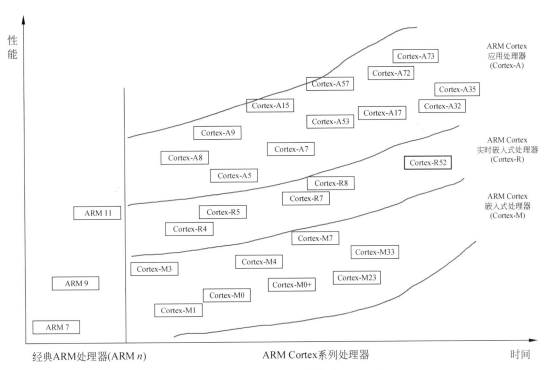

图 2-2 ARM 处理器分类

位代码少使用 31％的内存,降低了系统开销,同时却能够提供比已有的基于 Thumb 技术的解决方案高出 38％的性能表现。ARMv7 架构还采用了 ARM 架构处理器扩展结构(NEON)技术,将 DSP 和媒体处理能力提高了近 4 倍,并支持改良的浮点运算,满足下一代 3D 图形和游戏物理应用以及传统的嵌入式控制应用的需求。可加速多媒体和信号处理算法(如视频编码/解码、2D/3D 图形、游戏、音频和语音处理、图像处理技术、电话和声音合成)。

NEON 技术是 64/128 位单指令多数据流(SIMD)指令集,用于新一代媒体和信号处理应用加速,执行 MP3 音频解码器,CPU 频率可低于 10MHz;运行 GSMAMR 语音数字编解码器,CPU 频率仅为 13MHz,新技术包含指令集、独立的寄存器及可独立的执行硬件。NEON 支持 8 位、16 位、32 位、64 位整数及单精度浮点 SIMD 操作,以进行音频/视频、图像和游戏处理。

ARM Cortex 处理器系列是基于 ARMv7 架构的产品,从尺寸和性能方面来看,既有少于 3.3 万个门电路的 ARM Cortex-M 系列,也有高性能的 ARM Cortex-A 系列。ARMv7 架构确保了与早期的 ARM 处理器之间良好的兼容性,既保护了客户在软件方面的投资,又为已存的系统设计的转换提供了便利。

(1) ARM Cortex-A 系列,针对日益增长的运行包括 Linux、WinCE 和 Symbian 在内的消费电子和无线产品。

(2) ARM Cortex-R 系列,针对需要运行实时操作系统来进行控制应用的系统,包括汽车电子、网络和影像系统。

(3) ARM Cortex-M 系列,针对开发费用非常敏感,同时对性能要求不断增加的嵌入式应用而设计,如微控制器、汽车车身控制系统和各种大型家电。

ARM7 采用 ARMv4T 体系结构,分为三级流水,空间统一的指令与数据 Cache,平均功耗为 0.6mW/MHz,时钟频率为 66MHz,每条指令平均执行 1.9 个时钟周期。ARM7 系列微处理器的主要应用领域为工业控制、Internet 设备、网络和调制解调器设备、移动电话等多种多媒体和嵌入式应用。ARM7 系列微处理器包括如下几种类型的核：ARM7TDMI、ARM7TDMI-S、ARM720T、ARM7EJ-S。其中，ARM7TDMI 是目前使用最广泛的 32 位嵌入式 RISC 处理器，属低端 ARM 处理器核。ARM7 系列微处理器的性能特征如表 2-3 所示。

表 2-3　ARM7 性能特征

	Cache 大小 （指令/数据）	紧耦合存储器 （TCM）	存储管理器	AHB 总线接口	Thumb	DSP	Jazelle
ARM7TDMI	无	无	无	有	有	无	无
ARM7TDMI-S	无	无	无	有	有	无	无
ARM7EJ-S	无	无	无	有	有	有	有
ARM720T	8KB/8KB	无	MMU	有	有	无	无

　　ARM9 采用 ARMv4T 结构、五级流水处理以及分离的指令 Cache 和数据 Cache，平均功耗为 0.7mW/MHz，时钟频率为 120～200MHz，每条指令平均执行 1.5 个时钟周期。ARM9 系列包括 ARM920T、ARM922T 和 ARM940T 共 3 种类型，主要应用在掌上电脑、多媒体终端、通信终端、网络设备、汽车电子等领域，其性能特征如表 2-4 所示。

表 2-4　ARM9 性能特征

	Cache 大小 （指令/数据）	紧耦合存储器 （TCM）	存储管理器	AHB 总线 接口	Thumb	DSP	Jazelle
ARM920T	16KB/16KB	无	MMU	有	有	无	无
ARM922T	8KB/8KB	无	MMU	有	有	无	无
ARM940T	4KB/4KB	无	MMU	有	有	无	无

　　ARM9E 采用 ARMv5 体系结构，使用单一的处理器内核提供了微控制器、DSP、Java 应用系统的解决方案，极大地减少了芯片的面积和系统的复杂程度。ARM9E 系列微处理器提供了增强的 DSP 处理能力，很适合于需要同时使用 DSP 和微控制器的应用场合，其性能特征如表 2-5 所示。

表 2-5　ARM9E 性能特征

	Cache 大小 （指令/数据）	紧耦合存储器 （TCM）	存储 管理器	AHB 总线 接口	Thumb	DSP	Jazelle
ARM926EJ-S	4～128KB/4～128KB	有	MMU	双 AHB	有	有	有
ARM946EJ-S	4KB～1MB/4KB～1MB	有	MMU	AHB	有	有	无
ARM966EJ-S	无	有	无	AHB	有	有	无

　　ARM10E 系列微处理器具有高性能、低功耗的特点，采用了 ARMv5 体系结构，与同等的 ARM9 器件相比较，在同样的时钟频率下，ARM10E 的性能提高了近 50%，同时，ARM10E 系列微处理器采用了两种先进的节能方式，使其功耗极低。如表 2-6 所示为 ARM10E 系列微处理器的性能特征。

表 2-6　ARM10E 性能特征

	Cache 大小 （指令/数据）	紧耦合存储器 （TCM）	存储管理器	AHB 总线 接口	Thumb	DSP	Jazelle
ARM1020E	32KB/32KB	无	MMU	双 AHB	有	有	无
ARM1022E	16KB/16KB	无	MMU	双 AHB	有	有	无
ARM1026EJ-S	可变	有	MMU	双 AHB	有	有	有

　　ARM11 系列处理器采用 ARMv6 体系结构，时钟频率为 350～500MHz，并可上升到 1GHz，能提供更高的性能。另外，通过动态调整时钟频率和工作电压，实现性能和功耗间的平

衡,以满足应用的不同需要。在采用 $0.13\mu m$ 工艺、1.2V 工作电压时,ARM11 处理器的功耗可以低至 $0.4mW/MHz$。如表 2-7 所示为 ARM11 系列微处理器的性能特征。

表 2-7　ARM11 性能特征

	Cache 大小（指令/数据）	紧耦合存储器（TCM）	存储管理器	AHB 总线接口	DSP	Jazelle	SIMD	浮点运算
ARM1136J-S	4～64KB	有	MMU	4 个 64 位 AHB	有	无	有	无
ARM1136JF-S	4～64KB	有	MMU	4 个 64 位 AHB	有	无	有	有

2.4.3　ARM 处理器的片内总线

ARM 公司设计各种处理器内核,并将设计授权给其他半导体厂家,这些厂家在 ARM IP 核的基础上,集成各种外部控制,生产出自己的 ARM 兼容 SoC 处理器产品。在 SoC 的设计中,除了处理器内核外,还有大量控制功能模块,模块之间的连接一般采用片内总线实现。

片内总线有多种规范,如 IBM CoreConnect 总线、OCP 总线、Wishbone 总线、Avalon 总线等。为了规范 ARM 兼容 SoC 设计,ARM 公司制定了 AMBA 片内总线标准,目前市场上的 ARM 处理器大多按照 AMBA 结构设计。

实际产品中 AMBA 2.0 标准应用较普遍,该标准包括 4 个部分:AHB(Advanced High-Performance Bus)、ASB(Advanced System Bus)、APB(Advanced Peripheral Bus)和 Test Methodology。在 ARM SoC 设计中,常见 AHB 和 APB 二级总线的结构设计,AHB 负责 ARM 处理器内核与 DMA 控制器、片内存储器、SDRAM 控制器、LCD 控制器、快速以太网控制器等高速模块的连接,而 APB 总线则用于连接一些慢速的设备,如 UART 控制器、RTC、I^2C 控制器等。两条总线通过 AHB-APB 桥控制器互连,一起组成 SoC 芯片的片内架构,如图 2-3 所示。

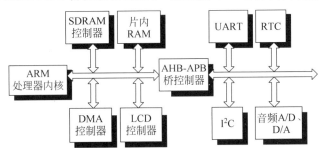

图 2-3　采用 AMBA 片内总线标准的 SoC 典型结构

AHB 系统由 Master(主设备)、Slave(从设备)、Infrastructure(总线逻辑)3 部分组成,所有的 AHB 总线操作都由 Master 发出,而由 Slave 响应 Master 发起的操作。AHB 系统中可同时存在多个主设备,存在总线竞争,因此需要总线仲裁(Arbiter)。

AHB 从设备映射到不同的地址空间,主设备发起操作时给出对应的地址,由集中的地址译码器(Decoder)为地址范围内的 Slave 产生选择型号。在计算机总线中,设备对总线的驱动常采用三态驱动器,当设备不应该向总线发出信号时,驱动器输出为高阻态,即将设备与总线断开,避免影响总线的工作。当驱动使能信号无效时,驱动器关闭,对应的设备与总线隔离。实际应用中,一般控制、地址信号是单向驱动,而数据信号是双向驱动。AHB 总线没有采用传统的三态驱动方式,而采用复用器为通信的主、从设备建立连接,复用器起着多路开关的作用,应当根据总线仲裁的结果选通获得总线控制的主设备,或根据地址译码的结果选择对应的从设备。AHB 系统设备互连原理如图 2-4 所示。

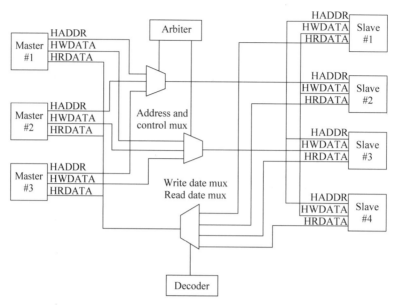

图 2-4 AHB 系统设备互连原理

在图 2-4 中,3 个主设备都可以对从设备发起总线操作,由仲裁器判定获得总线控制的设备。3 个主设备的地址和控制信号由一个复用器集中控制,获得总线控制权的主设备的信号可以穿过复用器送到从设备。

在 AHB 系统中,设备采用彼此独立的读、写数据总线,主设备的写数据总线通过仲裁器控制的复用器送到从设备,从设备的读数据总线通过地址译码控制的复用器送到主设备。

APB 总线用于连接 UART、I²C、RTC 类的慢速设备,结构比 AHB 简单。APB 不是多主 (Multi-Master) 总线。在 APB 系统中,唯一的主设备就是 AHB-APB 桥控制器,因此不需要总线仲裁管理。

2.5 ARM 处理器工作模式

视频讲解

在介绍 ARM 处理器工作模式之前,先了解一下 ARM 微处理器的 3 种工作状态:ARM 状态、Thumb 状态和 Thumb-2 状态。除支持 Thumb-2 的 ARM 处理器外,其他所有 ARM 处理器都可以工作在 ARM 状态,具有 T 变种(ARM7TDMI 之后)的 ARM 处理器具有 Thumb 状态,采用 ARMv7 架构的新型 ARM 处理器,如 Cortex 可以工作在 Thumb-2 状态。ARM 状态下执行 32 位的 ARM 指令,这是最常用的状态,绝大多数指令都是在 ARM 状态下工作的。Thumb 指令集是一种 16 位的指令集,设计的目的是为了兼容一些 16 位以及 8 位指令宽度的设备,方便用户处理。Thumb 状态就是一种执行 Thumb 指令集的状态,在这种状态下指令都是 16 位的,并且是双字节对齐的。Thumb-2 状态是 ARMv7 架构的 ARM 处理器所具有的新的状态,新的 Thumb-2 内核技术兼有 16 位及 32 位指令,实现了更高的性能、更有效的功耗及更少地占用内存,为多种嵌入式应用产品提供更高的性能、更有效的功耗和更短的代码长度。Thumb-2 内核技术以 ARM 现有的指令集体系结构为基础,继承了对现有软件和开发工具链的完全兼容性。

ARM 微处理器可以在工作中随时切换状态,切换工作状态不会影响工作模式和寄存器的内容。但是 ARM 体系要求在处理器启动时应该处于 ARM 状态。ARM 处理器取值为

0时表示ARM状态为工作状态,为1时代表Thumb状态。可以使用BX指令切换状态,当处理器启动时操作寄存器取值为0,保证了默认进入ARM状态。由于Thumb-2具有16位/32位指令功能,因此有了Thumb-2就无须使用Thumb了。另外,具有Thumb-2技术的ARM处理器也无须在ARM状态与Thumb-2状态之间进行切换了,因为Thumb-2具有32位指令功能。

ARM处理器支持7种工作模式,如表2-8所示,这对一些通用处理器来说确实稍多,不过,通过分析可以发现,ARM的工作模式大部分是处理外部中断和异常状况,只不过是对异常和中断状况的分类比较详细。

表 2-8　ARM 工作模式

工作模式名称	含　义	可访问的寄存器	CPSR[M4:M0]
用户模式(User)	ARM处理器正常的程序执行状态	PC、R14~R0、CPSR	10000
快速中断模式(FIQ)	高速数据传输和通道处理	PC、R14_fiq~R8_fiq,R7~R0、CPSR、SPSR_fiq	10001
外部中断模式(IRQ)	通用中断处理	PC、R14_irq~R13_irq,R12~R0、CPSR、SPSR_irq	10010
管理模式(SVC)	操作系统的保护模式,处理软中断SWI	PC、R14_svc~R13_svc,R12~R0、CPSR、SPSR_svc	10011
中止模式(ABT)	处理存储器故障,实现虚拟存储器和存储器保护	PC、R14_abt~R13_abt,R12~R0、CPSR、SPSR_abt	10111
未定义指令模式(UND)	处理未定义的指令陷阱,用于支持硬件协处理器仿真	PC、R14_und~R13_und,R12~R0、CPSR、SPSR_und	11011
系统模式(SYS)	运行具有特权的操作系统任务	PC、R14~R0、CPSR	11111

除用户模式外,其余的所有6种模式称为非用户模式或特权模式,其中,除去系统模式以外的5种又称为异常模式,常用于处理中断或异常,以及需要访问受保护的系统资源等情况。

当发生异常时,处理器自动改变CPSR[M4:M0]的值,进入相应的工作模式。如外部中断请求就是一种异常,处理器会进入IRQ模式。ARM处理器允许同时产生多个异常,处理器会按照优先级来处理。ARM处理器收到异常后,把当前模式下一条指令的地址存入LR寄存器,把CPSR寄存器内容复制到SPSR寄存器中,然后根据异常类型设置CPSR的运行模式,处理器进入对应的异常模式。异常处理结束后,处理器把LR寄存器保留的指令地址写回PC寄存器,然后将SPSR内容复制到CPSR寄存器。如果异常处理程序设置了中断屏蔽,则需要清除。经过这些步骤,处理器返回异常处理前的工作模式。

2.6　ARM 处理器寄存器组织

2.6.1　ARM 状态下的寄存器组织

ARM微处理器中的寄存器不能被同时访问,具体哪些寄存器是可编程访问的,取决于微处理器的工作状态及具体的运行模式,不同模式下寄存器组如图2-5所示。但在任何时候,通用寄存器R0~R14、程序计数器PC、一个或两个状态寄存器都是可访问的。

ARM处理器共有37个寄存器,全部为32位寄存器,其中有31个通用寄存器,包括程序计数器(PC);还有6个状态寄存器,这些寄存器都是32位寄存器。

ARM处理器共有7种不同的处理器模式,在每种处理器模式中有一组对应的寄存器组。

模式 寄存器	用户模式	系统模式	管理模式	中止模式	未定义模式	外部中断模式	快速中断模式
通用寄存器				R0			
				R1			
				R2			
				R3			
				R4			
				R5			
				R6			
				R7			
				R8			R8_fiq
				R9			R9_fiq
				R10			R10_fiq
				R11			R11_fiq
				R12			R12_fiq
	R13(SP)		R13_svc	R13_abt	R13_und	R13_irq	R13_fiq
	R14(LP)		R14_svc	R14_abt	R14_und	R14_irq	R14_fiq
				程序计数器:R15(PC)			
状态寄存器				CPSR			
	无		SPSR13_svc	SPSR13_abt	SPSR13_und	SPSR13_irq	SPSR13_fiq

图 2-5　ARM 状态下的寄存器组织

任意时刻,可见的寄存器包括 15 个通用寄存器(R0~R14)、一个或两个状态寄存器及程序计数器。在所有的寄存器中,有些是各模式共用的同一个物理寄存器;有些寄存器是各模式自己拥有的独立的物理寄存器。下面介绍各寄存器的功能。

1. 未分组寄存器(包括 R0~R7)

未分组寄存器包括 R0~R7,对于每一个未分组寄存器来说,在所有的处理器模式下指的都是同一个物理寄存器。在异常中断造成处理器模式切换时,由于不同的处理器模式使用相同的物理寄存器,所以可能造成寄存器中的数据被破坏。未分组寄存器没有被系统用于特别的用途,任何可采用通用寄存器的应用场合都可以使用未分组寄存器。未分组寄存器是完全通用的寄存器,不会在体系结构中用做任何特殊的用途,因此可使用任何通用寄存器中的指令对其进行操作。

2. 分组寄存器(包括 R8~R14)

对于分组寄存器 R8~R12 来说,每个寄存器对应两个不同的物理寄存器,每次访问的物理寄存器都与当前处理器的运行模式有关。当使用 FIQ 模式时,访问寄存器 R8_fiq~R12_fiq;当使用除 FIQ 模式以外的其他模式时,访问寄存器 R8~R12。

对于 R13、R14 来说,每个寄存器对应 6 个不同的物理寄存器,其中的一个是用户模式与系统模式共用,另外 5 个物理寄存器对应其他 5 种不同的运行模式。寄存器 R13 在 ARM 指令中常用作堆栈指针,但这只是一种习惯用法,用户也可使用其他的寄存器作为堆栈指针。R14 也称为子程序链接寄存器或链接寄存器 LR。当执行 BL 子程序调用指令时,R14 中存放 R15 的备份。其他情况下,R14 用作通用寄存器。

3. 程序计数器(R15)

寄存器 R15 用作计数器(PC)。在 ARM 状态下,位[1:0]为 0,位[31:2]用于保存 PC;在 Thumb 状态下,位[0]为 0,位[31:1]用于保存 PC。R15 虽然也可用作通用寄存器,但一般不常使用,因为当对 R15 的使用有一些特殊的限制时,程序的执行结果是未知的。由于 ARM 体系结构采用了多级流水线技术,对于 ARM 指令集而言,PC 总是指向当前指令的下两条指令的地址,即 PC 的值为当前指令的地址值加 8B。

4. CPSR 和 SPSR

程序状态寄存器共 6 个,除了共用的当前程序状态寄存器 CPSR 外,还有分组的备份程序状态寄存器 SPSR(5 组共 5 个)。程序状态寄存器的格式如图 2-6 所示。

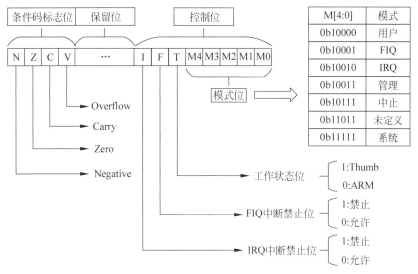

图 2-6 程序状态寄存器

其中,4 个条件码标志为 N、Z、C 和 V 标志,8 个控制位为 I、F、T、M4~M0。
条件码标志含义如下:

- N 为符号标志,N=1 表示运算结果为负数,N=0 表示正数。
- Z 为全 0 标志,若运算结果为 0,则 Z=1,否则 Z=0。
- C 为进/借位标志,进行加法运算时有进位 C=1,否则 C=0;进行减法运算时有借位 C=0,无借位 C=1。
- V 为溢出标志,进行加减法运算结果有溢出时 V=1,否则 V=0。

控制位含义如下:

- I 为中断禁止控制位,I=1 禁止外部 IRQ 中断,I=0 允许 IRQ 中断。
- F 为禁止快速中断 FIQ 的控制位,F=1 禁止 FIQ 中断,F=0 允许 FIQ 中断。
- T 为 ARM 与 Thumb 指令切换,T=1 时执行 Thumb 指令,否则执行 ARM 指令。应当注意的是,对于不具备 Thumb 指令的处理器,T=1 时表示强制下一条执行的指令产生未定义的指令中断。
- M4~M0 为模式选择位,决定处理器工作于何种模式。

CPSR 状态寄存器可分为 4 个域:标志域 F(31:24)、状态域 S(23:16)、扩展域 X(15:8)和控制域 C(7:0),使用单字节的传送操作可以单独访问这 4 个域中的任何一个,如 CPSR_C、CPSR_F,这样可以仅对这个域操作而不影响其他位。

2.6.2 Thumb/Thumb-2 状态下的寄存器组

Thumb 状态下的寄存器组是 ARM 状态下寄存器组的子集,Thumb/Thumb-2 状态下的寄存器组如图 2-7 所示。

高位寄存器组 R8~R12 在 Thumb 状态下不可见,即不能直接作为通用寄存器使用;而在 Thumb-2 下可以使用,即 R8~R12 只有在 32 位指令状态下才可当作通用寄存器使用。

R13 为堆栈指针,有两个堆栈指针:一个是主堆栈指针 MSP,另一个是进程堆栈指针 PSP;R14 为链接寄存器 LR;R15 为程序计数器 PC。

程序状态寄存器 PSR 包括 APSR(应用程序状态寄存器)、IPSR(中断程序状态寄存器)以及 EPSR(执行程序状态寄存器)。

通用寄存器	R0 R1 R2 R3 R4 R5 R6 R7	低位寄存器组(所有 ARM处理器不同状态均可使用)
	R8 R9 R10 R11 R12	高位寄存器组(16位指令模式不能使用,仅提供 给32位模式,如在Thumb状态下是不可见的, 在Thumb-2状态下可直接使用)
堆栈指针	R13(SP)	PSP(进程堆栈指针)	MSP(主堆栈指针)
链接寄存器	R14(LR)		
程序计数器	R15(PC)		
状态寄存器	xPSP(APSR,EPSR,IPSR)		

图 2-7　Thumb/Thumb-2 状态下的寄存器组

视频讲解

2.7　ARM 异常处理

在正常的程序执行过程中,每执行一条 ARM 指令,PC 值加 4；每执行一条 Thumb 指令,PC 值加 2,程序按顺序正常执行。

当正常的程序执行流程发生暂时的停止时,称之为异常(Exceptions),它是由于内部或外部事件引起的请求,使处理器去处理相应的事件。例如,处理一个外部的中断请求,在处理异常之前,当前处理器的状态必须保留,这样当异常处理完成之后,当前程序可以继续执行。处理器允许多个异常同时发生,它们将会按固定的优先级进行处理。

2.7.1　ARM 异常种类、异常中断向量和优先级

在 ARM 体系结构中,异常中断用来处理软件中断、未定义指令陷阱(它不是真正的"意外"事件)、系统复位功能(它在逻辑上发生在程序执行前而不是在程序执行过程中,尽管处理器在运行中可能再次复位)和外部事件,这些"不正常"事件都被划归为"异常",因为在处理器的控制机制中,它们都使用同样的流程进行异常处理。其异常种类、异常向量地址和优先级别见表 2-9。

表 2-9　ARM 工作模式

异 常 种 类	优先级别	工 作 模 式	异常向量地址	说　　明
复位 RESET	1	管理模式	0x00000000	当 RESET 复位引脚有效时进入该异常
未定义的指令 UND	6	未定义指令	0x00000004	协处理器认为当前指令未定义时产生指令异常。可利用它模拟协处理器操作
软件中断 SWI	6	管理模式	0x00000008	用户定义的中断指令,可用于用户模式下的程序调用特权操作
指令预取中止 PABT	5	中止模式	0x0000000C	当预取指令地址不存在或该地址不允许当前指令访问时执行指令产生的异常

异常种类	优先级别	工作模式	异常向量地址	说　明
数据访问中止 DABT	2	中止模式	0x00000010	当数据访问指令的目标地址不存在时或该地址不允许当前指令访问时执行指令产生的异常
外部中断请求 IRQ	4	外部中断模式	0x00000018	有外部中断时发生的异常
快速中断请求 FIQ	3	快速中断模式	0x0000001C	有快速中断请求时发生的异常

1. ARM 异常种类

异常的种类见表 2-9,复位异常、未定义的指令异常、软件中断异常、指令预取中止异常、数据访问中止异常、外部中断请求异常及快速中断请求异常,共 7 种不同类型的异常中断。

2. ARM 异常中断向量

表 2-9 中指定了各异常中断与其处理程序的对应关系,它通常存放在存储地址的低端。在 ARM 体系结构中,异常中断向量表的大小为 32B。其中,每个异常中断占据 4B,保留了 4B 空间。每个异常中断对应的中断向量表的 4B 的空间中存放一个跳转指令或者一个向 PC 寄存器中赋值的数据访问指令。通过这两种指令,程序将跳转到相应的异常中断处理程序处执行。

存储器的前 8 个字中除了地址 0x00000014 之外,全部被用作异常矢量地址。这是因为在早期 26 位地址空间的 ARM 处理器中,曾使用地址 0x00000014 来捕获落在地址空间之外的 load 和 store 存储器地址。这些陷阱称为"地址异常",因为 32 位的 ARM 不会产生落在它的 32 位地址空间之外的地址,所以,地址异常在当前的体系结构中没有作用,0x00000014 的矢量地址也就不再使用了。

3. ARM 异常中断优先级

当几个异常中断同时发生时,就必须按照一定的次序来处理这些异常中断。在 ARM 中通过给各异常中断赋予一定的优先级来实现这种处理次序。优先级如下:①复位(最高优先级);②数据访问中止异常;③FIQ;④IRQ;⑤指令预取中止异常;⑥软件中断 SWI 和未定义指令。

复位是优先级最高的异常中断,这是因为复位从确定的状态启动微处理器,使得所有其他未处理的异常都被忽略。处理器在执行某个特定异常中断的过程中,称处理器处于特定的中断模式。

2.7.2　ARM 异常的中断响应过程

发生异常后,除了复位异常立即中止当前指令之外,处理器完成当前指令后才去执行异常处理程序。ARM 处理器对异常的响应过程如下:

1)将 CPSR 的值保存到将要执行的异常中断对应的 SPSR 中,以实现对处理器当前状态、中断屏蔽及各标志位的保护。

2)设置当前状态寄存器 CPSR 的相应位。设置 CPSR 中 M4～M0 这 5 个位,进入相应的工作模式,设置 I=1 禁止 IRQ 中断,如果进入复位模式或 FIQ 模式,还要设置 F=1 以禁止 FIQ 中断。

3)将引起异常指令的下一条地址(断点地址)保存到新的异常工作模式的 R14 中,使异常处理程序执行完后能正确返回原来的程序处继续向下执行。

4)给程序计数器 PC 强制赋值,转入如表 2-9 所示的向量地址,以便执行相应的处理程序。

每种异常模式对应两个寄存器 R13_mode 和 R14_mode(mode 为 svc、irq、und、fiq 或 abt

之一),分别存放堆栈指针和断点地址。

复位异常处理程序执行完后不需要返回,因为系统复位后将开始整个用户程序的执行。复位异常之外的异常一旦处理完毕,便需要恢复用户任务的正常执行,这就要求异常处理程序代码能精确恢复异常发生时的用户状态。从异常中断处理程序中返回时,需要执行以下 4 个基本操作:

(1)所有修改过的用户寄存器必须从处理程序的保护堆栈中恢复(即出栈)。

(2)将 SPSR_mode 寄存器内容复制到 CPSR 中,使得 CPSR 从相应的 SPSR 中恢复,即恢复被中断的程序工作状态。

(3)根据异常类型将 PC 返回到用户指令流中的相应指令处。

(4)清除 CPSR 中的中断禁止标志位 I/F。

需要强调的是,第(2)、(3)步不能独立完成。这是因为如果先恢复 CPSR,则保存返回地址的当前异常模式的 R14 就不能再访问了;如果先恢复 PC,那么异常处理程序将失去对指令流的控制,使得 CPSR 不能恢复。

为确保指令总是按正确的操作模式读取,以保证存储器保护方案不被绕过,还有更加微妙的困难。因此,ARM 提供了两种返回处理机制,利用这些机制,可以使上述两步作为一条指令的一部分同时完成。当返回地址保存在当前异常模式的 R14 中时,使用其中一种机制;当返回地址保存在堆栈时使用另一种机制。

不同异常模式返回所用的指令是不同的,对应的返回指令见表 2-10。

表 2-10 异常模式的返回指令

异 常 类 型	返 回 指 令	以前状态	
		ARM 状态	Thumb 状态
未定义的指令 UND	MOVS PC, R14_svc	PC+4	PC+2
软件中断 SWI	MOVS PC, R14_und	PC+4	PC+2
指令预取中止 PABT	SUBS PC, R14_fiq, #4	PC+4	PC+4
数据访问中止 DABT	SUBS PC, R14_irq, #4	PC+4	PC+4
外部中断请求 IRQ	SUBS PC, R14_abt, #4	PC+4	PC+4
快速中断请求 FIQ	SUBS PC, R14_abt, #8	PC+8	PC+8

2.8 存储管理单元

MMU(Memory Management Unit)即存储管理单元,是许多高性能处理器所必需的重要部件之一。在基于 ARM 技术的系列微处理器中,ARM720T、ARM922T、ARM920T、ARM926EJ-S、ARM10、XScale 等内部均已集成了 MMU 部件。借助于 ARM 处理器中的 MMU 部件,ARM 存储器系统的结构允许通过页的转换表对存储器系统进行精细控制,这些表的入口定义了 1KB～1MB 的各种存储器区域的属性。

2.8.1 常见存储介质

1. 存储介质基本分类:ROM 和 RAM

RAM 即随机访问存储器(Random Access Memory),易失性,是与 CPU 直接交换数据的内部存储器,它可以随时读写,而且速度很快,通常作为操作系统或其他正在运行中的程序的临时数据存储媒介。当电源关闭时,RAM 不能保留数据。如果需要保存数据,则必须把它们写入一个长期的存储设备中(例如硬盘)。

ROM 即只读存储器(Read Only Memory),非易失性。一般是装入整机前事先写好的,整机工作过程中只能读出,而不像随机存储器那样能快速、方便地加以改写。ROM 所存数据稳定,断电后所存数据也不会改变。计算机中的 ROM 主要是用来存储一些系统信息,或者启动程序,这些都是非常重要的,只可以读一般不能修改,断电其中的内容也不会消失。

RAM 和 ROM 的最大区别是 RAM 在断电以后保存在上面的数据会自动消失,而 ROM 不会自动消失,可以长时间断电保存。

2. 随机访问存储器(RAM)

随机访问存储器分为两类:静态随机访问存储器(SRAM)和动态随机访问存储器(DRAM)。SRAM 速度非常快,是目前读写速度最快的存储设备,但是它也非常昂贵,所以只在要求很苛刻的地方使用,譬如 CPU 的一级缓冲、二级缓冲。SRAM 用来作为高速缓存储器,既可以集成在 CPU 芯片上,也可以放在 CPU 芯片外围。

1) SRAM

SRAM 存储器单元具有双稳态特性,只要保持通电,SRAM 中存储的数据就可以恒常保持。即使有干扰来扰乱电压,当干扰消除时,电路就会恢复到稳定值。然而,当电力供应停止时,SRAM 中存储的数据还是会消失(被称为 volatile memory),这与在断电后还能存储资料的 ROM 或闪存是不同的。

2) DRAM

DRAM 即动态随机存取存储器,是最为常见的系统内存。DRAM 只能将数据保持很短的时间。为了保持数据,DRAM 使用电容存储,所以必须隔一段时间刷新(refresh)一次,如果存储单元没有被刷新,那么所存储的信息就会丢失,即关机就会丢失数据。DRAM 通常用来作为图形系统的帧缓冲区。

3) SDRAM

同步动态随机存取内存(Synchronous Dynamic Random-Access Memory,SDRAM)是有一个同步接口的动态随机存取内存(DRAM)。通常 DRAM 是有一个异步接口的,这样它可以随时响应控制输入的变化。而 SDRAM 有一个同步接口,在响应控制输入前会等待一个时钟信号,这样就能和计算机的系统总线同步。时钟被用来驱动一个有限状态机,对进入的指令进行管线(Pipeline)操作。这使得 SDRAM 与没有同步接口的异步 DRAM(asynchronous DRAM)相比,可以有一个更复杂的操作模式。

4) DDR

DDR 即 DDR SDRAM,双倍数据速率同步 DRAM(Double Data-Rate Synchronous DRAM)。DDR 内存是在 SDRAM 内存基础上发展而来的,仍然沿用 SDRAM 生产体系,因此对于内存厂商而言,只需对制造普通 SDRAM 的设备稍加改进,即可实现 DDR 内存的生产,可有效地降低成本。DDR2 和 DDR3 都是不同类型的 DDR SDRAM。

3. 只读存储器(ROM)

计算机存储器在其上数据已被预先记录。一旦将数据写入 ROM 芯片,就无法将其删除,只能读取。与主存储器(RAM)不同,即使计算机关闭,ROM 也会保留其内容。ROM 被称为非易失性,现在有很多非易失性存储器。由于历史原因,虽然 ROM 中有的类型可以读也可以写,但是整体上都被称为只读存储器(Read Only Memory)。ROM 是以它们能够被重新编程(写)的次数和对它们进行重编程所用的机制来区分的。

1) PROM(Programmable ROM):可编程 ROM,只能被编程一次。

2）EPROM(Erasable Programmable ROM,EPROM)：可擦写可编程 ROM,擦写可达 1000 次。

3）EEPROM(Electrically Erasable Programmable ROM,电子可擦除 EPROM)。

4）闪存(Flash memory)：基于 EEPROM,擦写方便,访问速度快,它已经成为一种重要的存储技术。固态硬盘(SSD)、U 盘等就是一种基于闪存的存储器。

5）NOR Flash：NOR Flash 的读取和常见的 SDRAM 的读取是一样,用户可以直接运行装载在 NOR Flash 里面的代码,这样可以减少 SRAM 的容量,从而节约了成本。

6）NAND Flash：NAND Flash 没有采取内存的随机读取技术,它的读取是以一次读取一块的形式来进行的,通常是一次读取 512B,采用这种技术的 Flash 比较廉价。用户不能直接运行 NAND Flash 上的代码,因此好多使用 NAND Flash 的开发板除了使用 NAND Flash 以外,还装上了一块小的 NOR Flash 来运行启动代码。

2.8.2　存储管理单元与存储器的关系

许多年以前,当人们还在使用 DOS 或是更古老的操作系统的时候,计算机的内存还非常小,一般都是以 KB 为单位进行计算。当时的程序规模不大,所以内存容量虽然小,但还是可以容纳当时的程序。但随着图形界面的兴起和用户需求的不断增大,应用程序的规模也随之膨胀起来,终于一个难题出现在程序员的面前,那就是应用程序太大以至于内存容纳不下该程序,通常解决的办法是把程序分割成许多称为覆盖块(overlay)的片段。覆盖块 0 首先运行,结束时它将调用另一个覆盖块。虽然覆盖块的交换是由操作系统完成的,但是必须先由程序员把程序进行分割,这是一个费时费力的工作,而且相当枯燥。人们必须找到更好的办法从根本上解决这个问题。这个办法就是虚拟存储器(virtual memory)。虚拟存储器的基本思想是程序、数据、堆栈总的大小可以超过物理存储器的大小,操作系统把当前使用的部分保留在内存(RAM)中,而把其他未被使用的部分保存在磁盘(ROM)上,比如对一个 16MB 的程序和一个内存只有 4MB 的机器,操作系统通过选择,可以决定各个时刻将哪 4MB 的内容保留在内存中,并在需要时在内存和磁盘间交换程序片段,这样就可以把这个 16MB 的程序运行在一个只具有 4MB 内存机器上了,而这个 16MB 的程序在运行前不必由程序员进行分割。存储管理单元则是实现虚拟存储技术的关键部件。

2.8.3　存储管理单元的功能

1. 虚拟地址到物理地址的映射

在具有 MMU 的 ARM 中采用页式存储管理,它把虚拟地址空间分成若干个大小固定的块,称为页,把物理地址空间也划分为同样大小的页,MMU 实现的功能就是从虚拟地址到物理地址的转换。

2. 控制存储器访问权限

控制存储器区域的访问权限包括只读权限、读写权限以及无访问权限。当访问无访问权限的存储器时,会有一个存储器异常通知 ARM 处理器。允许权限的级别也受程序运行在用户状态还是特权状态的影响,同时还与是否使用域有关。

3. 设置虚拟存储空间的缓冲特性

ARM 系统与传统的 80x86 系统有着类似的页管理模式,即将多个页构成的一个大的内存区域称为页表,每个页表存放若干个页。在 ARM 系统中,使用系统控制协处理器 CP15 寄存器 C2 来保存页表的基地址,就如同 80x86 系统中的 CR3 寄存器。

查找整个转换表的过程由硬件自动进行,需要大量的执行时间(1 个或 2 个存储器访问周期）。为了减少存储器访问的平均消耗,转换表结果被高速缓存在一个或多个被称为转换后备缓冲器(Translation Look-aside Buffers,TLB)的结构中。通常在 ARM 的实现中每个内存接口都有一个 TLB,一个 TLB 可保存 64 个变换项。

只有一个存储器接口的系统通常有一个唯一的 TLB,指令和数据分开的内存接口系统通常有分开的指令 TLB 和数据 TLB,如果系统有高速缓存,那么高速缓存的数量也通常是由同样的方法确定的,所以在高速缓存的系统中,每个高速缓存都有一个 TLB,当存储器中的转换表被改变或选中了不同的转换表(通过协处理器 CPI5 的寄存器 C2)时,先前高速缓存的转换表结果将不再有效。MMU 结构提供了刷新 TLB 的操作,MMU 结构也允许特定的转换表结果被锁定在一个 TLB 中。典型的具有高速缓存的 MMU 存储系统如图 2-8 所示。

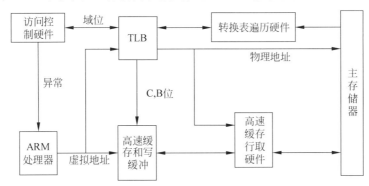

图 2-8　具有高速缓存的 MMU 存储系统

2.8.4　存储器访问的顺序

当 ARM 要访问存储器时,MMU 先查找 TLB 中的虚拟地址表,如果 ARM 的结构支持指令 TLB 和数据 TLB 的地址是分开的,那么它在取指令时使用指令 TLB,其他的所有访问类别使用数据 TLB;如果 TLB 中没有虚拟地址的入口,则转换表遍历硬件,从存储在主存储器中的转换表中获取转换和访问权限,一旦取到,这些信息就被放在 TLB 中,它会放在一个没有使用的入口处或覆盖一个已有的入口。

若存储器访问的 TLB 入口被查到,则:

(1) 这些信息被用于高速缓存位(C)和缓冲位(B),用来控制高速缓存和写缓冲,并决定是否高速缓存(如果系统中没有高速缓存和写缓冲,则对应的位将被忽略),C 位和 B 位是一级描述符格式中的两个位。

(2) 这些信息是用于访问权限控制位和域访问控制位,而且控制访问是否被允许。如果不允许,则 MMU 将向 ARM 处理器发送一个存储器异常;否则访问将被允许进行。

(3) 对没有高速缓存的系统(包括在没有高速缓存系统中的所有存储器访问),物理地址将被用作主存储器访问的地址;对有高速缓存的系统,在高速缓存没有被选中的情况下,物理地址将被用于行取(Line Fetch)的地址;在高速缓存被选中的情况下,物理地址将被忽略。

2.8.5　MMU 的地址转换

MMU 支持基于段和页的存储器访问。其中段(Section)特指构成 1MB 的存储器块;有 3 种不同容量的页,即 1KB 存储块的微页(Tiny Page)、4KB 存储块的小页(Small Page)和 64KB 存储块的大页(Large Page)。

段和大页允许只用一个 TLB 入口去映射大的存储器区间。小页和大页有附加的访问控制,即小页分成 1KB 的子页,大页分成 16KB 的子页。微页没有子页,对微页的访问控制是对整个页进行的。

1. 地址转换路径

ARM 的 MMU 是通过二级页表实现虚拟地址到物理地址的转换的,其中第 1 级页表包含段描述符、粗页描述符和细页描述符。以段为单位的地址转换只需要一级页表。第 2 级页表有粗页和细页两种形式,包含大页、小页和微页的描述符。以页为单位的地址转换需要二级页表。

2. 从虚拟地址到物理地址的转换方法

(1) 确定第 1 级页表的基地址。当片上(On-Chip)的 TLB 中不包含被要求的虚拟地址的入口时,转换过程被启动。转换表基址寄存器(CP15 的寄存器 C2)保存着第 1 级转换表的物理基地址。CP15 的 32 位 C2 寄存器中的 31~14 位即为第 1 级页表的基地址,13~0 位(SBZ)为零。因此第 1 级表总是以 16KB 的边界对齐,即第 1 级页表的起始地址的低 14 位总是为 0。

(2) 合成转换表的第 1 级描述符。转换表基址寄存器 C2 的 31~14 位与虚拟地址的 31~20 位和两个 0 位连接形成 32 位物理地址,如图 2-9 所示。这个地址选择了一个 4 字段的转换表入口,它是第 1 级描述符,即是指向第 2 级页表的指针。

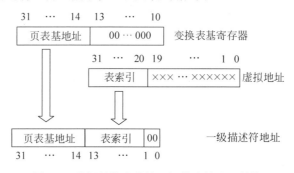

图 2-9　访问转换表的第 1 级描述符地址转换

从图 2-9 得到的第 1 级描述符地址开始连续取 4B(1 个字)就是第 1 级描述符,第 1 级描述符描述它所关联的 1MB 虚拟地址是如何映射的,如图 2-10 所示。

	31 … 20	19 …12	11 10	9	8 7 6 5	4	3 2	1 0
故障		忽略						0 0
粗糙页描述符	粗糙页二级表基地址		0		域	用户定义		0 1
段描述符	段基地址	00000000	AP	0	域	用户定义	C B	1 0
精细页描述符	精细页二级表基地址	00		0	域	用户定义		1 1

图 2-10　第 1 级描述符的 4 种格式

不同 ARM 核的相应描述符的个别位有差别,如果是 ARM720T,则没有精细页描述符,只有粗糙页,即页描述符。

在描述符中,AP(Access Privilege)为访问权限,可分为 00、01、10 和 11 共 4 级,其中 00 为最高权限,11 为最低权限;C(Cache)为高速缓存位,C=1 表示高速缓存有效;B(Buffer)为缓冲位,B=1 表示缓冲有效。

域是段、大页和小页的集合。ARM 结构支持 16 个域,对域的访问由域的访问控制寄存器来控制,支持客户和管理者两种不同域的访问方式。

客户是域的用户(执行程序,访问数据),客户的访问权限由形成这个域的段或页来监督;

管理者控制域的行为(域中的当前段和页,对域的访问)、管理者的访问权限不受形成这个域的段或页的监督。一个程序可以是一些域的客户,也可以是另外一些域的管理者,但没有访问其他域的权限。这就允许程序访问不同存储器资源时对存储器进行保护。域访问控制寄存器的位编码方式见表 2-11。

表 2-11　域访问控制寄存器的位编码方式

值	访问方式	描　　述
0b00	不能访问	任何访问都将导致一个域故障(domain fault)
0b01	客户	能否访问将根据段或页描述符中的访问权限位确定
0b10	保留	使用这个值将导致不可预料的结果
0b11	管理者	不根据段或页描述符中访问权限位确定能否访问,故不产生权限错(permission fault)

各描述符中的域由 8～5 位的 4 位编码决定,可选择 16 种不同域之一。

第 1 级描述符的最低 2 位(1,0 位)的编码有以下 4 种情况:

- 当第 1 级描述符的最低 2 位编码为 00 时,表示所关联的地址没有被映射,试图访问它们将产生一个转换故障(Fault)异常。因为它们被硬件忽略,所以软件可以利用描述符的 31～2 位做测试,推荐继续为描述符保持正确的访问权限。
- 当第 1 级描述符的最低 2 位编码为 01 时,表示粗糙页二级描述符,高 22 位地址指示粗糙页第 2 级页表基地址,因此 32 位地址中只有 10 位作为偏移地址,所以最大的粗糙页第 2 级页表只有 $2^{10}B=1KB$。
- 当第 1 级描述符的最低 2 位编码为 10 时,表示它所关联地址的段描述符,最高 12 位表示段的基地址,剩余 20 位作为偏移地址,因此段关联的最大地址空间 $2^{20}B=1MB$。

对于段的访问有特权级限制,AP 特权由 11、10 位决定。

访问权限位控制对相应的段和页的访问。访问权限由 CP15 的寄存器 1 的 System(S)和 ROM(R)位修改。表 2-12 描述了访问权限位和 S、R 位相互作用时的含义。如果访问了没有访问权限的存储器空间,则会产生权限错异常。

表 2-12　MMU 存储访问权控制

AP	S	R	特权级的访问权限	用户级的访问权限
00	0	0	无访问特权	无访问特权
00	1	0	只读	无访问特权
00	0	1	只读	只读
00	1	1	不可预知	不可预知
01	×	×	读写	无访问特权
10	×	×	读写	只读
11	×	×	读写	读写

- 当第 1 级描述符的最低 2 位编码为 11 时,表示精细页 2 级描述符,最高 20 位表示精细页 2 级表基地址,剩余 12 位表示偏移地址,因此最大的精细页第 2 级表大小为 $2^{12}B=4KB$,然而粗糙页第 2 级表只能映射大页和小页,精细页第 2 级表可以映射大页、小页及微页。

(3) 根据不同的第 1 级描述符获取第 2 级描述符地址,并找出第 2 级描述符。

如果第 1 级描述符是精细页描述符,则精细页描述符对应的第 2 级描述符地址转换如图 2-11 所示。

精细页描述符的特征是最低 2 位为 11。同样,通过 CP15 的 C2 寄存器的页表基地址与虚

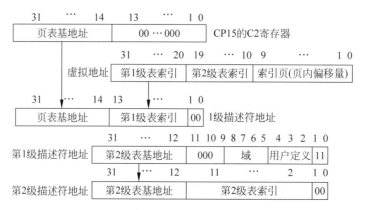

图 2-11　精细页第 2 级描述符地址转换

拟地址指示的第 1 级表索引可得到 1 级描述符的地址(最低 2 位为 1)。通过该描述符地址找出第 2 级描述符,第 2 级描述符描述的第 2 级表基地址与虚拟地址提供的第 2 级表索引合成第 2 级表描述符地址(最后 2 位为 00),从而找出第 2 级页表描述符。

如果第 1 级是段描述符,则可按照如图 2-12 所示步骤进行地址转换。

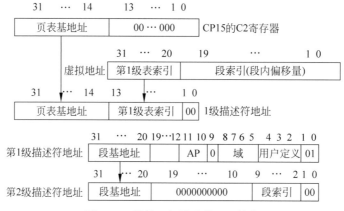

图 2-12　段第 2 级描述符地址转换

由此得出第 2 级表描述符的地址,从而可以得到第 2 级表的描述符。同样,第 2 级描述符也有 4 种格式,如图 2-13 所示。对于 ARM720T,则没有微页描述符。

	31…16	15…12	11	10	9	8	7	6	5	4	3	2	1	0
无效	忽略											0	0	0
大页描述符	大基页地址	0000	AP3		AP2		AP1		AP0		C	B	0	1
小页描述符	小基页地址		AP3		AP2		AP1		AP0		C	B	1	0
微页描述符	微基页地址		0	0	0	0		AP		C	B	1	1

图 2-13　第 2 级描述符的 4 种格式

由图 2-13 可知,通过第 2 级描述符地址找出的第 2 级描述符尽管有 4 种不同的格式,但实质只有大页描述符、小页描述符以及微页描述符 3 种,由描述符的最低 2 位编码决定。

- 当描述符最低 2 位的编码值为 01 时,表示该描述符为大页描述符,由于基地址占用 16 位,页内偏移量也是 16 位,因此可以寻址 2^{16} B=64KB 的虚拟地址空间。
- 当描述符最低 2 位的编码值为 10 时,表示该描述符为小页描述符,其页内偏移地址有 12 位,因此可寻址 2^{12} B=4KB 的虚拟地址空间。
- 当描述符最低 2 位的编码值为 11 时,表示该描述符为微页描述符,其页内偏移地址只有 10 位,因此可寻址 $2^{10}B=1KB$ 的虚拟地址空间。

在各描述符中,C 和 B 分别为高速缓存与缓冲位,AP、AP0、AP1、AP2 以及 AP3 分别表示不同地址范围内页、第 1 个子页、第 2 个子页、第 3 个子页、第 4 个子页的访问权,参见表 2-12。

(4) 地址转换的最后一步是将第 2 级页描述符指示的页基地址与虚拟地址指示的页内偏移地址相加即得到相应页的物理地址,以完成虚拟地址到物理地址的转换。

如果是大页,则从大页描述符中取出最高 16 位大页基地址,低 16 位清零,然后与虚拟地址指示的 16 位大页页内偏移量相加,即可得到大页的物理地址。

如果是小页,则从小页描述符中取出最高 20 位小页基地址,低 12 位清零,然后与虚拟地址指示的 12 位小页页内偏移量相加,即可得到小页的物理地址。

如果是微页,则从微页描述符中取出最高 22 位微页基地址,低 10 位清零,然后与虚拟地址指示的 10 位微页页内偏移量相加,即可得到微页的物理地址。

2.9　ARM 的选型原则

基于 ARM 核的处理器众多,功能相差也很大。选型主要从应用角度出发,根据功能的需求、是否有升级要求以及成本等多方面考虑。下面从技术角度介绍 ARM 选型需要考虑的因素。

1. ARM 核心

不同的 ARM 核心性能差别很大,需要根据使用的操作系统选择 ARM 核心。使用 Windows CE 或者 Linux 之类的操作系统可以减少开发时间,但是至少需要选择 ARM720T 以上并且带有 MMU(内存管理单元)的芯片,ARM920T、ARM922T 等核心的芯片都可以很好地支持 Linux。选择合适的核心对移植和开发工作都有很大帮助。

2. 时钟控制器

ARM 芯片的处理能力由时钟频率决定。ARM7 核心每兆赫兹的处理能力为 0.9MIPS (MIPS 表示百万条指令/秒),即一个 ARM7 处理器时钟频率每提高 1MHz,在相同时间就能多处理 90 万条指令。ARM9 的处理能力比 ARM7 高,为 1.1MIPS/MHz。常见的 ARM7 处理器时钟频率为 20~133MHz。常见的 ARM9 处理器时钟频率为 100~233MHz。不同的处理器时钟处理方式也不同,在一个处理器上可以有一个或者多个时钟。若使用多个时钟的处理器,则处理器核心和外部设备控制器可使用不同的时钟源。一般来说,一个处理器的时钟频率越高,处理能力也越强。

3. 内部存储器

许多 ARM 芯片都带有内部存储器 Flash 和 RAM。带有内部存储器的芯片,无论是安装还是调试都很方便,而且减少了外围器件,降低了成本,但是内部存储器受到体积和工艺的限制不能做到很大。如果用户的程序不是很大,并且升级不是很多,那么可以考虑使用带有内部存储器的芯片。不同的芯片内部存储容量差异很大。在选择一个芯片时需要参考该芯片的用户手册或者硬件描述等文档。

4. 中断控制器

标准的 ARM 核仅支持快速中断(FIQ)和标准中断(IRQ)。芯片厂商在设计集成 ARM 内核的芯片时,为了支持各种外部设备的中断请求,往往会在芯片中设计中断控制器,方便用户进行开发。外部中断控制是选择芯片时需要考虑的一个重要因素,一个设计合理的外部中断控制器可以减轻用户开发的工作量,如有的芯片把所有的 GPIO 口设计为可以作为外部中断输入,并且支持多种中断方式,这种设计就极大地简化了用户外围电路和系统软件的设计。

如果外部中断很少,则用户需要采用轮询方式获取外部数据,这会降低系统效率。

5. GPIO

GPIO 的数量也是一个重要指标。嵌入式微处理器主要用来处理各种外围设备数据,如果一个芯片支持较多的 GPIO 引脚,无疑对用户的开发和以后扩展都留有很大余地。需要注意的是,有的芯片 GPIO 是和其他功能复用的,在选择时应当注意。

6. 实时时钟

RTC 是英文 Real Time Clock 的缩写,中文译为实时时钟,许多 ARM 芯片都提供了这个功能。使用实时时钟可以简化设计,用户可以通过 RTC 控制器的数据寄存器直接得到当前的日期和时间。需要注意的是,有的芯片仅提供一个 32 位数,需要使用软件计算出当前的时间;有的芯片直接提供了"年月日时分秒"格式的时间。

7. 串行控制器

串行通信是嵌入式开发必备的一个功能。用户在开发时都需要用到串口,查看调试输出信息,甚至提供给用户的命令行界面也都是通过串口控制的。绝大多数 ARM 芯片都集成了 UART 控制器,用于支持串口操作。如果需要很高传输速率的串口通信,则需要特别注意,目前大多数 ARM 芯片内部集成的 UART 控制器的传输速率都不超过 25600bps。

8. 看门狗

目前,几乎所有的 ARM 芯片都提供了看门狗计数器,操作也很简单。用户根据芯片的编程手册直接读写看门狗计数器的相关寄存器即可。

9. 电源管理功能

ARM 芯片在电源管理方面设计得非常好,一般的芯片都有省电模式、睡眠模式和关闭模式。用户可以参考芯片的编程手册设计系统软件。

10. DMA 控制器

一些 ARM 芯片集成了 DMA 控制器,可以直接访问硬盘等外部高速数据设备。如果用户设计一个影音播放器或者机顶盒等,那么可以优先考虑使用集成 DMA 控制器的芯片。

11. I^2C 接口

I^2C 是常见的一种芯片间的通信方式,具有结构简单、成本低的特点。目前越来越多的 RAM 芯片都集成了该接口。与外部设备之间少量的数据传输可以考虑使用 I^2C 接口。

12. ADC 和 DAC 控制器

有的 ARM 芯片集成了 ADC 和 DAC 控制器,可以方便地与处理模拟信号的设备互联。开发电子测量仪器,例如电压电流检测以及温度控制等都会用到 ADC 和 DAC 控制器。

13. LCD 控制器

越来越多的嵌入式设备开始提供友好的界面,使用最多的就是 LCD 屏。如果需要向客户提供一个 LCD 屏界面,那么选择一个带有 LCD 控制器的芯片可以极大地降低开发成本。例如,S3C2440A 微处理器集成了一个彩色的 LCD 控制器,可以向用户提供更加友好的界面。

14. USB 接口

USB(Universal Serial Bus,通用串行总线)是目前最流行的数据接口。嵌入式产品上的 USB 接口在很大程度上方便了用户的数据传输。许多 ARM 芯片都提供了 USB 控制器,有些芯片甚至同时提供了 USB 主机控制器和 USB 设备控制器,例如 S3C2440A 处理器。

15. I^2S 接口

I^2S(Integrate Interface of Sound,集成音频接口)可以把解码后的音频数据输出到音频设备上。如果是开发音频类产品,例如 MP3,那么这个接口是必需的。S3C2440A 微处理器提供了一个 I^2S 接口。

本章习题

1. 冯·诺依曼结构和哈佛结构各自的特点是什么？

2. 什么是 CISC 和 RISC？二者各自有什么特点？

3. 什么是大端和小端？大端和小端存储各自的优势是什么？如何判断机器的大端和小端序？

4. 简要说明嵌入式处理器的常见分类。

5. 嵌入式处理器具有什么特点？

6. 简述 ARM 体系结构的技术特征。

7. ARM 处理器有哪些工作模式？其各自的含义是什么？当发生异常时，处理器会做哪些工作来恢复到正常状态？

8. ARM 处理器总共有多少个寄存器？其各自的功能是什么？

9. 简要说明 CPSR 和 SPSR 的作用。

10. ARM 有哪几种异常类型？

11. 试述 ARM 处理器异常中断的响应过程。

12. 简述 MMU 从虚拟地址到物理地址的转换过程和方法。

## 第 3 章

熟悉 ARM 嵌入式教学实验系统

3.1　ARM 嵌入式教学实验系统

嵌入式教学实验系统采用双核处理器架构设计,双核处理器架构是指采用一个 ARM 核及一个 SoC 图像处理核的架构芯片,完成视频采集、H.264 压缩、音频压缩、网络传输以及嵌入式 Linux 操作系统等。如图 3-1 所示为嵌入式教学实验系统实物图。

图 3-1　嵌入式教学实验系统实物图

嵌入式教学实验系统集成了各类物联网功能模块,支持温度/湿度采集、超声波测距、加速度测定等传感器功能,支持音视频采集功能,以及以太网、蓝牙、WiFi 和 ZigBee 多种通信方式。

嵌入式教学实验系统主要由箱体、底板及核心开发板组成,其中核心开发板通过两个 2×40 的母排固定在底板上。进行实验时首先通过一个 220V 转 12V 的电源适配器将实验箱底板与三相电源相连,通过 RS232 串口线连接实验箱和计算机可以在计算机端进行串口调试,底板接上网线可与同一局域网下的其他设备进行数据交互。

3.2　嵌入式教学实验系统的总体设计方案

本嵌入式教学实验系统设计的功能可以分为以下几个主要部分,具体设计框图如图 3-2 所示。以下是对系统的各个部分的简单说明。

(1) 核心板:本系统采用的 CPU 是主频率为 300MHz 的 TMS320DM365,核心板上能实现视频数据采集编码、音频数据采集编码、网络数据传输等功能。

(2) TF 卡槽:在本系统中用 TF 卡来存储视频数据等。

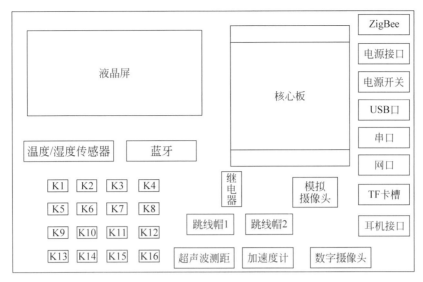

图 3-2 教学实验系统设计框图

（3）温度/湿度传感器：通过 DHT11 测量本地温度和湿度。

（4）蓝牙：采用 HM-10 蓝牙模块，主芯片为 TI 的 CC2541 芯片，支持 AT 指令，能够实现短距离内的通信。

（5）超声波测距：采用 HC-SR04 模块测量障碍物与测距模块之间的距离。

（6）加速度计：采用三轴传感器 ADXL335 确定运动方式。

（7）继电器：本系统采用 SRD 继电器。

（8）电源接口：12V 输入电源，负责给系统的各部分供电。

（9）ZigBee：芯片采用 TI CC2530，ZigBee 也可用于短距离通信。

（10）USB 口：采用 USB Type-A 接口，支持 USB 2.0、USB 3.1 Genl（SuperSpeed USB 5Gbps）和 USB 3.1 Gen2（SuperSpeed USB 10Gbps）数据传输速率。

（11）串口：采用 RS232 接口，信号线少，传送距离远，可灵活选择波特率。

（12）网口：采用常用的 RJ45 以太网接口，支持 10Mbps 和 100Mbps 自适应的网络连接速度。

（13）数字摄像头和模拟摄像头：有数字和模拟两个采集视频的摄像头，可在视频采集界面通过 K16 按键进行摄像头切换。

（14）液晶屏：摄像头界面和 QT 界面显示在 640×480px 的 LCD 屏上。

3.3 系统核心开发板硬件架构

实验箱核心板的布局如图 3-3 所示。

下面具体介绍所使用的关键芯片与各功能模块。

1. TMS320DM365 芯片

主芯片采用 TI 公司的 TMS320DM365 芯片（以下简称 DM365），这是一款面向多媒体处理的专用 SoC 架构芯片，其延续了达芬奇家族处理器 ARM＋DSP 的双核架构，集成了 ARM926EJ-S 核和 DSP 核，其中 ARM 处理器核主要负责外设接口的管理和控制，DSP 核则包含一个 H.264 高清编解码协处理器 HD-VICP 和一个 MPEG-4/JPEG 高清编解码协处理器 MJCP，可以支持 H.264/MPEG-4 的高清视频（1080p＠15f/s，720p＠30f/s）。图 3-4 为 DM365 内部功能结构和对外接口。

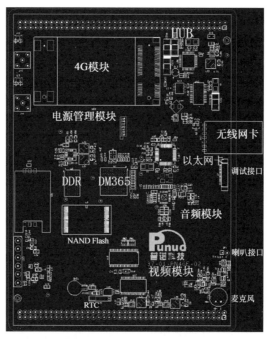

图 3-3　实验箱核心板的布局

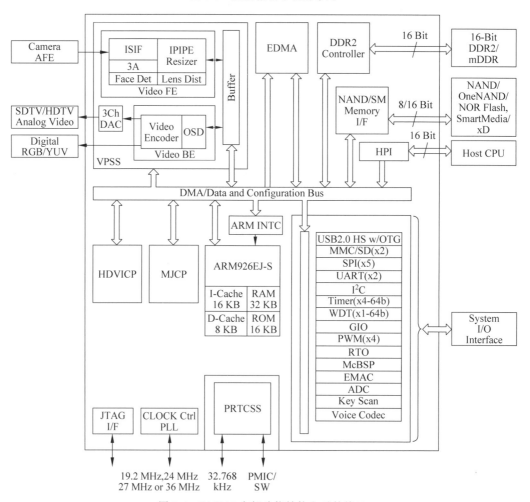

图 3-4　DM365 内部功能结构和对外接口

此芯片的输入输出(I/O)外设也非常丰富,存储接口包括 MMC/SD、DDR2 控制器、NAND/SM 接口等,连接接口包括 10Mbps/100Mbps 以太网口、USB 2.0(High Speed)等,通用 I/O 接口包括 SPI、UART、I^2C 等。

ARM 子系统、视频处理子系统、视频图像协处理器和外设之间通过直接内存读取(Direct Memory Access,DMA)实现。DMA 允许不同速度的硬件在不占用 CPU 的大量终端负载的情况下进行通信。进行 DMA 数据通信时,不需要程序控制,由硬件自动完成。这样在进行大量数据的通信时,减少了系统对 CPU 资源的利用率,提升了系统性能。

2. TVP5151 芯片

TVP5151 是一款由 TI 公司推出的超低功耗的 NTSC、PAL、SEVAM 制式视频解码芯片,它包括一个 9 位的模数转换器,工作频率是 2 倍的采样率,采样率 27MHz 是由晶振或振荡器产生输入的。它可以接收最多两路的复合视频输入,或一路端子视频输入,同时能够将模拟视频转化为内嵌同步的 8 位 ITU-R BT656 标准的或分离同步的 8 位 YCbCr 4∶2∶2 的数据格式。

在典型的工作条件下,其功率为 138mW,在掉电模式下,功率小于 1mW,可以使用 IPC 进行编程和配置。TVP5151 中共有 256 个寄存器,其中预留了总共 98 个寄存器(它们是 0ch、10h、17h、1Fh～20h、25h～27h、29h～2Bh、31h～7Dh、8Dh、8Fh、BCh～BFh、Ceh、FDh～FFh),且有 50 个寄存器为只读寄存器(它们是 2Ch、2Dh、80h～8Ch、90h～B0h、C6h、C7h)。

将 CMOS 摄像头获得的 AV 复合信号输入至 TVP5151 的 AIP1A 接口,经过 TVP5151 的模数转换后,获得 8 位的数字信号,接入至 DM365 的视频引脚,即完成视频数据的 A/D 转换和输入。SDA 和 SCL 连接 DM365 的 IC 总线后,可以用于 TVP5151 的寄存器配置。HSYNC 和 VSYNC 是行场同步信号,PCLK/SCLK 是信号时钟用于同步输出的视频信息。

3. TVL320AIC3101 芯片

TVL320AIC3101(以下简称 AIC3101)是由 TI 公司出品的一款用于便携式音频/电话的低功耗立体声音频编解码器。它包含一个立体声的 DAC 和一个立体声的 ADC,其中 DAC 的信噪比为 102dBA,可以接受的数据为 16b/20b/24b/32b,支持采样率为 8～96kHz,ADC 的信噪比为 92dBA,也支持 8～96kHz 的采样率。AIC3101 包含 6 个音频输入脚和 6 个音频输出脚,可以通过 I^2C 总线配置,音频串行数据总线支持 I^2S。在使用 3.3V 模拟电源,立体声回放 48kHz 时功率为 14mW。在本设备上的主要信号输入输出连接示意图如图 3-5 所示。

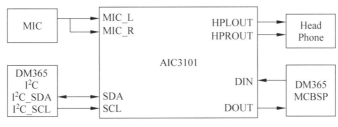

图 3-5　AIC3101 硬件连接图

DM365 通过 PC 控制总线对 AIC3101 的寄存器配置后,可完成音频数据采集和播放功能。主要过程如下:首先,经由 MIC 接收音频信号至 AIC3101 的 MIC 左右声道,进入 AIC3101 音频芯片进行模数转换,然后数据通过 MCBSP 口交给 DM365 处理,根据要求,可使用合适的音频压缩算法,由 DM365 完成如 G711 等音频编码工作;当 DM365 接收到音频数据后,会先通过 DM365 进行相应的解码,然后通过 MCBSP 口输入 AIC3101,最后在 AIC3101 中进行数模转换,通过耳机的左右声道输出播放。

4. DDR2 内存模块

本系统的内存由 DDR2(Double Data Rate 2)芯片构成,它与上一代 DDR 内存技术标准最大的不同就是,虽然同样采用了在时钟的上升/下降沿同时进行数据传输的基本方式,但 DDR2 内存拥有两倍以上一代 DDR 内存预读取速率,即 4b 数据预读取。换句话说,DDR2 内存每个时钟能够以外部总线 4 倍的速度读/写数据,并且能够以内部控制总线 4 倍的速度运行。

DDR2 的时钟信号也是一对差分信号,如图 3-6 所示,在 CLKn 信号和 CLK 信号的交叉处传输数据。

图 3-6 DDR2 差分时钟信号图

DDR2 可读写,存取速度较高,但不具备掉电不易失性属性,主要用于运行程序、数据以及堆栈。本系统采用三星公司的 K4T1G164QG-BCF7,其内存容量 128MB,内部组织结构为 8Mb×16 个 I/O×8banks,16Mb×8 个 I/O×8banks。这种同步装置实现的高速双数据率传输速率高达 800Mbps。

5. NAND Flash 闪存模块

非掉电易失性存储器 Flash,由于其具有成本低、速度快及密度大的特点而在嵌入式系统中得到了广泛的应用。与磁盘等磁性介质的存储器相比,对 Flash 的操作存在一些特殊性,例如下面的两点:

(1) Flash 最小的擦写单位是块(Block),有时也称为扇区(Sector),不能对单个字节进行擦除。一般一个块的大小为 64KB。

(2) Flash 只能对空的位置进行写操作,即该地址上的内容全为 0xFF,也就是说,如果该位置非空,那么写操作无法起作用。如果要对一个原来已经有内容的空间进行改写,则需要先将该空间所在块读出到内存,在内存中改写为全 0xFF,再对整个块进行改写。Flash 存储器主要有 NOR 和 NAND 两种类型。一般来说,NOR 型大多适合程序代码的存储,而 NAND 型则可以用来存储大容量数据。

本嵌入式教学实验系统使用一片 Flash 来对 CPU 的存储空间进行扩展,Flash 与 DM365 的连接原理图如图 3-7 所示。

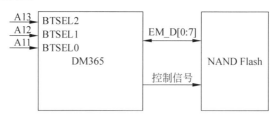

图 3-7 Flash 与 DM365 的连接原理图

闪存模块使用的 NAND Flash 芯片为三星公司的 K9K8G08U0E-SCBO,有 512MB 的闪存容量以及 256Mb 的备用空间,是一个 4Gb NAND 闪存。Flash 的编程与读操作都是以页为单位进行的,而擦除操作是以块为单位进行的。一个程序操作可以在(2K+64)B 的页上在 400μs 内执行完毕,而一个擦除操作可以在(128K+4K)B 的块上在 4.5ms 内执行完毕。数据寄存器中的数据可以以每字节 25ns 周期时间读出。I/O 引脚可作为地址和数据输入/输出以及命令输入的端口。片上写控制器自动执行所有程序和擦除功能,包括脉冲重复、内部验证和数据边值。即使是写密集型系统也可以通过提供带有实时映射算法的 ECC(错误纠正码)进行数据校正。本嵌入式教学实验系统中的 BootLoader、各种设备驱动程序、Linux 内核映像和比较重要的配置文件都存储在 Flash 中。系统的物理内存布局如图 3-8 所示。

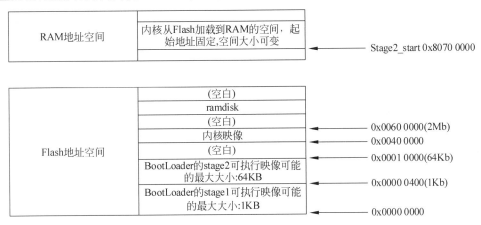

图 3-8 系统的物理内存布局

6. 时钟模块

RTC 使用了一块 X1205 芯片,用于系统时间的校准等。X1205 是一个带有时钟、日历两路报警振荡器补偿和电池切换的实时时钟。

实时时钟(RTC)使用一个外部的 32.768kHz 石英晶体来保持精确的年、月、日、星期、时、分、秒。RTC 具有闰年校正和世纪字节。时钟对少于 31 日的月也能校正。时钟寄存器有一位控制着 24/12 小时或上午/下午格式。

RTC 强大的双报警功能能够被设置到任何时钟日历值上,任意实际存在的时刻均可报警,警报能够在状态寄存器被查询到或在 IRQ 引脚提供一个硬件的中断信号,IRQ 引脚允许重复产生周期性的中断。

该芯片提供一个备份电源输入脚 VBACK,该引脚容许器件用电池或大容量电容进行备份供电。整个 X1205 器件的工作电压范围为 2.7～5.5V,X1205 的时钟日历部分的工作可降到 1.8V(待机模式)。

7. 以太网模块

KSZ8001L 是一款性能优良的支持自动协商和手动选择 10Mbps/100Mbps 速度和全/半双工模式的以太网控制器,完全适用于 IEEE 802.3u 协议。除了具备其他以太网控制芯片所具有的一些基本功能外,还有它的独特优点:工业级温度范围(0～+80℃);1.8V 工作电压,功耗低;高度集成的设计,使用 KSZ8001L 可以将一个完整的以太网电路设计电路最小化,适合作为智能嵌入设备网络接口;独特的包页结构,可自动适应网络通信模式的改变,占用系统资源少,从而增加系统效率。

8. 无线网模块

无线网卡选用 RT5370 芯片,支持 IEEE 802.11b/g/n 协议。WiFi 网络可以将有线网络信号转换成无线网络信号,向计算机、手机、PAD 等设备提供无线热点信号连接。

RT5370 是设有 USB 2.0 接口的系统单芯片(SoC),IEEE 802.11n WiFi 数据传输率最高可达 150Mbps。RT5370 采用整合式 IEEE 802.11n 基频及介质访问控制(MAC)架构、功率放大器及低噪声放大器,并备有传输接收及天线分集开关,再配合优化的射频架构及基频算法,不仅带来卓越的效能表现,还提供了可靠且低功耗的处理能力。

3.4 存储模块设计

本嵌入式教学实验系统可通过外插 TF 卡存储数据。TF 卡又称 Micro SD 卡,是一种超小型卡(11mm×15mm×1mm),约为 SD 卡的 1/4。TF 和 SD 都是闪存的一种,可经 SD 卡转换器后,当 SD 卡使用。利用适配器可以在使用 SD 作为存储介质的设备上使用。TF 卡主要是为手机拍摄大幅图像以及能够下载较大的视频片段而开发研制的。本系统采用的是金士顿 8GB Micro SD 卡来存储视频数据。系统采用翻盖式的 TF 卡卡座,向内按可插拔卡,向外拖可锁定卡盖,相比其他卡座更不易损坏。卡座的接入电路如图 3-9 所示。

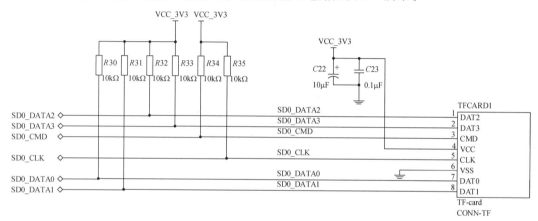

图 3-9　卡座的接入电路

3.5 温度/湿度模块设计

本嵌入式教学实验系统通过温度/湿度计测量本地的温度和湿度,选用 DHT11 数字温度/湿度传感器,如图 3-10 所示。

DHT11 数字温度/湿度传感器是一款含有已校准数字信号输出的温度/湿度复合传感器。它应用专用的数字模块采集技术和温度/湿度传感技术,确保产品具有极高的可靠性与卓越的长期稳定性。传感器包括一个电阻式感湿元件和一个 NTC 测温元件,并与一个高性能 8 位单片机相连接。因此该产品具有品质卓越、响应超快、抗干扰能力强、性价比极高等优点。产品为 4 针单排引脚封装,连接方便,可根据用户需求提供特殊封装形式。每个 DHT11 传感器都在极为精确的湿度校验室中进行校准。校准系数以程序的形式存储在 OTP 内存中,传感器内部在检测信号的处理过程中要调用这些校准系数。单线制串行接口,使系统集成变得简易快捷。超小的体积、极低的功耗,信号传输距离可超过 20m,使其成为各类应用甚至最为苛刻的应用场合的最佳选择。温度/湿度传感器的接入电路如图 3-11 所示。

图 3-10　DHT11 数字温度/湿度传感器

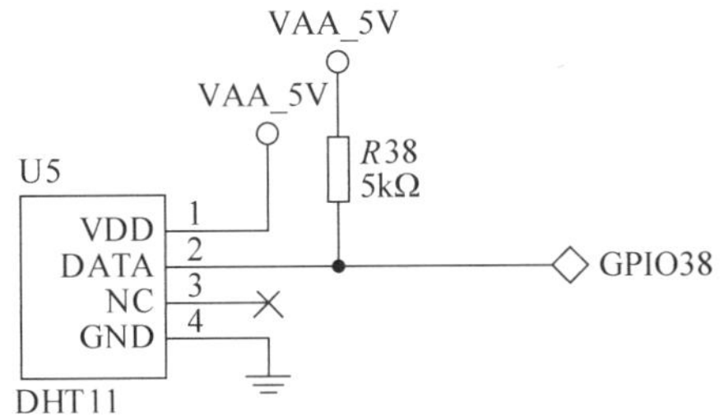

图 3-11　温度/湿度传感器接入电路

3.6　超声波模块设计

本嵌入式教学实验系统通过在超声波测距传感器前放置物品,进行测距实验。选用的是 HC-SR04 超声波测距模块,如图 3-12 所示。

HC-SR04 超声波测距模块可提供 2～400cm 的非接触式距离感测功能,测距精度高达 3mm;模块包括超声波发射器、接收器与控制电路。电路连接图如图 3-13 所示。

图 3-12　HC-SR04 超声波测距模块

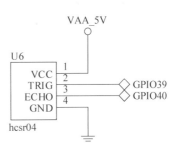

图 3-13　电路连接图

3.7　WiFi 模块设计

本嵌入式教学实验系统通过 WiFi 模块进行数据的收发。WiFi 无线通信模块选取的是 RALINK 公司的 RT5370 嵌入式模块,如图 3-14 所示。使用 RT5370 作为 WiFi 模块可以连

图 3-14　RT5370WiFi 模块

接 150m 范围内的无线接入热点(基于不同的环境会有不同)。可以简单快速地接收和传输文件。传输速度可达 150Mbps,遵循 IEEE 802.11b/g 或 IEEE 802.11n 标准,使用 2.4GHz 频段。

RT5370 模块传输距离远,室内最远可达 100m,室外最远可达 300m。采用 USB 接口方式进行数据传输,工作电压为 3.3V,且模块连接方式简单,共有 7 个连接脚:2 个数据引脚,2 个电源引脚,1 个 LED 指示引脚,1 个地,1 个脚悬空。连接图如图 3-15 所示。

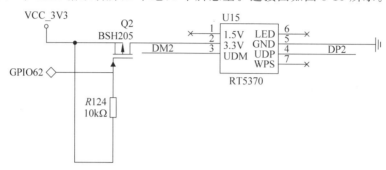

图 3-15　WiFi 连接电路

3.8　ZigBee 模块设计

ZigBee 无线功能模块是指遵循 ZigBee 协议的数据无线传输模块,具体由射频通信模块+微处理模块(MCU)+ZigBee 无线通信协议构成,一般用来对小数据量的数据进行无线传输,ZigBee 通信协议是不收费的,成本低,信息通过 ZigBee 通信协议进行远程传送,接收端利用 ZigBee 协议将数据进行收集并解析,然后再传送给 PC。ZigBee 开发套件如图 3-16 所示,ZigBee 核心模块如图 3-17 所示。

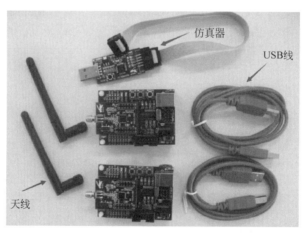

图 3-16　ZigBee 开发套件

ZigBee 模块具有近距离、低复杂度、自组织、低功耗、低数据速率、低成本的特点,非常适宜在交通、家居、安全监控等方面使用。

ZigBee 模块最主要芯片采用 CC2530,CC2530 芯片使用的 8051 CPU 内核是一个单周期的 8051 兼容内核。它有 3 种不同的内存访问总线(SFR、DATA 和 CODE/XDATA),单周期访问 SFR、DATA 和主 SRAM。它还包括一个调试接口和一个 18 输入扩展中断单元。

中断控制器总共提供了 18 个中断源,分为 6 个中断组,每个与 4 个中断优先级之一相关。当设备从活动模式回到空闲模式,任一中断服务请求就被激发。一些中断还可以从睡眠模式

图 3-17 ZigBee 核心模块

(供电模式 1～供电模式 3)唤醒设备。

内存仲裁器位于系统中心,因为它通过 SFR 总线把 CPU 和 DMA 控制器和物理存储器以及所有外设连接起来。内存仲裁器有 4 个内存访问点,每次访问可以映射到 3 个物理存储器之一:8KB SRAM、闪存存储器和 XREG/SFR 寄存器。它负责执行仲裁,并确定同时访问同一个物理存储器之间的顺序。

8KB SRAM 映射到 DATA 存储空间和部分 XDATA 存储空间。8KB SRAM 是一个超低功耗的 SRAM,即使数字部分掉电(供电模式 2 和供电模式 3)也能保留其内容。这是对于低功耗应用来说很重要的一个功能。

32KB/64KB/128KB/256KB 闪存块为设备提供了内电路可编程的非易失性程序存储器,映射到 XDATA 存储空间。除了保存程序代码和常量以外,非易失性存储器允许应用程序保存必须保留的数据,这样设备重启之后就可以使用这些数据。使用这个功能,就不需要经过完全启动、网络寻找和加入过程加载已经保存的网络数据。

时钟和电源管理、数字内核和外设由一个 1.8V 低差稳压器供电。它提供了电源管理功能,可以实现使用不同供电模式的长电池寿命的低功耗运行。有 5 种不同的复位源来复位设备。

3.9 蓝牙模块设计

蓝牙模块可以完成无线数据传输和音频传输。本嵌入式教学实验系统选择的是 HM-10 蓝牙 4.0 模块,该模块集成了高性能、低功耗的 8051 微控制器内核,可靠传输距离达 200m,无线传输速率达 1Mbps。HM-10 蓝牙模块采用 TI CC2541 芯片,配置 256Kb 空间,支持 AT 指令,用户可根据需要更改角色(主、从模式)以及串口波特率、设备名称、配对密码等参数,使用灵活。HM 系列蓝牙模块出厂默认的串口配置为:波特率 9600bps,无校验,数据位 8,停止位 1,无流控。HM-10 蓝牙模块如图 3-18 所示。

TMS320DM365 有两个串口,因为 ZigBee 模块和蓝牙模块都需要用到串口,而且还需要一个用于调试的串口,所以增加了一个跳线帽,如图 3-19 所示是跳线帽选择电路,用于两个模块间的切换。使用蓝牙通信时,需要用两个跳线帽分别将 UART1_TXD 和 BLE_TXD、UART1_RXD 和 BLE_RXD 连通。

蓝牙模块电路接入原理图如图 3-20 所示。

图 3-18　HM-10 蓝牙模块

图 3-19　跳线帽选择电路

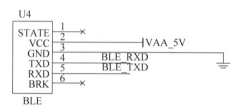

图 3-20　蓝牙模块电路接入原理图

3.10　加速度模块设计

本嵌入式教学实验系统采用的加速度计是 ADI 公司的 ADXL335 加速度计。该传感器是一款小尺寸、低功耗、完整的三轴加速度计,分辨率高（$3.9mg/LSB$）,测量范围为 ±3g。输出结果为 16 位二进制补码,通过 A/D 口与 DM365 相连。该模块既可以在静止状态下测出加速度值,也可以在运动状态下测出动态加速度值,甚至能测出角度值变化在 1° 以下的加速度值,是一种可靠性较高的加速度计,如图 3-21 所示。

ADXL335 加速度计模块连接电路如图 3-22 所示,该模块供电电压为 3.3V,且满足三轴

图 3-21　加速度计的实物图

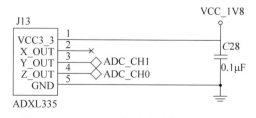

图 3-22　ADXL335 加速度计模块连接电路

加速度测量,但是我们只需要两个方向的加速度,故其中一个悬空。另外,加速度计所测得的数据是一个模拟数据,所以要先进行 A/D 转换。数据线连接在 DM365 的两个 A/D 口上,在内部将完成 A/D 的转换。

3.11 按键模块设计

本嵌入式教学实验系统采用 4×4 键盘,利用 DM365 的 GPIO 口中断功能,其中 GPIO65~GPIO68 用于控制 4×4 键盘的横列,GPIO69~GPIO72 用于控制 4×4 键盘的纵列。硬件连接原理图如图 3-23 所示。

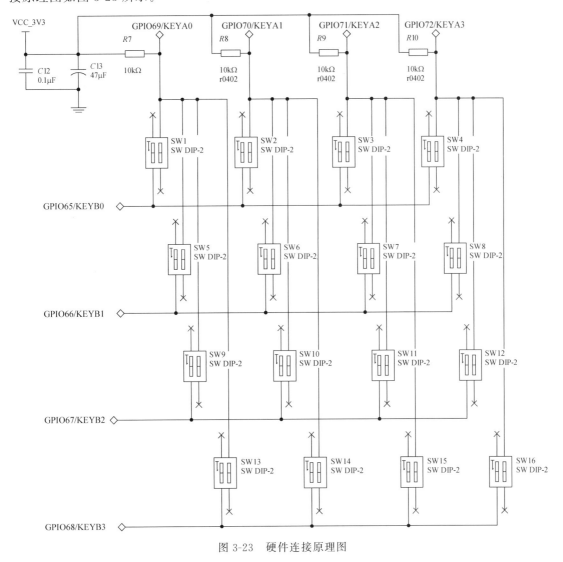

图 3-23　硬件连接原理图

3.12 继电器模块设计

本嵌入式教学实验系统中使用的继电器型号为 SRD-05VDC-SL-C。继电器是一种当输入量变化到某一定值时,其触头(或电路)即接通的控制器。

如图 3-24 所示,电磁式继电器一般由铁芯、线圈、衔铁、触点簧片等组成。只要在线圈两端加上一定的电压,线圈中就会流过一定的电流,从而产生电磁效应,衔铁就会在电磁力吸引的作用下克服返回弹簧的拉力吸向铁芯,从而带动衔铁的动触点与静触点(常开触点)吸合。

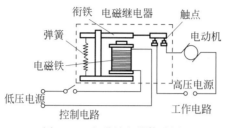

图 3-24 电磁继电器构造图

当线圈断电后,电磁的吸力随之消失,衔铁就会在弹簧的反作用力下返回原来的位置,使动触点与原来的静触点(常闭触点)释放。这样吸合、释放,从而达到了在电路中的导通、切断的目的。对于继电器的"常开、常闭"触点,可以这样来区分:继电器线圈未通电时处于断开状态的静触点,称为"常开触点";处于接通状态的静触点称为"常闭触点"。

由永久磁铁保持释放状态,加上工作电压后,电磁感应使衔铁与永久磁铁产生吸引产生向下的运动,最后达到吸合状态。

当晶体管用来驱动继电器时,使用 9013 NPN 三极管,具体电路如图 3-25 所示。把继电器应用到我们自己的开发板,当 GPIO41 输入低电平时,光电耦合器导通,晶体管 9013 饱和导通,继电器线圈通电,触点吸合,相应的二极管 D3 点亮,同时能听到继电器发出一声"啪"的响声;当 GPIO41 输入高电平时,光电耦合器断开,晶体管 9013 截止,继电器线圈断电,触点断开,相应的二极管 D3 熄灭。

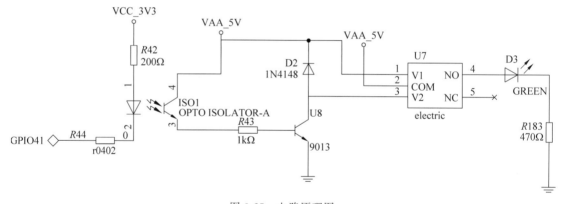

图 3-25 电路原理图

3.13　液晶显示

本嵌入式教学实验系统采用 TFT 640×480px 的 LCD 屏。TFT(Thin Film Transistor)即薄膜场效应晶体管,与无源 TN-LCD、STN-LCD 的简单矩阵不同,它在液晶显示屏的每一个像素上都设置有一个薄膜晶体管(TFT),可有效地克服非选通时的串扰,使显示液晶屏的静态特性与扫描线数无关,做到高速度、高亮度、高对比度地显示屏幕信息,大大提高了图像质量。

TFT-LCD 自带触摸屏,可以用来作为控制输入。本系统中采用 I^2C 驱动触摸屏,电路原理图如图 3-26 所示。

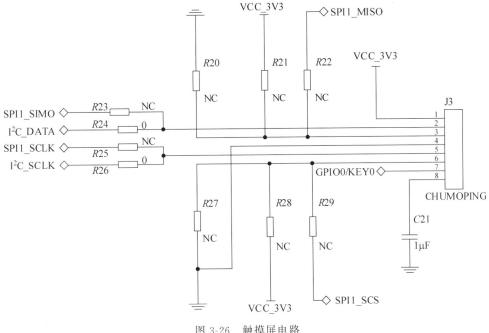

图 3-26 触摸屏电路

本章习题

1. 本教学实验系统采用了双核处理器,双核指的是哪两个核? 每个核主要实现什么功能?

2. 在 ARM 开发系统中,什么是脱机调试? 什么是断点功能? 什么是程序单步执行? 什么是变量监视功能?

3. 画出 ARM 嵌入式实验系统总体设计方案。

4. 画出本实验系统开发板硬件架构。

5. 写出 DDR 的英文含义。其主要功能是什么? 一般用来存储哪些信息?

6. Flash 的主要功能是什么? 一般用来存储哪些信息? 相对于 DDR 器件,Flash 的速度是快还是慢?

7. 0x80000000~0x8fffffff 的存储空间为多少?

## 第 4 章

ARM 指令集及汇编

4.1 ARM 指令集概述

ARM 可以用两套指令集：ARM 指令集和 Thumb 指令集。本节介绍 ARM 指令集。在介绍 ARM 指令集之前，先介绍指令的格式。

基本格式：

```
<opcode>{<cond>}{S} <Rd>,<Rn>,{<opcode2>}
```

其中，<>内的项是必需的，{}内的项是可选的。如<opcode>是指令助记符，是必需的；而{<cond>}为指令执行条件，是可选的，如果不写则使用默认条件 AL(无条件执行)。

参数说明如下：

opcode——指令助记符，如 LDR、STR 等。

cond——执行条件，如 EQ、NE 等。

S——是否影响 CPSR 寄存器的值，书写时影响 CPSR，否则不影响。

Rd——目标寄存器。

Rn——第一个操作数的寄存器。

opcode2——第二个操作数。

指令格式举例如下：

```
LDR R0,[R1]              ;读取 R1 地址上的存储器单元内容,执行条件 AL
BEQ DATAEVEN            ;跳转指令,执行条件 EQ,即相等跳转到 DATAEVEN
ADDS R1,R1,♯1           ;加法指令,R1 + 1 = R1 影响 CPSR 寄存器,带有 S
SUBNES R1,R1,♯0xD       ;条件执行减法运算(NE),R1 - 0xD = > R1,影响 CPSR 寄存器,带有 S
```

在 ARM 指令中，灵活使用第二个操作数能提高代码效率，第二个操作数的形式如下：

```
♯immed_8r
```

为常数表达式，该常数必须对应 8 位位图，即常数是由一个 8 位的常数循环移位偶数位得到。

- 合法常量：0x3FC、0、0xF0000000、200、0xF0000001 等都是合法常量。
- 非法常量：0x1FE、511、0xFFFF、0x1010、0xF0000010 等都是非法常量。

常数表达式应用举例如下：

```
MOV R0,♯1               ;R0 = 1
AND R1,R2,♯0x0F         ;R2 和 0x0F 相与,结果保存在 R1
LDR R0,[R1],♯ - 4       ;读取 R1 地址上的存储器单元内容并存入 R0,且 R1 = R1 - 4
```

1. Rn 寄存器

寄存器方式，在寄存器方式下操作数即为寄存器的数值。

寄存器方式应用举例：

```
SUB R1, R1, R2          ;R1 = R1 - R2
MOV PC, R0              ;PC = R0，程序跳转到指定地址
LDR R0, [R1], - R2      ;读取 R1 地址上的存储器单元内容并存入 R0，且 R1 = R1 - R2
```

Rn，shift：寄存器移位方式。将寄存器的移位结果作为操作数，但 Rn 值保存不变，移位方法如下：

ASR ♯n：算术右移 n 位($1 \leqslant n \leqslant 32$)。

LSL ♯n：逻辑左移 n 位($1 \leqslant n \leqslant 31$)。

LSR ♯n：逻辑右移 n 位($1 \leqslant n \leqslant 32$)。

ROR ♯n：循环右移 n 位($1 \leqslant n \leqslant 31$)。

RRX：带扩展的循环右移 1 位。

type Rs：其中，type 为 ASR、LSL 和 ROR 中的一种；Rs 为偏移量寄存器，低 8 位有效，若其值大于或等于 32，则两个操作数的运算结果为 0(ASR、ROR 除外)。

寄存器偏移方式应用举例：

```
ADD R1, R1, R1, LSL♯3   ;R1 = R1 + R1 * 9
SUB R1, R1, R2, LSR♯2   ;R1 = R1 - R2 * 4
```

R15 为处理器的程序计数器 PC，一般不要对其进行操作，而且有些指令不允许使用 R15，如 UMULL 指令。

2. 条件码

使用指令条件码，可实现高效的逻辑操作，提高代码效率。表 4-1 中给出了条件码、标志及含义。

表 4-1 条件码表

条 件 码	标 志	含 义
EQ	Z=1	相等
NE	Z=0	不相等
CS/HS	C=1	无符号数大于或等于
CC/LO	C=0	无符号数小于
MI	N=1	负数
PL	N=0	正数或 0
VS	V=1	溢出
VC	V=0	没有溢出
HI	C=1,Z=0	无符号数大于
LS	C=0,Z=1	无符号数小于或等于
GE	N=V	带符号数大于或等于
LT	N! =V	带符号数小于
GT	Z=0,N=V	带符号数大于
LE	Z=1,N! =V	带符号数小于或等于
AL	—	无条件执行(指令默认条件)

对于 Thumb 指令集，只有 B 指令具有条件码执行功能，此指令条件码同表 4-1，但如果为无条件执行时，不能在指令中书写条件码助记符 AL。

条件码应用举例如下。

(1) 比较两个值大小，并进行相应加 1 处理，C 代码为：

```
if(a > b)a++;
else b++  ;
```

对应的 ARM 指令如下,其中 R0 为 a,R1 为 b。

```
CMP R0, R1              ; R0 与 R1 比较
ADDHI R0, R0, ＃1       ;若 R0＞R1,则 R0 = R0 + 1
ADDLS R1, R1, ＃1       ;若 R0≤R1,则 R1 = R1 + 1
```

(2) 若两个条件均成立,则将这两个数值相加,C 代码为:

```
If((a!= 10) &&(b!= 20))
a = a + b;
```

对应的 ARM 指令如下,其中 R0 为 a,R1 为 b。

```
CMP R0, ＃10           ; 比较 R0 是否为 10,并影响标志位 Z
CMPNE R1, ＃20         ; 若标志位 Z = 0,则比较 R1 是否为 20,并影响标志位 Z
ADDNE R0,R0,R1         ; 若标志位 Z = 0,则执行指令 R0 = R0 + R1
```

(3) 若两个条件中有一个成立,则将这两个数值相加,C 代码为:

```
if((a!= 10)||(b!= 20))
a = a + b;
```

对应的 ARM 指令为:

```
CMP R0, ＃10           ; 比较 R0 是否为 10,并影响标志位 Z
CMPEQ R1, ＃20         ; 若标志位 Z = 1,则比较 R1 是否为 20,并影响标志位 Z
ADDNE R0,R0,R1         ; 若标志位 Z = 0,则执行指令 R0 = R0 + R1
```

视频讲解

4.2 ARM 指令的寻址方式

寻址方式是根据指令中给出的地址码字段来实现寻找真实操作数地址的方式,ARM 处理器有 9 种基本寻址方式。

1. 寄存器寻址

寄存器寻址方式操作数的值在寄存器中,指令中的地址码字段指出的是寄存器编号,指令执行时直接取出寄存器值操作,例如:

```
MOV R1, R2             ;R2 = R1
SUB R0, R1,R2          ;R0 = R1 − R2
```

2. 立即寻址

立即寻址指令中的操作码字段后面的地址码部分就是操作数本身,也就是说,数据包含在指令中,取出指令即取出可以立即使用的操作数,例如:

```
SUBS R0,R0,＃1         ;R0 = R0 − 1,且影响标志位
MOV R0,＃0xff00        ;R0 = 0xff00
```

注:立即数要以"＃"为前缀,表示十六进制数值时以"0x"表示。

3. 寄存器偏移寻址

寄存器偏移寻址是 ARM 指令集特有的寻址方式,当第 2 个操作数是寄存器偏移方式时,第 2 个操作数在与第 1 个操作数结合之前选择进行移位操作,例如:

```
MOV R0,R2,LSL ＃3      ;R2 的值左移 3 位,结果存入 R0,即 R0 = R2 * 8
ANDS R1,R1,R2,LSL R3   ;R2 的值左移 R3 位,然后和 R1 相与操作,结果放入 R1,且影响标志位
```

寄存器偏移寻址可采用的移位操作如下:

(1) LSL(Logical Shift Left)——逻辑左移,寄存器中字的低端空出补 0。

(2) LSR(Logical Shift Right)——逻辑右移,寄存器中字的高端空出补 0。

（3）ASR（Arithmetic Shift Right）——算术右移,移位中保持符号位不变,即如果源操作数为正数,字高端空出补 0,否则补 1。

（4）ROR（Rotate Right）——循环右移,由字的低端移出的位填入高端空出的位。

（5）RRX（Rotate Right Extended by 1 place）——操作数右移一位,左侧空位由 CPSR 的 C 填充。

4. 寄存器间接寻址

寄存器间接寻址指令中的地址码给出的是一个通用寄存器的编号,所需要的操作数保存在寄存器指定地址的存储单元中,即寄存器为操作数的地址指针,例如:

```
LDR R1,[R2]          ;将 R2 中的数值作为地址,取出此地址中的数据保存在 R1 中
SWP R1,R1,[R2]       ;将 R2 中的数值作为地址,取出此地址中的数值与 R1 中的值交换
```

5. 基址寻址

将基址寄存器的内容与指令中给出的偏移量相加,形成操作数的有效地址,基址寻址用于访问基址附近的存储单元,常用于查表、数组操作、功能部件寄存器访问等,例如:

```
LDR R2,[R3,#0x0F]    ;将 R3 的数值加 0x0F 作为地址,取出此地址的数值保存在 R2 中
STR R1,[R0,# - 2]    ;将 R0 中的数值减 2 作为地址,把 R1 中的内容保存到此地址位置
```

6. 多寄存器寻址

一次可以传送几个寄存器值,允许一条指令传送 16 个寄存器的任何子集或所有寄存器,例如:

```
LDMIA R1!,{R2-R7,R12}   ;将 R1 所指向的地址的数据读出到 R2 - R7 和 R12,R1 自动更新
STMIA R0!,{R3-R6,R10}   ;将 R3 - R6、R10 中的数值保存到 R0 指向的地址,R0 自动更新
```

7. 堆栈寻址

堆栈是按特定顺序进行存取的存储区。堆栈寻址时隐含地使用一个专门的寄存器（堆栈指针）,指向一块存储区域（堆栈）。存储器堆栈可分为以下两种。

- 向上生长：向高地址方向生长,称为递增堆栈。
- 向下生长：向低地址方向生长,称为递减堆栈。

如此可两两结合得到 4 种情况。

（1）满递增：堆栈通过增大存储器的地址向上增长,堆栈指针指向内含有效数据项的最高地址,指令如 LDMFA、STMFA。

（2）空递增：堆栈通过增大存储器的地址向上增长,堆栈指针指向堆栈上的第一个空位置,指令如 LDMEA、STMEA。

（3）满递减：堆栈通过减小存储器的地址向下增长,堆栈指针指向内含有效数据项的最低地址,指令如 LDMFD、STMFD。

（4）空递减：堆栈通过减小存储器的地址向下增长,堆栈指针指向堆栈下的第一个空位置,指令如 LDMED、STMED,例如:

```
STMFD SP!,{R1 - R7,LR}   ;将 R1 - R7、LR 寄存器中的数据入栈,存入 SP 堆栈地址中,满递减堆栈
LDMFD SP!,{R1 - R7,LR}   ;将 SP 堆栈地址中的数据出栈,存入 R1 - R7、LR 寄存器,满递减堆栈
```

8. 块拷贝寻址

多寄存器传送指令用于将一块数据从存储器的某一位置复制到另一位置,例如:

```
STMIA R0!,{R1 - R7}   ;将 R1 - R7 的数据保存到存储器中,存储器指针在保存第一个值之后
                     ;增加,方向为向上增长
STMIB R0!,{R1 - R7}   ;将 R1 - R7 的数据保存到存储器中,存储器指针在保存第一个值之前
                     ;增加,方向为向上增长
STMDA R0!,{R1 - R7}   ;将 R1 - R7 的数据保存到存储器中,存储器指针在保存第一个值之后
                     ;增加,方向为向下增长
```

| STMDB R0!,{R1 - R7} | ;将 R1 - R7 的数据保存到存储器中,存储器指针在保存第一个值之前 |
| | ;增加,方向为向下增长 |

不论是向上还是向下递增,存储时高编号的寄存器放在高地址的内存中;取出时,高地址的内容给编号高的寄存器。

9. 相对寻址

相对寻址是基址寻址的一种变通形式,由程序计数器 PC 提供基准地址,指令中的地址码字段作为偏移量,两者相加后得到的地址即为操作数的有效地址,例如:

| BL ROUTE1 | ;调用到 ROUTE1 子程序 |
| BEQ LOOP | ;条件满足跳转到 LOOP 标号处 |

4.3 ARM 存储器访问指令

视频讲解

ARM 处理是加载/存储体系结构的典型的 RISC 处理器,对存储器的访问只能使用加载和存储指令实现。ARM 的加载/存储指令可以实现字、半字、无符/有符字节操作;批量加载/存储指令可实现一条指令加载/存储多个寄存器的内容,大大提高了效率;SWP 指令是完成寄存器和存储器内容交换的指令,可用于信号量操作等。ARM 处理器是冯·诺依曼存储结构,程序空间、RAM 空间及 I/O 映射空间统一编址,除了对 RAM 操作以外,对外围 I/O、程序数据的访问均要通过加载/存储指令进行。表 4-2 给出了 ARM 存储访问指令表。

表 4-2　ARM 存储访问指令表

助　记　符	说　　明	操　　作	条件码位置
LDR Rd,addressing	加载字数据	Rd←[addressing],寻址索引	LDR{cond}
LDRB Rd,addressing	加载无符字节数据	Rd←[addressing],寻址索引	LDR{cond}B
LDRT Rd,addressing	以用户模式加载字数据	Rd←[addressing],寻址索引	LDR{cond}T
LDRBT Rd,addressing	以用户模式加载无符号字数据	Rd←[addressing],寻址索引	LDR{cond}BT
LDRH Rd,addressing	加载无符半字数据	Rd←[addressing],寻址索引	LDR{cond}H
LDRSB Rd,addressing	加载有符字节数据	Rd←[addressing],寻址索引	LDR{cond}SB
LDRSH Rd,addressing	加载有符半字数据	Rd←[addressing],寻址索引	LDR{cond}SH
STR Rd,addressing	存储字数据	[addressing]←Rd,寻址索引	STR{cond}
STRB Rd,addressing	存储字节数据	[addressing]←Rd,寻址索引	STR{cond}B
STRT Rd,addressing	以用户模式存储字数据	[addressing]←Rd,寻址索引	STR{cond}T
SRTBT Rd,addressing	以用户模式存储字节数据	[addressing]←Rd,寻址索引	STR{cond}BT
STRH Rd,addressing	存储半字数据	[addressing]←Rd,寻址索引	STR{cond}H
LDM{mode} Rn{!},reglist	批量(寄存器)加载	reglist←[Rn…]	LDM{cond}{more}
STM{mode} Rn{!},reglist	批量(寄存器)存储	[Rn…]←reglist	STM{cond}{more}
SWP Rd,Rm,Rn	寄存器和存储器字数据交换	Rd←[Rd],[Rn]←[Rm](Rn≠Rd 或 Rm)	SWP{cond}
SWPB Rd,Rm,Rn	寄存器和存储器字节数据交换	Rd←[Rd],[Rn]←[Rm](Rn≠Rd 或 Rm)	SWP{cond}B

1. LDR 和 STR

加载/存储字和无符号字节指令。使用单一数据传送指令(STR 和 LDR)来装载和存储单一字节或字的数据。LDR 指令用于从内存中读取数据放入寄存器中;STR 指令用于将寄存器中的数据保存到内存。指令格式如下:

```
LDR{cond}{T} Rd,<地址>        ;加载指定地址上的数据(字),放入 Rd 中
STR{cond}{T} Rd,<地址>        ;存储数据(字)到指定地址的存储单元,要存储的数据在 Rd 中
LDR{cond}B{T} Rd,<地址>       ;加载字节数据,放入 Rd 中,即 Rd 最低字节有效,高 24 位清零
STR{cond}B{T} Rd,<地址>       ;存储字节数据,要存储的数据在 Rd 中,最低字节有效
```

其中,T 为可选后缀,若指令有 T,那么即使处理器是在特权模式下,存储系统也将访问看成处理器处于用户模式。T 在用户模式下无效,不能与前索引偏移一起使用 T。

LDR/STR 指令寻址是非常灵活的,由两部分组成:一部分为一个基址寄存器,可以为任意一个通用寄存器;另一部分为一个地址偏移量,可以是以下 3 种格式:

(1) 立即数。

立即数可以是一个无符号数值,这个数据可以加到基址寄存器,也可以从基址寄存器中减去。指令举例如下:

```
LDR R1,[R0,♯0x12]            ;将 R0 + 0x12 地址处的数据读出,保存到 R1 中(R0 的值不变)
LDR R1,[R0,♯ - 0x12]         ;将 R0 - 0x12 地址处的数据读出,保存到 R1 中(R0 的值不变)
LDR R1,[R0]                  ;将 R0 地址处的数据读出,保存到 R1 中(零偏移)
```

(2) 寄存器。

寄存器中的数值可以加到基址寄存器,也可以从基址寄存器中减去这个数值。指令举例如下:

```
LDR R1,[R0,R2]               ;将 R0 + R2 地址处的数据读出,保存到 R1 中(R0 的值不变)
LDR R1,[R0, - R2]            ;将 R0 - R2 地址处的数据读出,保存到 R1 中(R0 的值不变)
```

(3) 寄存器及移位常数。

寄存器移位后的值可以加到基址寄存器,也可以从基址寄存器中减去。指令举例如下:

```
LDR R1,[R0,R2,LSL ♯2]        ;将 R0 + R2 * 4 地址处的数据读出,保存到 R1 中(R0,R2 的值不变)
LDR R1,[R0, - R2,LSL ♯2]     ;将 R0 - R2 * 4 地址处的数据读出,保存到 R1 中(R0,R2 的值不变)
```

从寻址方式的地址计算方法分,加载/存储指令有以下 4 种形式:

(1) 零偏移。

Rn 的值作为传送数据的地址,即地址偏移量为 0。指令举例如下:

```
LDR Rd,[Rn]                  ;Rn 地址处的数据读出,保存到 Rd 中
```

(2) 前索引偏移。

在数据传送之前,将偏移量加到 Rn 中,其结果作为传送数据的存储地址。若使用后缀"!",则结果写回到 Rn 中,且 Rn 不允许为 R15。指令举例如下:

```
LDR Rd,[Rn,♯0x04]!           ;Rn + 0x04 地址处的数据读出,保存到 Rd 中,更新 Rn = Rn + 0x04
LDR Rd,[Rn,♯ - 0x04]         ;Rn - 0x04 地址处的数据读出,保存到 Rd 中,Rn 的值不变
```

(3) 程序相对偏移。

程序相对偏移是索引形式的另一个版本。汇编器由 PC 寄存器计算偏移量,并将 PC 寄存器作为 Rn 生成前索引指令。不能使用后缀"!"。指令举例如下:

```
LDR Rd,label                 ;label 为程序标号,必须是在当前指令的 ± 4KB 范围内
```

(4) 后索引偏移。

Rn 的值作为传送数据的存储地址。在数据传送后,将偏移量与 Rn 相加,结果写回到 Rn 中,Rn 不允许为 R15。指令举例如下:

```
LDR Rd,[Rn],♯0x04            ;Rn 地址处的数据读出,保存到 Rd 中,更新 Rn = Rn + 0x04
```

地址对准:大多数情况下,必须保证用于 32 位传送的地址是 32 位对准的。

加载/存储字和无符号字节指令举例如下:

```
LDR R2,[R5]                    ;加载 R5 指定地址上的数据(字),放入 R2 中
STR R1,[R0, ♯0x04]            ;将 R1 的数据存储到 R0 + 0x04 存储单元,R0 值不变
LDRB R3,[R2], ♯1             ;读取 R2 地址上的一字节数据,并保存到 R3 中,R2 = R3 + 1
STRB R6,[R7]                   ;读取 R6 的数据并保存到 R7 指定的地址中,只存储一字节数据
```

加载/存储半字和带符字节指令(LDR/STR)可能加载带符字节/带符号半字、加载/存储无符号半字。偏移量格式、寻址方式与加载/存储字和无符号字节指令相同。指令格式如下:

```
LDR{cond}SB Rd,<地址>        ;加载指定地址上的数据(带符号字节),放入 Rd 中
LDR{cond}SH Rd,<地址>        ;加载指定地址上的数据(带符号半字),放入 Rd 中
LDR{cond}H Rd,<地址>         ;加载半字数据,放入 Rd 中,即 Rd 最低 16 位有效,高 16 位清零
STR{cond}H Rd,<地址>         ;存储半字数据,要存储的数据在 Rd,最低 16 位有效
```

说明:带符号位半字/字节加载是指带符号位加载扩展到 32 位,无符号位半字加载是指零扩展到 32 位。

地址对准:对半字传送的地址必须为偶数。非半字对准的半字加载将使 Rd 内容不可靠,非半字对准的半字存储将使指定地址的 2 字节存储内容不可靠。

加载/存储半字和带符号字节指令举例如下:

```
LDRSB R1,[R0,R3]             ;将 R0 + R3 地址上的字节数据读出到 R1,高 24 位用符号位扩展
LDRSH R1,[R9]                ;将 R9 地址上的半字数据读出到 R1,高 16 位用符号位扩展
LDRH R6,[R2], ♯2            ;将 R2 地址上的半字数据读出到 R6,高 16 位用零扩展,R2 = R2 + 2
STRH R1,[R0, ♯2]!           ;将 R1 的数据保存到 R0 + 2 地址中,只存储低 2 字节数据,R0 = R0 + 2
```

LDR/STR 指令用于对内存变量的访问,内存缓冲区数据的访问、查表,外设的控制操作等,若使用 LDR 指令加载数据到 PC 寄存器,则实现程序跳转功能,这样也就实现了程序跳转。指令举例如下:

```
NumCount EQU 0x40003000      ;定义变量 NumCount
…
LDR R0, = NumCount           ;使用 LDR 伪指令装载 NumCount 的地址到 R0
LDR R1,[R0]                  ;取出变量值
ADD R1,R1, ♯1              ;NumCount = NumCount + 1
STR R1,[R0]                  ;保存变量值
…
GPIO 设置
GPIO − BASE EQU 0xE0028000    ;定义 GPIO 寄存器的基地址
…
LDR R0, = GPIO − BASE
LDR R1, = 0x00FFFF00         ;装载 32 位立即数,即设置值
STR R1,[R0, ♯0x0C]          ;IODIR = 0x00FFFF00,IODIR 的地址为 0xE002800C
MOV R1, ♯0x00F00000
STR R1,[R0, ♯0x04]          ;IOSET = 0x00F00000,IOSET 的地址为 0xE0028004
…
程序跳转
…
MOV R2,R2,LSL ♯2           ;功能号乘以 4,以便查表
LDR PC,[PC,R2]              ;查表取得对应功能子程序地址,并跳转
NOP
FUN − TAB DCD FUN − SUB0
DCD FUN − SUB1
DCD FUN − SUB2
…
```

2. LDM 和 STM

批量加载/存储指令可以实现在一组寄存器和一块连续的内存单元之间传输数据。LDM 将多个寄存器加载到寄存器列表 reglist,STM 将寄存器列表 reglist 存储到多个寄存器 Rn,允许一条指令传送 16 个寄存器的任何子集或所有寄存器。指令格式如下:

```
LDM{cond}<模式> Rn{!},reglist{^}
STM{cond}<模式> Rn{!},reglist{^}
```

LDM /STM 的主要用途是现场保护、数据复制、参数传送等。其模式有 8 种,如下所列,前面 4 种用于数据块的传输,后面 4 种用于堆栈操作。

(1) IA:每次传送后地址加 4。

(2) IB:每次传送前地址加 4。

(3) DA:每次传送后地址减 4。

(4) DB:每次传送前地址减 4。

(5) FD:满递减堆栈。

(6) ED:空递减堆栈。

(7) FA:满递增堆栈。

(8) EA:空递增堆栈。

在指令格式中,寄存器 Rn 为基址寄存器,装有传送数据的初始地址,Rn 不允许为 R15;后缀"!"表示最后的地址写回到 Rn 中;寄存器列表 reglist 可包含多于一个寄存器或寄存器范围,使用","分开,如{R1,R2,R6-R9},寄存器为由小到大排列;"^"后缀不允许在用户模式或系统模式下使用,若 LDM 指令在寄存器列表中包含有 PC 时使用,那么除了正常的多寄存器传送外,还将 SPSR 复制到 CPSR 中,可用于异常处理返回;使用"^"后缀进行数据传送且寄存器列表不包含 PC 时,加载/存储的是用户模式的寄存器,而不是当前模式的寄存器。

地址对准:这些指令忽略地址的位[1:0]。

批量加载/存储指令举例如下:

```
LDMIA R0!,{R3 - R9}        ;加载 R0 指向的地址上的多字数据,保存到 R3~R9 中,R0 值更新
STMIA R1!,{R3 - R9}        ;将 R3~R9 的数据存储到 R1 指向的地址上,R1 值更新
STMFD SP!,{R0 - R7,LR}     ;现场保护,将 R0~R7、LR 入栈
LDMFD SP!,{R0 - R7,PC}^    ;恢复现场,异常处理返回
```

在进行数据复制时,先设置好源数据指针,然后使用块拷贝寻址指令 LDMIA/STMIA、LDMIB/STMIB、LDMDA/STMDA、LDMDB/STMDB 进行读取和存储,而进行堆栈操作时,则要先设置堆栈指针,一般使用 SP,然后使用堆栈寻址指令 STMFD/LDMFD、STMED/LDMED、STMFA/LDMFA、STMEA/LDMEA 实现堆栈操作。

多寄存器传送指令示意图如图 4-1 所示,其中,R1 为指令执行前的基址寄存器,R1′为指令执行完后的基址寄存器。

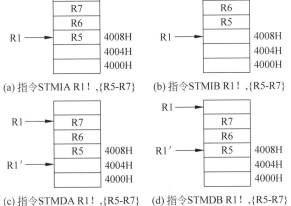

图 4-1　多寄存器传送指令示意图

表 4-3 为多寄存器传送指令映射示意表,说明数据是存储在基址寄存器的地址之上还是之下,地址在存储第一个值之前或之后是增加还是减少。

表 4-3 多寄存器传送指令映射示意表

指　　令		向上生长		向下生长	
		满	空	满	空
增加	之前	STMIB			LDMIB
		STMFA			LDMED
	之后		STMIA	LDMIA	
			STMEA	LDMFD	
减少	之前		LDMDB	STMDB	
			LDMEA	STMFD	
	之后				STMDA
					STMED

使用 LDM/STM 进行数据复制例程如下:

```
...
LDR R0, = SrcData              ;设置源数据地址
LDR R1, = DstData              ;设置目标地址
LDMIA R0,{R2 - R9}            ;加载数据到寄存器 R2～R9
STMIA R1,{R2 - R9}            ;存储寄存器 R2～R9 到目标地址
```

使用 LDM/STM 进行现场寄存器保护,常在子程序或异常处理中使用:

```
SENDBYTE
STMFD SP!,{R0 - R7,LR}        ;寄存器入堆
...
BL DELAY                       ;调用 DELAY 子程序
...
LDMFD SP!,{R0 - R7,PC}        ;恢复寄存器,并返回
```

3. SWP

SWP 为寄存器和存储器交换指令,用于将一个内存单元(该单元地址放在寄存器 Rn 中)的内容读取到一个寄存器 Rd 中,同时将另一个寄存器 Rm 的内容写入到该内存单元中。使用 SWP 可实现信号量操作,指令格式如下:

```
SWP{cond}{B} Rd,Rm,[Rn]
```

其中,B 为可选后缀,若有 B,则交换字节,否则交换 32 位字;Rd 为数据从存储器加载到的寄存器;Rm 的数据用于存储到存储器中,若 Rm 与 Rn 相同,则为寄存器与存储器内容进行交换;Rn 为要进行数据交换的存储器地址,Rn 不能与 Rd 和 Rm 相同。

SWP 指令举例如下:

```
SWP R1,R1,[R0]           ;将 R1 的内容与 R0 指向的存储单元的内容进行交换
SWP R1,R2,[R0]           ;将 R0 指向的存储单元内容读取一字节数据到 R1 中(高 24 位清零)
                         ;并将 R2 的内容写入到该内存单元中(最低字节有效)
```

使用 SWP 指令可以方便地进行信号量的操作:

```
12C_SEM EQU 0x40003000
...
12C_SEM_WAIT
MOV R0, #0
LDR R0, = 12C_SEM
```

```
SWP R1,R1,[R0]          ;取出信号量,并设置其为 0
CMP R1,♯0               ;判断是否有信号
BEQ 12C_SEM_WAIT        ;若没有信号,则等待
```

4.4　ARM 数据处理指令

视频讲解

数据处理指令大致可分为 3 类：数据传送指令（如 MOV、MVN）、算术逻辑运算指令（如 ADD、SUM、AND）和比较指令（如 CMP、TST）。数据处理指令只能对寄存器的内容进行操作。

所有 ARM 数据处理指令均可选择使用 S 后缀，以影响状态标志。比较指令 CMP、CMN、TST 和 TEQ 不需要后缀 S，会直接影响状态标志。ARM 数据处理指令如表 4-4 所示。

表 4-4　ARM 数据处理指令

助 记 符 号	说　明	操　作	条件码位置
MOV Rd,operand2	数据传送	Rd←operand2	MOV {cond}{S}
MVN Rd,operand2	数据非传送	Rd←(operand2)	MVN {cond}{S}
ADD Rd,Rn,operand2	加法运算指令	Rd←Rn＋operand2	ADD {cond}{S}
SUB Rd,Rn,operand2	减法运算指令	Rd←Rn－operand2	SUB {cond}{S}
RSB Rd,Rn,operand2	逆向减法指令	Rd←operand2－Rn	RSB {cond}{S}
ADC Rd,Rn,operand2	带进位加法	Rd←Rn＋operand2＋carry	ADC {cond}{S}
SBC Rd,Rn,operand2	带进位减法指令	Rd←Rn－operand2－(NOT)carry	SBC {cond}{S}
RSC Rd,Rn,operand2	带进位逆向减法指令	Rd←operand2－Rn－(NOT)carry	RSC {cond}{S}
AND Rd,Rn,operand2	逻辑与操作指令	Rd←Rn&operand2	AND {cond}{S}
ORR Rd,Rn,operand2	逻辑或操作指令	Rd←Rn|operand2	ORR {cond}{S}
EOR Rd,Rn,operand2	逻辑异或操作指令	Rd←Rn^operand2	EOR {cond}{S}
BIC Rd,Rn,operand2	位清除指令	Rd←Rn&(～operand2)	BIC {cond}{S}
CMP Rd,Rn,operand2	比较指令	标志 N、Z、C、V←Rn－operand2	CMP {cond}
CMN Rd,Rn,operand2	负数比较指令	标志 N、Z、C、V←Rn＋operand2	CMN {cond}
TST Rd,Rn,operand2	位测试指令	标志 N、Z、C、V←Rn&operand2	TST {cond}
TEQ Rn,operand2	相等测试指令	标志 N、Z、C、V←Rn^operand2	TEQ {cond}

1. 数据传送指令

1）MOV

数据传送指令。将 8 位图立即数或寄存器（operand2）传送到目标寄存器 Rd，可用于移位运算等操作。指令格式如下：

```
MOV{cond}{S} Rd,operand2
```

MOV 指令举例如下：

```
MOV R1,♯0x10            ;R1 = 0x10
MOV R0,R1               ;R0 = R1
MOVS R3,R1,LSL ♯2       ;R3 = R1 << 2,并影响标志位
MOV PC,LR               ;PC = LR,子程序返回
```

2）MVN

数据非传送指令。将 8 位立即数或寄存器（operand2）按位取反后传送到目标寄存器（Rd），因为其具有取反功能，所以可以装载范围更广的立即数。指令格式如下：

```
MVN{cond}{S} Rd,operand2
```

MVN 指令举例如下：

```
MVN R1,♯0xFF              ;R1 = 0xFFFFFF00
MVN R1,R2                 ;将 R2 取反,结果保存到 R1
```

2. 算术逻辑运算指令

1）ADD

加法运算指令。将 operand2 的值与 Rn 的值相加,结果保存到 Rd 寄存器。指令格式如下:

```
ADD{cond}{S} Rd,Rn,operand2
```

ADD 指令举例如下:

```
ADDS R1,R1,♯1            ;R1 = R1 + 1
ADD R1,R1,R2             ;R1 = R1 + R2
ADDS R3,R1,R2,LSL ♯2     ;R3 = R1 + R2 << 2
```

2）SUB

减法运算指令。用寄存器 Rn 的值减去 operand2 的值。结果保存到 Rd 中。指令格式如下:

```
SUB{cond}{S} Rd,Rn,operand2
```

SUB 指令举例如下:

```
SUBS R0,R0,♯1           ;R0 = R0 - 1
SUBS R2,R1,R2           ;R2 = R1 - R2
SUB R6,R7,♯0x10         ;R6 = R7 - 0x10
```

3）RSB

逆向减法指令。用寄存器 operand2 的值减去 Rn 的值,结果保存到 Rd 中。指令格式如下:

```
RSB{cond}{S} Rd,Rn,operand2
```

RSB 指令举例如下:

```
RSB R3,R1,♯0xFF00           ;R3 = 0xFF00 - R1
RSBS R1,R2,R2,LSL ♯2        ;R1 = R2 << 2 - R2 = R2 × 3
RSB R0,R1,♯0                ;R0 = - R1
```

4）ADC

带进位加法指令。将 operand2 的值与 Rn 的值相加,再加上 CPSR 中的 C 条件标志位,结果保存到 Rd 寄存器。指令格式如下:

```
ADC{cond}{S} Rd,Rn,operand2
```

ADC 指令举例如下:

```
ADDS R0,R0,R2
ADC R1,R1,R3                ;使用 ADC 实现 64 位加法,(R1,R0) = (R1,R0) + (R3,R2)
```

5）SBC

带进位减法指令。用寄存器 Rn 的值减去 operand2 的值,再减去 CPSR 中的 C 条件标志位的非(即若 C 标志清零,则结果减去 1),结果保存到 Rd 中。指令格式如下:

```
SBC{cond}{S}Rd,Rn,operand2
```

SBC 指令举例如下:

```
SUBS R0,R0,R2
SBC R1,R1,R3                ;使用 SBC 实现 64 位减法,(R1,R0) - (R3,R2)
```

6）RSC

带进位逆向减法指令。用寄存器 operand2 的值减去 Rn 的值,再减去 CPSR 中的 C 条件

标志位的非,结果保存到 Rd 中。指令格式如下:

```
RSC{cond}{S} Rd,Rn,operand2
```

RSC 指令举例如下:

```
RSC R2,R0,♯0
RSC R3,R1,♯0                      ;使用 RSC 指令实现求 64 位数值的负数
```

7) AND

逻辑与操作指令。将 operand2 的值与寄存器 Rn 的值按位进行逻辑与操作,结果保存到 Rd 中。指令格式如下:

```
AND{cond}{S} Rd,Rn,operand2
```

AND 指令举例如下:

```
ANDS R0,R0,♯x0                    ;R0 = R0&0x01,取出最低位数据
AND R2,R1,R3                      ;R2 = R1&R3
```

8) ORR

逻辑或操作指令。将 operand2 的值与寄存器 Rn 的值按位进行逻辑或操作,结果保存到 Rd 中。指令格式如下:

```
ORR{cond}{S} Rd,Rn,operand2
```

ORR 指令举例如下:

```
ORR R0,R0,♯0x0F                   ;将 R0 的低 4 位置 1
MOV R1,R2,LSR ♯4
ORR R3,R1,R3,LSL ♯8              ;使用 ORR 指令将 R2 的高 8 位数据移入到 R3 低 8 位中
```

9) EOR

逻辑异或操作指令。将 operand2 的值与寄存器 Rn 的值按位进行逻辑异或操作,结果保存到 Rd 中。指令格式如下:

```
EOR{cond}{S}Rd,Rn,operand2
```

EOR 指令举例如下:

```
EOR R1,R1,♯0x0F                   ;将 R1 的低 4 位取反
EOR R2,R1,R0                      ;R2 = R1^R0
EORS R0,R5,♯0x01                  ;将 R5 和 0x01 进行逻辑异或,结果保存到 R0,并影响标志位
```

10) BIC

位清除指令。将寄存器 Rn 的值与 operand2 的值的反码按位进行逻辑与操作,结果保存到 Rd 中。指令格式如下:

```
BIC{cond}{S}Rd,Rn,operand2
```

BIC 指令举例如下:

```
BIC R1,R1,♯0x0F                   ;将 R1 的低 4 位清零,其他位不变
BIC R1,R2,R3                      ;将 R3 的反码和 R2 进行逻辑与操作,结果保存到 R1
```

3. 比较指令

1) CMP

比较指令。指令使用寄存器 Rn 的值减去 operand2 的值,根据操作的结果更新 CPSR 中的相应条件标志位,以便后面的指令根据相应的条件标志来判断是否执行。指令格式如下:

```
CMP{cond} Rn,operand2
```

CMP 指令举例如下：

```
CMP R1,♯10              ;R1 与 10 比较,设置相关标志位
CMP R1,R2               ;R1 与 R2 比较,设置相关标志位
```

CMP 指令与 SUBS 指令的区别在于 CMP 指令不保存运算结果。在进行两个数据的大小判断时,常用 CMP 指令及相应的条件码来操作。

2）CMN

负数比较指令。指令使用寄存器 Rn 的值加上 operand2 的值,根据操作的结果更新 CPSR 中的相应条件标志位,以便后面的指令根据相应的条件标志来判断是否执行,指令格式如下：

```
CMN{cond} Rn,operand2
CMN R0,♯1              ;R0 + 1,判断 R0 是否为 1 的补码,若是,则 Z 置位
```

CMN 指令与 ADDS 指令的区别在于 CMN 指令不保存运算结果。CMN 指令可用于负数比较,例如,“CMN R0,♯1”指令表示 R0 与 -1 比较,若 R0 为负(即 1 的补码),则 Z 置位,否则 Z 复位。

3）TST

位测试指令。指令将寄存器 Rn 的值与 operand2 的值按位进行逻辑与操作,根据操作的结果更新 CPSR 中相应的条件标志位,以便后面指令根据相应的条件标志来判断是否执行。指令格式如下：

```
TST{cond} Rn,operand2
```

TST 指令举例如下：

```
TST R0,♯0x01           ;判断 R0 的最低位是否为 0
TST R1,♯0x0F           ;判断 R1 的低 4 位是否为 0
```

TST 指令与 ANDS 指令的区别在于 TST 指令不保存运算结果。TST 指令通常与 EQ、NE 条件码配合使用,当所有测试位均为 0 时,EQ 有效,只要有一个测试位不为 0,则 NE 有效。

4）TEQ

相等测试指令。指令寄存器 Rn 的值与 operand2 的值按位进行逻辑异或操作,根据操作的结果更新 CPSR 中相应的条件标志位,以便后面的指令根据相应的条件标志来判断是否执行。指令格式如下：

```
TEQ{cond} Rn,operand2
```

TEQ 指令举例如下：

```
TEQ R0,R1              ;比较 R0 与 R1 是否相等(不影响 V 位和 C 位)
```

TST 指令与 EORS 指令的区别在于 TST 指令不保存运算结果。使用 TEQ 进行相等测试,常与 EQNE 条件码配合使用,当两个数据相等时,EQ 有效,否则 NE 有效。

4. 乘法指令

ARM7TDMI(-S)具有 32×32 乘法指令、32×32 乘加指令、32×32 结果为 64 位的乘法指令。表 4-5 给出了全部的 ARM 乘法指令。

表 4-5　ARM 乘法指令

助　记　符	说　　明	操　　作
MUL Rd,Rm,Rs	32 位乘法指令	Rd←Rm * Rs(Rd≠Rm)
MLA Rd,Rm,Rs,Rn	32 位乘加指令	Rd←Rm * Rs+Rn(Rd≠Rm) MLA{cond}{S}

助　记　符	说　　明	操　　作
UMULL RdLo,RdHi,Rm,Rs	64 位无符号乘法指令	(Rdlo,RdHi)←Rm * Rs
UMLAL RdLo,RdHi,Rm,Rs	64 位无符号乘加指令	(Rdlo,RdHi)←Rm * Rs+(Rdlo,RdHi)
SMULL RdLo,RdHi,Rm,Rs	64 位有符号乘法指令	(Rdlo,RdHi)←Rm * Rs
SMLAL RdLo,RdHi,Rm,Rs	64 位有符号乘加指令	(Rdlo,RdHi)←Rm * Rs+(Rdlo,RdHi)

1）MUL

32 位乘法指令。指令将 Rm 和 Rs 中的值相乘,结果的低 32 位保存到 Rd 中。指令格式如下:

```
MUL{cond}{S} Rd,Rm,Rs
```

MUL 指令举例如下:

```
MUL R1,R2,R3              ;R1 = R2 × R3
MULS R0,R3,R7             ;R0 = R3 × R7,同时设置 CPSR 中的 N 位和 Z 位
```

2）MLA

32 位乘加指令。指令将 Rm 和 Rs 中的值相乘,再将乘积加上第 3 个操作数,结果的低 32 位保存到 Rd 中。指令格式如下:

```
MLA{cond}{S} Rd,Rm,Rs,Rn
```

MLA 指令举例如下:

```
MLA R1,R2,R3,R0          ;R1 = R2 × R3 + R0
```

3）UMULL

64 位无符号乘法指令。指令对 Rm 和 Rs 中的值进行无符号数相乘,结果的低 32 位保存到 RdLo 中,高 32 位保存到 RdHi 中。指令格式如下:

```
UMULL{cond}{S} RdLo,RdHi,Rm,Rs
```

UMULL 指令举例如下:

```
UMULL R0,R1,R5,R8            ;(R1, R0) = R5 × R8
```

4）UMLAL

64 位无符号乘加指令。指令对 Rm 和 Rs 中的值进行无符号数相乘,64 位乘积与 RdHi、RdLo 相加,结果的低 32 位保存到 RdLo 中,高 32 位保存到 RdHi 中。指令格式如下:

```
UMLAL{cond}{S} RdLo,RdHi,Rm,Rs
```

UMLAL 指令举例如下:

```
UMLAL R0,R1,R5,R8            ;(R1,R0) = R5 × R8 + (R1,R0)
```

5）SMULL

64 位有符号乘法指令。指令对 Rm 和 Rs 中的值进行有符号数相乘,结果的低 32 位保存到 RdLo 中,高 32 位保存到 RdHi 中。指令格式如下:

```
SMULL{cond}{S} RdLo,RdHi,Rm,Rs
```

SMULL 指令举例如下:

```
SMULL R2,R3,R7,R6            ;(R3,R2) = R7 × R6
```

6）SMLAL

64 位有符号乘加指令。指令对 Rm 和 Rs 中的值进行有符号数相乘,64 位乘积与 RdHi、

RdLo 相加,结果的低 32 位保存到 RdLo 中,高 32 位保存到 RdHi 中。指令格式如下:

```
SMLAL{cond}{S} RdLo,RdHi,Rm,Rs
```

SMLAL 指令举例如下:

```
SMLAL R2,R3,R7,R6        ;(R3,R2) = R7 × R6 + (R3,R2)
```

视频讲解

4.5 ARM 跳转指令

在 ARM 中有两种方式可以实现程序的跳转:一种是使用跳转指令直接跳转,另一种则是直接向 PC 寄存器赋值实现跳转。跳转指令有跳转指令 B、带链接的跳转指令 BL、带状态切换的跳转指令 BX。表 4-6 给出了全部的 ARM 跳转指令。

表 4-6　ARM 跳转指令

助　记　符	说　　明	操　　作	条件码位置
B label	跳转指令	Pc←label	B{cond}
BL label	带链接的跳转指令	LR←PC-4,PC←label	BL{cond}
BX Rm	带状态切换的跳转指令	PC←label,切换处理状态	BX{cond}

1. B

跳转指令,跳转到指定的地址执行程序。指令格式如下:

```
B{cond} label
```

跳转 B 指令举例如下:

```
B WAITA          ;跳转到 WAITA 标号处
B 0x1234         ;跳转到绝对地址 0x1234 处
```

B 指令跳转范围限制为当前指令的 ±32Mb。

2. BL

带链接的跳转指令。将下一条指令的地址复制到 R14(即 LR)链接寄存器中,然后跳转到指定地址运行程序。指令格式如下:

```
BL{cond} label
```

BL 指令举例如下:

```
BL DELAY
```

BL 指令用于子程序调用。

3. BX

带状态切换的跳转指令。跳转到 Rm 指定的地址执行程序,若 Rm 的位[0]为 1,则跳转时自动将 CPSR 中的标志 T 置位,即把目标地址的代码解释为 Thumb 代码;若 Rm 的位[0]为 0,则跳转时自动将 CPSR 中的标志 T 复位,即把目标地址的代码解释为 ARM 代码。指令格式如下:

```
BX{cond} Rm
```

BX 指令举例如下:

```
ADRL R0,ThumbFun + 1
BX R0            ;跳转到 R0 指定的地址,并根据 R0 的最低位来切换处理器状态
```

4.6　ARM 协处理指令

ARM 支持协处理器操作,协处理器的控制要通过协处理器命令实现。表 4-7 给出了全部的 ARM 协处理器指令。

表 4-7　ARM 协处理器指令

助　记　符	说　　明	操　　作
CDP coproc,opcodel,CRd,CRn,CRm{,opcode2}	协处理器数据操作指令	取决于协处理器
LDC{L} coproc,CRd<地址>	协处理器数据读取指令	取决于协处理器
STC{L} coproc,CRd,<地址>	协处理器数据写入指令	取决于协处理器
MCR coproc, opcode1,Rd,CRn,CRm, {,opcode2}	ARM 寄存器到协处理寄存器的数据传送指令	取决于协处理器
MRC coproc, opcode1,Rd,CRn, CRm,{,opcode2}	协处理寄存器到 ARM 寄存器的数据传送指令	取决于协处理器

1. CDP

协处理器数据操作指令。ARM 处理器通过 CDP 指令通知 ARM 协处理器执行特定的操作。该操作由协处理器完成,即对命令的参数的解释与协处理器有关,指令的操作取决于协处理器。若协处理器不能成功地执行该操作,则产生未定义指令异常中断。指令格式如下:

```
CDP{cond} coproc,opcodel,CRd,CRn,CRm,{opcode2}
```

其中,coproc 为指令操作的协处理器名,标准名为 pn,n 为 0~15;opcode1 为协处理器的特定操作码;CRd 为目标寄存器的协处理器寄存器;CRn 为存放第一个操作数的协处理器寄存器;CRm 为存放第二个操作数的协处理器寄存器;opcode2 为可选的协处理器特定操作码。

CDP 指令举例如下:

```
CDP p7,0,c0,c2,c3,0      ;对协处理 7 操作,操作码为 0,可选操作码为 0
CDP p6,1,c3,c4,c5        ;对协处理 6 操作,操作码为 1
```

2. LDC

协处理器数据读取指令。LDC 指令从某一连续的内存单元将数据读取到协处理器的寄存器中。传送协处理器数据时,由协处理器来控制传送的字数。若协处理器不能成功地执行该操作,则产生未定义指令异常中断。指令格式如下:

```
LDC{cond}{L} coproc,CRd,<地址>
```

其中,L 为可选后缀,指明是长整数传送;coproc 为指令操作的协处理器名,标准名为 pn,n 为 0~15;CRd 为目标寄存的协处理器寄存器;<地址>为指定的内存地址。

LDC 指令举例如下:

```
LDC p5,c2,[R2,♯4]       ;读取 R2+4 指向的内存单元的数据,传送到协处理器 p5 的 c2 寄存器中
LDC p6,c2,[R1]          ;读取的是指向内存单元的数据,传送到协处理器 p6 的 c2 寄存器中
```

3. STC

协处理器数据写入指令。STC 指令将协处理器的寄存器数据写入某一连续的内存单元中,进行协处理器数据的传送,由协处理器来控制传送的字数。若协处理器不能成功地执行该操作,则产生未定义指令异常中断。指令格式如下:

```
STC{cond}{L} coproc,CRd,<地址>
```

其中,L 为可选后缀,指明是长整数传送;coproc 为指令操作的协处理器名,标准名为 pn, n 为 0~15;CRd 为目标寄存的协处理器寄存器;<地址>为指定的内存地址。

STC 指令举例如下:

```
STC p5,c1,[R0]
STC p5,c1,[R0,#-0x04]
```

4. MCR

ARM 寄存器到协处理器寄存器的数据传送指令。MCR 指令将 ARM 处理器寄存器中的数据传送到协处理器的寄存器中。若协处理器不能成功地执行该操作,则产生未定义指令异常中断。指令格式如下:

```
MCR{cond} coproc,opcode1,CRd,CRn,CRm{,opcode2}
```

其中,coproc 为指令操作的协处理器名,标准名为 pn,n 为 0~15;opcode1 为协处理器的特定操作码;CRd 为目标寄存器的协处理器寄存器;CRn 为存放第一个操作数的协处理器寄存器;CRm 为存放第二个操作数的协处理器寄存器;opcode2 为可选的协处理器特定操作码。

MCR 指令举例如下:

```
MCR p6,2,R7,c1,c2,
MCR P7,0,R1,c3,c2,1,
```

5. MRC

协处理器寄存器到 ARM 寄存器的数据传送指令。MRC 指令将协处理器寄存器中的数据传送到 ARM 处理器的寄存器中。若协处理器不能成功地执行该操作,则产生未定义异常中断。指令格式如下:

```
MRC {cond} coproc,opcode1,CRd,CRn,CRm{,opcode2}
```

其中,coproc 为指令操作的协处理器名,标准名为 pn,n 为 0~15;opcode1 为协处理器的特定操作码;CRd 为目标寄存器的协处理器寄存器;CRn 为存放第一个操作数的协处理器寄存器;CRm 为存放第二个操作数的协处理器寄存器;opcode2 为可选的协处理器特定操作码。

MRC 指令举例如下:

```
MRC p5,2,R2,c3,c2
MRC p7,0,R0,c1,c2,1
```

4.7 ARM 杂项指令

表 4-8 中给出了全部的 ARM 杂项指令。

表 4-8　ARM 杂项指令

助 记 符	说 明	操 作
SWI immed_24	软中断指令	产生软中断,处理器进入管理模式
MRS Rd,psr	读状态寄存器指令	Rd←psr,psr 为 CPSR 或 SPSR
MSR psr_fields,Rd,#immed_8r	写状态寄存器指令	Psr_fields←Rd+#immed_8r,psr 为 CPSR 或 SPSR

1. SWI

软中断指令。SWI 指令用于产生软中断,从而实现由用户模式变换到管理模式,CPSR 保存到管理模式的 SPSR 中,执行转移到 SWI 向量,在其他模式下也可使用 SWI 指令切换到管理模式。指令格式如下:

```
SWI{cond} immed_24
```

其中,immed_24 中的 24 为立即数,值为 0～16 777 215 的整数。

SWI 指令举例如下:

```
SWI 0                          ;软中断,中断立即数为 0
SWI 0x123456                   ;软中断,中断立即数为 0x123456
```

使用 SWI 指令时,通过 SWI 异常中断处理程序来提供相关的服务,SWI 异常中断处理程序要通过读取引起软中断的 SWI 指令,以取得 24 位立即数,以下是两种传递参数的方法。

(1) 指令中的 24 位立即数指定了用户请求的服务类型,参数通过寄存器传递:

```
MOV R0,#34                     ;设置了功能号为 34
SWI 12                         ;调用 12 号软中断
```

(2) 指令中的 24 位立即数被忽略,用户请求的服务类型由寄存器 R0 的值决定,参数通过其他的通用寄存器传递:

```
MOV R0,#12                     ;调用 12 号软中断
MOV R1,#34                     ;设置子功能号为 34
SWI 0
```

在 SWI 异常中断处理程序中,取出 SWI 立即数的步骤为:首先确定引起软中断的 SWI 指令是 ARM 指令还是 Thumb 指令,这可通过对 SPSR 访问得到;然后取得该 SWI 指令的地址,这可通过访问 LR 寄存器得到;最后读出指令,分解出立即数。

读出 SWI 立即数,指令如下:

```
T_bit EQU 0x20
SWI_Hander
STMFD SP!,{R0_R3,R12,LR}        ;现场保护
MRS R0,SPSR                     ;读取 SPSR
STMFD SP!,{R0}                  ;保存 SPSR
TST R0,#T_bit                   ;测试 T 标志位
LDRNEH R0,[LR,#-2]              ;若是 Thumb 指令,读取指令码(16 位)
BICNE R0,R0,#0xFF00             ;取得 Thumb 指令的 8 位立即数
LDREQ R0,[LR,#-4]              ;若是 ARM 指令,读取指令码(32 位)
BICNQ R0,R0,#0xFF00000          ;取得 ARM 指令的 24 位立即数
...
LDMFD SP!,{R0-R3,R12,PC}^       ;SWI 异常中断返回
```

2. MRS

读状态寄存器指令。在 ARM 处理器中,只有 MRS 指令可以从状态寄存器 CPSR 或 SPSR 读出到通用寄存器中。指令格式如下:

```
MRS{cond} Rd ,psr
```

其中,Rd 为目标寄存器,不允许为 R15;psr 为 CPSR 或 SPSR。

MRS 指令举例如下:

```
MRS R1,CPSR                     ;将从 CPSR 状态寄存器读取,保存到 R1 中
MRS R2,SPSR                     ;将从 SPSR 状态寄存器读取,保存到 R2 中
```

MRS 指令读取 CPSR,可用来判断 ALU 的状态标志,或是否允许 IRQ、FIQ 中断等;在异常处理程序中,读 SPSR 可获取进行异常前的处理器状态等。MRS 与 MSR 配合使用,实现 CPSR 或 SPSR 寄存器的读—修改—写操作,可用来进行处理器模式切换、允许/禁止 IRQ/FIQ 中断等设置。另外,进程切换或允许异常中断嵌套时,也需要使用 MRS 指令读取 SPSR 状态值。

允许 IRQ 中断例程如下:

```
ENABLE_IRQ
MRS R0,CPSR
BIC R0,R0,#0x80
MSR CPSR_c,R0
MOV PC,LR
```

禁止 IRQ 中断例程如下：

```
DISABLE_IRQ
MRS R0,CPSR
ORR R0,R0,#0x80
MSR CPSR_c,R0
MOV PC,LR
```

3. MSR

写状态寄存器指令。在 ARM 处理器中。只有 MSR 指令可以直接设置状态寄存器 CPSR 或 SPSR。指令格式如下：

```
MSR{cond} psr_fields,#immed_8r
MSR{cond} psr_fields,Rm
```

其中，psr 为 CPSR 或 SPSR。

fields 指定传送的区域，可以是以下的一种或多种（字母必须为小写）：

c—控制域屏蔽字节（psr[7..0]）；

x—扩展域屏蔽字节（psr[15..8]）；

s—状态域屏蔽字节（psr[23..16]）；

f—标志域屏蔽字节（psr[31..24]）。

immed_8r 为要传送到状态寄存器指定域的 8 位立即数。

Rm 为要传送到状态寄存器指定域的数据的源寄存器。

MSR 指令举例如下：

```
MSR CPSR_c,#0xD3      ;CPSR[7..0] = 0xD3,即切换到管理模式
MSR CPSR_cxsf,R3      ;CPSR = R3
```

只有在特权模式下才能修改状态寄存器。

不能通过 MSR 指令直接修改 CPSR 中的 T 控制位来实现 ARM 状态/Thumb 状态的切换，必须使用 BX 指令完成处理器状态的切换（因为 BX 指令属于转移指令，它会打断流水线状态，进而实现处理器状态切换）。MRS 指令与 MSR 指令配合使用，可实现 CPSR 或 SPSR 寄存器的读—写操作，并进行处理器模式切换、允许/禁止 IRQ/FIQ 中断等设置。

堆栈指令初始化例程如下：

```
INITSTACK
MOV R0,LR            ;保存返回地址
MSR CPSR_c,#0xD3     ;设置管理模式堆栈
LDR SP,StackSvc      ;设置中断模式堆栈
MSR CPSR_c,#0xD2
LDR SP,StackIrq
…
```

4.8 ARM 伪指令

视频讲解

ARM 汇编语言源程序中的语句一般由指令、宏指令和伪指令组成。

伪指令是 ARM 汇编语言程序中的一些特殊指令助记符，它的作用主要是为汇编程序做

各种准备工作,在源程序进行汇编时由汇编程序处理,而不是在计算机运行期间由机器执行;也就是说,这些伪指令只在汇编过程中起作用,一旦汇编结束,伪指令的使命也就随之结束了。

宏指令是一段独立的程序代码,可以插在源程序中,它通过伪指令来定义。宏在被使用之前必须提前定义好,宏之间可以互相调用,也可以自己递归调用。通过直接书写宏名来使用宏,并根据宏指令的格式设置相应的输入参数。宏定义本身不会产生代码,只是在调用它时将宏体插入源程序中。宏与C语言中的子函数形参与实参的传递很相似,调用宏时通过实际的指令来代替宏体实现相关的代码;但是,宏的调用和子程序调用有本质区别,即宏并不会节省程序空间。它的优点是简化程序代码、提高程序的可读性以及宏内容可同步修改。

伪指令、宏指令一般与编译程序有关。因此,ARM汇编语言的伪指令、宏指令在不同的编译环境下有不同的编写形式和规则。

4.8.1　ADS编译环境下的ARM伪指令与宏指令

在ADS编译环境下,ARM的汇编程序中包括符号定义伪指令、数据定义伪指令、汇编控制伪指令和其他杂类伪指令。

1. 符号定义伪指令

符号定义伪指令用于声明ARM汇编程序中的变量、对变量赋值以及定义寄存器的名称等操作。

1) GBLA、GBLL和GBLS

用途:GBLA、GBLL和GBLS是声明全局变量的伪指令,用于定义一个ARM程序中的全局变量,并将其初始化。GBLA用于声明一个全局的数字变量,并初始化为0;GBLL用于声明一个全局的逻辑变量,并初始化为F(假);GBLS用于声明一个全局的字符串变量,并初始化为空;对于全局变量来说,变量名在源程序中必须是唯一的。

语法格式:

```
GBLA(GBLL 或 GBLS) 全局变量名
```

指令示例:

```
GBLA DATE1              ;声明一个全局数字变量 DATE1
GBLL DATE2              ;声明一个全局逻辑变量 DATE2
GBLS DATA3             ;声明一个全局字符串变量 DATE3
DATE3 SETS "Testing"   ;将该变量赋值为"Testing"
```

2) LCLA、LCLL和LCLS

用途:LCLA、LCLL和LCLS是声明局部变量伪指令,用于定义一个ARM程序中的局部变量,并将其初始化。LCLA用于声明一个局部的数字变量,并初始化为0;LCLL用于声明一个局部的逻辑变量,并初始化为F(假);LCLS用于声明一个局部的字符串变量,并初始化为空。对于局部变量来说,变量名在使用范围内必须是唯一的,范围限制在定义这个变量的宏指令程序段内。

语法格式:

```
LCLA(LCLL 或 LCLS) 局部变量名
```

指令示例:

```
LCLA DATE4           ;声明一个局部数字变量 DATE4
LCLL DATE5           ;声明一个局部逻辑变量 DATE5
DATA4 SETL 0x10      ;为变量 DATE4 赋值为 0x10
LCLS DATA6           ;声明一个局部字符串变量 DATA6
```

3) SETA、SETL 和 SETS

用途：SETA、SETL 和 SETS 是变量赋值伪指令，用于给一个已经定义的全局变量或局部变量赋值。SETA 用于给一个数学变量赋值；SETL 用于给一个逻辑变量赋值；SETS 用于给一个字符串变量赋值。

语法格式：

变量名 SETA(SETL 或 SETS) 表达式

指令示例：

```
GBLA EXAMP1              ;先声明一个全局数字变量 EXAMP1
EXAMP1 SETA 0xaa         ;将变量 EXAMP1 赋值为 0xaa
LCLL EXAMP2             ;声明一个局部的逻辑变量 EXAMP2
EXAMP2 SETL {TRUE}       ;将变量 EXAMP2 赋值为 TRUE
GBLS EXAMP3             ;先声明一个全局字符串变量 EXAMP3
EXAMP3 SETS "string"     ;将变量 EXAMP3 赋值为"string"
```

程序中的变量可通过代换操作取得一个常量，代换操作符为"$"。如果在数字变量前面有一个代换操作符"$"，那么编译器会将该数字变量的值转换为十六进制的字符串，并将该十六进制的字符串代换"$"后的数字变量；如果在逻辑变量前面有一个代换操作符"$"，那么编译器会将该逻辑变量代换为它的取值（真或假）；如果在字符串变量前面有一个代换操作符"$"，那么编译器会将该字符串变量的值代换"$"后的字符串变量。

指令示例：

```
LCLS String1                        ;定义局部字符串变量 String1 和 String2
LCLS String2
String1 SETS "pen!"
String2 SETS "This is a $ String1"  ;字符串变量 S2 的值为"This is a pen!"
```

4) RLIST

用途：RLIST 是定义通用寄存列表伪指令，通用寄存器列表定义主要应用在堆栈操作或多寄存器传送中，即使用该伪指令定义的名称可在 ARM 指令 LDM/STM 中使用。在 LDM/STM 指令中，列表中的寄存器访问次序为根据寄存器的编号由低到高，而与列表中的寄存器排列次序无关。

语法格式：

名称 RLIST{寄存器列表}

指令示例：

```
RegList   RLIST{R0 - R5,R8}          ;定义寄存器列表为 RegList
```

在程序中使用：

```
STMFD SP!,RegList          ;存储列表到堆栈
LDMIA R5 ,RegList          ;加载列表
```

2. 数据定义伪指令

数据定义伪指令一般用于为特定的数据分配存储单元，同时可完成已分配存储单元的初始化。常见的数据定义伪指令有如下几种。

1) DCB

用途：DCB 伪指令是字节分配内存单元伪指令，用来分配一片连续的字节存储单元并用伪指令中指定的数值或字符初始化。其中，数值范围为 0～255，DCB 也可用"＝"代替。

语法格式：

```
标号 DCB 表达式
```

指令示例：

```
String DCB "This is a test!"        ;分配一片连续的字节存储单元并初始化
DATA2 DCB 15,25,62,00               ;为数字常量 15,25,62,00 分配内存单元
```

2）DCW（或 DCWU）

用途：DCW（或 DCWU）伪指令是为半字分配内存单元，其中，表达式可以为程序标号或数字表达式。伪指令 DCW 用于为半字分配一段半字对准的内存单元，并用指定的数据初始化；伪指令 DCWU 用于为半字分配一段可以非半字对准的内存单元，并用指定的数据初始化。

语法格式：

```
标号 DCW(或 DCWU)表达式
```

指令示例：

```
DATA1 DCW 1,2,3                     ;分配一段连续的半字存储单元并初始化为 1,2,3
DATA2 DCWU 45,0x2a * 0x2a           ;分配一段非半字对准存储单元并初始化
```

3）DCD（或 DCDU）

用途：DCD（或 DCDU）伪指令是为字分配内存单元伪指令，其中，表达式可以为程序标号或数字表达式。DCD 也可用"&"代替。伪指令 DCD 用来为字分配一段对准的内存单元，并用指定的数值或标号初始化；伪指令 DCDU 用来为字分配一段可以非对准的内存单元，并用指定的数值或标号初始化。

语法格式：

```
标号 DCD(或 DCDU)表达式
```

指令示例：

```
DATA1 DCD 4,5,6                     ;分配一段连续的字存储单元并初始化
DATA2 DCDU LOOP                     ;为 LOOP 标号的地址值分配一个内存单元
```

4）DCQ（或 DCQU）

用途：DCQ（或 DCQU）伪指令是为双字分配内存单元的伪指令。伪指令 DCQ 用于为双字分配一段字对准的内存单元，并用指定的数据初始化；伪指令 DCQU 用于为双字分配一段可以非字对准的内存单元，并用指定的数据初始化。

语法格式：

```
标号 DCQ(或 DCQU)表达式
```

指令示例：

```
DATA1 DCQ 100                       ;分配一段连续的存储单元并初始化为指定的值
```

5）MAP 和 FIELD

用途：MAP 和 FIELD 是内存表定义伪指令。伪指令 MAP 用于定义一个结构化的内存表的首地址，MAP 也可用"A"代替；伪指令 FIELD 用于定义内存表中的数据的长度。FIELD 也可用"♯"代替。表达式可以为程序中的标号或数学表达式，基址寄存器为可选项，当基址寄存器选项不存在时，表达式的值即为内存表的首地址，当该选项存在时，内存表的首地址为表达式的值与基址寄存器的和。注意 MAP 和 FIELD 伪指令仅用于定义数据结构，并不实际分配存储单元。

语法格式：

```
MAP 表达式,(基址寄存器)
标号 FIELD 表明数据字节数的数值
```

指令示例:

```
MAP   0x10,R1                    ;定义内存表首地址的值为 R1 + 0x10
DATA1 FIELD 4                    ;为数据 DATA1 定义 4 字节长度
DATA2 FIELD 16                   ;为数据 DATA2 定义 16 字节长度
```

6) SPACE

用途:SPACE 伪指令是内存单元分配伪指令,用于分配一段连续的存储区域并初始化为 0,SPACE 也可用"%"代替。

语法格式:

```
标号 SPACE 分配的内存单元字节数
```

指令示例:

```
DATASPA SPACE 100               ;为 DATASPA 分配 100 个存储单元并初始化为 0
```

3. 汇编控制伪指令

汇编控制伪指令用于控制汇编程序的执行流程,常用的汇编控制伪指令包括以下几条:

1) MACRO、MEND 和 MEXIT

用途:MACRO、MEND 和 MEXIT 都是宏定义指令。伪指令 MACRO 定义一个宏语句段的开始;伪指令 MEND 定义宏语句段的结束;伪指令 MEXIT 可以实现从宏程序段的跳出。宏指令可以使用一个或多个参数,当宏指令被展开时,这些参数被相应的值替换。MACRO、MEND 伪指令可以嵌套使用。宏是一段功能完整的程序,能够实现一个特定的功能,在使用中可以把它视为一个子程序。在其他程序中可以调用宏完成某个功能,调用宏是通过调用宏的名称来实现的。宏指令的使用方式和功能与子程序有些相似。子程序可以提供模块化的程序设计、节省存储空间并提高运行速度;但在使用子程序结构时需要保护现场,从而增加了系统的开销,因此,在代码较短且需要传递的参数较多时,可以使用宏指令代替子程序。调用宏的好处是不占用传送参数的寄存器,不用保护现场。

语法格式:

```
MACRO
$ 标号 宏名 $ 参数 1,$ 参数 2,
语句段
MEXIT
语句段
MEND
```

指令示例:

```
MACRO                           ;定义宏
$DATA1 MAX $N1, $N2             ;宏名称是 MAX,主标号是 $DATA1,两个参数
语句段                          ;语句段
$DATA1.MAY1                     ;非主标号,由主标号构成
语句段                          ;语句段
$DATA1.MAY2                     ;非主标号,由主标号构成
MEND                            ;宏结束
```

2) IF、ELSE、ENDIF

用途:IF、ELSE、ENDIF 是条件分支伪指令,能根据条件的成立与否决定是否执行某个语句。伪指令 IF 可以对条件进行判断;伪指令 ELSE 产生分支;伪指令 ENDIF 定义分支结束。当 IF 后面的逻辑表达式为真,则执行语句段 1,否则执行语句段 2,其中,ELSE 及语句段 2

可以没有,此时,当 IF 后面的逻辑表达式为真,则执行指令序列 1,否则继续执行后面的指令。IF、ELSE、ENDIF 伪指令可以嵌套使用。

语法格式:

```
IF 逻辑表达式
语句段 1
ELSE
语句段 2
ENDIF
```

指令示例:

```
IF R0 = 0x10                    ;判断 R0 中的内容是否是 0x10
   ADD R0,R1,R2                 ;如果 R0 = 0x10,则执行 R0 = R1 + R2
ELSE
   ADD R0,R1,R3                 ;如果 R0 = 0x10,则执行 R0 = R1 + R3
ENDIF
```

3) WHILE 和 WEND

用途:WHILE 和 WEND 是条件循环伪指令,能根据条件是否成立决定循环执行某个语句段。伪指令 WHILE 对条件进行判断,满足条件循环,不满足条件结束循环;伪指令 WEND 定义循环体结束。若 WHILE 后面的逻辑表达式为真,则执行语句段,该语句段执行完毕后,再判断逻辑表达式的值,若为真则继续执行,一直到逻辑表达式的值为假。在应用 WHILE、WEND 伪指令时要注意:用来进行条件判断的逻辑表达式必须是编译程序能够判断的语句,一般应该是伪指令语句。

语法格式:

```
WHILE 逻辑表达式
语句段
WEND
```

指令示例:

```
GBLA Cou1                      ;声明一个全局的数学变量,变量名为 Cou1
Cou1 SETA 1                    ;为 Cou1 赋值 1
WHILE Cou1 < 10               ;判断 Cou1 < 10 进入循环
   ADD R1,R2,R3                ;循环执行语句
   Cou1 SETA Cou1 + 1          ;每次循环 Cou1 加 1
WEND                           ;执行 ADD R1,R2,R3 语句 10 次后,结束循环
```

4. 其他杂类伪指令

下面是一些比较重要的杂类伪指令,这些杂类伪指令在汇编程序中经常会被使用,包括以下几条。

1) ALIGN

用途:ALIGN 伪指令是地址对准伪指令,可通过插入字节使存储区满足所要求的地址对准。其中,表达式的值用于指定对准方式,可能的取值为 2^n,$0 \leqslant n \leqslant 31$,如果表达式缺省,则默认字对准;偏移量也为一个数字表达式,若使用该字段,则当前位置的对齐方式为: 2^n +偏移量。

语法格式:

```
ALIGN {表达式,偏移量}
```

指令示例:

```
B START
ADD R0,R1,R2                   ;正常语句
DATA1 DCB "Ertai"             ;由于插入 5 个字节的存储区,地址不对准
ALIGN 4                        ;使用伪指令确保地址对准
START LDR R5,[R6]             ;否则此标号不对准
```

2) AREA

用途：AREA 伪指令是段指示伪指令，用于定义一个代码段或数据段。其中，段名若以数字开头，则该段名需用"|"括起来，如|1_test|。属性字段表示该代码段（或数据段）的相关属性，多个属性用逗号分隔。

语法格式：

```
AREA 段名 属性 1,属性 2,…
```

AREA 常用的属性如下：

- OCODE 属性——用于定义代码段，默认为 READONLY。
- DATA 属性——用于定义数据段，默认为 READWRITE。
- READONLY 属性——指定本段为只读，代码段默认为 READONLY。
- READWRITE 属性——指定本段为可读可写，数据段的默认属性为 READWRITE。
- ALIGN 属性——使用方式为：ALIGN 表达式。在默认时，ELF（可执行连接文件）的代码段和数据段是按字对齐的，表达式的取值范围为 0～31，相应的对齐方式为 2 表达式次方。
- COMMON 属性——该属性定义一个通用的段，不包含任何用户代码和数据。各源文件中同名的 COMMON 段共享同一段存储单元。

指令示例：

```
AREA Example1,CODE,READONLY          ;定义了一个代码段,段名为 Example1,属性为只读
```

3) CODE16、CODE32

用途：CODE16 和 CODE32 伪指令是代码长度定义伪指令。当在汇编源程序中同时包含 ARM 指令和 Thumb 指令时，可将 CODE16 伪指令定义后面的代码编译成 16 位的 Thumb 指令，CODE32 伪指令定义后面的代码编译成 32 位的 ARM 指令。

语法格式：

```
CODE16
CODE32
```

指令示例：

```
AREA Example1,CODE,READONLY
…
CODE32                        ;定义后面的指令为 32 位的 ARM 指令
LDR R0, = NEXT + 1            ;将跳转地址放入寄存器 R0
BX R0                         ;程序跳转到新的位置执行,并将处理器切换到 Thumb 工作状态
…
CODE16                        ;定义后面的指令为 16 位的 Thumb 指令
NEXT LDR R3, = 0x3FF
…
END                           ;程序结束
```

4) ENTRY

用途：ENTRY 伪指令是程序入口伪指令。在一个完整的汇编程序中至少要有一个 ENTRY，编译程序在编译连接时依据程序入口进行连接。在只有一个入口时，编译程序会把这个入口的地址定义为系统复位后的程序起始点。但在一个源文件中最多只能有一个 ENTRY。

语法格式：

```
ENTRY
```

指令示例：

```
AREA Example1,CODE,READONLY
ENTRY                    ;程序的入口处
...
```

5) END

用途：END 伪指令是编译结束伪指令，用于通知编译器已经到了源程序的结尾，每个汇编语言的源程序都必须有一个 END 伪指令定义源程序结尾。编译程序检测到这个伪指令后，不再编译后面的程序。

语法格式：

```
END
```

指令示例：

```
AREA Example1,CODE,READONLY
...
END                      ;程序结束
```

6) EQU

用途：EQU 伪指令是赋值伪指令，用于为程序中的常量、标号等定义一个等效的字符名称。当表达式为 32 位的常量时，可以指定表达式的数据类型，可以有以下 3 种类型：CODE16、CODE32 和 DATA。

语法格式：

```
名称 EQU 表达式{,类型}
```

指令示例：

```
Test EQU 50                     ;定义标号 Test 的值为 50
DATA1 EQU 0x55,CODE32           ;定义 DATA1 的值为 0x55 且该处为 32 位的 ARM 指令
```

7) GET 和 INCBIN

用途：GET 和 INCBIN 伪指令是文件引用伪指令。伪指令 GET 声明包含另一个源文件，并将被包含的源文件在当前位置进行汇编处理；伪指令 INCBIN 声明包含另一个源文件，在 INCBIN 处引用这个文件但不汇编。

语法格式：

```
GET 文件名
INCBIN 文件名
```

指令示例：

```
AREA Example1,CODE,READONLY
GET File1.s                     ;包含文件 File1.s,并编译
INCBIN File2.dat                ;包含文件 File2.dat,不编译
GET F:\EX\File3.s               ;包含文件 File3.s,并编译
END
```

4.8.2　ARM 汇编语言的伪指令

ARM 伪指令不是 ARM 指令集中的指令，只是为了编程方便定义了伪指令，可以像其他 ARM 指令一样使用，但在编译时这些指令将被等效的 ARM 指令代替。ARM 伪指令有 4 条，分别为 ADR 伪指令、ADRL 伪指令、LDR 伪指令和 NOP 伪指令。

1. ADR

小范围的地址读取伪指令。ADR 指令将基于 PC 相对偏移的地址值读取到寄存器中。在汇

编编译源程序时,ADR 伪指令被编译器替换成一条合适的指令。通常,编译器用一条 ADD 指令或 SUB 指令来实现该 ADR 伪指令的功能,若不能用一条指令实现,则产生错误,编译失败。

ADR 伪指令格式如下:

```
ADR{cond} register,exper
```

其中,register 为加载的目标寄存器。exper 为地址表达式。当地址值是非字对齐时,取值范围为$-255\sim255$B;当地址是字对齐时,取值范围为$-1020\sim1020$B。

对于基于 PC 相对偏移的地址值时,给定范围是相对当前指令地址后两个字处(因为 ARM7TDMI 为三级流水线)。

ADR 伪指令举例如下:

```
LOOP MOV R1, ♯0xF0
...
ADR R2, LOOP                    ;将 LOOP 的地址放入 R2
ADR R3, LOOP + 4
```

可以用 ADR 加载地址,实现查表:

```
...
ADR R0,DISP_TAB                 ;加载转换表地址
LDRB R1,[R0,R2]                 ;使用 R2 作为参数,进行查表
...
DISP_TAB
DCB 0xC0,0xF9,0xA4,0xB0,0x99,0x92,0x82,0xF8,0x80,0x90
```

2. ADRL

中等范围的地址读取伪指令。ADRL 指令将基于 PC 相对偏移的地址值或基于寄存器相对偏移的地址值读取到寄存器中,比 ADR 伪指令的地址读取范围更大。在汇编编译源程序时,ADRL 伪指令被编译器替换成两条合适的指令。若不能用两条指令实现 ADRL 伪指令功能,则产生错误,编译失败。ADRL 伪指令格式如下:

```
ADRL {cond} register,exper
```

其中,register 为加载的目标寄存器。exper 为地址表达式。当地址值是非字对齐时,取值范围为$-64\sim64$KB;当地址值是字对齐时,取值范围为$-256\sim256$KB。

ADRL 伪指令举例如下:

```
ADRL R0,DATA_BUF
...
ADRL R1,DATA_BUF + 80
...
DATA_BUF
SPACE 100                      ;定义 100B 缓冲区
```

可以用 ADRL 加载地址,实现程序跳转、中等范围地址的加载:

```
...
ADR LR,RETURNI                 ;设置返回地址
ADRL R1,Thumb_Sub + 1          ;取得了 Thumb 子程序入口地址,且 R1 的 0 位置 1
BX R1                          ;调用 Thumb 子程序,并切换处理器状态
RETURNI
...
CODE16
Thumb_Sub
MOV R1, ♯10
...
```

3. LDR

大范围的地址读取伪指令。LDR 伪指令用于加载 32 位的立即数或一个地址值到指定寄存器。在汇编编译源程序时,LDR 伪指令被编译器替换成一条合适的指令。若加载的常量未超出 MOV 或 MVN 的范围,则使用 MOV 或 MVN 指令代替该 LDR 伪指令;否则汇编器将常量放入字池,并使用一条程序相对偏移的 LDR 指令从文字池读出常量。LDR 伪指令格式如下:

```
LDR{cond} register, = expr/label_expr
```

其中,register 为加载的目标寄存器。expr 为 32 位立即数。label_expr 为基于 PC 的地址表达式或外部表达式。

LDR 伪指令举例如下:

```
LDR R0, = 0x123456              ;加载 32 位立即数 0x123456
LDR R0, = DATA_BUF + 60         ;加载 DATA_BUF 地址 + 60
…
LTORG                           ;声明文字池
```

伪指令 LDR 常用于加载芯片外围功能部件的寄存器地址(32 位立即数),以实现各种控制操作加载 32 位立即数:

```
…
LDR R0, = IOPIN                 ;加载 GPIO 寄存器 IOPIN 的地址
LDR R1,[R0]                     ;读取 IOPIN 寄存器的值
…
LDR R0, = IOSET
LDR R1, = 0x00500500
STR R1,[R0]                     ;IOSET = 0x00500500
…
```

从 PC 到文字池的偏移量必须小于 4KB。与 ARM 指令的 LDR 相比,伪指令 LDR 的参数有"="号。

4. NOP

空操作伪指令。NOP 伪指令在汇编时将会被代替成 ARM 中的空操作,例如,可能为"MOV R0,R0"指令等,NOP 伪指令格式如下:

```
NOP
NOP
NOP
NOP
SUBS R1, R1, #1
BNE DELAY1
…
```

4.9 ARM 汇编语言实例

1. ARM 汇编语言的语句格式

ARM(Thumb)汇编语言的语句格式为:

```
{语句标号}{指令或伪指令}{;注释}
```

1) 语句标号

语句标号可以大小写字母混合使用,可以使用数字和下画线。语句标号不能与指令助记符、寄存器、变量名同名。

2) 指令和伪指令

指令助记符和伪指令助记符可以为大写字母,也可以为小写字母,但不能混合使用大小写

字母。指令助记符和后面的操作数寄存器之间必须有空格,不可以在它们之间使用逗号。

3)注释

汇编器在编译时,当发现一个分号后,把后面的内容解释为注释,不进行编译。

2. 汇编语言源程序示例

下面是一些汇编语言源程序的示例:

1)软件中断示例

```
AREA    example,CODE,READONLY      ;定义代码块 example
ENTRY                              ;程序入口
Start
    MOV R0, #40                    ;R0 = 40
    MOV R1, #16                    ;R1 = 16
    ADD R2,R0,R1                   ;R2 = R0 + R1
    MOV R0, #0x18                  ;传送到软件中断的参数
    LDR R1, = 0x20026              ;传送到软件中断的参数
    SWI 0x123456                   ;通过软件中断指令返回
END                                ;文件结束
```

AREA 伪指令定义一个段,并说明所定义段的相关属性,本例定义一个名为 example 的代码段,属性为只读。ENTRY 伪指令标识程序的入口点,接下来为语句段。执行主代码后,通过使用软件中断指令实现了返回。程序的末尾为 END 伪指令,该伪指令通知编译器停止对源文件的处理,每一个汇编程序段都必须有一条 END 伪指令,指示代码段的结束。

2)立即数和加载地址示例

```
AREA   asmfile, CODE, READONLY          ;声明汇编语言程序
ENTRY                                   ;程序入口
START
    LDR R0, START                       ;把 START 地址处的数据加载给 R0
    LDR R1 ,START + 0x20 * 4 - 0x40     ;把 START + 0x40 地址处的数据加载给 R1
    LDRSB R2, START                     ;把 START 地址处的字节加载给 R2,并用第 8 位扩展到 32 位
    ADD R3, R1, # (0x40 + 0x10 * 2):MOD:04  ;把 R1 + 00 加载给 R3,第 2 个操作数通过取模结果为 0
    RSB R4, R3, # 0xFF:ROL: 8           ;将 0xFF 循环左移 8 位,结果减 R3 再赋给 R4
    MOV R5, # 0xF8: AND: 0x8F           ;两个数逻辑与,结果 0x88 赋值给 R5
    B START + 0x1C                      ;语句标号加数值表达式指向跳转地址
    ADR R6, START + 0x20                ;伪指令,以 PC 为基址,把地址加载给 R6
    LDR R7, = 0xF0F0F0F0 + 0x04000000   ;伪指令,把一个 32 位数值加载给 R7
    LDR R8, = START + 0x4080            ;把地址加载给 R8
END
```

3)条件标志应用示例

```
AREA asmfile, CODE, READONLY         ;声明汇编语言程序
ENTRY                                ;程序入口
    MOV R3, #0x56                    ;R3 赋值 0x00000056
    MVN R4, #0x55                    ;R4 赋值 0xFFFFFFAA
    CMPS R3,R4                       ;R3~R4 刷新标志位,CPSR_c = zcnv
    ADDNES R0,R3,R4                  ;因为 Z = 0,满足条件,该语句执行,并刷新标志位 CPSR_c = ZCnv
    SUBEQS R1,R3,R4                  ;因为 Z = 1,满足条件,该语句执行,并刷新标志位 CPSR_c = zcnv
    ANDCS R7,R1, # 0x20             ;因为 C = 0,不满足条件,所以该语句不执行,CPSR_c = zcnv
    ORRCC R8,R1, # 0x53             ;满足条件,该语句执行
END
```

4)寻址方式的示例

```
AREA asmfile, CODE, READONLY
ENTRY
CODE32
```

```
START
    LDR R4, = 0x00090010                    ;存储器访问地址
    LDR R13, = 0x00090200                   ;堆栈初始地址
    MOV R0, ♯15                             ;立即数寻址
    MOV R2, ♯10
    MOV R1, R0                              ;寄存器寻址
    ADD R0, R1, R2
    STR R0, [R4]                            ;寄存器间接寻址
    LDR R3, [R4]
    MOV R0, R1, LSL♯1                       ;寄存器移位寻址
    STR R0, [R4 , ♯4]                       ;基址变址寻址
    LDR R3, [R4 , ♯4]!
    STMIA R4, {R0 - R3}                     ;多寄存器寻址
    LDMIA R4, {R5, R6, R7, R8}
    STMFD R13!, {R5 , R6 , R7, R8}          ;堆栈寻址
    LDMFD R13!, {R1 - R4}
    B START                                ;相对寻址
END
```

5）数据块复制示例

```
AREA Block, CODE, READONLY                  ;命名代码块
num EQU 20                                  ;设置复制的字长度
ENTRY                                       ;标记第一条指令
start
    LDR,r0 = src                            ;r0 指向源数据块
    LDR,r1 = dst                            ;r1 指向目的数据块
    MOV,r2♯num                              ;r2 复制计数指针
    MOV,sp♯0x400                            ;设置堆栈指针
blockcopy
    MOVS    r3, r2, LSR ♯3                  ;计算块复制次数
    BEQ     copywords                       ;r3 为 0 分支到字拷贝
    STMFD   sp!, {r4 - r11}
octcopy
    LDMIA r0!, {r4 - r11}                   ;加载 8 个字到 r4～r11
    STMIA r1! , {r4 - r11}                  ;复制到目的数据块
    SUBS    r3, r3, ♯1                      ;计数器减 1
    BNE     octcopy                         ;不为 0 继续复制
    LDMFD   sp!, {r4 - r11}                 ;还原备份寄存器 r4～r11
copywords
    ANDS   r2,r2, ♯7                        ;后面 4 个字
    BEQ  stop                               ;为 0 结束
wordcopy
    LDR r3, [r0], ♯4                        ;加载一个字
    STR r3, [r1], ♯4                        ;复制到目的数据块
    SUBS  r2, r2, ♯1                        ;计数器减 1
    BNE wordcopy                            ;计数器不为 0 继续复制
    stop
    B    stop
AREA BlockData,DATA,READWRITE
srcDCD  1,2,3,4,5,6,7,8,1,2,3,4,5,6,7,8,1,2,3,4  ;源数据块
dstDCD  0,0,0,0,0,0,0,0,0,0,0,0,0,0,0,0,0,0,0,0  ;目的数据块
END
```

本章习题

一、关于 ARM 寻址方式的指令

1. ARM 处理器有几种寻址方式？

2. 请写出以下寻址属于 ARM 处理器的哪一种寻址方式？并写出它们的作用或结果。

```
MOV R0,R1
ADD R1,R2,R3
MOV R0,#0FF00
ADD R1,R1,#0X8e
LDR R1,[R2]
STR R1,[R2]
LDR R0,[R1,#7]
LDR R0,[R1,#8]!
LDR R0,[R1],#4
LDR R0,[R1,R2]
MOV R0,R1,LSL#4
MOV R0,R1,LSR#4
MOV R0,R1,ROR#4
MOV R0,R1,ASR#4
MOV R0,R1,RRX#4
STMIA R1!,{R2-R6,R7,R8}
```

3. 画出满堆栈和空堆栈的示意图。

4. ARM 处理器中堆栈相关的 FA、FD、EA、ED 符号代表什么操作？

5. 以下这段代码代表什么寻址？LR 对应 ARM 中哪个寄存器？第一句代码和最后一句代码起什么作用？

```
BL LOOP
…
LOOP…
MOV PC,LR
```

二、关于 ARM 寄存器和外部存储器之间传送的指令

1. ARM 指令集有几种类型？

2. 写出 ARM 指令的基本格式，说明每一个字段代表的含义。

3. ARM 指令集中第 2 个操作数有什么规定？任何的立即数都可以作为 ARM 的立即数吗？

4. ARM 的条件码有几种？与 CPSR 的哪些位相关？

5. 存储器的访问指令有几种类型？请举例说明。

6. 请列举前索引偏移和后索引偏移的区别。

7. 认识常用指令，并加以解析。

```
LDR R1,[R2]
LDR R3,[R1,#8]
LDR R3,[R1,R2]!
LDR R3,[R1,#8]!
LDR R1,[R2,#0x04]!
LDR R1,[R2],#0x04
LDR R3,[R1,R2,LSL#3]!
LDR R3,[R1],R2,LSL#3
LDRB R3,[R1,#2]
LDRH R3,[R1,#2]
STR R3,[R1],#8
STR R3,[R1,#8]
```

8. 认识常用批量数据加载、存储指令，并加以解析。

```
STMFD R13!,{R0,R4-R12,LR}
LDMFD R13!,{R0,R4-R12,PC}
STMIB R0!,{R1,R2,R3}
STMIA R0!,{R1,R2,R3}
```

9. 认识寄存器交换指令,并加以解析。

```
SWP R1,R2,[R3]
SWPEQ R1,R1,[R2]
SWPB R1,R1,[R2]
```

三、关于 ARM 处理器数据处理类指令

1. ARM 处理器数据处理类指令一共有几类? 请列出并加以说明。

2. ARM 处理器加载存储类指令和数据处理类指令的根本区别是什么?

3. 以下 ARM 指令是正确的吗? 如果是正确的,请解析示例的含义。

```
MOV R4,R5
LDR R4,R5
MOV R4,[R5]
LDR R4,[R5]
MVN R1,R2
MVN R1,[R2]
```

4. 解析以下示例。

```
ADDS R0,R3,R4
ADDC R0,R3,#10
ADD R0,R2,R3,LSL#2
ADDS R1,R1,R3
SUBS R0,R2,R3,LSL#1
RSBS R0,R2,R3,LSL#1
```

5. 写出将 R2 寄存器的第 0 位保持,其他位清零的操作代码。

6. 写出将 R2 寄存器的第 0~4 位置 1,其他位保持不变的代码。

7. 写出将 R2 寄存器的第 0 位和第 1 位反转,其他位保持不变的代码。

8. 写出将 R2 寄存器的第 28~31 位清 0,其他位保持不变,并刷新标志位的代码。

9. 解析以下示例。

```
MUL R0,R4,R5
MULS R0,R4,R5
MLAS R0,R1,R2,R3
SMULL R1,R2,R3,R4
SMLAL R1,R2,R3,R4
UMULL R1,R2,R3,R4
UMLAL R1,R2,R3,R4
```

10. 解析以下代码的含义。

```
CMP R1,#0x30
ADDCS R5,R5,#0x20
ADDCC R5,R5,#0x10
```

11. 认识测试指令,并解析代码的含义。

```
TST R2,#0x01
TEQ R1,#0x10
```

12. 认识分支指令,并解析代码的含义。

```
CMP R1,#0
BEQ Label
```

13. 解析以下代码段,并说明哪一些是 ARM 程序段,哪一些是 Thumb 程序段。

```
CODE32
ARM1
```

```
        ADR R0,THUMB1 + 1
        BX R0
...
CODE16
THUMB1:
...
        ADR R0,ARM1
        BIC R0,R0,#01
        BX R0
```

14. ARM 协处理器指令有几条？其中用于 ARM 寄存器和协处理器的加载存储指令有几条？数据处理指令有几条？

解析下列示例，并说明是加载存储类指令还是数据处理指令。

```
CDP P1,2,C1,C2,C3
LDC P3,C4,[R5]
LDC P3,C4,[R5]
MCR P2,3,R2,C4,C5,6
MRC P0,3,R2,C4,C5,6
```

四、软中断和伪指令

1. ARM 中的软中断 SWI 有什么作用？发生软中断时系统处于什么模式？SWI 指令指定的立即数一般为几位？请举例说明 SWI 中断后 LR、PC、SPSR、CPSR 的状态。

2. 什么是伪指令？伪指令有什么作用？伪指令的分类有哪些？

3. 符号定义的伪指令有几种数据类型？请举例说明。

4. 请判断下列伪指令的对错，如果是错的请修改。

```
GBLA DATA1
DATA1 SETS "Testing"
LCLL DATA2
DATA2 SETS "true"
```

5. 理解寄存器列表，说明下面的代码中哪些是 ARM 指令，哪些是 ARM 伪指令。说明代码所代表的含义。

```
RegList RLIST {R0 - R4,R6,R8 - R10}
STMFD SP!,RegList
LDMIA R5!,RegList
```

6. ARM 中分配内存单元的指令有哪些？请举例说明。

7. 伪指令 DCD 可以用"&"代替吗？

8. 通用伪指令中宏怎么定义？它的作用是什么？

9. 写出以下汇编代码对应的 C 代码。

```
IF R0 = 0X10
    ADD R0,R1,R2;
ELSE
    ADD R0,R1,R3;
ENDIF
```

10. 写出以下汇编代码对应的 C 代码。

```
GBLA Counter;
Counter SETA 1;
WHILE Counter < 10
    ADD R1,R2,R3;
    Counter SETA Counter + 1;
WEND
```

11. 解析下面代码的含义。

```
AREA Example,CODE,READONLY
GET File1.s
INCBIN File2.s
GET F:/EX/File3.s
```

12. 与 ARM 指令相关的伪指令有几条？LDR 伪指令和 MOV 指令有什么异同？

13. 比较 Thumb 指令集和 ARM 指令集的异同。

14. B 指令的目标地址范围是多少？BL 指令的目标地址范围是多少？

第5章 ARM 混合编程和 ADS 1.2 集成开发环境

CHAPTER 5

5.1 C 语言和汇编语言混合编程方式

视频讲解

在应用系统的程序设计中,若所有的编程任务均用汇编语言完成,其工作量是可想而知的。事实上,ARM 体系结构支持 C/C++以及与汇编语言的混合编程,在一个完整的程序设计中,除了初始化部分用汇编语言完成以外,其主要的编程任务一般都用 C/C++完成。汇编语言与 C/C++的混合编程主要有以下几种情况。

1. 在 C 中内嵌汇编语言

在 C 中内嵌的汇编指令包含大部分的 ARM 和 Thumb 指令,不过其使用与汇编文件中的指令有些不同,存在一些限制,主要表现在如下几个方面:

(1) 不能直接向 PC 寄存器赋值,程序跳转要使用 B 或者 BL 指令。

(2) 在使用物理寄存器时,不要使用过于复杂的 C 表达式,以避免物理寄存器冲突。

(3) R12 和 R13 可能被编译器用来存放中间编译结果,计算表达式值时可能将 R0~R3、R13 及 R14 用于子程序调用,因此要避免直接使用这些物理寄存器。

(4) 一般不要直接指定物理寄存器,而让编译器进行分配。

下面通过一个例子来说明如何在 C 中内嵌汇编语言:

```
# include < stdio. h >
void my_strcpy(const char * src, char * dest)   //声明一个函数
{
    char ch;                                     //声明一个字符型变量
    __asm                                        //调用关键词__asm
    {
    LOOP                                         ;循环入口
        LDRB CH,[src],#1                         ;Thumb 指令,将无符号 src 地址的数送入 CH,src + 1;
        STRB CH,[dest],#1                        ;Thumb 指令,将无符号 CH 数据送入[dest]存储, dest + 1
        CMP CH, #0                               ;比较 CH 是否为零,否则循环,总共循环 256 次
        BNE LOOP;                                ;B 指令跳转,NE 为 Z 位清零不相等
    }
}
int main()                                       ;C 语言主程序
{
    char * a = "forget it and move on!";         //声明字符型指针变量
    char b[64];                                   //字符型数组
    my_strcpy(a, b);                              //调用子函数,进行复制
    printf("original: % s", a);                   //屏幕输出,a 的数值
    printf("copyed: % s", b);                     //屏幕输出,b 的数值
    return 0;
}
```

在这里 C 和汇编语言之间的值传递是用 C 的指针来实现的，因为指针对应的是地址，所以汇编语言中也可以访问。

2. 在汇编语言中使用 C 程序全局变量

内嵌汇编不用单独编辑汇编语言文件，比较简洁，但是有诸多限制，当汇编代码较多时一般要放在单独的汇编文件中。这就需要在汇编程序和 C 程序之间进行一些数据传递，最简便的办法就是使用全局变量。具体的汇编程序中访问 C 程序变量的方法如下：

（1）使用 IMPORT 伪操作声明该全局变量。

（2）使用 LDR 指令读取该全局变量的内存地址，通常该全局变量的内存地址值存放在程序的数据缓冲池（literal pool）中。

（3）根据该数据的类型，使用相应的 LDR/STR 指令读取/修改该全局变量的值。

下面通过一个例子来说明如何在汇编程序中访问 C 程序的全局变量。

```
AREA asmfile,CODE,READONLY      ;建立一个汇编程序段
EXPORT asmDouble               ;声明可以被调用的汇编函数 asmDouble
IMPORT gVar_1                  ;调用 C 语言中声明的全局变量
asmDouble                      ;汇编子函数入口
LDR R0, = gVar_1               ;将等于 gVar_1 地址的数据送入 R0 寄存器
LDR R1,[R0]                    ;将 R0 中的值为地址的数据送给 R1
MOV R2, #10                    ;将立即数 10 送给 R2
ADD R3, R1, R2                 ;R3 = R1 + R2,实现了 gVar_1 = gVar_1 + 10
STR R3,[R0]                    ;将 R3 中的数据送给 R0
MOV PC, LR                     ;子程序返回
END
```

3. 在 C 程序中调用汇编的函数

在 C 程序中调用汇编文件中的函数，主要工作有两个：一是在 C 中声明函数原型，并加 extern 关键字；二是在汇编中用 EXPORT 导出函数名，并用该函数名作为汇编代码段的标识，最后用"MOV PC,LR"返回。然后，就可以在 C 程序中使用该函数了。

下面是一个 C 程序调用汇编程序的例子，其中汇编程序 strcpy 实现字符串复制功能，C 程序调用 strcpy 完成字符串复制的工作。

```
/ * C程序 * /
# include < stdio.h >
extern void asm_strcpy(const char * src, char * dest);   //声明可以被调用的函数
int main()                                               //C 语言主函数
{
    const char * s = "seasons in the sun";               //声明字符型指针变量
    char d[32];                                          //声明字符型数组
    asm_strcpy(s,d);                                     //调用汇编子函数
    printf("source: % s",s);                             //屏幕显示,s 的值
    printf("destination: % s",d);                        //屏幕显示,d 的值
    return 0;
}
/ * 汇编程序 * /
AREA asmfile,CODE,READONLY                ;声明汇编语言程序段
EXPORT asm_strcpy                         ;声明可被调用函数名称
asm_strcpy                                ;函数入口地址
LOOP                                      ;循环标志
LDRB R4, [R0], #1                         ;R0 的地址中数字送给 R4，地址加 1 后
CMP R4, #0                                ;比较 R4 是否为零
BEQ OVER                                  ;为零跳转到结束
STRB R4, [R1], #1                         ;R4 的值送入 R1, R1 地址加 1
B LOOP                                    ;跳转到循环位置
OVER                                      ;跳出标志位
```

```
MOV PC, LR        ;子函数返回
END
```

4. 在汇编程序中调用 C 程序的函数

在汇编中调用 C 程序的函数,需要在汇编程序中使用伪指令 IMPORT 声明将要调用的 C 函数。下面是一个汇编程序调用 C 程序的例子。其中在汇编程序中设置好各参数的值,本例有 3 个参数,分别使用寄存器 R0 存放第 1 个参数,R1 存放第 2 个参数,R2 存放第 3 个参数。

```
EXPORT asmfile                                    ;可被调用的汇编段
AREA asmfile,CODE,READONLY                         ;声明汇编程序段
IMPORT cFun                                        ;声明调用 C 语言的 cFun 函数
ENTRY                                              ;主程序起始入口
MOV R0, ♯11                                        ;将 11 放入 R0
MOV R1, ♯22                                        ;将 22 放入 R1
MOV R2, ♯33                                        ;将 33 放入 R2
BL cFun                                            ;调用 C 语言子函数
END
/ * C 语言函数, 被汇编语言调用 * /
int cFun(int a, int b, int c)                      //声明一个函数
{
    return a + b + c;                              //返回 a + b + c 的值
}
```

5.2 ADS 集成开发环境

ADS 全称是 ARM Developer Suite,是一款由 ARM 公司提供的专门用于 ARM 相关应用开发和调试的综合性软件。ADS 在易用性上比上一代的 SDT 开发环境有较大提高,是一套功能强大又易于使用的开发环境,成熟 ADS 包括一系列的应用,并有相关的文档和实例的支持。使用者可以用 ADS 来编写和调试各种基于 ARM 家族 RISC 处理器的应用,也可以使用 ADS 来编辑、编译、调试包括用 C、C++ 以及 ARM 汇编语言编写的程序。

ADS 由命令行开发工具、ARM 实时库、GUI 开发环境(Code Warrior 和 AXD)、实用程序和支持软件组成。如图 5-1 所示是 ADS 的组成结构图。

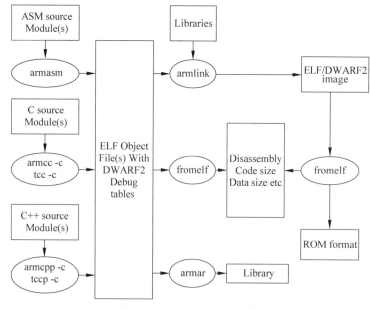

图 5-1 ADS 的组成结构图

图 5-1 ADS 组成结构图包括：

- ANSIC 编译器——armcc and tcc。
- ISO / Embedded C++编译器——armcpp and tcpp。
- ARM/Thumb 汇编器——armasm。
- 格式目标文件——ELF。
- ARM/Thumb 链接器——Linker-armlink。
- 格式转换器——fromelf。
- 库管理器——armar。
- C and C++库——Library 和 Libraries。
- 镜像文件——image。
- 烧写文件——ROM format。

另外，还包含 Windows 集成开发环境 CodeWarrior 和 ARM/Thumb 调试器 AXD Debugger、ARM Firmware Suite、ARM Application Library 和 RealMonitor 等组件。

在工程中接触最多最直接的就是 CodeWarrior 和 AXD Debugger 这两个组件。如图 5-2 所示是 CodeWarrior 的基本界面。在工程中通过在 CodeWarrior 下建立工程，进行编译和链接，最终生成二进制文件，接着在 AXD Debugger 下进行下载和调试仿真。这里没有对其他组件进行详细介绍并不意味着其他模块没有发挥作用或者不重要。

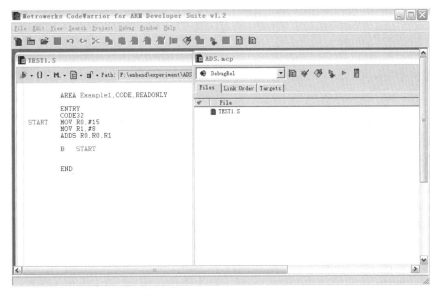

图 5-2　CodeWarrior 的基本界面

5.2.1　CodeWarrior 集成开发环境

CodeWarrior for ARM 是一套完整的集成开发工具，充分发挥了 ARM RISC 的优势，使产品开发人员能够很好地应用尖端的片上系统技术。该工具是专为基于 ARM RISC 的处理器而设计的，可加速并简化嵌入式开发过程中的每一个环节，使得开发人员只须通过一个集成软件开发环境就能研制出 ARM 产品，在整个开发周期中，开发人员无须离开 CodeWarrior 开发环境，因此节省了在操作工具转换上花费的时间，使开发人员有更多的精力投入到代码编写中。

CodeWarrior 集成开发环境（IDE）为管理和开发项目提供了简单多样化的图形用户界面。用户可以使用 ADS 的 CodeWarrior IDE 为 ARM 和 Thumb 处理器开发用 C、C++或 ARM 汇编语言编写的程序代码。

通过提供下面的功能,CodeWarrior IDE 缩短了用户开发项目代码的周期:

- 全面的项目管理功能。
- 子函数的代码导航功能,使得用户迅速找到程序中的子函数。

可以在 CodeWarrior IDE 中为 ARM 配置环境和参数,实现对工程代码的编译、汇编和链接。

在 CodeWarrior IDE 中所涉及的 target 有两种不同的语义。

1. 目标系统(Target system)

目标系统特指代码要运行的环境是基于 ARM 的硬件。例如,要为 ARM 开发板编写要运行的程序,这个开发板就是目标系统。

2. 生成目标(Build target)

生成目标是指用于生成特定的目标文件的选项设置(包括汇编选项、编译选项、链接选项以及链接后的处理选项)和所用的文件的集合。

CodeWarrior IDE 能够让用户将源代码文件、库文件和其他相关的文件以及配置设置等放在一个工程中,每个工程可以创建和管理生成目标设置的多个配置。例如,要编译一个包含调试信息的生成目标和一个基于 ARM7TDMI 的硬件优化生成目标,生成目标可以在同一个工程中共享文件,同时使用各自的设置。

CodeWarrior IDE 为用户提供下面的功能:

- 源代码编辑器,集成在 CodeWarrior IDE 的浏览器中,能够根据语法格式,使用不同的颜色显示代码。
- 源代码浏览器,保存了在源码中定义的所有符号,能够使用户在源码中快速方便地跳转。
- 查找和替换功能,用户可以利用字符串通配符,在多个文件中进行字符串的搜索和替换。
- 文件比较功能,可以使用户比较路径中不同文本文件的内容。

ADS 的 CodeWarrior IDE 是基于 Metrowerks CodeWarrior IDE 4.2 版本的,经过适当的裁剪以支持 ADS 工具链。

针对 ARM 的配置面板为用户提供了在 CodeWarrior IDE 下配置各种 ARM 开发工具的能力,这样用户不用在命令控制台下就能够使用各种命令。

以 ARM 为目标平台的工程创建向导,可以使用户以此为基础,快速创建 ARM 和 Thumb 工程。

尽管大多数的 ARM 工具链已经集成在 CodeWarrior IDE 中,但是仍有许多功能在该集成环境中没有实现,这些功能大多数是和调试相关的,因为 ARM 的调试器没有集成到 CodeWarrior IDE 中。

由于 ARM 调试器(AXD)没有集成在 CodeWarrior IDE 中,这就意味着用户不能在 CodeWarrior IDE 中进行断点调试和查看变量。

熟悉 CodeWarrior IDE 的用户会发现,有许多功能已经从 CodeWarrior IDE For ARM 中移走,例如快速应用程序开发模板等。

在 CodeWarrior IDE For ARM 中有很多菜单或子菜单是不能使用的。下面介绍一下这些不能使用的选项。

(1) View 菜单下不能使用的菜单选项。

包括 Processes、Expressions、Global Variable、Breakpoints、Registers。

(2) Project 菜单下不能使用的菜单选项。

Precompile 子菜单。因为 ARM 编译器不支持预编译的头文件。

（3）Debug 菜单。

Debug 菜单中没有一个子菜单是可以使用的。

（4）Browser 菜单下不能使用的菜单选项。

包括 New Property、New Method 和 New Event Set。

（5）Help 菜单下不能用于 ADS 的菜单选项。

包括 CodeWarrior Help、Index、Search 和 Online Manuals。

有关 CodeWarrior IDE 中一些常用菜单的使用，将在后面的举例中具体说明，此处不再赘述。

5.2.2　ADS 调试器

调试器本身是一种软件，用户通过这个软件，使用 Debug agent 可以对包含有调试信息的、正在运行的可执行代码进行变量的查看、断点的控制等调试操作。

ADS 中包含以下 3 个调试器：

- AXD（ARM eXtended Debugger）——ARM 扩展调试器。
- Armsd（ARM Symbolic Debugger）——ARM 符号调试器。
- ADW/ADU（Application Debugger Windows/UNIX）——与老版本兼容的 Windows 或 UNIX 下的 ARM 调试工具。

下面对在调试映像文件中涉及的一些术语进行简单介绍。

1. Debug target

在软件开发的最初阶段，可能还没有具体的硬件设备。如果要测试所开发的软件是否达到了预期的效果，可以由软件仿真来完成。即使调试器和要测试的软件运行在同一台 PC 上，也可以把目标当作一个独立的硬件来看待。

当然，也可以搭建一个 PCB 板，这个板上可以包含一个或多个处理器，在这个板上可以运行和调试应用软件。

只有当通过硬件或者是软件仿真所得到的结果达到了预期的效果时，才算是完成了应用程序的编写工作。

调试器能够发送以下指令：

（1）装载映像文件到目标内存。

（2）启动或停止程序的执行。

（3）显示内存、寄存器或变量的值。

（4）允许用户改变存储的变量值。

2. Debug agent

Debug agent 执行调试器发出的命令动作，例如，设置断点、从存储器中读数据、把数据写到存储器等。

Debug agent 既不是被调试的程序，也不是调试器。在 ARM 体系中，Debug agent 有以下几种方式：Multi-ICE（Multi-processor in-circuit emulator）、ARMulator 和 Angel。其中，Multi-ICE 是一个独立的产品，是 ARM 公司自己的 JTAG 在线仿真器，不是由 ADS 提供的。

AXD 可以在 Windows 和 UNIX 下进行程序的调试，为用 C、C++ 和汇编语言编写的源代码提供了一个全面的 Windows 和 UNIX 环境。

后面的章节会结合具体实例为读者介绍如何使用 AXD 调试器。

5.3 ADS 使用入门

5.3.1 ADS 调试器的使用

1. 新建工程

通过选择"开始"→"所有程序"→ARM Developer Suite v1.2→CodeWarrior for ARM Developer Suite 命令打开开发软件,如图 5-3 所示。

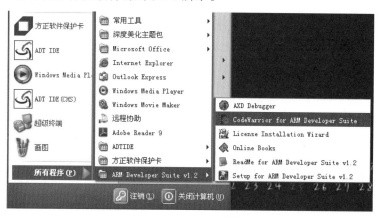

图 5-3 打开开发软件

启动 Metrowerks CodeWarrior for ARM Developer Suite v1.2 后界面如图 5-4 所示。

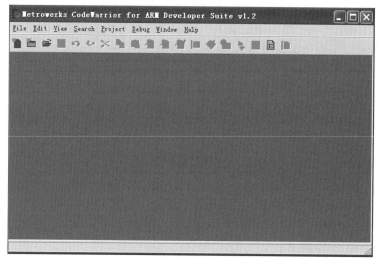

图 5-4 启动后的界面

在 CodeWarrior 中新建一个工程的方法有两种:可以在工具栏中单击 New 按钮,如图 5-5 所示;也可以在 File 菜单中选择 New 命令,如图 5-6 所示。

在打开的 New 对话框中有 Project、File 和 Object 这 3 个选项卡,现在新建工程,故选择 Project 选项卡。该选项卡中为用户提供了 7 种可选择的工程类型,如图 5-7 所示。

这里选择 ARM Executable Image 工程类型,在 Project name 文本框中输入工程名,如 ADS,单击 Location 文本框右侧的 Set 按钮,浏览该工程所要保存的路径。如存放在 F:\enbend\experiment\ADS\文件夹中,修改名称后,单击"确定"按钮即可建立一个新的名为 ADS 的工程,这时会出现 ADS.mcp 对话框,如图 5-8 所示。

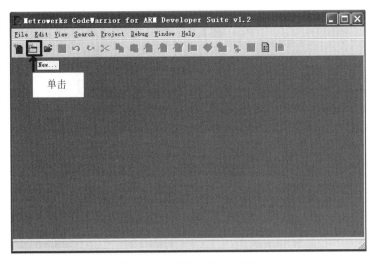

图 5-5　直接单击 New 按钮

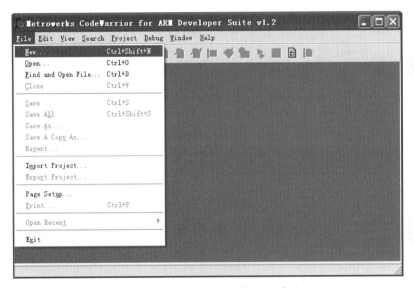

图 5-6　选择 File 菜单中的 New 命令

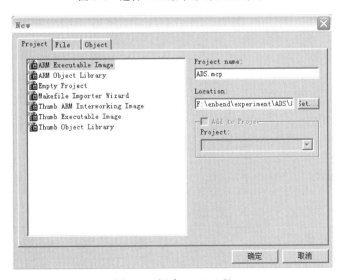

图 5-7　新建 ADS 工程

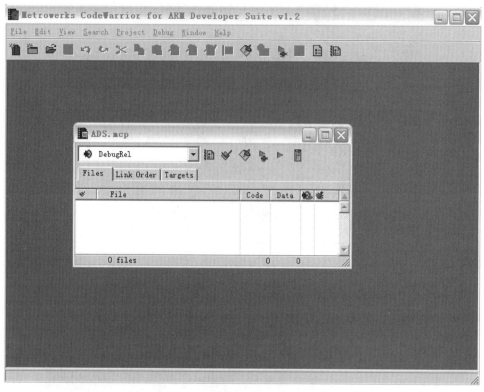

图 5-8 ADS. mcp 的窗口

此时单击"最大化"按钮可以将 ADS. mcp 窗口放大,如图 5-9 所示。

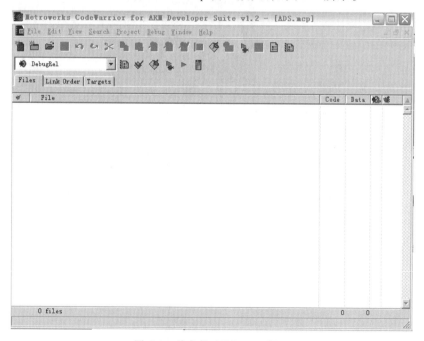

图 5-9 放大的 ADS. mcp 窗口

2. 设置目标及其参数

开发环境要经过设置才能与实验箱配套使用。在工具栏中有一个用于选择目标的下拉列表,如图 5-10 所示。新建工程的默认目标是 DebugRel,另外还有两个可选择的目标,分别是

Debug 和 Release,其含义分别如下:

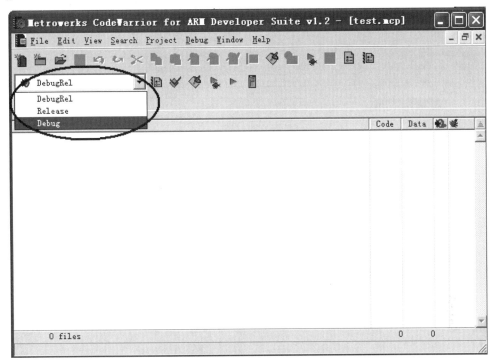

图 5-10　选择目标的下拉列表

- DebugRel——生成目标时,为每一个源文件生成调试信息。
- Release——生成目标时,不生成调试信息。
- Debug——生成目标时,为每一个源文件生成最完全的调试信息。

这里选择 Debug,接下来对 Debug 目标进行参数设置。单击工具栏上的 📄 按钮或选择 Edit→Debug Settings 命令,如图 5-11 所示,打开 Debug Settings 对话框,如图 5-12 所示。

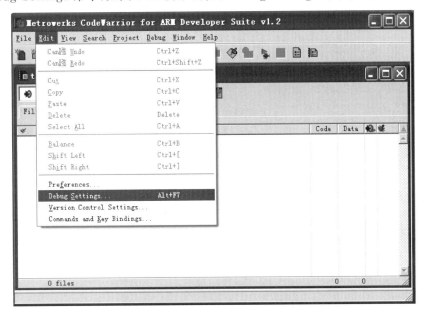

图 5-11　打开 Debug 目标的设置框

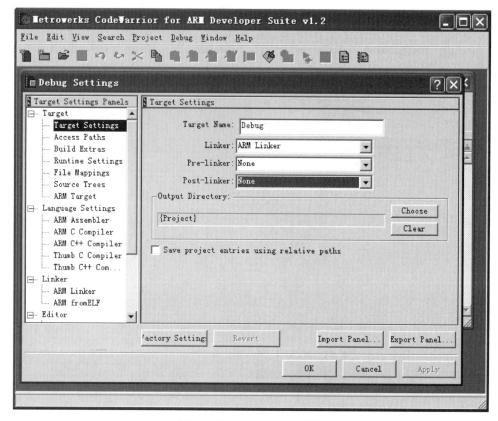

图 5-12　Debug Settings 对话框

在 Debug Settings 对话框中需要设置的内容比较多。设置方法是首先在左侧的树状目录中选中需要设置的对象,然后在右侧的面板中进行相应的设置。下面对经常使用的设置选项进行介绍。

1）目标设置(Target Settings)

在树状目录中选择 Target→Target Settings 选项,在右侧面板的 Post-linker 下拉列表框中选择 ARM fromELF 选项,使得工程链接后通过 fromELF 产生二进制代码,使其可以写到 ROM 中,如图 5-13 所示。

2）语言设置(Language Settings)

开发语言有汇编、C、C++ 及其混合语言等。在开发前要对其设置,这里主要是对其硬件(架构或处理器)的支持设置,因为实验是在采用 TMS320DM365 处理器的实验箱中进行的,所以具体设置方法是先选中树状目录中 Language Settings 下的开发语言,然后在本语言对应的右侧面板的 Architecture or Processor 下拉列表框中选择 ARM926EJ-S 选项,其他选项保持默认设置。注意,在开发中用到的语言都要进行类似设置。汇编语言的设置过程如图 5-14 所示,其他语言设置方法与此一样。

3）链接器设置(Linker)

在左侧的树状目录中选中 Linker→ARM Linker 选项,出现链接器的设置对话框,此处的设置很重要,下面详细介绍部分选项卡的设置方法。

(1) Output 选项卡(如图 5-15 所示)。

其中,Linktype 选项区域中为链接器提供了 3 种链接类型。

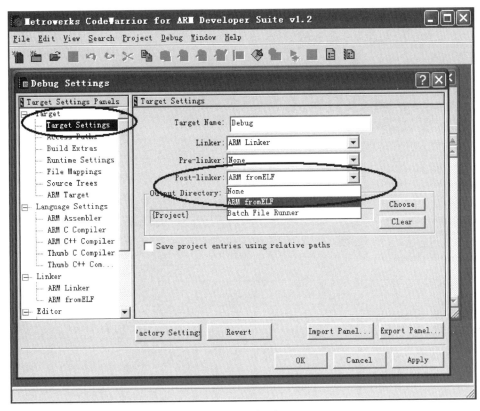

图 5-13　目标设置

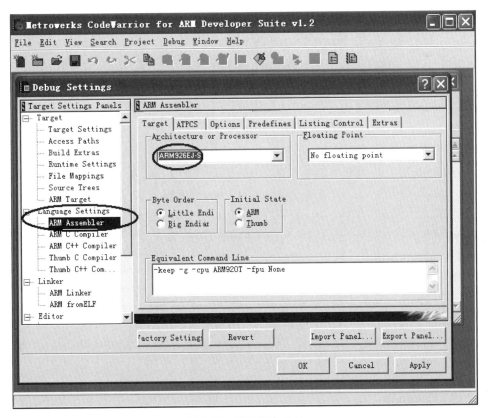

图 5-14　开发语言设置

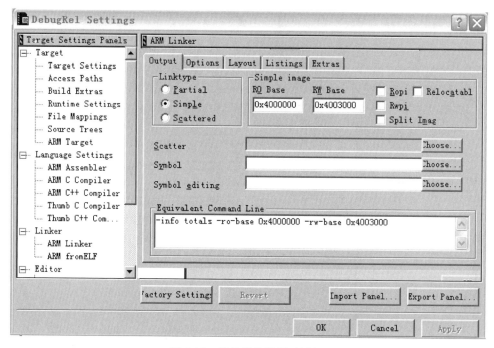

图 5-15 链接器的设置对话框

① Partial：表示链接器只进行部分链接，链接后的目标文件可以作为以后进一步链接的输入文件。

② Simple：表示链接器将生成简单的 ELF 格式的映像文件，地址映射关系在 Simple image 选项区域中设置。

③ Scattered：表示链接器将生成复杂的 ELF 格式的映像文件，地址映射关系在 Scatter 格式的文件中指定。这里选择常用的 Simple 类型。选择 Simple 后，在其右侧 Simple image 选项区域中包含 RO Base 和 RW Base 两个文本框。

• RO Base：用来设置程序代码存放的起始地址。

• RW Base：用来设置程序数据存放的起始地址。

这两项的地址均由硬件决定，并应该在 SDRAM 的地址范围内。本实验箱使用的是 32MB×8 的 SDRAM，其地址范围是 0x4000000～0x4FFFFFF，故采用首地址作为程序代码存放的首地址，即在 RO Base 文本框中输入 0x4000000；RW Base 文本框可由用户自定义，只要保证在 SDRAM 地址空间内，并且是字对齐即可，这里可以输入 0x4003000。

此处的设置表示在地址为 0x4000000～0x4003000 的范围是只读区域，用来存放程序代码，从 0x4003000 开始用来存放程序数据。

（2）Options 选项卡（如图 5-16 所示）。

此处 Options 选项卡只对 Image entry point 进行设置，该项是程序代码的入口地址。如果程序在 SDRAM 中运行，那么针对本实验箱可选择的地址范围为 0x4000000～0x4FFFFFF。通常程序代码的入口地址与 RO Base 中程序代码的首地址相同，这里为 0x4000000。其他选项保持默认设置即可。

（3）Layout 选项卡（如图 5-17 所示）。

该选项卡在链接方式为 Simple 时有效，用来安排一些输入段在映像文件中的位置。即在 Place at beginning of image 选项区域的 Object/Symbol 文本框内填写启动程序的目标文件名

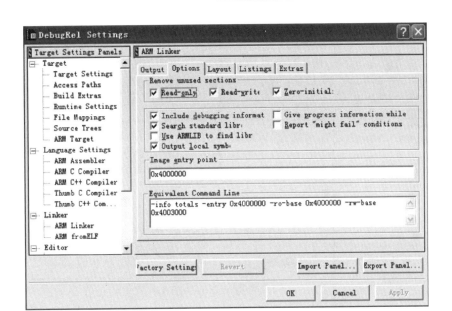

图 5-16　Options 选项卡

Startup.o；在 Section 文本框中填写程序入口起始段的标号 Start，其作用是通知编译器，整个项目从该段开始执行。

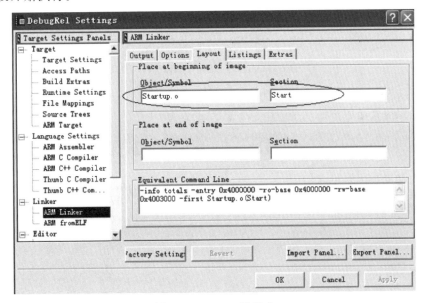

图 5-17　Layout 选项卡

　　如果希望将编译后生成的二进制文件放到指定文件夹，可以在左侧的树状目录中选择 Linker→ARM fromELF 选项进行设置，如图 5-18 所示。若未见此项，将默认在工程目录下生成二进制文件。该二进制文件可用于以后下载到 Flash（实验箱等硬件）中执行。

　　至此，对 Debug Settings 对话框的设置基本完成，单击 Apply 按钮，再单击 OK 按钮，保存设置。

3. 向工程中添加源文件

　　工程创建、设置好以后就会出现 ADS.mcp 的窗口，该窗口包含 Files、Link Order 和 Targets 这 3 个选项卡，默认情况下显示的是 Files 选项卡，此时可以通过选择 Project→Add

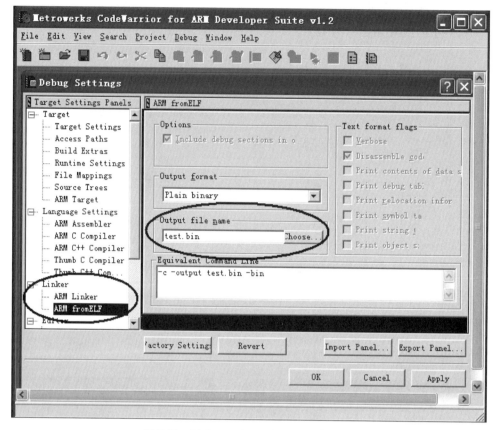

图 5-18　Linker→ARM fromELF 的设置

Files 命令把与工程有关的所有源文件添加到该工程，如图 5-19 所示，或者通过在空白处右击，在弹出的快捷菜单中选择 Add Files 命令来完成，如图 5-20 所示。

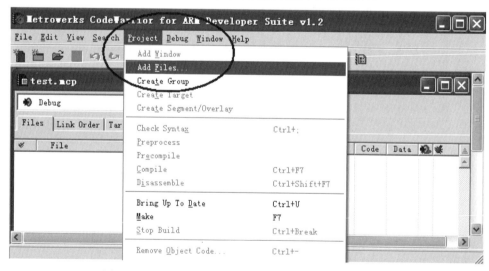

图 5-19　选择 Project→Add Files 命令向工程添加源文件

　　当没有源文件可用时，首先需要新建源文件。这里以新建文件类型为汇编语言的 TEST1.S 文件为例说明一下过程。选择 File→New 命令，如图 5-21 所示。在弹出的对话框中选择 Files 选项卡；在 File name 文本框中输入新建文件的文件名 TEST1.S(注意：文件名后缀与要使用的开发语言种类有关，如用 C 语言开发时文件扩展名为.c，汇编语言开发时文

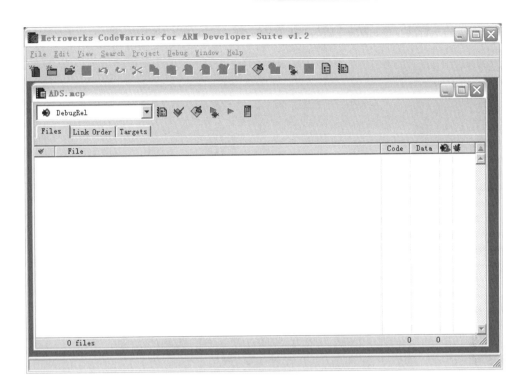

图 5-20 通过快捷菜单添加源文件

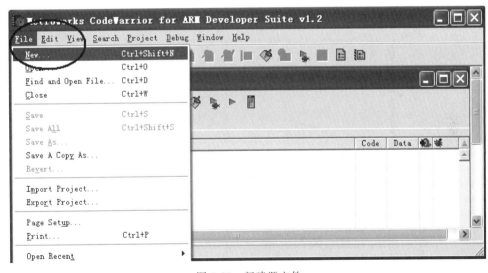

图 5-21 新建源文件

件扩展名为.s）；在 Location 文本框中输入文件的保存位置 D:\ARM\experiment\ADS；选中 Add to Project 复选框；在 Project 下拉列表框中选择将文件添加到的工程 ADS. mcp；在 Targets 选项区域中选中文件要添加的目标，过程如图 5-22 所示。单击"确定"按钮即可将新建的文件添加到工程中，文件添加到工程后的窗口如图 5-23 所示。接下来只需在新建文件中进行编码、保存即可。

　　工程创建好以后，对其进行编译和链接。选择 Metrowerks CodeWarrior for ARM Developer Suite v1.2 窗口中的 Project→Make 命令或单击 ❤ 按钮来完成编译和链接。如果有错误或警告，则根据提示更改程序，窗口如图 5-24 所示。

　　如果没有语法错误，则将在工程所在目录下生成一个名为"工程名_data"的文件夹。如本

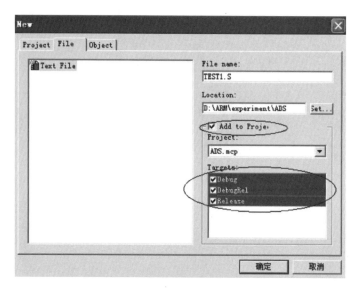

图 5-22　添加到工程

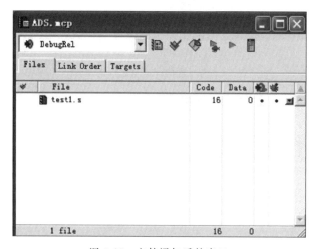

图 5-23　文件添加后的窗口

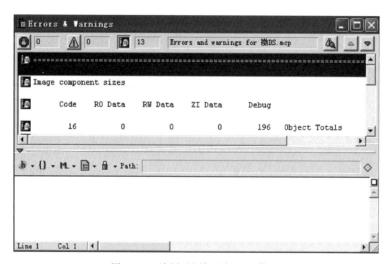

图 5-24　编译、链接后产生的警告

例的工程名为 ADS. mcp,生成的文件夹名为 ADS_data。在该文件夹下,针对不同类型的目标将生成多个文件夹。本例中由于使用的是 Debug 目标,因此生成的最终文件都在 Debug 文件夹下。进入 Debug 文件夹会看到编译、链接后生成的映像文件(xxx. axf)和二进制文件(xxx. bin)。映像文件用于调试,二进制文件用于烧写到 Flash 中运行。

5.3.2 ADS 1.2 环境下工程的仿真、调试及配置方法

在"开始"菜单中选择"所有程序"→ARM Developer Suite v1.2→AXD Debugger 命令打开调试软件,如图 5-25 所示。

图 5-25　打开调试软件

如果程序代码没有错误或警告,则可以在 Metrowerks CodeWarrior for ARM Developer Suite v1.2 窗口中选择 Project→Debug 命令或单击 ✦ 按钮或工程窗口的 ✦ 按钮来直接调出 AXD 调试窗口,如图 5-26 和图 5-27 所示。

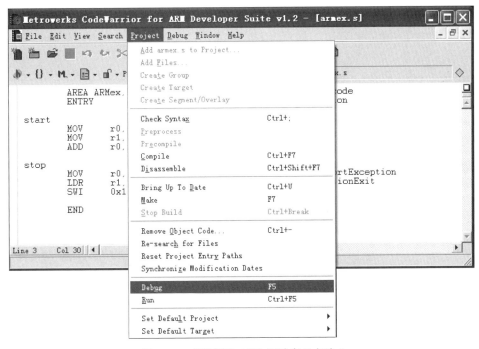

图 5-26　直接调出 AXD 调试窗口方法 1

AXD 调试窗口如图 5-28 所示。

第一次使用需要对 AXD 进行配置,具体方法如下:

初次运行 AXD,左侧的目标平台为 ARM7TDMI。实验箱采用的 CPU 为 ARM920,所以

图 5-27　直接调出 AXD 调试窗口方法 2

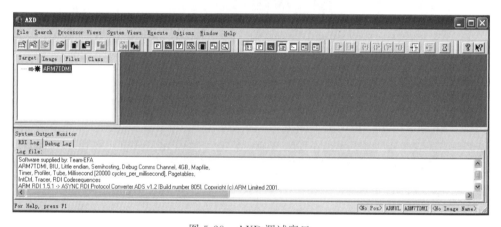

图 5-28　AXD 调试窗口

需要配置 AXD 使之匹配。方法为在 AXD 窗口中选择 Options→Configure Target 命令，如图 5-29 所示。

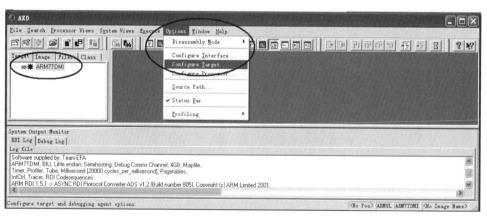

图 5-29　AXD 的配置

上述操作将调出 Choose Target 对话框，如图 5-30 所示。在该对话框中，Target 栏代表不同的目标 CPU。ADP 和 ARMUL 是默认的设置。此处选择 ARMUL，表示使用软件仿真，因为此时 PC 可以不连接任何目标板,ARM 系统中 CPU 的行为完全由软件模拟。

　　要设置 CPU 类型需双击 ARMUL,然后在弹出的对话框中的 Processor 区域选择 Variant 下拉列表框,选择 ARM920T,然后单击 OK 按钮,再单击 Choose Target 对话框中的 OK 按钮即可。设置过程如图 5-31 所示。

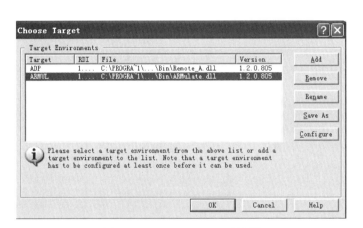

图 5-30　Choose Target 对话框　　　　　　图 5-31　CPU 的设置

　　设置好的 AXD 界面左侧会显示 ARM920T。现在可以向 AXD 调试软件中添加工程的映像文件,方法为选择 AXD 窗口中的 File→Load Image 命令,选择要加载的映像文件(扩展名为.axf),如图 5-32 所示。

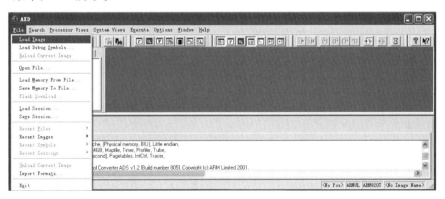

图 5-32　向 AXD 中添加工程的映像文件

　　加载完映像文件就可以对程序代码进行调试了。下面介绍 AXD 界面的一些常用工具和窗口,如图 5-33 所示。

1. 文件操作工具条

部分按钮作用介绍如下:

　　——加载调试文件。

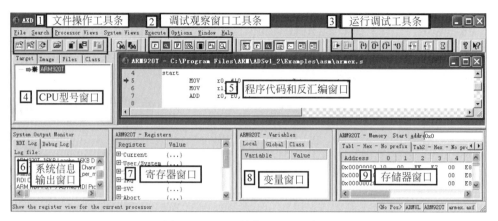

图 5-33 AXD 的常用工具和窗口

——重新加载文件。

2. 调试观察窗口工具条

部分按钮作用介绍如下：

——打开寄存器窗口。

——打开观察窗口。

——打开变量观察窗口。

——打开存储器观察窗口。

——打开反汇编窗口。

3. 运行调试工具条

部分按钮作用介绍如下：

——全速运行(GO)，直到结束或断点停止。

——停止运行(Stop)。

——单步运行，遇到函数调用则转入函数内部。

——单步运行，遇到函数调用则不进入函数内部。

——单步运行，从被调函数中返回。

——运行到光标处停止。

——设置或取消断点。

4. CPU 型号窗口

显示当前目标运行 CPU 的型号。

5. 程序代码和反汇编窗口

显示当前调整程序代码和反汇编代码。该窗口可是在调试时，实时显示调试的代码位置。

6. 系统信息输出窗口

显示程序运行过程中输出的提示信息或错误信息。可以通过选择 System Views→Output 命令设置为显示或隐藏。

7. 寄存器窗口

用于查看和修改 CPU 中各寄存器的值。在不同模式下，不同窗口对应不同的寄存器。通过双击寄存器的值可对其进行修改。可以通过选择 Processor Views→Registers 命令设置为显示或隐藏。

8. 变量窗口

用于查看程序运行过程中各变量值的变化。可以通过选择 Processor Views→Variables 命令设置为显示或隐藏。

9. 存储器窗口

用于查看相应存储器地址中的数据。用户可以输入地址,查看相应地址内的数据,如果输入地址是无效的,则显示错误的数据。可以通过选择 Processor Views→Memory 命令设置为显示或隐藏。

5.4　JTAG 介绍

JTAG(Joint Test Action Group,联合测试行动小组)是一种国际标准测试协议(IEEE 1149.1 兼容),主要用于芯片内部测试。现在多数的高级器件都支持 JTAG 协议,如 DSP、FPGA 等。标准的 JTAG 接口是 4 线:TMS、TCK、TDI、TDO,分别为模式选择、时钟、数据输入和数据输出线。

JTAG 最初是用来对芯片进行测试的,基本原理是在器件内部定义一个 TAP(Test Access Port,测试访问口),通过专用的 JTAG 测试工具对内部节点进行测试。JTAG 测试允许多个器件通过 JTAG 接口串联在一起,形成一个 JTAG 链,能实现对各个器件分别测试。现在,JTAG 接口还常用于实现 ISP(In-System Programmable,在线编程),对 Flash 等器件进行编程。

目前在 ARM 调试系统中普遍采用的方式是通过 JTAG 接口调试目标板系统。由于 JTAG 调试的目标程序是直接在目标板上执行,因此仿真更接近于目标硬件,且 JTAG 调试功能较强大。在现实应用中,基于 JTAG 的 ARM 调试工具主要有:

- 简单的 JTAG 电缆。

通过协议转换软件来实现调试,虽然电缆制作简单,软件免费,但是调试速度慢,而且软件检错能力不够完善。

- 基于 JTAG 的在线仿真器。

采用的是 ICD 技术,利用串口、并口等实现与主机之间的通信。这类仿真器虽然仿真速度快,但是价格比较贵。

- 全功能在线仿真器。

采用仿真头完全取代目标板上的 CPU 来实现完全仿真 ARM 芯片行为。这类仿真器的调试和检错功能十分强大,价格也最贵,一般是为某一固定速度的处理器专门开发的,速度是没有办法扩展的。

如图 5-34 所示是实验箱 JTAG 接口示意图,该图主要是根据 Multi-ICE 的接口来定义的。

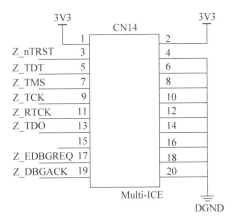

图 5-34　实验箱 JTAG 接口示意图

5.5　Multi-ICE 仿真器

Multi-ICE 是 ARM 公司自己的 JTAG 在线仿真器。Multi-ICE 的 JTAG 链时钟可以设置为 5kHz~10MHz,JTAG 操作的一些简单逻辑由 FPGA 实现,使得并行口的通信量最小,以提高系统的性能。Multi-ICE 硬件支持低至 1V 的电压。Multi-ICE 2.1 还可以外部供电，不需要消耗目标系统的电源，这对调试类似手机等便携式、电池供电设备是很重要的。

Multi-ICE 2.x 支持该公司的实时调试工具 MultiTrace。MultiTrace 包含一个处理器，因此可以跟踪触发点前后的轨迹，并且可以在不终止后台任务的同时对前台任务进行调试，在微处理器运行时改变存储器的内容，所有这些特性使延时降到最低。

Multi-ICE 2.x 支持 ARM7、ARM9、ARM9E、ARM10 和 Intel Xscale 微结构系列，通过 TAP 控制器串联，提供多个 ARM 处理器以及混合结构芯片的片上调试，还支持低频或变频设计以及超低压核的调试，并且支持实时调试。

Multi-ICE 提供支持 Windows NT 4.0、Windows 95/ 98/2000/ME、HPUX 10.20 和 Solaris V2.6/7.0 的驱动程序。

如图 5-35 所示是 Multi-ICE 运行示意图。将实验箱与 Multi-ICE 正确连接后，通上电，双击 Multi-ICE Server 图标，如果能够显示出 FA5/FA6，则说明 Multi-ICE 已经与实验箱确立了连接关系，接下来就能够用 ADS 进行裸机调试了。

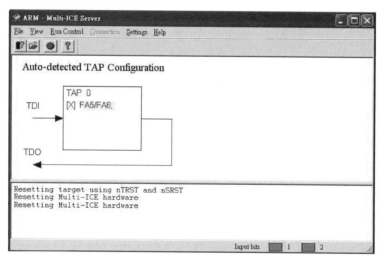

图 5-35　Multi-ICE 运行示意图

本章习题

一、ARM 中汇编语言和 C 语言混合编程方法

1. 汇编语言的源程序由哪几部分组成？

2. ARM(Thumb)汇编程序所支持的变量形式有几种？

3. 如何定义全局数字变量、全局逻辑变量、全局字符串变量？ 如何赋值？

4. 如何定义局部数字变量、局部逻辑变量、局部字符串变量？ 如何赋值？

5. 列举变量代换符"＄"的作用。

6. 说明下面的数字为哪种进制数？

0X11A，2356，&042，2_01101111，8_54231067，'A'，0x41

7. 数字常量怎么定义？

8. 认识算术运算符、逻辑运算符、关系运算符，指出下面的一段代码中所用的运算符。

```
MOV R5,♯0xFF00:MOD:0xF:ROL:2;
IF R5:LAND:R6 <= R7;
```

```
MOV R0, #0x00;
ELSE
MOV R0, #0xF
```

9. 认识汇编程序基本结构,请说明以下汇编代码的含义。

```
AREA example,CODE,READONLY ;
ENTRY ;
Start
MOV R0, #40 ;
MOV R1, #16 ;
ADD R2,R0,R1 ;
MOV R0, #0x18 ;
LDR R1, = 0x20026 ;
SWI 0x123456 ;
END
```

10. 认识子程序调用方法,请说明以下汇编代码的含义。

```
AREA Init,CODE,READONLY ;
ENTRY ;
LOOP1 MOV R0, #412 ;
MOV R1, # 106 ;
MOV R2, # 64 ;
MOV R3, # 195 ;
BL SUB1 ;
MOV R0, #0x18 ;
LDR R1, = 0x20026;
SWI 0x123456 ;
SUB1 SUB R0,R0,R1 ;
SUB R0,R0,R2 ;
SUB R0,R0,R3 ;
MOV PC,LR ;
END
```

11. 以下是 C 语言内嵌汇编的例子,请说明代码的含义。

```
# include < stdio. h>
void my_strcpy(const char * src, char * dest)
{
    char ch;
    __asm
    {
    LOOP;
    LDRB CH,[SRC], #1 ;
    STRB CH,[dest], #1 ;
    CMP CH, #0;
    BNE LOOP;
    }
}
int main() ;
{
    char * a = "forget it and move on!";
    char b[64];
    my_strcpy(a, b);
    printf("original: % s", a);
    printf("copyed: % s", b);
    return 0;
}
```

12. 以下是汇编调用 C 中的全局变量的例子,其中 gVar_1 为 C 程序中定义的全局变量,请说明代码的含义。

```
AREA asmfile,CODE,READONLY ;
EXPORT asmDouble ;
IMPORT gVar_1 ;
asmDouble ;
LDR R0, = gVar_1 ;
LDR R1,[R0] ;
MOV R2, #10 ;
ADD R3, R1, R2 ;
STR R3,[R0] ;
MOV PC, LR ;
END
```

13. 以下是 C 语言调用汇编函数的例子，请说明代码的含义。

```
#include < stdio.h >
extern void asm_strcpy(const char * src, char * dest);
int main()
{
    const char * s = "seasons in the sun";
    char d[32];
    asm_strcpy(s,d);
    printf("source: % s",s);
    printf(" destination: % s",d);
    return 0;
}
AREA asmfile,CODE,READONLY ;
EXPORT asm_strcpy ;
asm_strcpy ;
LOOP ;
LDRB R4, [R0], #1 ;
CMP R4, #0 ;
BEQ OVER ;
STRB R4, [R1], #1 ;
B LOOP ;
OVER ;
MOV PC, LR ;
END
```

14. 以下是汇编语言调用 C 函数的例子，请说明代码的含义。

```
EXPORT asmfile ;
AREA asmfile,CODE,READONLY;
IMPORT cFun ;
ENTRY ;
MOV R0, #11 ;
MOV R1, #22 ;
MOV R2, #33 ;
BL cFun;
END
/* C 语言函数，被汇编语言调用 */
int cFun(int a, int b, int c);
{
    return a + b + c;
}
```

二、ADS 集成开发软件

1. ADS 的英文全称是什么？

2. ADS 软件支持的编译器一般有几种？请列举。

3. ADS 中可生成多少种目标文件？请列举，并说明它们的作用。

4. ADS 软件建立工程时，对应的 3 种目标输出分别是 DebugRel、Debug、Release，它们代表什么含义？

    5. Project 下的 Make 菜单项主要实现什么功能？

    6. ADS 软件创建工程时，需要对哪几项关键的部分进行设置？

    7. 对 Link 进行设置时，需要对哪几项关键的部分进行设置？

    8. fromELF 实现什么功能？

    9. 在 ARM 系统中，主机和目标板的连接接口一般有哪几种？

## 第 6 章

嵌入式系统基础实验

视频讲解

实验 1：ADS 1.2 集成开发环境练习

一、实验目的

了解 ADS 1.2 集成开发环境的使用方法。

二、实验内容

1. 建立一个新的工程。
2. 建立一个 C 源文件，并添加到工程中。
3. 建立编译链接控制选项。
4. 编译链接工程。

三、实验设备

1. 硬件：PC。
2. 软件：PC 操作系统（Windows XP）；Windows 下的 CodeWarrior for ARM Developer Suite 和 AXD Debugger。

四、预备知识

ADS 工程编译的内容。

五、实验步骤

步骤 1，打开 PC。

步骤 2，建立工程。

启动 CodeWarrior for ARM Developer Suite，选择 File→New 命令，在 Project 选项栏中使用 ARM Executable Image 工程模板建立一个工程，工程名称为 ADS，如图 6-1 所示。

步骤 3，在工程中创建一个新文件。

选择 File→New 命令，建立一个新的文件 TEST1.S(扩展名也要写)，直接添加到工程中，如图 6-2 所示。输入程序代码并保存，TEST1.S 的工程管理窗口如图 6-3 所示。

TEST1.S 文件具体内容如下所示(注意缩进，如果编译出错根据提示修改指定行的缩进)：

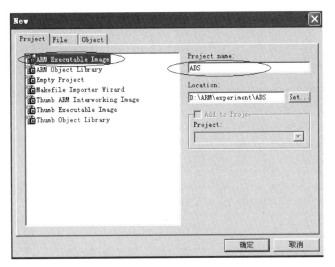

图 6-1　建立 ARM 指令代码的工程

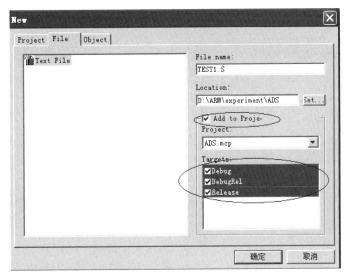

图 6-2　新建文件 TEST1.S

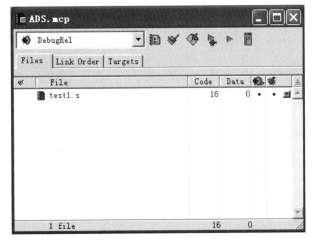

图 6-3　添加了 TEST1.S 的工程管理窗口

```
    AREA    Example1,CODE,READONLY
    ENTRY
    CODE32
START  MOV   R0,＃15
    MOV   R1,＃8
    ADDS  R0,R0,R1

    B    START

        END
```

步骤 4,设置地址。

选择 Edit→DebugRel Settings 命令,在 DebugRel Settings 对话框的左侧选择 ARM Linker 选项,然后在 Output 选项卡中设置链接地址,如图 6-4 所示,在 Options 选项卡中设置调试入口地址,如图 6-5 所示。

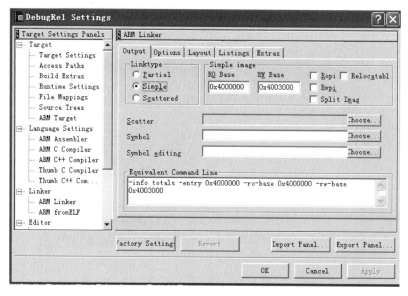

图 6-4　工程链接地址设置

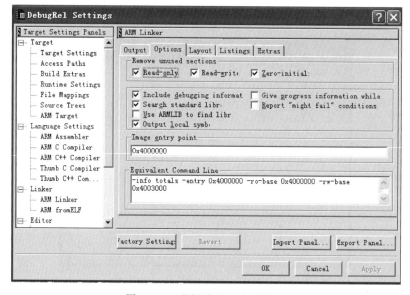

图 6-5　工程调试入口地址设置

步骤5,编译工程。

选择Project→Make命令(或按F7键),将编译、链接整个工程。如图6-6所示为编译后弹出的对话框(如果出现错误则移动至错误行,根据提示进行修改)。

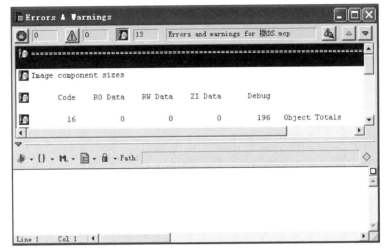

图6-6 编译错误和警告对话框

步骤6,Debug调试。

方法一,从CodeWarrior for ARM Developer Suite跳转到AXD Debugger进行调试。

代码编译无误后单击图6-7中的绿色三角按钮。

即可跳转至AXD Debugger软件进行调试,可见起始状态如图6-8所示。

图6-7 调试按钮

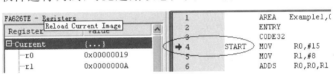

图6-8 起始状态

方法二,从AXD Debugger导入ARM工程进行调试。

使用AXD Debugger亦可以直接调试ARM工程,而不需要在CodeWarrior for ARM Developer Suite中使用ARM Linker来进行软件间的跳转。打开AXD Debugger,选择Options→Configure Target,之后在Target栏下选中ARMUL,如图6-9和图6-10所示。

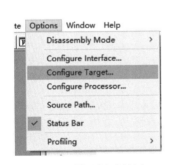

图6-9 设置调试目标

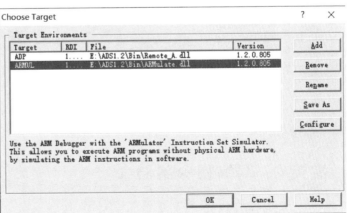

图6-10 在Target栏选择ARMUL

选择 File→Load Image 命令,在弹出的窗口中选中将要调试的工程的 .axf 格式的调试文件,如图 6-11 所示。

图 6-11　AXD Debugger 导入 ARM 工程

步骤 7,单步运行程序。

1) 单击菜单栏中的单步执行命令 ，将数据写入 R0,如图 6-12 所示。

图 6-12　写入 R0

2) 再次单步执行写入 R1,如图 6-13 所示。

图 6-13　写入 R1

3) 将相加后的值写入 R0,如图 6-14 所示。

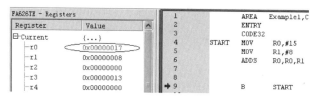

图 6-14　相加后的值写入 R0

4) 设置断点并运行程序,单击"ADDS　R0,R0,R1"行,单击菜单栏中的断点设置命令 ，在"ADDS　R0,R0,R1"处设置断点,然后全速运行,将数据快速写入 R0 和 R1,如图 6-15 所示。

Register	Value
⊟-Current	{...}
├─r0	0x0000000F
├─r1	0x00000008
├─r2	0x00000000
├─r3	0x00000000
├─r4	0x00000000

```
1           AREA    Example1,CODE,READONLY
2           ENTRY
3           CODE32
4    START  MOV     R0,#15
5           MOV     R1,#8
6           ADDS    R0,R0,R1
7
8           B       START
```

图 6-15　设置断点的方式

实验结束。

实验 2：汇编指令实验 1

一、实验目的

视频讲解

1. 了解 ADS 1.2 集成开发环境及 ARMulator 仿真软件。

2. 掌握汇编指令的用法,并能编写简单的汇编程序。

3. 掌握条件跳转指令的用法,使用 LDR/STR 指令完成存储器的访问。

二、实验内容

1. 使用 LDR 指令读取 0x40003100 地址中的数据,将数据加 1。若结果小于 10,则使用 STR 指令把结果写回原地址;若结果大于或等于 10,则把 0 写回原地址。

2. 使用 ADS 1.2 仿真软件,单步、全速运行程序,设置断点,打开寄存器窗口(Processor Registers)监视 R0 和 R1 的值,打开存储器观察窗口(Memory)监视 0x40003100 地址中的值。

三、实验设备

1. 硬件:PC。

2. 软件:PC 操作系统(Windows XP);Windows 下的 CodeWarrior for ARM Developer Suite 和 AXD Debugger。

四、预备知识

ADS 工程编译的内容。

五、实验步骤

步骤 1,打开 PC。

步骤 2,建立工程。

启动 CodeWarrior for ARM Developer Suite,选择 File → New 命令,使用 ARM Executable Image 工程模板建立一个工程,工程名称为 Instruction1。

步骤 3,在工程中创建一个新文件。

选择 File→New 命令,建立一个新的文件 TEST2.S,将文件直接添加到工程中。输入程序代码并保存,TEST2.S 文件具体内容如下所示:

```
COUNT   EQU   0x4003100

        AREA    Example2,CODE,READONLY
        ENTRY
        CODE32
START   LDR     R1, = COUNT
        MOV     R0, #0
        STR     R0,[R1]


LOOP    LDR     R1, = COUNT
        LDR     R0,[R1]
        ADD     R0,R0,#1
        CMP     R0,#10
        MOVHS   R0,#0
        STR     R0,[R1]


        B    LOOP


        END
```

步骤 4,设置地址。

选择 Edit→DebugRel Settings 命令,在 DebugRel Settings 对话框的左侧选择 ARM Linker 选项,然后在 Output 选项卡中设置连接地址,设置 RO Base 为 0x4000000,RW Base

为 0x4003000。在 Options 选项卡中设置调试入口地址 Image entry point 为 0x4000000。

步骤 5，编译工程并仿真调试。

选择 Project→Make 命令，编译、链接整个工程，然后选择 Project→Debug 命令，启动 AXD 进行软件仿真调试。

步骤 6，观察监视寄存器和存储器上的值。

打开寄存器窗口(Processor Registers)，选择 Current 选项监视 R0 和 R1 的值。打开存储器观察窗口(Memory)设置观察地址为 0x4003100，显示格式为 32Bit，监视 0x4003100 地址中的值。

说明：在 Memory 窗口中右击，在 Size 选项中可选择显示格式为 8Bit、16Bit 和 32Bit，如图 6-16 所示。

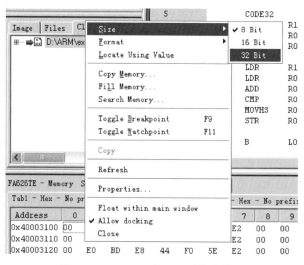

图 6-16　Memory 窗口显示格式设置

步骤 7，调试程序。

可以单步运行程序，也可以设置/取消断点，或者全速运行程序，停止程序运行，调试时观察寄存器和 0x4003100 地址中的值，运行结果如图 6-17 所示。

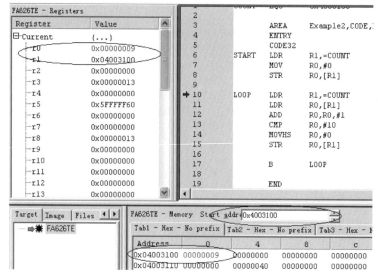

图 6-17　程序运行结果

实验 3：汇编指令实验 2

一、实验目的

1. 掌握 ARM 数据处理指令的使用方法。
2. 了解 ARM 指令第二个操作数的使用方法。

二、实验内容

1. 使用 MOV 和 MVN 指令访问 ARM 通用寄存器。
2. 使用 ADD、SUB、AND、ORR、CMP 和 TST 等指令完成数据的加/减运算及逻辑运算。

三、实验设备

1. 硬件：PC。
2. 软件：PC 操作系统（Windows XP）；Windows 下的 CodeWarrior for ARM Developer Suite 和 AXD Debugger。

四、预备知识

1. ARM 指令系统的内容。
2. AXD 工程编辑和 AXD 调试的内容。

五、实验步骤

步骤 1，打开 PC。

步骤 2，建立工程。

启动 CodeWarrior for ARM Developer Suite，选择 File→New 命令，使用 ARM Executable Image 工程模板建立一个工程，工程名称为 Instruction2。

步骤 3，在工程中创建一个新文件。

选择 File→New 命令，建立一个新的文件 TEST3.S，将文件直接添加到工程中。输入程序代码并保存，如下所示。

```
X       EQU     11
Y       EQU     8
BIT23   EQU             (1 << 23)

        AREA    Example3, CODE, READONLY
        ENTRY
        CODE32
START
        MOV     R0, # X
        MOV     R1, # Y
        ADD     R3, R0, R1
        MOV     R8, R3

        MVN     R0, # 0xA0000007
        SUB     R5, R0, R8, LSL ♯2

        MOV     R0, # Y
        ADD     R0, R0, R0, LSL ♯2
        MOV     R0, R0, LSR ♯1
```

```
MOV              R1, ＃X
MOV              R1, R1, LSL ＃1
CMP              R0, R1
LDRHI            R2, = 0xFFFF0000
ANDHI            R5, R5, R2
ORRLS            R5, R5, ＃0x000000FF

TST              R5, ＃BIT23
BICNE            R5, R5, ＃0x00000040
B       START
END
```

步骤 4,设置地址。

选择 Edit→DebugRel Settings 命令,在 DebugRel Settings 对话框的左侧选择 ARM Linker 选项,然后在 Output 选项卡中设置链接地址,设置 RO Base 为 0x4000000,RW Base 为 0x4003000。在 Options 选项卡中设置调试入口地址 Image entry point 为 0x4000000。

步骤 5,编译工程并仿真调试。

选择 Project→Make 命令,编译、链接整个工程,然后选择 Project→Debug 命令,启动 AXD 进行软件仿真调试。

步骤 6,监视各寄存器的值。

打开寄存器窗口(Processor Registers),选择 Current 项监视各寄存器的值。

说明:单击选择某一个寄存器,然后右击,可在 Format 下拉菜单中选择显示格式为 Hex、Decimal 等,如图 6-18 所示。

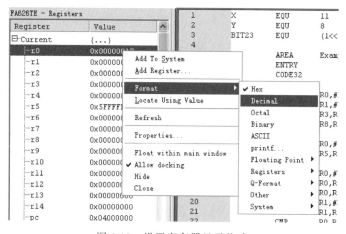

图 6-18　设置寄存器显示格式

步骤 7,单步运行程序,观察寄存器值的变化,如图 6-19 所示。

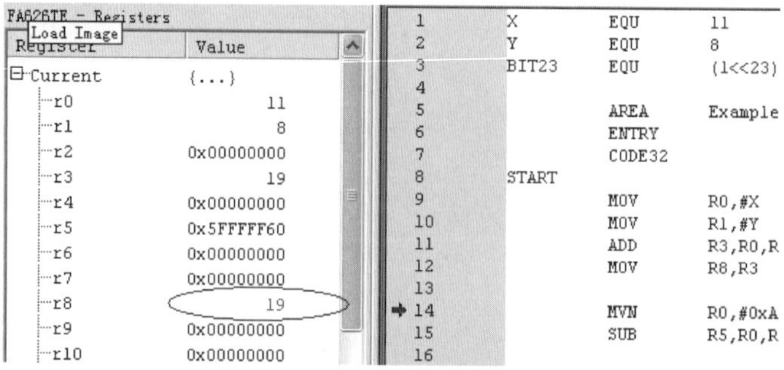

图 6-19　寄存器值更新的显示

说明：有变化的寄存器会以红色显示。

实验 4：汇编指令实验 3

一、实验目的

1. 掌握 ARM 乘法指令的使用方法。
2. 了解子程序的编写及调用。

二、实验内容

使用 STMFD/LDMFD、MUL 指令编写一个整数乘法的子程序,然后使用 BL 指令调用子程序计算 X^n 的值。

三、实验设备

1. 硬件：PC。
2. 软件：PC 操作系统(Windows XP)；Windows 下的 CodeWarrior for ARM Developer Suite 和 AXD Debugger。

四、预备知识

1. ARM 指令系统的内容。
2. AXD 工程编辑和 AXD 调试的内容。

五、实验原理

$X^n = X * X * X \cdots X$,其中相乘的 X 的个数为 n 个。先将 X 的值装入 R0 和 R1,使用寄存器 R2 进行计数,循环 $n-1$ 次 R0＝R0 * R1,运算结果就保存在 R0 中(不考虑结果溢出问题)。

说明：若 n 为 0,则运算结果直接赋 1；若 n 为 1,则运算结果直接赋 X。

六、实验步骤

步骤 1,打开 PC。

步骤 2,建立工程。

启动 CodeWarrior for ARM Developer Suite,选择 File→New 命令,使用 ARM Executable Image 工程模板建立一个工程,工程名称为 Instruction3。

步骤 3,在工程中创建一个新文件。

选择 File→New 命令,建立一个新的文件 TEST4.S,将文件直接添加到工程中。输入程序代码并保存,如下所示。

```
X       EQU       9
n       EQU       8

        AREA      Example4, CODE, READONLY
        ENTRY
        CODE32
START   LDR       SP, = 0x4003F00
        LDR       R0, = X
        LDR       R1, = n
        BL        POW
```

```
HATL        B         HATL

POW
            STMFD     SP!,{R1 - R12,LR}
            MOVS      R2,R1

            MOVEQ     R0,#1
            BEQ       POW_END

            CMP       R2,#1
            BEQ       POW_END

            MOV       R1,R0
            SUB       R2,R2,#1
POW_L1      BL        DO_MUL
            SUBS      R2,R2,#1
            BNE       POW_L1

POW_END     LDMFD     SP!,{R1 - R12,PC}

DO_MUL      MUL       R0,R1,R0
            MOV       PC,LR
            END
```

步骤 4,设置地址。

选择 Edit→DebugRel Settings 命令,在 DebugRel Settings 对话框的左侧选择 ARM Linker 选项,然后在 Output 选项卡中设置链接地址,设置 RO Base 为 0x4000000,RW Base 为 0x4003000。在 Options 选项卡中设置调试入口地址 Image entry point 为 0x4000000。

步骤 5,编译工程并仿真调试。

选择 Project→Make 命令,编译、链接整个工程,然后选择 Project→Debug 命令,启动 AXD 进行软件仿真调试。

步骤 6,监视寄存器的值。

打开寄存器窗口(Processor Registers),选择 Current 项监视寄存器 R0、R1、R13(SP)和 R14(LR)的值,如图 6-20 所示。

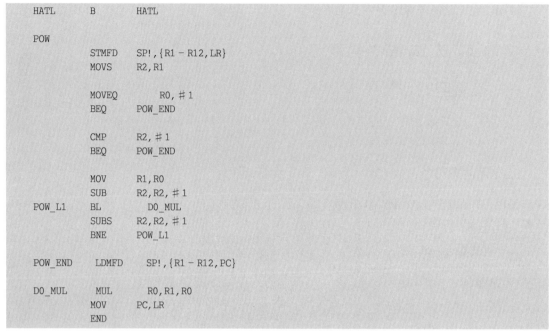

图 6-20　写入 X 与 n 值后的截图

步骤 7,观察存储器的值。

打开存储器观察窗口(Memory),设置观察地址为 0x4003EA0,显示方式为 32bit,监视从

0x4003F00 开始的满递减堆栈区,如图 6-21 所示。

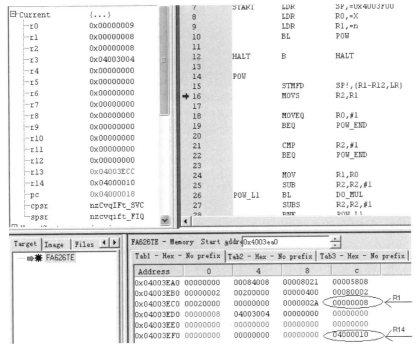

图 6-21　将 R1～R12 及 R14 的值写入

步骤 8,单步运行程序,观察寄存器值的变化。

单步运行程序,跟踪程序执行的流程,观察寄存器值的变化和堆栈区的数据变化,判断执行结果是否正确,如图 6-22 所示。

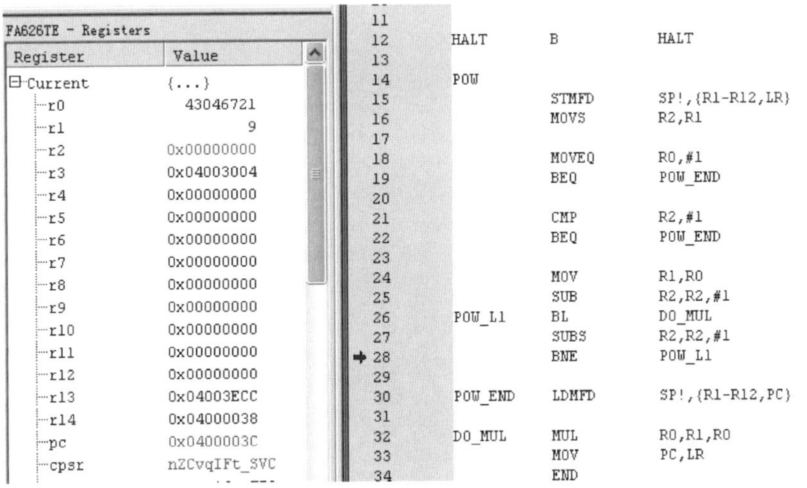

图 6-22　运行结果图

步骤 9,调试程序。

调试程序时,更改参数 X 和 n 来测试程序,观察是否得到正确的结果。例如,先复位程序(选择 File→Reload Current Image 命令),接着单步执行到"BL POW"指令,在寄存器窗口中修改 R0 和 R1 的值,然后继续运行程序。

说明:双击寄存器窗口中的寄存器,即可修改寄存器的值。输入数据可以是十进制数,也可以是十六进制数,输入数据后按 Enter 键确定。

视频讲解

实验 5：ARM 微控制器工作模式实验

一、实验目的

1. 掌握如何使用 MRS/MSR 指令实现 ARM 微控制器工作模式的切换。
2. 了解在各个工作模式下的寄存器设置。

二、实验内容

1. MRS/MSR 指令切换工作模式，并初始化各种模式下的堆栈指针。
2. 观察 ARM 微控制器在各种模式下寄存器的区别。

三、实验设备

1. 硬件：PC。
2. 软件：PC 操作系统（Windows XP）；ADS 1.2 集成开发环境。

四、预备知识

1. ARM 指令系统的内容。
2. AXD 工程编辑和 AXD 调试的内容。

五、实验步骤

步骤 1，打开 PC。

步骤 2，建立工程。

启动 CodeWarrior for ARM Developer Suite，选择 File→New 命令，使用 ARM Executable Image 工程模板建立一个工程，工程名称为 MODE。

步骤 3，在工程中创建一个新文件。

选择 File→New 命令，建立新的文件 TEST7.S，将文件直接添加到工程中。输入程序代码并保存，如下所示。

```
USR_STACK_LEGTH      EQU    64
SVC_STACK_LEGTH      EQU    0
FIQ_STACK_LEGTH      EQU    16
IRQ_STACK_LEGTH      EQU    64
ABT_STACK_LEGTH      EQU    0
UND_STACK_LEGTH      EQU    0

             AREA    Example7,CODE,READONLY
             ENTRY
             CODE32
START        MOV     R0,#0
             MOV     R1,#1
             MOV     R2,#2
             MOV     R3,#3
             MOV     R4,#4
             MOV     R5,#5
             MOV     R6,#6
             MOV     R7,#7
             MOV     R8,#8
```

```
            MOV      R9,#9
            MOV      R10,#10
            MOV      R11,#11
            MOV      R12,#12

            BL       InitStack

            MRS      R0,CPSR
            BIC      R0,R0,#0x80
            MSR      CPSR_cxsf,R0

            MSR      CPSR_c,#0xd0
            MRS      R0,CPSR

            MSR      CPSR_c,#0xdf
            MRS      R0,CPSR

HALT        B        HALT


InitStack
            MOV      R0,LR
            MSR      CPSR_c,#0xd3
            LDR      SP,StackSvc

            MSR      CPSR_c,#0xd2
            LDR      SP,StackIrq

            MSR      CPSR_c,#0xd1
            LDR      SP,StackFiq

            MSR      CPSR_c,#0xd7
            LDR      SP,StackAbt

            MSR      CPSR_c,#0xdb
            LDR      SP,StackUnd

            MSR      CPSR_c,#0xdf
            LDR      SP,StackUsr
            MOV      PC,R0

StackUsr    DCD      UsrStackSpace + (USR_STACK_LEGTH) * 4
StackSvc    DCD      SvcStackSpace + (SVC_STACK_LEGTH) * 4
StackIrq    DCD      IrqStackSpace + (IRQ_STACK_LEGTH) * 4
StackFiq    DCD      FiqStackSpace + (FIQ_STACK_LEGTH) * 4
StackAbt    DCD      AbtStackSpace + (ABT_STACK_LEGTH) * 4
StackUnd    DCD      UndStackSpace + (UND_STACK_LEGTH) * 4

            AREA     MyStacks,DATA,NOINIT,ALIGN = 2

UsrStackSpace    SPACE    USR_STACK_LEGTH
SvcStackSpace    SPACE    SVC_STACK_LEGTH
IrqStackSpace    SPACE    IRQ_STACK_LEGTH
FiqStackSpace    SPACE    FIQ_STACK_LEGTH
AbtStackSpace    SPACE    ABT_STACK_LEGTH
UndStackSpace    SPACE    UND_STACK_LEGTH
            END
```

步骤4,设置地址。

选择 Edit→DebugRel Settings 命令,在 DebugRel Settings 对话框的左侧选择 ARM

Linker 选项,然后在 Output 选项卡中设置链接地址,设置 RO Base 为 0x4000000,RW Base 为 0x4003000。在 Options 选项卡中设置调试入口地址 Image entry point 为 0x4000000。

步骤 5,编译工程并仿真调试。

选择 Project→Make 命令,编译、链接整个工程,然后选择 Project→Debug 命令,启动 AXD 进行软件仿真调试。

步骤 6,单步运行程序。

打开寄存器窗口(Processor Registers),选择 Current 项监视各寄存器的值。单步运行程序,注意观察 CPSR、SPSR、R13(13)、R14(LR)和 R15(PC)寄存器。

说明:CPSR 寄存器显示方式如图 6-23 所示。显示分为两部分:一部分是各个标志位,另一部分是工作模式。

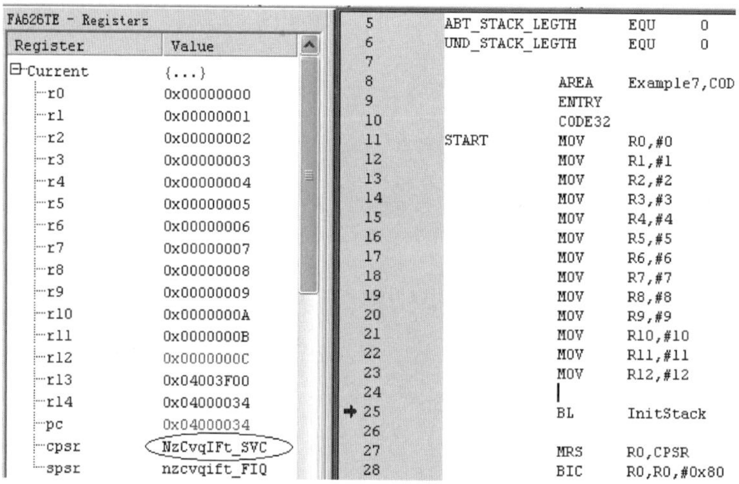

图 6-23　CPSR 寄存器显示方式

标志位 NZCVQ 为条件码标志 N、Z、C、V 和 Q,显示为大写字母,表示该位为 1;显示为小写字母,表示该位为 0。Q 标志在 ARM 体系结构 v5 及以上版本的 E 变量中才有效。

标志位在 IFT 为 IRQ 中断禁止位 I、FIQ 中断禁止位 F 和 ARM 微控制器状态位 T 显示为大写字母,表示该位为 1;显示为小写字母,表示该位为 0。T 标志在 ARM 体系结构 v4 及以上版本的 T 变量中才有效。

工作模式指示 ARM 微控制器当前的工作模式,包括 User(用户模式)、FIQ(FIQ 中断模式)、IRQ(IRQ 中断模式)、SVC(SVC 管理模式)、Abort(中止模式)、Undef(未定义模式)和 SYS(系统模式)。

注意事项:

(1) 要注意建立的文件是放在对应工程下面的,但创建工程的时候不一定就创建了文件。

(2) 在利用 Output 和 Options 设置链接地址和入口地址的时候要注意不要将地址信息输错,否则运行的时候就会报错,也很难检查出来。

(3) 像编译工程等操作可以不用特地去菜单上找选项,有很多快捷键可以供我们使用。

(4) 在输入代码时要注意格式的规范性,否则很容易报错。

(5) 为了验证代码的正确性,可以修改变量的数值来进行初步的判断。

(6) 断点、单步处理操作都能更好地帮助我们发现程序中的错误,也有助于更好地理解代码运行过程和具体含义。

实验 6：C 语言程序实验

一、实验目的

了解使用 ADS 1.2 编写 C 语言程序并进行调试。

二、实验内容

编写一个汇编程序文件和一个 C 程序文件。汇编程序的功能是初始化堆栈指针和初始化 C 程序的运行环境,然后跳转到 C 程序运行,这就是一个简单的启动程序。C 程序使用加法运算来计算 $1+2+3+\cdots+(N-1)+N$ 的值($N>0$)。

三、实验设备

1. 硬件：PC。
2. 软件：PC 操作系统(Windows XP)；ADS 1.2 集成开发环境。

四、预备知识

1. ARM 指令系统的内容。
2. AXD 工程编辑和 AXD 调试的内容。

五、实验步骤

步骤 1,打开 PC。

步骤 2,建立工程。

启动 CodeWarrior for ARM Developer Suite,选择 File→New 命令,使用 ARM Executable Image 工程模板建立一个工程,工程名称为 ProgramC1。

步骤 3,在工程中创建新文件。

选择 File→New 命令,建立新的文件 Startup.S、Add1.S 和 Test1.c,将文件直接添加到工程中。输入程序代码并保存。Test1.c 程序清单如下:

```
#define unit8 unsigned char
#define unit32 unsigned int
#define N 100
unit32 sum;
void Main(void)
{
    unit32 i;
    sum = 0;
    for(i = 0;i <= N;i++)
    {
        sum += i;
    }
    while(1);
}
```

以下是 Add1.S 的程序清单:

```
    EXPORT Add
AREA AddC, CODE, READONLY
ENTRY
```

```
        CODE32
Add     ADD R0,R0,R1
        MOV PC, LR
        END
```

以下是 Startup.S 的程序清单：

```
        IMPORT |Image$$RO$$Limit|
        IMPORT |Image$$RW$$Base|
        IMPORT |Image$$ZI$$Base|
        IMPORT |Image$$ZI$$Limit|
        IMPORT Main
        AREA Start,CODE,READONLY
        ENTRY
        CODE32
Reset
        LDR SP, = 0x4003F00
        LDR R0, = |Image$$RO$$Limit|
        LDR R1, = |Image$$RW$$Base|
        LDR R3, = |Image$$ZI$$Base|

        CMP R0,R1
        BEQ LOOP1
LOOP0
        CMP R1,R3
        LDRCC R2,[R0],#4
        STRCC R2,[R1],#4
        BCC LOOP0

LOOP1
        LDR R1, = |Image $ $ ZI $ $ Base|
        MOV R2,#0
LOOP2
        CMP R3,R1
        STRCC R2,[R3],#4
        BCC LOOP2
        B Main
        END
```

步骤 4，设置地址和起始代码段。

选择 Edit→DebugRel Settings 命令，在 DebugRel Settings 对话框的左侧选择 ARM Linker 选项，然后在 Output 选项卡中设置链接地址，设置 RO Base 为 0x4000000，RW Base 为 0x4003000。在 Options 选项卡中设置调试入口地址 Image entry point 为 0x4000000。在 Layout 选项卡中将位于开始位置的起始代码段设置为 Startup.o 的 Start 段。如图 6-24 所示。

步骤 5，编译工程并仿真调试。

选择 Project→Make 命令，编译、链接整个工程，然后选择 Project→Debug 命令，启动 AXD 进行软件仿真调试。

步骤 6，设置断点并运行程序。

在 Startup.S 的"B Main"处设置断点，然后全速运行程序。单步运行跳至 Test1.c 文件，运行至 sum＝Add()处，再单步运行，观察程序是否跳转到汇编程序 Add.S，如图 6-25 所示。

步骤 7，单步运行程序。

程序在断点处停止。单步运行程序，判断程序是否跳转到 C 程序运行，如图 6-26 所示。

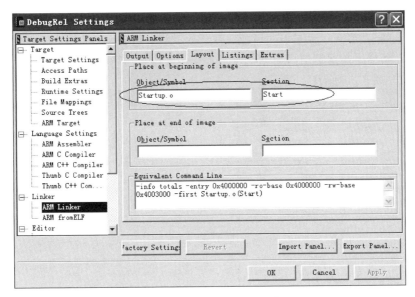

图 6-24　ARM Linker 选项设置

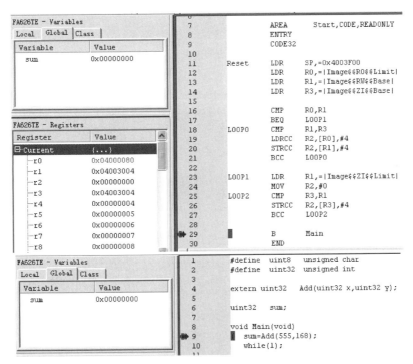

图 6-25　程序运行图

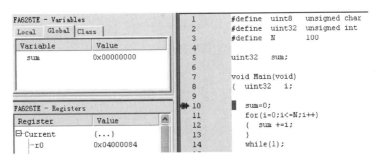

图 6-26　程序单步运行图

步骤 8,观察全局变量的值,判断程序的运算结果是否正确。

选择 Processor View→Variables 命令,打开变量观察窗口,观察全局变量的值,单步或全速运行程序,判断程序的运算结果是否正确(也可以选择在 while(1)处设置断点后再全速运行),如图 6-27~图 6-30 所示。

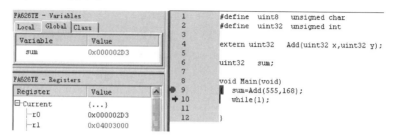

图 6-27　程序变量运行图 1

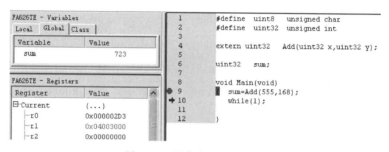

图 6-28　程序变量运行图 2

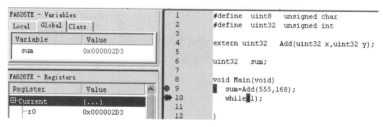

图 6-29　程序变量运行图 3

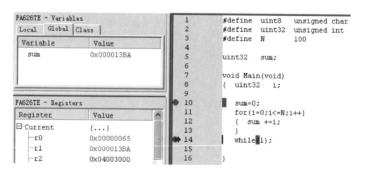

图 6-30　程序变量运行图 4

视频讲解

实验 7：C 语言调用汇编程序实验

一、实验目的

掌握在 C 语言程序中调用汇编程序,了解 ATPCS 的基本规则。

二、实验内容

在 C 程序中调用汇编子程序，实现两个整数的加法运算。汇编子程序的原型为"uint32 Add(uint32 x，uint32 y)"。

其中，uint32 已定义为"unsigned int"。

三、实验设备

1. 硬件：PC。
2. 软件：PC 操作系统（Windows XP）；ADS 1.2 集成开发环境。

四、预备知识

1. ARM 公司的 ATPCS 相关文档，例如 ATPCS.PDF。
2. AXD 工程编辑和 AXD 调试的内容。

五、实验步骤

步骤 1，建立工程。

启动 CodeWarrior for ARM Developer Suite，选择 File→New 命令，使用 ARM Executable Image 工程模板建立一个工程，工程名称为 ProgramC2。

步骤 2，在工程中创建新文件。

选择 File→New 命令，建立新的文件 Startup.S、Add2.S 和 Test2.c，将文件直接添加到工程中。输入程序代码并保存。Startup.S 程序同上一个实验。Test2.c 程序清单如下：

```
#define uint8 unsigned char
#define uint32 unsigned int
extern uint32 Add(uint32 x,uint32 y);
uint32 sum;
void Main(void)
{
    sum = Add(555,168);
    while(1);
}
```

以下是 Add2.S 的程序清单：

```
        EXPORT Add
        AREA AddC, CODE, READONLY
        ENTRY
        CODE32
Add     ADD R0,R0,R1
        MOV PC, LR
        END
```

步骤 3，设置地址和起始代码段。

选择 Edit→DebugRel Settings 命令，在 DebugRel Settings 对话框的左侧选择 ARM Linker 选项，然后在 Output 选项卡中设置链接地址，设置 RO Base 为 0x4000000，RW Base 为 0x4003000。在 Options 选项卡中设置调试入口地址 Image entry point 为 0x4000000。在 Layout 选项卡中将位于开始位置的起始代码段设置为 Startup.o 的 Start 段。

步骤 4，编译工程并仿真调试。

选择 Project→Make 命令，编译、链接整个工程，然后选择 Project→Debug 命令，启动

AXD 进行软件仿真调试。

步骤 5,设置断点并运行程序。

在 Startup.S 的"B Main"处设置断点,然后全速运行程序。单步运行跳至 Test2.c 文件,运行至 sum＝Add()处,再单步运行,观察程序是否跳转到汇编程序 Add2.S,如图 6-31 所示。

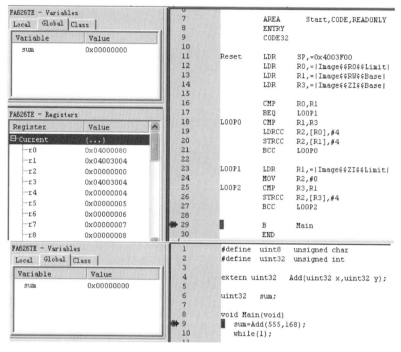

图 6-31　程序运行图

步骤 6,观察全局变量的值,判断程序的运算结果是否正确。

选择 Processor View→Variables 命令,打开变量观察窗口,观察全局变量的值,单步运行程序,判断程序的运算结果是否正确,如图 6-32～图 6-35 所示。

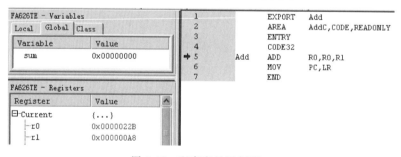

图 6-32　程序变量运行图 1

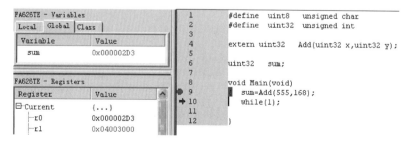

图 6-33　程序变量运行图 2

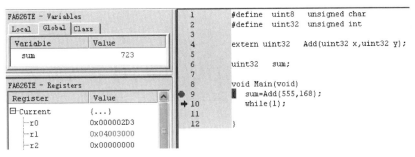

图 6-34　程序变量运行图 2(续)

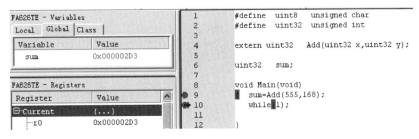

图 6-35　程序变量运行图 3

## 第 7 章

Linux 使用基础

从 UNIX 的出现到 Linux 的诞生,过程相当短暂。Linux 的发展速度超乎预期,并在市场上拥有了一定的占有率。Linux 开源、免费、自由使用的理念为人们带来了更多、更好的系统及高端技术,使人们的生活、工作更加方便、安全。通过本章的学习,读者可以对 Linux 有个大概的了解,并且熟练掌握在 VMware 虚拟机上安装 Linux 操作系统的过程。

视频讲解

7.1 Linux 简介

7.1.1 Linux 操作系统及其特点

Linux 是一个自由、免费、源代码开放的操作系统,是 UNIX 操作系统的一种克隆系统,开发 Linux 的目的是建立不受任何商品化软件版权制约的、全世界都能自由使用的 UNIX 兼容产品。Linux 具有 UNIX 的全部功能,为广大的计算机爱好者提供了学习、探索以及修改计算机操作系统内核的机会,是目前唯一基于 GPL 发布的,为 PC 平台上的多用户提供多任务和多进程功能的操作系统。

现在有很多公司都在使用 Linux 操作系统产品。Linux 操作系统从桌面到服务器、从操作系统到嵌入式系统、从零散的应用到整个产业已初具雏形。Linux 系统具有以下特点:

(1) 开放性。

(2) 多用户。

(3) 多任务。

(4) 丰富的网络功能。

(5) 可靠的系统安全。

(6) 良好的可移植性。

(7) 具有标准兼容性。

(8) 良好的用户界面。

(9) 出色的速度性能。

7.1.2 Linux 系统的发展过程

1990 年,Linus Torvalds 首次接触 MINIX。

1991 年,Linus Torvalds 开始在 MINIX 上编写各种驱动程序等操作系统内核组件。

1991 年,Linus Torvalds 公开了 Linux 内核。

1993 年,Linux 1.0 版发行,Linux 转向 GPL 版权协议。

1994 年,Linux 的第一个商业发行版 Slackware 问世。

1996 年,美国国家标准技术局的计算机系统实验室确认 Linux 版本 1.2.13 符合 POSIX 标准。

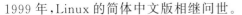

1999 年,Linux 的简体中文版相继问世。

2001 年,Linux 2.4 版内核发布。

2003 年,Linux 2.6 版内核发布。

2011 年,Linux 3.0 版内核发布。

7.1.3 Linux 系统的组成部分

Linux 系统一般由 4 个部分组成,分别是内核、Shell、文件系统和应用软件。

内核是操作系统的核心,具有很多最基本的功能,如虚拟内存、多任务、共享库、需求加载、可执行程序和 TCP/IP 网络功能。Linux 内核主要包括 5 个子系统:进程调度、内存管理、虚拟文件系统、网络接口、进程间通信。

Shell 是系统的用户界面,提供了用户与内核进行交互操作的一种接口。它接收用户输入的命令并把它送入内核去执行,是一个命令解释器。另外,Shell 编程语言具有普通编程语言的很多特点,用这种编程语言编写的 Shell 程序与其他应用程序具有同样的效果。Linux 中有多种 Shell,默认使用 Bash,嵌入式 Linux 中则常用 Busybox。

文件系统是文件存放在磁盘等存储设备上的组织方法。Linux 系统能支持多种目前流行的文件系统,如 EXT2、EXT3、FAT、FAT32、VFAT 和 ISO 9660。

标准的 Linux 系统一般都有一套称为应用程序的程序集,它包括文本编辑器、编程语言、XWindow、办公套件、Internet 工具和数据库等。

7.1.4 常用 Linux 系统介绍

Linux 的版本可分为两部分:内核(Kernel)和发行套件(Distribution),如图 7-1 所示。内核版本是指 Linus Torvalds 领导下的开发小组开发出的内核版本号,而发行版本是一些厂商将 Linux 系统内核与应用软件和文档包装起来,并提供一些安装界面和系统设定管理工具的软件包的集合。Linux 目前有 300 多种发行版本。

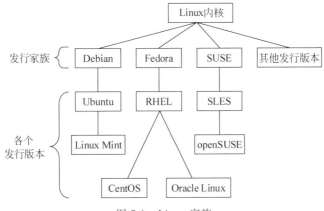

图 7-1 Linux 家族

不同的操作系统厂商发布不同的 Linux 版本。Redhat 系列是国内市场上较为常见的 Linux 发行版本,甚至一度成为国人脑海中 Linux 的代名词。当然还有 Debian 系列、FC 系列、Ubuntu 系列和 CentOS 系列等。下面简单介绍目前比较流行的 Redhat、Ubuntu 系列的 Linux。更多有关 Linux 操作系统的介绍,请查阅相关网站进行学习。

(1) Redhat。

Redhat 是第一款面向商业市场的 Linux 发行版。它有服务器版本,支持众多处理器架构,包括 x86 和 x86_64。Redhat 使用 YUM 程序包管理器,适用于服务器。

（2）Ubuntu。

Ubuntu 是当今最受欢迎的免费操作系统。Ubuntu 侧重于在市场上的应用,在服务器、云计算甚至一些运行 Ubuntu Linux 的移动设备上很常见。它使用 apt 软件管理工具来安装和更新软件。Ubuntu 的特点是界面非常友好,对硬件的支持非常全面,是最适合做桌面系统的 Linux 发行版本,同时也是市面上最容易上手的 Linux 操作系统。

Linux 因其稳定、开源、安全、高效的特点,在服务器市场具有很高的占有率。其不但使企业降低了运营成本,同时还使企业享受到它所带来的高稳定性和高可靠性,且企业无须考虑商业软件的版权问题。Linux 在企业中主要具有以下应用：

- 作为 Internet 网络服务器的应用。

Linux 系统可以为企业提供 Web、DNS、FTP 和 E-mail 等服务。

- 作为中小企业内部服务器的应用。

Linux 提供网络代理、网络防火墙、DHCP 和文件共享服务。

- 作为桌面环境的应用。

Linux 可选择使用 KDE、GNOME 等多种桌面环境。

- 作为软件开发环境的应用。

Linux 支持 C、C++、PERL、PHP、Java 和 Python 语言的开发。

7.1.5 Linux 目录结构

Linux 系统使用树状目录结构,如图 7-2 所示,在整个系统中只存在一个根目录（文件系统）。Linux 系统中总是将文件系统挂载到树状目录结构中的某个目录节点中使用。

图 7-2 Linux 目录结构

1. /bin 和/sbin

使用和维护 UNIX 和 Linux 系统的大部分基本程序都包含在/bin 和/sbin 中,这两个目录的名字之所以包含 bin,是因为可执行的程序都是二进制文件（binary files）。

/bin 目录通常用来存放用户最常用的基本程序,如 login Shells 文件操作实用程序、系统实用程序、压缩工具等。

/sbin 目录通常存放基本的系统和系统维护程序,如 fsck、fdisk、mkfs、shutdown、lilo、init 等。

存放在这两个目录中的程序的主要区别是：/sbin 中的程序只能由 root（管理员）来执行。

2. /etc

这个目录一般用来存放程序所需的整个文件系统的配置文件,其中的一些重要文件如下：passwd、shadow、fstab、hosts、motd、profile、shells、services、lilo. conf …

3. lost＋found

这个目录专门用来放那些在系统非正常关机后重新启动系统时,操作系统会将一些无法链接到任何目录项的文件放到这个文件夹中。

4. /boot

这个目录下面存放着和系统启动有关系的各种文件,包括系统的引导程序和系统核心部分。

5．/root

这是系统管理员（root）的主目录。

6．/home

系统中所有用户的主目录都存放在/home 中。

7．/mnt

按照约定，像 CD-ROM、软盘、Zip 盘、可移动介质都应该安装在/mnt 目录下，/mnt 目录通常包含一些子目录，每个子目录是某种特定设备类型的一个安装点。例如，/cdrom、/floppy、/zip 等。

如果要使用这些特定设备，需要用 mount 命令从/dev 目录中将外部设备挂接过来。

8．/tmp 和/var

这两个目录用来存放临时文件和经常变动的文件。

9．/dev

这是一个非常重要的目录，它存放着各种外部设备的镜像文件，例如，第一个软盘驱动器的名字是 fd0；第一个硬盘的名字是 hda，硬盘中的第一个分区是 hda1，第二个分区是 hda2；第一个光盘驱动器的名字是 hdc。

10．/proc

这个目录下面的内容是当前在系统中运行的进程的虚拟镜像，在这里可以看到由当前运行的进程号组成的一些目录，还有一个记录当前内存内容的 kernel 文件。

11．/usr

按照约定，这个目录用来存放与系统的用户直接相关的程序或文件，里面有每一个系统用户的主目录。

7.1.6 VMware Workstation 简介

VMware Workstation 是 VMware 公司设计的专业虚拟机，是一款功能强大的桌面虚拟计算机软件，可以虚拟现有的任何操作系统，使用户可在单一的桌面上同时运行不同的操作系统，为开发、测试、部署新的应用程序提供最佳解决方案，而且使用简单，容易上手。

从某种意义上说，一台物理计算机可以做什么，VMware Workstation 的虚拟机就可以做什么。从理论上讲，VMware 可以做的事情只受到硬件和想象力的限制。它支持的客户操作系统涵盖绝大多数主流操作系统，包括 Microsoft 全系列的操作系统以及大多数版本的 Linux。由于虚拟机运行时使用同一个虚拟 BIOS 以及一系列统一的虚拟硬件，在一定程度上实现了虚拟机的硬件无关性，并且客户操作系统中的所有内容在主机上以文件形式存在，所以又具有可携带性和可迁移性。

最值得关注的是 VMware 强大的网络功能，用户可以在一台计算机上建立一个局域网，这个网络的行为与真实的网络完全一致，而且不用担心虚拟网卡和虚拟交换机会损坏，这样就可以抛开真实网络中各种硬件冲突的可能性，潜下心来通过虚拟网络研究物理网络的核心逻辑。

7.2 Linux 基本命令

7.2.1 常用命令

1．ls 命令

使用权限：所有使用者。

语法：

```
ls [ - alrtAFR] [name...]
```

说明：显示指定工作目录下的内容(列出目前工作目录所含文件及子目录)。

其中,参数选项表示如下：

ls -l——详细列出资料。

ls -a——查看当前目录所有的内容(隐藏的内容前面会多一个".")。

ls -F——在列出的文件名称后加一个符号,区分目录文件、可执行文件、链接文件,例如,可执行文件则加"＊",目录则加"/"。

ls -m——以","号隔开,并填满行。

ls -R——显示当前目录和当前目录下的所有子目录和文件。

ls -t——将文件依建立时间的先后次序列出。

ls -S——按文件大小排列。

ls -r——将文件以相反次序显示。

这些参数可以混合使用,还可以加通配符、路径。

范例：

(1) 列出目前工作目录下所有名称是 s 开头的文件,越新的排在越后面：

```
ls - ltr s＊
```

(2) 将/bin 目录以下所有目录及文件详细资料列出：

```
ls - lRa /bin
```

2. cd 命令

使用权限：所有使用者。

语法：

```
cd [dirName]
```

说明：将工作目录变换至 dirName。

其中,dirName 可为绝对路径或相对路径。若目录名称省略,则将工作目录变换至使用者的 home directory(即登入时所在的目录)。另外,"～"也表示 home directory,"."则表示目前所在的目录,".."表示目前目录位置的上一层目录。

范例：

(1) 跳到 /usr/bin/。

```
cd /usr/bin
```

(2) 跳到自己的 home directory。

```
cd ～
```

(3) 跳到目前目录的上两层。

```
cd ../..
```

3. pwd 命令

pwd 命令显示当前的工作目录,使用时直接在终端中输入 pwd。

范例：

使用 pwd 命令显示当前的工作目录。

```
[shiyan@sysB304 test]$ pwd
/home/shiyan/test
```

4. mkdir 命令

使用权限：所有使用者。

语法：

mkdir [选项] dir – name

说明：该命令创建由 dir-name 命名的目录。

其中,参数选项表示如下：

mkdir -m——对新建目录设置存取权限。也可以用 chmod 命令设置。

mkdir -p——可以是一个路径名称。此时若路径中的某些目录尚不存在,加上此选项后,系统将自动建立好尚不存在的目录,一次可以建立多个目录。

范例：

在/home/wg 下创建新目录 nettask。

mkdir – p /home/wg/nettask

如果目录 wg 不存在,那么该命令就自动创建 wg 目录并在其下再创建 nettask 子目录。

5. rmdir 命令

使用权限：所有使用者。

语法：

rmdir [选项] dir – name

说明：删除空目录。该命令从一个目录中删除一个或多个子目录项。需要特别注意的是,一个目录被删除之前必须是空的。

范例：

删除/usr/xu/txt 目录。

$ rmdir – p /usr/xu/txt

6. cp 命令

使用权限：所有使用者。

语法：

cp [options] source dest

或者

cp [options] source... directory

说明：将一个文件复制至另一文件,或将数个文件复制至另一目录。

其中,参数选项表示如下：

-a——尽可能将文件状态、权限等资料按照原状予以复制。

-r——若 source 中含有目录名,则将目录下文件亦皆依序复制至目标位置。

-f——若目标位置已经有同名的文件存在,则在复制前先予以删除再行复制。

范例：

(1) 将档案 aaa 复制(已存在),并命名为 bbb。

cp aaa bbb

(2) 将所有的 C 语言程式复制至 Finished 子目录中。

cp *.c Finished

7. rm 命令

使用权限：所有使用者。

语法：

rm [options] name...

说明：删除文件及目录。

其中，参数选项表示如下：

-i——删除前逐一询问确认。

-f——即使原文件属性设为只读，亦直接删除，无须逐一确认。

-r——将目录及以下文件亦逐一删除。

-e——表示删除后显示提示信息。

范例：

（1）删除所有 C 语言程序文档；删除前逐一询问确认。

rm - i * .c

（2）删除 Finished 子目录及子目录中的所有文件。

rm - r Finished

8. mv 命令

使用权限：所有使用者。

语法：

mv [options] name...

说明：重命名文件、目录及移动文件和目录。mv 之后，旧文件名或旧目录名不复存在。

其中，参数选项表示如下：

-i——移动前提示。

-f——覆盖现有文件不提示。

范例：

将文件 file1 命名为 file3。

mv file1 file3

7.2.2 文件操作命令

1. chmod 命令

使用权限：所有使用者。

语法：

chmod [- cfvR] [-- help] [-- version] mode file...

说明：Linux/UNIX 的文件存取权限分为 3 级：文件拥有者、群组和其他。利用 chmod 命令可以控制文件如何被其他用户存取。

mode 为权限设定字串，格式如下：

[ugoa...][[+-=][rwxX]...][,...]

其中，u 表示该文件的拥有者，g 表示与该文件的拥有者属于同一个群体（group）者，o 表示其他用户，a 表示这三者皆是。

＋表示增加权限，－表示取消权限，＝表示唯一设定权限。

r表示可读取,w表示可写入,x表示可执行,X表示只有当该文件是一个子目录或者该文件已经被设定为可执行。

其中,参数选项表示如下:

-c——若该文件权限确实已经更改,才显示其更改动作。

-f——若该文件权限无法被更改也不要显示错误信息。

-v——显示权限变更的详细资料。

-R——对目前目录下的所有文件与子目录进行相同的权限变更(即以递回的方式逐个变更)。

--help——显示辅助说明。

--version——显示版本。

范例:

(1)将文件file1.txt设为所有人皆可读取。

```
chmod ugo+r file1.txt
```

(2)将文件file1.txt设为所有人皆可读取。

```
chmod a+r file1.txt
```

(3)将文件file1.txt与file2.txt设为该文件拥有者及与其所属同一个群体者可写入,但其他用户则不可写入。

```
chmod ug+w,o-w file1.txt file2.txt
```

(4)将ex1.py设定为只有该文件拥有者可以执行。

```
chmod u+x ex1.py
```

(5)将目前目录下的所有文件与子目录皆设为任何人可读取。

```
chmod -R a+r *
```

此外,chmod也可以用数字来表示权限,如"chmod 777 file",语法为"chmod abc file"。

其中,a、b、c各为一个数字,分别表示User、Group及Other的权限。

r=4,w=2,x=1,若要rwx属性,则4+2+1=7;若要rw-属性,则4+2=6;若要r-x属性,则4+1=5。

范例:

(1)"chmod a=rwx file"和"chmod 777 file"效果相同。

(2)"chmod ug=rwx,o=x file"和"chmod 771 file"效果相同。

(3)若用"chmod 4755 filename"可使此程序具有root的权限。

2. chown命令

使用权限:root。

语法:

```
chown [-cfhvR] [--help] [--version] user[:group] file...
```

说明:Linux/UNIX是多人多工作业系统,所有文件皆有拥有者。利用chown可以改变文件的拥有者。一般来说,这个指令只由系统管理者(root)使用,一般使用者没有权限改变其他用户的文件拥有者,也没有权限将自己的文件拥有者改设为别人,只有系统管理者(root)才有这样的权限。

其中,参数选项表示如下:

user——新的文件拥有者的使用者。

:group——新的文件拥有者的使用者群体(group)。

-c——若该文件拥有者确实已经更改,则显示其更改动作。

-f——该文件拥有者无法被更改也不要显示错误信息。

-h——只对链接(link)进行变更,而非该链接真正指向的文件。

-v——显示拥有者变更的详细资料。

-R——对目前目录下的所有文件与子目录进行相同的拥有者变更(即以递回的方式逐个变更)。

--help——显示辅助说明。

--version——显示版本。

范例:

(1) 将文件 file1.txt 的拥有者设为 users 群体的使用者 jessie。

```
chown jessie:users file1.txt
```

(2) 将目前目录下的所有文件与子目录的拥有者皆设为 users 群体的使用者 lamport。

```
chown - R lamport:users *
```

3. touch 命令

使用权限:所有使用者。

语法:

```
touch [ - acfm] [ - r reference - file] [ -- file = reference - file] [ - t MMDDhhmm[[CC]YY][.ss]]
[ - d time] [ -- date = time] [ -- time = {atime, access, use, mtime, modify}] [ -- no - create] [ -- help]
[ -- version] file1 [file2 ...]
```

说明:touch 指令改变文件的时间记录。ls -l 可以显示文件的时间记录。

其中,参数选项表示如下:

-a——改变文件的读取时间记录。

-m——改变文件的修改时间记录。

-c——假如目的文件不存在,不会建立新的文件。与 --no-create 的效果一样。

-f——不使用,是为了与其他 UNIX 系统的相容性而保留。

-r——使用参考文件的时间记录,与--file 的效果一样。

-d——设定时间与日期,可以使用各种不同的格式。

-time——设定文件的时间记录,格式与 date 指令相同。

--no-create——不会建立新文件。

--help——列出指令格式。

--version——列出版本信息。

范例:

(1) 最简单的使用方式,将文件的时间记录改为现在的时间。若文件不存在,则系统建立一个新的文件。

```
touch file
touch file1 file2
```

(2) 将 file 的时间记录改为 5 月 6 日 18 点 3 分,公元 2000 年。时间的格式可以参考 date 指令,至少需输入 MMDDHHmm,即月、日、时与分。

```
touch - c - t 05061803 file
touch - c - t 050618032000 file
```

（3）将 file 的时间记录改变成与 referencefile 一样。

```
touch - r referencefile file
```

（4）将 file 的时间记录改成 5 月 6 日 18 点 3 分,公元 2000 年。时间可以使用 am、pm 或是 24 小时的格式,日期可以使用其他格式,如 6 May 2000。

```
touch - d"6:03pm" file
touch - d"05/06/2000" file
touch - d"6:03pm 05/06/2000" file
```

4. find 命令

使用说明：将文件系统内 expression 的文件列出来。可以指定文件的名称、类别、时间、大小、权限等不同信息的组合,只有完全相符的才会被列出来。

语法：

```
find pathname - options [ - print - exec - ok ...]
```

find 根据下列规则判断 path 和 expression,在命令行第一个"-"之前的部分为 path,之后的是 expression。如果 path 是空字串,则使用当前路径；如果 expression 是空字串,则使用 -print 为预设 expression。

其中,参数选项表示如下：

pathname——find 命令所查找的目录路径。例如,用". "表示当前目录,用"/"表示系统根目录。

-print——find 命令将匹配的文件输出到标准输出。

-exec——find 命令对匹配的文件执行该参数所给出的 shell 命令。相应命令的形式为 "'command' { } \;",注意"{ }"和"\;"之间有空格。

-ok——与-exec 的作用相同,只不过以一种更安全的模式来执行该参数所给出的 shell 命令,在执行每一个命令之前,都会给出提示,让用户确定是否执行。

-name——按照文件名查找文件。

-perm——按照文件权限来查找文件。

-prune——使用这一选项可以使 find 命令不在当前指定的目录中查找,如果同时使用 -depth 选项,那么-prune 将被 find 命令忽略。

-user——按照文件属主查找文件。

-group——按照文件所属的组查找文件。

-mtime －n ＋n——按照文件的更改时间查找文件,－n 表示文件更改时间距现在 n 天以内,＋n 表示文件更改时间距现在 n 天以前。

-nogroup——查找无有效所属组的文件,即该文件所属的组在/etc/groups 中不存在。

-nouser——查找无有效属主的文件,即该文件的属主在/etc/passwd 中不存在。

-newer file1 ! file2——查找更改时间比文件 file1 新但比文件 file2 旧的文件。

-type——查找某一类型的文件,例如,

b——块设备文件。

d——目录。

c——字符设备文件。

p——管道文件。

l——符号链接文件。

f——普通文件。

-size n[c]——查找文件长度为 n 块的文件,带有 c 时表示文件长度以字节计。

-depth——在查找文件时,首先查找当前目录中的文件,然后在其子目录中查找。

-fstype——查找位于某一类型文件系统中的文件,这些文件系统类型通常可以在配置文件/etc/fstab 中找到,该配置文件中包含了本系统中有关文件系统的信息。

-mount——在查找文件时不跨越文件系统 mount 点。

-follow——如果 find 命令遇到符号链接文件,就跟踪至链接所指向的文件。

-cpio——对匹配的文件使用 cpio 命令,将这些文件备份到磁带设备中。

-amin n——查找系统中最后 n 分钟访问的文件。

-atime n——查找系统中最后 n×24 访问的文件。

-cmin n——查找系统中最后 n 分钟被改变文件状态的文件。

-ctime n——查找系统中最后 n×24 被改变文件状态的文件。

-mmin n——查找系统中最后 n 分钟被改变文件数据的文件。

-mtime n——查找系统中最后 n×24 被改变文件数据的文件。

5. whereis 命令

使用说明:用于找到程序的源文件、二进制文件或文档文件。

语法:

[root@redhat ~]# whereis [-bmsu] 文件或者目录名称

其中,参数选项表示如下:

-b——只找二进制文件。

-m——只找在说明文件 manual 路径下的文件。

-s——只找 source 源文件。

-u——没有说明文档的文件。

范例:

```
[root@redhat ~]# whereis passwd
Passwd:/usr/bin/passwd/etc/passwd/usr/share/man/man1/passwd.1.gz/usr/share/man/man5/passwd.5.gz
```

将和 passwd 文件相关的文件都查找出来。

```
[root@redhat ~]# whereis -b passwd
passwd: /usr/bin/passwd /etc/passwd
```

和 find 相比,whereis 的查找速度非常快,这是因为 Linux 系统会将系统内的所有文件都记录在一个数据库文件中,当使用 whereis 时,会从数据库中查找数据,而不是像 find 命令那样通过遍历硬盘来查找,效率自然会很高。

但是该数据库文件并不是实时更新,默认情况下一星期更新一次,因此,在用 whereis 查找文件时,有时会找到已经被删除的数据,或者刚刚建立文件却无法查找到,原因就是因为数据库文件没有被更新。

6. grep 命令

使用权限:所有用户。

语法:

grep [options]

说明:grep 是一个强大的文本搜索命令,能使用正则表达式搜索文本,把匹配的行打印出来。

其中,参数选项表示如下:

-c——只输出匹配行的计数。

-I——不区分大小写(只适用于单字符)。

-h——查询多文件时不显示文件名。

-l——查询多文件时只输出包含匹配字符的文件名。

-n——显示匹配行及行号。

-s——不显示不存在或无匹配文本的错误信息。

-v——显示不包含匹配文本的所有行。

pattern 正则表达式主要参数如下:

\——忽略正则表达式中特殊字符的原有含义。

^——匹配正则表达式的开始行。

$——匹配正则表达式的结束行。

\<——从匹配正则表达式的行开始。

\>——到匹配正则表达式的行结束。

[ ]——单个字符,如[A],即 A 符合要求。

[-]——范围,如[A-Z],即从 A、B、C 一直到 Z 都符合要求。

。——所有的单个字符。

*——有字符,长度可以为 0。

范例:

(1) 显示所有以 d 开头的文件中包含 test 的行。

```
$ grep 'test' d *
```

(2) 显示在 aa、bb、cc 文件中匹配 test 的行。

```
$ grep 'test' aa bb cc
```

(3) 显示所有包含每个字符串至少有 5 个连续小写字母的字符串的行。

```
$ grep '[a-z]\{5\}' aa
```

(4) 如果 west 被匹配,则 es 被存储到内存中,并标记为 1,然后搜索任意多个字符(. *),这些字符后面紧跟着另外一个 es(\1),找到就显示该行。如果用 egrep 或"grep -E",则不用 "\"号进行转义,直接写成"'w(es)t. *\1'"即可。

```
$ grep 'w\(es\)t. *\1' aa
```

7. mount 命令

功能:加载指定的文件系统。

语法:

```
mount [ - afFhnrvVw] [ - L] [ - o] [ - t] [设备名] [加载点]
```

说明:mount 可将指定设备中指定的文件系统加载到 Linux 目录下(也就是装载点)。可将经常使用的设备写入文件/etc/fastab,以使系统在每次启动时自动加载。mount 加载设备的信息记录在/etc/mtab 文件中。使用 umount 命令卸载设备时,记录将被清除。

其中,参数选项说明如下:

-a——加载文件/etc/fastab 中设置的所有设备。

-f——不实际加载设备。可与-v 等参数同时使用以查看 mount 的执行过程。

-F——需与-a 参数同时使用。所有在/etc/fastab 中设置的设备会被同时加载,可加快执行速度。

  -h——显示在线帮助信息。

  -L——指定加载文件系统的设备的标签。

  -n——不将加载信息记录在/etc/mtab 文件中。

  -o——指定加载文件系统时的选项。

  范例：

  （1）FAT32 的分区。

```
mount - o codepage = 936, iocharset = cp936 /dev/hda7 /mnt/cdrom (mount - t vfat - o iocharset =
cp936 /dev/hda7 /mnt/cdrom)
```

  （2）ntfs 的分区。

```
mount - o iocharset = cp936 /dev/hda7 /mnt/cdrom
```

  （3）iso 文件。

```
mount - o loop /abc.iso /mnt/cdrom
```

  （4）软盘。

```
mount /dev/fd0 /mnt/floppy
```

  （5）USB 闪存。

```
mount /dev/sda1 /mnt/cdrom
```

8. compress、bzip2、bzcat、gzip、zcat、tar

1）compress

语法：

[root @root /root]# compress [- d] filename

其中，参数选项说明如下：

-d——解压缩参数。

2）bzip2 和 bzcat

语法：

[root @test /root]# bzip2 [- dz] filename 压缩/解压缩指令

[root @test /root]# bzcat filename.bz2 读取压缩文件的命令

其中，参数选项说明如下：

-d——解压缩。

-z——压缩。

3）gzip 和 zcat

语法：

[root @test /root]# gzip [- d#] filename 压缩与解压缩

[root @test /root]# zcat filename.gz 读取压缩文件的内容

其中，参数选项说明如下：

-d——解压缩的参数。

-#——解压缩等级，1 最不好，9 最好，6 为默认值。

4）tar

语法：

[root @test /root]# tar [- zxcvfpP] filename

[root @test /root] # tar – N 'yyyy/mm/dd' /path – zcvf target.tar.gz source

其中,参数选项说明如下:

-z——是否同时具有 gzip。

-x——解开一个压缩文件。

-t——查看 tarfile 里面的文件。

-c——建立一个压缩文件。

-v——压缩过程中显示文件。

-f——使用文件名。

-p——使用原文件的原有属性。

-P——可以使用绝对路径。

-N——比后面接的日期(yyyy/mm/dd)还要新的文件才会被打包进新建的文件中。

--exclude FILE——在压缩过程中,不要将 FILE 打包。

tar 可以将整个目录或指定文件整合成一个文件 。上面的压缩、解压缩格式总结如表 7-1 所示。

表 7-1　压缩格式及说明

扩　展　名	压　缩　命　令	扩　展　名	压　缩　命　令
*.Z	compress 程序压缩文件	*.tar	tar 程序压缩文件
*.bz2	bzip2 程序压缩文件	*.tar.gz	tar 程序打包的文件,且经过 gzip 压缩
*.gz	gzip 程序压缩文件		

7.2.3　文件编辑命令

1. cat 命令

使用权限:所有使用者。

语法:

cat [– AbeEnstTuv] [–– help] [–– version] fileName

说明:把文件串连接后传到基本输出(屏幕或加 > fileName 到另一个文件)。

其中,参数选项说明如下:

-n 或--number——由 1 开始对所有输出的行数编号。

-b 或--number-nonblank——和-n 相似,只不过对于空白行不编号。

-s 或--squeeze-blank——当遇到有连续两行以上的空白行,就代换为一行的空白行。

-v 或--show-nonprinting——显示文件中的制表符和换行符等非打印特殊字符。

范例:

(1) 把 textfile1 的内容加上行号后输入到 textfile2 中。

```
cat – n textfile1 > textfile2
```

(2) 把 textfile1 和 textfile2 的文件内容加上行号(空白行不加)之后将内容附加到 textfile3。

```
cat – b textfile1 textfile2 >> textfile3
```

2. more 命令

使用权限:所有使用者。

语法:

more [– dlfpcsu] [– num] [+ /pattern] [+ linenum] [fileNames...]

说明：类似 cat，不过会逐页显示，方便使用者阅读，最基本的指令是按空格键就往下一页显示，按 B 键就会往上(back)一页显示，而且还有搜寻字串的功能(与 vi 相似)，使用中的说明文件，可按 H 键显示。

其中，参数选项说明如下：

-num——一次显示的行数。

-d——提示使用者，在画面下方显示[Press space to continue，q to quit.]，如果使用者按错键，则会显示[Press h for instructions.]。

-l——取消遇见特殊字元^L(送纸字元)时会暂停的功能。

-f——计算行数时，以实际行数计算，而非自动换行过的行数(有些单行字数太长的会被扩展为两行或两行以上)。

-p——不以卷动的方式显示每一页，而是先清除屏幕后再显示内容。

-c——与-p 相似，但先显示内容再清除其他旧资料。

-s——当遇到有连续两行以上的空白行，就替换为一行空白行。

-u——不显示下引号(根据环境变量 TERM 指定的 terminal 而有所不同)。

＋/——在每个文件显示前搜寻该字串(pattern)，然后从该字串之后开始显示。

＋line num——从第 num 行开始显示。

fileNames——把文件内容显示到屏幕上。

范例：

(1) 逐页显示 testfile 的文件内容，如有连续两行以上的空白行，则以一行空白行显示。

```
more - s testfile
```

(2) 从第 20 行开始显示 testfile 的文件内容。

```
more + 20 testfile
```

3. less 命令

使用权限：所有使用者。

语法：

```
less [Option] filename
```

说明：less 的作用与 more 十分相似，都可以用来浏览文本文件的内容，不同的是 less 允许使用者往回翻动以浏览已经看过的部分，同时因为 less 并未在一开始就读入整个文件，因此在开启大型文件时，会比一般的文本编辑器(如 vi)更快速。

4. head 命令

使用权限：所有使用者。

语法：

```
head [option] ... [FILE]...
```

说明：head 命令用于查看一个文本文件的开头部分(默认前 10 行)。

其中，参数选项说明如下：

-c，--bytes＝[-]N——打印每个文件的前 N 个字节，如果 N 前面加上"-"，则打印每个文件除了最后 N 个字节外的所有字节。

-n，--lines＝[-]N——打印前 N 行，如果 N 前加上[-]，则打印除了最后 N 行数据外的所有行。

范例：

（1）显示文件 example.txt 的前 10 行内容。

```
head example.txt
```

（2）显示文件 example.txt 的前 20 行内容。

```
head − n 20 example.txt
```

5. tail 命令

使用权限：所有使用者。

语法：

```
tail [ + / − number][lbc] [FILE]…
```

说明：tail 命令用于查看一个文本文件的开头部分（默认后 10 行），类似于 head。

其中，参数选项说明如下：

+——表示从文件头部起 number 单位（行、块、字符）后开始显示。

−——表示从文件尾部起 number 单位（行、块、字符）后开始显示。

number——为整数，默认 10 行。

-l——表示行（line）。

-b——表示块（block）。

-c——表示字符（character）。

范例：

（1）显示文件 example.txt 的后 10 行内容。

```
tail example.txt
```

（2）显示文件 example.txt 的后 20 行内容。

```
tail − n 20 example.txt
```

（3）显示文件 example.txt 的后 10 行内容，并在文件内容增加后，自动显示新增的文件内容。

```
tail − f example.txt
```

7.2.4 系统关闭命令

1. shutdown 命令

使用权限：所有使用者。

语法：

```
shutdown [ − f file | mesg][ − g time][ − i init − level][ − y]
```

说明：向所有的系统用户发出关闭系统的通知，默认情况下等待 60s 关闭系统。

其中，参数选项说明如下：

file——包含有 shutdown 第一步中系统管理员发给所有终端用户的信息。

time——等待关机的时间，默认为 60s。

init -level——将系统转入的运行级别，默认转为 0 级。

-y——对所有的交互问题均以 yes 回答。

在不同的系统中可能 shutdown 命令的路径不同，在执行该命令时需要根据具体的系统查找该命令的路径。

2．halt 命令

使用权限：所有使用者。

语法：

```
halt
```

说明：用于立即关机。不会给系统用户发出关机通知，不严格执行 rc 关闭脚本中的规定，不是最佳的系统关闭方法。

3．reboot 命令

使用权限：所有使用者。

语法：

```
reboot
```

说明：关闭系统并重新引导系统。不发送关闭系统的通知给系统用户，不严格执行 rc 关闭脚本中的规定，也不是最佳的系统关闭方法。

如果系统中添加了新的软件，则硬件需要关机重新引导，可使用如下命令：

```
reboot -r
```

4．其他命令

［login］：登录。

［logout］：退出。

［exit］：退出。

［poweroff］：切断电源。

［sync］：把内存中的内容写入磁盘。

7.2.5　用户管理相关命令

1．su 命令

功能：变更为其他使用者的身份，需要输入该使用者的密码。

语法：

```
su [选项]... [ - ] [USER [ARG]...]
```

其中，参数选项说明如下：

-f,--fast——不必读启动文件（如 csh.cshrc 等），仅用于 csh 或 tcsh 两种 Shell。

-l,--login——添加该参数后，就好像是重新登录为该使用者，大部分环境变量（例如 HOME、SHELL 和 USER 等）都是以该使用者（USER）为主，并且工作目录也会改变。如果没有指定 USER，默认情况是 root。

-m,-p,--preserve-environment——执行 su 时不改变环境参数。

-c command——变更账号为 USER 的使用者，并执行指令 command 后再变回原来使用者。

USER——欲变更的使用者账号，ARG 传入新的 Shell 参数。

范例：

变更账号为超级用户，并在执行 df 命令后还原使用者。

```
su - c df root
```

2．sudo 命令

功能：提升普通用户的权限。sudo 是授权许可使用的 su，也是受限的 su。

语法：

sudo [选项] [- p prompt] [- u username/♯uid] - s

其中,参数选项说明如下：

-V——显示版本编号。

-h——显示版本编号及指令的使用方式说明。

-v——因为 sudo 在第一次执行时或是在 N 分钟内没有执行(N 预设为 5)会询问密码,这个参数是重新确认一次,如果超过 N 分钟,也会询问密码。

-k——将会强迫使用者在下一次执行 sudo 时询问密码,不论有没有超过 N 分钟。

-p prompt——可以更改问密码的提示语,其中%u 会代换为使用者的账号名称,%h 会显示主机名称。

-u username/♯uid——不加此参数,代表要以 root 的身份执行指令；而加了此参数,可以以 username 的身份执行指令(♯uid 为该 username 的使用者号码)。

-s——执行环境变数中的 SHELL 所指定的 Shell,或是/etc/passwd 里所指定的 Shell,command 要以系统管理者身份(或以-u 更改为其他人)执行的指令。

3. useradd 命令

功能：建立用户账号和创建用户的起始目录,使用权限是超级用户。

语法：

useradd [- d home] [- s shell] [- c comment] [- m [- k template]] [- f inactive] [- e expire] [- p passwd] [- r] name

其中,参数选项说明如下：

-d——指定用户登入时的起始目录。

-c——加上备注文字,备注文字保存在 passwd 的备注栏中。

-D——变更预设值。

-e——指定账号的有效期限,默认表示永久有效。

-f——指定在密码过期后多少天即关闭该账号。

-g——指定用户所属的群组。

-G——指定用户所属的附加群组。

-m——自动建立用户的登入目录。

-M——不要自动建立用户的登入目录

-n——取消建立以用户名称为名的群组。

-r——建立系统账号。

-s——指定用户登入后所使用的 shell。

-u——指定用户 ID。

范例：

♯ useradd caojh - u 544

4. passwd 命令

使用权限：所有使用者。

语法：

passwd [- k] [- l] [- u [- f]] [- d] [- S] [username]

说明：用来更改使用者的密码。

其中,参数选项说明如下:

-l——关闭账号密码。效果相当于 usermod -L,只有 root 才有权使用此项。

-u——恢复账号密码。效果相当于 usermod -U,同样只有 root 才有权使用。

-f——更改由 finger 命令访问的用户信息。

-d——关闭使用者的密码认证功能,使用者在登入时将可以不用输入密码,只有具备 root 权限的使用者可使用。

-S——显示指定使用者的密码认证种类,只有具备 root 权限的使用者可使用。

5. usrdel 命令

功能:删除用户账号。

语法:

usrdel [-r][用户账号]

其中,-r 用于删除用户登入目录以及目录中所有文件。若不加参数,则仅删除用户账号,而不删除相关文件。

6. who 命令

使用权限:所有使用者。

语法:

who - [husfV] [user]

说明:显示系统中有哪些使用者,显示的内容包含了使用者 ID,使用的终端机,上网地址、上线时间、滞留时间、CPU 使用量、动作等。

其中,参数选项说明如下:

-h——不显示标题列。

-u——不显示使用者的动作。

-s——使用简短的格式来显示。

-f——不显示使用者的上线位置。

-V——显示程序版本。

7. 其他命令

[history]:显示命令历史。

[echo]:显示字符串或者变量内容。

[export]:设置环境变量。

[env]:设置临时环境变量。

7.2.6 信息系统相关命令

1. top 命令

使用权限:所有使用者。

语法:

top [-] [d delay] [q] [c] [S] [s] [i] [n] [b]

说明:即时显示 process 的动态。

其中,参数选项说明如下:

-d——改变显示的更新速度,或是在交谈式指令(interactive command)列输入 s。

-q——没有任何延迟的显示速度,如果使用者有 superuser 的权限,则 top 将会以最高的优先序执行。

-c——切换显示模式,共有两种模式:一种是只显示执行文件的名称,另一种是显示完整的路径与名称。

-S——累积模式,会将已完成或消失的子进程(dead child process)的 CPU time 累积起来。

-s——安全模式,将交谈式指令取消,避免潜在的危机。

-i——不显示任何闲置(idle)或无用(zombie)的进程。

-n——更新的次数,完成后将会退出 top。

-b——批次文件模式,搭配参数 n 一起使用,可以用来将 top 的结果输出到文件内。

范例:

(1) 显示更新 10 次后退出。

```
top - n 10
```

(2) 使用者将不能利用交谈式指令对进程下命令。

```
top - s
```

(3) 将更新显示二次的结果输入到名称为 top.log 的文件中。

```
top - n 2 - b < top.log
```

2. ps 命令

使用权限:所有使用者。

语法:

```
ps [options] [ -- help]
```

说明:显示瞬间进程(process)的动态。

其中,参数选项说明如下:

-A——列出所有的进程。

-w——显示加宽可以显示较多的信息。

-au——显示较详细的信息。

-aux——显示所有包含其他使用者的进程。

3. kill 命令

功能:终止一个进程。

语法:

```
kill [ - s signal | - p ] [ - a ] pid ...
kill - l [ signal ]
```

其中,参数选项说明如下:

-s——指定发送的信号。

-p——模拟发送信号。

-l——指定信号的名称列表。

pid——要中止进程的 ID。

signal——表示信号。

范例:

强行中止(经常使用杀掉)一个进程标识号为 324 的进程。

```
#kill - 9 324
```

4．free 命令

功能：用来显示内存的使用情况。

语法：

free [-b|-k|-m] [-o] [-s delay] [-t] [-V]

其中，参数选项说明如下：

-b,-k,-m——分别以字节（KB、MB）为单位显示内存使用情况。

-s,delay——每隔多少秒数显示一次内存使用情况。

-t——显示内存总和列。

-o——不显示缓冲区调节列。

5．date 命令

功能：显示与设置系统日期和时间。

语法：

date [选项]显示时间格式(以"+"开头,后面接格式)

范例：

（1）显示当前日期。

```
♯date
```

（2）设置当前时间，只有 root 权限才能设置，其他权限只能查看。

```
♯date -s
```

（3）设置成 20111111，这样会把具体时间设置成空（00：00：00）。

```
♯date -s 20111111
```

（4）设置具体时间，不会对日期做更改。

```
♯date -s 12:23:23
```

（5）设置全部时间。

```
♯date -s"12:12:23 2011-11-11"
```

6．uname 命令

功能：显示操作系统信息。

语法：

uname[选项]

其中，参数选项说明如下：

-a，--all——按次序输出所有信息。

-s，--kernel-name——输出内核名称。

-n，--nodename——输出网络节点上的主机名。

-r，--kernel-release——输出内核发行版。

-v，--kernel-version——输出内核版本。

-m，--machine——输出主机的硬件架构名称。

-p，--processor——输出处理器类型或 unkown。

-i，--hardware-platform——输出硬件平台或 unknown。

-o，--operating-system——输出操作系统名称。

--help——显示此帮助信息并退出。

--version——输出版本信息并退出。

7. du 命令

功能：统计目录（或文件）所占磁盘空间的大小。

语法：

du[选项]

其中，参数选项说明如下：

-a——显示全部目录和其次目录下的每个文件所占的磁盘空间。

-b——大小用 bytes 来表示（默认值为 k bytes）。

-c——最后再加上总计（默认值）。

-s——只显示各文件大小的总和。

-x——只计算同属同一个文件系统的文件。

-L——计算所有的文件大小。

-h——显示 human-readable 的格式。

范例：

（1）显示 etc 目录下每个子目录内所有档案占用的磁盘空间大小。

du - h /etc

（2）显示 etc 目录所占用的磁盘空间大小。

du - sh /etc

8. dd 命令

功能：用指定大小的块复制一个文件，并在复制的同时进行指定的转换。

语法：

dd[选项]

其中，参数选项说明如下：

-if——输入文件。

-of——输出文件。

范例：

（1）将本地的/dev/hdb 整盘备份到/dev/hdd。

dd if = /dev/hdb of = /dev/hdd

（2）将/dev/hdb 全盘数据备份到指定路径的 image 文件中。

dd if = /dev/hdb of = /root/image

7.2.7　网络相关命令

1. ifconfig

功能：查看设置网卡信息

语法：

```
ifconfig[网络设备][down][up]
       [add<地址>][del<地址>]
       [<硬件地址>][netmask<子网掩码>]
```

范例：

（1）配置网卡的 IP 地址。

ifconfig eth0 192.168.0.1 netmask 255.255.255.0

（2）配置网卡的硬件地址。

```
ifconfig eth0 hw ether xx:xx:xx:xx:xx:xx
```

（3）禁用网卡。

```
ifconfig eth0 down
```

（4）启用网卡。

```
ifconfig eth0 up
```

说明：用 ifconfig 命令配置的网卡信息，在网卡重启后，配置就不存在了，也就是说，配置是临时的。要想将上述配置信息永久保存，就要修改网卡的配置文件/etc/network/interfaces。

2. ping

功能：查看网络中的主机是否在工作。

语法：

```
ping[destination-list]
```

范例：

```
ping 192.168.1.254
```

3. route

功能：显示或者设置路由。

语法：

```
route [-f] [-p] [Command [Destination] [mask Netmask] [Gateway] [metric Metric]] [if
Interface]]
```

其中，参数选项说明如下：

-f——清除所有不是主路由（子网掩码为 255.255.255.255 的路由）、环回网络路由（目标为 127.0.0.0，子网掩码为 255.255.255.0 的路由）或多播路由（目标为 224.0.0.0，网掩码为 240.0.0.0 的路由）的条目的路由表。如果与某个命令（例如，add、change 或 delete）结合使用，那么会在运行命令之前清除路由表。

-p——与 add 命令共同使用时，指定路由被添加到注册表并在启动 TCP/IP 协议时初始化 IP 路由表。默认情况下，启动 TCP/IP 协议时不会保存添加的路由。与 print 命令一起使用时，则显示永久路由表。

[Command]——指定要运行的命令。下面列出了有效的命令：

• add——添加路由。

• change——更改现存路由。

• delete——删除路由。

• print——打印路由。

[Destination]——指定路由的网络目标地址。目标地址可以是一个 IP 网络地址（其中网络地址的主机地址位设置为 0），对于主机路由是 IP 地址，对于默认路由是 0.0.0.0。

范例：

（1）显示 IP 路由表的完整内容。

```
route print
```

（2）显示 IP 路由表中以 10. 开始的路由。

```
route print 10.*
```

（3）添加默认网关地址为 192.168.12.1 的默认路由。

```
route add 0.0.0.0 mask 0.0.0.0 192.168.12.1
```

（4）添加目标为 10.41.0.0、子网掩码为 255.255.0.0、下一个跃点地址为 10.27.0.1 的路由。

```
route add 10.41.0.0 mask 255.255.0.0 10.27.0.1
```

（5）添加目标为 10.41.0.0、子网掩码为 255.255.0.0、下一个跃点地址为 10.27.0.1 的永久路由。

```
route - p add 10.41.0.0 mask 255.255.0.0 10.27.0.1
```

（6）添加目标为 10.41.0.0、子网掩码为 255.255.0.0、下一个跃点地址为 10.27.0.1、跃点数为 7 的路由。

```
route add 10.41.0.0 mask 255.255.0.0 10.27.0.1 metric 7
```

（7）添加目标为 10.41.0.0、子网掩码为 255.255.0.0、下一个跃点地址为 10.27.0.1、接口索引为 0x3 的路由。

```
route add 10.41.0.0 mask 255.255.0.0 10.27.0.1 if 0x3
```

（8）删除目标为 10.41.0.0、子网掩码为 255.255.0.0 的路由。

```
route delete 10.41.0.0 mask 255.255.0.0
```

（9）删除 IP 路由表中以 10. 开始的所有路由。

```
route delete 10. *
```

（10）将目标为 10.41.0.0、子网掩码为 255.255.0.0 的路由的下一个跃点地址由 10.27.0.1 更改为 10.27.0.25。

```
route change 10.41.0.0 mask 255.255.0.0 10.27.0.25
```

4. natstat

功能：显示与 IP、TCP、UDP 和 ICMP 协议相关的统计数据，一般用于检验本机各端口的网络连接情况。

语法：

```
netstat [ - acCeFghilMnNoprstuvVwx][ - A <网络类型>][ -- ip]
```

其中，参数选项说明如下：

-s——能够按照各个协议分别显示其统计数据。

-e——显示关于以太网的统计数据，列出的项目包括传送的数据报的总字节数、错误数、删除数、数据报的数量和广播的数量。

-r——显示关于路由表的信息。

-a——显示一个所有的有效连接信息列表。

-n——显示所有已建立的有效连接。

5. service

功能：用于对系统服务进行管理，例如，启动（start）、停止（stop）、重启（restart）、查看状态（status）等。相关的命令还包括 chkconfig、ntsysv 等，chkconfig 用于查看、设置服务的运行级别，ntsysv 用于直观方便地设置各个服务是否自动启动。service 命令本身是一个 Shell 脚本，在/etc/init.d/目录查找指定的服务脚本，然后调用该服务脚本来完成任务。

常用方式如下。

格式：

```
service <service>
```

打印指定服务<service>的命令行使用帮助。

格式：

```
service <service> start
```

启动指定的系统服务<service>。

格式：

```
service <service> stop
```

停止指定的系统服务<service>。

格式：

```
service <service> restart
```

重新启动指定的系统服务<service>，即先停止(stop)再启动(start)。

格式：

```
chkconfig --list
```

查看系统服务列表，以及每个服务的运行级别。

格式：

```
chkconfig <service> on
```

设置指定服务<service>开机时自动启动。

格式：

```
chkconfig <service> off
```

设置指定服务<service>开机时不自动启动。

格式：

```
ntsysv
```

以全屏幕文本界面设置开机时服务是否自动启动。

范例：

控制防火墙的开启与关闭。

```
service iptables status
service iptables start
service iptables stop
```

7.3 VI 编辑器

VI 是一种全屏编辑器，是 Linux 系统程序员和管理员最喜欢的编辑工具之一。

VI 窗口的全屏只能显示 20 行内容，可上下移动窗口，从窗口上浏览文件全部内容。VI 编辑的文件大小有限制，最大行数为 25 000 行，每行最多 1024 个字符。

在 VI 中，最常用的两个模式是命令模式和输入模式。

在命令模式中，每次键盘输入的都是命令，如存盘、移动光标、页面翻滚、打开文件、删除文件、编辑文件、退出 VI 等操作。

在输入模式中，每次键盘的输入都是对文件内容进行编辑，键盘上的字符输入到文件。

可见,键盘要承担两种功能,所以经常要在上面两种模式间进行转换,转换方式如图7-3所示。

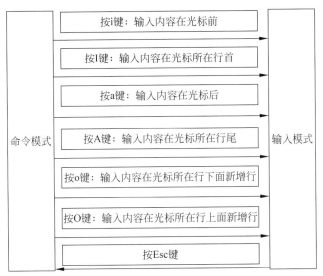

图 7-3　VI 编辑器键盘的两种模式和相互转换

VI 常用命令有如下几种:

(1) 进入 VI 编辑器。

命令格式:vi filename。新、老文件都可使用。进入编辑器之后处于命令模式。

(2) 退出 VI 编辑器。

可以在命令模式下输入以下命令:

:q——不存盘退出;

:wq——存盘退出;

:q! ——强制不存盘退出,放弃缓存中内容。

:wq! ——强制存盘退出,放弃缓存中内容。

(3) 在 VI 中定位光标。

编辑文本时要将光标定位到插入文本、修改文本或删除文本的位置。

H、J、K、L 键:分别表示将光标左、下、上、右移动。

$ 键:将光标移动到所在行的最后一个字符。

^键:将光标移到所在行的第一个非空格字符。

(4) 在 VI 中删除和修改文本。

在命令模式下输入以下字符:

x——删除光标所在位置字符。

d——删除光标所在行字符。

s——删除光标所在字符并进入输入模式。

S——删除光标所在行字符并进入输入模式。

R——修改光标所在字符,进入替代状态,直到按 Esc 键切换到命令模式。

r——修改光标所在字符,然后按下替代字符,恢复到命令模式。

(5) 恢复上一命令前的内容(撤销所编辑的文本)。

在命令模式下可以输入以下字符:

u——恢复最后一个指令前的内容。

U——恢复光标所在行的所有改变。

(6) 屏幕内容滚动在对文本进行编辑时,需要反复翻阅文件内容,滚动屏幕,可以用下列方法进行编辑。

按下 Ctrl+D 快捷键,向下滚动半页(12 行);按下 Ctrl+U 快捷键,向回滚动半页(12 行);按下 Ctrl+F 快捷键,向下滚动半页(24 行);按下 Ctrl+B 快捷键,向回滚动半页(24 行)。

7.4   TFTP 服务器

7.4.1   TFTP 服务器概述

TFTP 服务器是指使用 TFTP 协议的服务器。TFTP 协议是 TCP/IP 协议族中的一个用来在客户机与服务器之间进行简单文件传输的协议,提供不复杂、开销不大的文件传输服务。它的端口号为 69。

TFTP 服务器具有如下优点:

(1) TFTP 可用于 UDP 环境,当需要将程序或者文件同时向许多机器下载时往往需要用到 TFTP 协议。

(2) TFTP 代码所占的内存较小,这对于较小的计算机或者某些特殊用途的设备来说是很重要的,这些设备不需要硬盘,只需要固化了 TFTP、UDP 和 IP 的小容量只读存储器。当电源接通后,设备执行只读存储器中的代码,在网络上广播一个 TFTP 请求。

(3) 网络上的 TFTP 服务器就发送响应,其中包括可执行二进制程序。设备收到此文件后将其放入内存,然后开始运行程序。这种方式增加了灵活性,也减少了开销。

7.4.2   TFTP 服务器的安装配置

Ubuntu 中,TFTP 服务器通过以下命令安装:

```
sudo apt - get install tftpd - hpa
sudo apt - get install tftp - hpa
sudo apt - get install xinetd
```

之后在/etc/xinetd. d/下建立一个配置文件 tftp,在文件中输入以下内容:

```
1   service tftp
2   {
3       socket_type    = dgram
4       protocol       = udp
5       wait           = yes
6       user           = root
7       server         = /usr/sbin/in. tftpd
8       server_args    = - s /tftpboot/
9       disable        = no
10      per_source     = 11
11      cps            = 100 2
12      flags          = IPv4
13  }
```

保存并退出。

接着建立 ubuntu tftp 服务文件目录(上传文件与下载文件的位置),并且更改其权限:

```
sudo mkdir /tftpboot
sudo chmod 777 /tftpboot - R
```

重新启动服务使配置生效:

```
sudo /etc/init.d/xinetd restart
```

最后可以通过输入以下指令测试 TFTP 服务器是否启动成功。

```
/etc/xinetd.d → netstat – a|grep tftp
udp    0    0 *:tftp   *:*
```

视频讲解

7.5　远程管理工具

远程管理工具的作用是使 Linux 系统的管理人员可以通过 Internet 远程登录 Linux 主机，进行系统的管理工作，或者利用服务器的软件资源。这样，用户就不必到 Linux 主机上操作了，这也为远程办公提供了可行性。这样做还有一个好处是多个账号能够同时登录 Linux 主机，这也使 Linux 主机能够发挥最大的效率。

要对 Linux 主机进行远程管理的前提之一是主机上已经安装了相关的服务，如 Telnet 服务、SSH 服务等；前提之二是能够通过 Internet 访问到主机。Telnet 服务是比较传统的远程工具，采用明文的方式进行数据传输，安全性较差。SSH 服务是当今主流的 Linux 远程管理工具，既具有远程管理功能又具有远程传输功能，同时数据在传输过程中都是采用加密的方式进行的。

SSH 为 Secure Shell 的缩写。传统的网络服务程序（如 Telnet、Rlogin、FTP）在网络上传输的数据都是没有经过加密的，存在一定的安全隐患。SSH 将传输数据加密并压缩，从而增强了安全性，提高了传输速度，使在网络上安全且任意地移动数据成为了可能。目前通常使用 SSH 代替 Telnet 进行远程管理。SSH 协议有两个版本：SSH1 和 SSH2。二者互不兼容，目前用得比较多的是 SSH2。SSH2 更安全，性能更强。

SSH 分为两部分：客户端部分和服务端部分。服务端是一个守护进程（daemon），在后台运行并响应来自客户端的连接请求。服务端一般是 sshd 进程，提供了对远程连接的处理，一般包括公共密钥认证、密钥交换、对称密钥加密和非安全连接。

客户端包含 SSH 程序以及像 scp（远程复制）、slogin（远程登录）、sftp（安全文件传输）等其他应用程序。其工作机制大致是本地的客户端发送一个连接请求到远程的服务端，服务端检查申请的包和 IP 地址，再发送密钥给 SSH 的客户端，本地再将密钥发回给服务端，自此连接建立完成。

因为受版权和加密算法的限制，现在一般都使用 OpenSSH。OpenSSH 是 SSH 的替代软件，而且是完全免费的。

7.5.1　OpenSSH 服务端的安装

SSH 分客户端 openssh-client 和 openssh-server，如果只是想登录其他机器的 SSH，那么只需要安装 openssh-client；如果要使本机开放 SSH 服务，则需要安装 openssh-server。Ubuntu 默认安装了 SSH 的客户端。用以下命令安装 OpenSSH 的服务端：

```
# sudo apt – get install openssh – server
```

然后输入：

```
sudo ps – e|grep ssh
```

如果看到 sshd，则说明 SSH 服务端已启动；如果没有，则可以通过下面的命令启动：

```
sudo service ssh start
```

至此 OpenSSH 安装完成，已经可以通过 SSH 远程连接访问 Ubuntu 服务器。但是为了让整个过程更加的安全便捷,可以进一步对 OpenSSH 服务做一些相应的配置。

7.5.2 OpenSSH 服务的配置

默认情况下,OpenSSH 服务已经启动运行,并允许普通用户和 root 用户远程登录管理服务器。一般只在需要时修改 OpenSSH 服务的主配置文件/etc/ssh/sshd_config 来设置 SSH 服务的运行参数。

SSH 的默认端口是 22,可根据自己喜好修改配置文档中的 PORT 属性,修改端口亦可防止端口被扫描。

默认是允许 root 登录的,如果不允许 root 登录,只需要修改/etc/ssh/sshd_config 中的 PermitRootLogin 选项的参数。默认情况下此选项的参数为 yes,改为如下内容,就能拒绝 root 账号登录:

```
PermitRootLogin no
```

修改完配置之后需要执行命令重启 sshd,使配置生效。

```
# sudo service ssh restart
```

7.5.3 SSH 客户端的使用

1. Linux 客户端

如果已经安装了 SSH 客户端,则可以在终端下输入 ssh 命令连接远程主机,然后根据提示输入密码。ssh 命令的格式为:

```
ssh 账号@主机名/IP
```

以下是一个登录的实例。

```
[root@localhost Server]# ssh cola@192.168.1.91
cola@192.168.1.91's password:
Last login: Thu Nov 24 14:29:45 2011 form pc01
[cola@localhost~] $
```

2. Windows 客户端

在 Windows 下可以使用 Putty 登录远程主机,如图 7-4 所示。

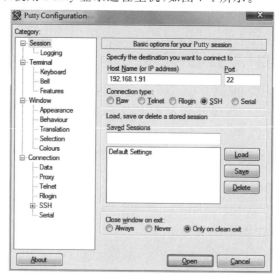

图 7-4 Putty 的使用

成功登录，如下所示：

```
login as : cola
cola@192.168.1.91's password:
Last login :Thu Nov 24 15:32:21  2011 from 192.168.1.91
[cola@localhost～]#
```

7.6　Windows 下常用远程登录客户端

通常 PC 安装的操作系统是 Windows，因此有必要了解 Windows 下的远程登录客户端。Windows 下有很多远程登录客户端，如 Windows 系统自带的 Telnet 客户端，例如 Putty、SSH Secure Shell Client、SecureCRT。有些远程登录客户端软件支持多种协议。

7.6.1　Putty

Putty 是一个免费的、Windows 32 平台下的 Telnet、Rlogin 和 SSH 客户端。下载地址为 http://www.chiark.greenend.org.uk/～sgtatham/Putty/download.html。

下载后双击 Putty.exe 文件，出现如图 7-5 所示的配置界面。

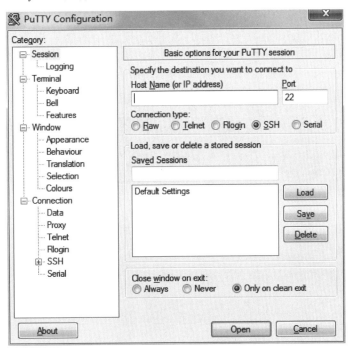

图 7-5　Putty 的配置界面

选择 Session，在 Host Name（or IP address）文本框中输入欲访问的主机名或 IP，例如 server1 或 192.168.1.91。端口号（Port）根据使用的协议有所区别：SSH 默认使用 22，Telnet 默认使用 23，Rlogin 默认使用 513。

在 Connection type 选项区域中选择使用的协议，具体取决于服务器提供的服务。

在 Saved Sessions 文本框中输入任务的名字，单击 Save 按钮，即可保存任务配置。

配置完成后单击 Saved Sessions 中的服务器名称，再单击 Open 按钮，即可打开登录界面，使用 Putty 连接 Linux 主机，如图 7-6 所示。

图 7-6　Putty 的会话配置实例

7.6.2　SSH Secure Shell Client

SSH Secure Shell Client 是一个专用于 SSH 远程连接的客户端软件,可以到 http://charlotte. at. northwestern. edu/bef/SSHdist. html ♯ windows 下载版本号为 3. 2. 9 的免费版,此版本不仅具有远程登录功能,还能进行远程文件传输。

下载并安装后,打开 SSHClient. exe 文件,出现如图 7-7 所示界面。

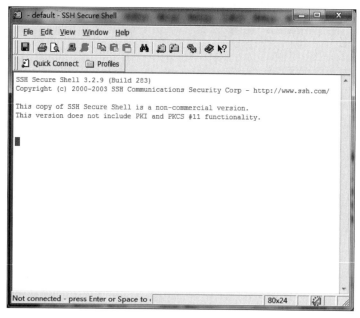

图 7-7　SSH Secure Shell Client 窗口

单击 Quick Connect 按钮,弹出如图 7-8 所示的对话框。输入远程主机的 IP、远程 Linux 主机上的账号名、SSH 服务所使用的端口号(默认为 22)和认证方式(如果不选,则默认为 Password)。

单击 Connect 按钮后会弹出一个密码输入框,输入账号所对应的密码并单击 OK 按钮后,出现如图 7-9 所示的界面,表示登录成功。

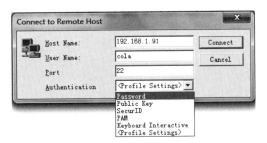

图 7-8 配置 SSH 会话

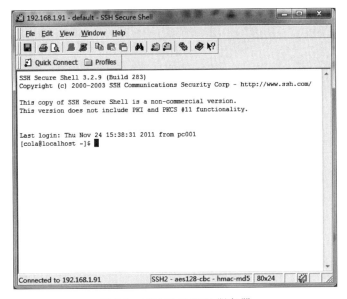

图 7-9 成功登录 SSH 服务器

如果要使用远程文件传输功能,就要单击 按钮,打开文件传输窗口,如图 7-10 所示。

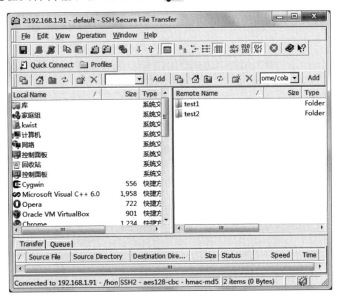

图 7-10 文件传输窗口

在文件传输窗口中,本地文件在窗口左侧显示,远程服务器上的文件在窗口右侧显示。可以把文件夹或文件从一边拖到另外一边实现文件传输(也可以在窗口中右击某个文件夹或文件,在弹出的快捷菜单中选择 Upload 或 Download 命令)。要想在窗口右侧的远程文件子窗口中浏览不同文件夹,只需要双击某文件夹或单击 按钮返回上一层目录即可。

7.6.3 SecureCRT

SecureCRT 是一款支持 SSH(SSH1 和 SSH2)的终端仿真程序,同时支持 Telnet 和 Rlogin 协议,是用于连接运行包括 Linux、UNIX 和 VMS 等远程系统的理想工具。SecureCRT 是一款商业软件,可以免费试用 30 天,下载地址为 http://www.vandyke.com/products/securecrt/。

安装之后双击 SecureCRT.exe 文件打开 SecureCRT,如图 7-11 所示。

图 7-11　打开 SecureCRT

选择 File→Quick Connect 命令,打开 Quick Connect 对话框,在该对话框中输入协议类型,服务器的 IP 或主机名、端口号、用户名,并选择鉴权类型(Authentication),如图 7-12 所示。

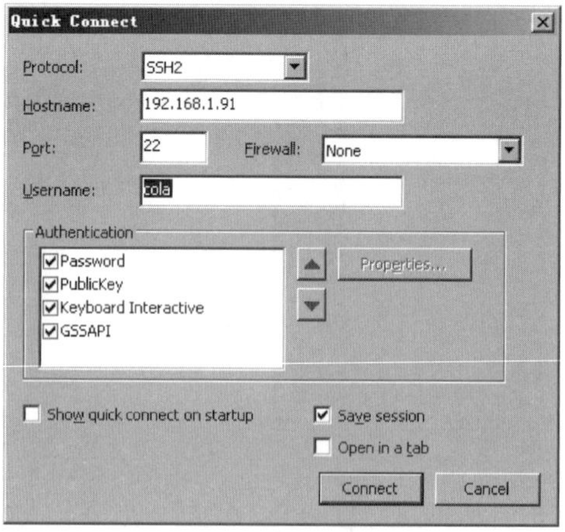

图 7-12　Quick Connect 对话框

单击 Connect 按钮,如果是第一次登录,则会弹出如图 7-13 所示的对话框,单击 Accept & Save 按钮即可。

在用户名和密码文本框中填入用户名和密码后登录,成功登录界面如图 7-14 所示。

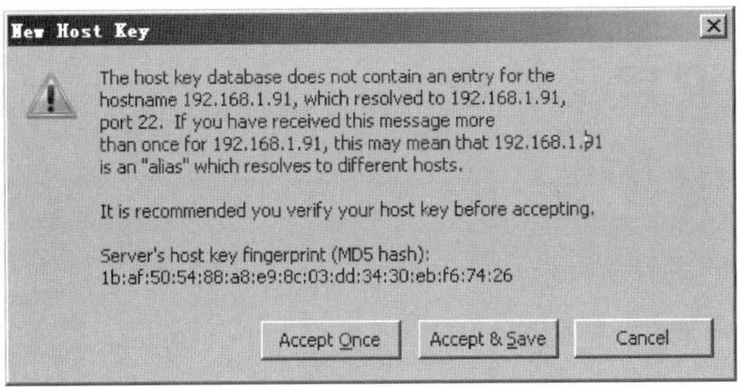

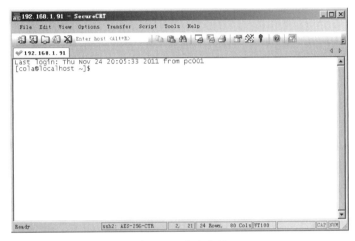

图 7-13　接受并保存新的 Host Key

图 7-14　成功登录

一般 Linux 服务器上默认支持的字符集是 UTF-8。为了能够在 SecureCRT 的仿真终端正确显示文字（如中文），需要使 SecureCRT 支持 UTF-8。选择 Options→Session Options 命令，打开 Session Options 对话框，选择 Appearance 选项，在 Character encoding 下拉列表框中选择 UTF-8，如图 7-15 所示。这样就保证了 SecureCRT 和远程 Linux 主机使用的是同一个字符集。

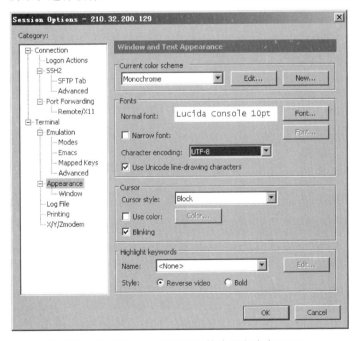

图 7-15　改变 SecureCRT 的字符编码方式为 UTF-8

7.7 NFS 的配置及管理

7.7.1 NFS 概述

NFS(Network File System,网络文件系统)是文件系统之上的一个网络抽象,允许以与本地文件系统类似的方式通过网络访问远程客户端。也就是说,运用 NFS 能够把网络中的一台远程主机中的某个目录挂载到本地目录,在本地目录访问和操作远程主机目录中的文件。

RPC(Remote Procedure Call)是指远程过程调用,NFS 实际上可以视为一个 RPC 程序,启动任何一个 RPC 程序都需要做好端口映射(Port Mapping),这个工作由 rpcbind 负责。

NFS 的组成至少包括两部分:一台服务器和一台(或多台)客户机。客户机远程访问存放在服务器上的数据。为了正常工作,服务器和客户机上的一些进程或服务应当被配置并运行。

在一个局域网中有两台 Linux 主机,其 IP 分别是 192.168.1.200 和 192.168.1.85。前者作为服务器,后者作为客户机。那么客户机如何用 NFS 挂载服务器上的目录呢?下面详细介绍。

7.7.2 NFS 安装和配置

由于启动 NFS 服务时需要 nfs-utils 和 portmap 两个软件包,因此,在配置实用 NFS 之前,要检查系统中是否已经安装了这两个包。一般来说,NFS 服务器在安装系统时已经安装了,无须另行安装。

通过在终端中输入"rpm -q nfs-utils"和"rpm -q portmap"命令来查看 nfs-utils 和 portmap 安装包的版本,如下所示:

```
[root@sysB304~]#  rpm  -q  nfs - utils
nfs - utils - 1.0.9 - 42.el5
[root@sysB304~]#  rpm  -q  portmap
portmap - 4.0 - 65.2.2.1
[root@sysB304~]#
```

在终端中输入:service portmap restart 和 service nfs restart 命令,开启 portmap 和 NFS 服务,这是 NFS 服务器运行的必要条件。如下所示为在终端下重启 portmap 服务和 NFS 服务。

```
停止 protmap:  [确定]
启动 protmap:  [确定]
[root@sysB304 /]# service nfs restart
关闭 NFS mountd:  [确定]
关闭 NFS 守护进程:  [确定]
关闭 NFS quotas:  [确定]
关闭 NFS 服务:  [确定]
启动 NFS 服务:  [确定]
关掉  NFS 配额:  [确定]

启动 NFS 守护进程:  [确定]
启动 NFS mountd:  [确定]
[root@sysB304 /]#
```

查看 portmap 和 NFS 服务的状态,在终端中输入"service nfs status"和"service portmap status"命令,结果如下所示。

```
[root@sysB304~]# server nfs status
rpc.mountd (pid 6947)正在运行...
nfsd (paid 6944 6943 6942 6941 6940 6939 6938 6937 )   正在运行...
rpc.rquotad (pid 6932)正在运行...
```

```
[root@sysB304~]# server portmap status
portmap (paid 6709)正在运行...
```

配置 NFS 服务,将要共享的目录写到/etc/exports 文件中,这里假设要共享/home/zz/nfs/目录,那么用文本编辑器(如 vi、gedit)在 exports 文件中添加一行:

```
/home/zz/nfs 192.168.1.*(rw,sync,no_root_squash)
```

其中,192.168.1.*表示 192.168.1 这个网段下所有的主机都能访问这个目录。exports 文件中一些选项的含义如表 7-2 所示。

表 7-2 exports 文件选项说明

选 项 说 明	说 明
ro	该主机对该共享目录有只读权限
rw	该主机对该共享目录有读写权限
root_squash	客户机用 root 用户访问该共享文件夹时,将 root 用户映射成匿名用户
no_root_squash	客户机用 root 用户访问该共享文件夹时,不映射 root 用户
all_squash	客户机上的任何用户访问该共享目录时都映射成匿名用户
anonuid	将客户机上的用户映射成指定的本地用户 ID 的用户
anongid	将客户机上的用户映射成属于指定的本地用户组 ID
sync	资料同步写入到内存与硬盘中
async	资料会先暂存于内存中,而非直接写入硬盘
insecure	允许从这台主机过来的非授权访问

用 cat /etc/exports 命令查看 exports 文件。其中最后一行是刚添加的,如下所示:

```
[root@sysB304 /]#  cat /etc/exports
/home/slb/nfs 192.168.1.*(rw,sync,no_root_squash)
/home/swh/nfs 192.168.1.*(rw,sync,no_root_squash)
/home/dlz/nfs 192.168.1.*(rw,sync,no_root_squash)
/home/lijing1/nfs 192.168.1.*(rw,sync,no_root_squash)
/home/wangjing1/nfs 192.168.1.*(rw,sync,no_root_squash)
/home/zw/nfs 192.168.1.*(rw,sync,no_root_squash)
/home/xzj/nfs 192.168.1.*(rw,sync,no_root_squash)
/home/lj/nfs 192.168.1.*(rw,sync,no_root_squash)
/home/lsh/nfs 192.168.1.*(rw,sync,no_root_squash)
/home/tsj/nfs 192.168.1.*(rw,sync,no_root_squash)
/home/zz/nfs 192.168.1.*(rw,sync,no_root_squash)
[root@sysB304 /]#
```

要使 NFS 配置生效,有两种方法:重启 NFS 服务和使用 exportfs 命令使配置生效。

重启 NFS:在终端中输入"service nfs restart"命令。

用 exportfs 命令:输入"exportfs -rv"。

exportfs 命令的用法如下:

exportfs -a——打开或取消所有目录共享。

exportfs -r——重新共享/etc/exports 所指定的目录。

exportfs -u——取消一个或多个目录的共享。

exportfs -v——显示详细信息。

在客户机上挂载服务器的共享目录,在客户机上的终端中输入 mkdir /nfs_share 命令,在本地创建挂载目录,然后输入以下内容:

```
mount  192.168.1.200:/home/zz/nfs  /nfs_share
```

这样就将服务器上的共享目录挂载到/nfs_share 目录下,具体情况如下:

```
[root@localhost /]# mkdir /nfs_share
[root@localhost /]# ls
bin   dev  home  lost+found  misc  net    opt   root  selinux  sys  usr
boot  etc  lib   media       mnt   nfs_share  proc  sbin  srv    tmp  var
[root@localhost /]# mount 192.168.1.200:/home/zz/nfs/nfs_share/
[root@localhost /]# cd  nfs_share/
[root@localhost  nfs_share]#  ls
example  gps_sip  try74
```

关于服务器防火墙的设置,如果服务器上的防火墙已打开,那么输入 mount 命令后很有可能会出现如下的情况:

```
[root@localhost /]# mount 192.168.1.200:/home/zz/nfs/nfs_share/
mount:mount to NFS server '192.168.1.200' failed:System Error:No route to host.
[root@localhost /]#
```

最简单的解决方法是在服务器的终端输入"service iptables stop",这样就可以关闭防火墙,客户机就可以顺利挂载了。

更好的解决办法是把 NFS 所需服务的端口加载到 iptables 中。NFS 服务需要开启 muntd、NFS、nlockmgr、portmapper、rquotad 这 5 个服务,其中,NFS 和 portmapper 服务的端口是固定的,NFS 为 2049,portmapper 为 111,其他 3 个服务用的是随机端口,那么需要把这 3 个服务的端口设置成固定的。

输入"rpcinfo -p",查看当前 5 个服务的端口并记下来,如下所示:

```
[root@sysB304 /]# rpcinfo - p
program    vers    proto    port
100000     2       tcp      111          protmapper
100000     2       udp      111          protmapper
100011     1       udp      895          rquotad
100011     2       udp      895          rquotad
100011     1       tcp      899          rquotad
100011     1       tcp      899          rquotad
100003     2       udp      2049         nfs
100003     3       udp      2049         nfs
100003     4       udp      2049         nfs
100021     1       udp          59707    nlockmgr
100021     3       udp          59707    nlockmgr
100021     4       udp          59707    nlockmgr
100003     2       tcp      2049         nfs
100003     3       tcp      2049         nfs
100003     4       tcp      2049         nfs
100021     1       tcp      49363        nlockmgr
100021     3       tcp      49363        nlockmgr
100021     4       tcp      49363        nlockmgr
100005     1       udp      915          muntd
100005     1       tcp      915          muntd
100005     2       udp      915          muntd
100005     2       tcp      915          muntd
100005     3       udp      915          muntd
100005     3       tcp      915          muntd
[root@sysB304 /]#
```

把 muntd、nlockmgr、rquotad 这 3 个服务的端口设置为固定端口,即在 etc/services 中最后添加如下内容:

```
muntd 915/udp
muntd 918/tcp
nlockmgr 49363/tcp
```

```
nlockmgr 59707/udp
rquotad899/tcp
rquotad895/udp
```

接着重启 NFS 服务,命令为"service nfs restart",并在 iptables 配置文件/etc/sysconfig/iptables 中添加如下内容:

```
- A RH - Firewall - 1 - INPUT - s 192.168.0.0/24 - m state -- state NEW - p tcp -- dport 111 - j ACCEPT
- A RH - Firewall - 1 - INPUT - s 192.168.0.0/24 - m state -- state NEW - p tcp -- dport 918 - j ACCEPT
- A RH - Firewall - 1 - INPUT - s 192.168.0.0/24 - m state -- state NEW - p tcp -- dport 2049 - j ACCEPT
- A RH - Firewall - 1 - INPUT - s 192.168.0.0/24 - m state -- state NEW - p tcp -- dport 49363 - j ACCEPT
- A RH - Firewall - 1 - INPUT - s 192.168.0.0/24 - m state -- state NEW - p tcp -- dport 899 - j ACCEPT
- A RH - Firewall - 1 - INPUT - s 192.168.0.0/24 - m state -- state NEW - p udp -- dport 111 - j ACCEPT
- A RH - Firewall - 1 - INPUT - s 192.168.0.0/24 - m state -- state NEW - p udp -- dport 915 - j ACCEPT
- A RH - Firewall - 1 - INPUT - s 192.168.0.0/24 - m state -- state NEW - p udp -- dport 2049 - j ACCEPT
- A RH - Firewall - 1 - INPUT - s 192.168.0.0/24 - m state -- state NEW - p udp -- dport 59707 - j ACCEPT
- A RH - Firewall - 1 - INPUT - s 192.168.0.0/24 - m state -- state NEW - p udp -- dport 895 - j ACCEPT
```

保存文件后输入"service iptables restart"命令以重启 iptables。这样,客户机应该就能顺利挂载了。

在客户端卸载共享目录,在终端中执行 umount /nfs_share 命令即可。

上面是 NFS 服务器的配置和应用,先总结如下:

(1) 在配置 NFS 服务器之前用 ping 命令确保两个 Linux 系统正常连接,如果无法连接,则关闭图形界面中的防火墙,即在终端中输入"service iptables stop"命令。

(2) 在配置中确保输入的命令是正确的。

(3) 更改完 exports 文件后要输入"exports -rv"命令,使配置生效。

(4) 检查 NFS 服务是否开启,默认是关闭的。

(5) 卸载时不能在/mnt 目录中卸载,必须在终端中退出共享目录才能卸载(本例要退出目录/nfs_share)。

本章习题

一、Linux 基本概念和命令

1. 什么是 Linux? 它有什么特征? 有哪些优点?

2. 写出 GPL 的英文全称。GPL 软件必须遵循什么规则?

3. 写出 POSIX 的英文全称。它的作用是什么?

4. Linux 内核的技术特性有哪些? 解析 Linux 系统中抢先式多任务、进程管理、存储管理、文件系统的作用。

5. Linux 的内核版本是怎么定义的? 试举例说明 Linux 内核的稳定版本和开发版本。

6. Linux 系统中用文件来表示硬件设备,解析目录文件/dev/hda5 所代表的硬件设备含义。

7. Linux 系统中硬盘设备的主分区和逻辑分区有什么区别?

8. Linux 系统使用树状目录结构,请列举根目录系统下的目录结构,并说明它们的作用。

9. Linux 系统建立目录时,会在这个目录下自动建立两个目录,即"."和"..",这两个目录代表什么?

10. 什么是挂载? 它有什么作用?

11. 请说明 Linux 的文件和目录权限以及所代表的含义,并举例?

12. Linux 系统中的 Shell 是怎么定义的？常用的 Shell 有哪些？Shell 的作用是什么？

13. Linux 系统中的环境变量怎么来设置？可以用什么命令进行查看和修改？

14. Linux 的命令行包括哪几部分？请列出。

15. Linux 的常用命令有哪些？请列出。

二、Linux 进程控制、网络设置、编辑器等

1. Linux 常用的进程控制命令有哪些？它们的作用是什么？

2. Linux 系统中网络设置有哪些命令？它们的作用是什么？

3. Linux 系统有哪些常用的编辑器？各有什么特点？

4. 说明 VI 编辑器的 3 种状态模式。

5. 说明 VI 编辑器的 10 种命令操作，如打开文件、退出文件、复制文件。

6. 用户使用什么命令可以进行远程登录主机？这样做有什么优点？

7. 下面的一段命令是用来检查系统中是否已经安装了 Telnet 服务，请说明每个命令的含义。

```
# rpm - q telnet
# rpm - q telnet - server
[root@localhost Server]# rpm - q telnet
telnet - 0.17 - 38.el5
[root@localhost Server]# rpm - q telnet - server
package telnet - server is not installed
[root@localhost Server]#
```

8. Telnet 主机名为 192.168.1.20，端口号为 23，写出客户端远程登录主机的命令。

9. 写出 NFS 的英文全称，NFS 的主要作用是什么？请举例说明 NFS 的工作原理。

10. 使用 NFS 服务至少需要 3 个系统守护进程，试分析每一个守护进程的作用。

11. 客户端如何挂载和卸载 NFS 服务？试举例说明。

视频讲解

第 8 章

CHAPTER 8

Linux 系统开发环境

8.1 Linux 交叉编译

简单地说,交叉编译就是在一个平台上生成另一个平台上的可执行代码。这里需要注意的是,"平台"实际上包含两个概念:体系结构(Architecture)和操作系统(Operating System)。同一个体系结构可以运行不同的操作系统;同样,同一个操作系统也可以在不同的体系结构上运行。例如,常说的 x86 Linux 平台实际上是 Intel x86 体系结构和 Linux for x86 操作系统的统称;而 x86 WinNT 平台实际上是 Intel x86 体系结构和 Windows NT for x86 操作系统的简称。嵌入式系统交叉编译环境如图 8-1 所示。

交叉编译有时是因为目的平台不允许或不能安装所需要的编译器,而又需要这个编译器的某些特征;有时是因为目的平台上的资源贫乏,无法运行所

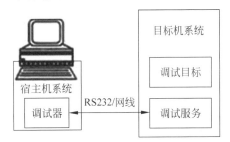

图 8-1　嵌入式系统交叉编译环境

需要的编译器;有时是因为目的平台还没有建立,连操作系统都没有,根本谈不上运行编译器。

就项目而言,需要交叉编译的原因有两个:首先,在项目的起始阶段,目的平台尚未建立,因此需要做交叉编译,以生成所需要的 BootLoader(启动引导代码)以及操作系统核心;其次,当目的平台启动之后,由于目的平台上资源的限制,当编译大型程序时,依然可能需要用到交叉编译。

在做实际工作之前,应该先掌握一些关于交叉编译的基本知识,包括主机平台(host)、目的平台(target)、交叉编译器的安装位置(perfix)以及平台描述。

在主机平台上开发程序,并在这个平台上运行交叉编译器,编译程序;而由交叉编译器生成的程序将在目的平台上运行。值得说明的是平台描述,经常会看到 arm-linux、i386-pc-linux2.4.3 这样的字符串,其实这是用来描述平台的,有完整格式、缩减格式和别名之分。完整格式是"CPU-制造厂商-操作系统",如 sparc-sun-sunos4.1.4,说明平台所使用的 CPU 是 sparc,制造厂商是 Sun,上面运行的操作系统是 Sun OS,版本是 4.1.4;但一般使用短格式,在短格式中有选择地去除了制造厂商、软件版本等信息,因此同样可以用 sparc-sunos 或 sparc-sunos-sunos4 来描述这个平台。如果还是觉得太麻烦,则可以使用别名,例如,sun4m 就可以很简单地描述这个平台。需要注意的是,并不是所有的平台都有别名,也不是所有的短格式都可以正确地描述平台。

Linux 下的交叉编译环境主要包括以下几部分。

- 针对目标系统的编译器 GCC。
- 针对目标系统的二进制工具 Binutils。
- 目标系统的标准 C 库 glibc。
- 目标系统的 Linux 内核头文件。

8.2　GCC 和 GDB

在 Linux 下 C 语言编程首先要确定开发环境,最简单、最实用的就是黄金组合 VI＋GCC＋GDB,即编辑器用 VI、编译器用 GCC、跟踪调试用 GDB。本章主要介绍 GCC 编译器和 GDB 调试工具。

8.2.1　基于 GNU 及 Linux 内核的编程风格

基于 GNU 的编程风格有以下基本要求:

(1) 函数开头的花括号应放在最左边,避免其他左圆括号或左方括号放在最左边。

(2) 避免让不同优先级的操作符出现在相同的对齐方式中。每个程序开头都应有一段简短注释说明其功能。

(3) 每个函数都要写注释,说明函数的用途、需要哪些参数及其可能取值的含义。

(4) 在声明多个变量时不要跨行,每一行中都以一个新声明开头,要在同一个声明中同时说明结构标识和变量。

(5) 在名字中使用下画线分隔单词,尽量用小写字母,大写字母常用于命名宏和枚举常量,以及惯例使用的前缀。

(6) 当在一个 if 语句中嵌套了另一个 if-else 语句时,应用花括号把 if-else 括起来。尽量在 if 的条件中进行赋值。

基于 Linux 内核的编程风格有以下基本要求:

(1) 注意缩进格式。命名系统中变量名应尽量简短。

(2) 将开始的花括号放在一行的最后,将结束花括号放在行首。

(3) 函数要短小精悍,每个函数只做一件事。

(4) 注释中说明代码功能,而不是其实现原理。

8.2.2　GCC 编译器

GCC 是一款用于 Linux 系统下编程的编译器。在 Linux 系统终端中使用 GCC 编译器,首先要安装 GCC 编译器。一般 Linux 系统会自带 GCC 编译器。

1. 基本规则

. c——以此为扩展名的文件,是 C 语言源代码文件。

. a——以此为扩展名的文件,是由目标文件构成的档案库文件。

. C、. cc 或. cxx——以此为扩展名的文件,是 C++源代码文件。

. h——以此为扩展名的文件,是程序所包含的头文件。

. i——以此为扩展名的文件,是已经预处理过的 C 源代码文件。

. ii——以此为扩展名的文件,是已经预处理过的 C++源代码文件。

. m——以此为扩展名的文件,是 Objective-C 源代码文件。

. o——以此为扩展名的文件,是编译后的目标文件。

.s——以此为扩展名的文件,是汇编语言源代码文件。

.S——以此为扩展名的文件,是经过预编译的汇编语言源代码文件。

2. 执行过程

使用GCC由C语言源代码文件生成可执行文件的过程不仅有编译的过程,还要经历4个相互关联的步骤:预处理(也称预编译,Preprocessing)、编译(Compilation)、汇编(Assembly)和链接(Linking)。

3. 基本用法

语法:

```
gcc [options] [filenames]
```

其中,参数选项说明如下:

-c——只编译,不链接成为可执行文件,编译器只是由输入的.c等源代码文件生成.o为后缀的目标文件,通常用于编译不包含主程序的子程序文件。

-o output_filename——确定输出文件的名称为output_filename,同时这个名称不能和源文件同名。如果不给出这个选项,GCC就给出预设的可执行文件a.out。

-g——产生符号调试工具(GNU的GDB)所必要的符号资讯,要想对源代码进行调试,就必须加入这个选项。

-O——对程序进行优化编译、链接,采用这个选项,整个源代码会在编译、链接过程中进行优化处理,这样产生的可执行文件的执行效率可以提高,但是编译、链接的速度就相应地要慢一些。

-O2——能够比-O更好地优化编译、链接,当然整个编译、链接过程会更慢。

-I dirname——将dirname所指出的目录加入程序头文件目录列表中,是在预编译过程中使用的参数。C程序中的头文件包含以下两种情况。

```
A: # include < myinc.h>
B: # include"myinc.h"
```

其中,A类使用尖括号(< >),B类使用双引号(" ")。对于A类,预处理程序在系统预设包含文件目录(如/usr/include)中搜寻相应的文件;而对于B类,预处理程序在目标文件的文件夹内搜索相应文件。

范例:

现有一个hello.c的程序,其编译过程如下所示:

```
[wg@sysB304  test]$  ls
hello.c
[wg@sysB304  test]$  gcc  -c  hello.c
[wg@sysB304  test]$  ls
hello.c  hello.o
[wg@sysB304  test]$
[wg@sysB304  test]$  gcc  -o  hello hello.o
[wg@sysB304  test]$  ls
hello  hello.c  hello.o
[wg@sysB304  test]$ /.hello
Hello, linux!
[wg@sysB304  test]$
```

8.2.3 GDB调试器

GDB是GNU开源组织发布的一个强大的UNIX下调试程序工具,能让软件开发人员监测被调试程序在执行过程中的内部活动情况,作用是协助程序员找到错误代码。其高级特性是为调试程序找到方向,帮助软件工程师提高工作效率。

下面以一个 test.c 文件为例介绍 GDB 调试步骤,其内容如下所示:

```
# include < stdio. h >
int func( int n)
{
    int sum = 0, i;
    for (i = 0; i < n; i++)
    {
        sum += i;
    }
    return sum;
}
main()
{
    long result = 0;
    for(i = 1; i < = 100; i++)
    {
        result += i;
        printf("result[1 - 100] = % d\n", result);
        printf("result[1 - 250] = % d\n", func(250));
    }
}
```

1. 编译生成可执行文件

代码如下所示:

```
[wg@sysB304  test]$  ls
hello.c    test.c
[wg@sysB304  test]$  gcc  -g  -o  test  test.c
[wg@sysB304  test]$  ls
hello.c  test    test.c
```

2. 启动 GDB

代码如下所示:

```
[wg@sysB304  test]$  gdb  test
GUN gdb Fedora (6.8 - 37.el5)
Copyright  (C)  2008  Free  Software  Foundation,  Inc.
License  GPLv3 + : GUN GPL version 3 or later < http://gun.org/licenses/gpl.html >
This is free software:you are free to change and redistribute it.
There is NO WARRANTY , to the extent permitted by law.  Type "show copying"
and "show warranty" for details.
This GDB was configured as "i386 - redhat - linux - gun" …
```

3. 列出源码(list 或 l)

默认是显示 10 行,按 Enter 键表示重复上一个命令。l n 表示从第 n 行开始显示,如下所示:

```
(gdb)  l  1
1   # include < stdio. h >
2   int func( int n)
3   {
4    int sum = 0, i;
5    for (i = 0; i < n; i++)
6    {
7     sum += i;
8    }
9   return sum;
(gdb)
```

```
10 }
11
12
13
14 main()
15 {
16    int i;
17    long result = 0;
18    for(i = 1; i <= 100; i++)
19    {
20      result += i;
21    }
22 }
```

4. 设置断点(break 或 b)

设置断点方法如下所示:

```
(gdb) break 16
Breakpoint  1  at  0x80483c2 : file test.c , line 16.
(gdb)  b  func
Breakpoint  2  at  0x804838a : file test.c , line 5.
(gdb)  info  b
Num   Type       Disp  Enb   Address     What
1    breakpoint   keep  y    0x80483c2   in main at test.c:16
2    breakpoint   keep  y    0x804838a   in func at test.c:5
```

其中,break 16 表示在第 16 行设置断点;

b func 表示在函数入口处设置断点;

info b 表示查看断点信息。

5. 运行程序(run 或 r)

在断点处停下来,如下所示:

```
(gdb)  r
Starting  program:  /home/wg/test/test
Breakpoint  1, main () at  test.c:17
17    long  result = 0;
```

6. 单步执行(next 或 n)

代码如下所示:

```
(gdb) next
18    for(i = 1; i <= 100; i++)
(gdb) n
20    result   += i;
(gdb) n
18    for(i = 1; i <= 100; i++)
(gdb)
```

7. 继续执行到下一断点(continue 或 c)

代码如下所示:

```
(gdb)  c
Continuing.
result[1 - 100] = 5050

Breakpoint  2,  func (n = 250) at  test.c:5
5    int sum = 0, i;
```

8. 打印变量的值(print 或 p)

代码如下所示:

```
(gdb)  n
8      sum += i;
(gdb)  p  i
$ 1 = 0
(gdb)  n
6        for(i = 0; i < n; i++)
(gdb)  n
8      sum += i;
(gdb)  p sum
$ 2 = 0
(gdb)  n
6        for(i = 0; i < n; i++)
(gdb)  n
8      sum += i;
(gdb)  p sum
$ 3 = 1
```

9. 查看函数堆栈（bt）

代码如下所示：

```
(gdb) bt
#0  func  (n = 250) at test.c :5
#1  0x08048401  in main () at test.c :23
```

10. 退出函数（finish）

代码如下所示：

```
(gdb)  finish
Run till exit from #0 func (n = 250) at test.c:5
0x08048401  in main () at test.c :23
23      printf("result[1 - 250] = % d\n",func(250));
Value returned is $ 4 = 31125
```

11. 退出 GDB（quit 或 q）

这里简单概述了 GDB 的使用过程，更详细的内容请查看相关文档。

视频讲解

8.3　BootLoader

8.3.1　BootLoader 简介

在专用的嵌入式板子上运行 GNU/Linux 系统已经变得越来越流行。一个嵌入式 Linux 系统从软件的角度看通常可以分为 4 个层次。

1. 引导加载程序

包括固化在固件（firmware）中的 boot 代码（可选）和 BootLoader 两大部分。

2. Linux 内核

特定嵌入式板子的定制内核以及内核的启动参数。

3. 文件系统

包括根文件系统和建立于 Flash 内存设备之上的文件系统。通常用 ramdisk 作为 rootfs。

4. 用户应用程序

特定于用户的应用程序。有时在用户应用程序和内核层之间可能还会包括一个嵌入式图形用户界面。常用的嵌入式 GUI 有 QT/E 和 MiniGUI。

引导加载程序是系统加电后运行的第一段软件代码。PC 中的引导加载程序由 BIOS（其本质就是一段固件程序）和位于硬盘 MBR 中的引导程序（OS BootLoader）一起组成。BIOS

在完成硬件检测和资源分配后,将硬盘 MBR 中的引导程序读到系统的 RAM 中,然后将控制权交给引导程序。引导程序的主要运行任务就是将内核映像从硬盘上读到 RAM 中,然后跳转到内核的入口点去运行,即开始启动操作系统。

在嵌入式系统中,通常并没有像 BIOS 那样的固件程序,因此整个系统的加载启动任务就完全由 BootLoader 来完成。例如,在一个基于 ARM7TDMI core 的嵌入式系统中,系统在上电或复位时通常都从地址 0x00000000 处开始执行,而在这个地址处安排的通常就是系统的 BootLoader 程序。

简单地说,BootLoader 就是在操作系统内核运行之前运行的一段小程序。通过这段小程序,可以初始化硬件设备、建立内存空间的映射图,从而使系统的软硬件环境处于一个合适的状态,以便为最终调用操作系统内核准备好正确的环境。

通常,BootLoader 是严重依赖于硬件实现的,特别是在嵌入式产品中。因此,在嵌入式产品上建立一个通用的 BootLoader 几乎是不可能的。下面分 6 个部分来介绍。

1) BootLoader 所支持的 CPU 和嵌入式板

每种不同的 CPU 体系结构都有不同的 BootLoader。有些 BootLoader 也支持多种体系结构的 CPU,例如,UBOOT 就同时支持 ARM 体系结构和 MIPS 体系结构。除了依赖于 CPU 的体系结构外,BootLoader 实际上也依赖于具体的嵌入式板级设备的配置。也就是说,对于两块不同的嵌入式板而言,即使它们是基于同一种 CPU 构建的,要想让运行在一块板子上的 BootLoader 程序也能运行在另一块板子上,通常也需要修改 BootLoader 的源程序。

2) BootLoader 的安装媒介(Installation Medium)

系统加电或复位后,所有的 CPU 通常都从某个由 CPU 制造商预先安排的地址上取指令。例如,基于 ARM7TDMI Core 的 CPU 在复位时通常都从地址 0x00000000 取第一条指令。而基于 CPU 构建的嵌入式系统通常都有某种类型的固态存储设备(例如,ROM、EEPROM 或 Flash 等)被映射到预先安排的地址上。因此在系统加电后,CPU 将首先执行 BootLoader 程序。

如图 8-2 所示就是一个同时装有 BootLoader、内核的启动参数、内核映像和根文件系统映像的固态存储设备的典型空间分配结构图。

图 8-2　固态存储设备的典型空间分配结构

3) 用来控制 BootLoader 的设备或机制

主机和目标机之间一般通过串口建立连接,BootLoader 软件在执行时通常会通过串口来进行 I/O,例如,输出打印信息到串口,从串口读取用户控制字符等。

4) BootLoader 的启动过程分为单阶段(Single Stage)和多阶段(Multi-Stage)两种。

通常多阶段的 BootLoader 能提供更为复杂的功能以及更好的可移植性,从固态存储设备上启动的 BootLoader 大多都是两阶段的启动过程:第一阶段(stage1)使用汇编语言实现,它完成一些依赖于 CPU 体系结构的初始化,并调用第二阶段(stage2)的代码;第二阶段通常使用 C 语言来实现,这样可以实现更复杂的功能,而且代码会有更好的移植性。

BootLoader 的 stage1 通常包括以下步骤(按执行的先后顺序):

- 硬件设备初始化。
- 为加载 BootLoader 的 stage2 准备 RAM 空间。
- 将 BootLoader 的 stage2 复制到 RAM 空间中。

- 设置好堆栈。
- 跳转到 stage2 的 C 入口点。

BootLoader 的 stage2 通常包括以下步骤(按执行的先后顺序):

- 初始化本阶段要使用到的硬件设备。
- 检测系统内存映射(memory map)。
- 将 kernel 映像和根文件系统映像从 Flash 上读到 RAM 空间中。
- 为内核设置启动参数。
- 调用内核。

5) BootLoader 的操作模式(Operation Mode)

大多数 BootLoader 都包含两种不同的操作模式:启动加载模式和下载模式,这种区别仅对于开发人员才有意义。但从最终用户的角度看,BootLoader 的作用就是用来加载操作系统,而并不存在所谓的启动加载模式与下载工作模式的区别。

启动加载(Boot loading)模式:这种模式也称为"自主"(Autonomous)模式,即 BootLoader 从目标机上的某个固态存储设备上将操作系统加载到 RAM 中运行,整个过程并不需要用户介入。这种模式是 BootLoader 的正常工作模式,因此在嵌入式产品发布时,BootLoader 必须工作在这种模式下。

下载(Down loading)模式:在这种模式下,目标机上的 BootLoader 将通过串口连接或网络连接等通信手段从主机(Host)下载文件,例如,下载内核映像和根文件系统映像等。从主机下载的文件通常首先被 BootLoader 保存到目标机的 RAM 中,然后再被 BootLoader 写到目标机上的 Flash 类固态存储设备中。BootLoader 的这种模式通常在第一次安装内核与根文件系统时被使用;此外,以后的系统更新也会使用这种工作模式。工作于此模式下的 BootLoader 通常都会向其终端用户提供一个简单的命令行接口。

6) BootLoader 与主机之间进行文件传输所用的通信设备及协议

最常见的情况就是,目标机上的 BootLoader 通过串口与主机之间进行文件传输,传输协议通常是 xmodem/ymodem/zmodem 中的一种,但是串口的传输速度是有限的,因此通过以太网连接并借助 TFTP 协议下载文件是更好的选择。

8.3.2 常见 BootLoader 介绍

1. vivi

1) vivi 简介

vivi 是韩国 Mizi 公司开发的 BootLoader,适用于 ARM9 处理器,其下载地址为 http://www.mizi.com/developer。vivi 有两种工作模式:启动加载模式和下载模式。启动加载模式可以在一段时间后(这个时间可更改)自行启动 Linux 内核,这是 vivi 的默认模式。在下载模式下,vivi 为用户提供了一个命令行接口,通过接口可以使用 vivi 提供的一些命令。

2) vivi 主要包括的目录

- arch:此目录包括了所有 vivi 支持的目标板的子目录,例如 s3c2410 目录。
- drivers:其中包括了引导内核需要的设备驱动程序(MTD 和串口)。MTD 目录下包括 map、nand 和 nor 这 3 个目录。
- init:这个目录中只有 main.c 和 version.c 两个文件。和普通的 C 程序一样,vivi 将从 main()函数开始执行。
- lib:一些平台公共的接口代码,例如 time.c 中的 udelay()和 mdelay()。

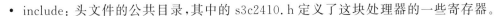

- include：头文件的公共目录，其中的 s3c2410.h 定义了这块处理器的一些寄存器。

2. UBOOT

UBOOT 是一个庞大的公开源码的软件，支持一些系列的 ARM 体系，包含常见的外设的驱动，是一个功能强大的板极支持包。其代码可以从 http://sourceforge.net/projects/u-boot 下载。

UBOOT 是由 PPCBOOT 发展起来的，是 PowerPC、ARM9、Xscale、x86 等系统通用的 Boot 方案，从官方版本 0.3.2 开始全面支持 SC 系列单板机。UBOOT 是一个开源的 BootLoader，是在 PPCBOOT 以及 ARMboot 的基础上发展而来，虽然宣称是 0.4.0 版本，但已相当成熟和稳定，已经在许多嵌入式系统开发过程中被采用。由于开放源代码，故其支持的开发板众多，这也是本实验中实验箱所支持的。

因为可以将 μClinux 直接烧入 Flash，从而不需要额外的引导程序（BootLoader），但是从软件升级以及程序修补的角度来说，软件的自动更新非常重要。事实上，引导程序（BootLoader）的用途不仅如此，但仅从软件的自动更新的需要就说明这些开发是必要的。

同时，UBOOT 移植的过程也是一个对嵌入式系统包括软硬件以及操作系统加深理解的过程。

3. Blob 介绍

Blob(BootLoader Object) 是由 Jan-Derk Bakker 和 Erik Mouw 发布，专为 StrongARM 构架下的 LART 设计的 BootLoader。

Blob 支持 SA1100 的 IART 主板，用户也可以自行修改移植。Blob 也提供两种工作模式，在启动时处于正常的启动加载模式，但是它会延时 10s 等待终端用户按下任意键而将 Blob 切换到下载模式。如果在 10 秒内没有用户按键，则 Blob 继续启动 Linux 内核。

Blob 功能比较齐全，代码较少，比较适合做修改移植，用来引导 Linux，目前大部分 S3C44B0 板都用 Blob 修改移植后来加载 μCLinux。

4. ARMboot 介绍

ARMboot 是一个 ARM 平台的开源固件项目，它严重依赖于 PPCBoot。ARMboot 支持的处理器构架有 StrongARM、ARM720T、PXA250 等，是为基于 ARM 或者 StrongARM CPU 的嵌入式系统而设计的。ARMboot 的目标是成为通用的、容易使用和移植的引导程序，非常轻便地运用于新的平台上。总的来说，ARMboot 介于大型、小型 BootLoader 之间，相对轻便，基本功能完备；缺点是缺乏后续支持。ARMboot 发布的最后版本为 ARMboot-1.1.0，2002 年终止了 ARMboot 的维护，其发布网址为 http://sourceofrge.net/projects/armabooto。

5. RedBoot 介绍

RedBoot 是标准的嵌入式调试和引导解决方案，是一个专门为嵌入式系统定制的引导工具，最初由 Redhat 开发，是嵌入式操作系统 eCOS 的一个最小版本，是随 eCOS 发布的一个 BOOT 方案，是一个开源项目。现在交由自由软件组织 FSF 管理，遵循 GPL。RedBoot 集 BootLoader、调试、Flash 烧写功能于一体。支持串口、网络下载、执行嵌入式应用程序。既可以用在产品的开发阶段（调试功能），也可以用在最终的产品上（Flash 更新、网络启动）。RedBoot 支持的处理器构架有 ARM、MIPS、PowerPC、x86 等，是一个完善的嵌入式系统 BootLoader。

8.4 Linux 内核移植

8.4.1 Linux 内核结构

视频讲解

根据内核所完成的任务不同，Linux 内核可以分为以下几个部分。

1. 进程管理

进程管理的主要任务是创建、销毁进程,并对进程与外部之间的联系进行处理。不同进程间的通信由进程调度(也叫 CPU 调度器)来处理,进程调度也是进程管理的一部分。

2. 内存管理

内存是计算机的主要资源之一,是否能高效管理内存是决定系统性能好坏的关键因素。Linux 中允许多个进程安全地共享主内存区域,支持虚拟内存。内存管理从逻辑上分为硬件无关部分和硬件相关部分。为内存管理硬件提供虚拟接口的部分为硬件相关部分,硬件无关部分则提供了进程的映射和逻辑内存的映射。

3. 文件系统

Linux 和 UNIX 一样,基本上可以把所有对象都看成文件,包括逻辑文件系统,如 FAT、EXT2、EXT3 等,也包含为任何一个硬件控制器所编写的设备驱动程序模块。

4. 设备控制

基本上所有系统操作最后都会被映射到物理设备上。这些物理设备都是将相关的代码作为控制指令进行工作的,这些代码就是驱动程序。嵌入式系统中每一个外设都要有相应的驱动程序,否则不会正常工作。

5. 网络接口

对各种网络标准的存取以及各种网络硬件提供了支持,包括网络协议和网络驱动程序两个部分。这些接口都是由操作系统来管理的,操作系统负责应用程序与网络接口间的数据传递。

内核结构框图如图 8-3 所示。

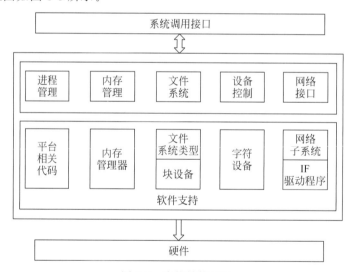

图 8-3　内核结构框图

8.4.2　Linux 系统的可加载内核模块机制

Linux 系统可加载内核模块机制是 Linux 系统最具特色的功能之一,充分体现了 Linux 系统对不同模块的集成能力。这种机制一方面可以使系统有效地利用资源,将功能通过模块独立出来,而内核只专注于基本的功能,使内核占用更少的资源,在系统启动后根据需要加载模块,可以使系统启动速度更快;另一方面,在调试新内核时,操作系统的模块化使开发者不用每次都重新编译内核,节约了大量开发时间。同时,通过加载、卸载模块的方式将驱动方便地加载到内核中或从内核中删除。

8.4.3 用户空间和内核空间

为保证 CPU 的稳定性不受用户的动作影响,CPU 需要工作在保护模式下,并对系统赖以运行的资源进行保护,于是将内存空间划分为内核空间与用户空间两部分。在内核空间中运行的是内核,是模块,应用程序则运行在用户空间中。

不论是内核空间还是用户空间,都是虚拟空间,各有自己的内存映射。对于 32 位系统,有 4GB 的虚拟地址空间。在 Linux 系统中,内核空间是其中高地址的 1GB 空间,低地址的 3GB 空间则分配给用户程序共享,即每个用户程序都拥有 3GB 的虚拟地址空间。

Linux 将内核地址空间划分为 3 部分:ZONE_DMA、ZONE_NORMAL 和 ZONE_HIGHMEM,高端内存 ZONE_HIGHMEM 地址空间范围为 0xF8000000~0xFFFFFFFF(896~1024MB)。当内核想访问高于 896MB 物理地址内存时,可以在 0xF8000000~0xFFFFFFFF 地址空间范围内找一段相应大小的空闲逻辑地址空间,借用一段时间。在借用这段逻辑地址空间期间,建立映射到想访问的那段物理内存,暂时使用,用完后归还。别人也可以借用这段地址空间访问其他物理内存,从而实现了使用有限的地址空间,访问所有物理内存。例如,内核想访问 2G 开始的一段大小为 1MB 的物理内存,即物理地址范围为 0x80000000~0x800FFFFF。访问之前先找到一段 1MB 大小的空闲地址空间,假设找到的空闲地址空间为 0xF8700000~0xF87FFFFF,用这 1MB 的逻辑地址空间映射到物理地址空间 0x80000000~0x800FFFFF 的内存。当内核访问完 0x80000000~0x800FFFFF 物理地址空间后,就将 0xF8700000~0xF87FFFFF 内核空间释放。这样其他进程或代码也可以使用 0xF8700000~0xF87FFFFF 这段地址访问其他物理内存。

在 Linux 系统中,内核与用户两种模式具有不同的优先级。内核运行在最高级别,也叫超级用户态,在这个级别中可以进行所有操作。而运行在用户空间的应用程序则是最低级别,在这一级别,处理器控制着对资源的访问和利用。

Linux 的用户空间和内核空间可以相互切换。当应用程序在执行系统调用,或被硬件中断挂起时,Linux 将由用户空间转向内核空间。内核代码在执行系统调用时,是运行在进程上下文中的,即内核可以访问进程地址空间的所有资源。

8.5 文件系统

视频讲解

8.5.1 文件系统简介

Linux 以文件的形式对计算机中的数据和硬件资源进行管理,Linux 系统将所有的东西都看作文件,包括硬件设备、目录、进程和网络连接等,即"一切皆文件",反映在 Linux 的文件类型上就是普通文件、目录文件(也就是文件夹)、设备文件、链接文件、管道文件、套接字文件(数据通信的接口)等。而这些种类繁多的文件被 Linux 使用目录树进行管理。所谓的目录树,就是以根目录(/)为主,向下呈现分支状的一种文件结构。不同于纯粹的 ext2 之类的文件系统,一切皆文件和文件目录树的资源管理方式一起构成了 Linux 的文件体系,让 Linux 操作系统可以方便地使用系统资源。

Linux 文件体系主要在于把操作系统相关的内容用文件这个载体实现:文件系统挂载在操作系统上,操作系统整体又放在文件系统中。

硬盘分区是硬盘结合到文件体系的第一步,本质是"硬盘"这个物理概念转换成"区"这个逻辑概念,可以把一整块硬盘作为一个区,但从数据的安全性以及系统性能角度来看,分区还是有很多用处的,所以一般都会对硬盘进行分区。有了区之后就可以把它格式化成具体的文件系统以供 VFS 访问。

在一个区被格式化为一个文件系统之后,它就可以被 Linux 操作系统使用了,只是这个时候 Linux 操作系统还找不到它,所以还需要把这个文件系统“注册”进 Linux 操作系统的文件体系中,这个操作就叫作“挂载”(mount)。挂载是利用一个目录当成进入点(相当于选一个现成的目录作为代理),将文件系统放置在该目录下,也就是说,进入该目录就可以读取该文件系统的内容,整个文件系统相当于目录树的一个文件夹(目录)。由于整个 Linux 系统最重要的是根目录,因此根目录一定需要挂载到某个分区,而其他的目录则可依用户自己的需求来挂载到不同的分区。

硬盘经过分区和格式化,使得每个区都成为了一个文件系统,挂载这个文件系统后就可以让 Linux 操作系统通过 VFS 访问硬盘时就像访问一个普通文件夹一样。

8.5.2 常见的文件系统

1. ext2

ext2 是为解决 ext 文件系统的缺陷而设计的可扩展的、高性能的文件系统,又被称为二级扩展文件系统。它是 Linux 文件系统中使用最多的类型,并且在速度和 CPU 利用率上较为突出。ext2 存取文件的性能极好,并可以支持 256B 的长文件名,是 GNU/Linux 系统中标准的文件系统。

2. ext3

ext3 是 ext2 文件系统的日志版本,它在 ext2 文件系统中增加了日志的功能。ext3 提供了 3 种日志模式:日志(journal)、顺序(ordered)和回写(writeback)。与 ext2 相比,ext3 提供了更好的安全性以及向上/向下的兼容性能。因此,在 Linux 系统中可以挂载一个 ext3 文件系统,以代替 ext2 文件系统。ext3 文件系统格式被广泛应用于目前的 Linux 系统中。ext3 的缺点是缺乏现代文件系统所具有的高速数据处理和解压功能。此外,使用 ext3 文件系统还要考虑磁盘限额问题。

3. reiserFS

reiserFS 是 Linux 环境下最稳定的日志文件系统之一,使用快速的平衡二叉树(binary tree)算法来查找磁盘上的自由空间和已有的文件,其搜索速度高于 ext2,reiserFS 能够像其他大多数文件系统一样,可动态分配索引节,而无须在文件系统中创建固定的索引节。有助于文件系统更灵活地适应各种存储需要。

4. VFAT

VFAT 是主要用于处理长文件的一种文件名系统,它运行在保护模式下,并使用 VCACHE 进行缓存。VFAT 具有和 Windows 系列文件系统和 Linux 文件系统兼容的特性。因此,VFAT 可以作为 Windows 和 Linux 交换文件的分区。

5. XFS

XFS 是一种高性能的日志文件系统。XFS 文件系统采用回写模式日志,提高了系统本身的性能,但实际数据并没有存进日志文件中,因此带来了一定的风险。

XFS 文件系统的特点如下:

(1) 数据完全性。无论文件系统上存储的文件与数据有多少,文件系统都可以根据所记录的日志在很短的时间内迅速恢复磁盘文件的内容。

(2) 传输特性。XFS 文件系统采用优化算法,日志记录对整体文件操作的影响非常小。

XFS查询与分配存储空间非常快而且能连续提供快速的反应速度。

（3）可扩展性。XFS是一个全64位的文件系统，它可以支持上百万太字节的存储空间。对特大文件、小文件或较大数量目录都支持。

8.5.3　根文件系统的制作

Linux最顶层的目录"/"被称作根目录，其他的分区只是挂载在根目录中的一个文件夹。系统加载Linux内核后，就会挂载一个存储设备到根目录。存在于这个设备中的文件系统被称为根文件系统。所有的系统命令、系统配置及其他文件系统的挂载点都位于这个根文件系统中。

根文件系统首先通过busybox生成/bin、/sbin、linuxrc、/usr/bin、/usr/sbin目录，这些目录下存储的主要是常用命令的二进制文件，如cd、ls等。之后是使用交叉编译工具链构建/lib目录，lib目录存放的是应用程序所需要的库文件，busybox只用到了通用C库（libc）、算术库（libm）和加密库（libcrypt），需要将库文件复制到/lib目录下。

/etc目录存放的是系统程序的主配置文件，因此需要哪些配置文件取决于要运行哪些系统程序，因此需要手动编写init的主配置文件inittab。

最简单的/etc/inittab文件如下：

```
::sysinit:/etc/init.d/rcS
::askfirst: - /bin/sh
::ctrlaltdel:/sbin/reboot
::shutdown:/bin/umount - a - r
```

这个inittab文件执行下列动作：

- 将/etc/init.d/rcS设置成系统的初始化文件。
- 在虚拟终端上启动askfirst动作的Shell。
- 将/sbin/reboot作为init重启执行程序。
- 告诉init在关机时运行umount命令卸载所有的文件系统，如果卸载失败，则试图以只读方式重新挂载。

之后需要初始化dev目录，手工创建开发板需要的几个设备文件，最基础的根文件就制作完成了。文件系统的其他目录可根据个人需要创建。

最后利用mkfs.jffs2工具将做好的根文件系统打包为镜像文件即可烧录到开发板上。

本章习题

一、BootLoader

1. 解析嵌入式系统交叉编译的含义，列出交叉编译环境的建立过程。
2. 说明GCC编译器执行过程中预处理、编译、汇编、链接的作用。
3. Linux中最常用的文本编辑器是什么？它通过调用什么来进行操作？
4. BootLoader的作用是什么？它和硬件相关吗？BootLoader主要实现哪些功能？
5. BootLoader启动过程分几个层次？加载模式有哪几种？
6. 说明BootLoader的stage1和stage2的执行步骤。
7. 硬件初始化包含哪些步骤？
8. 为什么要检测系统的内存映射？
9. 简述BootLoader调用Linux内核的方法和步骤。

10. vivi 代表 BootLoader 的一种实现程序,它的代码由哪几部分组成? MTD 设备层属于哪个部分?

11. vivi 的常用命令有哪些? 这些命令和 Linux 的基本命令有什么不同?

12. 写出 UBOOT 的全称。UBOOT 的目录结构是怎样的? UBOOT 的启动分几个阶段? UBOOT 的移植需要注意哪些问题?

13. 列举 UBOOT 的常用基本命令,并与 vivi 比较异同。

二、Linux 内核

1. Linux 内核由哪 5 部分组成? 试说明这 5 部分的作用和联系。

2. Linux 内核代码包含哪些目录?

3. 说明 arch、drivers、fs 目录和文件的作用。

4. Linux 内核移植主要有什么功能和作用?

5. 怎么解压内核源码? 试举例说明。

6. Linux 内核工程是怎么进行编译和链接的? 试举例说明。

7. 嵌入式 Linux 系统的内核映像有哪两种方式? 它们有哪些区别?

8. 写出嵌入式 Linux 根文件系统的制作步骤。

9. 内核映像文件可以通过什么方式加载到目标板上?

10. 装载有 Linux 系统的内核的目标板启动有几个步骤? 说明每一步骤的作用。

11. 解析"tftp 30008000 zImage"这句语句的含义。

## 第 9 章

Linux 操作系统基础实验

视频讲解

实验 8：建立 Linux 虚拟机及熟悉常用命令

一、实验目的

掌握如何在 Windows 系统下面搭建 Linux 服务器，并学会基本的 Linux 命令和操作。

二、实验内容

1. 在 Windows 系统下搭建 Linux 平台。
2. 学会基本的 Linux 操作。
3. 掌握基本的 Linux 命令行。

三、实验设备

1. 硬件：PC。
2. 软件：VMware 软件，Linux 系统镜像或光盘。

四、预备知识

1. VMware 软件

VMware 软件是一款应用广泛的虚拟机软件，它可以模拟一个具有完整硬件系统功能的、运行在一个完全隔离环境中的完整计算机系统。进入虚拟系统后，所有操作都在这个全新的、独立的虚拟系统中进行，不会对真正的系统产生任何影响，并且可以在真正系统和虚拟系统之间灵活切换。虚拟系统的优点在于它不会降低计算机的性能，启动虚拟系统不需要像启动 Windows 系统那样耗费时间，运行程序更加方便快捷。

本实验使用 VMware 软件在 Windows 系统下搭建 Linux 系统环境，使得在 Windows 系统中也可以使用 Linux 系统。

2. Linux 系统

Linux 是一套免费使用和自由传播的类 UNIX 操作系统，是一个基于 POSIX 和 UNIX 的多用户、多任务、支持多线程和多 CPU 的操作系统。它支持 32 位和 64 位硬件，是一个性能稳定的多用户网络操作系统。Linux 系统存在许多不同的 Linux 版本，目前主流的发行版本有 RedHat、SUSE、Debian、Gentoo、Ubuntu 等，本实验中选择安装的是 Ubuntu 版本。Ubuntu 是一个以桌面应用为主的 Linux 操作系统，每 6 个月会发布一个新版本。它的目标是为一般用户提供一个最新的、同时又相当稳定的主要由自由软件构建而成的操作系统。

五、实验说明

1. 虚拟机的安装

VMware 官方网站(www.vmware.com)免费提供 VMware Workstation 软件下载,下面以 VMware Workstation 12 在 Windows 系统下安装为例进行介绍,具体的安装步骤如下:

(1) 获取安装软件开始安装。直接下载安装文件,下载完之后双击可执行文件进行安装,如图 9-1 和图 9-2 所示。

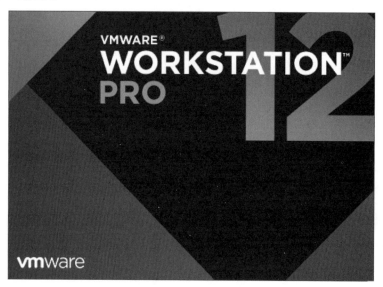

图 9-1　软件开始安装

图 9-2　软件安装

(2) 单击"下一步"按钮,进行下一步,勾选"我接受许可协议中的条款"复选框,如图 9-3 所示。

(3) 继续单击"下一步"按钮,选择是否更改默认软件安装路径。这里的"增强型键盘驱动程序"选项可以更好地处理国际键盘和带有额外按键的键盘,可不勾选,如图 9-4 所示。

(4) 若要更改安装路径,单击"更改"按钮,进行安装路径的选择,选择完毕后单击"确定"按钮,如图 9-5 和图 9-6 所示。

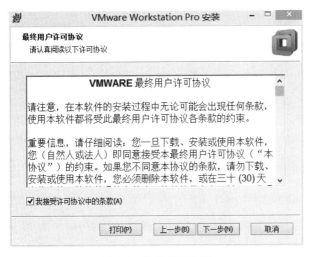

图 9-3　用户许可协议

图 9-4　软件安装路径更改

图 9-5　软件安装路径选择①

（5）单击"下一步"按钮，根据自身需要判断是否选择"启动时检查产品更新"和"帮助完善VMware Workstation Pro"，如图 9-7 所示。

图 9-6　软件安装路径选择②

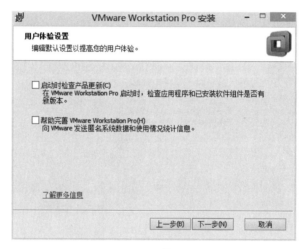

图 9-7　用户体验设置

（6）单击"下一步"按钮，创建快捷方式，如图 9-8 所示。

图 9-8　创建快捷方式

（7）单击"下一步"按钮，准备开始进行文件安装。若要查看或更改安装设置，则单击"上一步"按钮；若要退出安装向导，单击"取消"按钮，如图 9-9 所示。

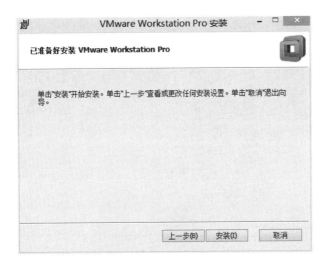

图 9-9　准备软件安装

（8）单击"安装"按钮，开始进行文件安装，如图 9-10 所示。

图 9-10　软件安装进行中

（9）安装完毕，若要退出安装向导，单击"完成"按钮；若要输入许可证密钥，则单击"许可证"按钮，如图 9-11 所示。

图 9-11　安装向导完成

（10）输入许可证密钥，VMware Workstation 12 的序列号是 5A02H-AU243-TZJ49-GTC7K-3C61N，单击"输入"按钮，如图 9-12 所示。

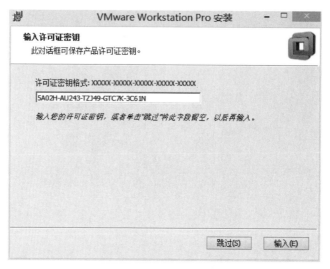

图 9-12　软件安装注册

2. Linux 的安装

Linux 操作系统的安装方法主要有 4 种：硬盘安装、网络安装、CD-ROM 安装和利用 VMware 软件安装。本书使用最后一种方法进行安装，使用的 Linux 版本为 Ubuntu 14.04.2 自由版，需要到 Ubuntu 官网上下载 UbuntuKylin-14.04，网址为 http://www.ubuntu.com/download/ubuntu-kylin，根据需要下载 32 位或者 64 位版本。

在开始安装 Linux 之前，首先收集相关的硬件信息，确定系统对硬件的兼容性，并且为 Linux 准备一个 10GB 以上空间（建议值）大小的分区，然后就可以开始安装 Linux 了。具体安装步骤如下：

（1）首次打开安装完成的 VMware 软件，进入其初始界面，如图 9-13 所示。

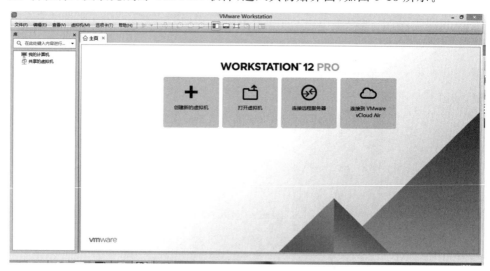

图 9-13　软件安装初始界面

（2）选择第一个选项"创建新的虚拟机"，开始创建新的虚拟机，选中"自定义"单选按钮，如图 9-14 所示。

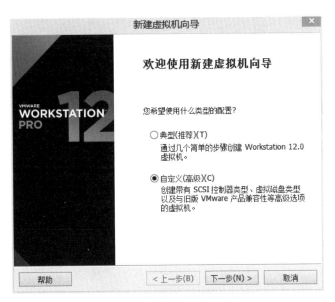

图 9-14　软件安装模式选择

（3）选择安装的方式，此处选中"稍后安装操作系统"单选按钮，如图 9-15 所示。

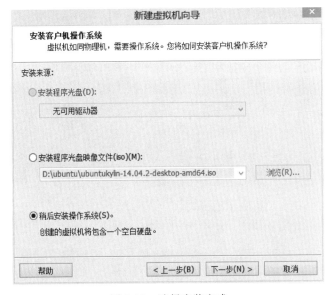

图 9-15　选择安装方式

（4）选择安装 Linux 操作系统，这里选中 Linux 单选按钮，并在"版本"下拉列表框中选择所要安装的 Linux 系统版本，此处选择 Ubuntu，如图 9-16 所示。

（5）命名虚拟机并确定安装路径。在"虚拟机名称"文本框中输入虚拟机名称，这里输入"Ubuntu14.04.2"。单击"浏览"按钮确定安装路径后单击"下一步"按钮，这里建议给 Ubuntu 系统预留 15GB 左右的空间，建议确认安装路径之前先查看设置的目录是否有足够的空间，如图 9-17 所示。

（6）配置处理器。这里根据自己的计算机配置来选择，建议不要更改，如图 9-18 所示。

（7）分配虚拟机内存。根据自己计算机的配置来选择合适的虚拟机内存大小，建议不要更改，如图 9-19 所示。

（8）网卡配置。在此次实验中选择"使用桥接网络"，如图 9-20 所示。

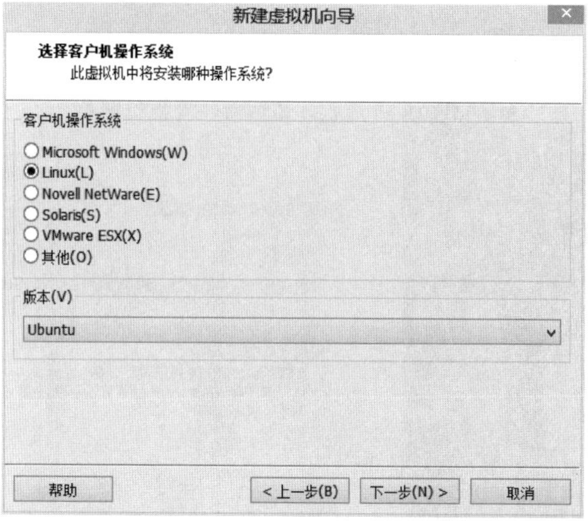

图 9-16　选择操作系统

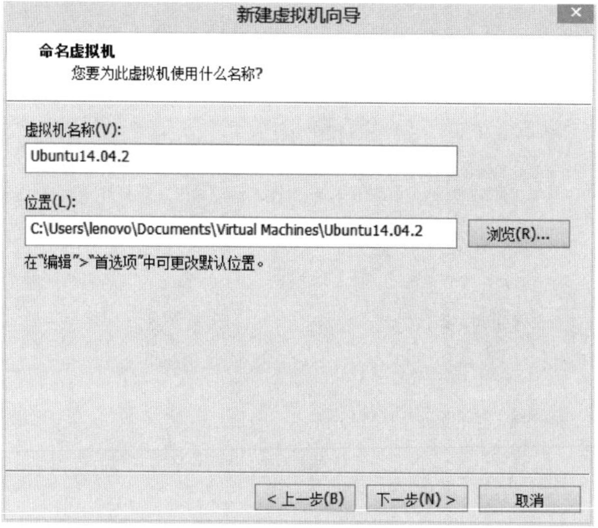

图 9-17　选择安装路径

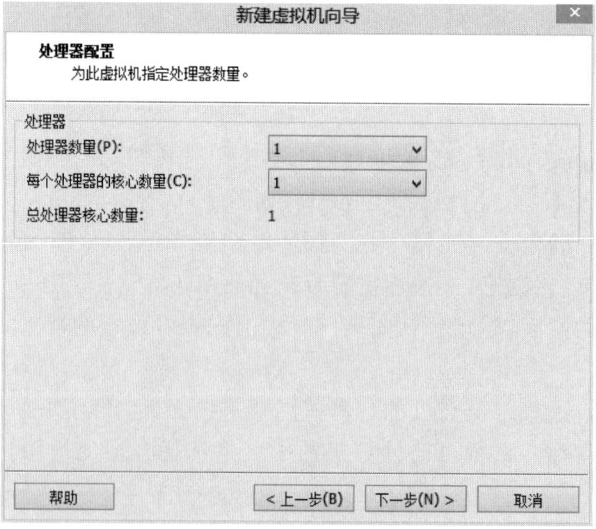

图 9-18　处理器配置

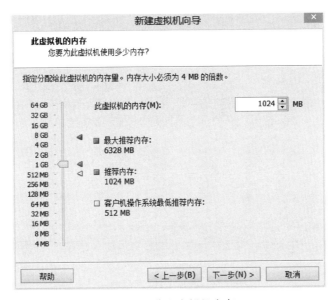

图 9-19 分配虚拟机内存

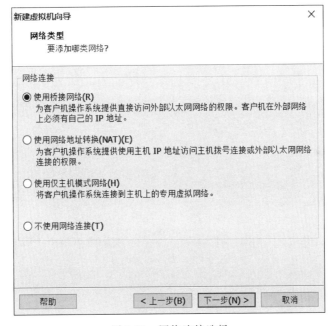

图 9-20 网络连接选择

（9）选择 I/O 控制器类型。这里默认选择 LSI Logic，如图 9-21 所示。

（10）选择磁盘类型。这里默认选择 SCSI，如图 9-22 所示。

（11）选择磁盘。这里选择"创建新虚拟磁盘"，如图 9-23 所示。

（12）指定磁盘大小，这里注意选择 20GB 不是马上就使用 20GB，VMware 的虚拟机是动态扩展的，也就是最大可以到 20GB，当前用多少，就会占用多大的物理空间。选中"将虚拟磁盘拆分成多个文件"单选按钮，如图 9-24 所示。

（13）指定磁盘文件。这里建议不要更改，如图 9-25 所示。

（14）准备创建虚拟机，单击"自定义硬件"按钮，如图 9-26 所示。

（15）在左侧选择"显示器"选项，在右侧勾选"加速 3D 图形"选项，如图 9-27 所示。

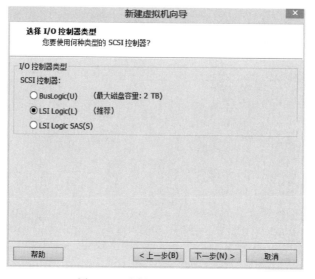

图 9-21 选择 I/O 控制器类型

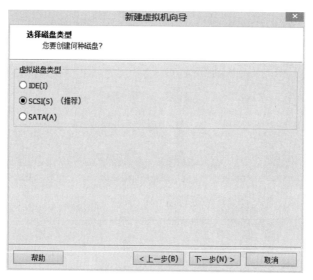

图 9-22 选择磁盘类型

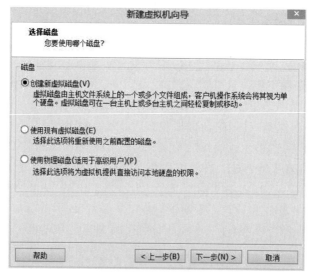

图 9-23 选择磁盘

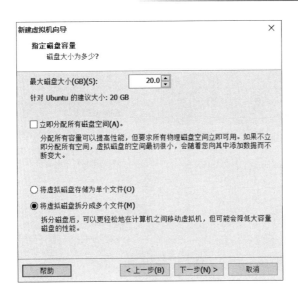

图 9-24　指定磁盘大小

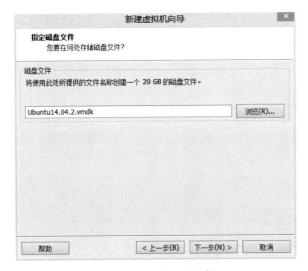

图 9-25　指定磁盘文件

图 9-26　准备创建虚拟机

图 9-27　显示器设置

（16）在左侧选择"新 CD/DVD"选项，然后在右侧勾选"使用 ISO 映像文件"选项，单击
"浏览"按钮，选择之前已经下载好的 Ubuntukylin-14.04.2 镜像文件，单击"关闭"按钮，如图 9-28
所示。

图 9-28　选择安装文件

（17）回到"已准备好创建虚拟机"界面后，单击"完成"按钮，出现虚拟机 Ubuntu 主界面，如图 9-29 所示。

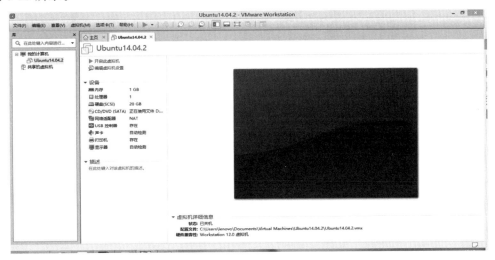

图 9-29　虚拟机 Ubuntu 主界面

（18）出现 Ubuntu 系统安装界面，这里需要等待一段时间，如图 9-30 所示。

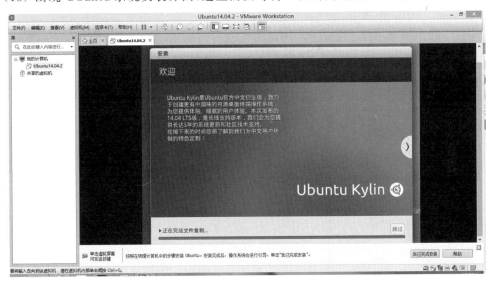

图 9-30　Ubuntu 系统安装

（19）系统安装完成后，在出现的对话框中单击"现在重启"按钮，如图 9-31 所示。

（20）重启完成后，出现登录界面，输入之前设置的密码，按 Enter 键登录，如图 9-32 所示。

（21）进入 Ubuntu 操作系统页面，出现 Ubuntu 桌面环境，安装全部完成，如图 9-33 所示。

3. 设置服务器运行环境

1）设置语言

在初始界面（见图 9-34）中选择系统设置图标，进入系统设置页面。

选择系统语言设置图标（见图 9-35），进入语言设置页面（见图 9-36）。

在语言选择列表框（见图 9-37）内找到"汉语（中国）"，并把该选项拉至方框最上端。

在如图 9-38 所示的界面中单击 Install/Remove Languages 按钮即可关闭语言选择页面。

图 9-31　系统安装完成

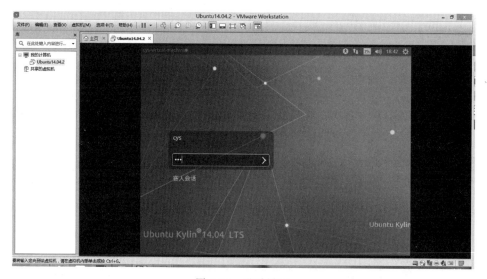

图 9-32　登录界面

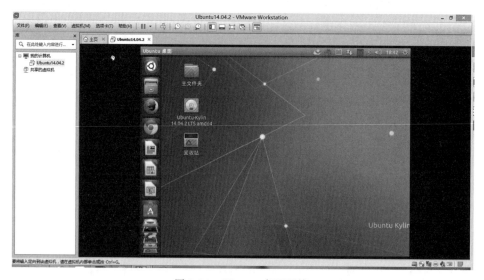

图 9-33　Ubuntu 桌面环境

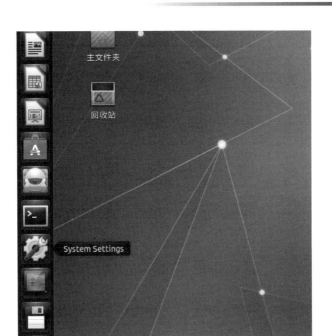

图 9-34　系统设置

图 9-35　系统语言设置图标　　　　　　　　　　图 9-36　语言设置页面

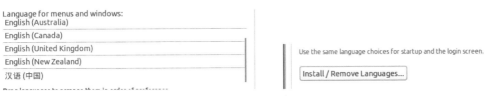

图 9-37　语言选择框　　　　　　　　　　图 9-38　安装/关闭语言设置页面

重启服务器,语言设置即可生效。

2）修改系统文件下载的地址

（1）在初始界面中选择系统设置图标（见图 9-39），进入系统设置页面。

（2）从中找到软件更新的图标（见图 9-40），进入设置页面（见图 9-41）。

单击软件下载选项,从中选择其他软件,再从跳出的页面（见图 9-42）中选择中国的服务器(例如,mirrors.163.cm),再单击右下方的"选择服务器"按钮,然后输入用户密码即可保存设置。

图 9-39　软件更新的图标

图 9-40　软件更新的图标

图 9-41　设置页面

图 9-42　选择服务器

在页面跳到如图 9-41 所示的页面后,单击右下角 Close 按钮即可。

4. 服务器环境搭建

1) minicom 配置

安装命令:

```
sudo apt-get install minicom
```

配置如下:

(1) 在终端中输入 minicom 以启动 minicom;

(2) 先按下 Ctrl+A 键,放开,再按 O 键,出现配置菜单。

(3) 选择 Serial port setup,此时光标在"Change which setting?"后面停留,输入 A,将光标移到第 A 项对应处:串口 COM1 对应 ttyS0,COM2 对应 ttyS1。

具体的配置信息如下所示:

```
Serial port setup [Enter]
+-----------------------------------------------------------------+
| A -   Serial Device       : /dev/ttyUSB0                        |
| B -   Lockfile Location    : /var/lock                          |
| C -   Callin Program      :                                     |
| D -   Callout Program     :                                     |
| E -   Bps/Par/Bits        : 115200 8N1                          |
| F -   Hardware Flow Control : No                                |
| G -   Software Flow Control : No                                |
|                                                                 |
|   Change which setting?                                         |
+-----------------------------------------------------------------+
```

注意:如果没有使用 USB 转串口,而是直接使用串口,那么 Serial Device 要配置为/dev/ttyS0(如果使用 USB 转串口,则需要查看 dev 下是否存在 ttyUSB0,若没有,则创建一个:mknod /dev/ttyUSB0 c 188 0)。

对波特率、数据位和停止位进行配置,输入 E,波特率选为 115200 8N1(奇偶校验无,停止位 1)。

硬/软件流控制分别输入 F 和 G 并且都选 NO。

在确认配置正确之后,可按 Enter 键返回上级配置界面,并将其保存为默认配置(即 save setup as dfl),之后重启 minicom 使刚才的配置生效,在连上开发板的串口线后,就可在 minicom 中输出正确的串口信息了。

虽然这时可以输出串口的信息,但是在通过串口用 xmodem 协议烧写内核时会提示没有 xmodem 协议,所以还必须安装软件包:lrzsz。

```
sudo apt-get install lrzsz
```

这时就可以正常地用 minicom 通过串口烧写内核了。

下次再输入 minicom 时即可直接进入。

执行命令 minicom 可进入串口超级终端界面,而 minicom -s 可进入 minicom 界面。

/dev/ttyS0 说明对应的串口 0 为开发板的连接端口。

注意:非正常关闭 minicom,会在/var/lock 下创建几个文件 LCK *,这几个文件阻止了 minicom 的运行,将它们删除后即可恢复。

组合键的用法:先按 Ctrl+A 组合键,然后松开这两个键,再按 Z 键。另外还有一些常用的组合键。

① S 键:发送文件到目标系统中。

② W 键:自动卷屏。当显示的内容超过一行之后,自动将后面的内容换行。这个功能在查看内核的启动信息时很有用。

③ C 键:清除屏幕的显示内容。

④ B 键:浏览 minicom 的历史显示。

⑤ X 键:退出 minicom,会提示确认退出。

(4) 配置文件所在目录。

单击 Ctrl + A --> O,出现以下界面:

```
+----- [configuration] -----------+
| Filenames and paths             |
| File transfer protocols         |
| Serial port setup               |
| Modem and dialing               |
| Screen and keyboard             |
| Save setup as dfl               |
| Save setup as..                 |
| Exit                            |
+---------------------------------+
```

选择 Filenames and paths,出现以下选项:

```
+----------------------------------------------------------------+
| A - Download directory : /home/crliu                           |
| B - Upload directory   : /tmp                                  |
| C - Script directory   :                                       |
| D - Script program     : runscript                             |
| E - Kermit program     :                                       |
| F - Logging options                                            |
|                                                                |
|   Change which setting?                                        |
+----------------------------------------------------------------+
```

① A - Download 下载文件的存放位置(开发板→PC)。

开发板上的文件将被传输到 PC 的/home/目录下。

② B - Upload 从此处读取上传的文件(PC→开发板)。

PC 向开发板发送文件,需要发送的文件在/tmp 目录下(PC 上的目录)。做了此项配置后,每次向开发板发送文件时,只需输入文件名即可,无须输入文件所在目录的绝对路径。

2) NFS 配置

配置网络文件系统(NFS)主要是为了 Linux 之间的文件共享,我们可以从 PC 的 Linux 系统进入,直接看或读写嵌入式开发板上的 Linux 文件。

(1) 安装 NFS。

Debian/Ubuntu 上默认是没有安装 NFS 服务器的,首先要安装 NFS 服务程序:

```
$ sudo apt - get install nfs - kernel - server
```

安装 nfs-kernel-server 时,apt 会自动安装 nfs-common 和 portmap。

(2) 配置/etc/exports。

NFS 挂载目录及权限由/etc/exports 文件定义。

将 home 目录中的/home/xxx/share 目录与 192.168.1.* 的 IP 共享,在该文件末尾添加下列语句:

```
/home/xxx/share   192.168.1. * (rw,sync,no_root_squash)
```

或

```
/home/xxx/share   192.168.1.0/24(rw,sync,no_root_squash)
```

运行"sudo exportfs -r"更新。

(3) 运行"sudo /etc/init. d/nfs-kernel-server restart"(sudo nfs-kernel-server restart)重启 NFS 服务。

(4) 测试 NFS。

可以尝试一下挂载本地磁盘(假设本地主机 IP 地址为: 192.128.1.1,将/home/xxx/share 挂载到/mnt)。

```
$ sudo mount - t nfs 192.168.1.1:/home/xxx/share /mnt
```

运行 df 命令查看结果:

```
$ sudo umount /mnt
```

可以使用一定的参数:

```
mount - o nolock,rsize = 1024,wsize = 1024,timeo = 15 192.168.1.130:/tmp/ /tmp/
```

(5) 客户端挂载远程共享。

```
mount - t nfs 192.168.0. *** :/home/ *** /share /mnt/share
```

3) FTP 配置

FTP 软件有多种:

(1) wu-ftp:功能比较强大,但针对它的攻击比较多,设置比较麻烦。

(2) proftpd:能实现 wu-ftp 以及 server-U 的所有功能,安全性也较高,但比起 vsftpd 配置稍显复杂。

(3) vsftpd:功能强大,配置也比较简单。

选 vsftpd 是因为它安全、速度快。

vsftpd 大多是 Linux 系统下自带的 FTP 软件,而且像 FREEBSD 等网站都采用,而且配置起来简单,所以我们也采用了 vsftpd。

vsftpd 的安装步骤如下所示。

(1) 安装。

```
sudo apt – get install vsftpd
```

(2) 配置。

备份一下源文件:

```
sudo cp /etc/vsftpd.conf /etc/vsftpd.conf.backup
```

然后修改/etc/vsftpd.conf 文件:

```
sudo vi /etc/vsftpd.conf
anonymous_enable = yes (允许匿名登录)
dirmessage_enable = yes (切换目录时,显示目录下.message 的内容)
local_umask = 022 (FTP 上本地的文件权限,默认是 077)
connect_form_port_20 = yes (启用 FTP 数据端口的数据连接) *
xferlog_enable = yes (激活上传和下传的日志)
xferlog_std_format = yes (使用标准的日志格式)
ftpd_banner = XXXXX(欢迎信息)
pam_service_name = vsftpd(验证方式) *
listen = yes(独立的 VSFTPD 服务器) *
```

功能:只能连接 FTP 服务器,不能上传和下传。

注:其中所有和日志欢迎信息相关联的都是可选项,带星号的选项无论什么账户都要添加,是属于 FTP 的基本选项。

(3) 开启匿名 FTP 服务器上传权限。

在配置文件中添加以下信息即可:

```
Anon_upload_enable = yes (开放上传权限)
Anon_mkdir_write_enable = yes(可创建目录的同时可以在此目录中上传文件)
Write_enable = yes (开放本地用户写的权限)
Anon_other_write_enable = yes (匿名账户可以有删除的权限)
```

(4) 开启匿名服务器下传的权限。

```
Anon_world_readable_only = no
```

注:要注意文件夹的属性,允许匿名账户开启它的读写执行权限。

```
Local_enable = yes(本地账户能够登录)
Write_enable = no(本地账户登录后无权删除和修改文件)
```

功能:可以用本地账户登录 vsftpd 服务器,有下载上传的权限。

(5) 用户登录限制进其他的目录,只能进入它的主目录。

设置所有的本地用户都执行 chroot:

```
Chroot_local_user = yes(本地所有账户都只能在自家目录)
```

设置指定用户执行 chroot:

```
Chroot_list_enable = yes (文件中的名单可以调用)
Chroot_list_file = /任意指定的路径/vsftpd.chroot_list
```

注:vsftpd.chroot_list 是没有创建的,需要自己添加,要想控制账户直接在文件中添加账户即可。

（6）限制本地用户访问 FTP。

```
Userlist_enable = yes (用 userlistlai 来限制用户访问)
Userlist_deny = no (名单中的人不允许访问)
Userlist_file = /指定文件存放的路径/ (文件放置的路径)
```

注：开启 userlist_enable＝yes 则匿名账户不能登录。

（7）安全选项。

```
Idle_session_timeout = 600(秒) (用户会话空闲后 10 分钟)
Data_connection_timeout = 120(秒) (将数据连接延迟 2 分钟后断开)
Accept_timeout = 60(秒) (将客户端延迟 1 分钟后断开)
Connect_timeout = 60(秒) (中断 1 分钟后又重新连接)
Local_max_rate = 50000(bit) (本地用户传输率 50kbps)
Anon_max_rate = 30000(bit) (匿名用户传输率 30kbps)
Pasv_min_port = 50000(将客户端的数据连接端口改在 5000 以后)
Pasv_max_port = 60000(将客户端的数据连接端口改在 6000 之前)
Max_clients = 200(FTP 的最大连接数)
Max_per_ip = 4(每 IP 的最大连接数)
Listen_port = 5555(从 5555 端口进行数据连接)
```

查看谁登录了 FTP,并杀死它的进程。

```
ps - xf |grep ftp
kill 进程号
```

配置的时候应注意文件权限的问题,开启匿名和本地后,关键是文件权限的设置,为了给不同的用户分配不同的权限,可以生成一个组,例如 ftpuser,然后赋予它权限,例如 755。chroot()设置可以限制本地用户在指定的根目录下运行,这对于安全很重要。local_root＝/var/ftp 为设置本地用户登录后所在的目录,本地用户登录 FTP 服务器后,所在的目录为用户的主目录。

（8）需要安装库的支持。

安装 build-essential：

```
sudo apt - get install build - essential
```

安装头文件和库：

```
sudo apt - get install libc6 - dev
```

安装 GDB 调试器：

```
sudo apt - get install gdb
```

安装图形界面调试器 DDD：

```
sudo apt - get install ddd
sudo apt - get install insight
```

安装 automake 工具：

```
sudo apt - get install automake
sudo apt - get install autoconf
sudo apt - get install autogen
```

安装 indent：

```
sudo apt - get install indent
```

调整 C 原始代码文件的格式。

```
sudo apt - get install libtool
```

GNU libtool 是一个通用库支持脚本,将使用动态库的复杂性隐藏在统一、可移植的接口中。

以下安装是为了将来写驱动和应用程序准备的:

```
sudo  apt-get install build-essential kernel-package  libncurses5-dev
```

4) tftp 服务器

(1) 安装。

```
sudo apt-get install tftpd-hpa (tftp 服务器)
sudo apt-get install tftp-hpa (tftp 客户端)
sudo apt-get install xinetd (tftp 客户端)
```

(2) 配置。

在/etc/xinetd.d/下建立一个配置文件 tftp。

```
sudo vi tftp
```

在文件中输入以下内容:

```
service tftp
{socket_type = dgram
protocol = udp
wait = yes
user = root
server = /usr/sbin/in.tftpd
server_args = -s /tftpboot
disable = no
per_source = 11
cps = 100 2
flags = IPv4}
```

保存并退出。

(3) 建立 Ubuntu tftp 服务文件目录(上传文件与下载文件的位置),并且更改其权限。

```
sudo mkdir /tftpboot
sudo chmod 777 /tftpboot -R
```

(4) 重新启动服务。

```
sudo /etc/init.d/xinetd restart
```

至此,Ubuntu tftp 服务已经安装完成,下面可以对其进行测试。

5) SSH 安装

在 Ubuntu 下安装 OpenSSH Server 是一件非常轻松的事情,需要的命令只有一条:

```
sudo apt-get install openssh-server
```

查看返回的结果,如果没有出错,则用 Putty、SecureCRT、SSH Secure Shell Client 等 SSH 客户端软件,输入服务器的 IP 地址,如果一切正常,那么等一会儿就可以连接上,并且使用现有的用户名和密码应该就可以登录了。

然后确认 ssh-server 是否已启动(或用"netstat -tlp"命令):

```
ps -e | grep ssh
```

如果只有 ssh-agent,那么 ssh-server 还没有启动,需要/etc/init.d/ssh start;如果看到 sshd,那么说明 ssh-server 已经启动了。

6) 其他工具

vim 安装:

```
sudo apt-get install vim
```

其他可能有需要的工具：

```
sudo apt-get install libncurses5-dev
sudo apt-get install libasound2-dev
```

5．熟悉 Linux 常用命令

1）cd 命令

语法：

```
cd [dirName]
```

说明：变换工作目录至 dirName。dirName 可为绝对路径或相对路径。若目录名称省略，则变换至使用者的主目录（即刚登录时所在的目录）。另外，"～"也表示主目录，"."表示目前所在的目录，".."表示目前目录位置的上一层目录。

范例：

跳到/usr/bin/目录中，

```
cd /usr/bin
```

跳到当前目录的上两层，

```
cd ../..
```

跳到自己的主目录，

```
cd ～
```

2）ls 命令

语法：

```
ls [选项] [name]
```

说明：显示指定工作目录下的内容（列出目前工作目录所含文件及子目录），其中，参数选项和名称可省略，选项表示如下：

-l——详细列出资料。

-a——查看当前目录所有的内容（隐藏的内容前面会多一个"."）。

-t——将文件依建立时间的先后次序列出。

-r——将文件以相反次序显示。

范例：

列出目前工作目录下所有名称是 s 开头的文件，越新的越排在后面，

```
ls -ltr s*
```

3）mkdir 命令

语法：

```
mkdir [选项] dir-name
```

说明：创建名称为 dir-name 的目录。其中，参数选项可省略，选项表示如下：

-m——对新建目录设置存取权限。也可以用 chmod 命令设置。

-p——可以是一个路径名称。此时若路径中的某些目录尚不存在，则加上此选项后，系统将自动建立好尚不存在的目录，即一次可以建立多个目录。

范例：

在/home/wg 下创建新目录 nettask。

```
mkdir  - p  /home/wg/nettask
```

如果目录 wg 不存在,那么该命令自动创建 wg 目录并在其下再创建 nettask 子目录。

4) rmdir 命令

语法:

```
rmdir  [选项]  dir - name
```

说明:删除空目录。其中,参数选项可省略,选项表示与 mkdir 命令相同。需要特别注意的是,一个目录被删除前必须是空的。

范例:

删除/home/wg/nettask 目录。

```
rmdir  - p  /home/wg/nettask
```

5) cp 命令

语法:

```
cp  [选项]  source  dest
```

或者

```
cp  [选项]  source  directory
```

说明:将一个文件复制至另一个文件或者复制至另一个目录。其中,参数选项可省略,选项表示如下:

-a——尽可能将文件状态、权限等资料都照原状予以复制。

-r——若 source 中含有目录名,则将目录下文件亦皆依序复制至目标位置。

-f——若目标位置已经有同名的文件存在,则在复制前先予以删除再行复制。

范例:

将文件 aaa 复制(已存在),并命名为 bbb。

```
cp  aaa  bbb
```

将所有的 C 语言程序复制至 Finished 子目录中。

```
cp  *.c  Finished
```

6) rm 命令

语法:

```
rm  [选项]  name
```

说明:删除文件或目录。其中,参数选项可省略,选项表示如下:

-i——删除前逐一询问确认。

-f——即使原文件属性设为只读,亦直接删除,无须逐一确认。

-r——将目录及以下文件逐一删除。

-e——表示删除后显示提示信息。

范例:

将 Finished 子目录及子目录中所有文件删除:

```
rm  - r  Finished
```

7) mv 命令

语法:

```
mv   [选项]   source   dest
```

或者

```
mv   [选项]   source   directory
```

说明：重命名文件或移动文件至另一个目录，执行 mv 命令之后，旧文件名或旧目录名不复存在。其中，参数选项可省略，选项表示如下：

-i——移动前提示。

-f——覆盖现有文件不提示。

范例：

将文件 file1 命名为 file2。

```
mv   file1   file2
```

将文件 file1 移到/home/wg/目录中。

```
mv   file1   /home/wg
```

8）chmod 命令

语法：

```
chmod   [选项]   mode   files
```

说明：Linux/UNIX 的文件存取权限分为 3 级：文件拥有者、群组、其他。利用 chmod 命令可以控制文件如何被其他用户存取。

mode：权限设定字串，格式如下：

```
[ugoa][ +-= ][rwxX]
```

其中，u 表示该文件的拥有者，g 表示与该文件的拥有者属于同一个群体（group）者，o 表示其他用户，a 表示这三者皆是。＋表示增加权限，－表示取消权限，＝表示唯一设定权限。r 表示可读取，w 表示可写入，x 表示可执行，X 表示只有当该文件是一个子目录或者该文件已经被设定过为可执行。

另一种权限修改方式是通过使用 3 位八进制数字的形式来实现的：第一位指定属主的权限，第二位指定组权限，第三位指定其他用户的权限，每位通过 4（可读）、2（可写）、1（可执行）3种数值的和来确定权限，如 6（4＋2）代表可读、可写，7（4＋2＋1）代表可读、可写、可执行。

其中，参数选项可省略，选项表示如下：

-c——只输出被改变文件的信息。

-f——当 chmod 不能改变文件模式时，不通知文件的用户。

-R——可递归遍历子目录，修改对应目录下所有的文件和子目录。

-v——显示权限变更的详细资料。

-help——显示辅助说明。

-version——显示版本。

范例：

将文件 file1 设为所有人可读、可写、可执行。

```
chmod   a + rwx   file1
```

或者

```
chmod   777   file1
```

给文件 file1 的属主分配可读、可写、可执行 7 的权限，给 file1 的所在组分配可读、可执行

5 的权限,给其他用户分配可执行 1 的权限:

```
chmod  u = rwx,g = rx,o = x  file1
```

或者

```
chmod  751  file1
```

9) df 命令

语法:

```
df  [选项]
```

说明:检查文件系统的磁盘空间占用情况,可以利用该命令来获取硬盘被占用了多少空间,目前还剩下多少空间等信息。其中,参数选项可省略,选项表示如下:

-a——显示所有文件系统的磁盘使用情况,包括 0 块(block)的文件系统,如/proc 文件系统。

-k——以 KB 为单位显示。

-t——显示各指定类型的文件系统的磁盘空间使用情况。

-x——列出不是某一指定类型文件系统的磁盘空间使用情况(与-t 选项相反)。

-T——显示文件系统类型。

范例:

查看本文件系统的磁盘空间占用情况:

```
cys@ubuntu:~ $   df
Filesystem       1K - blocks       Used Available Use % Mounted on
/dev/sda1       478707600 430491704  23875880  95 % /
udev              920408         4    920404   1 % /dev
tmpfs             185848       668    185180   1 % /run
none                5120         0      5120   0 % /run/lock
none              929228       420    928808   1 % /run/shm
```

10) pwd 命令

语法:使用时直接在终端输入 pwd。

说明:显示当前目录的工作路径。

范例:

使用 pwd 命令显示当前的工作目录:

```
cys@ubuntu:~ $   pwd
/home/cys
```

11) sudo 命令

语法:

```
sudo  [选项]  [指令]
```

说明:提升普通用户的权限,允许他们执行一些只有超级用户或其他特许用户才能完成的命令。其中,参数选项可省略,选项表示如下:

-b——在后台执行指令。

-h——显示帮助。

-k——结束密码的有效期限,也就是下次再执行 sudo 时要输入密码。

-l——列出目前用户可执行与无法执行的指令。

-p——改变询问密码的提示符号。

-v——延长密码有效期限 5 分钟。

-V——显示版本信息。

12）Vim 编辑器

Vim 是一种全屏编辑器，是 Linux 系统程序员和管理员最喜欢的编辑工具之一。

Vim 窗口的全屏只能显示 20 行内容，可上下移动窗口，从窗口中浏览文件全部内容。Vim 编辑的文件大小有限制，最大行数为 25 000 行，每行最多 1024 个字符。

在 Vim 中，最常用的两个模式是命令模式和输入模式。

在命令模式中，每次键盘输入的都是命令，如存盘、移动光标、页面翻滚、打开文件、删除文件、编辑文件、退出 Vim 等操作。

在输入模式中，每次键盘的输入都是对文件内容进行编辑，键盘上的字符输入文件。

可见，键盘要承担两种功能，所以要经常在上面两种模式间转换，转换方式如图 9-43 所示。

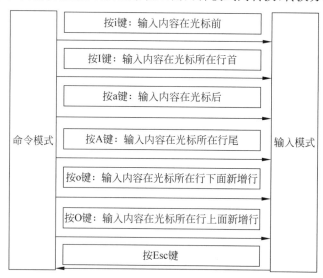

图 9-43　Vim 编辑器键盘的两种模式和相互转换

Vim 常用命令：

（1）进入文件名为 filename 的 Vim 编辑器，进入编辑器之后处于命令模式：

```
vim  filename
```

（2）退出 Vim 编辑器，在命令模式下有以下几种退出方式：

输入：q，表示不存盘退出；

输入：wq，表示存盘退出；

输入：q!，表示强制不存盘退出，放弃缓存中的内容。

输入：wq!，表示强制存盘退出，放弃缓存中的内容。

（3）在 Vim 中删除和修改文本，可在命令模式下输入以下字符：

输入 x，表示删除光标所在位置字符。

输入 d，表示删除光标所在行字符。

输入 s，表示删除光标所在字符并进入输入模式。

输入 S，表示删除光标所在行字符并进入输入模式。

输入 R，表示修改光标所在字符，进入替代状态，直到按 Esc 键切换到命令模式。

输入 r，表示修改光标所在字符，然后按下替代字符，恢复到命令模式。

（4）恢复上一命令前的内容（撤销所编辑的文本），可在命令模式下输入以下字符：

输入 u，表示恢复最后一个指令前的内容。

输入 U,表示恢复光标所在行的所有改变。

范例:

在当前目录下建立一个名为 shiyan.c 的文件,代码如下,

```
# include < stdio. h >
int main()
{
    printf("hello linux\n");
    return 0;
}
```

输入"vi shiyan.c"创建 shiyan.c 文件并进入文件编辑。

```
root@baozi:/home/shiyan# vi shiyan.c
```

输入 i 进入编辑模式,输入完毕以后按 Esc 键进入命令模式,输入":wq"保存文件并退出。
输入 ls 命令查看文件是否存在。

```
root@baozi:/home/shiyan# ls
filesys_clwxl       filesys_test    kernel.tar.gz   shiyan.c
filesys_clwxl.tar.gz   kernel       montavista    tftp
```

输入"cat shiyan.c"查看文件是否编辑成功。

```
root@baozi:/home/shiyan# cat shiyan.c
# include < stdio. h >
int main()
{
    printf("hello linux\n");
    return 0;
}
```

实验 9: 程序下载烧写实验

视频讲解

一、实验目的

1. 掌握 Putty 客户端的使用。
2. 掌握烧写文件系统的方法。

二、实验内容

1. 正确运行实验箱。
2. 通过串口线将实验箱和 PC 连接。
3. 在 PC 上运行 Putty 客户端。
4. 将文件系统烧写到实验箱上。

三、实验设备

1. 硬件:PC;教学实验箱一台;串口线;网线。
2. 软件:PC 操作系统(Windows XP);Putty 客户端;文件系统 filesys_test。

四、预备知识

1. 熟悉 Putty 客户端

Putty 是一个 Telnet、SSH、Rlogin、纯 TCP 以及串行接口连接软件。较早的版本仅支持

Windows 平台,在最近的版本中开始支持各类 UNIX 平台,并打算移植至 macOS X 上。除了官方版本外,有许多第三方的团体或个人将 Putty 移植到其他平台上,比如,以 Symbian 为基础的移动电话系统。Putty 为一开放源代码软件,主要由 Simon Tatham 维护,使用 MIT licence 授权。随着 Linux 在服务器端应用的普及,Linux 系统管理越来越依赖于远程操作。在各种远程登录工具中,Putty 是出色的工具之一。Putty 是一个免费的、Windows x86 平台下的 Telnet、SSH 和 Rlogin 客户端,但是功能丝毫不逊色于商业的 Telnet 类工具。目前最新的版本为 0.67 Beta。

2. 学会 Putty 客户端的使用

如图 9-44 所示,若登录 Putty 服务器端,选择 Session,在"Host Name (or IP address)"文本框中输入欲访问的服务器 IP,例如,192.168.1.4。端口号(Port)根据使用的协议有所区别,SSH 默认使用 22,Telnet 默认使用 23,Rlogin 默认使用 513。

图 9-44　Putty 配置界面

在 Connection type 选项区域选择使用的协议,这取决于服务器提供的服务,这里选择 SSH。

在 Saved Sessions 文本框中再次输入欲访问的服务器 IP,单击 Save 按钮,保存该 IP 地址。

配置完成后单击 Saved Sessions 列表中的服务器 IP,再单击 Open 按钮,即可打开服务器登录界面,如图 9-45 所示,输入登录名和登录密码,即可登录到服务器。

图 9-45　服务器登录界面

如图 9-46 所示,若登录 Putty 的 COM 端口,则选择 Session,在 Serial line 文本框中输入占用的 COM 端口,例如 COM4,速度(Speed)输入 115200。

在 Connection type 选项区域选择 Serial。

在 Saved Sessions 文本框中再次输入占用的 COM 端口,单击 Save 按钮,保存该设置。

配置完成后单击 Saved Sessions 列表中的 COM 端口,再单击 Open 按钮,即可打开 COM 端口登录界面。

图 9-46　Putty 配置界面

3．了解文件系统

文件系统是操作系统用于明确存储设备(常见的是磁盘,也有基于 NAND Flash 的固态硬盘)或分区上的文件的方法和数据结构,即在存储设备上组织文件的方法。操作系统中负责管理和存储文件信息的软件机构称为文件管理系统,简称文件系统。文件系统由 3 部分组成：文件系统的接口、对对象操纵和管理的软件集合、对象及属性。从系统角度来看,文件系统是对文件存储设备的空间进行组织和分配,负责文件存储并对存入的文件进行保护和检索的系统。具体地说,它负责为用户建立文件,存入、读出、修改、转储文件,控制文件的存取,当用户不再使用时撤销文件等。

磁盘或分区和它所包括的文件系统是很重要的。少数程序(包括产生文件系统的程序)直接对磁盘或分区的原始扇区进行操作,这可能破坏一个存在的文件系统,因此,大部分程序基于文件系统进行操作。一个分区或磁盘在作为文件系统使用前,需要初始化,并将记录数据结构写到磁盘上,这个过程就叫建立文件系统。

4．熟悉文件系统的启动参数

```
setenv bootargs 'mem = 110M console = ttyS0,115200n8 root = /dev/nfs rw nfsroot = 192.168.1.109:/
home/shiyan/nfs/filesys_mceb_1.2 ip = 192.168.1.166:192.168.1.109:192.168.1.1:255.255.255.
0::eth0:off eth= 00:40:06:2B:64:60 video = davincifb:vid0 = OFF:vid1 = OFF:osd0 = 640x480x16,
600K:osd1 = 0x0x0,0K dm365_imp.oper_mode = 0 davinci_capture.device_type = 1 davinci_enc_mngr.
ch0_output = LCD'
```

说明：

设置 bootargs 的各参数。

mem=110M：指定 110MB 内存大小。

console=ttyS0,115200n8：(console=ttyS[,options])使用特定的串口,options 可以是 bbbbpnx 这样的形式,这里 bbbb 是指串口的波特率,p 是奇偶位,n 是指比特位数。

root=/dev/nfs：使用基于 NFS 的文件系统。

rw：可读写。

nfsroot=192.168.1.109:/home/shiyan/filesys_XXX：其中 192.168.1.109 是服务器 IP 地址,/home/shiyan/filesys_XXX 为文件系统所在的目录。

IP=192.168.1.166:192.168.1.109:192.168.1.1:255.255.255.0::eth0:off：

第一项(192.168.1.166)是实验板的临时 IP 地址(注意不要和局域网内其他 IP 地址冲突);

第二项(192.168.1.109)是服务器 IP 地址;

第三项(192.168.1.1)是实验板上网关(GW)的 IP 地址设置;

第四项(255.255.255.0)是子网掩码;

第五项(eth0:off)是实验板上的网卡。

eth=00:40:06:2B:64:60:网卡的物理地址。

video=davincifb:vid0=OFF:vid1=OFF:osd0=640x480x16,600K:osd1=0x0x0,0K:

第一项(video=davincifb):视频设备的帧缓冲驱动;

第二项和第三项(vid0=OFF:vid1=OFF):帧缓冲区分配的比特每像素和内存量在视频设备启用时禁用;

第四项和第五项(osd0=640x480x16,600K:osd1=0x0x0,0K):给 osd0 分配 640x480,16位每像素,600KB 内存的窗口,即液晶屏大小为 640×480px。

dm365_imp.oper_mode=0:IPIPE resizer 的模式为连续模式。

davinci_capture.device_type=1:使用的驱动为 TVP5146。

davinci_enc_mngr.ch0_output=LCD:输出到 LCD 液晶屏上。

五、实验步骤

步骤 1,硬件连接。

(1) 连接好实验箱的网线、串口线和电源。

(2) 首先通过 Putty 软件使用 SSH 通信方式登录到服务器,如图 9-47 所示(在 Host Name 文本框中输入服务器的 IP 地址)端口号为 22,将 PC 连上服务器。

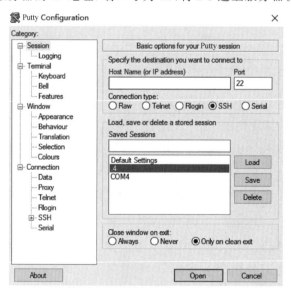

图 9-47　打开 Putty 连接

(3) 要使用 Serial 通信方式登录到实验箱,需要先查看端口号。具体步骤是:右击"我的电脑"图标,在弹出的快捷菜单中选择"管理"命令,在出现的窗口选择"设备管理器"→"端口"选项,查看实验箱的端口号。如图 9-48 所示。

(4) 在 Putty 软件端口栏输入步骤(3)中查询到的串口 COM3,设置波特率为 115200,连接实验箱,如图 9-49 所示。

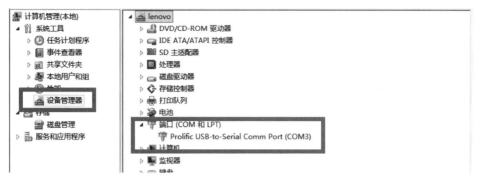

图 9-48 端口号查询

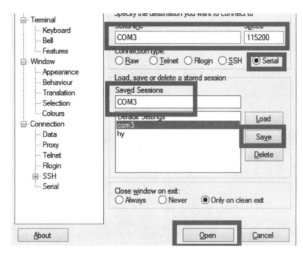

图 9-49 Putty 串口连接配置

（5）单击 Open 按钮，进入连接页面，打开实验箱开关，在 5s 内，按 Enter 键，然后输入挂载参数，再次按 Enter 键，输入 boot 命令，按 Enter 键，开始进行挂载。具体信息如下所示：

```
DM365 EVM :> setenv  bootargs 'mem = 110M console = ttyS0,115200n8 root = /dev/nfs rw nfsroot =
192.168.1.18:/home/shiyan/filesys_clwxl ip = 192.168.1.42:192.168.1.18:192.168.1.1:255.255.
255.0::eth0: off eth = 00:40:01:C1:56:78 video = davincifb: vid0 = OFF: vid1 = OFF: osd0 =
640x480x16,600K:osd1 = 0x0x0,0K dm365_imp.oper_mode = 0 davinci_capture.device_type = 1 davinci_enc_
mngr.ch0_output = LCD'
DM365 EVM :> boot

Loading from NAND 1GiB 3,3V 8 - bit, offset 0x400000
  Image Name:    Linux - 2.6.18 - plc_pro500 - davinci_
  Image Type:    ARM Linux Kernel Image (uncompressed)
  Data Size:     1996144 Bytes =   1.9 MB
  Load Address: 80008000
  Entry Point:  80008000
## Booting kernel from Legacy Image at 80700000...
  Image Name:    Linux - 2.6.18 - plc_pro500 - davinci_
  Image Type:    ARM Linux Kernel Image (uncompressed)
  Data Size:     1996144 Bytes =   1.9 MB
  Load Address: 80008000
  Entry Point:  80008000
  Verifying Checksum ... OK
  Loading Kernel Image ... OK
OK

Starting kernel...
```

```
Uncompressing
Linux.....................................................................................................................
done, booting the kernel.
[    0.000000] Linux version 2.6.18 - plc_pro500 - davinci_evm - arm_v5t_le - gfaa0b471 - dirty
(zcy@punuo - Lenovo) (gcc version 4.2.0 (MontaVista 4.2.0 - 16.0.32.0801914 2008 - 08 - 30)) #1
PREEMPT Mon Jun 27 15:31:35 CST 2016
[    0.000000] CPU: ARM926EJ - S [41069265] revision 5 (ARMv5TEJ), cr = 00053177
[    0.000000] Machine: DaVinci DM365 EVM
[    0.000000] Memory policy: ECC disabled, Data cache writeback
[    0.000000] DaVinci DM0365 variant 0x8
[    0.000000] PLL0: fixedrate: 24000000, commonrate: 121500000, vpssrate: 243000000
[    0.000000] PLL0: vencrate_sd: 27000000, ddrrate: 243000000 mmcsdrate: 121500000
[    0.000000] PLL1: armrate: 297000000, voicerate: 20482758, vencrate_hd: 74250000
[    0.000000] CPU0: D VIVT write - back cache
[    0.000000] CPU0: I cache: 16384 bytes, associativity 4, 32 byte lines, 128 sets
[    0.000000] CPU0: D cache: 8192 bytes, associativity 4, 32 byte lines, 64 sets
[    0.000000] Built 1 zonelists.   Total pages: 28160
[    0.000000] Kernel command line: mem = 110M console = ttyS0, 115200n8 root = /dev/nfs rw
nfsroot = 192.168.1.18:/home/shiyan/filesys_clwxl ip = 192.168.1.42:192.168.1.18:192.168.1.1:
255.255.255.0::eth0:off eth = 00:40:01:C1:56:78 video = davincifb: vid0 = OFF: vid1 = OFF: osd0 =
640x480x16,600K:osd1 = 0x0x0,0K dm365_imp. oper_mode = 0 davinci_capture. device_type = 1 davinci_enc_
mngr. ch0_output = LCD
[    0.000000] TI DaVinci EMAC: kernel boot params Ethernet address: 00:40:01:C1:56:78
...
...
KeypadDriverPlugin::create###################### : optkeypad
keyboard input device ("/dev/input/event0" ) is opened.
id = "0"
msqid =  0


MontaVista(R) Linux(R) Professional Edition 5.0.0 (0801921)
```

(6) 按 Enter 键,输入用户名 root 登录实验箱,如下所示:

```
zjut login: root


Welcome to MontaVista(R) Linux(R) Professional Edition 5.0.0 (0801921).

login[737]: root login on 'console'

/ ****** Set QT environment ******** /

[root@zjut ~]#
```

步骤 2,文件系统烧写前的准备工作(服务器窗口操作)。

进入根目录下的 mnt 文件夹,新建 nand 文件夹用来存放文件系统:

```
# cd/mnt
# mkdir nand
```

步骤 3,将文件系统分区挂载到/mnt/nand 上,挂载成功如下所示:

```
#mount  - t  yaffs2  /dev/mtdblock3  /mnt/nand
zjut login: root


Welcome to MontaVista(R) Linux(R) Professional Edition 5.0.0 (0801921) .

login [691] : root login on 'console'
/ ****** tum * Set QT environment ******** /
```

```
[root@zjut ~]# mount  -t  yaffs2  /dev/mtdblock3  /mnt/nand
[  274.800000] yarrs: dev is 32505859 name 19 "mtdblock3"
[  274.820000] yaffs: passed rlags  ""
[  274.820000] yaffs: Atterpting MTD mount on 31.3, "mtdblock3"
[  305.350000] yaffs_read_super: isCheckpointed 0
[root@zjut ~]#
```

步骤 4,解压文件系统。

进入目录:

```
#cd  /mnt/nand
```

解压文件系统到当前目录下:

```
#tar  zxvf  ../../filesys_mceb_1.1.tar.gz
```

文件系统在解压过程中进行了烧写,如下所示:

```
[root@zjut ~]# cd  /mnt/nand
[root@zjut nand]# tar  zxvf  ../../filesys_mceb_1.1.tar.gz
./bin/
./bin/gzip
/bin/iwconfig
/bin/stty
/bin/mkmod
/bin/ipaddr
./bin/adduser
```

步骤 5,回到根目录解除挂载。

回到根目录:

```
#cd  ../../
```

解除挂载:

```
#umount  /mnt/nand
```

解除挂载信息如下:

```
./wav/007.wav
./wav/agc.sh
./wav/jy18.wav
./wav/xjhw-yuan.wav
./wav/paomo.wav
[root@zjut nand]# cd ../../
[root@zjut /]# umount  /mnt/nand
[  3794.740000] save exit: isCheckpointed 1
[  3794.780000] save exit: isCheckpointed 1
[root@zjut /]#
```

步骤 6,重启设备。

重新启动 Putty,再次输入启动参数:

```
setenv bootargs mem = 110M console = ttyS0,115200n8 root = /dev/mtdblock3 rw rootfstype = yaffs2 ip =
192.168.1.166:192.168.1.109:192.168.1.1:255.255.255.0::eth0:off eth = 00:40:06:2B:64:60
video = davincifb:vid0 = OFF:vid1 = OFF:osd0 = 640x480x16,600K:osd1 = 0x0x0,0K dm365_imp.oper_
mode = 0 davinci_capture.device_type = 1 davinci_enc_mngr.ch0_output = LCD
```

保存启动参数:

```
#saveenv
```

输入 boot,启动实验箱,出现如图 9-50 所示的界面,说明烧写文件完成。

图 9-50　实验箱成功启动界面

视频讲解

实验 10：mount 挂载实验

一、实验目的

1. 掌握配置 NFS 服务的方法。
2. 掌握 mount 挂载 usb/sd 的方法。

二、实验内容

1. 配置服务器端 NFS 服务。
2. 实现 NFS 挂载
3. mount 挂载 USB 和 SD 设备。

三、实验设备

1. 硬件：教学实验系统一台；串口线；网口线 ；U 盘；SD 卡；服务器。
2. 软件：Linux 操作系统；远程登录系统 Putty。

四、预备知识

1. 概述

NFS(Network File System)即网络文件系统，是 FreeBSD 支持的文件系统中的一种，它允许网络中的计算机之间通过 TCP/IP 网络共享资源。在 NFS 的应用中，本地 NFS 的客户端应用可以透明地读写位于远端 NFS 服务器上的文件，就像访问本地文件一样。

mount 是 Linux 下的一个命令，可以将 Windows 分区作为 Linux 的一个"文件"挂载到 Linux 的一个空文件夹下，从而将 Windows 的分区和/mnt 目录联系起来，因此只要访问这个文件夹，就相当于访问该分区。

mount 命令指示操作系统使文件系统在指定位置(安装点)可用。此外，可以用 mount 命令构建由目录和安装文件(file mounts)组成的其他文件树。mount 命令通过在 Directory 参数指定的目录上使用 Device/Node：Directory 来安装表示为设备的文件系统。mount 命令完成以后,指定的目录变为新安装文件系统的根目录。

　　只有 root 权限的用户或系统组成员和对安装点有写权限的用户能进行文件或目录安装(directory mounts)。mount 命令使用真实的用户标识,而不是有效的用户标识来确定用户是否有相应的访问权限。假定系统组成员对安装点或在 /etc/filesystems 文件中指定的安装有写入权限,则他们能对设备进行安装(device mounts)。有 root 权限的用户能发出任意的 mount 命令。

　　如果用户属于系统组并且有相应的存取权限,则能安装设备。安装设备时,mount 命令使用 Device 参数作为块设备名,Directory 参数作为文件系统所要安装的目录。

2. 基本原理

　　在 Linux 系统中,设备在上层都被映射为设备文件,比如 IDE 硬盘被映射为设备文件/dev/hda1,U 盘被映射为设备文件/dev/sda1。如果用户直接访问这些设备文件,则可得到一系列二进制代码。所以,为了方便用户的使用,Linux 规定,必须将该设备文件挂载到某一目录下(常用的是/mnt 目录),用户对该目录(比如/mnt 目录)的操作(读/写)就是对设备文件的操作,也就是对设备的操作。当然,在实际应用中,常在/mnt 目录下新建一个子目录,比如 hdisk(IDE 硬盘)、usb(U 盘),然后将设备文件挂载到该子目录下。

五、实验说明

　　本实验中假设 Linux 系统中默认安装了 NFS 服务程序,如果没有安装,则需要在安装 Linux 系统时选择默认安装 NFS 服务。如果系统中默认安装了 usb/sd 驱动,那么系统就能自动检测 usb/sd 设备。

六、实验步骤

　　步骤 1,硬件连接。

　　(1) 连接好实验箱的网线、串口线和电源。

　　(2) 首先通过 Putty 软件使用 SSH 通信方式登录到服务器,如图 9-51 所示(在 Host Name(or IP address)文本框输入服务器的 IP 地址)。

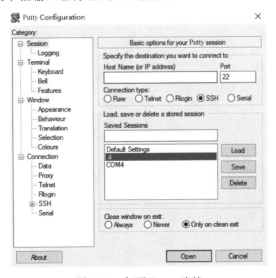

图 9-51　打开 Putty 连接

　　(3) 要使用 Serial 通信方式登录到实验箱,需要先查看端口号。具体步骤是:右击"我的电脑"图标,在弹出的快捷菜单中选择"管理"命令,在出现的窗口选择"设备管理器"→"端口"

选项,查看实验箱的端口号。如图 9-52 所示。

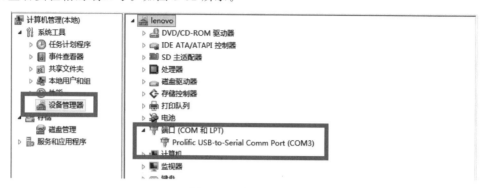

图 9-52　端口号查询

（4）在 Putty 软件端口栏输入（3）中查询到的串口号 COM3,设置波特率为 115200,连接实验箱,如图 9-53 所示。

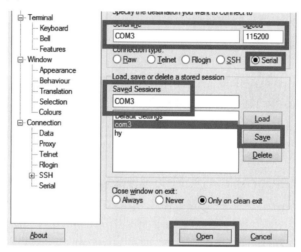

图 9-53　Putty 串口连接配置

（5）单击 Open 按钮,进入连接页面,打开实验箱开关,在 5s 内,按 Enter 键,然后输入挂载参数,再次按 Enter 键,输入 boot 命令,按 Enter 键,开始进行挂载。具体信息如下所示:

```
DM365 EVM :> setenv  bootargs 'mem = 110M console = ttyS0,115200n8 root = /dev/nfs rw nfsroot =
192.168.1.18:/home/shiyan/filesys_clwxl ip = 192.168.1.42:192.168.1.18:192.168.1.1:255.255.
255.0::eth0: off eth = 00: 40: 01: C1: 56: 78 video = davincifb: vid0 = OFF: vid1 = OFF: osd0 =
640x480x16,600K:osd1 = 0x0x0,0K dm365_imp. oper_mode = 0 davinci_capture. device_type = 1 davinci_enc_
mngr. ch0_output = LCD'
DM365 EVM :> boot

Loading from NAND 1GiB 3,3V 8 - bit, offset 0x400000
  Image Name:   Linux - 2.6.18 - plc_pro500 - davinci_
  Image Type:   ARM Linux Kernel Image (uncompressed)
  Data Size:    1996144 Bytes =  1.9 MB
  Load Address: 80008000
  Entry Point:  80008000
## Booting kernel from Legacy Image at 80700000...
  Image Name:   Linux - 2.6.18 - plc_pro500 - davinci_
  Image Type:   ARM Linux Kernel Image (uncompressed)
  Data Size:    1996144 Bytes =  1.9 MB
  Load Address: 80008000
  Entry Point:  80008000
```

```
 Verifying Checksum ... OK
 Loading Kernel Image ... OK
OK

Starting kernel...

Uncompressing Linux...................................................................................
done, booting the kernel.
[    0.000000] Linux version 2.6.18 - plc_pro500 - davinci_evm - arm_v5t_le - gfaa0b471 - dirty
(zcy@punuo - Lenovo) (gcc version 4.2.0 (MontaVista 4.2.0 - 16.0.32.0801914 2008 - 08 - 30)) #1
PREEMPT Mon Jun 27 15:31:35 CST 2016
[    0.000000] CPU: ARM926EJ - S [41069265] revision 5 (ARMv5TEJ), cr = 00053177
[    0.000000] Machine: DaVinci DM365 EVM
[    0.000000] Memory policy: ECC disabled, Data cache writeback
[    0.000000] DaVinci DM0365 variant 0x8
[    0.000000] PLL0: fixedrate: 24000000, commonrate: 121500000, vpssrate: 243000000
[    0.000000] PLL0: vencrate_sd: 27000000, ddrrate: 243000000 mmcsdrate: 121500000
[    0.000000] PLL1: armrate: 297000000, voicerate: 20482758, vencrate_hd: 74250000
[    0.000000] CPU0: D VIVT write - back cache
[    0.000000] CPU0: I cache: 16384 bytes, associativity 4, 32 byte lines, 128 sets
[    0.000000] CPU0: D cache: 8192 bytes, associativity 4, 32 byte lines, 64 sets
[    0.000000] Built 1 zonelists.   Total pages: 28160
[    0.000000] Kernel command line: mem = 110M console = ttyS0, 115200n8 root = /dev/nfs rw
nfsroot = 192.168.1.18:/home/shiyan/filesys_clwxl ip = 192.168.1.42:192.168.1.18:192.168.1.1:
255.255.255.0::eth0:off eth = 00:40:01:C1:56:78 video = davincifb:vid0 = OFF:vid1 = OFF:osd0 =
640x480x16,600K:osd1 = 0x0x0,0K dm365_imp.oper_mode = 0 davinci_capture.device_type = 1 davinci_enc_
mngr.ch0_output = LCD
[    0.000000] TI DaVinci EMAC: kernel boot params Ethernet address: 00:40:01:C1:56:78
...
...
KeypadDriverPlugin::create################### : optkeypad
keyboard input device ("/dev/input/event0" ) is opened.
id = "0"
msqid =  0


MontaVista(R) Linux(R) Professional Edition 5.0.0 (0801921)
```

（6）按 Enter 键，输入用户名 root，登录实验箱，如下所示：

```
zjut login: root


Welcome to MontaVista(R) Linux(R) Professional Edition 5.0.0 (0801921).

login[737]: root login on 'console'

/ ****** Set QT environment ******** /

[root@zjut ~]#
```

步骤 2，配置 NFS 服务器设置。

（1）进入 Linux 服务器系统的/etc 目录，命令如下：

```
$ cd /etc/
```

（2）编辑/etc/exports 的文件，sudo 命令是以 root 权限进入，这里需要输入登录密码，命令如下：

```
$ sudo vi exports
[sudo] password for st1:
```

进入如下所示 exports 文件，在 exports 文件中添加一行：

```
/home/挂载目录 192.168.*.*(rw,sync,no_root_squash)
```

具体过程如下所示：

```
*/*tc/exports:the access control list for filesystems which may be exported
*        to NFS clients.   See exports(5).
*
* Examples for NFSv2 and NFSv3:
*/srv/homes        hostname1(rw,sync,no_subtree_check)   hostname2(rv,sync,no_
subtree_check)
*
* Examples for NFSv4
*/srv/nfs4         gss/krb5i(rw, sync, fsid = 0, crossmnt, no_subtree_check)
*/srv/nfs4/homes      gss/krb5i(rw, sync, no_subtree_check)
*
/home/st1/nfs   192.168.1.*(rw, sync, no_root_squash)
```

从最后一行中可以看出，这里为系统添加了一行：

```
/home/xxx/nfs 192.168.1.*(rw sync no_root_squash)
```

如果虚拟机在 192.168.0.1 网关下，则网关改为"192.168.0.*"。至此，NFS 服务器的配置已经完成，接下来启动 NFS 服务。如果已启动，则跳过此步骤。

启动 NFS 的命令如下：

```
$ sudo /etc/rc.d/init.d/nfs - kernel - server start
```

如果之前已启动 NFS，那么更改后可用以下命令：

```
$ sudo  /etc/rc.d/init.d/nfs - kernel - server restart
```

步骤 3，文件夹挂载。

（1）挂载。

服务器端的 NFS 服务配置完成以后，启动实验板，在串口调试工具中开始挂载文件夹，在 mount 之前，必须先配置。加上"ifconfig eth0 192.168.1.***"命令，修改实验板系统 IP 地址（192.168.1.*** 表示的是实验箱的具体 IP 地址，注意，实验箱的 IP 地址要和被挂载的服务器处在同一网段）。

mount 过程如下所示（此步骤在实验箱上进行）：

```
[root]# mount  -t nfs  -o nolock 192.168.1.65:/home/st1/nfs  /mnt/mtd/
[root]#
```

（注：st1 是用户名，每个人创建 ubuntu 时的用户名都不一样）

为了验证挂载是否成功，输入 df 命令查看，结果如下所示：

```
[root]# df
Filesystem            1K - blocks   Used      Available Use %   Mounted  on
/dev/sda1             806368      45520      719884      6 %      /
/dev/mtdblock1        193241632    102773502   80652000   56 %    /mnt/mtd
192.168.1.65:/home/st1/nfs
                      193241632   102773502   80652000   56 %   /mnt/mtd
```

从以上结果可以看出，已经将服务器上的/home/st1/nfs（192.168.1.65:/home/st1/nfs）目录挂载到了实验箱文件系统的/mnt/mtd 目录下。也就是说，此时实验箱可以通过/mnt/mtd 目录直接访问服务器上的/home/st1/nfs 目录。可以在服务器端进入/home/st1/nfs 目录并在实验箱中进入/mnt/mtd 目录对比其中的内容，可以发现内容是一样的，并且在任意端在目录中创建新文件，在另一端均可见。

（2）卸载。

为了将/192.168.1.65:/home/st1/nfs 目录与/mnt/mtd 目录卸载分开,首先退到 root 目录下(cd / 请注意卸载命令发生在实验箱端,且一定要在卸载挂载前退出挂载目录,否则会报错,报错内容为设备忙),需要使用 umount 命令(umount 被挂载目录),如下所示:

```
[root]# umount  /mnt/mtd
[root]#df
Filesystem         1K-blocks    Used  Availabled  Use%  Mounted  on
/dev/sda1          806368      45520  719884      6%    /
/dev/mtblock1      806368      45520  719884      6%    /mnt/mtd
[root]#
```

步骤4,USB挂载。

（1）将 U 盘插入实验板的 USB 接口处,实验板中的串口调试工具出现以下信息提示:

```
[root]#[ 149.340000] usb 1-1.3:new high speed USB device using musb_hdrc and address 4
```

（2）使用"fdisk -l"查看盘符信息,如下所示:

```
[root]# fdisk  -1
Disk /dev/sda: 4057 MB, 4057989120 bytes
91 heads, 45 sectors/track, 1935 cylinders
Units = cylinders of 4095 * 512 = 2096640 bytes

   Device Boot     Start        End      Blocks    Id System
/dev/sda1             1         1936     3962852    b Win95 FAT32
[root]#
```

（3）创建一个/mnt/usb 文件夹,如下所示:

```
[root]# mkdir /mnt/usb
[root]#
```

（4）把 sda1 盘符挂载到/mnt/usb 文件夹上,如下所示:

```
[root]# mount/dev/sda1  /mnt/usb/
[root]#
```

（5）进入/mnt/usb 文件夹,查看该文件夹中的内容,如下所示:

```
[root]#  cd  /mnt/usb/
[root]#  ls
h264       disk.tar.gz      linuxrc      sbin      tmp
bin        etc              mnt          share     usr
data.h264  init             proc         shm       var
dev        lib              root         sys
[root]#
```

（6）卸载 U 盘,先退出到根目录下,再解除挂载,如下所示:

```
[root@zjut  usb]#  cd/
[root@zjut ~]# umount  /mnt/usb
```

（7）解除挂载以后,可再次进入/mnt/usb 文件夹,输入 ls 命令查看,若文件夹内已经没有内容,说明解除挂载成功:

```
[root@zjut ~]#  cd  /mnt/usb
[root@zjut  usb]#  ls
[root@zjut  usb]#
```

步骤5,SD卡挂载。

将 SD 卡插入卡槽中,Putty 上会跳出以下信息:

```
[root@zjut ~]# [  557.610000] mmcblk0: mmc0:aaaa SL32G 30183936KiB
[  557.620000]  mmcblk0: p1
```

跳出以上信息后,输入 mount,将会跳出挂载信息,如出现以下信息,说明 SD 卡已经自动挂载到/mnt/mmc 文件夹中。

```
/dev/mmcblk0p1    on    /mnt/mmc    typevfat
(rw,fmask = 0022,dmask = 0022,codepage = cp437,iocharset = iso8859 − 1)
```

如果要重新挂载 SD 卡,则先输入命令,解除 SD 卡的挂载,之后可进入/mnt/mmc/image 文件夹内查看,可以看到里面没有内容。

注:此时假设 SD 卡上存在 image 目录且该目录下有图片文件。

```
[root@zjut ~]#  umount  /mnt/mmc
```

之后可输入命令重新挂载:

```
[root@zjut ~]# mount − t vfat /dev/mmcblk0p1 /mnt/mmc
```

再进入/mnt/mmc/image 文件夹中查看,里面就会显示出 SD 卡的内容了:

```
2016 − 01 − 27 − 16 − 31 − 36_null.jpg   2016 − 03 − 31 − 16 − 34 − 26_null.jpg
2016 − 03 − 29 − 14 − 29 − 54_null.jpg   2016 − 03 − 31 − 16 − 55 − 27_null.jpg
2016 − 03 − 29 − 14 − 30 − 05_null.jpg   2016 − 03 − 31 − 16 − 55 − 39_null.jpg
2016 − 03 − 30 − 16 − 10 − 11_null.jpg   2016 − 03 − 31 − 17 − 03 − 04_null.jpg
2016 − 03 − 30 − 16 − 10 − 40_null.jpg   2016 − 03 − 31 − 17 − 03 − 08_null.jpg
2016 − 03 − 31 − 16 − 34 − 12_null.jpg   2016 − 04 − 01 − 10 − 00 − 44_null.jpg
2016 − 03 − 31 − 16 − 34 − 21_null.jpg   2016 − 05 − 26 − 08 − 51 − 18_null.jpg
```

再退出目录,输入命令解除挂载。重新进入/mnt/mmc/image 文件夹中查看,可以看到,里面没有文件,说明解除挂载成功。

```
[root@zjut ~]#  cd ~
[root@zjut ~]#  umount  /mnt/mmc
```

实验结束。

视频讲解

实验 11:Linux 交叉编译平台实验

一、实验目的

1. 理解交叉编译的原理和概念。
2. 掌握在 Linux 下建立交叉编译平台的方法。
3. 掌握使用交叉编译平台编译源代码。

二、实验内容

1. 正确运行实验箱。
2. 通过串口将实验箱和 PC 连接。
3. 在 Linux 操作系统的服务器上安装交叉编译环境,并编译程序。
4. 在实验箱上运行交叉编译程序结果。

三、实验设备

1. 硬件:PC;教学实验箱一台;串口线;网线;服务器。
2. 软件:PC 操作系统(Windows XP);Linux 操作系统。

四、预备知识

1. 交叉编译环境建立的原理

交叉编译是指在某个主机平台(比如 PC)上建立交叉编译环境后,可在其他平台(如教学实验箱)上运行代码的过程。搭建交叉编译环境,包括安装、配置交叉编译工具链。在该环境下编译出嵌入式 Linux 系统所需的操作系统、应用程序等,然后再上传到其他平台(如教学实验箱)上。

交叉编译工具链是为了编译、链接、处理和调试跨平台体系结构的程序代码。对于交叉开发的工具链来说,在文件名称上加了一个前缀,用来区别于本地的工具链。例如,arm_v5t_le 表示是对 arm 的交叉编译工具链;arm_v5t_le_gcc 表示是使用 gcc 的编译器。除了体系结构相关的编译选项以外,其使用方法与 Linux 主机上的 gcc 相同,所以 Linux 编程技术对于嵌入式同样适用。

gcc 和 arm-linux-gcc 的区别是什么呢? 区别就是 gcc 是 Linux 下的 C 语言编译器,编译出来的程序在本地执行,而 arm-linux-gcc 使用 Linux 下跨平台的 C 语言编译器,编译出来的程序在目标机(如教学实验箱)上执行,嵌入式开发应使用嵌入式交叉编译工具链。

2. NFS 服务器概述

NFS 是 Network File System 的缩写,即网络文件系统。NFS 是一种使用于分散式文件系统的协定,由 Sun 公司开发,于 1984 年向外公布。功能是通过网络让不同的机器、不同的操作系统能够彼此分享个别的数据,让应用程序在客户端通过网络访问位于服务器磁盘中的数据,是在类 UNIX 系统间实现磁盘文件共享的一种方法。

NFS 的基本原则是"容许不同的客户端及服务端通过一组 RPC 分享相同的文件系统",它独立于操作系统,容许在不同硬件及操作系统间进行文件的分享。

NFS 在文件传送或信息传送过程中依赖于 RPC 协议。远程过程调用(Remote Procedure Call,RPC)是能使客户端执行其他系统中程序的一种机制。NFS 本身是没有提供信息传输的协议和功能的,但 NFS 能让我们通过网络进行资料的分享,这是因为 NFS 使用了一些其他的传输协议。而这些传输协议用到了 RPC 的功能,也可以说,NFS 本身就是使用 RPC 的一个程序,或者说 NFS 是一个 RPC Server。所以只要用到 NFS 的地方都要启动 RPC 服务,不论是 NFS Server 或者 NFS Client,这样 Server 和 Client 才能通过 RPC 来实现对应的 PROGRAM PORT。可以这样理解 RPC 和 NFS 的关系:NFS 是一个文件系统,而 RPC 负责信息的传输。

五、实验步骤

步骤 1,硬件连接。

(1) 连接好实验箱的网线、串口线和电源。

(2) 首先通过 Putty 软件使用 SSH 通信方式登录到服务器,如图 9-54 所示(在 Host Name(or IP address)文本框中输入服务器的 IP 地址)。

(3) 要使用 Serial 通信方式登录到实验箱,需要先查看端口号。具体步骤是:右击"我的电脑"图标,在弹出的快捷菜单中选择"管理"命令,在出现的窗口中选择"设备管理器"→"端口"选项,查看实验箱的端口号。如图 9-55 所示。

(4) 在 Putty 软件端口栏输入步骤(3)中查询到的串口,设置波特率为 115200,连接实验箱,如图 9-56 所示。

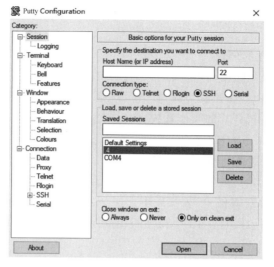

图 9-54　打开 Putty 连接

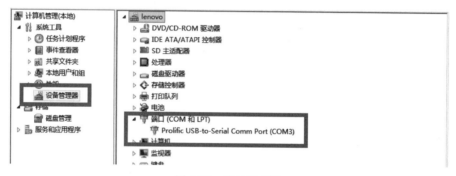

图 9-55　端口号查询

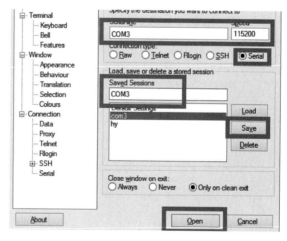

图 9-56　Putty 串口连接配置

（5）单击 Open 按钮，进入连接页面，打开实验箱开关，在 5s 内，按 Enter 键，然后输入挂载参数，再次按 Enter 键，输入 boot 命令，按 Enter 键，开始进行挂载。具体信息如下所示：

```
DM365 EVM :> setenv  bootargs 'mem = 110M console = ttyS0,115200n8 root = /dev/nfs rw nfsroot =
192.168.1.18:/home/shiyan/filesys_clwxl ip = 192.168.1.42:192.168.1.18:192.168.1.1:255.255.
255.0::eth0: off eth = 00: 40: 01: C1: 56: 78 video = davincifb: vid0 = OFF:vid1 = OFF: osd0 =
640x480x16,600K:osd1 = 0x0x0,0K dm365_imp. oper_mode = 0 davinci_capture. device_type = 1 davinci_enc_
mngr. ch0_output = LCD'
```

```
DM365 EVM :> boot

Loading from NAND 1GiB 3,3V 8 - bit, offset 0x400000
  Image Name:    Linux - 2.6.18 - plc_pro500 - davinci_
  Image Type:    ARM Linux Kernel Image (uncompressed)
  Data Size:     1996144 Bytes =   1.9 MB
  Load Address: 80008000
  Entry Point:   80008000
## Booting kernel from Legacy Image at 80700000...
  Image Name:    Linux - 2.6.18 - plc_pro500 - davinci_
  Image Type:    ARM Linux Kernel Image (uncompressed)
  Data Size:     1996144 Bytes =   1.9 MB
  Load Address: 80008000
  Entry Point:   80008000
  Verifying Checksum ... OK
  Loading Kernel Image ... OK
OK

Starting kernel...

Uncompressing Linux...................................................................
done, booting the kernel.
[    0.000000] Linux version 2.6.18 - plc_pro500 - davinci_evm - arm_v5t_le - gfaa0b471 - dirty
(zcy@punuo - Lenovo) (gcc version 4.2.0 (MontaVista 4.2.0 - 16.0.32.0801914 2008 - 08 - 30)) #1
PREEMPT Mon Jun 27 15:31:35 CST 2016
[    0.000000] CPU: ARM926EJ - S [41069265] revision 5 (ARMv5TEJ), cr = 00053177
[    0.000000] Machine: DaVinci DM365 EVM
[    0.000000] Memory policy: ECC disabled, Data cache writeback
[    0.000000] DaVinci DM0365 variant 0x8
[    0.000000] PLL0: fixedrate: 24000000, commonrate: 121500000, vpssrate: 243000000
[    0.000000] PLL0: vencrate_sd: 27000000, ddrrate: 243000000 mmcsdrate: 121500000
[    0.000000] PLL1: armrate: 297000000, voicerate: 20482758, vencrate_hd: 74250000
[    0.000000] CPU0: D VIVT write - back cache
[    0.000000] CPU0: I cache: 16384 bytes, associativity 4, 32 byte lines, 128 sets
[    0.000000] CPU0: D cache: 8192 bytes, associativity 4, 32 byte lines, 64 sets
[    0.000000] Built 1 zonelists.   Total pages: 28160
[    0.000000] Kernel command line: mem = 110M console = ttyS0, 115200n8 root = /dev/nfs rw
nfsroot = 192.168.1.18:/home/shiyan/filesys_clwxl ip = 192.168.1.42:192.168.1.18:192.168.1.1:
255.255.255.0::eth0:off eth = 00:40:01:C1:56:78 video = davincifb:vid0 = OFF:vid1 = OFF:osd0 =
640x480x16,600K:osd1 = 0x0x0,0K dm365_imp.oper_mode = 0 davinci_capture.device_type = 1 davinci_enc_
mngr.ch0_output = LCD
[    0.000000] TI DaVinci EMAC: kernel boot params Ethernet address: 00:40:01:C1:56:78


KeypadDriverPlugin::create################### : optkeypad
keyboard input device ( "/dev/input/event0" ) is opened.
id = "0"
msqid = 0


MontaVista(R) Linux(R) Professional Edition 5.0.0 (0801921)
```

（6）按 Enter 键，输入用户名 root，登录实验箱，如下所示：

```
zjut login: root


Welcome to MontaVista(R) Linux(R) Professional Edition 5.0.0 (0801921).

login[737]: root login on 'console'
```

```
/ ****** Set QT environment ******** /

[root@zjut ~]#
```

步骤 2,搭建交叉编译环境(在服务器窗口操作)。

在服务器窗口,创建一个文件夹 mv_pro_5.0,进入该文件夹,将/home/shiyan/arm_v5 目录下的软件包 mvltools5_0_0801921_update. tar 复制到当前文件夹 mv_pro_5.0 下(注意,不能省略最后一条语句中的".",且前面有空格):

```
#mkdir  mv_pro_5.0
#cd  mv_pro_5.0
#cp  /home/shiyan/arm_v5/mvltools5_0_0801921_update.tar.gz  .
```

解压缩 mvltools5_0_0801921_update. tar 软件包,解压缩后会出现 montavista 文件夹:

```
# tar  zxvf  mvltools5_0_0801921_update.tar.gz
```

配置系统环境变量,把交叉编译工具链的路径添加到环境变量 PATH 中,使其可以在任何目录下使用,进入/etc/profile 文件:

```
#vim  /etc/profile
```

按插入键 i,在文件的最后一行添加:

```
export  PATH = $ PATH:/home/shiyan/mv_pro_5.0/montavista/pro/devkit/arm/v5t_le/bin
```

按 Esc 键,再输入:wq! 退出文档。
使环境变量生效:

```
#source  /etc/profile
```

检测交叉编译环境是否搭建成功:
在命令行中输入"arm_v5t_le-gcc -v",输出如下的版本信息,表示交叉编译环境搭建成功。

```
使用内建 specs
目标:armv5tl - montavista - linux - gnueabi
配置为:../configure -- host = i686 - pc - linux - gnu -- build = i686 - pc - linux - gnu -- target =
armv5tl - montavista - linux - gnueabi -- prefix = /opt/montavista/foundation/devkit/arm/v5t_le --
exec - prefix = /opt/montavista/foundation/devkit/arm/v5t_le -- bindir = /opt/montavista/
foundation/devkit/arm/v5t_le/bin -- sbindir = /opt/montavista/foundation/devkit/arm/v5t_le/
sbin -- sysconfdir = /opt/montavista/foundation/devkit/arm/v5t_le/etc -- datadir = /opt/
montavista/foundation/devkit/arm/v5t_le/share -- includedir = /opt/montavista/foundation/
devkit/arm/v5t_le/include -- libdir = /opt/montavista/foundation/devkit/arm/v5t_le/lib --
libexecdir = /opt/montavista/foundation/devkit/arm/v5t_le/libexec -- localstatedir = /opt/
montavista/foundation/devkit/arm/v5t_le/var -- sharedstatedir = /opt/montavista/foundation/
devkit/arm/v5t_le/share -- mandir = /opt/montavista/foundation/devkit/arm/v5t_le/man --
infodir = /opt/montavista/foundation/devkit/arm/v5t_le/info -- build = i686 - pc - linux - gnu --
program - transform - name = s, ^, arm_v5t_le -, -- enable - cross -- enable - poison - system -
directories -- with - sysroot = /opt/montavista/foundation/devkit/arm/v5t_le/target -- with -
build - sysroot = /opt/montavista/foundation/devkit/arm/v5t_le/target -- with - build - time -
tools = /opt/montavista/foundation/devkit/arm/v5t_le/bin -- enable - shared -- enable -
languages = c,c++ -- enable - __cxa_atexit -- enable - c99 -- enable - long - long -- enable -
threads = posix -- with - gxx - include - dir = /opt/montavista/foundation/devkit/arm/v5t_le/lib/
gcc/armv5tl - montavista - linux - gnueabi/4.2.0/../../../../target/usr/include/c++/4.2.0 --
disable - libmudflap -- disable - libssp -- disable - libgomp -- with - gnu - as -- with - gnu - ld --
enable - symvers = gnu -- enable - checking = release -- with - numa - policy = yes -- disable -
multilib -- enable - clocale = gnu -- with - float = soft -- with - cpu = arm10tdmi -- with -
interwork -- with - arch = armv5t -- with - tune = arm10tdmi -- libexecdir = /opt/montavista/
foundation/devkit/arm/v5t_le/lib -- with - bugurl = http://www.mvista.com/support -- with -
versuffix = 'MontaVista 4.2.0 - 16.0.32.0801914 2008 - 08 - 30'
线程模型:posix
gcc 版本 4.2.0 (MontaVista 4.2.0 - 16.0.32.0801914 2008 - 08 - 30)
```

步骤 3,编写测试程序。

步骤 2 中搭建了交叉编译环境,接下来编写测试程序 helloworld.c,然后将 helloworld.c 进行交叉编译生成一个可执行文件 helloworld,将编译好的可执行文件 helloworld 复制到挂载的文件系统中。

helloworld.c 程序代码如下:

```
# include < stdio.h>
int main()
{
printf("hello world !\n");
return 0;
}
```

(1) 查看 helloworld.c 程序。

进入该程序 helloworld.c 的目录:

```
#cd  /home/shiyan/
```

查看文件:

```
#ls
helloworld.c
```

(2) 交叉编译。

生成二进制可执行文件 helloworld,其中 helloworld.c 为交叉编译的程序,-o 表示输出,helloworld 表示生成的二进制可执行文件名:

```
# arm_v5t_le-gcc  helloworld.c   -o  helloworld
```

在 PC 上运行生成的二进制可执行文件 helloworld:

```
#./helloworld
```

提示"-bash:./ helloworld: cannot execute binary file",即在 PC 上不能执行该二进制可执行文件。(这与下面在实验箱上的运行进行对比。)

将 helloword 复制到挂载的文件系统中:

```
#cp  helloworld  /home/shiyan/filesys_test/opt/dm365
```

步骤 4,执行测试程序(在实验箱 COM 端口操作)。

进入可执行文件所在目录/opt/dm365:

```
#cd  /opt/dm365
```

运行二进制可执行文件 helloworld:

```
#helloworld
```

显示结果如下所示:

```
hello world!
```

说明在实验箱上可以执行交叉编译的二进制可执行文件。

六、总结

以上通过一个简单的 helloworld.c 程序,可以清楚地看到,交叉编译后的二进制文件可以在实验板上运行,却不能运行在服务器上。这个例子可以让实验者理解交叉编译的意义和功能。

视频讲解

实验 12：UBOOT 下载运行实验

一、实验目的

1. 了解 RBL、UBL、UBOOT 的概念。
2. 掌握 UBOOT 启动流程。
3. 熟悉 UBL 和 UBOOT 的编译。
4. 掌握串口 UBOOT 烧写方式。
5. 掌握 TFTP 的 UBOOT 烧写方式。

二、实验内容

1. 编译 UBL 和 UBOOT 生成二进制映像文件。
2. 设置板子的 TFTP 网络环境。
3. 使用 TFTP 下载烧写 UBOOT。
4. 测试 UBOOT 是否烧写成功。

三、实验设备

1. 硬件：PC，教学实验箱一台；串口线，网线。
2. 软件：PC 操作系统；Linux 服务器；arm-v5t_le-gcc 交叉编译环境；TI 公司的软件开发包 dvsdk.tar.gz；远程登录工具 SSH 和 Putty。
3. 环境：Ubuntu 12.04.4。源码见代码文件夹。

四、预备知识

BootLoader 相关知识。

五、实验说明

在本实验中，完成 ARMboot 的下载运行，启动 ARMboot 时，直接从内存处启动，未将 ARMboot 烧写到 Flash 中，以方便 ARMboot 的修改调试。

六、实验步骤

本次实验将执行下面几个步骤：

注意：步骤 6 通过串口烧写 UBL 和 UBOOT，这种烧写方式需要焊接电阻，因条件限制，在实验过程中无须学生完成此过程，只需了解。实验箱上的核心板已经烧写好了，可以直接使用 UBOOT。

步骤 1，硬件连接。

（1）连接好实验箱的网线、串口线和电源。

（2）首先通过 Putty 软件使用 SSH 通信方式登录到服务器，如图 9-57 所示（在 Host Name(or IP address) 文本框中输入服务器的 IP 地址）。

（3）要使用 Serial 通信方式登录到实验箱，需要先查看端口号。具体步骤是：右击"我的电脑"图标，在弹出的快捷菜单中选择"管理"命令，在出现的窗口选择"设备管理器"→"端口"选项，查看实验箱的端口号。如图 9-58 所示。

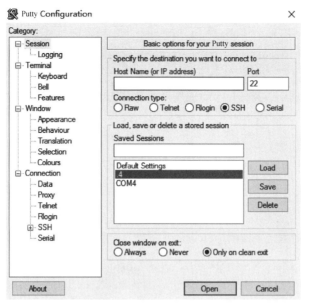

图 9-57　打开 Putty 连接

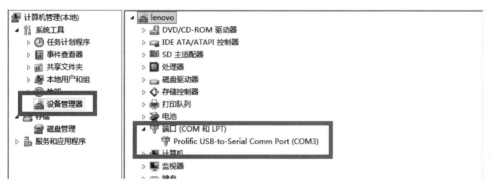

图 9-58　端口号查询

（4）在 Putty 软件端口栏输入（3）中查询到的串口号 COM3，设置波特率为 115200，连接实验箱，如图 9-59 所示。

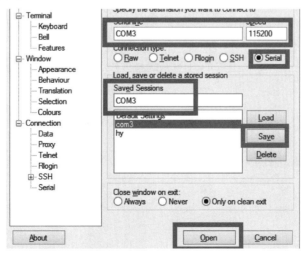

图 9-59　Putty 串口连接配置

（5）单击 Open 按钮，进入连接页面，打开实验箱开关，在 5s 内，按 Enter 键，然后输入挂载参数，再次按 Enter 键，输入 boot 命令，按 Enter 键，开始进行挂载。具体信息如下所示：

```
DM365 EVM :> setenv  bootargs 'mem = 110M console = ttyS0, 115200n8 root = /dev/nfs rw nfsroot =
192.168.1.18:/home/shiyan/filesys_clwxl ip = 192.168.1.42:192.168.1.18:192.168.1.1:255.255.
255.0::eth0: off eth = 00:40:01:C1:56:78 video = davincifb:vid0 = OFF:vid1 = OFF:osd0 =
640x480x16,600K:osd1 = 0x0x0,0K dm365_imp.oper_mode = 0 davinci_capture.device_type = 1 davinci_enc_
mngr.ch0_output = LCD'
DM365 EVM :> boot

Loading from NAND 1GiB 3,3V 8 – bit, offset 0x400000
 Image Name:    Linux – 2.6.18 – plc_pro500 – davinci_
 Image Type:    ARM Linux Kernel Image (uncompressed)
 Data Size:     1996144 Bytes  =   1.9 MB
 Load Address: 80008000
 Entry Point:   80008000
## Booting kernel from Legacy Image at 80700000...
 Image Name:    Linux – 2.6.18 – plc_pro500 – davinci_
 Image Type:    ARM Linux Kernel Image (uncompressed)
 Data Size:     1996144 Bytes  =   1.9 MB
 Load Address: 80008000
 Entry Point:   80008000
 Verifying Checksum ... OK
 Loading Kernel Image ... OK
OK

Starting kernel...

Uncompressing Linux.................................................................................
done, booting the kernel.
[    0.000000] Linux version 2.6.18 – plc_pro500 – davinci_evm – arm_v5t_le – gfaa0b471 – dirty
(zcy@punuo – Lenovo) (gcc version 4.2.0 (MontaVista 4.2.0 – 16.0.32.0801914 2008 – 08 – 30)) #1
PREEMPT Mon Jun 27 15:31:35 CST 2016
[    0.000000] CPU: ARM926EJ – S [41069265] revision 5 (ARMv5TEJ), cr = 00053177
[    0.000000] Machine: DaVinci DM365 EVM
[    0.000000] Memory policy: ECC disabled, Data cache writeback
[    0.000000] DaVinci DM0365 variant 0x8
[    0.000000] PLL0: fixedrate: 24000000, commonrate: 121500000, vpssrate: 243000000
[    0.000000] PLL0: vencrate_sd: 27000000, ddrrate: 243000000 mmcsdrate: 121500000
[    0.000000] PLL1: armrate: 297000000, voicerate: 20482758, vencrate_hd: 74250000
[    0.000000] CPU0: D VIVT write – back cache
[    0.000000] CPU0: I cache: 16384 bytes, associativity 4, 32 byte lines, 128 sets
[    0.000000] CPU0: D cache: 8192 bytes, associativity 4, 32 byte lines, 64 sets
[    0.000000] Built 1 zonelists.   Total pages: 28160
[    0.000000] Kernel command line: mem = 110M console = ttyS0, 115200n8 root = /dev/nfs rw
nfsroot = 192.168.1.18:/home/shiyan/filesys_clwxl ip = 192.168.1.42:192.168.1.18:192.168.1.1:
255.255.255.0::eth0:off eth = 00:40:01:C1:56:78 video = davincifb:vid0 = OFF:vid1 = OFF:osd0 =
640x480x16,600K:osd1 = 0x0x0,0K dm365_imp.oper_mode = 0 davinci_capture.device_type = 1 davinci_enc_
mngr.ch0_output = LCD
[    0.000000] TI DaVinci EMAC: kernel boot params Ethernet address: 00:40:01:C1:56:78


KeypadDriverPlugin::create#################### : optkeypad
keyboard input device ( "/dev/input/event0" ) is opened.
id = "0"
msqid = 0


MontaVista(R) Linux(R) Professional Edition 5.0.0 (0801921)
```

（6）按 Enter 键，输入用户名 root，登录实验箱，如下所示：

```
zjut login: root

Welcome to MontaVista(R) Linux(R) Professional Edition 5.0.0 (0801921).

login[737]: root login on 'console'

/ ****** Set QT environment ******** /

[root@zjut ~]#
```

步骤 2,上传 UBOOT 源码包与 ARM 交叉编译工具包。

(1) 在附件文件夹 UBOOT 实验/工具/SshClient 下打开 SSH 软件,进行如下配置,首先单击 Quick Connect,出现如图 9-60 所示 Connect to Remote Host 对话框,在 Host Name 文本框中输入服务器 IP 地址,在 User Name 文本框中输入用户名,单击 Connect 按钮。

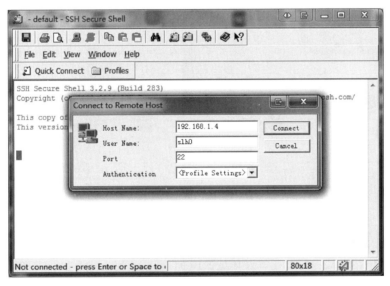

图 9-60 SSH 设置的界面

(2) 出现 Enter Password 对话框,输入用户名和密码。登录成功如图 9-61 所示。

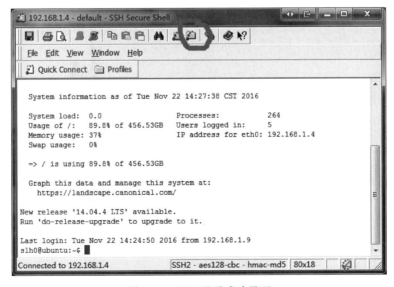

图 9-61 SSH 登录成功界面

（3）单击图 9-61 中圈出的图标按钮，出现如图 9-62 所示界面。在左侧路径选项选择本地电脑存放源码包的路径，如：附件文件夹"UBOOT 实验/源码包/dvsdk.tar.gz，与交叉编译工具 arm-2009q1-203-arm-none-linux-gnueabi-i686-pc-linux-gnu.tar"路径，在右侧文件选项选择默认或其他文件目录。在左侧下拉列表内选中需要上传的文件，如：dvsdk.tar，鼠标左键按住不放将文件直接拖入，或者在右键快捷菜单中选择 Upload 命令。

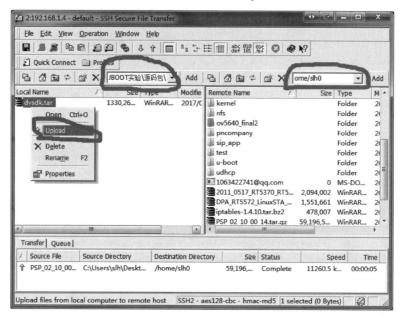

图 9-62　SSH 上传文件操作界面

步骤 3，进行交叉编译环境的设置（服务器窗口操作）。

在把 dvsdk.tar.gz 和 arm-2009q1-203-arm-none-linux-gnueabi-i686-pc-linux-gnu.tar 两个文件包放入服务器后，进行交叉编译环境的设置（可参考第 9 章 Linux 操作系统基础实验中实验 11"Linux 交叉编译平台实验"。）

输入以下命令，将附件包移入之前存放交叉编译工具的文件包中（可自定义存放位置）：

```
$ cd  mv_pro_5.0
$ sudo mv arm-2009q1-203-arm-none-linux-gnueabi-i686-pc-linux-gnu.tar  /mv_pro_5.0
$ tar jxvf arm-2009q1-203-arm-none-linux-gnueabi-i686-pc-linux-gnu.tar
```

解压后可获得文件包 arm-2009q1。

配置系统环境变量，把交叉编译工具链的路径添加到环境变量 PATH 中，使其可以在任何目录下使用，进入 etc/profile 文件：

```
sudo vi /etc/profile
```

按 i 键，在文件的最后一行添加：

```
export PATH = " $ PATH:/home/shiyan/mv_pro_5.0/arm-2009q1/bin"
```

按 Esc 键退出输入状态，输入命令：wq! 退出文件。

输入如下命令，使环境变量生效：

```
source  /etc/profile
```

步骤 4，UBL 编译。

把 dvsdk 解压（安装）到服务器用户上。

（1）修改 dvsdk/PSP_02_10_00_14/board_utilities/flash_utils/DM36x/GNU/ubl 下的 makefile，输入"vim makefile"，将"$(MAKE) -C build TYPE＝nor"注释掉，只保留"$(MAKE) -C build TYPE＝nand"，如下所示：

```
1  all:
2      $ (MAKE)  - C  build  TYPE = nand
3  //  $ (MAKE)  - C  build  TYPE = nor
4  clean:
5      $ (MAKE)  - C  build  TYPE = nand clean
6      $ (MARE)  - C  build  TYPE = nor clean
7  % : :
8      $ (MAKE)  - C  build  TYPE = nand  $ @
9  //  $ (MAKE)  - C  build  TYPE = nor   $ @
10
```

（2）然后在当前目录下执行 make clean，如下所示：

```
zh@ubuntu: ~/workdir/dvsdk/PSP_02_10_00_14/board_utilities/flash_utils/ DM36x/ GNU/
ubl $   make clean
make  - C  build  TYPE = nand clean
make [1]: Entering directory  '/home/zh/workdir/dvsdk/PSP_02_10_00_14/board_utilities
/flash_utils/DM36x/ GNU/ub1/build '
rm - f - v ubl_nand. o boot_nand. o selfcopy_nand. o uartboot_nand. o device_nand. o debug_nand. o
uart_nand. o util_nand. o nand_nand. o nandboot_nand. o device_nand_nand. o
. ./ub1_DM36x_nand. bin ubl DM36x_nand
make [1]: Entering directory  '/home/zh/workdir/dvsdk/PSP_02_10_00_14/board_utilities
/flash_utils/DM36x/ GNU/ub1/build '
make  - C  build  TYPE = nor clean
make [1]: Entering directory  '/home/zh/workdir/dvsdk/PSP_02_10_00_14/board_utilities
/flash_utils/DM36x/ GNU/ub1/build '
rm - f - v ub1_nor. o boot_nor. o selfcopy_nor. o uartboot_nor. o device_nor. o debug_nor. o
uart_nor. o util_nor. o nor_nor. o norboot_nor. o  ../ub1_DM36x_nor. bin ubl_DM36x_nor
make [1]: Entering directory  '/home/zh/workdir/dvsdk/PSP_02_10_00_14/board_utilities
/flash_utils/DM36x/ GNU/ub1/build '
zh@ubuntu: ~/workdir/dvsdk/PSP_02_10_00_14/board_utilities/ flash_utils/ DM36x/ GNU/
```

（3）然后输入 make，如下所示：

```
zh@ubuntu: ~/workdir/dvsdk/PSP_02_10_00_14/board_utilities/ flash_utils/ DM36x/ GNU/
ubl $   make
make  - C  build   TYPE = nand
make [1]: Entering directory  '/home/zh/workdir/dvsdk/PSP_02_10_00_14/board_utilities
/flash_utils/DM36x/ GNU/ub1/build '
arm - none - linux - gnueabi - gcc   - c   - Os   - Wa11   - ffreestanding  - I ../ ../ ../
Common/ include
- I ../ ../ ../ ../Common/ include - I ../ ../ ../ ../Common/arch/arm926ejs/include  - I ./ .
./ ../ ../Common/ub1/include   - I ../ ../ ../ ../Common/drivers/include   - I ../ ../ ../ ../Common/
gnu/include - DUBL_NAND ../ ../ ../ ../ Common/ub1/src/ubl. c   - o  ubl_nand. o

arm - none - linux - gnueabi - gcc   - c   - Os   - Wa11   - ffreestanding  - I ../ ../ ../
Common/include
- I ../ ../ ../ ../Common/include   - I ../ ../ ../ ../Common/ arch/arm926ejs/include   - I ../ ../
Common/ ubl/include - I ../ ../ ../ ../Common/drivers/include   - I ../ ../ ../ ../Co
```

（4）产生文件 ubl_DM36x_nand. bin，表示 UBL 编译成功，如下所示：

```
ubl $   ls
build  makefile  ubl_DM36x_nand. bin  ubl. lds  zh
```

步骤 5，UBOOT 编译。

UBOOT 目录是 dvsdk/PSP_02_10_00_14/board_utilities/u-boot，首先修改 UBOOT 目

录下的 Makefile,输入"vim Makefile"。

（1）261 行：在 examples\ 前面加♯,如下所示：

```
260  SUBDIRS = tools \
261  #   examples \
262   api_examples
263
```

（2）262 行：在 api_examples 前加♯,如下所示：

```
260  SUBDIRS = tools \
261  #   examples \
262  #   api_examples
263
```

（3）246 行：在 LIBS ＋＝ api/libapi.a 前加♯,如下所示：

```
246  #LIBS + = api/libapi.a
```

（4）284 行：在该行代码最后面增加 u-boot.img。这个 u-boot.img 就是我们要烧写到 NAND 中的 BIN 文件,是可以通过 UBL 加载 UBOOT 的文件,如下所示：

```
284  ALL += $(obj)u-boot.srec $(obj) $(U-BOOT) $(obj)System.map $(U-BOOT ONENAND)
     $(U BOOT ONENAND) u-boot.img
```

（5）314 行：将-e 0\ 改成-e 0x81080000 \,如下所示：

```
313  ./tools/mkimage - A $(ARCH) - T firmware - C none \
314  - a $(TEXT BASE) - e 0x81080000 \
315  - n $(shell sed - n - e `s/.*U_BOOT_VERSION//p` $(VERSION_FILE)  |  \
```

刚开始的-e 0 是错误的,我们把 U-BOOT 的 entrypoint 定义到 0x81080000,这个 DDR 的地址在 u-boot-2010.12\board\davinci\dm365evm\config.mk 中。

CONFIG_SYS_TEXT_BASE ＝ 0x81080000 中的-e(entrypoint)不能是 0,否则无法通过 UBL 加载 BOOT。这是因为 U-Boot 中定义了 CONFIG_SYS_TEXT_BASE 为 U-Boot 的入口地址,该地址可以在链接的时候作为参数传递进去。根据启动流程,U-Boot 是由 UBL 引导的,UBL 会在 0x81080000 地址处寻找 U-Boot,当找到后会将控制权交给 U-Boot,所以 CONFIG_SYS_TEXT_BASE 值应该设为 0x81080000。

（6）在 dvsdk/PSP_02_10_00_14/board_utilities/u-boot/include/configs 下修改 davinci_dm365_evm.h。输入 vim davinci_dm365_evm.h。

根据分区设置启动参数大小：

102 行：♯define CFG_ENV_SIZE SZ 256k,将 SZ 256k 改成(256 << 11),如下所示：

```
101  #define CFG_ENV_SECT_SIZE  0x40000
102  #define CFG_ENV_SIZE      (256 << 11)
103  #define CONFIG_SKIP_LOWLEVEL_INIT        /* U-Boot is loaded by bootloader */
104  #define CONFIG_SKIP_RELOCARTE_UBOOT      /* to a proper address, init done */
105  #define CFG_NAND_BASE  0x02000000
106  #define CFG_NAND_4BIT_ECC
107  #define CFG_NAND_HW_ECC
108  #define CFG_MAX_NAND_DEVICE 2            /* Max number of NAND devices */
109  #define CFG_ENV_OFFSET 0x3C0000          /* environment stats here  */
110  #define CFG_NAND_BAS_LIST    {CFG_NAND_BASE, CFG_NAND_BASE + 0x40000}
111  #endif
112
113  /* ======================== */
114  /* U-Boot general configuration  */
115  /* ======================== */
```

（7）设置启动参数存放位置。

109 行：在 ♯define CFG_ENV_OFFSET　0x3C0000 中将 0x3C0000 改成 0x00780000，如下所示：

```
107  # define CFG_NAND_HW_ECC
108  # define CFG_MAX_NAND_DEVICE 2        / * Max number of NAND devices * /
109  # define CFG_ENV_OFFSET 0x00780000   / * environment stats here   * /
110  # define CFG_NAND_BAS_LIST    {CFG_NAND_BASE, CFG_NAND_BASE + 0x40000}
111  # endif
112
113  / * ====================== * /
114  / * U - Boot general configuration   * /
115  / * ====================== * /
```

（8）136 行：我们不想用 SD 卡保存内核的 BIN 文件 uImage，将"♯define CONFIG_BOOTCOMMAND　"setenv setboot setenv bootargs \\ $（bootargs）video＝dm36x：output＝\\ $（videostd）；run setboot；bootm 0x2050000")"修改成"♯define CONFIG_BOOTCOMMAND "nboot 0x80700000 00x800000；bootm\0""，表示从 NAND Flash 具体地址处读取内核，如下所示：

```
135  # define CONFIG_BOOTARGS  "men = 116M console = ttyS0,115200n8 root = /dev/ram0 rw inrtrd =
0x82000000,4M ip = dhcp"
136  # define CONFIG_BOOTCOMMAND  "nboot 0x80700000   00x800000;bootm\0"
137
138  / * =============== * /
139  / * U - Boot commands * /
140  / * =============== * /
141  # include < config_cmd_default. h >
142  # define CONFIG_CMD_ASKENV
143  # define CONFIG_CMD_DHCP
```

CONFIG_BOOTARGS、CONFIG_IPADDR、CONFIG_SERVERIP、CONFIG_ETHADDR 分别是 bootargs、ipaddr、serverip、ethaddr 的默认值，可以根据需要进行设置。

（9）使能 Tab 键功能，即能在 U-boot->的命令提示符下使用 Tab 键。

123 行：在"♯define CFG_MAXARGS　16"的下一行添加"♯define CONFIG_AUTO_COMPLETE"这一语句，如下所示：

```
123  # define CFG_MAXARGS       16            / * max number of command args * /
124  # define CONFIG_AUTO_COMPLETE
125  # define CFG_BARGSIZE      CFG_CBSIZE     / * Boot Argument Buffer Size * /
```

（10）在 u-boot\common\command. c 的第 93 行，将"♯if 0"改成"♯if 1"，如下所示：

```
92
93   # if 1
94   {
95    printf("test:");
96    left = 1;
97    while(argv[left])
98     printf(" % s",argv[left]);
99   }
100  # endif
```

（11）添加 mtftp 命令，在 common 目录下创建一个名为 cmd_mtftp. c 的文件，输入"vim cmd_mtftp. c"，添加如下代码，保存并退出：

```
# include < common. h >
# include < command. h >
# ifdef CONFIG_CMD_MTFTP
```

```
int do_mtftp(cmd_tbl_t * cmdtp, int flag, int argc, char * argv[])
{
  char cmd[100] = {0};
  printf("this is my test --- UBOOT  new command! -- sjw\n");
  if (argc < 2)
    goto usage;
  printf("command: % s. You ask file % s form server.\n", argv[0], argv[1]);
  sprintf(cmd, "% s",  "tftp 0x80700000 ");
  strcat(cmd, argv[1]);
  printf("Run command % s.\n", &cmd[0]);
  if(run_command(cmd, flag)!= -1){
    memset(&cmd[0], '\0', 100);
    sprintf(cmd, "% s", "nand erase 0x800000 0x400000");
    printf("Run command % s.\n", &cmd[0]);
    run_command(cmd, flag);
    memset(&cmd[0], '\0', 100);
    sprintf(cmd, "% s", "nand write 0x80700000 0x800000 0x400000");
    printf("Run command % s.\n", &cmd[0]);
    run_command(cmd, flag);
}
  return 0;
  usage:
    printf("Usage:\n% s\n", cmdtp->usage);
    return 1;
}
U_BOOT_CMD(
  mtftp, 2, 0, do_mtftp, "mtftp       - download uImage_name from server and write to nand flash. \n"
  "mtftp uImage_name\n    - download uImage_name from server and write to nand flash. \n"
);
# endif
```

注：U_BOOT_CMD 中参数的含义：2 表示最大参数个数；0 表示重复最后 1 次操作命令。

（12）修改 common/Makefile，输入"vim Makefile"。

95 行：将 COBJS-$(CONFIG_CMD_MTFTP) += cmd_mtftp.o 添加在
COBJS-$(CONFIG_CMD_OTP) += cmd_otp.o 的下一行，如下所示：

```
95   COBJS-$(CONFIG_CMD_OTP) += cmd_otp.o
96   COBJS-$(CONFIG_CMD_MTFTP) += cmd_mtftp.o
97   ifdef CONFIG_PCI
```

（13）最后在 u-boot 目录下分别依次执行 make davinci_dm365_evm_config 和 make，出现如下所示信息说明编译成功：

```
drivers/hwmon/libhwmon.a  drivers/i2c/libi2c/a  drivers/input/libinput.a
drivers/misc/libmisc.a  divers/mmc/libmmmc.a  drivers/mtd/libmtd.a
drivers/mtd/nand/libnand/a  drivers/mtd/nand_legacy/libnand_legacy.a  drivers/mtd/onenand/
libnenand.a/  drivers/mtd/spi/libspi_flash.a
drivers/net/libnet.a  drivers/net/sk98lin/libsk98lin.a  drivers/pci/libpci.a  drivers/
pcmcia/libpcmcia.a
drivers/spi/libspi.a  drivers/reo.a  common/libcommon.a  libfdt/libfdt.a  api/libapi.a
post/libpost.a
board/davinci/dm365_evm/libdm365.a -- end-group -L
/opt/mv_pro_5.0/montavista/pro/devkit/arm/v5t_len/bin/../lib/gcc/armv5tl-montavista-linux-
gnueabi/4.2.0 -lgcc \
          -Map u-boot.map -o u-boot
arm_v5t_le_objcopy --gap-fill=0xff -O srec u-boot u-boot.srec
arm_v5t_le_objcopy --gap-fill=0xff -O binary u-boot u-boot-1.3.4-dm365_evm.bin
./tools/mkimage -A arm -T firmware -C none     \
          -a 0x81080000 -e 0x81080000 \
          -n "U-Boot 1.3.4 for dm365_evm board" \
              -d u-boot-1.3.4=dm365_evm.bin u-boot.img
```

```
Image Name:   U-Boot 13.4 for dm365_evm board
Created:      Tue Mar 8 22:03:16 2016
Image Type:   ARM Linux Firmware (uncompressed)
Data Size:    115012 Bytes = 151.38 kB   kB = 0.15MB
Load Address: 81080000
Entry Point:  81080000
```

步骤6,UBL 和 UBOOT 的串口烧写。

(1) 第一步需要让电路选择从 UBOOT 启动,在我们板子上焊上 R12 和 R13(2.2kΩ 的 0402 封装电阻)。检查主板 R12 和 R13(2.2kΩ)有没有焊上。R13、R12 位置如图 9-63 所示。

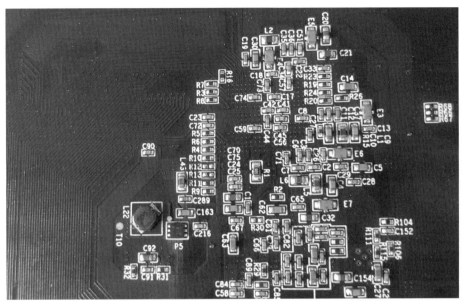

图 9-63 电阻位置实物图

因为不同的内核和 UBOOT 生成的坏块表不一样,在烧写 UBL 和 UBOOT 之前,先擦除一下整块 NAND Flash,然后重新烧写,重新生成坏块表。"nand scrub 0 0x40000000"表示从 0 到最后,这里是 1GB 大小。

(2) 将各部分按照图 9-64 进行连接(注意:UBOOT 烧写不需要连接网线)。

(3) 因为烧写 UBOOT 和用 Putty 或者 minicom 登录板子用的都是 UART0,所以在烧写 UBOOT 之前需要把 minicom 或 Putty 登录板关掉,使得没有程序占用端口,查看串口是哪个端口(查看串口号方法:打开计算机的设备管理器,然后在通用串行总线控制器中查看)。

按 WIN + R 键打开计算机"运行"窗口,如图 9-65 所示,单击"确定"按钮进入命令行界面。

图 9-64 硬件连接实物图

图 9-65 打开 cmd 窗口

（4）进入计算机本地磁盘存放 serial_flash/dm365 的文件目录,该文件夹下存放了已经编译好的 UBOOT 和 UBL,如下所示：

```
Microsoft Windows [版本 6.1.7601]
版权所有 <c> 2009 Microsoft Corporation 保留所有权利
C:\Users\hp> cd C:\Users\hp\Desktop\serial_flash\dm365
C:\Users\hp\Desktop\serial_flash\dm365 >
```

（5）接着输入：sfh_DM36x.exe -nanderase -p COM5,该条命令为擦除命令,COM5 为本机连接串口的端口号,根据本机来设置出现如图 9-66 所示界面表示 Flash 擦除成功,按 Ctrl＋C 键停止。

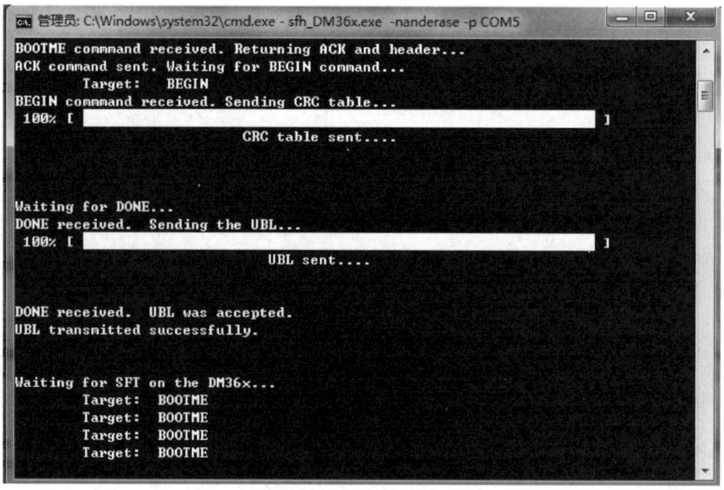

图 9-66　擦除 Flash

（6）再输入：sfh_DM36x.exe -nandflash　ubl_DM36x_nand.bin　u-boot.bin -p COM5,出现如图 9-67 所示界面表示 UBOOT 和 UBL 烧写成功。

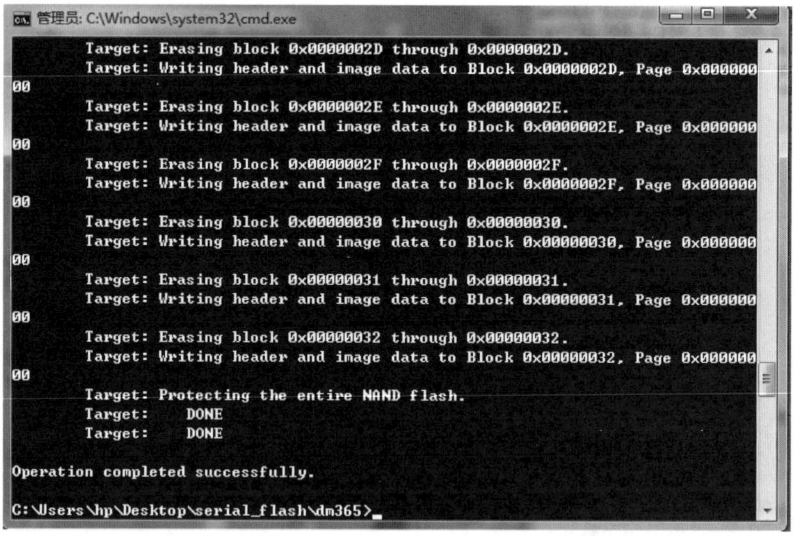

图 9-67　烧写 UBOOT 和 UBL 成功

UBOOT 烧写结束,关闭"运行"窗口。

烧写 UBOOT 和 UBL 注意事项：

① 确保 R12、R13 已经焊好。

② 确保 Putty 的 COM 已经关闭。

如果感觉板子与计算机没有连接好，则打开 Putty 串口查看，若显示如下所示信息，则表示已经连接好，关闭 Putty 重试。

```
BOOTME  BOOTME  BOOTME  BOOTME  BOOTME  BOOTME  BOOTME
```

（7）让电路从 NAND Flash 启动，去掉 R12 和 R13，打开 Putty，重新烧写 IP、serverip 和 eth0addr，然后关掉板子，再重新启动，这样 IP 等设置才能生效，接下来可以烧写内核和文件系统。

步骤 7，通过 TFTP 烧写 UBOOT。

（1）将步骤 3 中编译好的 u-boot-1.3.4-dm365_evm.bin 二进制映像文件复制到服务器的 /tftpboot 目录下并更名为 u-boot-1G.bin（或者通过 SSH 软件将附件文件夹 UBOOT 实验/serial_flash/dm365/u-boot-1G.bin 上传至服务器根目录/tftpboot 下，上传方式参考步骤 1)如下所示，其中 slh0 代表的是测试者使用的用户名。

```
s1h0@ubuntu: ~/dvsdk/PSP_02_10_00_14/board_utilities/u-boot $  cp -r u-boot-1.3.4-
dm365 evm.bin  /tftpboot/u-boot-1G.bin
```

（2）将各部分按照图 9-68 进行连接（注意：UBOOT 烧写需要连接网线）。

图 9-68　硬件连接电路图

（3）将实验板和服务器分别用网线连接到同一个局域网内，开启实验箱电源开关，在 3s 之内按空格键进入 UBOOT 界面，如下所示：

```
U-Boot  1.3.4-zjutlab (Nov 21 2013 - 20:22:27)
I2C:ready
DRAM:128 MB
NAND:NAND device:Manufacturer ID: 0xec, Chip ID: 0xd3 (Samsung NAND 1G1B 3, 3V
8-bit)
Bad block table found at page 524224, version 0x01
Bad block table found at page 524160, version 0x01
1024 MiB
In:serial
Out: serial
Err:serial
EEPROM @ 0x50 read FAILED！！！
Ethernet PHY: GENERIC @ 0x00
Hit any key to stop autoboot: 0
DM365 EVM >
```

（4）输入 pri 命令，查看当前实验箱板子的网络环境。将网络环境改为 TFTP 服务的网络地址，板子 IP 地址和服务器 IP 地址需在一个网段内。实验中每块板子的 IP 地址不要相同，按如下示例进行配置并输入 saveenv 保存。配置完成后需要重启实验箱才能生效。

```
服务器 IP 地址: setenv serverip 192.168.1.4
板子 IP 地址:    setenv ipaddr 192.168.1.210
板子 MAC 地址: setenv ethaddr 00:40:01:C1:56:80
保存配置环境:    saveenv
```

重新上电后输入 pri 命令,显示如下:

```
ipaddr = 192.168.1.210
serverip = 192.168.1.4
ethaddr = 00:40:01:C1:56:80
```

在设置好板子的 IP 地址和 MAC 地址后,还要启动服务器的 TFTP 服务,输入命令:

```
sudo service tftpd - hpa restart
```

TFTP 启动成功,如下所示:

```
shiyan@ubuntu: ~/nfs/filesys_test $   sudo  service  tftpd - hpa  restart
[sudo] password for shiyan:
tftpd - hpa stop/waiting
tftpd - hpa start/running, process 4692
```

(5) 把步骤 5 第(1)步中复制到 tftpboot 目录下的 u-boot-1G. bin 文件(名称要写全,包括后缀)通过 TFTP 传输到内存的 0x80700000 处,如下所示:

```
DM365 EVM :> tftp ox80700000 u - boot - 1G. bin
TFTP from server 192.168.1.3; our IP address is 192.168.1.152
Filename 'u - boot - 1G. bin'.
Load address: 0X80700000
Loading: #########
Done Bytes transferred = 153404 (2573c hex)
```

传输成功以后,会显示 done,并且显示传输的字节数,可以检验传输过程中是否发生传输错误,如果字节正确,则表示传输正确。

(6) 由于已经把 u-boot-1G. bin 的二进制映像文件复制到系统内存的 0x80700000 处,所以要运行二进制文件,只需要从内存 0x80700000 处启动,如下所示:

```
DM365 EVM :> g0 0x80700000
## Starting application at 0x80700000...

Boot 1.3.4 - Zjutlab (Nov 21 2013 - 20:22:27)

I2C: ready
DRAM: 128 MB
NAND: NAND device: Manufacturer ID: 0xec, Chip ID: 0xd3 (Samsung NAND 1GiB 3,
8 - bit)
1024 MiB
DM36x initialization passed!
TI UBL Veraion: 1.50
Booting Catalog Boot Loader
BootMode = NAND
Starting NAND Copy...
Valid magicnum,   0xA1ACED66,   found in block 0x00000019.
    DONE
Jumping to entry point at 0x81080000
```

(7) 启动完成以后,为了验证 UBOOT 是否下载成功,可按下面的步骤进行检测。

① 输入 pri 命令,查看网络环境,如下所示:

```
ipaddr = 192.168.1.210
serverip = 192.168.1.4
ethaddr = 00:40:01:C1:56:80
```

② 更改板子的 IP 地址,如下所示:

```
Environment size:  581/262140  bytes
DM365 EVM : > setenv  ipaddr  192.168.1.216
DM365 EVM : > pri
```

③ 再次输入 pri 命令,查看网络环境,如下所示:

```
serverip = 192.168.1.4
ethaddr = 00:40:01 :C1:56:80
stdin = serial
stdout = seri al
stderr - seri al
ver = U - Boot 1.3.4 - zjutlab (Nov 21 2013 - 20:22:27)
ipaddr = 192.168.1.216
```

从上信息中可以看出,网络环境的检验操作是成功的,证明了下载运行的 UBOOT 的正确性。
实验结束。

实验 13:Linux 内核编译实验

视频讲解

一、实验目的

1. 掌握配置和编译 Linux 内核的方法。
2. 掌握 Linux 内核的编译过程。
3. 熟悉 Linux 系统一些基本内核配置。
4. 熟悉内核编译的常见命令。
5. 熟悉烧写内核的命令与程序。

二、实验内容

1. 利用编译进内核的方法配置内核。
2. 利用动态加载方法配置内核。
3. 编译 Linux 内核镜像。
4. 编译 Linux 内核模块。
5. 烧写 Linux 内核模块。

三、实验设备

1. 硬件:PC;教学实验箱一台;串口线;网线。
2. 软件:PC 操作系统;Windows 下超级终端 Putty。
3. 环境:Ubuntu 系统版本 12.04;内核版本 kernel-for-mceb。

四、预备知识

1. 概述

1) 什么是 Linux 内核

内核是操作系统的核心部分,为应用程序提供安全访问硬件资源的功能。直接操作计算
机硬件是很复杂的,内核通过硬件抽象的方法屏蔽了硬件的复杂性和多样性。通过硬件抽象
的方法,内核向应用程序提供统一和简洁的接口,应用程序设计复杂度降低。实际上,内核可
以看成一个资源管理器,内核负责管理计算机中所有的硬件资源和软件资源。

2）Linux 内核版本

Linux 内核版本表示中使用两个". "符号, 形如"X. Y. Z"。其中 X 表示主版本号, Y 表示次版本号, Z 表示补丁号。奇数代表不稳定版本, 偶数代表稳定版本。Linux 内核的官方网站为 http：www. kernel. org。该站点提供各种版本的代码和补丁, 用户可以根据需要自由下载。实验箱所用的内核是基于 2.6.18 版本改进而来的, 并命名为 kernel-for-mecb。考虑到后续实验如内核的移植等需要, 实验采用 kernel-for-mceb 内核。

2. 原理

1）内核配置和编译

内核编译主要分成配置和编译两部分。其中配置是关键, 许多问题都出在配置上。Linux 内核编译配置提供了多种方法。如：

```
# make menuconfig       //基于图形工具界面
# make config           //基于文本命令行工具,不推荐使用
# make xconfig          //基于 X11 图形工具界面
```

由于目前还处于学习 Linux 的初级阶段, 所以选择了简单的配置内核方法, 即"make menuconfig"。在终端输入"make menuconfig", 等待几秒后, 终端变成图形化的内核配置界面。进行配置时, 大部分选项使用其默认值, 只有一小部分需要根据不同的硬件需要选择。同时内核还提供动态加载的方式, 为动态修改内核提供了灵活性。

2）内核编译系统

Linux 内核所具有的复杂性, 使其需要一个强大的工程管理工具, Linux 提供了 Makefile 机制。Makefile 是整个工程的编译规则。一个工程中源文件不计其数, 按其类型、功能、模块被放在不同的目录中。Makefile 定义了一系列的规则来指定哪些文件需要先编译, 哪些文件需要后编译, 哪些文件需要重新编译甚至进行更复杂的操作。Makefile 带来的直接好处就是自动化编译, 一旦写好, 只要一个 make 命令, 整个工程就可自动编译, 极大地提高了效率。

内核编译时通过 Makefile 规则将不同的文件进行整合。系统中主要有 5 种不同类型的文件, 其类型和作用如表 9-1 所示。

表 9-1   编译的文件类型与作用

文 件 类 型	作　　用
Makefile	顶层 Makefile 文件
. config	内核配置文件
arch/ $ (ARCH)/Makefile	机器体系 Makefile 文件
scripts/Makefile. *	所有内核 Makefile 共用规则
Kbuild Makefile	其他 Makefile 文件

表 9-1 中的. config 是内核配置的文本文件。它记录了文件的配置选项, 可直接对其进行修改, 只是较为烦琐, 故不推荐使用。事实上, 使用其他方式配置的文件最终都会保存到. config 中, 换言之, 内核配置就是围绕着. congfig 文件进行的。

内核编译的时候, 顶层的 Makefile 文件在开始编译子目录下的代码之前, 设置编译环境和需要用到的变量。顶层 Makefile 文件包含着通用部分, arch/ $ (ARCH)/Makefile 包含架构体系所需的设置, 其中也会设置一些变量和少量的目标。实验文档结尾有部分编译源码供参考。

五、实验步骤

登录服务器 Linux, 在当前目录下创建一个 kernel 目录, 将"Linux 嵌入式实验/内核编译

实验"目录下的 arm-linux-2.6.tar.gz 压缩包通过解压缩到当前目录下,解压缩完成后,kernel 目录下会自动创建一个 arm-linux-2.6 文件夹。

步骤1,硬件连接。

(1) 连接好实验箱的网线、串口线和电源。

(2) 首先通过 Putty 软件使用 SSH 通信方式登录到服务器,如图 9-69 所示(在 Host Name(or IP address)文本框中输入服务器的 IP 地址),单击 Open 按钮,将计算机连上服务器。

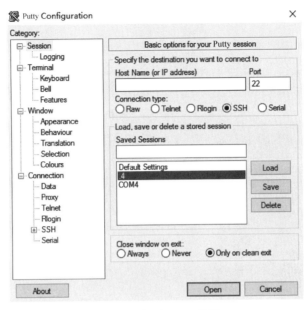

图 9-69　打开 Putty 连接

(3) 要使用 Serial 通信方式登录到实验箱,需要先查看端口号。具体步骤是:右击"我的电脑"图标,在弹出的快捷菜单中选择"管理"命令,在出现的窗口选择"设备管理器"→"端口"选项,查看实验箱的端口号。如图 9-70 所示。

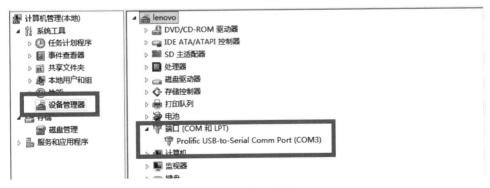

图 9-70　端口号查询

(4) 在 Putty 软件端口栏输入步骤(3)中查询到的串口,设置波特率为 115200,连接实验箱,如图 9-71 所示。

(5) 单击 Open 按钮,进入连接页面,打开实验箱开关,在 5s 内,按 Enter 键,然后输入挂载参数,再次按 Enter 键,输入 boot 命令,按 Enter 键,开始进行挂载。具体信息如下所示:

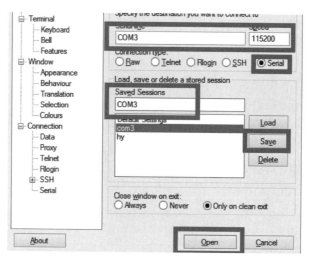

图 9-71　Putty 串口连接配置

```
DM365 EVM :> setenv   bootargs 'mem = 110M console = ttyS0,115200n8 root = /dev/nfs rw nfsroot =
192.168.1.18:/home/shiyan/filesys_clwxl ip = 192.168.1.42:192.168.1.18:192.168.1.1:255.255.
255.0::eth0:off eth = 00:40:01:C1:56:78 video = davincifb: vid0 = OFF: vid1 = OFF: osd0 =
640x480x16,600K:osd1 = 0x0x0,0K dm365_imp.oper_mode = 0 davinci_capture.device_type = 1 davinci_enc_
mngr.ch0_output = LCD'
DM365 EVM :> boot

Loading from NAND 1GiB 3,3V 8 - bit, offset 0x400000
  Image Name:     Linux - 2.6.18 - plc_pro500 - davinci_
  Image Type:     ARM Linux Kernel Image (uncompressed)
  Data Size:      1996144 Bytes =   1.9 MB
  Load Address: 80008000
  Entry Point:   80008000
## Booting kernel from Legacy Image at 80700000...
  Image Name:     Linux - 2.6.18 - plc_pro500 - davinci_
  Image Type:     ARM Linux Kernel Image (uncompressed)
  Data Size:      1996144 Bytes =   1.9 MB
  Load Address: 80008000
  Entry Point:   80008000
  Verifying Checksum ... OK
  Loading Kernel Image ... OK
OK

Starting kernel...

Uncompressing Linux.......................................................................
done, booting the kernel.
[    0.000000] Linux version 2.6.18 - plc_pro500 - davinci_evm - arm_v5t_le - gfaa0b471 - dirty
(zcy@punuo - Lenovo) (gcc version 4.2.0 (MontaVista 4.2.0 - 16.0.32.0801914 2008 - 08 - 30)) #1
PREEMPT Mon Jun 27 15:31:35 CST 2016
[    0.000000] CPU: ARM926EJ - S [41069265] revision 5 (ARMv5TEJ), cr = 00053177
[    0.000000] Machine: DaVinci DM365 EVM
[    0.000000] Memory policy: ECC disabled, Data cache writeback
[    0.000000] DaVinci DM0365 variant 0x8
[    0.000000] PLL0: fixedrate: 24000000, commonrate: 121500000, vpssrate: 243000000
[    0.000000] PLL0: vencrate_sd: 27000000, ddrrate: 243000000 mmcsdrate: 121500000
[    0.000000] PLL1: armrate: 297000000, voicerate: 20482758, vencrate_hd: 74250000
[    0.000000] CPU0: D VIVT write - back cache
[    0.000000] CPU0: I cache: 16384 bytes, associativity 4, 32 byte lines, 128 sets
[    0.000000] CPU0: D cache: 8192 bytes, associativity 4, 32 byte lines, 64 sets
```

```
[    0.000000] Built 1 zonelists.   Total pages: 28160
[    0.000000] Kernel command line: mem = 110M console = ttyS0, 115200n8 root = /dev/nfs rw
nfsroot = 192.168.1.18:/home/shiyan/filesys_clwxl ip = 192.168.1.42:192.168.1.18:192.168.1.1:
255.255.255.0::eth0:off eth = 00:40:01:C1:56:78 video = davincifb:vid0 = OFF:vid1 = OFF:osd0 =
640x480x16,600K:osd1 = 0x0x0,0K dm365_imp.oper_mode = 0 davinci_capture.device_type = 1 davinci_enc_
mngr.ch0_output = LCD
[    0.000000] TI DaVinci EMAC: kernel boot params Ethernet address: 00:40:01:C1:56:78


KeypadDriverPlugin::create################## : optkeypad
keyboard input device ( "/dev/input/event0" ) is opened.
id = "0"
msqid = 0


MontaVista(R) Linux(R) Professional Edition 5.0.0 (0801921)
```

（6）按 Enter 键，输入用户名 root，登录实验箱，如下所示：

```
zjut login: root


Welcome to MontaVista(R) Linux(R) Professional Edition 5.0.0 (0801921).

login[737]: root login on 'console'

/ ****** Set QT environment ******** /

[root@zjut ~]#
```

步骤 2，进入内核所在目录（服务器窗口操作）。

实验箱的内核是基于 2.6.18 改进得到的 kernel-for-mceb。

步骤 3，进入内核进行配置。

在配置之前首先输入命令"sudo -s"，并输入密码，以超级用户身份登录，之后再次输入"vim /etc/profile"命令检查交叉编译路径是否正确。之后退出，输入命令"source /etc/profile"，使环境变量生效。

进入内核目录，执行"cd kernel-for-mceb"命令。如果不是第一次编译内核，那么先运行"make mrproper"命令清除以前的配置，回到默认配置。然后继续进行内核配置，执行"make menuconfig"命令。出现如图 9-72 所示的窗口。

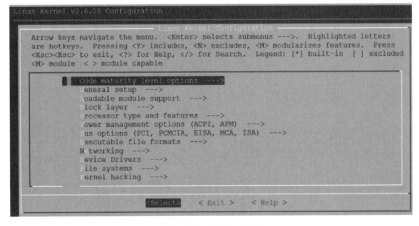

图 9-72　配置内核

编译内核时往往根据自己的需要来编译自己所需要的。表 9-2 是一些常见的驱动选项。

表 9-2　驱动选项

选　项	说　明
MemoryTechnology Devices(MTD)	配置存储设备,需要该选项使 Linux 可以读取闪存卡等(Flash、SD卡)存储器
Parallel port support	配置并口。如果不使用,可不选
Block devices	块设备支持
ATA/ATAPI/MFM/RLL support	IDE 硬盘和 ATAPI 光驱,纯 SCSI 系统且不使用这些接口,可以不选
SCSI device support	SCSI 仿真设备支持
Multi-devicesupport(RAID and LVM)	多设备支持(RAID 和 LAM)
Fusion MPT device support	MPT 设备支持
IEEE 1394(FireWire)support	IEEE 1394(火线)
I2O device support	I2O 设备支持。如果有 I2O 界面,必须选中。是基于智能 I/O 系统的标准接口
Network device support	内核在没有网络支持选项的情况下甚至无法编译。是必选项
ISDN subsystem	综合业务数字网
Input device support	输入设备,包括鼠标、键盘等
Character devices	字符设备,包括虚拟终端、串口、并口等设备
I2C support	用于监控电压、风扇转速、温度等
Hardware Monitoring support	需要 I^2C 的支持
Misc devices	杂项设备
Multimedia Capabilities Port drivers	多媒体功能接口驱动
Multimedia devices	多媒体设备
Graphics support	图形设备/显卡支持
Sound	声卡
USB support	USB 接口支持配置
MMC/SD Card support	MMC/SD 卡支持

步骤 4,配置选择。

内核定制,选择自己需要的功能。按空格键进行选择,＊表示选定直接编译进内核,M 表示选定模块编译为动态加载模块。在这里,以让内核支持 NTFS 文件系统为例。

（1）在运行"make menuconfig"命令后打开的窗口中选择 File systems 选项,如图 9-73 所示。

图 9-73　文件系统配置

（2）按 Enter 键后,继续选择能支持 NTFS 文件系统类型的选项,如图 9-74 所示。

图 9-74　文件系统选项

（3）继续按 Enter 键,最后选择我们需要的 NTFS 文件系统类型,如图 9-75 所示。

（4）按空格键选择编译进内核,并按左右键移动光标到 Exit 按钮,按 Enter 键不断退出,如图 9-76 所示。

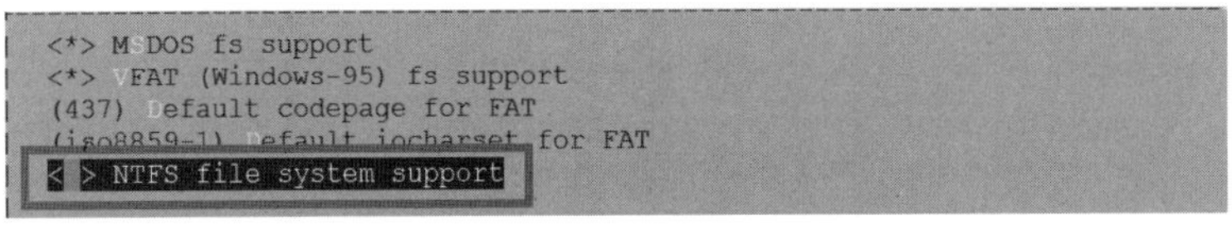

图 9-75　NTFS 文件系统选项

图 9-76　配置为编译进内核

（5）最后，出现是否保存界面，选择 Yes 保存配置，按 Enter 键退出，如图 9-77 所示。

```
Do you wish to save your new kernel configuration?
< Yes >          < No >
```

图 9-77　配置退出保存界面

步骤 5，编译内核镜像。

编译内核时一般需要 root 权限，对于特定用户添加 sudo 命令即可。

在内核目录下使用命令"make uImage"。按 Enter 键后内核开始编译，若出现"Image arch/arm/boot/uImage is ready"则表示编译结束。编译好后在目录 arch/arm/boot/下生成一个 uImage 二进制文件，如下所示：

```
Load Address: 80008000
Entry Point: 80008000
Image   arch/arm/boot/uImage is ready
root@ubuntu:~/kernel - for - mceb $
```

这就是采用编译进内核的方法编译生成的内核镜像，可以移植到实验板子上。对于一般的要求，采用编译进内核的方法就足够了。不过对于许多实验和工程的要求，为了减轻内核的负担，往往需要采用动态加载的方法。下面继续实验来熟悉动态模块编译的方法。

步骤 6，将 NTFS 文件系统配置成模块方式。

按照步骤 4 中的方法，将 NTFS file system support 前面 * 改变成为 M，即将 NTFS 文件系统配置成为模块加载形式，如图 9-78 所示。

```
<M> NTFS file system support
[ ]   N FS debugging support
[ ]   N FS write support
```

图 9-78　内核配置为模块方式

步骤 7，编译模块。

编译好一个驱动程序，执行"make modules"命令，将会生成一个 ntfs.ko 模块，位于 fs/ntfs/目录下，如下所示：

```
LD [M]   fs/nls/nls_ascii.ko
CC       fs/nls/nls_utf8.mod.o
LD [M]   fs/nls/nls_utf8.ko
```

```
CC       fs/nls/nls_ntfs.mod.o
LD [M]   fs/nls/nls_ntfs.ko
CC       lib//libcrc32c.mod.o
LD [M]   lib//libcrc32c.mod.ko
```

步骤 8，重新编译内核镜像。

由于编译生成的模块需要被加载到内核中才能使用，而开始编译生成的内核是一个可以支持 NTFS 文件系统的内核。可以先执行"make clean"命令，清除刚才生成的镜像，然后执行"make uImage"命令生成一个新内核镜像。即新生成的内核不支持 NTFS 文件系统，从而可以将 NTFS 文件模块添加进去，使内核可以支持 NTFS 文件系统。这就是模块编译的方法。关于查看、加载以及卸载模块的方法可以参考其他实验。

以上介绍的就是内核编译方法。以添加支持 NTFS 文件系统为例，介绍了两种方法：一种是直接编译进内核中，另一种是编译成模块加载到内核中。

```
#版本基本信息
VERSION = 2
PATCHLEVEL = 6
SUBLEVEL = 18
EXTRAVERSION = - plc
NAME = Avast! A bilge rat!
###################################################
MAKEFLAGS += -- no - print - directory    #不要在屏幕上打印"Entering directory..",始终被自动
                                          #地传递给所有的子 make
###################################################
ifdef V    #V = 1
ifeq ("$ (origin V)", "command line")     #函数 origin 指示变量是哪里来的
  KBUILD_VERBOSE = $ (V)                   #把 V 的值作为 KBUILD_VERBOSE 的值
Endif
endif
  ifndef KBUILD_VERBOSE                   #即默认我们是不回显的,回显即在命令执行前显示要
                                          #执行的命令
KBUILD_VERBOSE = 0
endif
###################################################
ifdef   SUBDIRS
  KBUILD_EXTMOD ? = $ (SUBDIRS)           #条件操作命令
endif
Ifdef  M                                  #M用来指定外在模块目录
  ifeq ("$ (origin M)", "command line")
    KBUILD_EXTMOD := $ (M)
  endif
Endif
###################################################
ifeq ($ (KBUILD_SRC),)                    #变量,是否进入下一层
###################################################
ifdef O  #把输出文件放在不同的文件夹内
  ifeq ("$ (origin O)", "command line")
    KBUILD_OUTPUT := $ (O)                #用于指定我们的输出文件的输出目录
  endif
Endif
###################################################
PHONY := _all                            #默认目标是全部
_all:
ifneq ($ (KBUILD_OUTPUT),)               #检测输出目录
###################################################
saved - output := $ (KBUILD_OUTPUT)
KBUILD_OUTPUT := $ (shell cd $ (KBUILD_OUTPUT) && /bin/pwd)    #测试目录是否存在,存在则赋给 K
                                                              #BUILD_OUTPUT
```

```
$(if $(KBUILD_OUTPUT),, \                                    #这里为空即表示输出目录不存在
    $(error output directory "$(saved-output)" does not exist)))   #使用了 error 函数
PHONY += $(MAKECMDGOALS)                                      #将任何在命令行中给出的目标放入变量
$(filter-out _all,$(MAKECMDGOALS)) _all: )                   #表示要生成的目标
    $(if $(KBUILD_VERBOSE:1=),@)$(MAKE) -C $(KBUILD_OUTPUT) \
    KBUILD_SRC=$(CURDIR) \
KBUILD_EXTMOD="$(KBUILD_EXTMOD)" -f $(CURDIR)/Makefile $@
# $@表示取消回显的意思
################################################################
skip-makefile := 1                                           #跳转目录所用
endif  #KBUILD_OUTPUT 结束处
endif  #KBUILD_SRC 结束处
################################################################
#以下设置编译链接的默认程序,都是变量赋值操作
AS      = $(CROSS_COMPILE)as
LD      = $(CROSS_COMPILE)ld
CC      = $(CROSS_COMPILE)gcc
CPP     = $(CC) -E
AR      = $(CROSS_COMPILE)ar
NM      = $(CROSS_COMPILE)nm
STRIP     = $(CROSS_COMPILE)strip
OBJCOPY   = $(CROSS_COMPILE)objcopy
OBJDUMP   = $(CROSS_COMPILE)objdump
AWK     = awk
GENKSYMS  = scripts/genksyms/genksyms
DEPMOD    = depmod
KALLSYMS  = scripts/kallsyms
PERL    = perl
CHECK   = sparse
CHECKFLAGS   := -D__linux__ -Dlinux -D__STDC__ -Dunix -D__unix__ -Wbitwise $(CF)
MODFLAGS    = -DMODULE
CFLAGS_MODULE    = $(MODFLAGS)
AFLAGS_MODULE    = $(MODFLAGS)
LDFLAGS_MODULE   = -r
CFLAGS_KERNEL    =
AFLAGS_KERNEL    =
################################################################
```

步骤 9,安装配置 TFTP 服务器(在服务器窗口操作)。

(1) 执行以下命令安装 TFTP 服务器:

```
sudo apt-get install tftpd-hpa
sudo apt-get install tftp-hpa
sudo apt-get install xinetd
```

(2) 在/etc/xinetd.d/下建立一个配置文件 tftp。

```
~/Desktop → cd /etc/xinetd.d
/etc/xinetd.d → sudo vim tftp
[sudo] password for kxq:
```

(3) 在文件中输入以下内容后保存退出。

```
1  service tftp
2  {
3      socket_type  = dgram
4      protocol     = udp
5      wait         = yes
6      user         = root
7      server       = /usr/sbin/in.tftpd
8      server_args  = -s /tftpboot/
9      disable      = no
```

```
10     per_source    = 11
11     cps           = 100 2
12     flags         = IPv4
13   }
```

（4）建立 Ubuntu TFTP 服务文件目录（上传文件与下载文件的位置），并且更改其权限。

```
sudo mkdir /tftpboot
sudo chmod 777 /tftpboot - R
```

（5）重新启动服务。

```
sudo /etc/init.d/xinetd restart
```

（6）输入以下命令测试 TFTP 服务器是否启动成功。

```
/etc/xinetd.d → netstat - a|grep tftp
udp    0    0 *:tftp          *:*
```

（7）之后在/tftpboot 目录下输入"vi test. text"命令，新建一个 test. txt 文件，在该. txt 文件下输入 1234567890，用于测试。

```
/etc/xinetd.d → cd /tftpboot
/tftpboot → vim 123.txt
  1 1234567890
```

（8）在桌面目录下的命令行终端输入"tftp 127.0.0.1"，进入 TFTP 服务程序，输入以下命令：

```
Desktop tftp 127.0.0.1
tftp > get 123.txt
Received 12 bytes in 0.0 seconds
tftp > q
Desktop
```

（9）最后在桌面目录下输入 cat 命令查看 123. txt 文件的内容，若与之前输入的一致，则证明 TFTP 服务搭建成功。

```
Desktop cat 123.txt
1234567890
Desktop
```

步骤 10，UBOOT 下烧写内核（在实验箱 COM 口操作）。

（1）按照步骤 1 的（1）～（4）步重新连接实验箱，在单击 Putty 的 Open 按钮后，5s 内按 Enter 键，暂停 UBOOT，如下所示：

```
DM36x initialization passed!
TI UBL Version: 1.50
Booting Catalog Boot Loader
BootMode = NAND
Starting NAND Copy...
Valid magicnum, 0xA1ACED66, found in block 0x00000019.
   DONE
Jumping to entry point at 0x81080000.


U - Boot 1.3.4 - zjutlab (Nov 21 2013 - 20:22:27)

I2C:    ready
DRAM:   128 MB
NAND:   NAND device: Manufacturer ID: 0xec, Chip ID: 0xd3 (Samsung NAND 1GiB 3,3V 8 - bit)
Bad block table found at page 524224, version 0x01
```

```
Bad block table found at page 524160, version 0x01
1024 MiB
In:     serial
Out:    serial
Err:    serial

EEPROM @ 0x50 read FAILED!!!
Ethernet PHY: GENERIC @ 0x00
Hit any key to stop autoboot:  0
DM365 EVM :>
```

（2）输入如下命令，其中第一行是开发板 IP 地址，注意，此 IP 地址不要与服务器 IP 地址冲突；第二行是服务器 IP 地址，也就是虚拟机或物理机 IP 地址，最后保存这些参数。

```
DM365 EVM :> setenv ipaddr 192.168.1.128
DM365 EVM :> setenv serverip 192.168.1.111
DM365 EVM :> saveenv
Saving Environment to NAND...
Erasing Nand...
Erasing at 0x7a0000 -- 100 % complete.
Writing to Nand... done
DM365 EVM :>
```

（3）将编译好的内核文件（这里的内核文件是 uImage_wlw）放入/tftpboot 文件夹下，输入"tftp 0x80700000"。

（4）烧写成功将显示如下内容：

```
DM365 EVM :> tftp 0x80700000 uImage_wlw
TFTP from server 192.168.1.111; our IP address is 192.168.1.128
Filename 'uImage_wlw'.
Load address: 0x80700000
Loading: #################################################
    #################################################
    #################################################
    #################################################
    #################################################
    #################################################
done
Bytes transferred = 1996208 (1e75b0 hex)
DM365 EVM :>
```

（5）输入"nand erase 0x400000 0x200000""nand write 0x80700000 0x400000 0x200000""setenv bootcmd 'nboot 0x80700000 0 0x400000; bootm'""saveenv"这 4 条指令将内核文件保存在 NAND Flash 中。

```
DM365 EVM :> nand erase 0x400000 0x200000

NAND erase: device 0 offset 0x400000, size 0x200000
Erasing at 0x5e0000 -- 100 % complete.
OK
DM365 EVM :> nand write 0x80700000 0x400000 0x200000

NAND write: device 0 offset 0x400000, size 0x200000
2097152 bytes written: OK
DM365 EVM :> setenv bootcmd 'nboot 0x80700000 0 0x400000; bootm'
DM365 EVM :> saveenv
Saving Environment to NAND...
Erasing Nand...
Erasing at 0x7a0000 -- 100 % complete.
Writing to Nand... done
DM365 EVM :>
```

（6）最后输入启动参数启动实验箱板子。

```
DM365 EVM :> setenv bootargs 'mem = 110M console = ttyS0,115200n8 root = /dev/nfs rw nfsroot = 192.
168.1.111:/home/kxq/share/filesys_test ip = 192.168.1.128:192.168.1.111:192.168.1.1:255.
255.255.0::eth0:off eth = 00:40:01:C1:56:01 video = davincifb:vid0 = OFF:vid1 = OFF:osd0 =
640x480x16,600K:osd1 = 0x0x0,0K dm365_imp.oper_mode = 0 davinci_capture.device_type = 1 davinci_enc_
mngr.ch0_output = LCD'
DM365 EVM :> boot

Loading from NAND 1GiB 3,3V 8 - bit, offset 0x400000
  Image Name:     Linux - 2.6.18 - plc_pro500 - davinci_
  Image Type:     ARM Linux Kernel Image (uncompressed)
  Data Size:      1996144 Bytes =   1.9 MB
  Load Address: 80008000
  Entry Point:  80008000
## Booting kernel from Legacy Image at 80700000...
  Image Name:     Linux - 2.6.18 - plc_pro500 - davinci_
  Image Type:     ARM Linux Kernel Image (uncompressed)
  Data Size:      1996144 Bytes =   1.9 MB
  Load Address: 80008000
  Entry Point:  80008000
  Verifying Checksum ... OK
  Loading Kernel Image ... OK
OK

Starting kernel...

Uncompressing Linux........................................................................................................
done, booting the kernel.
```

## 第 10 章

Linux 环境下的驱动程序开发

10.1 Linux 设备驱动

视频讲解

Linux 将所有的对象包括硬件设备都抽象成文件进行管理,系统像操作普通文件一样来操作硬件设备。设备驱动的责任就是:将各种设备硬件的复杂物理特性的细节屏蔽,向上提供一个通用的接口,挂接到虚拟文件系统上;向下和硬件设备进行交互。驱动程序是系统软件和硬件外设之间的一个抽象层,在系统中的功能如图 10-1 所示。

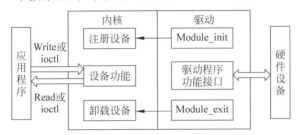

图 10-1　驱动在系统中的功能

设备驱动由设备服务子程序和中断处理程序组成。前者包括了对设备进行操作的代码,后者负责处理各种设备中断。驱动程序的代码编译进内核进行管理,是内核的一部分,在具有特权的内核空间运行,如果出现错误可能会导致内核崩溃。

10.1.1 Linux 设备的分类

Linux 设备被分为 3 类:字符设备、块设备和网络设备,相应的设备驱动也就有字符驱动、块设备驱动和网络设备驱动 3 种。

1. 字符设备

字符设备是以字符为单位进行数据输入/输出的设备,一般不需要使用缓存区,而是直接对硬件进行操作。例如串口,在数据收发时就是以字节为单位进行的,开发者在驱动程序内部使用缓冲区来存放数据以提高效率,但是串口本身没有缓存空间。字符设备驱动一般会实现 open、close、read、write、ioctl 等系统调用,应用程序可以通过设备文件节点来访问字符设备,并且是顺序访问的,不能像普通文件那样前后移动文件指针。

2. 块设备

块设备是以一定大小的数据块为单位进行数据操作的,例如,NAND Flash 上的数据就是以页为单位存放的。块设备一般使用缓冲区在设备与内存之间传送数据。在块设备驱动程序中,应用程序可以与字符设备一样通过相应的设备节点(比如/dev/hdb1、/dev/hda1 等),然后调用 open、close、read、write、ioctl 等操作,与硬件之间传送任意大小的数据块。对用户而言,字符设备和块设备的访问方式基本一样。另外,块设备提供的接口必须支持挂载文件系统。

3. 网络设备

网络设备是指可以通过信息网络处理数据的设备,同时具有字符设备、块设备的部分特点,输入/输出的数据是有结构、成块(报文、包、帧)的,但它的块又不是固定大小的,小到几字节,大到数百甚至数千字节。网络设备的访问不同于字符设备和块设备,Linux 提供了一套特定的相关函数,而不再是 open、read、write 等。如以太网卡,Linux 使用套接字(socket)以及文件 I/O 方式对网络数据进行访问。

此外,Linux 系统中还存在其他一些用来提供公共服务的设备,如各种总线设备。

10.1.2 驱动程序中的基本要素

1. 两个函数

一般情况下,每个模块都会定义两个函数:一个是在加载模块时调用的 XXX_init(),一个是在卸载模块时调用的 XXX_exit()。这两个函数的角色通过两个特别的内核宏来指定:

```
module_init(XXX_init);
module_exit(XXX_exit);
```

2. 一个宏

在 Linux 驱动程序的代码中都会有一个特殊的宏:

```
MODULE_LICENSE("GPL");
```

这个宏的作用是告诉内核,此模块采用了自由许可证;若没有这个宏,则在装载该模块时内核可能会出现问题。

3. 设备号

在应用程序中通过访问设备节点来对设备进行操作,在底层,通过主设备号来确定该设备所对应的驱动程序,通过次设备号来区别使用同一驱动程序的不同个体硬件外设。也就是说,主设备号和驱动程序是一一对应的,次设备号与特定的设备对应。

在< linux/type.h >中定义了 dev_t 类型的数据来保存设备编号,在 2.6 版本的内核中,dev_t 是一个 32 位的数,其中的 12 位表示主设备号,剩余的 20 位表示次设备号。在头文件< linux/kdev.h >中对设备的编号做了定义,可以通过 MAJOR(dev_t dev)、MINOR(dev_t dev)分别来获得主、次设备号。如果需要将主、次设备号转化成 dev_t 类型,那么可以使用 MKDEV(int major,int minor)函数。

4. 重要的数据结构

大部分基本的驱动程序操作都会涉及 3 个比较重要的数据结构,下面分别介绍。

1) 文件操作 file_operations 结构

这个结构在< linux/fs.h >头文件中,作用是连接设备编号和驱动程序操作。在 file_operations 结构中包含一组函数指针,这组函数和所打开的设备文件相关联。这些操作实现的就是系统调用。如果说设备文件是"对象",那么 file_operations 结构中的函数就是"方法"。习惯上,将 file_operation 结构或指向这类型结构的函数指针叫作 fops,例如,

```
struct file_operations XXX_fops = {
    .owner = THIS_MODULE,
    .open = XXX_open,
    .release = XXX_release,
    .read = XXX_read,
    .write = XXX_write,
    .ioctl = XXX_ioctl,
    …
};
```

以上是对于字符型设备驱动而言的,对于块设备驱动,相应地有 block_device_operations 结构体,例如,

```
struct block_device_operations{
    int  ( * open)  (stmct inode * ,struct file * );
    int  ( * release)  (struct inode * ,struct file * );
    int  ( * ioctl)  (struct inode * ,struct file * ,unsigned,unsigned long);
    …
    struct module * owner;
};
```

2)file 结构

file 结构是在头文件<linux/fs. h>中定义的,是在设备驱动程序中使用的第二个重要数据结构。系统中每个打开的文件都有一个对应的 file 结构,包括设备文件。当进行 open 系统调用时内核创建此结构,并传递给该文件上所有的操作函数,直至 close 被调用。当关闭所有相关的实例后,内核释放该结构。其定义如下:

```
struct file{
    mode_t  f_mode;
    loff_t  f_pos;
    unsigned int flags;
    struct file_operations * f_op;
    void * private_data;
    …
};
```

对于块设备驱动,Linux 内核使用 gendisk 结构来表示一个独立的磁盘设备或分区,在 <linux/genhd. h>中声明如下:

```
struct gendisk{
    int   major;
    int   first_minor;
    int   minors;
    char disk_name[32];
    struct block_device_operations * fpos;
    struct request_queue * queue;
    int flag;
    …
);
```

3)inode 结构

file 结构表示的是所打开的设备文件的文件描述符,inode 结构则是 Linux 内核的内部文件描述符。其定义如下:

```
struct inode{
    dev_t  i_rdev;
    struct cdev * i_cdev;
    …
};
```

10.2 设备驱动开发

10.2.1 驱动开发的一般流程

视频讲解

一般情况下,开发一个 Linux 驱动程序大致可以分为以下几个步骤:

(1)查看硬件设备的原理图、数据手册,明确要对设备进行的操作及操作方法。

（2）编写驱动程序代码。这部分工作包括编写头文件代码、注册设备、实现操作函数、实现中断服务程序等。一般情况下，在开发过程中很少从零开始写代码，而是在内核源码中找到相近的驱动程序，并以此为模板进行修改。

（3）编写测试程序，测试驱动程序是否能够正常工作，是否能实现对设备所需要的所有操作。在测试过程中，一般采取动态加载模块的方法加载要测试的驱动，这样可以省去频繁编译内核所浪费的时间。

（4）将测试通过的驱动程序添加到内核中。可以直接将驱动程序编译到内核中，也可以在使用前用 insmod 动态加载到内核中。

10.2.2　驱动程序的框架

1. 初始化

在 Linux 驱动程序中，初始化工作在宏 module_init(XXX_init)所指定的 XXX_init()函数中完成，初始化一般情况下包括设备号的分配、注册设备、申请 I/O 端口和内存，如有需要，还要申请中断处理函数。下面以字符型设备驱动为例，了解一下完成各部分任务的方法。

1）分配设备号

可以通过调用函数 register_chrdev_region()来获得一个或多个设备编号。如果希望内核自动为设备分配可用的设备号，那么可以调用 alloc_chrdev_region()函数来完成。

2）设备的注册

在 Linux 2.6 内核以前，使用的经典注册方式是：

```
int register_chrdev(unsigned int major,const char * name,struct file_operations * fops);
```

在 Linux 2.6 内核中出现了新的方式：

```
struct cdev * my_cdev = cdev_alloc();
my_cdev -> ops = &my_fops;
void cdev_init(struct cdev * cdev,struct file_operations * fops);
int cdev_add(struct cdev * cdev,dev_t num,unsigned int count);
```

3）端口的申请

在 Linux 中，在对端口操作之前，要获得对这些端口的独占访问。内核提供了注册端口的接口：

```
struct resource * request_region(unsigned long first,unsigned long n,const char * name);
```

端口在使用前，如果要检查其是否可用，则使用如下函数：

```
int check_region(unsigned long first,unsigned long n);
```

4）内存的申请

从前面的介绍中可知，0～3GB 是用户空间地址，3～4GB 为内核空间。可以使用 kmalloc、vmalloc、get_free_page 来申请，内核空间中的地址，其中，kmalloc、get_free_page 申请到的内存在物理上和逻辑上都是连续的，可以使用 virt_to_phys() 和 phys_to_virt()将物理地址和虚拟地址进行互相转换。而 vmalloc 申请的内存与物理地址之间没有简单的转换关系，在逻辑上也是连续的。

如果想访问 I/O 内存资源，那么可以使用 ioremap()，将 I/O 内存资源的物理地址映射到内核的虚拟地址空间进行操作。原型如下：

```
void * ioremap(unsigned long phsy_addr,unsigned long size,unsigned long flag);
```

5）注册中断处理函数

在头文件<linux/sched.h>中声明了如下函数接口，用于注册中断处理函数：

```
int request_irq(unsigned int irq,irqretum_t( * hander)(int,void * ,struct pt_regs * ),
unsigned long flags,const char * dev_name,void * dev_id);
```

2. 接口的实现

在 Linux 字符设备驱动程序中，由结构 file_operations 向虚拟文件系统 VFS 提供接口，所以接口的任务主要是实现此结构中的函数。在 file_operations 结构中包含一组函数，根据实际需要去实现其中的一部分即可。如果在初始化时，申请了中断处理函数，那么中断处理例程也在这个阶段实现。

3. 卸载

这是与初始化相反的过程，由宏 module_exit(XXX_exit)所指定的 XXX_exit()函数来完成。在系统调用 close 时执行。按初始化中申请资源时的相反顺序去释放资源。

释放内存，使用 kfree、vfree 或 free_page 实现；释放中断，使用函数 free_irq()实现；使用函数 release_region()可以将端口资源返回给系统；从系统中删除设备，可以对应使用以下函数：

```
int unregister_chrdev(unsigned int major,const char * name);
void cdev_del(struct cdev * dev);
```

10.2.3　测试程序框架

一个驱动程序实现后，要测试其是不是能按需求驱动硬件工作，需要开发者写一个简单的应用程序进行测试。下面就是一个测试程序的大概框架：

```
# include< sys/stat.h>
# include< fcntl.h>
# include< stdio.h>
…
int main()
{
  //打开设备
  fd = open("/dev/xxx",O_RDWR);
  …
  //调用驱动程序中实现的接口
  ioctl(fd,CMD_xxx);
  …
  read(fd,&buf,size);
  …
  write(fd,buf, size);
  …
  //关闭设备
  close(fd);
  return 0;
}
```

10.3　Linux 驱动的部分技术简介

视频讲解

在前面已经陆续介绍了 Linux 驱动程序中关于 I/O 端口、中断以及内存的相关技术，接下来简单介绍一下 Linux 驱动中其他的常用技术。

10.3.1　同步机制

现在的操作系统基本上都是多处理器、多任务环境，并具有中断处理能力。当一个资源被多个进程或线程同时访问时,就会出现"竞争"。为解决"竞争"的问题,内核提供了并发控制机制,控制对公共资源的访问,确保共享资源的访问安全。在 Linux 操作系统中,包含信号量、自旋锁、原子操作等机制。

1. 信号量

信号量既适用于单处理器系统,也适用于多处理器系统。信号量支持并行访问,即可以有多个内核控制路径同时掌握该信号量,所允许的并行访问数目可以在信号量创建时定义。

信号量适用于保持时间较长的情况,会引起调用者休眠,只能在进程上下文使用,没有获得锁的进程将从运行队列中被移除。

信号量相关的函数如下:

```
struct semaphore sem;
void sema_init(struct semaphore * sem,int val);    //初始化信号量
void down(struct semaphore * sem);                 //获得信号量,因为会导致休眠,所以不可以在
                                                   //中断上下文中使用
int down_interrptible(struct semaphore * sem);     //获得信号量,返回 0 是正常返回,如果是被信号
                                                   //中断则返回值为 - EINTR
int down_trylock(struct semaphore * sem);          //尝试获得信号量 sem,如果能立即获得信号量,
                                                   //则获得该信号量,并返回 0;否则返回非零值。
                                                   //不会导致休眠,可以在中断上下文中使用
void up(struct semaphore * sem);                   //释放信号量,唤醒等待的进程
```

2. 自旋锁

自旋锁主要运用于多处理器系统中。"自旋"也就是"原地打转"的意思,如果该锁已经被占有,那么调用者会一直循环查看,直到该锁被释放。这就避免了调用进程被挂起,用自旋替代进程切换。

自旋锁适用于保持时间非常短的情况,可以在任何上下文中使用,包括中断上下文。自旋锁相关的处理函数主要有:

```
spinlock_t spin;
spin_lock_init(lock);              //自旋锁初始化
spin_lock(lock);                   //获得自旋锁,如获得就立即返回.否则原地等待,直至获得锁
spin_trylock(lock);                //尝试获得锁,如果能立刻获得,返回锁并返回真,否则马上返回假
spin_unlock(lock);                 //释放自旋锁
spin_lock_irq();
spin_lock_irqsave(lock,flags);     //获得自旋锁的同时禁止本地 CPU 的中断。当中断上下文可以使用
                                   //该自旋锁时,必须使用该类函数
spin_lock_bh(lock);                //软件中断版本的自旋锁
```

3. 原子操作

原子操作的执行过程是不可打断的,是一组不可中断的操作的集合。一般可以将要保护的资源定义成原子类型整数 atomic_t,然后调用下面各函数对这些资源进行操作:

```
typedef struct{voIatile int counter;}atomic_t;    //定义原子类型
atomic_read(atomic_t * v);                         //原子读操作,返回原子类型变量 v 的值
atomic_set(atomic_t * v, );                        //设置原子类型变量 v 的值为 i
atomic_add(int i,atomic_t * v);                    //给原子类型变量 v 的值增加 i
atomic_sub(int i,atomic_t * v);                    //给原子类型变量 v 的值减少 i
int atomic_sub_and_test(int I,atomic_t * v);
int atomic_dec_and_test(atomic_t * v);             //给原子类型变量 v 的值减去 i 或 1,并判断结果
                                                   //是否为 0(是,返回真,否则返回假)
void atomic_inc(atomic_t * v);
void atomic_dec(atomic_t * v);                     //对原子类型变量 v 原子的加 1 或减 1 位操作也有
                                                   //原子操作
    int set_bit(int nr, void * addr);
    int clear_bit(int nr, void * addr);            //对地址 addr 的第 br 位置位或清零
```

```
int test_bit(int nr, void * addr);                      //检测地址 addr 的第 br 位的值
int change_bit(int nr,void * addr);                     //修改地址 addr 的第 br 位的值
int test_and_set_bit(int nr,void * addr);
int test_and_clear_bit(int nr,void * addr);             //对地址 addr 的第 br 位置位或清零并返回以前的值
int test_and_change_bit(int nr,void * addr);            //修改地址 addr 的第 br 位的值返回以前的值
atomic_clear_mask(mask,addr);
atomic_set_mask(mask,addr);                             //清除或设置所有 mask 指定的位
```

10.3.2　阻塞与非阻塞

阻塞操作是指在进行 I/O 操作时,如果不能获得所需资源,则挂起该进程,直到条件满足为止。被挂起的进程会进入休眠状态,直到条件满足。非阻塞操作指的是在执行 I/O 操作时,如果资源没有准备好,立即返回,而不是挂起进程。

在 Linux 中,一般使用等待队列来实现阻塞式访问,主要的处理函数有:

```
void init_waitqueue_head(wait_queue_head_t * q);         //等待队列头的初始化
wait_event(wq,condition);                                //不可中断的等待
wait_event_interruptible(wq,condition);                  //可中断的等待
wait_event_timeout(wq,condition,timeout);                //超时返回
wait_event_interruptible_timeout(wq,condition,timeout);  //可中断超时返回
wake_up(wait_queue_head_t * q);                          //唤醒等待 q 的进程
wake_up_interruptible(wait_queue_head_t * q);            //只唤醒等待 q 的可中断进程
```

若调用进程希望进行非阻塞操作,则可以通过 flip-> f_flags 中的 O__NONBLOCK 标志来设置。它被定义在头文件<linux/fcntl.h>中。非阻塞的 I/O 也可以通过使用 select 和 poll 来实现。主要的相关函数接口为:

```
void poll_wait(struct file * flip,wait_queue_head_t * queue,poll_table * wajt);
int select(int numfds,fd_set * readfds,fd_set * writefds,fd_set * exceptfds,struct timeval *
timeout);
FD_ZERO(fd_set * set);                      //清除文件描述符
FD_SET(int fd,fd_set * set);                //将 fd 加入文件描述符集中
FD_CLR(int fd,fd_set * set);                //将 fd 移出文件描述符集
FD_ISSET(int fd,fd_set * set);              //判断 fd 是否被置位
```

10.3.3　时间

内核是通过定时器中断来跟踪时间流的,中断由定时硬件周期性产生。在 Linux 驱动程序中,通过访问 jiffies 变量来获得内核上一次启动以来的时钟滴答次数,这是一个 unsigned long 类型的变量。该变量在头文件<linux/jiffies.h>中做了如下定义:

```
extern unsigned long volatile jiffies;
```

在使用 jiffies 时,还会用到<linux/jiffies.h>中定义的其他几个宏:

```
#define time_after(a,b);            //a 是否在 b 之后
#define time_before(a,b);           // a 是否在 b 之前
#define time_after_eq(a,b);         // a 是否在 b 之后或等于 b
#define time_before_eq(a,b);        //a 是否在 b 之前或等于 b
```

1. 延迟

在系统中,延迟有长、短之分。所谓长延迟,就是延迟时间长于一个时钟滴答。短延迟通常最多只涉及几十毫秒,所以无法依赖时钟滴答来计时。在 Linux 中提供了各自的实现方法,对于长延迟:

```
while(time_after(curjiffies,j1));
```

这种延迟属于忙等待延迟,会大大影响系统的效率。可以使用如下方法来实现长延迟:

```
long sleep_on_timeout(wait_queue_head_t * q,long timeout);
long interruptibel_sleep_on_timeout(wait_queue_head_t * q,long timeout);
```

短延迟采用头文件<linux/delay.h>中提供的接口来实现:

```
# include < linux/delay >
void ndelay(unsigned long nsecs);              //纳秒级时延
void udelay(unsigned long usecs);              //微秒级时延
void mdelay(unsigned long msecs);              //毫秒级时延
```

2. 内核定时器

内核定时器可以用来在将来某个时间点调度执行某个动作,而且在此时间点之前进程不会被阻塞。内核定时器是一个数据结构,在<linux/time.h>中定义如下:

```
struct timer_list{
  struct list_head list;
  unsigned long expires;              //定时器到期时间
  unsigned long data;
  void( * function)(unsigned long);   //回调处理函数
};
```

相关的函数接口如下:

```
void add_timer(struct timer_list * timer); //添加定时器
void del_timer(struct timer_list * timer); //删除未到期的定时器(到期的定时器,系统会自动删除)
void mod_timer(struct timer_list * timer,unsigned long expires);   //修改定时器的到期时间
```

10.4 Linux 驱动程序实例分析

Linux 系统中,设备驱动程序所提供的入口点由一个结构来向系统进行说明,此结构定义为:

```
# include < linux/fs.h >
struct file_operations{
  struct module * owner;
  loff_t ( * llseek) (struct file * , loff_t, int);
  ssize_t ( * read) (struct file * , char __ user * , size_t, loff_t * );
  ssize_t ( * aio_read) (struct kiocb * , char __ user * , size_t, loff_t);
  ssize_t ( * write) (struct file * , const char __ user * , size_t, loff_t * );
  ssize_t ( * aio_write) (struct kiocb * , const char __ user * , size_t, loff_t);
  int ( * readdir) (struct file * , void * , filldir_t);
  unsigned int ( * poll) (struct file * , struct poll_table_struct * );
  int ( * ioctl) (struct inode * , struct file * , unsigned int, unsigned long);
  long ( * unlocked_ioctl) (struct file * , unsigned int, unsigned long);
  long ( * compat_ioctl) (struct file * , unsigned int, unsigned long);
  int ( * mmap) (struct file * , struct vm_area_struct * );
  int ( * open) (struct inode * , struct file * );
  int ( * flush) (struct file * );
  int ( * release) (struct inode * , struct file * );
  int ( * fsync) (struct file * , struct dentry * , int datasync);
  int ( * aio_fsync) (struct kiocb * , int datasync);
  int ( * fasync) (int, struct file * , int);
  int ( * lock) (struct file * , int, struct file_lock * );
  ssize_t ( * readv) (struct file * , const struct iovec * , unsigned long, loff_t * );
  ssize_t ( * writev) (struct file * , const struct iovec * , unsigned long, loff_t * );
  ssize_t ( * sendfile) (struct file * , loff_t * , size_t, read_actor_t, void * );
  ssize_t ( * sendpage) (struct file * , struct page * , int, size_t, loff_t * , int);
  unsigned long ( * get_unmapped_area)(struct file * , unsigned long, unsigned long, unsigned long, unsigned long);
```

```
    int ( * check_flags)(int);
    int ( * dir_notify)(struct file * filp, unsigned long arg);
    int ( * flock) (struct file * , int, struct file_lock * );
};
```

其中,struct inode 提供了关于特别设备文件/dev/driver(假设此设备名为 driver)的信息,其定义为:

```
# include < linux/fs. h >
struct inode{
    dev_t i_dev;
    unsigned long i_ino; / * Inode number * /
    umode_t i_mode; / * Mode of the file * /
    nlink_t i_nlink;
    uid_t i_uid;
    gid_t i_gid;
    dev_t i_rdev; / * Device major and minor numbers * /
    off_t i_size;
    time_t i_atime;
    time_t i_mtime;
    time_t i_ctime;
    unsigned long i_blksize;
    unsigned long i_blocks;
    struct inode_operations * i_op;
    struct super_block * i_sb;
    struct wait_queue * i_wait;
    struct file_lock * i_flock;
    struct vm_area_struct * i_mmap;
    struct inode * i_next, * i_prev;
    struct inode * i_hash_next, * i_hash_prev;
    struct inode * i_bound_to, * i_bound_by;
    unsigned short i_count;
    unsigned short i_flags; / * Mount flags (see fs. h) * /
    unsigned char i_lock;
    unsigned char i_dirt;
    unsigned char i_pipe;
    unsigned char i_mount;
    unsigned char i_seek;
    unsigned char i_update;
    union {
      struct pipe_inode_info pipe_i;
      struct minix_inode_info minix_i;
      struct ext_inode_info ext_i;
      struct msdos_inode_info msdos_i;
      struct iso_inode_info isofs_i;
      struct nfs_inode_info nfs_i;
    } u;
};
```

struct file 主要供与文件系统对应的设备驱动程序使用。当然,也可以使用其他设备驱动程序。该文件主要提供关于被打开的文件的信息,定义如下:

```
# include < linux/fs. h >
struct file{
mode_t f_mode;
dev_t f_rdev;                     / * needed for /dev/tty * /
off_t f_pos;                      / * Curr. posn in file * /
unsigned short f_flags;           / * The flags arg passed to open * /
unsigned short f_count;           / * Number of opens on this file * /
unsigned short f_reada;
struct inode * f_inode;           / * pointer to the inode struct * /
```

```
struct file_operations * f_op;        /* pointer to the fops struct */
};
```

file_operations 结构指出了设备驱动程序所提供的入口点位置,分别是:

(1) lseek,移动文件指针的位置,显然只能用于可以随机存取的设备。

(2) read,进行读操作,参数 buf 为存放读取结果的缓冲区,count 为所要读取的数据长度。返回值为负表示读取操作发生错误,否则返回实际读取的字节数。对于字符型数据,要求读取的字节数和返回的实际读取字节数都必须是 inode->i_blksize 的倍数。

(3) write,进行写操作,与 read 类似。

(4) readdir,取得下一个目录入口点,只有与文件系统相关的设备驱动程序才使用。

(5) select,进行选择操作,如果驱动程序没有提供 select 入口,那么将会认为设备已经准备好进行任何的 I/O 操作。

(6) ioctl,进行读、写以外的其他操作,参数 cmd 为自定义的命令。

(7) mmap,用于把设备的内容映射到地址空间,一般只有块设备驱动程序使用。

(8) open,打开设备准备进行 I/O 操作。返回 0 表示打开成功,返回负数表示失败。如果驱动程序没有提供 open 入口,则只要/dev/driver 文件存在就认为打开成功。

(9) release,即执行 close 操作。

设备驱动程序所提供的入口点,在设备驱动程序初始化时向系统进行登记,以便系统在适当的情况下调用。在 Linux 系统中,通过调用 register_chrdev 向系统注册字符型设备驱动程序。register_chrdev 定义为:

```
# include < linux/fs.h >
# include < linux/errno.h >
int register_chrdev(unsigned int major, const char * name,struct file_operations * fops);
```

其中,major 是为设备驱动程序向系统申请的主设备号,如果为 0 则系统为此驱动程序动态地分配一个主设备号;name 是设备名;fops 是对各个调用的入口点的说明。此函数返回 0 表示成功;返回-EINVAL 表示申请的主设备号非法,一般来说,主设备号大于系统所允许的最大设备号;返回-EBUSY 表示所申请的主设备号正在被其他设备驱动程序使用。如果动态分配主设备号成功,那么此函数将返回所分配的主设备号。如果 register_chrdev 操作成功,那么设备名就会出现在/proc/devices 文件中。

初始化部分一般还负责给设备驱动程序申请系统资源,包括内存、中断、时钟、I/O 端口等,这些资源也可以在 open 子程序或其他地方申请,不用时应该释放这些资源,以利于资源的共享。在 UNIX 系统中,对中断的处理是属于系统核心的部分,因此如果设备与系统之间以中断方式进行数据交换,就必须把该设备的驱动程序作为系统核心的一部分。设备驱动程序通过调用 request_irq()函数来申请中断,通过调用 free_irq()函数来释放中断。具体定义如下:

```
# include < linux/sched.h >
int request_irq(unsigned int irq, void( * handler)(int irq,void dev_id,struct pt_regs * regs),
unsigned long flags, const char * device, void * dev_id);
void free_irq(unsigned int irq, void * dev_id);
```

参数 irq 表示所要申请的硬件中断号;handler 为向系统登记的中断处理子程序,中断产生时由系统来调用,调用时所带参数 irq 为中断号;dev_id 为申请时告诉系统的设备标识,regs 为中断发生时寄存器内容;device 为设备名,将会出现在/proc/interrupts 文件中;flags 是申请时的选项,决定中断处理程序的一些特性,其中最重要的是中断处理程序是快速处理程序(flags 中设置了 SA_INTERRUPT)还是慢速处理程序(不设置 SA_INTERRUPT),快速处理程序运行时,所有中断都被屏蔽,而慢速处理程序运行时,除了正在处理的中断外,其他中断都没有被屏蔽。在 Linux 系统中,中断可以被不同的中断处理程序共享,这要求每一个共享此中断的处理程序在申请中断时都在 flags 中设置 SA_SHIRQ,这些处理程序之间以 dev_id 来区分。如果中断由某个处理程序独占,则 dev_id 可以为 NULL。request_irq 返回 0 表示成功,返回-INVAL 表示 irq > 15 或 handler＝＝NULL,返回-EBUSY 表示中断已经被占用且不能共享。作为系统核心的一部分,设备驱动程序在申请和释放内存时不是调用 malloc() 和 free(),而是调用 kmalloc() 和 kfree(),其定义为:

```
# include < linux/kernel. h>
void * kmalloc(unsigned int len, int priority);
void kfree(void * obj);
```

参数 len 为希望申请的字节数;obj 为要释放的内存指针;priority 为分配内存操作的优先级,即在没有足够空闲内存时如何操作,一般用 GFP_KERNEL。与中断和内存不同,使用一个没有申请的 I/O 端口不会使 CPU 产生异常,也就不会导致诸如 segmentation fault 等错误发生。任何进程都可以访问任意 I/O 端口。此时系统无法保证对 I/O 端口的操作不会发生冲突,甚至会因此而使系统崩溃。所以,在使用 I/O 端口前,也应该检查是否已有其他程序在使用此 I/O 端口,若没有,则将此端口标记为正在使用,在使用完以后释放。这样需要用到如下几个函数:

```
int check_region(unsigned int from, unsigned int extent);
void request_region(unsigned int from, unsigned int extent,const char * name);
void release_region(unsigned int from, unsigned int extent);
```

参数 from 表示所申请的 I/O 端口的起始地址;extent 为所要申请的从 from 开始的端口数;name 为设备名,将会出现在/proc/ioports 文件里;check_region 返回 0 表示 I/O 端口空闲,否则为正在被使用。

在申请了 I/O 端口之后,就可以用如下几个函数来访问 I/O 端口:

```
# include < asm/io. h>
inline unsigned int inb(unsigned short port);
inline unsigned int inb_p(unsigned short port);
inline void outb(char value, unsigned short port);
inline void outb_p(char value, unsigned short port);
```

其中,inb_p 和 outb_p 插入了一定的延时以适应某些速度慢的 I/O 端口。在设备驱动程序中,一般都需要用到计时机制。在 Linux 系统中,时钟由系统接管,设备驱动程序可以向系统申请时钟。与时钟有关的系统调用有:

```
# include < asm/param. h>
# include < linux/timer. h>
void add_timer(struct timer_list * timer);
int del_timer(struct timer_list * timer);
inline void init_timer(struct timer_list * timer);
```

struct timer_list 的定义为:

```
struct timer_list{
struct timer_list * next;
struct timer_list * prev;
unsigned long expires;
unsigned long data;
void ( * function)(unsigned long d);
};
```

其中,expires 是要执行 function 的时间。系统核心有一个全局变量 jiffies,它表示当前时间,一般在调用 add_timer 时 jiffies=jiffies+num,表示在 num 个系统最小时间间隔后执行 function。系统最小时间间隔与所用的硬件平台有关,在核心中定义了常数 HZ 表示一秒内最小时间间隔的数目,则 num * HZ 表示 num 秒。系统计时到预定时间就调用 function,并将此子程序从定时队列中删除,因此如果想要每隔一定时间间隔执行一次,就必须在 function 中再一次调用 add_timer。function 的参数 d 即为 timer 中的 data 项。

在设备驱动程序中,还可能会用到如下系统函数:

```
# include <asm/system.h>
# define cli() __ asm __ __ volatile __ ("cli"::)
# define sti() __ asm __ __ volatile __ ("sti"::)
```

下面两个函数负责打开和关闭中断允许:

```
# include <asm/segment.h>
void memcpy_fromfs(void * to,const void * from,unsigned long n);
void memcpy_tofs(void * to,const void * from,unsigned long n);
```

在用户程序调用 read、write 时,因为进程的运行状态由用户态变为核心态,所以地址空间也变为核心地址空间。read、write 中的参数 buf 指向用户程序的私有地址空间,不能直接访问,必须通过上述两个系统函数来访问用户程序的私有地址空间。memcpy_fromfs 由用户程序地址空间复制到核心地址空间,memcpy_tofs 则反之。参数 to 为复制的目的指针,from 为源指针,n 为要复制的字节数。

在设备驱动程序中,可以调用 printk 来打印一些调试信息,用法与 printf 类似。printk 打印的信息不仅出现在屏幕上,同时还记录在文件 syslog 中。

10.5 Linux 系统下的具体实现

在 Linux 中,除了直接修改系统核心的源代码,将设备驱动程序加进核心中以外,还可以把设备驱动程序作为可加载的模块,由系统管理员动态加载,使之成为核心的一部分,也可以由系统管理员把已加载的模块动态地卸载下来。在 Linux 中,模块可以用 C 语言编写,用 arm-linux-gcc 编译成目标文件(不进行链接,作为 *.o 文件存在),为此需要在 gcc 命令行中加上参数-c。在编译时,还应该在 gcc 的命令行里加上这样的参数:-D __ KERNEL __ -DMODULE。由于在不链接时,gcc 只允许一个输入文件,因此一个模块的所有部分都必须在一个文件中实现。编译好的模块 *.o 放在/lib/modules/xxxx/misc 下(xxxx 表示核心版本,如核心版本为2.0.30 时应该为/lib/modules/2.0.30/misc),然后用 depmod -a 命令使此模块成为可加载模块。模块用 insmod 命令加载,用 rmmod 命令卸载,并可以用 lsmod 命令查看所有已加载的模块的状态。

在编写模块程序时,必须提供两个函数。一个是 int init_module(void),供 insmod 在加载此模块时自动调用,负责进行设备驱动程序的初始化工作。init_module 返回 0 以表示初始化成功,返回负数表示失败。另一个函数是 void cleanup_module (void),在模块被卸载时调用,负责进行设备驱动程序的清除工作。

在成功地向系统注册了设备驱动程序后(调用 register_chrdev 成功后),就可以用 mknod 命令来将设备映射为一个特别文件,其他程序使用这个设备时,只要对此特别文件进行操作即可。

10.6 make **程序和** Makefile **文件**

make 程序的最初设计是为了防止对 C 程序文件不必要的重新编译。在使用命令行编译器时,需要修改一个工程中的头文件,如何确保包含这个头文件的所有文件都得到编译? 版本的生成是使用批处理程序,编译那些依赖于程序维护者的文件,在模块之间相互引用头文件的情况下,要将所有需要重新编译的文件找出来是一件麻烦的事情,在找到这些文件之后,修改批处理程序进行编译。实际上这些工作可以让 make 程序来自动完成,make 程序对于维护一些具有相互依赖关系的文件特别有用,可对文件和命令的联系提供一套编码方法,简单地说,就是告诉 make 需要做什么,并提供一些规则,让 make 来完成剩下的工作。

1. 简介

make 自动确定工程的哪部分需要重新编译,并执行命令去编译它们。虽然 make 多用于 C 程序,但只要提供命令行的编译器,就可以将其用于任何语言。实际上,make 工具的应用范围不仅限于编程,还可以用来描述自动更新某些文件时所需要的一些文件。

2. 准备工作

如果要使用 make,则必须写一个叫作 Makefile 的文件,这个文件描述工程中文件之间的关系,提供更新每个文件的命令。在典型的工程中,可执行文件靠目标文件来更新,目标文件靠编译源文件来更新。

Makefile 写好之后,每次更改了源文件,只要执行 make 就足够了,所有必要的重新编译将自动执行。make 程序利用 Makefile 中的数据库和文件的最后修改时间来确定哪个文件需要更新;对于需要更新的文件,make 执行数据库中记录的命令,可以提供命令行参数给 make 来控制哪个文件需要重新编译。

3. 规则简介

Makefile 中的规则如下:

```
TARGET …      : DEPENDENCIES …
COMMAND
…
```

目标(TARGET)可以是程序产生的文件,如可执行文件和目标文件,也可以是要执行的动作,如 clean。依赖(DEPENDENCIES)是用来产生目标的输入文件,一个目标通常依赖于多个文件。命令(COMMAND)是 make 执行的动作,可以有多个命令,每个占一行。注意,每个命令行的起始字符必须为 TAB。有依赖关系规则中的命令通常在依赖文件变化时负责产生目标文件,make 执行这些命令更新或产生目标。规则可以没有依赖关系,它负责解释如何和何时重做该规则中的文件,make 根据依赖关系产生或更新目标;规则也说明如何和何时执行动作。有的规则虽然看起来很复杂,但都符合上述模式。

4. Makefile

Makefile 文件告诉 make 做什么,多数情况是怎样编译和链接一个程序。这里有一个简单的 Makefile,其中有一个 C++源文件 test. c 需要编译,包含有自定义的头文件 test. h,则目标文件 test. o 依赖于两个源文件 test. c 和 test. h。其创建规则为:

```
# This Makefile is just an example.
test.o: test.c test.h
g++ - c - g test.c
```

其中,第一个字符"#"为注释行,test. o: test. c test. h 指定 test. o 为目标,并依赖于 test. c 和

test.h 文件。随后指定了如何从目标所依赖的文件建立目标。

5. make 工作原理

默认 make 从第一个 target 开始(第一个非"."开始的 target),这称作默认目标。当执行 make 时,make 程序从当前目录读入 Makefile 开始处理第一个规则。这些文件按照自己的规则处理:通过编译源文件来更新每个 .o 文件;当依赖关系中的源文件或头文件比目标文件新,或目标文件不存在时,必须重新编译。

其他的规则被处理是因为它们的 target 是目标的依赖,和目标没有依赖关系的规则不会被处理,除非指定 make 处理(如 make clean)。在重新编译目标文件之前,make 会试图更新它的依赖:源文件和头文件。前面例子中的 Makefile 对源文件和头文件未指定任何操作:.c 和 .h 文件不是任何规则的目标。确认所有的目标文件都是最新的之后,再决定是否重新编译。

6. 清理

编写规则不仅仅编译程序。Makefile 通常描述如何做其他事情,例如,删除目录中的目标文件和可执行文件来清理目录。例如下面的例子:

```
clean:
    rm edit $(objects)
```

这样的规则当然不能放在 Makefile 的开始,因为这并不是默认要做的工作。如果运行 make 时没有参数,那么这条规则不会执行;要执行这个规则,必须运行 make clean。

7. make 程序的命令行选项和参数

make 程序能够根据程序中各模块的修改情况,自动判断应对哪些模块重新编译,保证软件是由最新的模块构建的。至于检查哪些模块,以及如何构建软件由 Makefile 文件来决定。

make 可以在 Makefile 中进行配置,除此之外还可以利用 make 程序的命令行选项对其进行即时配置。Make 命令参数的典型序列如下所示:

```
make [-f Makefile 文件名][选项][宏定义][目标]
```

这里用[]括起来表示是可选的。命令行选项由"-"指明,后面跟选项,例如,make -e。

如果需要多个选项,可以只使用一个"-",例如,make -kr,也可以每个选项使用一个"-",例如,make -k -r ,甚至混合使用,例如,make -e -kr。

make 命令本身的命令行选项较多,这里只介绍在开发程序时最常用的 3 个。

(1) -k:如果使用该选项,那么即使 make 程序遇到错误也会继续向下运行;如果没有该选项,在遇到第一个错误时 make 程序马上就会停止,那么后面的错误情况就不得而知了。可以利用这个选项来查出所有有编译问题的源文件。

(2) -n:该选项使 make 程序进入非执行模式,也就是说,将原来应该执行的命令输出,而不是执行。

(3) -f:指定作为 Makefile 的文件的名称。如果不用该选项,那么 make 程序首先在当前目录查找名为 Makefile 的文件,如果没有找到,则会转而查找名为 makefile 的文件。如果在 Linux 下使用 GNU Make,则会首先查找 GNUMakefile,之后再搜索 Makefile 和 makefile。按照惯例,许多 Linux 程序员使用 Makefile,因为这样能使 Makefile 出现在目录中所有以小写字母命名的文件的前面。所以,最好不要使用 GNUmakefile 这一名称,因为它只适用于 make 程序的 GNU 版本。当想构建指定目标时,如果要生成某个可执行文件,则可以在 make 命令行中给出该目标的名称;如果命令行中没有给出目标,那么 make 命令会设法构建 Makefile 中的第一个目标。可以利用这一特点,将 all 作为 Makefile 中的第一个目标,然后将让目标作为 all 所依赖的目标,这样,当命令行中没有给出目标时,也能确保它会被构建。

8. Makefile 变量

Makefile 文件也是支持变量的,首先看如下实例:

```
main: main.o input.o test.o
    gcc − o main main.o input.o test.o
main.o: main.c
    gcc − c main.c − o main.o
input.o:input.c
    gcc − c input.c − o input.o
test.o:test.c
    gcc − c test.c − o test.o
```

上述 Makefile 语句中,main.o、input.o、test.o 这 3 个依赖文件被输入了多次,可以通过变量的方式来避免重复,变量声明语法如下:

变量名 = string

说明:string 可以是依赖的文件,可以是编译器的名称,可以是路径名等。

变量在引用时需要使用 $,再用()或者{ }将变量名括起来。

将依赖文件声明成变量,如下所示:

```
# Makefile 变量
objects = main.o input.o test.o
main: $ (objects)
    gcc − o main $ (objects)
main.o: main.c
    gcc − c main.c − o main.o
input.o:input.c
    gcc − c input.c − o input.o
test.o:test.c
    gcc − c test.c − o test.o
```

说明:第一行中"#"表示注释;第二行中的 objects 是定义的变量,并且用"="对 objects 赋值,赋值字符串为 main.o input.o test.o;第三行、第四行引用了变量,引用方式:$(变量名)。

1)赋值符

(1)赋值符"="。

"="赋值符的作用是将 = 后面的值赋给 = 前面的变量,功能类似于 C 语言中的赋值符"="。

(2)变量追加赋值符"+="。

"+="赋值符的作用是变量名追加赋值,如下所示:

```
# Makefile 变量
objects = main.o input.o
objects += test.o
main: $ (objects)
    gcc − o main $ (objects)
main.o: main.c
    gcc − c main.c − o main.o
input.o:input.c
    gcc − c input.c − o input.o
test.o:test.c
    gcc − c test.c − o test.o
```

说明:在第二行中,变量 objects 被 main.o 和 input.o 赋值;在第三行中,objects 被 test.o 再次赋值,注意,不是覆盖赋值,是追加赋值。objects = main.o input.o ,objects + = test.o 的作用与 objects = main.o input.o test.o 相同。

2)make 命令行选项

直接在 make 命令的后面输入目标名可以建立指定的目标,如果直接运行 make 则建立第一个目标。make 命令还有一些其他选项,表 10-1 给出了常用的命令选项及其含义。

表 10-1　make 命令常用选项

命　令	含　义
-C DIR	在读取 Makefile 文件之前改变到指定的目录 DIR
-f FILE	以指定的 FILE 文件作为 Makefile
-h	显示所有的 make 选项
-i	忽略所有的命令执行错误
-I DIR	当包含其他头文件时,可以用该选项指定搜索目录
-n	只打印要执行的命令,但不执行这些命令
-p	显示 make 变量数据库和隐含的规则
-s	在执行命令时不显示命令
-w	在处理 Makefile 之前和之后,显示工作目录
-W FILE	假定文件 FILE 已经被修改

说明:表中的 DIR 表示文件的所在路径,FILE 表示文件名。

3) 伪目标

Makefile 文件中存在伪目标,一般文件中的目标名都是要生成的文件,但是伪目标不是真正的目标名,在指向 make 命令的时候通过指定这个伪目标来执行其所在规则的定义的命令。

使用伪目标是为了避免 Makefile 文件中定义的执行命令的目标和工作目录下的实际文件出现名称冲突,有时候需要编写一个规则来执行一些命令,如下所示:

```
#Makefile 变量
objects = main.o input.o test.o
main: $(objects)
    gcc - o main $(objects)
main.o: main.c
    gcc - c main.c - o main.o
input.o:input.c
    gcc - c input.c - o input.o
test.o:test.c
    gcc - c test.c - o test.o
clean:
    rm main
```

说明:在执行 make clean 命令后,执行 clean 后的 rm 语句,删除当前工作目录下的 main 文件。但是如果当前工作目录下存在一个 clean 文件,那么在执行 make clean 命令后 clean 命令后面的 rm 不会执行,main 文件不会被清理。为了避免名称冲突问题,可以将 clean 声明为伪目标,声明方式为:.PHONY:命令。

将 clean 声明为伪目标,如下所示:

```
#Makefile 变量
objects = main.o input.o test.o
main: $(objects)
    gcc - o main $(objects)
.PHONY:clean
main.o: main.c
    gcc - c main.c - o main.o
input.o:input.c
    gcc - c input.c - o input.o
test.o:test.c
    gcc - c test.c - o test.o
clean:
    rm main
```

说明：第 5 行声明 clean 为伪目标，不管当下是否存在 clean 文件，在执行 make clean 命令后，都会执行 clean 伪目标后的 rm 语句。

本章习题

1. 设备驱动程序的作用是什么？画出应用程序、设备、内核与驱动程序之间的关系图。

2. Linux 的设备类型有哪几种？分别举例说明它们的功能和作用。

3. 设备驱动程序的 file_operations 结构体的地址一般放在哪里？设备文件一般放在 Linux 系统的哪个目录下？

4. 块设备和字符设备的主设备号和次设备号的作用是什么？

5. 列出驱动程序中涉及的 3 个基本要素，并说明它们的含义。

6. 解析以下字符型驱动设备结构体的含义。

```
struct file_operations XXX_fops = {
.owner = THIS_MODULE;
.open = XXX_open;
.release = XXX_release;
.read = XXX_read;
.write = XXX_write;
.ioctl = XXX_ioctl;
…
};
```

7. 列出驱动程序的开发步骤。

8. Linux 驱动中的同步机制有哪些？分别解析它们的作用。

9. 给出一个建立设备文件的实例，并说明实例中代表的含义。

10. 写出使用设备驱动操作的步骤。

11. 列举 make 的工作过程。

12. 解析以下 Makefile 代码的含义：

```
OBJS:prog.o code.o
CC = GCC
test: ${OBJS}
${ CC } - o test ${OBJS}
prog.o: prog.c prog.h code.h
${ CC } - c prog.c - o prog.o
code.o: code.h code.c
${ CC } - c code.c - o code.o
Clean:
Rm - f *.o
```

## 第 11 章

Linux 环境下驱动程序实验

视频讲解

实验 14：Linux 下 GPIO 驱动程序编写实验

一、实验目的

1. 理解 Linux GPIO 驱动程序的结构、原理。
2. 掌握 Linux GPIO 驱动程序的编程。
3. 掌握 Linux GPIO 动态加载驱动程序模块的方法。

二、实验内容

1. 编写 GPIO 字符设备驱动程序。
2. 编写 Makefile 文件。
3. 编写测试程序。
4. 调试 GPIO 驱动程序和测试程序。

三、实验设备

1. 硬件：PC，教学实验箱一台；网线；串口线，电压表。
2. 软件：PC 操作系统；Putty；服务器 Linux 操作系统；arm-v5t_le-gcc 交叉编译环境。
3. 环境：Ubuntu 12.04.4；文件系统版本为 filesys_test；内核版本 kernel-for-mceb，编译成的驱动模块为 davinci_dm365_gpios.ko。

四、预备知识

1. C 语言的基础知识。
2. 软件调试的基础知识和方法。
3. Linux 基本操作。
4. Linux 驱动程序的编写。

五、实验说明

1. 概述

在嵌入式系统中，常常有数量众多，但结构比较简单的外部设备/电路，这样的设备/电路只要求一位控制信号，即只要有开/关两种状态就够了，例如，灯的亮与灭。对这些设备/电路的控制，使用传统的串行口或并行口都不合适。所以微控制器芯片一般都会提供一个通用可编程 I/O 接口，即 GPIO(General Purpose Input Output)。

GPIO 的驱动主要就是读取 GPIO 的状态或者设置 GPIO 的状态。为了让其他驱动可以方便地操作到 GPIO,Linux 系统定义了 GPIO 操作的统一接口,这个接口实际上就是 GPIO 驱动的框架。

在本实验中,将编写简单的 GPIO 驱动程序来控制 LCD 液晶屏屏幕的亮灭,然后动态加载模块,并编写测试程序,以验证驱动程序。

2. 实现的功能

(1) 设置对应的 GPIO 为输出。

(2) 设置对应的 GPIO 为输入。

(3) 设置对应的 GPIO 为高电平。

(4) 设置对应的 GPIO 为低电平。

(5) 获取对应的 GPIO 的状态。

3. 基本原理

GPIO 驱动是 Linux 驱动开发中最基础、但却是常用的、重要的驱动程序。比如,点亮 LED 灯、键盘扫描、输出高低电平等都需要 GPIO 驱动。Linux 内核的强大之处在于在最底层的 GPIO 硬件操作层的基础上封装了一些统一的 GPIO 操作接口,也就是所谓的 GPIO 驱动框架。这样开发人员就可以调用这些接口去操作设备的 I/O 接口,不需要担心硬件平台的不同导致 I/O 接口的不同,便于对各个模块进行控制。

GPIO 外设提供专用的可配置为输入或输出的通用引脚。当配置为一个输出时,可以写一个内部寄存器来控制输出引脚上的状态;当配置为一个输入时,可以通过读取内部寄存器的状态来检测输入的状态。当配置为一个高电平时,可以通过改变内部寄存器的状态来将引脚的状态改为高电平。如表 11-1 所示。

表 11-1　GPIO 寄存器

GPIO 寄存器	实际执行函数	作　　用
DIRn	gpio_direction_output(arg,1)	设置该 GPIO 为输出
DIRn	gpio_direction_input(arg)	设置该 GPIO 为输入
SET_DATAn	gpio_set_value(arg,1)	设置该 GPIO 为高电平
CLR_DATAn	gpio_set_value(arg,0)	设置该 GPIO 为低电平
GET_DATA	gpio_get_value(arg)	获取该 GPIO 的状态

由于 TMS320DM365 芯片的引脚不是很多,所以大部分引脚都是复用的,需要对复用引脚进行有序管理,以保证系统正常稳定工作,而在应用层,也需要对 I/O 引脚进行控制来实现一定的功能。在进行 GPIO 驱动开发前,在内核中进行如下配置:

(1) 在内核 linux-2-6-18_pro500/arch/arm/mach-davinci/board-dm365-evm. c 中的 davinci_io_init()函数进行配置。

```
davinci_cfg_reg(DM365_GPIO63, PINMUX_RESV);
```

(2) 在 DM365 板文件的系统启动函数内核 linux-2-6-18_pro500/include/asm/arch/mux. h 中结构体函数 enum davinci_dm365_index 添加并使能相应的 I/O 端口。

```
DM365_GPIO63;
```

davinci_cfg_reg()函数的参数就是 enum davinci_dm365_index 枚举中的成员,davinci_cfg_reg()函数根据获得的枚举成员参数,到 const struct pin_config __ initdata or_moduldedavinci_dm365_pinmux[]数组中的相应位置找到需要配置的引脚复用控制寄存器。

(3) 在内核 linux-2-6-18_pro500/arch/arm/mach-davinci/mux_cfg. c 中调用 const struct

pin_config __ initdata_or_moduldedavinci_dm365_pinmux[]函数,用于完成对 GPIO 引脚的配置。

```
MUX_CFG("GPIO63",  2,  6,  1,  0,     0);
```

MUX-CFG 中的内容是为了给 davinci_cfg_reg()函数提供需要的配置复用引脚的 MUX 控制寄存器的编号、寄存器对应的位偏移、位掩码、模式位值等,以便 davinci_cfg_reg()完成引脚功能的配置。在 MUX_CFG 中,第一个变量是 GPIO,用作索引;第二个参数表示引脚复用的寄存器号,根据 DM365 的数据手册,在 DM365 上,而通过 PINMUX0~PINMUX4 共 5 个寄存器对 I/O 引脚复用进行配置。PINMUX2 寄存器的第 1 位和第 2 位定义了 GPIO63 引脚的复用情况;第三个参数表示偏移量,这里是 6,即 PINMUX2 的第 6 位起;第四个参数表示该寄存器对应位的掩码值,这里 1 表示 1 位,假如是 3 则是二进制的 11,也即 2 位;第五个参数表示该引脚需设定的值,这里设为 0,即将其复用设置为 GPIO63;最后一个参数表示是否开启对引脚的调试,一般设置为 0,即该引脚不需要开启调试。

(4) 在内核中配置好所需的 GPIO 后,重新编译进内核。

4. 硬件平台框架

1) DM365 嵌入式处理器

TMS320DM365 是 TI 公司推出的一款基于 DaVinci 技术的高清视频处理器,它集成了一颗 ARM926EJ-S 核,通过其与视频协处理器以及丰富的外围设备的融合,为高清视频处理提供了很好的解决方案。DM365 的内部功能结构如图 11-1 所示。

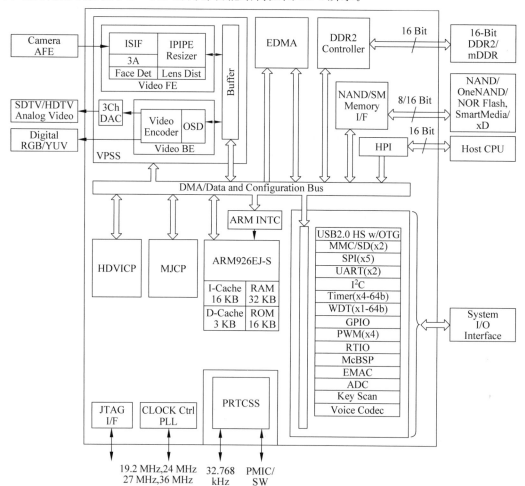

图 11-1 DM365 内部功能结构

DM365 片上系统主要由 ARM 子系统（ARM SubSystem，ARMSS）、视频处理子系统（Video Processing SubSystem，VPSS）、视频影像协处理器（Video Image Co-Processor，VICP）以及丰富的输入/输出外设组成。

DM365 的核心是一颗主频为 300MHz 的 ARM926EJ-S 精简指令集计算机（RISC）处理器。该处理器拥有独立的 8KB 数据缓存和 16KB 的指令缓存，还集成了 32KB 的 RAM 和 16KB 的 ROM 以及内存管理单元（Memory Management Unit，MMU）等。另外，流水线技术的运用，使得整个系统的控制更加高效。

输入/输出外设也非常丰富，存储接口包括 MMC/SD、DDR2 控制器、NAND/SM 接口等，连接接口包括 10Mbps/100Mbps 以太网口、USB 2.0（High Speed）等，通用 I/O 接口包括 SPI、UART、I^2C 等。

ARM 子系统、视频处理子系统、视频图像协处理器和外设之间通过直接内存读取（Direct Memory Access，DMA）实现。DMA 允许不同速度的硬件在不占用 CPU 大量的终端负载的情况下进行通信。DMA 数据通信时，不需要程序控制，通过硬件自动完成。这样在进行大量数据通信时，减少系统对 CPU 资源的利用率，提升了系统性能。

2）在 DM365 上的 GPIO 寄存器

GPIO 外设模块寄存器如图 11-2 所示。

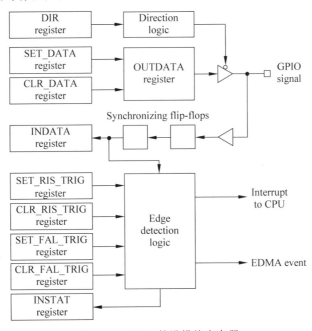

图 11-2　GPIO 外设模块寄存器

3）总体硬件结构设计

硬件电路如图 11-3 所示。

LCD 屏幕和 DM365 主板的电路连接，主板 GPIO63 连接的是 LCD 液晶屏的 adj 引脚，adj 控制 LCD 的背光。当 GPIO63 为高电平时，LCD 屏幕背光灭，当 GPIO63 为低电平时，LCD 屏幕背光亮。

在图 11-3 中，DM365 为主控 CPU；set_DATA 函数控制 GPIO63 口输出高低电平。

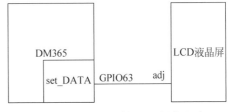

图 11-3　GPIO 控制 LCD 硬件电路

5. 软件框架

1) GPIO 驱动

GPIO 驱动的主要部分如图 11-4 所示。

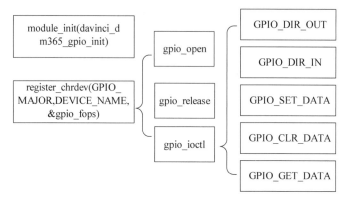

图 11-4　GPIO 驱动的主要部分

GPIO 驱动的主要代码如下：

```
static struct file_operations gpio_fops = {
. owner = THIS_MODULE,
. open = gpio_open,
. release = gpio_release,
. ioctl = gpio_ioctl
};
static int __ init davinci_dm365_gpio_init (void) {
int ret;
ret = register_chrdev(GPIO_MAJOR, DEVICE, &gpio_fops);
…
}
```

GPIO 驱动加载后，调用字符设备驱动注册函数 register_chrdev()，向 Linux 内核注册字符设备驱动，同时，在 gpio_fops 中提供 open、release、ioctl 方法，并为上层提供了如表 11-2 所示的 ioctl 命令。

表 11-2　GPIO 的 ioctl 命令

ioctl 命令	实际执行函数	作　用
DEF_GPIO_DIR_OUT	gpio_direction_output(arg,1)	设置该 GPIO 为输出
DEF_GPIO_DIR_IN	gpio_direction_input(arg)	设置该 GPIO 为输入
DEF_GPIO_SET_DATA	gpio_set_value(arg,1)	设置该 GPIO 为高电平
DEF_GPIO_CLR_DATA	gpio_set_value(arg,0)	设置该 GPIO 为低电平
DEF_GPIO_GET_DATA	gpio_get_value(arg)	获取该 GPIO 的状态

2) 操作函数的接口函数和结构体

（1）驱动源码函数分析。

函数：

```
MODULE_LICENSE("Dual BSD/GPL");
```

功能：将模块的许可协议设置为 BSD 和 GPL 双许可。

函数：

```
module_init(davinci_dm365_gpio_init);
```

功能：module_init 是内核模块的一个宏，用来声明模块的加载函数，也就是使用 insmod

命令加载模块时,调用的函数为 davinci_dm365_gpio_init()。

函数:

```
module_exit(davinci_dm365_gpio_exit);
```

功能:module_exit 是内核模块的一个宏,用来声明模块的释放函数,也就是使用 rmmod 命令卸载模块时,调用的函数为 davinci_dm365_gpio_exit()。

函数:

```
static int __ init davinci_dm365_gpio_init (void);
```

功能:加载函数调用驱动注册函数实现驱动程序在内核的注册,同时还可能对设备进行初始化。该函数在驱动程序加载时被调用。

函数:

```
static void __ exit davinci_dm365_gpio_exit(void);
```

功能:卸载函数调用解除注册函数实现驱动程序在内核中的解除注册,同时在驱动程序卸载时被调用。

函数:

```
static struct file_operations gpio_fops = {
.owner    =    THIS_MODULE,
.open     =    gpio_open,
.release  =    gpio_release,
.ioctl    =    gpio_ioctl
};
```

功能:这是名为 gpio_fops 的 file_operations 的结构体变量,并对其部分成员用 gpio_open(指定 gpio 设备的打开)、gpio_release(指定设备的释放内存和关闭)、gpio_ioctl(对设备的 I/O 通道进行管理)进行初始化,gpio_open()、gpio_release()、gpio_ioctl()函数分别对应 gpio_fops 的一个接口函数,构成字符设备驱动程序的主体。

参数:gpio 指设备名称(可以任取)。

函数:

```
static int gpio_open(struct inode * inode, struct file * file);
```

功能:该函数使用 MOD_INC_USE_COUNT 宏增加驱动程序打开的次数,以防止还有设备打开卸载驱动程序,如果是初次打开该设备,则对该设备进行初始化。

参数:

inode——对应文件的 inode 节点。

file——设备的私有数据指针。

函数:

```
static int gpio_release(struct inode * inode, struct file * file);
```

功能:该函数使用 MOD_DEC_USE _COUNT 宏减少驱动程序打开的次数,以防止还有设备打开时卸载驱动程序。

参数:

inode——关闭文件的 inode 节点。

file——设备的私有数据指针。

函数:

```
int gpio_ioctl(struct inode * inode, struct file * filp, unsigned int cmd, unsigned long arg);
```

功能：该函数对设备相关控制命令的实现,既不是读操作也不是写操作,若调用成功则返回一个非负值。

参数:

inode——文件的 inode 节点。

filp——文件结构体指针。

cmd——用户程序定义对设备的 I/O 控制命令。

arg——对对应的 cmd 命令传入的参数。

(2) 测试代码函数分析。

函数:

```
int main(int argc, char ** argv);
```

功能:主函数,函数的入口。

参数:

argc——命令行总的参数个数。

argv——字符串参数,其中第 0 个参数是程序的全名,命令行后为用户输入的参数。

六、实验步骤

本次实验共涉及 3 个文件(davinci_dm365_gpios.c、gpios.c、Makefile)的编写。将执行下面几个步骤。

步骤 1,硬件连接。

(1) 连接好实验箱的网线、串口线和电源。

(2) 首先通过 Putty 软件使用 SSH 通信方式登录到服务器,如图 11-5 所示(在 Host Name (or IP address)栏输入服务器的 IP 地址)。

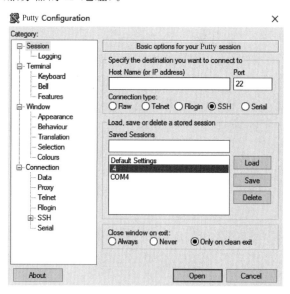

图 11-5　打开 Putty 连接

(3) 要使用 Serial 通信方式登录到实验箱,需要先查看端口号。具体步骤是：右击“我的电脑”图标,在弹出的快捷菜单中选择“管理”命令,在出现的窗口选择“设备管理器”→“端口”选项,查看实验箱的端口号。如图 11-6 所示。

(4) 在 Putty 软件端口栏输入步骤(3)中查询到的串口,设置波特率为 115200,连接实验

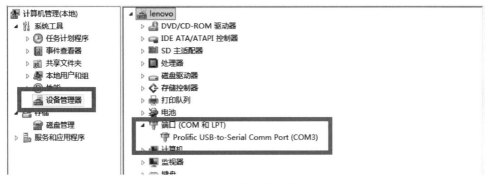

图 11-6　端口号查询

箱,如图 11-7 所示。

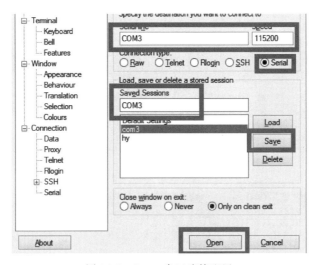

图 11-7　Putty 串口连接配置

（5）单击 Open 按钮,进入连接页面,打开实验箱开关,在 5s 内,按 Enter 键,然后输入挂载参数,再次按 Enter 键,输入 boot 命令,按 Enter 键,开始进行挂载。具体信息如下所示:

```
DM365 EVM :> setenv  bootargs 'mem = 110M console = ttyS0, 115200n8 root = /dev/nfs rw nfsroot =
192.168.1.18:/home/shiyan/filesys_clwxl ip = 192.168.1.42:192.168.1.18:192.168.1.1:255.255.
255.0:: eth0: off eth = 00: 40: 01: C1: 56: 78 video = davincifb: vid0 = OFF: vid1 = OFF: osd0 =
640x480x16,600K:osd1 = 0x0x0,0K dm365_imp.oper_mode = 0 davinci_capture.device_type = 1 davinci_enc_
mngr.ch0_output = LCD'
DM365 EVM :> boot

Loading from NAND 1GiB 3,3V 8 - bit, offset 0x400000
 Image Name:    Linux - 2.6.18 - plc_pro500 - davinci_
 Image Type:    ARM Linux Kernel Image (uncompressed)
 Data Size:     1996144 Bytes =   1.9 MB
 Load Address: 80008000
 Entry Point:  80008000
# # Booting kernel from Legacy Image at 80700000 ...
 Image Name:    Linux - 2.6.18 - plc_pro500 - davinci_
 Image Type:    ARM Linux Kernel Image (uncompressed)
 Data Size:     1996144 Bytes =   1.9 MB
 Load Address: 80008000
 Entry Point:  80008000
 Verifying Checksum ... OK
 Loading Kernel Image ... OK
```

```
OK

Starting kernel ...

Uncompressing Linux..................................................................................
done, booting the kernel.
[    0.000000] Linux version 2.6.18 – plc_pro500 – davinci_evm – arm_v5t_le – gfaa0b471 – dirty
(zcy@punuo – Lenovo) (gcc version 4.2.0 (MontaVista 4.2.0 – 16.0.32.0801914 2008 – 08 – 30)) #1
PREEMPT Mon Jun 27 15:31:35 CST 2016
[    0.000000] CPU: ARM926EJ – S [41069265] revision 5 (ARMv5TEJ), cr = 00053177
[    0.000000] Machine: DaVinci DM365 EVM
[    0.000000] Memory policy: ECC disabled, Data cache writeback
[    0.000000] DaVinci DM0365 variant 0x8
[    0.000000] PLL0: fixedrate: 24000000, commonrate: 121500000, vpssrate: 243000000
[    0.000000] PLL0: vencrate_sd: 27000000, ddrrate: 243000000 mmcsdrate: 121500000
[    0.000000] PLL1: armrate: 297000000, voicerate: 20482758, vencrate_hd: 74250000
[    0.000000] CPU0: D VIVT write – back cache
[    0.000000] CPU0: I cache: 16384 bytes, associativity 4, 32 byte lines, 128 sets
[    0.000000] CPU0: D cache: 8192 bytes, associativity 4, 32 byte lines, 64 sets
[    0.000000] Built 1 zonelists.   Total pages: 28160
[    0.000000] Kernel command line: mem = 110M console = ttyS0, 115200n8 root = /dev/nfs rw
nfsroot = 192.168.1.18:/home/shiyan/filesys_clwxl ip = 192.168.1.42:192.168.1.18:192.168.1.1:
255.255.255.0::eth0:off eth = 00:40:01:C1:56:78 video = davincifb: vid0 = OFF:vid1 = OFF:osd0 =
640x480x16,600K:osd1 = 0x0x0,0K dm365_imp.oper_mode = 0 davinci_capture.device_type = 1 davinci_enc_
mngr.ch0_output = LCD
[    0.000000] TI DaVinci EMAC: kernel boot params Ethernet address: 00:40:01:C1:56:78
...
...
KeypadDriverPlugin::create###########################: optkeypad
keyboard input device ( "/dev/input/event0" ) is opened.
id = "0"
msqid = 0


MontaVista(R) Linux(R) Professional Edition 5.0.0 (0801921)
```

（6）按 Enter 键，输入用户名 root 登录实验箱，如下所示：

```
zjut login: root


Welcome to MontaVista(R) Linux(R) Professional Edition 5.0.0 (0801921).

login[737]: root login on 'console'

/ ****** Set QT environment ******** /

[root@zjut ~]#
```

步骤 2，编译 GPIO 驱动（在服务器窗口操作）。

首先在/home/st1 目录下创建 GPIO 目录，进入 GPIO 目录创建驱动文件 davinci_dm365
_gpios.c，并编写驱动代码。

```
~ $ mkdir GPIO
~ $ cd GPIO
~ $ vim davinci_dm365_gpios.c
```

参考驱动代码如下所示：

```
# include < linux/device.h >
# include < linux/fs.h >
```

```
#include <linux/module.h>
#include <linux/errno.h>
#include <linux/kernel.h>
#include <linux/init.h>
#include <linux/platform_device.h>
#include <asm/arch/gpio.h>
#include <linux/types.h>
#include <linux/cdev.h>
#include <asm/arch-davinci/gpio.h>
#include <asm/uaccess.h>
#include <asm/io.h>
#include <asm/arch/hardware.h>
#include <asm/arch/gpio.h>

//设备名称,如果注册成功可通过 cat /proc/devices 查看到
#define DEVICE_NAME "dm365_gpio_experiment"
#define GPIO_MAJOR 0 //主设备号为 0 表示自动分配未使用的主设备号
#define NOT_MUX_GPIO '2'
//ioctl 的命令
#define DEF_GPIO_DIR_OUT 0x01
#define DEF_GPIO_DIR_IN 0x02
#define DEF_GPIO_SET_DATA 0x03
#define DEF_GPIO_CLR_DATA 0x04
#define DEF_GPIO_GET_DATA 0x05
static int gpio_open(struct inode * inode, struct file * file)
{
//    printk("open gpio\nhere is dm365 gpio driver\n");
    return 0;
}
static int gpio_release(struct inode * inode,struct file * filp)
{
    return 0;
}
int gpio_ioctl(struct inode * inode, struct file * filp, unsigned int cmd, unsigned long arg)
{
    int ret = 0;
    switch (cmd)
    {
        case DEF_GPIO_DIR_OUT:
            printk(" *** dir out *** cmd = % d,arg = % d\n", cmd,(unsigned)arg);
            gpio_direction_output(arg,1);
            break;
        case DEF_GPIO_DIR_IN:
            printk(" *** dir in *** cmd = % d,arg = % d\n", cmd,(unsigned)arg);
            gpio_direction_input(arg);
            break;
        case DEF_GPIO_SET_DATA:
        case DEF_GPIO_CLR_DATA:
//            printk("data = % d\n", cmd);
            if (cmd == DEF_GPIO_SET_DATA)
                gpio_set_value(arg, 1);
            else
                gpio_set_value(arg, 0);
//            break;
        case DEF_GPIO_GET_DATA:
            ret = gpio_get_value(arg);
//            printk("gpio % d = % d\n",arg,ret);
            break;
    }
    return ret;
}
```

```
static struct file_operations gpio_fops = {
        .owner = THIS_MODULE,
        .open = gpio_open,
        .release = gpio_release,
        .ioctl = gpio_ioctl
};
static int __init davinci_dm365_gpio_init(void)
{
        int ret;
        ret = register_chrdev(GPIO_MAJOR, DEVICE_NAME, &gpio_fops);
        if(ret < 0)
        {
                printk("dm365_gpio register falid!\n");
                return ret;
        }
        printk ("dm365_gpio initialized\n");
        return ret;
}
static void __exit davinci_dm365_gpio_exit(void)
{
        unregister_chrdev(GPIO_MAJOR, DEVICE_NAME);
        printk("dm365_gpio exit\n");
}
module_init(davinci_dm365_gpio_init);
module_exit(davinci_dm365_gpio_exit);
MODULE_DESCRIPTION("Davinci DM365 gpio driver");
MODULE_LICENSE("GPL");
```

编写驱动程序编译成模块所需要的 Makefile 文件，执行如下命令：

```
~ $ vim Makefile
```

Makefile 参考代码如下：

```
KDIR: = /home/xxx/kernel - for - mceb/      //编译驱动模块依赖的内核路径,修改为使用服务器上内核文
                                            //件所在的路径。xxx 是说明者使用的用户名,在 make 命令执
                                            //行之前将代码中 xxx 替换为具体挂载的根文件系统目录
    CROSS_COMPILE = arm_v5t_le -
    CC  = $ (CROSS_COMPILE)gcc
    .PHONY: modules clean
    obj - m : = davinci_dm365_gpios.o       //表明有一个模块要从目标文件 davinci_dm365_gpios.o 建立在
                                            //从目标文件建立后结果模块命名为 davinci_dm365_gpios.ko
modules:
    make - C $ (KDIR) M = `pwd` modules     //根据提供的内核生成 davinci_dm365_gpios.o
clean:
    make - C $ (KDIR) M = `pwd` modules clean
```

执行 make 命令，成功后会生成 davinci_dm365_gpios.ko 等文件，如下所示：

```
~ $ make
make - C /home/baozi/kernel - for - mceb/ M = `pwd` modules
make[1]: 正在进入目录 `/home/xxx/kernel - for - mceb'
 CC [M] /home/xxx/GPIO/davinci_dm365_gpios.o
 Building modules, stage 2.
 MODPOST
 CC     /home/xxx/GPIO/davinci_dm365_gpios.mod.o
 LD [M] /home/xxx/GPIO/davinci_dm365_gpios.ko
make[1]:正在离开目录 `/home/xxx/kernel - for - mceb'
~ $ ls
davinci_dm365_gpios.c davinci_dm365_gpios.mod.c davinci_dm365_gpios.o
 Makefile davinci_dm365_gpios.ko davinci_dm365_gpios.mod.o
```

davinci_dm365_gpios.ko 文件成功生成后，将其复制到挂载的文件系统 modules 的目录下。

```
~ $ cp davinci_dm365_gpios.ko /home/xxx/filesys_test/modules/
```

步骤3,编写测试程序。

```
~ $ vi gpios.c
```

参考测试代码如下所示:

```c
# include < stdio. h>
# include < stdlib. h>
# include < fcntl. h>
# include < sys/ioctl. h>


# define DEF_GPIO_DIR_OUT 0x01
# define DEF_GPIO_DIR_IN 0x02
# define DEF_GPIO_SET_DATA 0x03
# define DEF_GPIO_CLR_DATA 0x04
# define DEF_GPIO_GET_DATA 0x05

int main(int argc, char * argv[])
{
    int fd;
    fd = open("/dev/dm365_gpio_experiment", O_RDWR, 0);
    int gpio;
    int cmd;
    gpio = atoi(argv[1]);
    if(argc == 1)
    {
        printf("please input arg\n");
        return ;
    }

    else if(argc == 2)
        ioctl(fd, DEF_GPIO_GET_DATA, gpio);
    else
    {
        cmd = atoi(argv[2]);
        switch(cmd)
        {
            case 0:ioctl(fd, DEF_GPIO_CLR_DATA, gpio);break;
            case 1:ioctl(fd, DEF_GPIO_SET_DATA, gpio);break;
            case 2:ioctl(fd, DEF_GPIO_DIR_IN, gpio);break;
            case 3:ioctl(fd, DEF_GPIO_DIR_OUT, gpio);break;
            default: printf("wrong\n");
        }
    }
}
```

将编写的 gpio. c 测试程序进行交叉编译:

```
$ arm_v5t_le - gcc gpio.c - o gpio
```

将生成的可执行文件复制到挂载的文件系统中:

```
cp gpio /home/shiyan/filesys_test/opt/dm365
```

步骤4,动态加载模块(在实验箱 COM 口操作)。

输入"cd /modules",查看 davinci_dm365_gpios. ko 是否存在,如下所示:

```
[root@zjut ~]# cd /modules/
[root@zjut modules]# ls
adc_driver.ko            gpio                    sr04_driver.ko
```

```
davinci_dm365_gpios.ko      hello.ko                    srd.ko
dht11.ko                    misc.ko                     ts35xx - i2c.ko
egalax.ko                   ov5640_i2c.ko
egalax_i2c.ko               rt5370sta.ko
```

在驱动模块加载之前查看设备节点使用命令"cat /proc/devices",如下所示:

```
189 usb_device
199 dm365_ gpio
244 dm365mmap
245 edma
246 irqk
247 cmem
```

加载 davinci_dm365_gpios. ko,输入"insmod davinci_dm365_gpios. ko"加载驱动。 如出现如下所示信息,则表示驱动加载成功。

```
[root@zjut modules]# insmod davinci_dm365_gpios.ko
[ 1219.440000] dm365_gpio initialized
```

模块加载完成后,通过"cat /proc/devices"命令可观察到如下列表多了一个 dm365_gpio_experiment 项,此时需要记住 dm365_gpio_experiment 前对应的主设备号(每台机器不一定相同),如下所示:

```
199 dm365_gpio
243 dm365_gpio_experiment
244 dm365mmap
245 edma
246 irqk
```

步骤 5,手动创建设备节点。

驱动模块的设备节点创建有两种方式:手动创建和自动创建。GPIO 驱动程序为手动创建设备节点,这是为了能够更好地掌握节点创建的过程。手动创建节点命令如下:

```
mknod   /dev/dm365_gpio_experiment c   243   0
```

(其中,dm365_gpio_experiment 是设备文件名,c 代表字符设备,243 代表 dm365_gpio_experiment 对应的主设备号,0 表示次设备号。驱动程序中主设备号是 0,因此这个设备号是随机分配未使用的设备号,每次加载模块产生的设备号可能是不一样的)。

此时生成一个设备节点,如下所示:

```
[root@zjut dm365]# ls - ls /dev/dm365_gpio_experiment
  0 crw - r - - r - - 1 root root 243, 0 Jan 19 01:59 /dev/dm365_gpio_experiment
```

步骤 6,执行测试程序。

输入"cd /opt/dm365",进入 dm365 目录。

执行命令"gpio 63 0/3",观察实验箱上液晶屏亮灭有没有达到实验预期结果,如下所示:

```
# gpio 63 0 (实验箱的板子上运行)lcd 背光打开
# gpio 63 3 (实验箱的板子上运行) lcd 背光关闭
```

视频讲解

实验 15：I^{2}C 驱动程序编写实验

一、实验目的

1. 熟悉 I^{2}C 协议的原理。

2. 熟悉 Linux 下 I²C 的驱动构架。

3. 熟悉 Linux 驱动程序的编写。

4. 熟悉 Linux 下模块的加载等。

二、实验内容

1. 编写 I²C 协议的驱动程序。

2. 编写 Makefile。

3. 以模块方式加载驱动程序。

4. 编写 I²C 测试程序。

三、实验设备

1. 硬件：PC，教学实验箱一台；网线；串口线，电压表。

2. 软件：PC 操作系统；Putty；服务器 Linux 操作系统；arm-v5t_le-gcc 交叉编译环境。

3. 环境：Ubuntu 12.04.4；文件系统版本为 filesys_test；内核版本 kernel-for-mceb。

四、预备知识

1. C 语言的基础知识。

2. 软件调试的基础知识和方法。

3. Linux 基本操作。

4. Linux 应用程序的编写。

五、实验说明

1. 概述

I²C(Inter-Integrated Circuit)总线最早是由 Philips 公司开发的两线式串行总线，用于连接微控制器及其外围设备，是微电子通信控制领域广泛采用的一种总线标准。它是同步通信的一种特殊形式，具有接口线少、控制方式简单、器件封装形式小、通信速率较高等优点。I²C 总线支持任何 IC 生产工艺(CMOS、双极型)。通过串行数据线(SDA)和串行时钟线(SCL)在连接到总线的器件间传递信息。每个器件都有一个唯一的地址识别(无论是微控制器(MCU)、LCD 驱动器、存储器或键盘接口)，而且都可以作为一个发送器或接收器(由器件的功能决定)。任何被寻址的器件都被认为是从机。

I²C 总线的意思是"完成集成电路或功能单元之间信息交换的规范或协议"。I²C 总线采用一条串行数据线(SDA)和加一条串行时钟线(SCL)来完成数据的传输及外围器件的扩展；对各个节点的寻址采用软寻址方式，节省了片选线，标准的寻址字节 SLAM 为 7 位，可以寻址 127 个单元。

I²C 总线有 3 种数据传输速度：标准模式、快速模式和高速模式。标准模式为 100kbps，快速模式为 400kbps，高速模式支持快至 3.4Mbps 的速度。I²C 总线支持 7 位和 10 位地址空间设备和在不同电压下运行的设备。

Linux 的 I²C 体系结构分为 3 个组成部分：

I²C 核心——I²C 核心提供了 I²C 总线驱动和设备驱动的注册、注销方法、I²C 上层的通信方法、与具体适配器无关的代码以及探测设备、检测设备地址的上层代码等。

I²C 总线驱动——I²C 总线驱动是对 I²C 硬件体系结构中适配器端的实现，适配器可由

CPU 控制,甚至可以直接集成在 CPU 内部。

I^2C 设备驱动——I^2C 设备驱动(也称为客户驱动)是对 I^2C 硬件体系结构中设备端的实现,设备一般挂接在受 CPU 控制的 I^2C 适配器上,通过 I^2C 适配器与 CPU 交换数据。

2. 实现的功能

(1) 实现了将设备挂载到 I^2C 总线上。

(2) 实现了设备本身的驱动注册。

3. 基本原理

1) I^2C 协议

以启动信号 START 来掌管总线,以停止信号 STOP 来释放总线;每次通信以 START 开始,以 STOP 结束;启动信号 START 后紧接着发送一个地址字节,其中 7 位为被控器件的地址码,一位为读/写控制位 R/W,R/W 位为 0 表示由主控向被控器件写数据,R/W 为 1 表示由主控向被控器件读数据;当被控器件检测到的地址与自己的地址相同时,在第 9 个时钟周期间反馈应答信号;每个数据字节在传送时都是高位(MSB)在前。

写通信过程:

(1) 主控在检测到总线空闲的状况下,首先发送一个 START 信号掌管总线。

(2) 发送一个地址字节(包括 7 位地址码和 1 位 R/W)。

(3) 当被控器件检测到主控发送的地址与自己的地址相同时发送一个应答信号(ACK)。

(4) 主控收到 ACK 后开始发送第一个数据字节。

(5) 被控器收到数据字节后发送一个 ACK 表示继续发送数据,发送 NACK 表示发送数据结束。

(6) 主控发送完全部数据后,发送一个停止位 STOP,结束整个通信并且释放总线。

读通信过程:

(1) 主控在检测到总线空闲的状况下,首先发送一个 START 信号掌管总线。

(2) 发送一个地址字节(包括 7 位地址码和 1 位 R/W)。

(3) 当被控器件检测到主控发送的地址与自己的地址相同时发送一个应答信号(ACK)。

(4) 主控收到 ACK 后释放数据总线,开始接收第一个数据字节。

(5) 主控收到数据后发送 ACK 表示继续接收数据,发送 NACK 表示接收数据结束。

(6) 主控接收完全部数据后,发送一个停止位 STOP,结束整个通信并且释放总线。

2) 总线信号时序分析

总线空闲状态:SDA 和 SCL 两条信号线都处于高电平,即总线上所有的器件都释放总线,两条信号线各自的上拉电阻把电平拉高。

启动信号 START:时钟信号 SCL 保持高电平,数据信号 SDA 的电平被拉低(即负跳变)。启动信号必须是跳变信号,而且在建立该信号前必须保证总线处于空闲状态。

停止信号 STOP:时钟信号 SCL 保持高电平,数据线被释放,使得 SDA 返回高电平(即正跳变),停止信号也必须是跳变信号。

数据传送:在 SCL 线呈现高电平期间,SDA 线上的电平必须保持稳定,低电平表示 0(此时的线电压为低电压),高电平表示 1。只有在 SCL 线为低电平期间,SDA 上的电平允许变化。

应答信号 ACK:I^2C 总线的数据都是以字节(8 位)的方式传送的,发送器件每发送一字节之后,在时钟的第 9 个脉冲期间释放数据总线,由接收器发送一个 ACK(把数据总线的电平拉低)来表示数据成功接收。

无应答信号 NACK:在时钟的第 9 个脉冲期间发送器释放数据总线,接收器不拉低数据总线表示一个 NACK，NACK 有两种用途：一般表示接收器未成功接收数据字节；当接收器是主控器时，收到最后一字节后，应发送一个 NACK 信号，以通知被控发送器结束数据发送，并释放总线，以便主控接收器发送一个停止信号 STOP。

3）寻址约定

地址的分配方法有两种：

（1）对于含 CPU 的智能器件，地址由软件初始化时定义，但不能与其他的器件有冲突。

（2）对于不含 CPU 的非智能器件，由厂家在器件内部固化，不可改变。高 7 位为地址码，分为两部分：高 4 位属于固定地址不可改变，由厂家固化的统一地址；低 3 位为引脚设定地址，可以由外部引脚来设定（并非所有器件都可以设定）。

4）I²C 驱动构架

如图 11-8 所示，I²C 驱动框架大概可以分为 3 个组成部分。

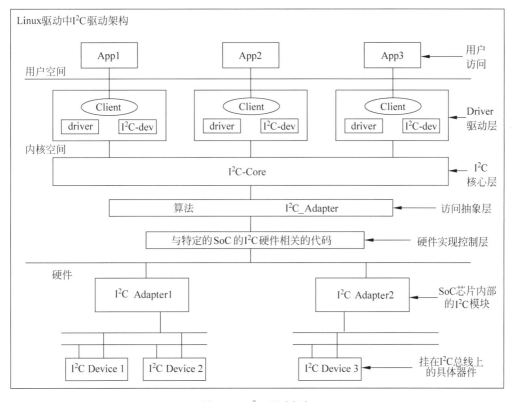

图 11-8　I²C 驱动框架

第一层：提供 I²C 适配器的硬件驱动，探测、初始化 I²C 适配器（如申请 I²C 的 I/O 地址和中断号），驱动 CPU 控制的 I²C 适配器在硬件上产生信号（start、stop、ack）以及处理 I²C 中断。覆盖图 11-8 中的硬件和硬件实现控制层。

第二层：提供 I²C 适配器的算法，用具体适配器的 xxx_xferf() 函数来填充 i2c_algorithm 的 master_xfer() 函数指针，并把赋值后的 i2c_algorithm 再赋值给 i2c_adapter 的 algo 指针。覆盖图 11-8 中的访问抽象层、I²C 核心层。

第三层：实现 I²C 设备驱动中的 i2c_driver 接口，用具体的 I²C 设备的 attach_adapter()、detach_adapter() 方法赋值给 i2c_driver 的成员函数指针。实现设备（device）与总线（或者叫适配器）的挂接。覆盖图 11-8 中的 Driver 驱动层。

第四层：实现 I²C 设备所对应的具体设备的驱动，i2c_driver 只是实现设备与总线的挂接,而挂接在总线上的设备是不同的,例如,eeprom 和 ov2715 显然不是同一类的设备,所以要实现具体设备的 write()、read()、ioctl() 等方法,赋值给 file_operations,然后注册字符设备(多数是字符设备)。覆盖图 11-8 中的 Driver 驱动层。

第一层和第二层又叫 I^2C 总线驱动,第三层和第四层属于 I^2C 设备驱动。

在 Linux 驱动架构中,几乎不需要驱动开发人员再添加总线驱动程序,因为 Linux 内核几乎集成所有总线驱动程序,如 usb、pci、I^2C 等。并且总线驱动中的(与特定硬件相关的代码)已由芯片提供商编写完成,例如 TI davinci 平台 I^2C 总线驱动与硬件相关的代码在内核目录 /drivers/i2c/buses 下的 i2c-davinci.c 源文件中;三星的 s3c-2440 平台 I^2C 总线驱动程序为 /drivers/i2c/buses/i2c-s3c2410.c。

第三层和第四层与特定设备相关的驱动程序就需要驱动工程师来实现了。

5) 架构层次分类

Linux I^2C 驱动体系结构主要由 3 部分组成,即 I^2C 核心框架、I^2C 总线驱动和 I^2C 设备驱动。I^2C 的核心是 I^2C 总线驱动和 I^2C 设备驱动的中间枢纽,它以通用的、与平台无关的接口实现了 I^2C 中设备与适配器的沟通。I^2C 总线驱动填充 i2c_adapter 和 i2c_algorithm 结构体。I^2C 设备驱动填充 i2c_driver 和 i2c_client 结构体。

(1) I^2C 核心框架。

I^2C 核心框架具体实现在 /drivers/i2c 目录下的 i2c-core.c 和 i2c-dev.c。I^2C 核心框架提供了核心数据结构的定义和相关接口函数,用来实现 I^2C 适配器驱动与设备驱动的注册和注销管理,以及 I^2C 通信方法上层的、与具体适配器无关的代码,为系统中每个 I^2C 总线增加相应的读写方法。

(2) I^2C 总线驱动。

I^2C 总线驱动具体实现在 /drivers/i2c 目录下的 busses 文件夹。例如,Linux I^2C GPIO 总线驱动为 i2c_gpio.c。I^2C 总线算法在 /drivers/i2c 目录下的 algos 文件夹。例如,Linux I^2C GPIO 总线驱动算法在 i2c-algo-sibyte.c 中实现。I^2C 总线驱动定义描述具体 I^2C 总线适配器的 i2c_adapter 数据结构、实现具体的 I^2C 适配器与 I^2C 总线通信方法,并由 i2c_algorithm 数据结构进行描述。经过 I^2C 总线驱动的代码,可以控制 I^2C 产生开始位、停止位、读写周期以及从设备的读写、产生 ACK 等,此部分驱动已经编译进内核。

(3) I^2C 设备驱动。

I^2C 设备驱动具体实现在 /drivers/i2c 目录下的 chips 文件夹。I^2C 设备驱动是对具体 I^2C 硬件驱动的实现。I^2C 设备驱动通过 I^2C 适配器与 CPU 通信。其中主要包含 i2c_driver 和 i2c_client 数据结构,i2c_driver 结构对应一套具体的驱动方法,例如,probe、remove、suspend 等,需要自己声明。i2c_client 数据结构由内核根据具体的设备注册信息自动生成,设备驱动根据硬件具体情况填充。

6) I^2C 体系文件构架。

在 Linux 内核源代码中的 driver 目录下包含一个 I^2C 文件夹,如图 11-9 所示。

i2c-core.c 实现了 I^2C 核心的功能以及 /proc/bus/i2c * 接口。

i2c-dev.c 实现了 I^2C 适配器设备文件的功能,每一个 I^2C 适配器都被分配一个设备。通过适配器访问设备时的主设备号都为 89,次设备号为 0~255。i2c-

图 11-9 I^2C 文件夹

dev.c 并没有针对特定的设备而设计,只是提供了通用的 read()、write()和 ioctl()等接口,应用层可以借用这些接口访问挂接在适配器上的 I^2C 设备的存储空间或寄存器,并控制 I^2C 设备的工作方式。

busses 文件夹中包含了一些 I^2C 总线的驱动,如针对 S3C2410、S3C2440、S3C6410 等处理器的 I^2C 控制器驱动为 i2c-s3c2410.c。

algos 文件夹实现了一些 I^2C 总线适配器的算法。

Linux 内核和芯片提供商为我们的驱动程序提供了 I^2C 驱动的框架以及框架底层与硬件相关的代码的实现,如图 11-10 所示。剩下的就是针对挂载在 I^2C 总线上的 I^2C 设备需要编写具体的设备驱动程序,如 x1205、ov5640、tvp5151 触摸屏等,这里的设备就是硬件接口外挂载的设备,而非硬件接口本身(硬件接口本身的驱动可以理解为总线驱动)。

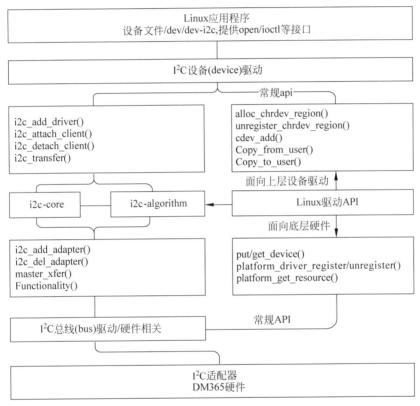

图 11-10 函数结构代码梳理

4. 总体硬件结构设计

名为 SY 的设备通过 I^2C 与 DM365 的电路连接,硬件电路如图 11-11 所示。

5. 软件框架

1) 软件流程

设备名为 SY 的设备驱动注册流程如图 11-12 所示。

在 SY_init()函数中,使用了 I^2C 总线提供的 i2c_add_driver()函数,向 I^2C 总线添加了 SY 的设备驱动,从而引起设备探测函数 i2c_probe()的调用,这会使在该函数下的 SY_detect()函数通过调用

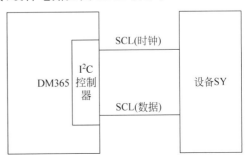

图 11-11 I^2C 硬件电路

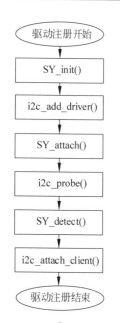

图 11-12　I^2C 注册流程

I^2C 总线驱动提供的 i2c_attach_client() 函数,向内核的 I^2C 总线注册 SY 设备,从而完成驱动的注册。

2）操作函数的接口函数和结构体

函数：

```
MODULE_LICENSE("GPL");
```

功能：将模块的许可协议设置为 GPL 许可,此函数不能缺省。

函数：

```
module_init(SY_init);
```

功能：module_init 是内核模块的一个宏,用来声明模块的加载函数,也就是使用 insmod 命令加载模块时,调用的函数为 SY_init()。

函数：

```
module_exit(SY_exit);
```

功能：module_exit 是内核模块的一个宏,用来声明模块的释放函数,也就是使用 rmmod 命令卸载模块时,调用的函数为 SY_exit()。

函数：

```
static int SY_init (void);
```

功能：加载函数调用驱动注册函数实现驱动程序在内核的注册,同时还有可能对设备进行初始化,在驱动程序加载时被调用。

函数：

```
static void SY_exit(void);
```

功能：卸载函数调用解除注册函数实现驱动程序在内核中的解除注册,同时在驱动程序卸载时被调用。

函数：

```
i2c_add_driver(&SYdriver);
```

功能：调用核心层函数,注册 SY_driver 结构体。

函数：

```
static int SY_attach(struct i2c_adapter * adapter);
```

功能：在 attach 中通过 probe 探测到总线上的设备并把设备和驱动建立连接以完成设备的初始化。

函数：

```
i2c_attach_client(SY_client);
```

功能：要卸载驱动时,调用 SY_detech_adapter() 函数。

六、实验步骤

本次实验将执行下面几个步骤。

步骤 1,硬件连接。

（1）连接好实验箱的网线、串口线和电源。

（2）首先通过 Putty 软件使用 SSH 通信方式登录到服务器,如图 11-13 所示（在 Host Name

（or IP address）文本框中输入服务器的 IP 地址）。单击 Open 按钮，登录到服务器。

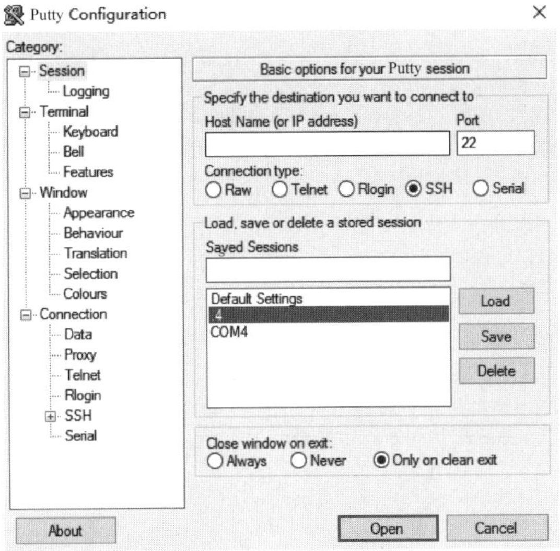

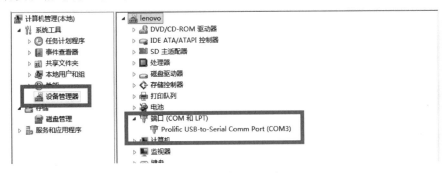

图 11-13　打开 Putty 连接

（3）要使用 Serial 通信方式登录到实验箱，需要先查看端口号。具体步骤是：右击"我的电脑"图标，在弹出的快捷菜单中选择"管理"命令，在出现的窗口选择"设备管理器"→"端口"选项，查看实验箱的端口号。如图 11-14 所示。

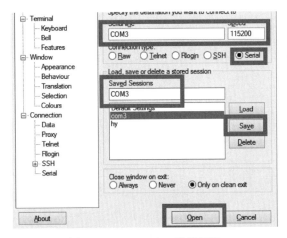

图 11-14　端口号查询

（4）在 Putty 软件端口栏输入步骤（3）中查询到的串口，设置波特率为 115200，连接实验箱，如图 11-15 所示。

图 11-15　Putty 串口连接配置

（5）单击 Open 按钮，进入连接页面，打开实验箱开关，在 5s 内，按 Enter 键，然后输入挂载参数，再次按 Enter 键，输入 boot 命令，按 Enter 键，开始进行挂载。具体信息如下所示：

```
DM365 EVM :> setenv bootargs 'mem = 110M console = ttyS0,115200n8 root = /dev/nfs rw nfsroot = 192.
168.1.18:/home/shiyan/filesys_clwxl ip = 192.168.1.42:192.168.1.18:192.168.1.1:255.255.255.
0::eth0:off eth = 00:40:01:C1:56:78 video = davincifb:vid0 = OFF:vid1 = OFF:osd0 = 640x480x16,
600K:osd1 = 0x0x0,0K dm365_imp.oper_mode = 0 davinci_capture.device_type = 1 davinci_enc_mngr.
ch0_output = LCD'
DM365 EVM :> boot

Loading from NAND 1GiB 3,3V 8 - bit, offset 0x400000
 Image Name: Linux - 2.6.18 - plc_pro500 - davinci_
 Image Type: ARM Linux Kernel Image (uncompressed)
 Data Size: 1996144 Bytes = 1.9 MB
 Load Address: 80008000
 Entry Point: 80008000
# # Booting kernel from Legacy Image at 80700000 ...
 Image Name: Linux - 2.6.18 - plc_pro500 - davinci_
 Image Type: ARM Linux Kernel Image (uncompressed)
 Data Size: 1996144 Bytes = 1.9 MB
 Load Address: 80008000
 Entry Point: 80008000
 Verifying Checksum ... OK
 Loading Kernel Image ... OK
OK

Starting kernel ...

Uncompressing Linux.........................................................................
done, booting the kernel.
[    0.000000] Linux version 2.6.18 - plc_pro500 - davinci_evm - arm_v5t_le - gfaa0b471 - dirty
(zcy@punuo - Lenovo) (gcc version 4.2.0 (MontaVista 4.2.0 - 16.0.32.0801914 2008 - 08 - 30)) # 1
PREEMPT Mon Jun 27 15:31:35 CST 2016
[    0.000000] CPU: ARM926EJ - S [41069265] revision 5 (ARMv5TEJ), cr = 00053177
[    0.000000] Machine: DaVinci DM365 EVM
[    0.000000] Memory policy: ECC disabled, Data cache writeback
[    0.000000] DaVinci DM0365 variant 0x8
[    0.000000] PLL0: fixedrate: 24000000, commonrate: 121500000, vpssrate: 243000000
[    0.000000] PLL0: vencrate_sd: 27000000, ddrrate: 243000000 mmcsdrate: 121500000
[    0.000000] PLL1: armrate: 297000000, voicerate: 20482758, vencrate_hd: 74250000
[    0.000000] CPU0: D VIVT write - back cache
[    0.000000] CPU0: I cache: 16384 bytes, associativity 4, 32 byte lines, 128 sets
[    0.000000] CPU0: D cache: 8192 bytes, associativity 4, 32 byte lines, 64 sets
[    0.000000] Built 1 zonelists.   Total pages: 28160
[    0.000000] Kernel command line: mem = 110M console = ttyS0,115200n8 root = /dev/nfs rw
nfsroot = 192.168.1.18:/home/shiyan/filesys_clwxl ip = 192.168.1.42:192.168.1.18:192.168.1.1:
255.255.255.0::eth0:off eth = 00:40:01:C1:56:78 video = davincifb:vid0 = OFF:vid1 = OFF:osd0 =
640x480x16,600K:osd1 = 0x0x0,0K dm365_imp.oper_mode = 0 davinci_capture.device_type = 1 davinci_enc_
mngr.ch0_output = LCD
[    0.000000] TI DaVinci EMAC: kernel boot params Ethernet address: 00:40:01:C1:56:78
...
...
KeypadDriverPlugin::create# # # # # # # # # # # # # # # # # # # # # # #: optkeypad
keyboard input device ( "/dev/input/event0" ) is opened.
id = "0"
msqid = 0

MontaVista(R) Linux(R) Professional Edition 5.0.0 (0801921)
```

（6）按 Enter 键，输入用户名 root 登录实验箱，如下所示：

```
zjut login: root


Welcome to MontaVista(R) Linux(R) Professional Edition 5.0.0 (0801921).

login[737]: root login on 'console'

/ ****** Set QT environment ******** /

[root@zjut ~]#
```

步骤 2，编译 I^2C 驱动（在服务器窗口操作）。

进入 home 目录，输入"mkdir I^2C"命令，创建 I^2C 驱动文件夹，编写 I^2C 驱动程序。编写驱动程序编译成模块所需要的 Makefile 文件，执行"vim Makefile"命令。

```
KDIR: = /home/xxx/kernel-for-mceb      //编译驱动模块依赖的内核路径，修改为使用服务器
                                        //上内核的路径
CROSS_COMPILE = arm_v5t_le-
CC = $(CROSS_COMPILE)gcc
.PHONY: modules clean
obj-m := i2c.o                          //表明有一个模块要从目标文件 i2c.o 建立.在
                                        //从目标文件建立后结果模块命名为 i2c.ko
modules:
    make -C $(KDIR) M=`pwd` modules    //根据提供的内核生成 i2c.o
clean:
    make -C $(KDIR) M=`pwd` modules clean
```

I^2C 驱动代码如下：

```
#include <linux/kernel.h>
#include <linux/init.h>
#include <linux/module.h>
#include <linux/slab.h>
#include <linux/jiffies.h>
#include <linux/i2c.h>
#include <linux/mutex.h>
#include <linux/fs.h>
#include <asm/uaccess.h>
#include <linux/miscdevice.h>
static unsigned short ignore[]      = { I2C_CLIENT_END };
static unsigned short normal_addr[] = { 0x6F, I2C_CLIENT_END }; //设备地址为: 01101111(0x6f) 七位
static unsigned short force_addr[] = {ANY_I2C_BUS,0x6F, I2C_CLIENT_END};
static unsigned short * forces[] = {force_addr, NULL};
static struct i2c_client_address_data addr_data = {
  .normal_i2c = normal_addr, //要发出地址信号，并且得到 ACK 信号，才能确定是否存在这个设备
  .probe      = ignore,
  .ignore     = ignore,
  .forces     = forces,       //强制认为存在这个设备
};
static struct i2c_driver SY_driver;
static int major;
static struct class *cls;          //自动创建设备节点
struct i2c_client *SY_client;
static ssize_t SY_read(struct file *filp, char __user *buf, size_t count, loff_t *ppos)
{
      int ret = 0;
  static volatile unsigned char  values[1] = {0};
 values[0] = ((char)SY_client->addr);
 if ( copy_to_user(buf, (void *)values,count )) {    //将地址值 buf 内存的内容传到用户空间的 values
   ret = -EFAULT;
      goto out;
```

```
        }
    out:
      return ret;
}
//定义字符设备结构体
static struct file_operations SY_fops = {
    .owner = THIS_MODULE,
        .read  = SY_read,
};
static int SY_detect(struct i2c_adapter * adapter, int address, int kind)
{
    printk("SY_detect\n");
     //构建一个 i2c_client 结构体；接收数据主要靠它，里面有 .address .adapter .driver
        SY_client = kzalloc(sizeof(struct i2c_client), GFP_KERNEL);
        SY_client -> addr     = address;
        SY_client -> adapter = adapter;
        SY_client -> driver   = &SY_driver;
        strcpy(SY_client -> name, "SY");
        i2c_attach_client(SY_client);                        //等要卸载驱动时,会调用 I2C_detach
        printk("SY_probe with name = % s, addr = 0x% x\n", SY_client -> name, SY_client -> addr);
        major = register_chrdev(0, "SY", &SY_fops);  //申请字符设备主设备号
        cls = class_create(THIS_MODULE, "SY");         //创建一个类,然后在类下面创建一个设备
        class_device_create(cls, NULL, MKDEV(major, 0), NULL, "SY");
        return 0;
}
static int SY_attach(struct i2c_adapter * adapter)
{
        return i2c_probe(adapter, &addr_data, SY_detect);
}
static int SY_detach(struct i2c_client * client)
{
        printk("SY_detach\n");
        class_device_destroy(cls, MKDEV(major, 0));
        class_destroy(cls);
        unregister_chrdev(major, "SY");
        i2c_detach_client(client);                         //client 结构体
        kfree(i2c_get_clientdata(client));                //释放 client 的内存
        return 0;
}
//定义 i2c_driver 结构体
static struct i2c_driver SY_driver = {
    .driver = {
           .name   = "SY",
    },
    .attach_adapter = SY_attach,
    .detach_client  = SY_detach,
};
static int SY_init(void)
{
    printk("SY_init\n");
    i2c_add_driver(&SY_driver);                         //注册 I²C 驱动
    return 0;
}
static void SY_exit(void)
{
    printk("SY_exit\n");
    i2c_del_driver(&SY_driver);
}
module_init(SY_init);
module_exit(SY_exit);
MODULE_LICENSE("GPL");
```

执行 make 命令,成功后会生成 i2c. ko 等文件,如下所示:

```
baozi@baozi: /mnt/hgfs /ryshare/I2C 源码 $ ls
i2c.c i2c .nod.c i2c.o i2c_ test.c Module. symvers
i2c. ko i2C nod. o i2C_ test Makefile
```

i2c. ko 驱动文件成功生成后,将其复制到挂载的文件系统 modules 的目录下。

```
root@zjut modules]# ls
adc_driver.ko dht11.ko egalax_i2c.ko i2c.ko ov5640_i2c.ko sr04_driver.ko
davinci_dm365_gpios.ko egalax.ko hello.ko
misc.kort5370sta.ko ts35xx - i2c.ko
```

步骤 3,编写测试程序。

测试程序在文件夹 I^2C 驱动实验/I^2C/i2c_test 下,i2c_test. c 就是对应的测试文件。测试代码如下:

```
# include < stdio. h >
# include < stdlib. h >
# include < string. h >
# include < sys/types. h >
# include < sys/stat. h >
# include < fcntl. h >
int main(int argc, char ** argv)
{
  int fd, ret;
      unsigned char values[0];
  fd = open("/dev/SY", O_RDWR);
      if (fd < 0)
      {
              printf("can't open /dev/SY\n");
              return - 1;
      }
  ret = read(fd, values, sizeof(unsigned char));
  if (ret > = 0){
          printf("reading data is OK \n");
      }
      else{
              printf("read data is failed \n", ret);
      }
      printf("SY address = 0x % x\n", values[0]);
      return 0;
}
```

使用交叉编译工具编译测试程序,并将编译后生成的可执行文件挂载到实验箱上运行调试。

```
$ arm_v5t_le - gcc i2c_test. c - o i2c_test
```

将交叉编译生成的 i2c_test 文件复制到挂载的文件系统目录下/filesys_test/opt/dm365:

```
cp i2c_test /home/shiyan/filesys_test/opt/dm365
```

步骤 4,加载驱动(在实验箱 COM 口操作)。

(1) 在驱动加载之前查看当前已经加载的驱动模块,使用命令 lsmod,如下所示:

```
[root@zjut ~]# lsmod
Module       Size        Used by        Tainted: P
dm3 65mmap 5336  0 - Live 0xbf1c1000
edmak 13192   0 - Live 0xbf1bc000
irqk 8552 0 - Live 0xbf1b8000
cmemk 28172  0 - Live 0xbf1b0000
ov5640 i2c 9572 1 - Live 0xbflac000
rtnet5572ata 53620 0 - Live 0xbf1 9d000
```

```
rt5572sta 1574024 1 rtnet5572sta, Live 0xbf01b000
rtuti15572sta 79988 2 rtnet5572sta, rt5572sta,Live 0xbf006000
egalax_i2c 16652 0  – Live 0xbf000000
```

（2）如下所示，执行"cd /sys/bus/i2c"命令，查看当前加载的设备地址和设备名。所有的 I^2C 设备都在 sysfs 文件系统中显示。在当前目录下显示的是当前挂载在 I^2C 的设备地址，如 0-0018、0-003c。在 drivers 目录下显示的是挂载在 I^2C 上的设备驱动文件。

```
[root@zjut / ]              # cd /sys/bus/ i2c/
[root@zjut i2c]             # ls
devices   drivers
[rootezjut i2c]             # ls  devices/
0 – 0018     0 – 003c
[root@zjut 12c]             # ls drivers/
OV5640  channel0  Video  Decoder  I2C  driver
aic3x  I2C  Codec
davinci_evm
dev_driver
egalax_i2c
i2c_adapter
[root@zjut i2c]                    #
```

（3）执行"insmod /modules/i2c. ko"命令。在驱动加载成功后会打印出设备的 I^2C 注册地址。具体添加设备的地址查看数据手册，每一个设备都会有一个固定地址。例如，添加设备地址为 0x6f，转化成二进制为一个 8 位的数据。I^2C 协议地址为 7 位，如下所示：

```
[ rootezjut  / ]            #  insmod  /modules/i2c. ko
[ 1007.460000 ]  SY_init
[ 1007.470000 ]  SY_detect
[ 1007.480000 ]  SY_probe with name = SY,  addr = 0x6f
[ root@zjut  / ]            #
```

（4）驱动加载成功之后，查看 devices 和 drivers 文件夹，如下所示：

```
[root@zjut   /]            # cd /sys/bus/i2c/
[root@zjut  i2c]           # ls devices/
0 – 0004  0 – 0018  0 – 003c  0 – 006f
[root@zjut 12c]           # ls drivers/
OV5640  channel0  Video  Decoder  I2C  driver
SY
aic3x  I2C  Codec
davinci_evm
dev_driver
egalax_i2c
fm1188 – i2c
i2c_adapter
[root0zjut 12c]                  #
```

（5）执行"cat /proc/devices"命令，显示加载的 I^2C 设备驱动程序创建了一个主设备号为 245、名为 SY 的设备节点，如下所示：

```
[root@zjut i2c]# cat /proc/devices
Character devices:
1 mem
4 /dev/vc/0
4 tty
4 ttyS
5 /dev/tty
5 /dev/console
5 /dev/ptmx
7 vcs
```

```
10 misc
13 input
14 sound
21 sg
29 fb
81 video4linux
89 i2c
90 mtd
108 ppp
116 alsa
128 ptm
136 pts
180 usb
188 ttyUSB
189 usb_ device
199 dm365_ gpio
245 SY
```

步骤 5,执行测试程序。

输入"cd /opt/dm365",进入 dm365 文件夹,查看复制的 i2c_test 文件是否存在,如果不存在,则需要在服务器上重新复制;如果存在,则执行文件。输入 i2c_test,读出当前设备地址,如下所示。

```
[root@zjut dm365]          # i2c_test
reading data is OK
SY  address = 0x6f
[root@zjut dm365]          #
```

实验 16：RTC 时钟驱动实验

视频讲解

一、实验目的

1. 了解 RTC 的工作原理;
2. 掌握 RTC 驱动的编写;
3. 掌握 RTC 驱动的加载过程及测试方法。

二、实验内容

1. 学习 RTC 的工作原理;
2. 编写 RTC 的驱动程序;
3. 编写测试程序测试 RTC。

三、实验设备

1. 硬件：PC；教学实验箱一台；网线；串口线。
2. 软件：PC 操作系统(Windows XP)；Linux 服务器；Putty 串口软件；内核等相关软件包。
3. 环境：Ubuntu 12.04 系统。文件系统版本为 filesys_test、内核版本为 kernel-for-mceb,驱动生成的需要加载的. ko 文件是 rtc-x1205. ko。

四、预备知识

1. 了解 Linux 驱动程序的工作机制。

2. 掌握汇编语言和 C 语言。

3. 掌握 Linux 交叉编译和基本操作。

4. 学会驱动程序的调试方法。

五、实验说明

1. 概述

实时时钟（RTC）器件是一种能提供日历/时钟、数据存储等功能的专用集成电路，常用作各种计算机系统的时钟信号源和参数设置存储电路。RTC 具有计时准确、耗电低和体积小等特点，特别是在各种嵌入式系统中用于记录事件发生的时间和相关信息，如通信工程、电力自动化、工业控制等自动化程度高的领域的无人值守环境。随着集成电路技术的不断发展，RTC 器件的新品也不断推出，这些新品不仅具有准确的 RTC，还有大容量的存储器、温度传感器和 A/D 数据采集通道等，已成为集 RTC 数据采集和存储功能于一体的综合功能器件，特别适用于以微控制器为核心的嵌入式系统。

2. 实现的功能

（1）设置、读取硬件时间；

（2）读取软件时间并保存；

（3）读取闹钟的时间。

3. 基本原理

本实验箱采用 X1205 芯片作为 RTC 时钟芯片，X1205 是一个带有时钟、日历两路报警振荡器补偿和电池切换的实时时钟。

X1205 芯片的振荡器使用了一个外部低价格的 32.768kHz 晶体振荡器，并将所有补偿和调整元件集成于芯片上，这样就节省了外部的离散器件和费用。

实时时钟分别用时分秒寄存器跟踪时间日历，分别有日期、星期、月和年寄存器，日历可正确覆盖 2099 年，具有自动闰年修正功能。

强大的双报警功能能够实现设置任何时钟日历值并进行报警，每分钟、每天、每个星期、每个月等均可报警，并能够在状态寄存器中查询或提供一个硬件的中断。

该器件提供一个备份电源输入引脚 VBACK，该引脚容许器件用电池或大容量电容进行备份供电。整个 X1205 器件的工作电压范围为 2.7～5.5V，X1205 的时钟日历部分的工作可降到 1.8V（待机模式）。

4. 硬件平台构架

X1205 芯片模块硬件平台比较简单，如图 11-16 所示。I^2C 总线结构，外接 32.768kHz 的晶体。时钟/控制寄存器的地址范围为 0000H～003FH。

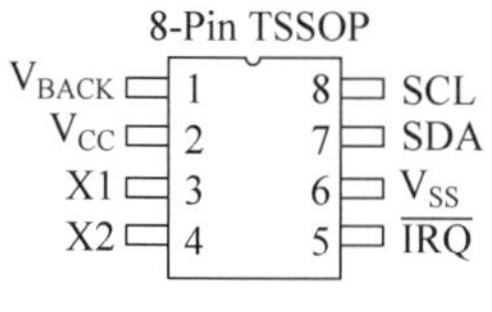

```
        8-Pin TSSOP
  V_BACK ⊏ 1     8 ⊐ SCL
  V_CC   ⊏ 2     7 ⊐ SDA
  X1     ⊏ 3     6 ⊐ V_SS
  X2     ⊏ 4     5 ⊐ IRQ
```

图 11-16 X1205 芯片

X1，X2：外接石英晶体振荡器端。

IRQ：在应用报警功能时，该引脚输出中断信号，低电平有效。

SCL：由 DM365 给 X1205 提供的串行时钟的输入端。

SDA：数据输入/输出引脚。

V_{SS}：接地端。

V_{CC}、V_{BACK}：前者为芯片的工作电压，后者为备用电源。在实际应用中，通常可以在 V_{CC} 与 V_{BACK} 之间接二极管，在 V_{BACK} 与地之间接电容。在正常供电情况下，V_{CC} 给电容充电。掉电后，电容充当备用电源。在 V_{CC} 掉电后，备用电源电流小于 $2\mu A$，电容 C 采用 $10\mu F$ 的钽电解质电容亦可。

X1205 片内的数字微调寄存器 DTR(地址 0013H)的第 2、1、0 这 3 位(DTR2、DTR1、DTR0)调整每秒钟的计数值和平均 ppm 误差。DTR2 是一个符号位,1 为正 ppm 补偿,0 为负补偿。DTR1 和 DTR0 是刻度位,DTR1 给出的是 10ppm 调整,DTR0 给出的是 20ppm 调整。通过这 3 位可以在$-30\sim+30$ppm 范围内进行调整补偿。模拟微调寄存器 ATR(地址 0012H)的第 $5\sim0$ 位(ATR5~ATR0)用来调整片内负载电容。ATR 值以补码形式表示,ATR(000000)$=$11.0pF,每步调节 0.25pF,整个调整范围为 $3.25\sim18.75$pF。可以对额定频率提供$+116\sim-37$ppm 的补偿。通过对 DTR 及 ATR 的调整,可以在$+146\sim-67$ppm 范围内调整补偿。

电源控制电路认同一个 V_{CC} 和一个 V_{BACK} 输入电源控制电路在 $V_{CC}<V_{BACK}-0.2V$ 时采用 V_{BACK} 驱动时钟,当 V_{CC} 超过 V_{BACK} 时切换回 V_{CC} 给器件供电,如图 11-17 所示。

5. 软件系统架构

与 RTC 核心有关的文件有下面 6 个,结构模型图如图 11-18 所示。

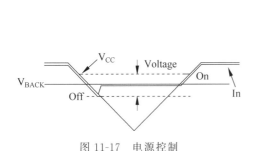

图 11-17　电源控制

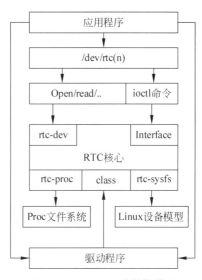

图 11-18　RTC 驱动结构模型

(1) /drivers/rtc/class.c:这个文件向 Linux 设备模型核心注册了一个类 RTC,然后向驱动程序提供了注册/注销接口。

(2) /drivers/rtc/rtc-dev.c:这个文件定义了基本的设备文件操作函数,如 open、read 等。

(3) /drivers/rtc/interface.c:顾名思义,这个文件主要提供了用户程序与 RTC 驱动的接口函数,用户程序一般通过 ioctl 与 RTC 驱动交互,这里定义了每个 ioctl 命令需要调用的函数。

(4) /drivers/rtc/rtc-sysfs.c 与 sysfs 有关。

(5) /drivers/rtc/rtc-proc.c 与 proc 文件系统有关。

(6) /include/linux/rtc.h 定义了与 RTC 有关的数据结构。

下面主要介绍如何实现 RTC 驱动,RTC 驱动挂载在 I^2C 总线上,I^2C 总线驱动相关知识参考本章实验 15。

RTC 驱动设计流程图如图 11-19 所示。

主要函数及结构体说明:

函数:

```
static int __init x1205_init(void);
```

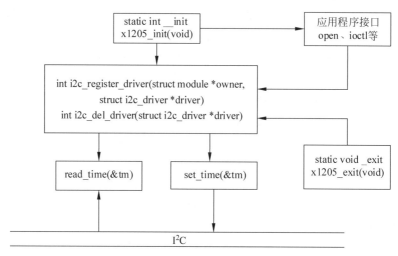

图 11-19　RTC 驱动设计流程图

函数功能：驱动的入口函数。

函数参数：无。

函数：

```
static void __exit x1205_exit(void);
```

函数功能：驱动的出口函数。

函数参数：无。

函数：

```
static int x1205_detach(struct i2c_client * client);
```

函数功能：将驱动脱离 I^{2}C 总线。

函数参数：I^{2}C 设备结构体。

函数：

```
static int x1205_probe(struct i2c_adapter * adapter, int address, int kind);
```

函数功能：在驱动和适配器匹配成功后,调用此函数进一步完成注册。

函数参数：第一个参数为对应的 RTC 适配器,第二个参数为设备地址,第三个参数是设备类型。

函数：

```
static int x1205_set_datetime(struct i2c_client * client, struct rtc_time * tm,
        int datetoo, u8 reg_base);
```

函数功能：设置 RTC 硬件时间。

函数参数：第一个参数为设备结构体,第二个参数为时间结构体,第三个参数是时间类型,第四个参数是寄存器地址。

函数：

```
static int x1205_get_datetime(struct i2c_client * client, struct rtc_time * tm,
        unsigned char reg_base);
```

函数功能：获取 RTC 硬件时间。

函数参数：第一个参数为设备结构体,第二个参数为时间结构体,第三个参数是寄存器地址。

相关结构体如下：

```
(1) struct i2c_client {
        unsigned int flags;             /* div., see below */
        unsigned short addr;            /* chip address - NOTE: 7bit */
                                        /* addresses are stored in the_LOWER_ 7 bits */
        struct i2c_adapter * adapter;   /* the adapter we sit on */
        struct i2c_driver * driver;     /* and our access routines */
        int usage_count;                /* How many accesses currently */
                                        /* to the client */
        struct device dev;              /* the device structure */
        struct list_head list;
        char name[I2C_NAME_SIZE];
        struct completion released;
    };
```

```
(2) struct rtc_time
    {
        int sec;                /* Second (0 - 59) */
        int min;                /* Minute (0 - 59) */
        int hour;               /* Hour (0 - 23) */
        int dow;                /* Day of the week (1 - 7) */
        int dom;                /* Day of the month (1 - 31) */
        int month;              /* Month of year (1 - 12) */
        int year;               /* Year (0 - 99) */
    };
```

```
(3) struct i2c_adapter {
        struct module * owner;
        unsigned int id;
        unsigned int class;
        struct i2c_algorithm * algo;    /* the algorithm to access the bus */
        void * algo_data;

        /* --- administration stuff. */
        int ( * client_register)(struct i2c_client * );
        int ( * client_unregister)(struct i2c_client * );

        /* data fields that are valid for all devices */
        struct mutex bus_lock;
        struct mutex clist_lock;

        int timeout;
        int retries;
        struct device dev;              /* the adapter device */
        struct class_device class_dev;  /* the class device */

        int nr;
        struct list_head clients;
        struct list_head list;
        char name[I2C_NAME_SIZE];
        struct completion dev_released;
        struct completion class_dev_released;
    }
```

```
(4) static struct i2c_driver x1205_driver = {
        .driver         = {
            .name       = "x1205",
        },
        .id             = I2C_DRIVERID_X1205,
        .attach_adapter = &x1205_attach,
        .detach_client  = &x1205_detach,
    };
```

```
(5) static struct rtc_class_ops x1205_rtc_ops = {
        .proc         = x1205_rtc_proc,
        .read_time    = x1205_rtc_read_time,
        .set_time = x1205_rtc_set_time,
        .read_alarm   = x1205_rtc_read_alarm,
        .set_alarm    = x1205_rtc_set_alarm,
    };
```

六、实验步骤

步骤 1,硬件连接。

(1) 连接好实验箱的网线、串口线和电源。

(2) 首先通过 Putty 软件使用 SSH 通信方式登录到服务器,如图 11-20 所示(在 Host Name (or IP address)文本框中输入服务器的 IP 地址)。单击 Open 按钮,登录到服务器。

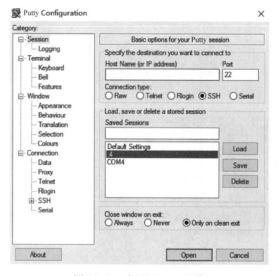

图 11-20　打开 Putty 连接

(3) 要使用 Serial 通信方式登录到实验箱,需要先查看端口号。具体步骤是:右击"我的电脑"图标,在弹出的快捷菜单中选择"管理"命令,在出现的窗口选择"设备管理器"→"端口"选项,查看实验箱的端口号。如图 11-21 所示。

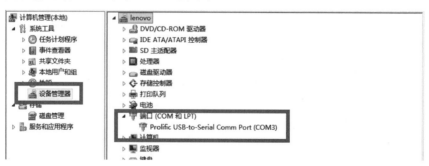

图 11-21　端口号查询

(4) 在 Putty 软件端口栏输入步骤(3)中查询到的串口,设置波特率为 115200,连接实验箱,如图 11-22 所示。

(5) 单击 Open 按钮,进入连接页面,打开实验箱开关,在 5s 内,按 Enter 键,然后输入挂载参数,再次按 Enter 键,输入 boot 命令,按 Enter 键,开始进行挂载。具体信息如下所示:

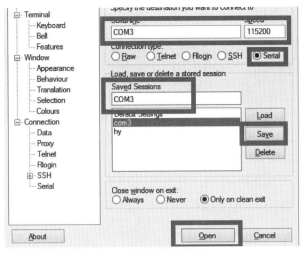

图 11-22　Putty 串口连接配置

```
DM365 EVM :> setenv bootargs 'mem = 110M console = ttyS0,115200n8 root = /dev/nfs rw nfsroot = 192.
168.1.18:/home/shiyan/filesys_clwxl ip = 192.168.1.42:192.168.1.18:192.168.1.1:255.255.255.
0::eth0:off eth = 00:40:01:C1:56:78 video = davincifb:vid0 = OFF:vid1 = OFF:osd0 = 640x480x16,
600K:osd1 = 0x0x0,0K dm365_imp.oper_mode = 0 davinci_capture.device_type = 1 davinci_enc_mngr.
ch0_output = LCD'
DM365 EVM :> boot

Loading from NAND 1GiB 3,3V 8 – bit, offset 0x400000
 Image Name: Linux – 2.6.18 – plc_pro500 – davinci_
 Image Type: ARM Linux Kernel Image (uncompressed)
 Data Size: 1996144 Bytes = 1.9 MB
 Load Address: 80008000
 Entry Point: 80008000
# # Booting kernel from Legacy Image at 80700000 ...
 Image Name: Linux – 2.6.18 – plc_pro500 – davinci_
 Image Type: ARM Linux Kernel Image (uncompressed)
 Data Size: 1996144 Bytes = 1.9 MB
 Load Address: 80008000
 Entry Point: 80008000
 Verifying Checksum ... OK
 Loading Kernel Image ... OK
OK

Starting kernel ...

Uncompressing Linux.............................................................................
done, booting the kernel.
[    0.000000] Linux version 2.6.18 – plc_pro500 – davinci_evm – arm_v5t_le – gfaa0b471 – dirty
(zcy@punuo – Lenovo) (gcc version 4.2.0 (MontaVista 4.2.0 – 16.0.32.0801914 2008 – 08 – 30)) #1
PREEMPT Mon Jun 27 15:31:35 CST 2016
[    0.000000] CPU: ARM926EJ – S [41069265] revision 5 (ARMv5TEJ), cr = 00053177
[    0.000000] Machine: DaVinci DM365 EVM
[    0.000000] Memory policy: ECC disabled, Data cache writeback
[    0.000000] DaVinci DM0365 variant 0x8
[    0.000000] PLL0: fixedrate: 24000000, commonrate: 121500000, vpssrate: 243000000
[    0.000000] PLL0: vencrate_sd: 27000000, ddrrate: 243000000 mmcsdrate: 121500000
[    0.000000] PLL1: armrate: 297000000, voicerate: 20482758, vencrate_hd: 74250000
[    0.000000] CPU0: D VIVT write – back cache
[    0.000000] CPU0: I cache: 16384 bytes, associativity 4, 32 byte lines, 128 sets
[    0.000000] CPU0: D cache: 8192 bytes, associativity 4, 32 byte lines, 64 sets
[    0.000000] Built 1 zonelists.　Total pages: 28160
```

```
[        0.000000] Kernel command line: mem = 110M console = ttyS0,115200n8 root = /dev/nfs rw
nfsroot = 192.168.1.18:/home/shiyan/filesys_clwxl ip = 192.168.1.42:192.168.1.18:192.168.1.1:
255.255.255.0::eth0:off eth = 00:40:01:C1:56:78 video = davincifb:vid0 = OFF:vid1 = OFF:osd0 =
640x480x16,600K:osd1 = 0x0x0,0K dm365_imp.oper_mode = 0 davinci_capture.device_type = 1 davinci_enc_
mngr.ch0_output = LCD
[   0.000000] TI DaVinci EMAC: kernel boot params Ethernet address: 00:40:01:C1:56:78
...
...
KeypadDriverPlugin::create################################: optkeypad
keyboard input device ( "/dev/input/event0" ) is opened.
id = "0"
msqid = 0


MontaVista(R) Linux(R) Professional Edition 5.0.0 (0801921)
```

（6）按 Enter 键，输入用户名 root 登录实验箱，如下所示：

```
zjut login: root


Welcome to MontaVista(R) Linux(R) Professional Edition 5.0.0 (0801921).

login[737]: root login on 'console'

/ ****** Set QT environment ******** /

[root@zjut ~]#
```

步骤 2，编写 RTC 驱动代码（在服务器窗口操作）。

在/home/stx/目录下输入"mkdir rtc"，创建 rtc 文件夹，输入 cd 进入 rtc 文件夹，使用 vim 编写 RTC 驱动程序 rtc-x1205.c；RTC 的驱动源码如下：

```
/*
 * An i2c driver for the Xicor/Intersil X1205 RTC
 * Copyright 2004 Karen Spearel
 * Copyright 2005 Alessandro Zummo
 *
 * please send all reports to:
 *     Karen Spearel < kas111 at gmail dot com >
 *     Alessandro Zummo < a.zummo@towertech.it >
 *
 * based on a lot of other RTC drivers.
 *
 * This program is free software; you can redistribute it and/or modify
 * it under the terms of the GNU General Public License version 2 as
 * published by the Free Software Foundation.
 */
#include < linux/module.h >
#include < linux/i2c.h >
#include < linux/bcd.h >
#include < linux/rtc.h >
#include < linux/delay.h >

#define DRV_VERSION "1.0.7"

/* Addresses to scan: none. This chip is located at
 * 0x6f and uses a two bytes register addressing.
 * Two bytes need to be written to read a single register,
 * while most other chips just require one and take the second
 * one as the data to be written. To prevent corrupting
```

```
 *  unknown chips, the user must explicitely set the probe parameter.
 */
static struct i2c_driver x1205_driver;
static unsigned short normal_i2c[] = { 0x6f, I2C_CLIENT_END};              //zbs tianjia 0x6f;
static unsigned short force_addr[] = {ANY_I2C_BUS, 0x6f, I2C_CLIENT_END};  //zbs
//static unsigned short * force[] = {force_addr, NULL};                    //zbs
//static unsigned short ignore[]   = { I2C_CLIENT_END };                   //zbs

/*   static struct i2c_client_address_data addr_data =
        {

                    .normal_i2c = normal_i2c,
                    .probe = ignore,
                    .ignore = ignore,
            //.forces = forces,
                          };                                               //zbs */


/* Insmod parameters */
I2C_CLIENT_INSMOD;

/* offsets into CCR area */

# define CCR_SEC              0
# define CCR_MIN              1
# define CCR_HOUR             2
# define CCR_MDAY             3
# define CCR_MONTH            4
# define CCR_YEAR             5
# define CCR_WDAY             6
# define CCR_Y2K              7

# define X1205_REG_SR         0x3F     /* status register */
# define X1205_REG_Y2K        0x37
# define X1205_REG_DW         0x36
# define X1205_REG_YR         0x35
# define X1205_REG_MO         0x34
# define X1205_REG_DT         0x33
# define X1205_REG_HR         0x32
# define X1205_REG_MN         0x31
# define X1205_REG_SC         0x30
# define X1205_REG_DTR        0x13
# define X1205_REG_ATR        0x12
# define X1205_REG_INT        0x11
# define X1205_REG_0          0x10
# define X1205_REG_Y2K1       0x0F
# define X1205_REG_DWA1       0x0E
# define X1205_REG_YRA1       0x0D
# define X1205_REG_MOA1       0x0C
# define X1205_REG_DTA1       0x0B
# define X1205_REG_HRA1       0x0A
# define X1205_REG_MNA1       0x09
# define X1205_REG_SCA1       0x08
# define X1205_REG_Y2K0       0x07
# define X1205_REG_DWA0       0x06
# define X1205_REG_YRA0       0x05
# define X1205_REG_MOA0       0x04
# define X1205_REG_DTA0       0x03
# define X1205_REG_HRA0       0x02
# define X1205_REG_MNA0       0x01
# define X1205_REG_SCA0       0x00

# define X1205_CCR_BASE       0x30            /* Base address of CCR */
```

```c
#define X1205_ALM0_BASE        0x00        /* Base address of ALARM0 */

#define X1205_SR_RTCF          0x01        /* Clock failure */
#define X1205_SR_WEL           0x02        /* Write Enable Latch */
#define X1205_SR_RWEL          0x04        /* Register Write Enable */

#define X1205_DTR_DTR0         0x01
#define X1205_DTR_DTR1         0x02
#define X1205_DTR_DTR2         0x04

#define X1205_HR_MIL           0x80        /* Set in ccr.hour for 24 hr mode */

/* Prototypes */
static int x1205_attach(struct i2c_adapter * adapter);
static int x1205_detach(struct i2c_client * client);
static int x1205_probe(struct i2c_adapter * adapter, int address, int kind);

static struct i2c_driver x1205_driver = {
    .driver         = {
            .name       = "x1205",
    },
    .id             = I2C_DRIVERID_X1205,
    .attach_adapter = &x1205_attach,
    .detach_client  = &x1205_detach,
};

/*
 * In the routines that deal directly with the x1205 hardware, we use
 * rtc_time — month 0 - 11, hour 0 - 23, yr = calendar year - epoch
 * Epoch is initialized as 2000. Time is set to UTC.
 */
static int x1205_get_datetime(struct i2c_client * client, struct rtc_time * tm,
                    unsigned char reg_base)
{
    unsigned char dt_addr[2] = { 0, reg_base };

    unsigned char buf[8];

    struct i2c_msg msgs[] = {
        { client -> addr, 0, 2, dt_addr },      /* setup read ptr */
        { client -> addr, I2C_M_RD, 8, buf },   /* read date */
    };

    /* read date registers */
    if ((i2c_transfer(client -> adapter, &msgs[0], 2)) != 2) {
        dev_err(&client -> dev, "% s: read error\n", __FUNCTION__);
        return -EIO;
    }

    dev_dbg(&client -> dev,
        "% s: raw read data - sec = % 02x, min = % 02x, hr = % 02x, "
        "mday = % 02x, mon = % 02x, year = % 02x, wday = % 02x, y2k = % 02x\n",
        __FUNCTION__,
        buf[0], buf[1], buf[2], buf[3],
        buf[4], buf[5], buf[6], buf[7]);

    tm -> tm_sec  = BCD2BIN(buf[CCR_SEC]);
    tm -> tm_min  = BCD2BIN(buf[CCR_MIN]);
    tm -> tm_hour = BCD2BIN(buf[CCR_HOUR] & 0x3F);      /* hr is 0 - 23 */
    tm -> tm_mday = BCD2BIN(buf[CCR_MDAY]);
    tm -> tm_mon  = BCD2BIN(buf[CCR_MONTH]) - 1;        /* mon is 0 - 11 */
```

```
        tm -> tm_year = BCD2BIN(buf[CCR_YEAR])
                  + (BCD2BIN(buf[CCR_Y2K]) * 100) - 1900;
        tm -> tm_wday = buf[CCR_WDAY];

        dev_dbg(&client -> dev, "% s: tm is secs = % d, mins = % d, hours = % d, "
             "mday = % d, mon = % d, year = % d, wday = % d\n",
             __ FUNCTION __,
             tm -> tm_sec, tm -> tm_min, tm -> tm_hour,
             tm -> tm_mday, tm -> tm_mon, tm -> tm_year, tm -> tm_wday);

        return 0;
}

static int x1205_get_status(struct i2c_client * client, unsigned char * sr)
{
        static unsigned char sr_addr[2] = { 0, X1205_REG_SR };

        struct i2c_msg msgs[] = {
             { client -> addr, 0, 2, sr_addr }, /* setup read ptr */
             { client -> addr, I2C_M_RD, 1, sr }, /* read status */
        };

        /* read status register */
        if ((i2c_transfer(client -> adapter, &msgs[0], 2)) != 2) {
             dev_err(&client -> dev, "% s: read error\n", __ FUNCTION __);
             return - EIO;
        }

        return 0;
}

static int x1205_set_datetime(struct i2c_client * client, struct rtc_time * tm,
                        int datetoo, u8 reg_base)
{
        int i, xfer;
        unsigned char buf[8];

        static const unsigned char wel[3] = { 0, X1205_REG_SR,
                             X1205_SR_WEL };

        static const unsigned char rwel[3] = { 0, X1205_REG_SR,
                             X1205_SR_WEL | X1205_SR_RWEL };

        static const unsigned char diswe[3] = { 0, X1205_REG_SR, 0 };

        dev_dbg(&client -> dev,
             "% s: secs = % d, mins = % d, hours = % d\n",
             __ FUNCTION __,
             tm -> tm_sec, tm -> tm_min, tm -> tm_hour);

        buf[CCR_SEC] = BIN2BCD(tm -> tm_sec);
        buf[CCR_MIN] = BIN2BCD(tm -> tm_min);

        /* set hour and 24hr bit */
        buf[CCR_HOUR] = BIN2BCD(tm -> tm_hour) | X1205_HR_MIL;

        /* should we also set the date? */
        if (datetoo) {
             dev_dbg(&client -> dev,
                 "% s: mday = % d, mon = % d, year = % d, wday = % d\n",
                 __ FUNCTION __,
```

```
                    tm -> tm_mday, tm -> tm_mon, tm -> tm_year, tm -> tm_wday);

              buf[CCR_MDAY] = BIN2BCD(tm -> tm_mday);

              /* month, 1 - 12 */
              buf[CCR_MONTH] = BIN2BCD(tm -> tm_mon + 1);

              /* year, since the rtc epoch */
              buf[CCR_YEAR] = BIN2BCD(tm -> tm_year % 100);
              buf[CCR_WDAY] = tm -> tm_wday & 0x07;
              buf[CCR_Y2K] = BIN2BCD(tm -> tm_year / 100);
      }

      /* this sequence is required to unlock the chip */
      if ((xfer = i2c_master_send(client, wel, 3)) != 3) {
              dev_err(&client -> dev, "% s: wel - % d\n", __ FUNCTION __, xfer);
              return - EIO;
      }

      if ((xfer = i2c_master_send(client, rwel, 3)) != 3) {
              dev_err(&client -> dev, "% s: rwel - % d\n", __ FUNCTION __, xfer);
              return - EIO;
      }

      /* write register's data */
      for (i = 0; i < (datetoo ? 8 : 3); i++) {
              unsigned char rdata[3] = { 0, reg_base + i, buf[i] };

              xfer = i2c_master_send(client, rdata, 3);
              if (xfer != 3) {
                      dev_err(&client -> dev,
                          "% s: xfer = % d addr = % 02x, data = % 02x\n",
                          __ FUNCTION __,
                           xfer, rdata[1], rdata[2]);
                      return - EIO;
              }
      };

      /* disable further writes */
      if ((xfer = i2c_master_send(client, diswe, 3)) != 3) {
              dev_err(&client -> dev, "% s: diswe - % d\n", __ FUNCTION __, xfer);
              return - EIO;
      }

      return 0;
}

static int x1205_fix_osc(struct i2c_client * client)
{
      int err;
      struct rtc_time tm;

      tm.tm_hour = tm.tm_min = tm.tm_sec = 0;

      if ((err = x1205_set_datetime(client, &tm, 0, X1205_CCR_BASE)) < 0)
              dev_err(&client -> dev,
                      "unable to restart the oscillator\n");

      return err;
}

static int x1205_get_dtrim(struct i2c_client * client, int * trim)
```

```c
{
        unsigned char dtr;
        static unsigned char dtr_addr[2] = { 0, X1205_REG_DTR };

        struct i2c_msg msgs[] = {
                { client->addr, 0, 2, dtr_addr },          /* setup read ptr */
                { client->addr, I2C_M_RD, 1, &dtr },       /* read dtr */
        };

        /* read dtr register */
        if ((i2c_transfer(client->adapter, &msgs[0], 2)) != 2) {
                dev_err(&client->dev, "%s: read error\n", __FUNCTION__);
                return -EIO;
        }

        dev_dbg(&client->dev, "%s: raw dtr = %x\n", __FUNCTION__, dtr);

        *trim = 0;

        if (dtr & X1205_DTR_DTR0)
                *trim += 20;

        if (dtr & X1205_DTR_DTR1)
                *trim += 10;

        if (dtr & X1205_DTR_DTR2)
                *trim = - *trim;

        return 0;
}

static int x1205_get_atrim(struct i2c_client *client, int *trim)
{
        s8 atr;
        static unsigned char atr_addr[2] = { 0, X1205_REG_ATR };

        struct i2c_msg msgs[] = {
                { client->addr, 0, 2, atr_addr },          /* setup read ptr */
                { client->addr, I2C_M_RD, 1, &atr },       /* read atr */
        };

        /* read atr register */
        if ((i2c_transfer(client->adapter, &msgs[0], 2)) != 2) {
                dev_err(&client->dev, "%s: read error\n", __FUNCTION__);
                return -EIO;
        }

        dev_dbg(&client->dev, "%s: raw atr = %x\n", __FUNCTION__, atr);

        /* atr is a two's complement value on 6 bits,
         * perform sign extension. The formula is
         * Catr = (atr * 0.25pF) + 11.00pF.
         */
        if (atr & 0x20)
                atr |= 0xC0;

        dev_dbg(&client->dev, "%s: raw atr = %x (%d)\n", __FUNCTION__, atr, atr);

        *trim = (atr * 250) + 11000;

        dev_dbg(&client->dev, "%s: real = %d\n", __FUNCTION__, *trim);
```

```
            return 0;
    }

    struct x1205_limit
    {
            unsigned char reg, mask, min, max;
    };

    static int x1205_validate_client(struct i2c_client * client)
    {
            int i, xfer;

            /* Probe array. We will read the register at the specified
             * address and check if the given bits are zero.
             */
            static const unsigned char probe_zero_pattern[ ] = {
                    /* register, mask */
                    X1205_REG_SR,    0x18,
                    X1205_REG_DTR,   0xF8,
                    X1205_REG_ATR,   0xC0,
                    X1205_REG_INT,   0x18,
                    X1205_REG_0,     0xFF,
            };

            static const struct x1205_limit probe_limits_pattern[ ] = {
                    /* register, mask, min, max */
                    { X1205_REG_Y2K,  0xFF,      19,   20   },
                    { X1205_REG_DW,        0xFF,      0,    6   },
                    { X1205_REG_YR,        0xFF,      0,    99  },
                    { X1205_REG_MO,        0xFF,      0,    12  },
                    { X1205_REG_DT,        0xFF,      0,    31  },
                    { X1205_REG_HR,        0x7F, 0,      23   },
                    { X1205_REG_MN,        0xFF,      0,    59  },
                    { X1205_REG_SC,        0xFF,      0,    59  },
                    { X1205_REG_Y2K1, 0xFF,       19,    20   },
                    { X1205_REG_Y2K0, 0xFF,       19,    20   },
            };

            /* check that registers have bits a 0 where expected */
            for (i = 0; i < ARRAY_SIZE(probe_zero_pattern); i += 2) {
                    unsigned char buf;

                    unsigned char addr[2] = { 0, probe_zero_pattern[i] };

                    struct i2c_msg msgs[2] = {
                            { client -> addr, 0, 2, addr },
                            { client -> addr, I2C_M_RD, 1, &buf },
                    };

                    if ((xfer = i2c_transfer(client -> adapter, msgs, 2)) != 2) {
                            dev_err(&client -> adapter -> dev,
                                " % s: could not read register % x\n",
                                 __ FUNCTION __, probe_zero_pattern[i]);

                            return - EIO;
                    }

                    if ((buf & probe_zero_pattern[i + 1]) != 0) {
                            dev_err(&client -> adapter -> dev,
                                " % s: register = % 02x, zero pattern = % d, value = % x\n",
                                 __ FUNCTION __, probe_zero_pattern[i], i, buf);
```

```
                        return - ENODEV;
                }
        }

        /* check limits (only registers with bcd values) */
        for (i = 0; i < ARRAY_SIZE(probe_limits_pattern); i++) {
                unsigned char reg, value;

                unsigned char addr[2] = { 0, probe_limits_pattern[i].reg };

                struct i2c_msg msgs[2] = {
                        { client->addr, 0, 2, addr },
                        { client->addr, I2C_M_RD, 1, &reg },
                };

                if ((xfer = i2c_transfer(client->adapter, msgs, 2)) != 2) {
                        dev_err(&client->adapter->dev,
                            "%s: could not read register %x\n",
                            __FUNCTION__, probe_limits_pattern[i].reg);

                        return - EIO;
                }

                value = BCD2BIN(reg & probe_limits_pattern[i].mask);

                if (value > probe_limits_pattern[i].max ||
                        value < probe_limits_pattern[i].min) {
                        dev_dbg(&client->adapter->dev,
                            "%s: register = %x, lim pattern = %d, value = %d\n",
                            __FUNCTION__, probe_limits_pattern[i].reg,
                            i, value);

                        return - ENODEV;
                }
        }

        return 0;
}

static int x1205_rtc_read_alarm(struct device *dev, struct rtc_wkalrm *alrm)
{
        return x1205_get_datetime(to_i2c_client(dev),
            &alrm->time, X1205_ALM0_BASE);
}

static int x1205_rtc_set_alarm(struct device *dev, struct rtc_wkalrm *alrm)
{
        return x1205_set_datetime(to_i2c_client(dev),
            &alrm->time, 1, X1205_ALM0_BASE);
}

static int x1205_rtc_read_time(struct device *dev, struct rtc_time *tm)
{
        return x1205_get_datetime(to_i2c_client(dev),
            tm, X1205_CCR_BASE);
}

static int x1205_rtc_set_time(struct device *dev, struct rtc_time *tm)
{
        return x1205_set_datetime(to_i2c_client(dev),
            tm, 1, X1205_CCR_BASE);
```

```
}

static int x1205_rtc_proc(struct device * dev, struct seq_file * seq)
{
        int err, dtrim, atrim;

        if ((err = x1205_get_dtrim(to_i2c_client(dev), &dtrim)) == 0)
                seq_printf(seq, "digital_trim\t: % d ppm\n", dtrim);

        if ((err = x1205_get_atrim(to_i2c_client(dev), &atrim)) == 0)
                seq_printf(seq, "analog_trim\t: % d. % 02d pF\n",
                        atrim / 1000, atrim % 1000);
        return 0;
}

static struct rtc_class_ops x1205_rtc_ops = {
        . proc       = x1205_rtc_proc,
        . read_time  = x1205_rtc_read_time,
        . set_time   = x1205_rtc_set_time,
        . read_alarm = x1205_rtc_read_alarm,
        . set_alarm  = x1205_rtc_set_alarm,
};

static ssize_t x1205_sysfs_show_atrim(struct device * dev,
                        struct device_attribute * attr, char * buf)
{
        int err, atrim;

        err = x1205_get_atrim(to_i2c_client(dev), &atrim);
        if (err)
                return err;

        return sprintf(buf, "% d. % 02d pF\n", atrim / 1000, atrim % 1000);
}
static DEVICE_ATTR(atrim, S_IRUGO, x1205_sysfs_show_atrim, NULL);

static ssize_t x1205_sysfs_show_dtrim(struct device * dev,
                        struct device_attribute * attr, char * buf)
{
        int err, dtrim;

        err = x1205_get_dtrim(to_i2c_client(dev), &dtrim);
        if (err)
                return err;

        return sprintf(buf, "% d ppm\n", dtrim);
}
static DEVICE_ATTR(dtrim, S_IRUGO, x1205_sysfs_show_dtrim, NULL);

static int x1205_attach(struct i2c_adapter * adapter)
{
        return i2c_probe(adapter, &addr_data, x1205_probe);
}

static int x1205_probe(struct i2c_adapter * adapter, int address, int kind)
{
        int err = 0;
        unsigned char sr;
        struct i2c_client * client;
        struct rtc_device * rtc;

        dev_dbg(&adapter -> dev, "% s\n", __ FUNCTION __);
```

```
        if (!i2c_check_functionality(adapter, I2C_FUNC_I2C)) {
               err = - ENODEV;
               goto exit;
        }

        if (!(client = kzalloc(sizeof(struct i2c_client), GFP_KERNEL))) {
               err = - ENOMEM;
               goto exit;
        }

        /* I2C client */
        client->addr = address;
        client->driver = &x1205_driver;
        client->adapter = adapter;

        strlcpy(client->name, x1205_driver.driver.name, I2C_NAME_SIZE);

        /* Verify the chip is really an X1205 */
        if (kind < 0) {
               if (x1205_validate_client(client) < 0) {
                       err = - ENODEV;
                       goto exit_kfree;
               }
        }

        /* Inform the I2C layer */
        if ((err = i2c_attach_client(client)))
               goto exit_kfree;

        dev_info(&client->dev, "chip found, driver version " DRV_VERSION "\n");

        rtc = rtc_device_register(x1205_driver.driver.name, &client->dev,
                       &x1205_rtc_ops, THIS_MODULE);

        if (IS_ERR(rtc)) {
               err = PTR_ERR(rtc);
               goto exit_detach;
        }

        i2c_set_clientdata(client, rtc);

        /* Check for power failures and eventualy enable the osc */
        if ((err = x1205_get_status(client, &sr)) == 0) {
               if (sr & X1205_SR_RTCF) {
                       dev_err(&client->dev,
                           "power failure detected, "
                           "please set the clock\n");
                       udelay(50);
                       x1205_fix_osc(client);
               }
        }
        else
               dev_err(&client->dev, "couldn't read status\n");

        device_create_file(&client->dev, &dev_attr_atrim);
        device_create_file(&client->dev, &dev_attr_dtrim);

        return 0;

exit_detach:
        i2c_detach_client(client);
```

```
exit_kfree:
     kfree(client);

exit:
     return err;
}

static int x1205_detach(struct i2c_client * client)
{
     int err;
     struct rtc_device * rtc = i2c_get_clientdata(client);

     if (rtc)
          rtc_device_unregister(rtc);

     if ((err = i2c_detach_client(client)))
          return err;

     kfree(client);

     return 0;
}

static int __ init x1205_init(void)
{
     return i2c_add_driver(&x1205_driver);
}

static void __ exit x1205_exit(void)
{
     i2c_del_driver(&x1205_driver);
}

MODULE_LICENSE("GPL");
module_init(x1205_init);
module_exit(x1205_exit);
```

步骤 3,编写用于交叉编译的 Makefile。

```
KDIR: = /home/xxx/ kernel - for - mceb        //此处路径修改为虚拟机中存放内核文件的目录
CROSS_COMPILE = arm_v5t_le -
CC = $ (CROSS_COMPILE)gcc
.PHONY: modules clean
obj - m : = rtc - x1205.o
modules:
     make - C $ (KDIR) M = `pwd` modules
clean:
     make - C $ (KDIR) M = `pwd` modules clean
```

编写 rtc-x1205. c 对应的 Makefile,编写好以后,"make"生成的 rtc-x1205. ko 文件,将该文件复制到所挂载的文件系统 filesys_ test 中,"cp rtc-x1205. ko /home/stx/filesys_ test/modules"(根据自己的目录修改路径)。

```
$ cp rtc - x1205.ko /home/stx/filesys_test/modules
```

步骤 4,编写测试程序。

编写测试程序 rtc_test. c,具体代码如下所示:

```
# include < ctype. h>
# include < linux/rtc. h>
# include < sys/ioctl. h>
```

```c
# include < sys/time. h>
# include < sys/types. h>
# include < fcntl. h>
# include < unistd. h>
# include < errno. h>
# include < string. h>
# include < stdlib. h>
# include < stdio. h>
# if 1
typedef struct struct_tag_TimeInfor
{
    unsigned char year;
    unsigned char month;
    unsigned char day;
    unsigned char week;
    unsigned char hour;
    unsigned char min;
    unsigned char sec;
}TimeInfo;
# endif

typedef struct struct_tag_alarmInfor
{
    unsigned char enable;
    unsigned char pending;
    struct struct_tag_TimeInfor t_time;
}AlarmInfo;

int get_alarmtime(AlarmInfo time)
{

//      FILE * fp;
        int fd, retval;
        struct rtc_wkalrm rtc_tm;
//      fp = fopen("rtc.txt","a");
        fd = open ("/dev/rtc0", O_RDONLY);
         if (fd == -1) {
        perror("/dev/rtc0");
        exit(errno);
         }
        retval = ioctl(fd, RTC_ALM_READ, &rtc_tm);
        //time. enabled = rtc_tm. enabled
            //time. pending = rtc_tm. pending
            time. t_time. year = rtc_tm. time. tm_year;
        time. t_time. month = rtc_tm. time. tm_mon;
        time. t_time. day = rtc_tm. time. tm_mday;
        time. t_time. week = rtc_tm. time. tm_wday;
        time. t_time. hour = rtc_tm. time. tm_hour;
        time. t_time. min = rtc_tm. time. tm_min;
        time. t_time. sec = rtc_tm. time. tm_sec;
        fprintf(stdout, "Current ALARM date/time is \n %d- %d- %d, % 02d: % 02d: % 02d. \n",
                    time. t_time. year + 1900, time. t_time. month + 1, time. t_time. day, time. t_
time. hour, time. t_time. min, time. t_time. sec);
        close(fd);
        return 0;
}

int set_alarmtime(AlarmInfo time)
{
    int i, fd, retval;
    int b[6];
```

```
        char * rtime[6];
        char * message[] = {"first is year\n"
                "second is month\n"
                "third is day\n"
                "fourth is hour\n"
                "fifth is minute\n"
                "sixth is second\n"};
            struct rtc_wkalrm alarm;
            fd = open ("/dev/rtc0", O_RDWR);
            if (fd == -1)
            {
                perror("/dev/rtc0");
                exit(errno);
                        }
            fprintf(stdout, * message);
            for(i = 0;i < 6;i++)
            {
                rtime[i] = (char * )malloc(sizeof(char) * 10);
                scanf(" % s\n \n",rtime[i]);
                        }
            for(i = 0;i < 6;i++)
            b[i] = atoi(rtime[i]);
            time. t_time. year = b[0] - 1900;            //year
            time. t_time. month = b[1] - 1;              //month
            time. t_time. day = b[2];                    //day
            time. t_time. hour = b[3];                   //hour
            time. t_time. min = b[4];                    //minute
            time. t_time. sec = b[5];                    //second

    /*      if(time. t_time. year < 2000||time. t_time. year > 2099)
            {
                printf("Please input the correct year, the year should be in the scope of 2000~
2099!\n");
                exit(1);
                        }    */

            if(time. t_time. month < 1||time. t_time. month > 12)
            {
                printf("Please input the correct mouth, the mouth should be in the scope of 1~12!\n");
                exit(1);
                        }
            if(time. t_time. day < 1||time. t_time. day > 31)
            {
                printf("Please input the correct days, the days should be in the scope of 1~31!\n");
                exit(1);
                        }
            else if(time. t_time. month == 4||time. t_time. month == 6||time. t_time. month == 9||
time. t_time. month == 11)
                    {
                        if(time. t_time. day < 1||time. t_time. day > 30)
                        {
                            printf("Please input the correct days, the days should be in the scope
of 1~30!\n");
                            exit(1);
                        }
                    }
            else if(time. t_time. month == 2)
                    {
if((time. t_time. year % 4 == 0)&&(time. t_time. year % 100!= 0))||(time. t_time. year % 400 == 0))
                        {
                            if(time. t_time. day < 1||time. t_time. day > 29)
```

```
                                {
                                    printf("Please input the correct days, the days should be in the scope
of 1~29!\n");
                                    exit(1);
                                }
                        }
                    else
                        {
                            if(time.t_time.day < 1||time.t_time.day > 28)
                            {
                            printf("Please input the correct days, the days should be in the scope of 1~
28!\n");
                            exit(1);
                            }
                        }
                    }

        if(time.t_time.hour < 0||time.t_time.hour > 23)
        {
                printf("Please input the correct hour, the hour should be in the scope of 0~23!\n");
                exit(1);
        }
        if(time.t_time.min < 0||time.t_time.min > 59)
        {
                printf("Please input the correct minute, the minute should be in the scope of 0~
60!\n");
                exit(1);
        }
        if(time.t_time.sec < 0||time.t_time.sec > 59)
        {
                printf("Please input the correct second, the second should be in the scope of 0~
60!\n");
                exit(1);
        }
        alarm.time.tm_year = time.t_time.year;
        alarm.time.tm_mon = time.t_time.month;
        alarm.time.tm_mday = time.t_time.day;
        alarm.time.tm_hour = time.t_time.hour;
        alarm.time.tm_min = time.t_time.min;
        alarm.time.tm_sec = time.t_time.sec;
        retval = ioctl(fd, RTC_ALM_SET, &alarm);
        if (retval == -1)
        {
            perror("ioctl");
            exit(errno);
        }
        close(fd);
//      system("/bin/busybox hwclock -- hctosys");
        return 0;
        }

int get_curtime(TimeInfo time)
{

//      FILE * fp;
        int fd, retval;
        struct rtc_time rtc_tm;
//      fp = fopen("rtc.txt","a");
        fd = open ("/dev/rtc0", O_RDONLY);
        if (fd == -1) {
        perror("/dev/rtc0");
```

```
            exit(errno);
        }
    retval = ioctl(fd, RTC_RD_TIME, &rtc_tm);
    time.year = rtc_tm.tm_year;
    time.month = rtc_tm.tm_mon;
    time.day = rtc_tm.tm_mday;
    time.week = rtc_tm.tm_wday;
    time.hour = rtc_tm.tm_hour;
    time.min = rtc_tm.tm_min;
    time.sec = rtc_tm.tm_sec;
    fprintf(stdout, "Current RTC date/time is \n %d - %d - %d, %02d: %02d: %02d. \n",
            time.year + 1900, time.month + 1, time.day, time.hour, time.min, time.sec);
    close(fd);
    return 0;
}


int set_curtime(TimeInfo time)
{
    int i, fd, retval;
    int b[6];
    char * rtime[6];
    char * message[] = {"first is year\n"
            "second is month\n"
            "third is day\n"
            "fourth is hour\n"
            "fifth is minute\n"
            "sixth is second\n"};
            struct rtc_time rtc_tm;
            fd = open ("/dev/rtc0", O_RDWR);
            if (fd == -1)
            {
                perror("/dev/rtc0");
                exit(errno);
            }
            fprintf(stdout, * message);
            for(i = 0; i < 6; i++)
            {
                rtime[i] = (char * )malloc(sizeof(char) * 10);
                scanf(" % s\n \n", rtime[i]);
            }
            for(i = 0; i < 6; i++)
                b[i] = atoi(rtime[i]);
            time.year = b[0] - 1900;              //year
            time.month = b[1] - 1;                //month
            time.day = b[2];                      //day
            time.hour = b[3];                     //hour
            time.min = b[4];                      //minute
            time.sec = b[5];                      //second

    /*        if(time.year < 2000 || time.year > 2099)
            {
                printf("Please input the correct year, the year should be in the scope of 2000~
2099!\n");
                exit(1);
            }
    */
            if(time.month < 1 || time.month > 12)
            {
             printf("Please input the correct month, the month should be in the scope of 1~12!\n");
                exit(1);
```

```
                               }
               if(time.day < 1||time.day > 31)
               {
                printf("Please input the correct days, the days should be in the scope of 1~31!\n");
                exit(1);
                               }
               else if(time.month == 4||time.month == 6||time.month == 9||time.month == 11)
                   {
                           if(time.day < 1||time.day > 30)
                           {
                               printf("Please input the correct days, the days should be in the
scope of 1~30!\n");
                               exit(1);
                           }
                   }
           else if(time.month == 2)
               {
                   if((time.year % 4 == 0)&&(time.year % 100!= 0)||(time.year % 400 == 0))
                       {
                           if(time.day < 1||time.day > 29)
                           {
                               printf("Please input the correct days, the days should be in the
scope of 1~29!\n");
                               exit(1);
                           }
                       }
                   else
                       {
                           if(time.day < 1||time.day > 28)
                           {
                               printf("Please input the correct days, the days should be in the
scope of 1~28!\n");
                               exit(1);
                           }
                       }

               }
           if(time.hour < 0||time.hour > 23)
             {
                   printf("Please input the correct hour, the hour should be in the scope of 0~
23!\n");
                   exit(1);
             }
           if(time.min < 0||time.min > 59)
             {
                   printf("Please input the correct minute, the minute should be in the scope of
0~60!\n");
                   exit(1);
             }
           if(time.sec < 0||time.sec > 59)
             {
                   printf("Please input the correct second, the second should be in the scope of
0~60!\n");
                   exit(1);
             }
           rtc_tm.tm_year = time.year;
           rtc_tm.tm_mon = time.month;
           rtc_tm.tm_mday = time.day;
           rtc_tm.tm_hour = time.hour;
           rtc_tm.tm_min = time.min;
           rtc_tm.tm_sec = time.sec;
```

```
                          retval = ioctl(fd, RTC_SET_TIME, &rtc_tm);
                          if (retval == −1)
                            {
                                perror("ioctl");
                                exit(errno);
                            }
                          close(fd);
           //             system("/bin/busybox hwclock −− hctosys");
                      return 0;
                  }

int main()
{
      TimeInfo p;
      AlarmInfo a;
      int choice;
      fprintf(stdout,"Now you can choose\n1 to select get_curtime\n2 to select set_curtime\n3 to
get_alarmtime\n");

      //fprintf(stdout,"input any digital without zero to get time\n");
      // fprintf(stdout,"Your will get time:\n");
      scanf(" % d",&choice);
      switch(choice)
      {
      case 1 :
      //    set_curtime(p);
            get_curtime(p);
            break;
      case 2 :
            set_curtime(p);
            get_curtime(p);
            break;
      case 3 :
                      get_alarmtime(a);
                      break;
/ *       case 4 :
                      set_alarmtime(a);
         get_alarmtime(a);  * /
      }

      // if (choice)
      // get_curtime(p);

      return 0;
}
```

将编写好的测试程序进行编译,在服务器上输入命令:

```
$ arm_v5t_le-gcc − o rtc_test rtc_test.c
```

把测试程序编译成可执行文件,然后将其放到文件系统 filesys_test 目录下。输入命令:

```
$ cp rtc_test /home/stx/filesys_test/opt/dm365
```

可根据自己的目录修改路径。

步骤 5,加载驱动(在实验箱 COM 口操作)。

启动完成后,输入 root 登录板子,进入/modules 目录再使用 insmod rtc-x1205. ko 加载
RTC 驱动模块,如下所示:

```
[root@zjut modules]# cd /modules/
[root@zjut modules]# insmod rtc − x1205. ko
```

```
[ 3881.840000] x1205 0 - 006f: chip found, driver version 1.0.7
[ 3881.870000] x1205 0 - 006f: rtc intf: proc
[ 3881.900000] x1205 0 - 006f: rtc intf: dev (254:0)
[ 3881.900000] x1205 0 - 006f: rtc core: registered x1205 as rtc0
```

步骤 6,执行测试程序。

执行"cd /opt/dm365"命令,进入测试程序所在目录,查看测试程序是否存在,如下所示;

```
[root@zjut dm365]# ls rtc_test
rtc_test
```

执行测试程序. /rtc_test,根据提示输入 1 读取当前时间,输入 2 根据提示设置时间,(先设置年,设置完后换行设置月,依次设置完,最后要多输入一个字符以示完成输入),输入 3 读取闹钟时间。例如,设置 RTC 的时间(时间输入 2 分 5 秒后还有一个 0 用于结束获取字符,即在输入指定年月日时分秒后还需随意输入一个字符即可结束输入状态),如下所示:

```
[root@zjut dm365]# ./rtc_test
Now you can choose
1 to select get_curtime
2 to select set_curtime
3 to get_alarmtime
2
first is year
second is month
third is day
fourth is hour
fifth is minute
sixth is second
2012
3
4
11
2
5
0
Current RTC date/ time is
2012 - 3 - 4,11:02:05.
[ root@zjut dm365 ]#
```

步骤 7,设置系统时间并写入硬件。

可以任意设置 RTC 时间,首先使用"date 121212122016"命令(时间格式:月日时分年)设置系统时间,然后使用命令"hwclock -w"把系统时间写入硬件 RTC,最后使用命令"hwclock -r"读取 RTC 时间,如下所示;

```
[ root@zjut dm365]            # date 121212122016
Mon Dec 12 12:12:00 UTC 2016
[ root@zjut dm365]            # hwclock - w
[ root@z jut dm365]           # hwclock - r
Mon Dec 12 12:12:50 2016 0. 000000 seconds
[ root@z jut dm365 ]          #
```

实验 17:按键驱动实验

一、实验目的

1. 了解 Linux 驱动程序分层思想,以按键驱动为例学习 Linux 的输入子系统(input

视频讲解

system)和虚拟总线(platform)的构架。

  2. 以按键驱动为例,了解驱动编译进内核的相关配置过程。

二、实验内容

1. 学习驱动程序的分层思想。

2. 配置内核中的按键。

三、实验设备

1. 硬件:PC;教学实验箱一台;网线;串口线。

2. 软件:PC 操作系统(Windows XP);Linux 服务器;Putty 串口软件;内核等相关软件包。

3. 环境:Ubuntu 12.04 系统。文件系统版本为 filesys_test,内核版本为 kernel-for-mceb。

四、预备知识

1. 概述

  按键是用于操作设备的一种指令和数据输入装置,也指操作一台机器或设备的一组功能键(如打字机、计算机键盘)。按键是最常用也是最主要的输入设备,通过按键可以将英文字母、数字、标点符号等输入到计算机中,从而向计算机发出命令、输入数据等。起初这类按键(键盘)多用于品牌机,如 HP、联想等品牌机都采用了这类键盘,受到广泛的好评,并曾一度被视为品牌机的特色。随着时间的推移,市场上也出现了独立的具有各种快捷功能的产品,这类产品带有专用的驱动和设定软件,在兼容机上也能实现个性化的操作。

2. 实现的功能

  按不同的按键,在调试串口上显示相应的键值。

3. 基本原理

  按键是可以用来实现人机交互的输入设备,可以给各个按键简单地赋予不同的键值,也可以将按键连接到中断线上,产生不同的中断事件,再将中断事件赋予不同的功能,进而控制相应的功能模块,例如,按 4 号键后就可以进入直接拍照功能。

4. 硬件平台构架

  TMS320DM365 是 TI 公司于 2009 年 3 月推出的针对高清视频处理的 DaVinci 系列多媒体处理器,性价比较高。作为一款高性能数字媒体 SoC,它内部集成的 ARM 核为 ARM926EJ-S,工作频率最高可以达到 300MHz。ARM 端有 16KB 指令高速缓存、8KB 数据高速缓存 8KB ROM 以及 32KB 程序/数据缓存。同时芯片内部集成了两个视频图像协处理器引擎 HDVICP 和 MJCP,支持 H.264、MPEG4、MPEG2、MJPEG、JPEG 和 WMV9/VC1 格式编解码,能够以每秒 30 帧的速度对高清(720P)视频进行 H.264 编解码。同时芯片内部包含一个视频处理子系统 VPSS,由独立的视频处理前端 VPFE(ISIF)和视频处理后端 VPBE 组成。其中,VPFE 提供灵活的视频输入接口,用于支持多种类型的 CCD/CMOS 图像传感器;VPBE 支持 RGB/YUV 数字信号输出和 PAL/NTSC 制式的复合视频信号输出,用于支持多种类型的显示设备。TMS320DM365 同时支持丰富的外设接口,如 USB 2.0、SDIO、SPI、HPI、EMIF、EMAC 和 I^2C 等。芯片采用 338 脚的 BGA 封装,引脚间距 0.65mm,面积 13mm×13mm,功耗约为 400mW。

  本实验箱采用 4×4 键盘,利用 DM365 的 GPIO 口的中断功能,其中 GPIO65～GPIO68 用于控制 4×4 键盘的横列,GPIO69～GPIO72 用于控制 4×4 键盘的纵列。硬件连接原理图如图 11-23 所示。

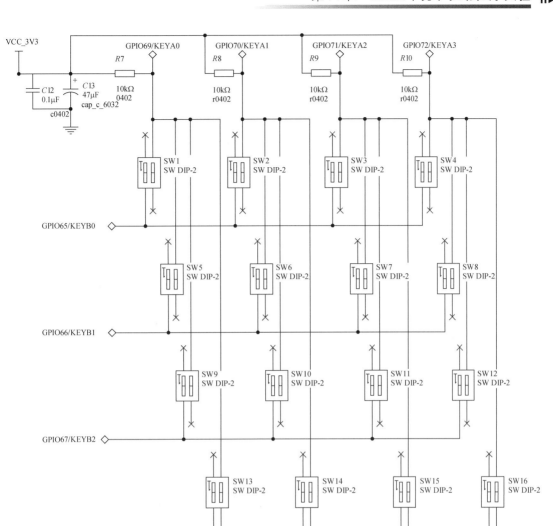

图 11-23　硬件连接原理图

5．软件系统架构

1）input 子系统

输入设备（如按键、键盘、触摸屏、鼠标等）是典型的字符设备，其一般的工作机制是底层按键触摸等动作发生时产生一个中断（或驱动通过 timer 定时查询），然后 CPU 通过 SPI、I^2C 或者外部存储器总线读取键值、坐标等数据，并放入缓冲区，字符设备驱动管理该缓冲区，而驱动的 read()函数接口让用户可以读取键值、坐标等数据。

在 Linux 中，输入子系统是由输入子系统设备驱动层、输入子系统核心层和输入子系统事件处理层（Event Handler）组成。其中设备驱动层提供对硬件各寄存器的读写访问并将底层硬件对用户输入访问的响应转换为标准的输入事件，再通过核心层提交给事件处理层；核心层对下提供了设备驱动层的编程接口，对上提供了事件处理层的编程接口；事件处理层为用户空间的应用程序提供了统一访问设备的接口和驱动层提交来的事件处理。所以这使得输入设备的驱动部分不用关心对设备文件的操作，只要关心对各硬件寄存器的操作和提交的输入事件。

input 子系统结构如图 11-24 所示。

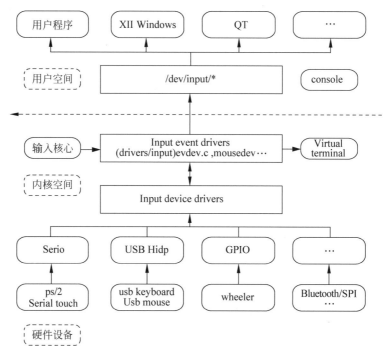

图 11-24　input 子系统结构

2）platform 总线

现实中一个 Linux 设备和驱动通常需要挂接在总线上，比较常见的总线有 USB、PCI 等。但是，在嵌入式系统中，SoC 系统中集成的独立外设控制器、挂接在 SoC 内存空间的外设不依附于此类总线。基于这样的背景，2.6 内核加入了 platform 总线。platform 机制将设备本身的资源注册进内核，由内核统一管理，在驱动程序使用这些资源时使用统一的接口，这样可以提高程序的可移植性。platform 总线对加入到该总线的设备和驱动分别封装了两个结构体——platform_device 和 platform_driver，并且提供了对应的注册函数。当然，前提是要包含头文件。

platform 总线结构如图 11-25 所示。

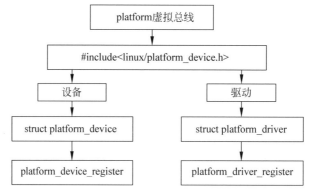

图 11-25　platform 总线结构图

3）按键实例分析

首先是设备部分，代码文件在 DM365 内核 arch\arm\mach-davinci\board-dm365-evm.c 这个板级（BSP）文件中，里面存放的是与电路板相关的设备描述与初始化代码，如 GPIO 按键、RTC 设备、外部 NAND Flash、视频采集芯片 tvp5151 等设备。内核通过函数 static __init void dm365_evm_init(void)来获取设备的描述及进行设备相关的初始化（具有共性的初始化操作放在了核心层驱动程序中),GPIO 按键部分在函数 platform_add_devices(dm365_evm_devices,ARRAY_SIZE(dm365_evm_devices))中实现,其中最重要的一步是调用了函数 platform_device_register(devs[i]);此函数是设备在 platform 总线的注册函数,而结构体 static struct platform_device dm365_kp_device 正是 platform 总线提供的设备描述载体,代码如下:

```
static struct platform_device dm365_kp_device = {
        .name         = "dm365_keypad",
        .id  = -1,
        .dev = {
                   .platform_data = &dm365evm_kp_data,
              },
        .num_resources = ARRAY_SIZE(keypad_resources),
        .resource = keypad_resources,
};
```

其中,.name 项是设备的名称,在驱动程序的描述中必须与该名称一致,platform 总线正是通过此名称来匹配设备与驱动程序的,dm365_kp_platform_data 字段是设备描述,由用户自己定义的代码指向结构体 dm365evm_keymap,而 dm365_kp_device 的 resource 项指向 keypad_resources 结构数组,其部分内容为:

```
static struct resource keypad_resources[] = {
    [0] = {
          /* registers */
          .start = DM365_KEYSCAN_BASE,
          .end = DM365_KEYSCAN_BASE + SZ_1K - 1,
          .flags = IORESOURCE_MEM,
    },
    [1] = {
          /* interrupt */
          .start = IRQ_DM365_KEYINT,
          .end = IRQ_DM365_KEYINT,
          .flags = IORESOURCE_IRQ,
    },
};
```

可以看到,里面包含了描述一个按键的所有有用信息,这些信息会被 platform 总线传给驱动程序。

按键驱动程序放在 linux\drivers\input\keyboard\dm365_keypad.c 中,其基于输入子系统架构,因此我们看不到普通字符设备驱动的 cdev 结构,也看不到申请释放设备号的函数 register_chrdev_region()和 cdev_del(),因为它们被结构 struct input_dev 以及其注册与注销函数 input_register_device()和 input_unregister_device()所取代,input 子系统的这些接口可自动申请设备号和注册,上述的这些动作都在函数 dm365_kp_probe()中完成,dm365_kp_probe()又被 platform 总线驱动结构 struct platform_driver 所引用并通过函数 platform_driver_register()注册到总线,GPIO 按键驱动的 struct platform_driver 如下:

```
static struct platform_driver dm365_kp_driver = {
        .probe = dm365_kp_probe,
        .remove = __devexit_p(dm365_kp_remove),
        .driver = {
                 .name = "dm365_keypad",
                 .owner = THIS_MODULE,
                 },
};
```

注意:name 字段为"dm365_keypad",与前面的 platform_device 结构体的 name 一样。

当 Linux 内核启动后 platform 相关程序会自动匹配 name 相同的设备和驱动,并把设备的信息(如设备号等)输出到 sysfs 上,然后 udev 或 mdev 程序通过读取 sysfs 的信息在/dev 下建立设备文件。

要将按键驱动编译进内核,要先在 kernel-for-mceb/drivers/input 的 Kconfig 中加入按键,使之能够被编译进内核。再在 kernel-for-mceb/drivers/input/keyboard 的 Makefile 中添加

```
obj- $(CONFIG_KEYBOARD_DM365)    += dm365_keypad.o:
```

6. 按键驱动设计

按键驱动设计流程如图 11-26 所示。

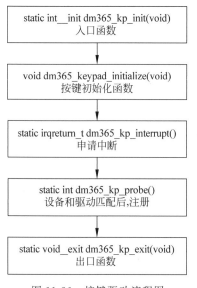

```
static int __init dm365_kp_init(void)
入口函数
```

```
void dm365_keypad_initialize(void)
按键初始化函数
```

```
static irqreturn_t dm365_kp_interrupt()
申请中断
```

```
static int dm365_kp_probe()
设备和驱动匹配后,注册
```

```
static void __exit dm365_kp_exit(void)
出口函数
```

图 11-26　按键驱动流程图

下面给出一些主要函数及结构体的说明。

函数:

```
void dm365_keypad_initialize(void);
```

函数功能:对键盘进行初始化。

函数参数:无。

函数:

```
static irqreturn_t dm365_kp_interrupt( int irq, void * dev_id, struct pt_regs * regs);
```

函数功能:中断处理函数。

函数参数:

int irq——中断标识。

void * dev_id——中断设备 id。

struct pt_regs * regs——注册中断结构体。

函数:

```
static int dm365_kp_probe(struct platform_device * pdev);
```

函数功能:设备探测函数,在驱动注册的时候,把驱动和设备匹配起来。

函数参数:struct platform_device * pdev 为虚拟平台设备结构体指针。

函数:

```
static int __ devexit dm365_kp_remove(struct platform_device * pdev);
```

函数功能:设备移除函数。

函数参数:

struct platform_device * pdev——虚拟平台设备结构体指针。

例如,结构体:

```
struct davinci_kp {
        struct input_dev * input;
        int irq;
};
```

struct input_dev * input——输入设备结构体指针。

int irq——中断号。

例如,结构体:

```
static struct platform_driver dm365_kp_driver = {
     .probe = dm365_kp_probe,
     .remove = __ devexit_p(dm365_kp_remove),
```

```
        .driver = {
                .name = "dm365_keypad",
                .owner = THIS_MODULE,
                },
};
```

五、实验步骤

步骤1,硬件连接。

(1) 连接好实验箱的网线、串口线和电源。

(2) 首先通过 Putty 软件使用 SSH 通信方式登录到服务器,如图 11-27 所示(在 Host Name (or IP address)文本框中输入服务器的 IP 地址),单击 Open 按钮,登录到服务器。

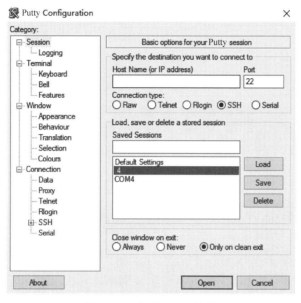

图 11-27 打开 Putty 连接

(3) 要使用 Serial 通信方式登录到实验箱,需要先查看端口号。具体步骤是:右击"我的电脑"图标,在弹出的快捷菜单中选择"管理"命令,在出现的窗口中选择"设备管理器"→"端口"选项,查看实验箱的端口号。如图 11-28 所示。

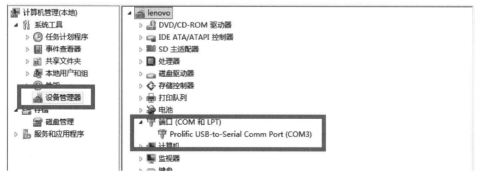

图 11-28 端口号查询

(4) 在 Putty 软件端口栏输入步骤(3)中查询到的串口,设置波特率为 115200,连接实验箱,如图 11-29 所示。

(5) 单击 Open 按钮,进入连接页面,打开实验箱开关,在 5s 内,按 Enter 键,然后输入挂

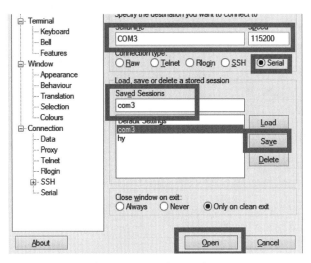

图 11-29　Putty 串口连接配置

载参数,再次按 Enter 键,输入 boot 命令,按 Enter 键,开始进行挂载。具体信息如下所示:

```
DM365 EVM :> setenv bootargs 'mem = 110M console = ttyS0,115200n8 root = /dev/nfs rw nfsroot = 192.
168.1.18:/home/shiyan/filesys_clwxl ip = 192.168.1.42:192.168.1.18:192.168.1.1:255.255.255.
0::eth0:off eth = 00:40:01:C1:56:78 video = davincifb:vid0 = OFF:vid1 = OFF:osd0 = 640x480x16,
600K:osd1 = 0x0x0,0K dm365_imp.oper_mode = 0 davinci_capture.device_type = 1 davinci_enc_mngr.
ch0_output = LCD'
DM365 EVM :> boot

Loading from NAND 1GiB 3,3V 8 - bit, offset 0x400000
 Image Name: Linux - 2.6.18 - plc_pro500 - davinci_
 Image Type: ARM Linux Kernel Image (uncompressed)
 Data Size: 1996144 Bytes = 1.9 MB
 Load Address: 80008000
 Entry Point: 80008000
# # Booting kernel from Legacy Image at 80700000 ...
 Image Name: Linux - 2.6.18 - plc_pro500 - davinci_
 Image Type: ARM Linux Kernel Image (uncompressed)
 Data Size: 1996144 Bytes = 1.9 MB
 Load Address: 80008000
 Entry Point: 80008000
 Verifying Checksum ... OK
 Loading Kernel Image ... OK
OK

Starting kernel ...

Uncompressing Linux.................................................................................
done, booting the kernel.
[    0.000000] Linux version 2.6.18 - plc_pro500 - davinci_evm - arm_v5t_le - gfaa0b471 - dirty
(zcy@punuo - Lenovo) (gcc version 4.2.0 (MontaVista 4.2.0 - 16.0.32.0801914 2008 - 08 - 30)) # 1
PREEMPT Mon Jun 27 15:31:35 CST 2016
[    0.000000] CPU: ARM926EJ - S [41069265] revision 5 (ARMv5TEJ), cr = 00053177
[    0.000000] Machine: DaVinci DM365 EVM
[    0.000000] Memory policy: ECC disabled, Data cache writeback
[    0.000000] DaVinci DM0365 variant 0x8
[    0.000000] PLL0: fixedrate: 24000000, commonrate: 121500000, vpssrate: 243000000
[    0.000000] PLL0: vencrate_sd: 27000000, ddrrate: 243000000 mmcsdrate: 121500000
[    0.000000] PLL1: armrate: 297000000, voicerate: 20482758, vencrate_hd: 74250000
[    0.000000] CPU0: D VIVT write - back cache
[    0.000000] CPU0: I cache: 16384 bytes, associativity 4, 32 byte lines, 128 sets
```

```
[   0.000000] CPU0: D cache: 8192 bytes, associativity 4, 32 byte lines, 64 sets
[   0.000000] Built 1 zonelists. Total pages: 28160
[        0.000000] Kernel command line: mem = 110M console = ttyS0,115200n8 root = /dev/nfs rw
nfsroot = 192.168.1.18:/home/shiyan/filesys_clwxl ip = 192.168.1.42:192.168.1.18:192.168.1.1:
255.255.255.0::eth0:off eth = 00:40:01:C1:56:78 video = davincifb:vid0 = OFF:vid1 = OFF:osd0 =
640x480x16,600K:osd1 = 0x0x0,0K dm365_imp.oper_mode = 0 davinci_capture.device_type = 1 davinci_enc_
mngr.ch0_output = LCD
[   0.000000] TI DaVinci EMAC: kernel boot params Ethernet address: 00:40:01:C1:56:78
…
…
KeypadDriverPlugin::create############################## : optkeypad
keyboard input device ( "/dev/input/event0" ) is opened.
id = "0"
msqid = 0


MontaVista(R) Linux(R) Professional Edition 5.0.0 (0801921)
```

（6）按 Enter 键，输入用户名 root，登录实验箱，如下所示：

```
zjut login: root


Welcome to MontaVista(R) Linux(R) Professional Edition 5.0.0 (0801921).

login[737]: root login on 'console'

/ ****** Set QT environment ******** /

[root@zjut ~]#
```

步骤 2，配置按键寄存器（在服务器窗口操作）。

进入内核目录"cd /home/stx/kernel-for-mceb/include/asm/arch-davinci"，使用 vim 编辑命令"vim dm365_keypad.h"进入 dm365_keypad.h，根据 dataset 配置寄存器引脚复用模式，有按键扫描模式，分时间间隔模式和频率间隔模式，还有先前状态更新模式选择等，例如，配置按键模式将 DM365_KEYPAD_4x4 设置为 0x000000040。

说明：这里的**/home/stx/kernel-for-mceb**/include/asm/arch-davinci 路径需要根据自己内核所在路径进行修改。加粗的是当前内核所在路径。

具体信息如下：

```
/ * Key Control Register (KEYCTRL) * /

# define DM365_KEYPAD_KEYEN        0x00000001
# define DM365_KEYPAD_PREVMODE     0x00000002
# define DM365_KEYPAD_CHATOFF      0x00000004
# define DM365_KEYPAD_AUTODET      0x00000008
# define DM365_KEYPAD_SCANMODE     0x00000010
# define DM365_KEYPAD_OUTTYPE      0x00000020
# define DM365_KEYPAD_4X4          0x00000040
```

步骤 3，进入按键文件。

步骤 2 配置好后退出，输入命令"cd /home/stx/kernel-for-mceb/"到 kernel-for-mceb 目录下，进入目录/home/stx/kernel-for-mceb/drivers/input/keyboard/dm365_keypad.c，查看内核驱动代码，内核中的按键驱动代码如下：

```
# include < linux/module.h >
# include < linux/init.h >
# include < linux/interrupt.h >
```

```
# include <linux/types.h>
# include <linux/input.h>
# include <linux/kernel.h>
# include <linux/delay.h>
# include <linux/platform_device.h>
# include <linux/errno.h>
# include <linux/mutex.h>
# include <linux/io.h>
# include <asm/irq.h>
# include <asm/hardware.h>
# include <asm/arch/dm365_keypad.h>
# include <asm/arch/hardware.h>
# include <asm/arch/irqs.h>
# include <asm/arch/io.h>
# include <asm/arch/mux.h>
# include <asm/arch/cpld.h>
struct davinci_kp {
        struct input_dev * input;
        int irq;
};
static void __iomem * dm365_kp_base;
static resource_size_t dm365_kp_pbase;
static size_t dm365_kp_base_size;
static int * keymap;
void dm365_keypad_initialize(void)
{
     / * Initializing the Keypad Module * /
     / * Enable all interrupts * /
     dm365_keypad_write(DM365_KEYPAD_INT_ALL, DM365_KEYPAD_INTENA);
     / * Clear interrupts if any * /
     dm365_keypad_write(DM365_KEYPAD_INT_ALL, DM365_KEYPAD_INTCLR);
     / * Setup the scan period * /
     dm365_keypad_write(0x05, DM365_KEYPAD_STRBWIDTH);
     dm365_keypad_write(0x02, DM365_KEYPAD_INTERVAL);
     dm365_keypad_write(0x01, DM365_KEYPAD_CONTTIME);
     / * Enable Keyscan module and enable * /
     dm365_keypad_write(DM365_KEYPAD_AUTODET | DM365_KEYPAD_KEYEN,
             DM365_KEYPAD_KEYCTRL);
}
static irqreturn_t dm365_kp_interrupt(int irq, void * dev_id,
                       struct pt_regs * regs)
{
     int i;
     unsigned int status, temp, temp1;
     int keycode = KEY_UNKNOWN;
     struct davinci_kp * dm365_kp = dev_id;
     / * Reading the status of the Keypad * /
     status = dm365_keypad_read(DM365_KEYPAD_PREVSTATE);
     temp = ~status;
     for (i = 0; i < 16; i++) {
             temp1 = temp >> i;
             if (temp1 & 0x1) {
                 keycode = keymap[i];
     printk(KERN_INFO "ccooddee == % d\n", keycode);
                 input_report_key(dm365_kp -> input, keycode, 1);
                 input_report_key(dm365_kp -> input, keycode, 0);
             }
     }
     / * clearing interrupts * /
     dm365_keypad_write(DM365_KEYPAD_INT_ALL, DM365_KEYPAD_INTCLR);
     return IRQ_HANDLED;
```

```
}
/ *
 * Registers keypad device with input sub system
 * and configures DM365 keypad registers
 * /
static int dm365_kp_probe(struct platform_device * pdev)
{
        struct davinci_kp * dm365_kp;
        struct input_dev * key_dev;
        struct resource * res, * mem;
        int ret, i;
        unsigned int val;
        struct dm365_kp_platform_data * pdata = pdev - > dev.platform_data;
        / * Enabling pins for Keypad * /
        davinci_cfg_reg(DM365_KEYPAD, PINMUX_RESV);
        / * Enabling the Kepad Module * /
        val = keypad_read(DM365_CPLD_REGISTER3);
        val | = 0x80808080;
        keypad_write(val, DM365_CPLD_REGISTER3);
        if(!pdata - > keymap) {
                printk(KERN_ERR "No keymap from pdata\n");
                return - EINVAL;
        }
        dm365_kp = kzalloc(sizeof * dm365_kp, GFP_KERNEL);
        key_dev = input_allocate_device();
        if(!dm365_kp || !key_dev) {
                printk(KERN_ERR "Could not allocate input device\n");
                return - EINVAL;
        }
        platform_set_drvdata(pdev, dm365_kp);
        dm365_kp - > input = key_dev;
        dm365_kp - > irq = platform_get_irq(pdev, 0);
        if (dm365_kp - > irq < = 0) {
                pr_debug(" % s: No DM365 Keypad irq\n", pdev - > name);
                goto fail1;
        }
        res = platform_get_resource(pdev, IORESOURCE_MEM, 0);
        if (res && res - > start != DM365_KEYSCAN_BASE) {
                pr_debug(" % s: KEYSCAN registers at % 08x, expected % 08x\n",
                        pdev - > name, (unsigned)res - > start, DM365_KEYSCAN_BASE);
                goto fail1;
        }
        dm365_kp_pbase = res - > start;
        dm365_kp_base_size = res - > end - res - > start + 1;
        if (res)
                mem = request_mem_region(res - > start,
                                dm365_kp_base_size, pdev - > name);
        else
                mem = NULL;
        if(!mem) {
                pr_debug(" % s: KEYSCAN registers at % 08x are not free\n",
                        pdev - > name, DM365_KEYSCAN_BASE);
                goto fail1;
        }
        dm365_kp_base = ioremap(res - > start, dm365_kp_base_size);
        if (dm365_kp_base == NULL) {
                pr_debug(" % s: Can't ioremap MEM resource. \n", pdev - > name);
                goto fail2;
        }
        / * Enable auto repeat feature of Linux input subsystem * /
        if (pdata - > rep)
```

```
                    set_bit(EV_REP, key_dev->evbit);
            /* setup input device */
            set_bit(EV_KEY, key_dev->evbit);
            /* Setup the keymap */
            keymap = pdata->keymap;
            for (i = 0; i < 16; i++)
                    set_bit(keymap[i], key_dev->keybit);
            key_dev->name = "dm365_keypad";
            key_dev->phys = "dm365_keypad/input0";
            key_dev->cdev.dev = &pdev->dev;
            key_dev->private = dm365_kp;
            key_dev->id.bustype = BUS_HOST;
            key_dev->id.vendor = 0x0001;
            key_dev->id.product = 0x0365;
            key_dev->id.version = 0x0001;
            key_dev->keycode = keymap;
            key_dev->keycodesize = sizeof(unsigned int);
            key_dev->keycodemax = pdata->keymapsize;
            ret = input_register_device(dm365_kp->input);
            if (ret < 0) {
                    printk(KERN_ERR
                        "Unable to register DaVinci DM365 keypad device\n");
                    goto fail3;
            }
            ret = request_irq(dm365_kp->irq, dm365_kp_interrupt, IRQF_DISABLED,
                        "dm365_keypad", dm365_kp);
            if (ret < 0) {
                    printk(KERN_ERR"Unable to register DaVinci DM365 keypad Interrupt\n");
                    goto fail4;
            }
            dm365_keypad_initialize();
            return 0;
fail4:
            input_unregister_device(dm365_kp->input);
fail3:
            iounmap(dm365_kp_base);
fail2:
            release_mem_region(dm365_kp_pbase, dm365_kp_base_size);
fail1:
            kfree(dm365_kp);
            input_free_device(key_dev);
            /* Freeing Keypad Pins */
            davinci_cfg_reg(DM365_KEYPAD, PINMUX_FREE);
            /* Re enabling other modules */
            keypad_write(0x0, DM365_CPLD_REGISTER3);
            return - EINVAL;
}
static int __ devexit dm365_kp_remove(struct platform_device * pdev)
{
            struct davinci_kp * dm365_kp = platform_get_drvdata(pdev);
            input_unregister_device(dm365_kp->input);
            free_irq(dm365_kp->irq, dm365_kp);
            kfree(dm365_kp);
            iounmap(dm365_kp_base);
            release_mem_region(dm365_kp_pbase, dm365_kp_base_size);
            platform_set_drvdata(pdev, NULL);
            /* Freeing Keypad Pins */
            davinci_cfg_reg(DM365_KEYPAD, PINMUX_FREE);
            /* Re enabling other modules */
            keypad_write(0x0, DM365_CPLD_REGISTER3);
            return 0;
```

```
}
static struct platform_driver dm365_kp_driver = {
        .probe = dm365_kp_probe,
        .remove = __devexit_p(dm365_kp_remove),
        .driver = {
                .name = "dm365_keypad",
                .owner = THIS_MODULE,
                },
};
static int __init dm365_kp_init(void)
{
        printk(KERN_INFO "DaVinci DM365 Keypad Driver\n");

        return platform_driver_register(&dm365_kp_driver);
}

static void __exit dm365_kp_exit(void)
{
        platform_driver_unregister(&dm365_kp_driver);
}
module_init(dm365_kp_init);
module_exit(dm365_kp_exit);
MODULE_AUTHOR("Sandeep Paulraj");
MODULE_DESCRIPTION("Texas Instruments DaVinci DM365 Keypad Driver");
MODULE_LICENSE("GPL");
```

步骤 4,配置内核中按键驱动。

输入"cd ../../",退回到内核主目录(kernel-for-mceb 目录)下,执行命令"make menuconfig"进入内核图形配置界面,找到设备驱动 Device Drivers,按 Enter 键进入,按空格键选择,配置如图 11-30 所示。

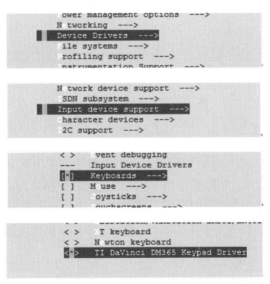

图 11-30 内核中的按键配置

步骤 5,测试按键功能(在实验箱 COM 窗口操作)。

按键实验的实验现象是:按下实验箱的按键,在实验箱 COM 口会打印出对应的按键信息,即按键的编号。

待启动完毕,以 root 权限进入,按任意按键则会打印相应的键值。例如,按下按键 3(第一行,第三列)和按键 5(第二行,第一列),打印信息如下所示:

```
[root@zjut ~]# [ 1146.51000] ccooddee == 3
valuekey = 3
valuekey = 3
[ 1147.00000] ecooddee == 5
valuekey = 5
valuekey = 5
```

视频讲解

实验 18：继电器驱动实验

一、实验目的

1. 理解继电器的基本工作原理。
2. 学会编写继电器驱动程序和应用程序。

二、实验内容

1. 编写控制继电器的驱动程序。
2. 测试并实现对继电器的控制。

三、实验设备

1. 硬件：PC；教学实验箱一台；网线；串口线。
2. 软件：PC 操作系统(Windows XP)；Linux 服务器；Putty 串口软件；内核等相关软件包。
3. 环境：Ubuntu 12.04.4 系统。文件系统版本为 filesys_test、内核版本为 kernel-for-mceb。驱动生成的.ko 文件名为 srd.ko。

四、预备知识

1. 概述

继电器是一种当输入量变化到某一定值时，其触头(或电路)即接通或断开的交直流小容量控制器。它具有控制系统(又称输入回路)和被控制系统(又称输出回路)之间的互动关系。

电磁式继电器一般由铁芯、线圈、衔铁、触点簧片等组成的。只要在线圈两端加上一定的电压，线圈中就会流过一定的电流，从而产生电磁效应，衔铁就会在电磁力的作用下克服返回弹簧的拉力吸向铁芯，从而带动衔铁的动触点与静触点(常开触点)吸合。当线圈断电后，电磁的吸力也随之消失，衔铁就会在弹簧的反作用力下返回原来的位置，使动触点与原来的静触点(常闭触点)释放。这样吸合、释放，就达到了电路的导通、切断目的。对于继电器的“常开、常闭”触点，可以这样来区分：继电器线圈未通电时处于断开状态的静触点，称为“常开触点”；处于接通状态的静触点称为“常闭触点”。

2. 实现的功能

实现继电器对电路的控制。

3. 工作原理

由永久磁铁保持释放状态，加上工作电压后，电磁感应使衔铁与永久磁铁产生吸引和排斥力矩，产生向下的运动，最后达到吸合状态。如图 11-31 所示。

本开发板使用的继电器型号为 SRD-05VDC-SL-C。电路原理如图 11-32 所示。

当晶体管用来驱动继电器时，使用 9013 NPN 三极管，具体电路如图 11-32 所示。把继电器应用到我们自己开发板，当 GPIO41 输入低电平时，光电耦合器导通，晶体管 9013 饱和导通，继电器线圈通电，触点吸合，相应的二极管 D3 点亮，同时能听到继电器发出一声“啪”的响

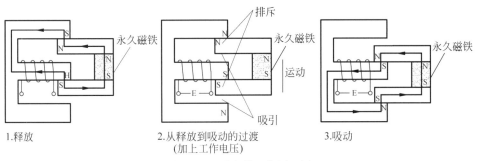

图 11-31 继电器工作原理图

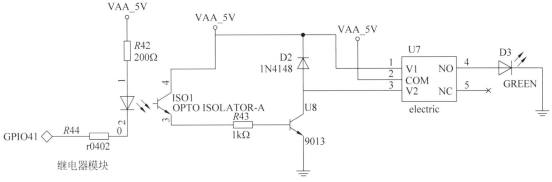

图 11-32 电路原理图

声；当 GPIO41 输入高电平时，光电耦合器断开，晶体管 9013 截止，继电器线圈断电，触点断开，相应的二极管 D3 熄灭。

4. 驱动程序的基本流程

继电器驱动程序流程图见图 11-33，下面介绍驱动程序相关的重要函数：

（1）`static int __ init srd_init(void)`

该函数用于完成设备驱动的注册等工作。

（2）
```
static struct file_operations srd_fops = {
    .owner = THIS_MODULE,
    .open = srd_open,
    .ioctl = srd_ioctl,
};
```

此为设备操作集。

（3）`static int srd_open(struct inode * inode,struct file * file)`

该函数负责设备的打开、GPIO41 的初始电平设置等工作。

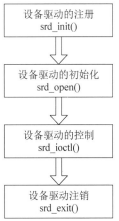

图 11-33 继电器驱动
程序流程图

（4）
```
static int srd_ioctl(struct inode * inode,struct file * file,unsigned int cmd,unsigned long arg){
    switch (cmd){
            case srd_light_on:
                    set_pin_outhigh(); /* GPIO 41 置高 */
                    return 0;
            case srd_light_off:
                    set_pin_outlow();  /* GPIO 41 置低 */
                    return 0;
            default:
                    return - EINVAL;
    }
}
```

该函数负责设备的控制,并通过控制 I/O 的电平来控制继电器的连通。

五、实验步骤

步骤 1,硬件连接。

(1) 连接好实验箱的网线、串口线和电源。

(2) 首先通过 Putty 软件使用 SSH 通信方式登录到服务器,如图 11-34 所示(在 Host Name (or IP address)文本框中输入服务器的 IP 地址),单击 Open 按钮,登录到服务器。

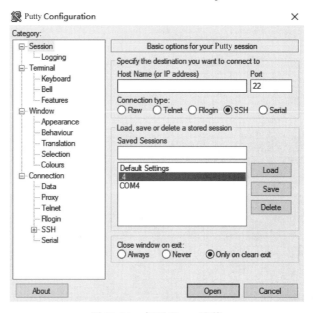

图 11-34　打开 Putty 连接

(3) 要使用 Serial 通信方式登录到实验箱,需要先查看端口号。具体步骤是:右击"我的电脑"图标,在弹出的快捷菜单中选择"管理"命令,在出现的窗口中选择"设备管理器"→"端口"选项,查看实验箱的端口号。如图 11-35 所示。

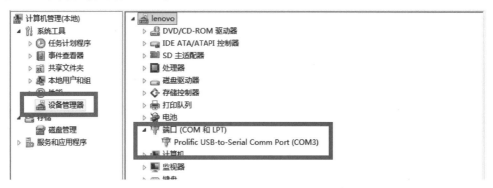

图 11-35　端口号查询

(4) 在 Putty 软件端口栏输入步骤(3)中查询到的串口,设置波特率为 115200,连接实验箱,如图 11-36 所示。

(5) 单击 Open 按钮,进入连接页面,打开实验箱开关,在 5s 内,按 Enter 键,然后输入挂载参数,再次按 Enter 键,输入 boot 命令,按 Enter 键,开始进行挂载。具体信息如下所示:

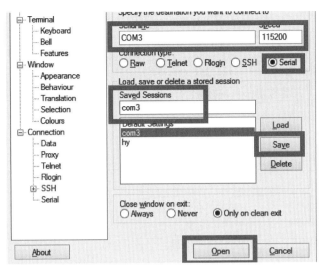

图 11-36　Putty 串口连接配置

```
DM365 EVM :> setenv bootargs 'mem = 110M console = ttyS0,115200n8 root = /dev/nfs rw nfsroot = 192.
168.1.18:/home/shiyan/filesys_clwxl ip = 192.168.1.42:192.168.1.18:192.168.1.1:255.255.255.
0::eth0:off eth = 00:40:01:C1:56:78 video = davincifb:vid0 = OFF:vid1 = OFF:osd0 = 640x480x16,
600K:osd1 = 0x0x0,0K dm365_imp.oper_mode = 0 davinci_capture.device_type = 1 davinci_enc_mngr.
ch0_output = LCD'
DM365 EVM :> boot

Loading from NAND 1GiB 3,3V 8 - bit, offset 0x400000
 Image Name: Linux - 2.6.18 - plc_pro500 - davinci_
 Image Type: ARM Linux Kernel Image (uncompressed)
 Data Size: 1996144 Bytes = 1.9 MB
 Load Address: 80008000
 Entry Point: 80008000
# # Booting kernel from Legacy Image at 80700000 ...
 Image Name:    Linux - 2.6.18 - plc_pro500 - davinci_
 Image Type:    ARM Linux Kernel Image (uncompressed)
 Data Size:     1996144 Bytes =   1.9 MB
 Load Address: 80008000
 Entry Point:   80008000
 Verifying Checksum ... OK
 Loading Kernel Image ... OK
OK

Starting kernel ...

Uncompressing Linux...................................................................................
done, booting the kernel.
[    0.000000] Linux version 2.6.18 - plc_pro500 - davinci_evm - arm_v5t_le - gfaa0b471 - dirty
(zcy@punuo - Lenovo) (gcc version 4.2.0 (MontaVista 4.2.0 - 16.0.32.0801914 2008 - 08 - 30)) # 1
PREEMPT Mon Jun 27 15:31:35 CST 2016
[  0.000000] CPU: ARM926EJ - S [41069265] revision 5 (ARMv5TEJ), cr = 00053177
[  0.000000] Machine: DaVinci DM365 EVM
[  0.000000] Memory policy: ECC disabled, Data cache writeback
[  0.000000] DaVinci DM0365 variant 0x8
[  0.000000] PLL0: fixedrate: 24000000, commonrate: 121500000, vpssrate: 243000000
[  0.000000] PLL0: vencrate_sd: 27000000, ddrrate: 243000000 mmcsdrate: 121500000
[  0.000000] PLL1: armrate: 297000000, voicerate: 20482758, vencrate_hd: 74250000
[  0.000000] CPU0: D VIVT write - back cache
[  0.000000] CPU0: I cache: 16384 bytes, associativity 4, 32 byte lines, 128 sets
```

```
[    0.000000] CPU0: D cache: 8192 bytes, associativity 4, 32 byte lines, 64 sets
[    0.000000] Built 1 zonelists.   Total pages: 28160
[         0.000000] Kernel command line: mem = 110M console = ttyS0, 115200n8 root = /dev/nfs rw
nfsroot = 192.168.1.18:/home/shiyan/filesys_clwxl ip = 192.168.1.42:192.168.1.18:192.168.1.1:
255.255.255.0::eth0:off eth = 00:40:01:C1:56:78 video = davincifb: vid0 = OFF:vid1 = OFF:osd0 =
640x480x16,600K:osd1 = 0x0x0, 0K dm365_imp. oper_mode = 0 davinci_capture. device_type = 1 davinci_enc_
mngr. ch0_output = LCD
[    0.000000] TI DaVinci EMAC: kernel boot params Ethernet address: 00:40:01:C1:56:78
...
...
KeypadDriverPlugin::create###############################: optkeypad
keyboard input device ( "/dev/input/event0" ) is opened.
id = "0"
msqid = 0


MontaVista(R) Linux(R) Professional Edition 5.0.0 (0801921)
```

（6）按 Enter 键，输入用户名 root 登录实验箱，如下所示：

```
zjut login: root


Welcome to MontaVista(R) Linux(R) Professional Edition 5.0.0 (0801921).

login[737]: root login on 'console'

/ ****** Set QT environment ******** /

[root@zjut ~]#
```

步骤 2，编写继电器驱动（在服务器窗口操作）。

进入 home 目录，输入"mkdir SRD"命令，创建 SRD 驱动文件夹，编写 SRD 驱动程序。

编写驱动程序编译成模块所需要的 Makefile 文件，执行"vim Makefile"命令。Makefile 源码如下：

```
KDIR: = /home/xxx/kernel - for - mceb   //编译驱动模块依赖的内核路径,修改为使用服务器
                                        //上内核的路径


CROSS_COMPILE = arm_v5t_le -
CC   = $ (CROSS_COMPILE)gcc
.PHONY: modules clean
obj - m : = srd.o
modules:
 make - C $ (KDIR) M = `pwd` modules
clean:
 make - C $ (KDIR) M = `pwd` modules clean
```

继电器驱动代码如下：

```
# include < linux/init.h >
# include < linux/module.h >
# include < linux/delay.h >
# include < linux/kernel.h >
# include < linux/moduleparam.h >
# include < linux/types.h >
# include < linux/fs.h >
# include < asm/arch/gpio.h >
# include < linux/cdev.h >
# include < asm/uaccess.h >
# include < linux/errno.h >
```

```c
# include < linux/device. h >
# include < asm/uaccess. h >

static int srd_major = 0;
static int srd_minor = 0;

# define srd_light_on 1
# define srd_light_off 0
struct srd_device{
     struct cdev cdev;
};

struct srd_device srd_dev;

static struct class * srd_class;
static struct class_device * srd_class_dev;

static int srd_open(struct inode * inode, struct file * file){
  int ret = 0;
     printk("hello srd\n");
     ret = gpio_direction_output(41,0);
  if (ret & 0x01)
     {
          printk(KERN_WARNING "open srd error\n");
          return - 1;
     }
     printk("open srd successful!\n");
     return 0;
}
static int srd_ioctl(struct inode * inode, struct file * file, unsigned int cmd, unsigned long arg)
{

    switch (cmd){
            case srd_light_on:
                    gpio_direction_output(41,1);
                    mdelay(1000);
                    return 0;
            case srd_light_off:
                    gpio_direction_output(41,0);
                    mdelay(1000);
                    return 0;
            default:
                    return - EINVAL;
        }

    }

static struct file_operations srd_fops = {
   . owner = THIS_MODULE,
   . open = srd_open,
   . ioctl = srd_ioctl,
};
static int __init srd_init(void){
     int ret;
     int err;
     dev_t dev = 0;
  dev = MKDEV(srd_major, srd_minor);


     if(srd_major){
          ret = register_chrdev_region(dev, 1, "srd");
```

```
            }
            else{
                    ret = alloc_chrdev_region(&dev,0,1,"srd");
                    srd_major = MAJOR(dev);
            }
            if(ret < 0){
                    printk(KERN_WARNING"srd:fail to get major");
                    return ret;
            }

            cdev_init(&srd_dev.cdev,&srd_fops);
            srd_dev.cdev.owner = THIS_MODULE;
            err = cdev_add(&srd_dev.cdev,dev,1);
            if(err){
                    printk(KERN_WARNING "ERROR % d add srd\n", err);
            }

            srd_class = class_create(THIS_MODULE,"srd_sys_class");
            if (IS_ERR(srd_class)){

            return PTR_ERR(srd_class);
      }

      srd_class_dev = class_device_create(srd_class,NULL,dev,NULL,"srd");
      printk(KERN_INFO "Register srd driver\n");
      return 0;
}

static void __exit srd_exit(void) {
    cdev_del(&srd_dev.cdev);
    class_device_destroy(srd_class, MKDEV(srd_major, 0));
    unregister_chrdev_region(MKDEV(srd_major,0),1);
    class_destroy(srd_class);
    printk (KERN_INFO "char driver cleaned up\n");
}

module_init(srd_init);
module_exit(srd_exit);
MODULE_LICENSE("Dual BSD/GPL");
```

编写完驱动和 Makefile 后,在该目录下输入编译命令 make 即可编译驱动。将生成的.ko 文件复制到文件系统的 modules 下,命令如下:

```
cp srd.ko /home/xxx/filesys_test/modules
```

步骤 3,编写测试程序。

测试程序放在"SRD 驱动实验/SRD/srd_test"下,srd_test.c 就是对应的测试文件。测试代码如下:

```
# include < stdio. h >
# include < stdlib. h >
# include < string. h >
# include < fcntl. h >
# include < unistd. h >
# include < string. h >
# include < assert. h >
# include < errno. h >
# include < sys/ioctl. h >
# include < sys/types. h >
# include < linux/types. h >
```

```
# define srd_light_on 1
# define srd_light_off 0

int main( int arg , char ** argv)            //arg 表示参数的个数,argv 表示输入的参数
{
   int fd = 0;
   int cmd;
   int gpio = 41;

   fd = open("/dev/srd",O_RDWR);             //打开设备

   if (fd < 0){
      printf("open srd failed!\n");
      return - 1;
   }
   else {
      printf("open srd \n");
   }

   cmd = atoi(argv[1]);                      //将字符串类转换为整型类
   printf("cmd = %d\n",cmd);

   switch (cmd)
   {

     case 1:ioctl(fd,srd_light_on,41);break;    //置低
     case 0:ioctl(fd,srd_light_off,41);break;   //置高
     default: printf("wrong!\n");
   }
   close(fd);

   return 0;

}
```

使用交叉编译工具编译测试程序,并将编译后生成的可执行文件挂载到实验箱上运行调试。

```
arm_v5t_le - gcc srd_test.c - o srd_test
```

将交叉编译生成的 srd_test 文件复制到挂载的文件系统目录下/filesys_test/opt/dm365:

```
cp srd_test /home/stx/filesys_test/opt/dm365/
```

步骤 4,加载驱动(在实验箱 COM 口操作)。

按 Enter 键输入 root 命令获取操作权限。然后在主目录下输入命令,"cd /modules/",加载各个模块。输入 ls 命令查看各个模块,输入"insmod srd.ko"命令加载驱动模块,这时会提示加载继电器模块成功,如图 11-37 所示。

```
cd /modules/          /* 进入驱动模块目录 */
ls                    /* 查找继电器驱动模块 .ko 文件 */
insmod srd.ko         /* 加载驱动程序 */
```

步骤 5,执行测试程序。

输入"cd /opt/dm365"命令进入 dm365 目录,查看复制的 srd_test 可执行文件是否存在,如果不存在,则需要在服务器上重新复制;如果存在,则执行文件,输入"srd_test 0"来测试继电器是否关闭,如图 11-38 所示,实验箱继电器 LED 灯灭,并听见继电器关闭声音,输入命令如下:

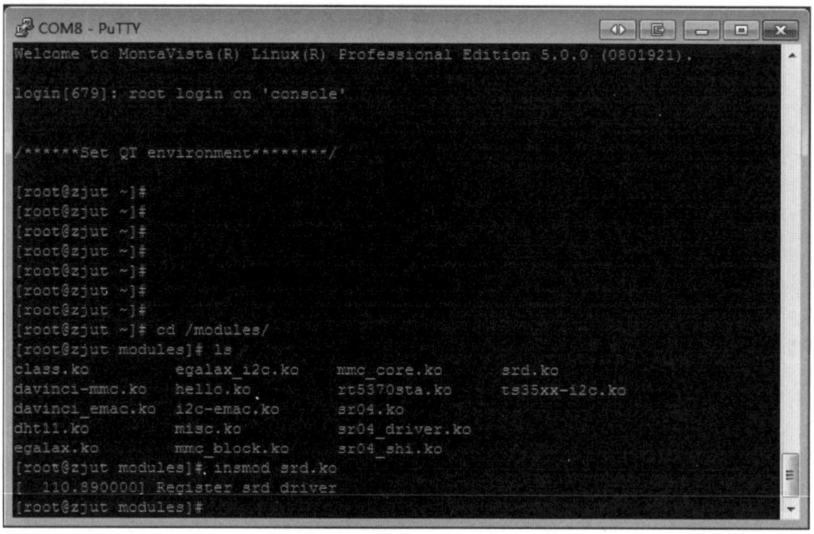

```
COM8 - PuTTY
Welcome to MontaVista(R) Linux(R) Professional Edition 5.0.0 (0801921).

login[679]: root login on 'console'


/******Set QT environment********/

[root@zjut ~]#
[root@zjut ~]#
[root@zjut ~]#
[root@zjut ~]#
[root@zjut ~]#
[root@zjut ~]#
[root@zjut ~]#
[root@zjut ~]# cd /modules/
[root@zjut modules]# ls
class.ko          egalax_i2c.ko    mmc_core.ko       srd.ko
davinci-mmc.ko    hello.ko         rt5370sta.ko      ts35xx-i2c.ko
davinci_emac.ko   i2c-emac.ko      sr04.ko
dht11.ko          misc.ko          sr04_driver.ko
egalax.ko         mmc_block.ko     sr04_shi.ko
[root@zjut modules]# insmod srd.ko
[  110.890000] Register srd driver
[root@zjut modules]#
```

图 11-37　srd 模块加载图

```
cd /opt/dm365/          /*进入文件系统目录*/
ls                      /*查找继电器的测试程序*/
srd_test 0              /*继电器断开,听到滴答声,灯灭*/
```

输入"srd_test 1"来测试继电器是否打开,如图 11-39 所示,实验箱继电器 LED 灯亮,并听见继电器打开的声音,输入命令如下:

```
srd_test 1              /*继电器打开,听到滴答声灯亮*/
```

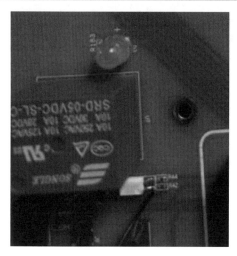

图 11-38　继电器关闭

图 11-39　继电器打开

第 12 章

CHAPTER 12

Linux 环境下应用程序开发

现代化的便携式设备,如智能手机,融合了电话、浏览网页、网上购物、游戏、照相、视频等各种功能,其操作系统支持多个任务同时运行。Linux 是一套免费使用和自由传播的类 UNIX 操作系统,是一个基于 POSIX 和 UNIX 的多用户、多任务、支持多线程和多 CPU 的操作系统,能运行主要的 UNIX 工具软件、应用程序和网络协议。Linux 继承了 UNIX 以网络为核心的设计思想,是一个性能稳定的多用户网络操作系统,从支持的 CPU 种类来说,既支持 32 位的,也支持 64 位的;既支持 Intel 公司的 x86 系列,也支持 PowerPC、MIPS、ARM 等众多主流的 CPU。Linux 系统相对于其他操作系统具有安全性高、硬件要求低、系统性能稳定等一系列优势。绝大多数服务器、Android 智能手机、macOS X 系统笔记本、路由器等多种设备,均采用了 Linux 操作系统。更为重要的是,Linux 是开源、免费、主流的操作系统,应用广泛、学习资料丰富。

本实验箱采用了基于 DaVinci 技术的 TMS320DM365 芯片,它集成了一颗 ARM926EJ-S 内核、一个 H.264 高清编码器协处理器 HDVICP 和一个 MPEG-4/JPEG 高清编码器协处理器 MJCP,支持多格式编解码,特别适合用于进行图像处理。结合所设计的视频采集、压缩和传输的综合性实验,本章主要介绍 3 方面内容:多任务之间的同步和通信、套接字和 H.264 编解码。

12.1 多任务之间的同步和通信

多任务是指用户可以在同一时间内运行多个应用程序,每个应用程序被称作一个任务(或进程)。例如,在 Windows 系统中,用户可以同时听音乐、聊天和玩游戏,多任务明显提高了运行任务的效率。操作系统采用了诸如时间片轮询等策略,允许多个任务并发共享一个 CPU,在规定的时间片过期或者某些事件发生前,一直执行某个任务。当时间片到期或者有事件发生时,操作系统立刻切换到另一个就绪的任务并运行。由于时间片非常短、任务间切换非常迅速,因此给人造成这些任务是同时执行的错觉。

在 Linux 系统中,每个进程都是工作在独立的内存空间中的,无法直接访问其他进程的内存空间(考虑一下:如果可以直接访问,会造成什么问题?),因此需要通过某种方式来通信以实现数据共享,例如,Windows 系统下的 Ctrl+C、Ctrl+V 操作。从操作系统的角度来讲,共享的数据必定先有生产者后有消费者,存在前后顺序,因此进程间共享数据存在同步问题。

12.1.1 System V 共享内存

共享内存是系统为了在多个进程之间通信(IPC)而预留的一块内存区。共享内存允许两个不相关的进程访问同一块内存。共享内存是在两个正在运行的进程之间共享和传递数据的一种非常有效的方式。不同进程之间共享的内存通常安排为同一段物理内存。进程可以将同一段共享内存映射到它们自己的地址空间中,所有进程都可以访问共享内存中的地址。如果某个进程向共享内存写入数据,那么所做的改动将立即影响可以访问同一段共享内存的其他进程。在/proc/sys/kernel/目录下,记录着共享内存的一些限制,如一个共享内存区的最大字节数 shmmax、系统范围内最大共享内存区标识符数 shmmni 等,可以手动对其调整,但不推荐这样做。

在 Linux 中也提供了一组函数接口用于使用共享内存,主要有以下几个 API 函数:ftok()、shmget()、shmat()、shmdt()及 shmctl(),其声明的头文件为:

```
# include < sys/types. h >
# include < sys/ipc. h >
# include < sys/shm. h >
```

1. ftok()函数

在 IPC 中,经常用到一个类似于文件句柄号的 key_t 值来创建或者打开信号量、共享内存和消息队列。从已存在并允许访问的系统文件中获得 key_t 值,ftok()函数的原型为:

```
key_t ftok(const char * pathname, int id);
```

其中,pathname 一定要在系统中存在并且进程能够访问,否则调用失败;id 是一个 1~255 的整数值,通常是一个 ASCII 值。

当成功执行时,一个 key_t 值将会被返回,否则返回-1。可以使用 strerror(errno)来确定具体的错误信息。

2. shmget()函数

系统调用 shmget()函数来获得共享内存 ID,如果不存在指定的共享区域,则创建相应的区域。其函数原型为:

```
int shmget(key_t key, size_t size, int flag);
```

其中,第一个参数 key 是这块共享内存的标识符。如果是在父子关系的进程间通信,那么这个标识符用 IPC_PRIVATE 来代替;如果两个进程没有任何关系,那么调用 ftok()得到一个标识符来使用;如果软件应用在不同的主机上,那么程序员可以直接定义一个 key,而不用通过调用 ftok()获得。第二个参数 size 以字节为单位指定需要共享的内存容量,如果创建一个新的区域,则必须指定其 size 参数;如果引用一个已有的区域,则 size 应该为 0。第三个参数 shmflg 是权限标志,其作用与 open()函数的 mode 参数一样,标志与文件读写权限一样,4/2/1 分别表示读/写/执行 3 种权限。如果想在 key 标识的共享内存不存在时创建,则可以和 IPC_CREAT 做"或"操作。共享内存的权限标志与文件的读写权限一样,例如,权限标识 0644,第一位 0 是 UID,第二位 6(4+2)表示拥有者的权限,第三位 4 表示同组权限,第四位 4 表示其他用户的权限。IPC_CREAT|0644 表示允许进程创建共享内存,并拥有向共享内存读取和写入数据的权限,同时其他用户创建的进程只能读取共享内存。

函数执行成功时返回共享内存的 ID,失败时返回-1。全局变量 errorno 用于指出具体的错误原因。

3. shmat()函数

shmat()函数用于将 shmget()返回的区域映射到进程的内存空间,是用来允许本进程访问一块共享内存的函数。其函数原型为:

```
void * shmat(int shmid, const void * shmaddr, int shmflag);
```

其中,参数 shmid 是由 shmget()函数得到的共享内存 ID。参数 shmaddr 是共享内存的起始地址,如果 shmaddr 为 NULL(推荐采用),那么内核会把共享内存映射到调用进程的地址空间中的选定位置;如果 shmaddr 不为 NULL,那么内核会把共享内存映射到 shmaddr 指定的位置,如果 shmflag 中设置了标志 SHM_RND(shared memory round),则向下取最近 SHMLBA(Shared Memory Low Boundary Address,一般取值为内存页大小)的倍数字节。参数 shmflag 是本进程对该内存的操作模式,如果是 SHM_RDONLY,则是只读模式,否则是读写模式,该参数通常取 0。

函数执行成功时返回共享内存的起始地址,失败时返回 -1。

4. shmdt()函数

系统调用 shmdt()函数删除本进程对这块内存的使用。与 shmat()的作用相反,shmdt()是用来禁止本进程访问一块共享内存的函数。注意,是共享内存禁用并不是删除它,只是使该共享内存对当前进程不再可用。其函数原型为:

```
int shmdt(const void * shmaddr);
```

参数 shmaddr 是 shmat 函数返回的地址指针。函数执行成功时返回 0,失败时返回 -1。

5. shmctl()函数

系统调用 shmctl()函数控制对共享内存的使用,其函数原型为:

```
int shmctl(int shmid, int cmd, struct shmid_ds * buf);
```

其中,参数 shmid 是 shmget()函数返回的共享内存标识符。参数 cmd 是要采取的操作,可以取下面的 3 个值。

IPC_STAT:得到共享内存的状态,把共享内存的当前关联值复制到 shmid_ds 结构的 buf 中。

IPC_SET:如果进程有足够的权限,把共享内存的当前关联值设置为 shmid_ds 结构 buf 中给出的值。

IPC_RMID:删除共享内存段。

参数 buf 是一个结构指针,指向共享内存模式和访问权限的结构,与 cmd 参数配合使用。函数调用成功时返回 0,失败时返回 -1。

6. 共享内存举例

下面就以两个不相关的进程来说明进程间如何通过共享内存来进行通信。其中一个文件 shmread.c 用于创建共享内存,并从共享内存中读取信息;另一个文件 shmwrite.c 向共享内存中写入数据。为了方便操作和数据结构的统一,为这两个文件定义了相同的数据结构。自定义的结构 shared_use_t 中的成员 written 作为一个可读或可写的标志,非 0 表示可读,0 表示可写;成员 text 则是共享内存中的信息。

程序 shmread.c 源代码如下:

```
#include <unistd.h>
#include <stdlib.h>
#include <stdio.h>
#include <sys/shm.h>
#define TEXT_SZ 2048
struct shared_use_t{
    int written;                    //作为一个标志,非 0 表示可读,0 表示可写
    char text[TEXT_SZ];             //记录写入和读取的文本
};

int main()
```

```
{
        int running = 1;                                        //程序是否继续运行的标志
        void * shm = NULL;                                      //分配的共享内存的原始首地址
        struct shared_use_st * shared;                          //指向 shm
        int shmid;                                              //共享内存标识符
        //创建共享内存
        if( (shmid = shmget((key_t)0x1234, sizeof(struct shared_use_t), 0666|IPC_CREAT)) == -1 ){
                fprintf(stderr, "shmget failed\n");
                exit(EXIT_FAILURE);
        }
        //将共享内存连接到当前进程的地址空间
        if( (shared = (struct shared_use_t * ) shmat(shmid, NULL, 0)) == (struct shared_use_t * ) -1 ){
                fprintf(stderr, "shmat failed\n");
                exit(EXIT_FAILURE);
        }
        while(running){                                         //读取共享内存中的数据
                if(shared->written != 0){                       //没有进程向共享内存定数据有数据可读取
                        printf("You wrote: % s", shared->text);
                        sleep(rand() % 3);
                        //读取完数据,设置 written 使共享内存段可写
                        shared->written = 0;
                        //输入了 end,退出循环(程序)
                        if(strncmp(shared->text, "end", 3) == 0)
                                running = 0;
                }
                else sleep(1);                                  //有其他进程在写数据,不能读取数据
        }
        if(shmdt(shared) == -1){                                //把共享内存从当前进程中分离
                fprintf(stderr, "shmdt failed\n");
                exit(EXIT_FAILURE);
        }
        if(shmctl(shmid, IPC_RMID, 0) == -1){                   //删除共享内存,这一步别忘记
                fprintf(stderr, "shmctl(IPC_RMID) failed\n");
                exit(EXIT_FAILURE);
        }
        exit(EXIT_SUCCESS);
}
```

程序 shmwrite.c 源代码如下:

```
# include < unistd.h >
# include < stdlib.h >
# include < stdio.h >
# include < string.h >
# include < sys/shm.h >
# define TEXT_SZ 2048
struct shared_use_t{
        int written;                                    //作为一个标志,非 0 表示可读,0 表示可写
        char text[TEXT_SZ];                             //记录写入和读取的文本
};

int main()
{
        int running = 1;
        struct shared_use_t * shared;
        char buffer[BUFSIZ + 1];                        //用于保存键盘输入的文本
        int shmid;
        //创建共享内存
        if( (shmid = shmget((key_t)0x1234, sizeof(struct shared_use_t), 0666|IPC_CREAT)) == -1 ){
                fprintf(stderr, "shmget failed\n");
                exit(EXIT_FAILURE);
```

```
        }
        //将共享内存连接到当前进程的地址空间
        if( (shared = (struct shared_use_t *)shmat(shmid, NULL, 0)) == (struct shared_use_t *)-1 ){
                fprintf(stderr, "shmat failed\n");
                exit(EXIT_FAILURE);
        }
        while(running){                          //向共享内存中写数据
                //数据还没有被读取,则等待数据被读取,不能向共享内存中写入文本
                while(shared->written == 1){
                        sleep(1);
                        puts("Waiting...");
                }
                printf("Enter some text: ");        //键盘输入提示
                fgets(buffer, BUFSIZ, stdin);
                strncpy(shared->text, buffer, TEXT_SZ);   //向共享内存中写入数据
                shared->written = 1;                //写完数据,设置 written 使共享内存段可读
                if(strncmp(buffer, "end", 3) == 0)//输入 end,退出循环(程序)
                        running = 0;
        }
        if(shmdt(shared) == -1){                 //把共享内存从当前进程中分离
                fprintf(stderr, "shmdt failed\n");
                exit(EXIT_FAILURE);
        }
        sleep(2);                                // shmread 会删除共享内存,这里就不要再次删除
        exit(EXIT_SUCCESS);
}
```

这个例子实现了两个不相关进程间通过共享内存进行数据交换。可以看出,使用共享内存进行进程间的通信非常方便,函数的接口也简单;数据的共享使得无须在进程间传送数据,而是直接访问内存,从而提高了程序的效率。然而,共享内存没有提供同步机制,当有多个进程同时向共享内存进行读写时,这个程序是不安全的。因此,在使用共享内存进行进程间通信时,往往要借助其他手段来进行进程间的同步工作。

12.1.2　消息队列

消息队列就是一个消息的链表。可以把消息看作一个记录,具有特定的格式以及特定的优先级。对消息队列有写权限的进程可以向其中按照一定的规则添加新消息;对消息队列有读权限的进程则可以从消息队列中读出消息。消息队列通过内核提供一个 struct msqid_ds * msgque[MSGMNI]向量维护内核的一个消息队列列表,因此 Linux 系统支持的最大消息队列数由 msgque 数组大小来决定,每一个 msqid_ds 表示一个消息队列,并通过消息队列头指针 msg_first、消息队列尾指针 msg_last 维护一个先进先出(FIFO)的 msg 链表队列。当发送一个消息到该消息队列时,把发送的消息构造成一个 msg 结构对象,并添加到 msg_first、msg_last 维护的链表队列,同样,接收消息时也是从 msg 链表队列尾部查找到一个 msg_type 匹配的 msg 节点,从链表队列中删除该 msg 节点,并修改 msqid_ds 结构对象的数据。在/proc/sys/kernel/目录下,记录着消息队列的一些限制,如单个消息的最大字节数 msgmax、单个消息体的容量的最大值 msgmnb 和消息体的数量 msgmni 等,可以人工对其调整,但不推荐这样做。

与共享内存类似,消息队列的实现包括了创建或打开消息队列、发送消息、接收消息和控制消息队列这 4 种操作。其中,创建或打开消息队列使用的函数是 msgget(),这里创建的消息队列的数量会受到系统消息队列数量的限制;发送消息使用的函数是 msgsnd(),可将消息添加到已打开的消息队列末尾;接收消息使用的函数是 msgrcv(),可将消息从消息队列中取走;控制消息使用的函数是 msgctl(),可对消息队列进行设置及相关操作。声明上述函数的

头文件为：

```
# include < sys/types.h >
# include < sys/ipc.h >
# include < sys/msg.h >
```

1. msgget()函数

系统调用 msgget()函数来获得或创建消息队列标识符 ID,其函数原型为：

```
int msgget(key_t key, int msgflag);
```

其中,第一个参数 key 与共享内存一样,可以由程序员指定,也可以由 ftok()函数计算出文件名对应的键值。创建的新消息队列的 key 取值为 IPC_PRIVATE 或其他。第二个参数 msgflag 包含了标志位,可以是 IPC_CREAT、IPC_EXCL、IPC_NOWAIT 或这三者的组合。标志位 IPC_CREAT：若消息队列不存在,创建一个新的消息队列;若消息队列存在,则返回存在的消息队列。标志位 IPC_EXCL：该标志位本身没有多大意义,与 IPC_CREAT 一起使用 IPC_CREAT | IPC_EXCL,保证只创建新的消息队列,若对应 key 的消息队列已经存在,则返回错误。标志位 IPC_NOWAIT：以非阻塞的方式读写消息,若不能满足,则立即返回错误。

函数执行成功时返回消息队列的 ID,失败时返回−1,全局变量 errorno 用于指出具体的错误原因。

2. msgsnd()函数

系统调用 msgsnd()函数向 msqid 代表的消息队列,把指针 msgp 指向的缓冲区内的消息发送到消息队列中,其函数原型为：

```
int msgsnd(int msqid, const void * msgp, size_t msgsz, int msgflg);
```

其中,参数 msqid 为消息队列的 ID。参数 msgp 指向消息缓冲区的指针,用来暂时存储发送和接收的消息,是一个用户可定义的通用结构,如下所示：

```
struct msgbuf{
        long mtype;              //消息类型,必须大于 0
        char mtext[1];           //消息数据,字符数组
};
```

其中,text 是一个数组(或者其他用户定义的结构),长度不一定是 1,而是由非负整数型的参数 msgsz 来确定的,也可以理解为一个 char 型的指针,指向由程序员给定的某个缓冲区。参数 msgsz 为数据缓冲区的长度,如果为 0 也是允许的,这意味着没有 mtext 这个成员。参数 msgflg 为消息标志。如果为 0,则表示忽略该标志位,以阻塞的方式发送消息到消息队列;如果为 IPC_NOWAIT,则以非阻塞的方式发送消息;若消息队列已满,则函数立即返回。

函数执行成功时返回 0,失败时返回−1,全局变量 errorno 用于指出具体的错误原因。

3. msgrcv()函数

系统调用 msgrcv()函数向 msqid 代表的消息队列接收消息类型为 msgtyp 的消息,并放入指针 msgp 指向的缓冲区中,在成功读取之后,删除队列中的这条消息。其函数原型为：

```
int msgrcv(int msqid, void * msgp, size_t msgsz, long msgtyp, int msgflg);
```

其中,参数 msqid、msgp、msgsz 和 msgflg 的含义与 msgsnd()函数中相对应参数的含义相同。参数 msgtyp 指定了请求读取消息的类型,这个参数与 struct msgbuf.mtype 消息类型的含义不同。如果 msgtyp 等于 0 或者大于 0,且 msgflg 设置为 MSG_EXCEPT,那么 msgrcv()函数读取的是队列中的第一条消息;如果 msgtyp 大于 0,则读取消息队列中消息类型值为 msgtyp 的第一条消息;如果 msgtyp 小于 0,则读取队列中消息类型值小于或等于 msgtyp 绝对值的

消息；如果这种消息有若干个，则取类型值最小的消息。当读取的消息长度大于 msgsz 时，且 msgflg 设置了 MSG_NOERROR，那么该消息被截短后返回；如果 msgflg 中没有设置 MSG_NOERROR，则队列中不删除此消息，返回－1。

函数执行成功时返回消息数据部分的长度，出错则返回－1，errorno 用于指出具体的错误原因。

4. msgctl()函数

系统调用 msgctl()函数对由 msqid 标识的消息队列执行 cmd 操作，其函数原型为：

```
int msgctl(int msqid, int cmd, struct msgid_ds * buf);
```

其中，参数 msqid、cmd 和 buf 的含义与控制共享内存函数 shmctl()中相对应参数的含义相同。用法与 shmctl()函数相同，唯一的区别是定义 buf 的结构体不同。

函数执行成功时返回消息数据部分的长度，出错则返回－1，errorno 用于指出具体的错误原因。

5. 消息队列举例

下面就以两个不相关的进程来说明进程间如何通过消息队列来进行通信。其中一个文件 msgwrite.c 创建消息队列，并向队列中写入消息；另一个文件 msgread.c 从队列中读出消息。为了方便操作和数据结构的统一，为这两个文件定义了相同的数据结构。

程序 msgwrite.c 源代码如下：

```c
# include < stdio.h >
# include < unistd.h >
# include < stdlib.h >
# include < sys/types.h >
# include < sys/ipc.h >
# include < sys/msg.h >
# include < errno.h >

# define MSGKEY 0x1024

struct msgstru_t{
  long msgtype;
  char msgtext[BUFSIZ];
};

int main()
{
  struct msgstru_t msgs;
  int msg_type;
  int ret_value;
  int msqid;

  if( (msqid = msgget(MSGKEY, IPC_EXCL))< 0 ){        //检查消息队列是否存在
  if( (msqid = msgget(MSGKEY,IPC_CREAT|0666))< 0 ){    //创建消息队列
  printf("failed to create msq | errno = % d [ % s]\n",errno,strerror(errno));
      exit(EXIT_FAULURE);
  }
    }

    while (1){
  printf("input message type(end:0):");
  scanf(" % d",&msg_type);                           //输入消息类型
  if (msg_type == 0) break;                          //设定消息类型为 0 时,终止程序运行
  printf("input message to be sent:");
  scanf(" % s",msgs.msgtext);                        //输入消息数据
  msgs.msgtype = msg_type;
  // 发送消息队列
```

```
if( (ret_value = msgsnd(msqid,&msgs,sizeof(struct msgstru_t),IPC_NOWAIT))< 0 ){
   printf("msgsnd() write msg failed,errno = % d[ % s]\n",errno,strerror(errno));
   exit(EXIT_FAULURE);
}
  }
  msgctl(msqid,IPC_RMID,0); //删除消息队列
  exit(EXIT_SUCCESS);
}
```

程序 msgread. c 源代码如下:

```
# include < stdio. h>
# include < unistd. h>
# include < stdlib. h>
# include < string. h>
# include < sys/types. h>
# include < sys/ipc. h>
# include < sys/msg. h>
# include < errno. h>

# define MSGKEY 0x1024

struct msgstru_t{
  long msgtype;
  char msgtext[BUFSIZ];
};
int main()
{
  struct msgstru_t msgs;
  int msqid, ret_value;

  while(1){
    if( (msqid = msgget(MSGKEY,IPC_EXCL ))< 0){                    //检查消息队列是否存在
       printf("msq not existed! errno = % d [ % s]\n",errno,strerror(errno));
       sleep(2);
       continue;
    }
       ret_value = msgrcv(msqid,&msgs,sizeof(struct msgstru_t),0,0); //接收消息队列
       if( ret_value< 0 ) exit(EXIT_SUCCESS);
       else printf("text = [ % s]\n",msgs.msgtext);
  }
}
```

本实例实现了两个不相关进程间通过消息队列进行数据交换。与共享内存不同的是,如果没有向消息队列中写入消息,那么 msgrcv()函数被阻塞,一直到队列中有消息为止。也就是说,要先有消息写入,才能读出消息,从这个角度来讲,消息队列有点同步的意思。同样,消息队列是比较简单且高效的一种进程间通信的方法。

12.1.3 POSIX 信号量

POSIX 信号量是属于 POSIX 标准系统接口定义的实时扩展部分。信号量作为进程间同步的工具,也可用于同一进程内不同线程的同步。信号量分有名信号量和无名信号量:有名信号量要求创建一个文件,通过 IPC 名字进行进程间同步;而无名信号量则直接保存在内存中,也被称作基于内存的信号量,如果不是放在进程间的共享内存区中,那么是不能用来进行进程间同步的,只能用来进行线程同步。

1. POSIX 信号量的操作
POSIX 信号量有 3 种操作:

（1）创建信号量。在创建过程中还要求初始化信号量的值。根据信号量取值（代表可用资源的数目）的不同，POSIX 信号量还可以分为以下两种。

二值信号量：信号量的值只有 0 和 1，这和互斥量很类似，若资源被锁住，则信号量的值为 0；若资源可用，则信号量的值为 1。

计数信号量：信号量的值为 0 到一个大于 1 的限制值（POSIX 指出系统的最大限制值为 32767）。该值表示可用的资源的个数。

（2）等待信号量（wait）。该操作被称为 P 操作（荷兰语 Proberen，意为"尝试"）。P 操作会检查信号量的值：如果其值小于或等于 0，那么该进程就被阻塞，直到信号量值变成大于 0 的数；如果值大于 0，那么信号量值减 1，该进程获得共享资源的访问权限。这整个操作必须是一个原子操作。

（3）释放信号量（post），该操作被称为 V 操作（荷兰语 Verhogen，意为"增加"）。V 操作将信号量的值加 1，如果有进程阻塞着等待该信号量，那么其中一个进程将被唤醒。该操作也必须是一个原子操作。

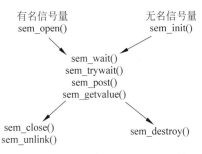

图 12-1　POSIX 信号量的接口函数

2. POSIX 信号量的函数

POSIX 信号量的接口函数如图 12-1 所示，每个函数以 sem_开始。

1）有名信号量的创建和删除

```
# include < fcntl.h >          // for O_ * constants
# include < sys/stat.h >       // for mode constants
# include < semaphore.h >
sem_t * sem_open(const char * name, int oflag);
sem_t * sem_open(const char * name, int oflag,mode_t mode, unsigned int value);
```

sem_open()用于创建或打开一个信号量，信号量是通过 name 参数，即信号量的名字来进行标识的。oflag 参数可以为 0、O_CREAT、O_EXCL 及其组合。如果为 0，则表示打开一个已存在的信号量；如果为 O_CREAT，则表示信号量不存在则创建一个信号量，如果信号量存在则打开被返回，此时 mode 和 value 需要指定；如果为 O_CREAT|O_EXCL 组合，表示信号量已存在，则打开文件失败。mode 参数用于在创建信号量时，表示信号量的权限位，和 open 函数一样，包括 S_IRUSR、S_IWUSR、S_IRGRP、S_IWGRP、S_IROTH、S_IWOTH。value 表示创建信号量时信号量的初始值。

```
# include < semaphore.h >
int sem_close(sem_t * sem);
int sem_unlink(const char * name);
```

sem_close()用于关闭已打开的信号量。当一个进程终止时，内核对其上仍然打开的所有有名信号量自动执行这个操作。调用 sem_close()关闭信号量并没有将其从系统中删除，POSIX 中有名信号量是随内核保持的，即使当前没有进程打开某个信号量，其值依然保持。直到内核重新被加载或调用 sem_unlink()时删除该信号量。sem_unlink()用于将有名信号量立刻从系统中删除，但信号量的销毁是在所有进程都关闭信号量时进行的。

2）无名信号量的创建和删除

```
# include < semaphore.h >
int sem_init(sem_t * sem, int pshared, unsigned int value);
int sem_destroy(sem_t * sem);
```

sem_init()用于无名信号量的初始化。编写代码时，在调用 sem_init()函数之前，一定要先在内存中分配一个 sem_t 信号量类型的对象,这就是无名信号量又称为基于内存的信号量的原因。sem_init()的第一个参数是指向一个已经分配的 sem_t 变量。第二个参数 pshared 表示该信号量是否用于进程间同步,若 pshared 等于 0,则表示该信号量只能用于进程内部的线程间的同步;若 pshared 不等于 0,则表示该信号量存放在共享内存区中,使得使用其进程能够访问该共享内存区进行进程同步。第三个参数 value 表示信号量的初始值。

需要注意的是,无名信号量不使用任何类似 O_CREAT 的标志,这表示 sem_init()总是会初始化信号量的值,所以对于特定的一个信号量,必须保证只调用 sem_init()进行初始化一次,对于一个已初始化过的信号量,调用 sem_init()的行为是未定义的,这样会出现问题。使用完一个无名信号量后,调用 sem_destroy()摧毁它。这里应当注意:摧毁一个有线程阻塞在其上的信号量的行为是未定义的。

3)信号量的 P 操作

```
# include < semaphore. h>
int sem_wait (sem_t * sem);
# ifdef    __USE_XOPEN2K
int sem_timedwait(sem_t * sem, const struct timespec * abs_timeout);
# endif
int sem_trywait (sem_t * sem);
```

sem_wait()用于获取信号量,首先会测试指定信号量的值:如果大于 0,则会将其减 1 并立即返回;如果等于 0,则调用线程被阻塞,直到信号量的值大于 0。sem_trywait()和 sem_wait()的差别是:当信号量的值等于 0 时,调用线程不会阻塞,直接返回,并标识 EAGAIN 错误。

sem_timedwait()和 sem_wait()的差别是当信号量的值等于 0 时,调用线程不会无限制地被阻塞,而是有一个超时等待时间。当等待时间到后,如果信号量的值还是 0,则会返回 -1。

4) 信号量的 V 操作

```
# include < semaphore. h>
int sem_post(sem_t * sem);
```

当一个线程使用完某个信号量后,调用 sem_post,使该信号量的值加 1,如果有等待的线程,那么会唤醒一个等待的线程。

5) 获取当前信号量的值 V

```
# include < semaphore. h>
int sem_getvalue(sem_t * sem, int * sval);
```

该函数返回当前信号量的值,通过 sval 输出参数返回,如果当前信号量已经上锁(即同步对象不可用),那么返回值为 0,或为负数,其绝对值就是等待该信号量解锁的线程数。

编译链接时请加上-lrt 或者-pthread 选项。

3. POSIX 信号量举例

程序有名信号量 posix_sem. c 源代码如下:

```
# include < iostream >
# include < unistd. h>
# include < semaphore. h>
# include < fcntl. h>
using namespace std;

# define SEM_NAME "/sem_name"

void * testThread (void * ptr)
{
```

```
    sem_t * semlockp = (sem_t *)ptr;          //从 pthread_create()传递过来的参数,即信号量
    sem_wait(semlockp);                        //执行 P 操作.如果信号量为 0,则该线程被阻塞
    sleep(10);                                 //否则信号量减 1,继续执行下面的代码
    sem_close(semlockp);                       //执行 V 操作
}

int main(void)
{
    sem_t * pSem;
    pthread_t pid;
    int semVal;
    pSem = sem_open(SEM_NAME, O_CREAT, 0666, 5);  //新建有名信号量,初始值为 5

    for (int i = 0; i < 7; ++i){
    // 创建默认属性的线程,执行函数为 testThread(),传递参数为 pSem
        pthread_create(&pid, NULL, testThread, pSem);
        sleep(1);
        sem_getvalue(pSem, &semVal);
        cout <<"semaphore value:"<< semVal << endl;
    }
    sem_close(pSem);
    sem_unlink(SEM_NAME);
    return 0;
}
```

编译链接：g++ posix_sem.c -o posix_sem -lpthread 把名为 posix_sem.c 的源文件用 g++编译成名为 posix_sem 的可执行程序,由于 posix_sem.c 源文件中引用了 pthread.h 头文件,因此编译时最后需要加-lpthread 声明一下。

12.1.4 System V 信号量

System V 信号量不属于 POSIX 标准,而是属于 SUS(Single UNIX Specification)单一规范中的扩展定义。它和 POSIX 信号量一样都提供基本的信号量功能操作。相对于 POSIX 信号量,System V 信号量增加了复杂度,通常称之为"计数信号量集"。计数信号量集至少有一个由信号量构成的集合,其集合中的每个信号量都是计数信号量。

控制内核信号量的/proc/sys/kernel/sem 文件,包括 1 行 4 列数据,记录着信号量的一些限制：第 1 列数字表示每个信号集中的最大信号量数目 SEMMSL；第 2 列数字表示系统范围内的最大信号量总数目 SEMMNS；第 3 列数字表示每个信号发生时的最大系统操作数目 SEMOPM；第 4 列数字表示系统范围内的最大信号集总数目 SEMMNI。其中,SEMMSL × SEMMNI=SEMMNS,也可以通过"ipcs -l"命令来验证。可以人工对其调整,但不推荐这样做。

对于系统中的每个 System V 信号量,即每个信号量集,内核都会维护一个 semid_ds 的信息结构,在<sys/sem.h>中定义,Linux 2.6.32 版本的定义如下。

```
struct semid_ds
{
    struct ipc_perm sem_perm;        // IPC 的操作权限,每个 IPC 结构都有
    __time_t sem_otime;              //上一次执行 semop() 的时间
    unsigned long int __unused1;     //预留使用
    __time_t sem_ctime;              //上一次通过 semctl()进行修改的时间
    unsigned long int __unused2;
    unsigned long int sem_nsems;     //信号量集中的信号量数目
    unsigned long int __unused3;
    unsigned long int __unused4;
};
```

1. System V 信号量的函数

System V 信号量的实现包括了创建或打开 semget()函数、控制操作函数 semctl()和信号量操作 semop()函数,其声明头文件为:

```
# include < sys/types.h >
# include < sys/ipc.h >
# include < sys/sem.h >
```

1) 创建和打开信号量

```
int semget(key_t key, int nsems, int semflg);
```

semget()用于创建或打开一个已存在的信号量。参数 key 用于生成唯一信号量的标识符 ID,可以是不同的进程事先约定好的一个值,也可以不同进程通过相同的路径名和项目 ID 调用 ftok()函数来生成。其用法与 msgget()函数中的参数 key 含义相同。参数 nsems 表示信号量集中信号量的个数,如果创建一个信号量集,那么 nsems 必须是一个大于 0 且小于或等于 SEMMSL 的正整数;参数 semflag 可以是 IPC_CREAT、IPC_EXCL 以及 IPC 的指定权限位,如果为 IPC_CREAT|IPC_EXCL 组合,那么当该信号量集已经存在时,会返回 EEXIST,表明打开失败。semget()的返回值是被称为"信号量标识符"的整数,后续的操作和控制函数 semop()、semctl()均将通过该标识符对信号量集进行操作。

这里需要指出的是,当调用 semget()创建一个新的信号量集时,并没有对信号量集进行初始化,还需要调用后面要介绍的 semctl()函数进行初始化,之后才能进行 semop()操作。因此,System V 信号量的创建和初始化不是一个原子操作,这是一个很大的缺陷,会出现使用未初始化信号量集的问题。

2) 信号量的控制操作

```
int semctl( int semid, int semnum, int cmd, … / * union semun arg * /);
```

semctl()函数主要完成对信号量集的一系列控制操作——根据操作命令 cmd 的不同,执行不同的操作。依赖于所请求的命令,第 4 个参数是可选的。参数 semid 为 System V 信号量的标识符,由 semget()函数返回得到。参数 semnum 表示信号量集中的第 semnum 个信号量,其取值范围为 0~nsems−1。参数 cmd 为操作命令。如果使用参数 arg,那么该参数的类型为 union semun,是多个特定命令的联合。按照 SUS 的规定,此结构必须由用户自己定义。

```
include < bits/sem.h >
union semun {
  int val;                     // Value for SETVAL
  struct semid_ds * buf;       // Buffer for IPC_STAT, IPC_SET
  unsigned short * array;      // Array for GETALL, SETALL
  struct seminfo * __buf;      // Buffer for IPC_INFO(Linux - specific)
};
```

函数 semctl()中 cmd 命令个数与 Linux 内核的版本有关,下面列出了常用的几种。

- IPC_STAT:获取此信号量集合的 semid_ds 结构,存放在第 4 个参数 arg 的 buf 中。
- IPC_SET:通过 arg.buf 设定信号量集相关联的 semid_ds 中信号量集合权限为 sem_perm 中的 uid、gid、mode。
- IPC_RMID:从系统中删除该信号量集合。这种删除是立即发生的,仍在使用该信号量集的其他进程,在下次对该信号量集进行操作时,会发生错误并返回 EIDRM。这和 POSIX 信号量是不一样的:POSIX 信号量 sem_unlink()只是会立即删除信号量在文件系统中的文件,而信号量的析构是在调用最后一个 sem_close()时进行的。

- GETVAL：返回第 semnum 个信号量的值。
- SETVAL：设置第 semnum 个信号量的值，该值由第 4 个参数 arg 中的 val 指定。
- GETPID：返回第 semnum 个信号量的 sempid，最后一个操作 semop() 的进程 id。
- GETNCNT：返回第 semnum 个信号量的 semncnt，等待 semval 变为大于当前值的进程数。
- GETZCNT：返回第 semnum 个信号量的 semzcnt，等待 semval 变为 0 的线程数。
- GETALL：取信号量集合中所有信号量的值，将结果存放到 arg 中的 array 所指向的数组。
- SETALL：按 arg.array 所指向的数组中的值，设置集合中所有信号量的值。

对于 GETALL 以外的所有 GET 命令，semctl 都返回相应的值，其他命令的返回值为 0。

3）信号量的操作

```
int semop( int semid, struct sembuf * sops, unsigned nsops);
int semtimedop( int semid, struct sembuf * sops, unsigned sops,
struct timespec * timeout);
```

semctl() 函数主要是在已打开的信号量集上，对其中的一个或多个信号量的值进行操作。参数 semid 是 System V 信号量的标识符，用来标识一个信号量集。参数 sops 是指向一个 struct sembuf 结构体数组的指针，该数组是一个信号量操作数组。参数 nsops 是 sops 所指向 sembuf 结构体数组中元素的个数。sembuf 结构体的定义如下：

```
struct sembuf
{
  unsigned short int sem_num;          //信号量的序号从 0～nsems-1
  short int sem_op;                    //对信号量的操作
  short int sem_flg;                   //操作标识: 0, IPC_WAIT, SEM_UNDO
};
```

结构体中 sem_num 表示对信号量集中的第几个信号量进行操作，其中，0 表示第一个，1 表示第二个，nsems-1 表示最后一个。下面列出了信号量集中的单个信号量相关的几个值。

- semval：信号量的当前值。
- semncnt：等待 semval 变为大于当前值的线程数。
- semzcnt：等待 semval 变为 0 的线程数。
- semadj：指定信号量针对某个特定进程的调整值。只有在 sembuf 结构的 sem_flag 指定为 SEM_UNDO 后，semadj 才会随着 sem_op 更新。简单地讲，对某个进程，在指定 SEM_UNDO 后，对信号量 semval 值的修改都会反应到 semadj 上，当该进程退出时，内核会根据 semadj 的值重新恢复信号量之前的值。

参数 sem_op 表示对该信号量所进行的操作类型，有 3 种操作类型：

（1）sem_op>0，系统会把 sem_op 的值加到 semval 上，等价于进程释放信号量控制的资源，可用于 V 操作。如果 sem_flag 指定了 SEM_UNDO（还原）标志，那么相应信号量的 semadj 值会减去 sem_op 的值。

（2）sem_op<0，对该信号量执行等待操作，可用于 P 操作。如果信号量的当前值 semval 大于或等于 sem_op 的绝对值，semval 减去 sem_op 的绝对值，为该线程分配对应数目的资源，而且指定了 SEM_UNDO，相应信号量的 semadj 就加上 sem_op 的绝对值；当信号量的当前值 semval 小于 sem_op 的绝对值时，若设置了 IPC_NOWAIT，则失败并返回；若没有设置 IPC_NOWAIT，则相应信号量的 semncnt 就加 1，调用线程被阻塞，直到 semval 大于或等于 sem_op 的绝对值为止，调用线程被唤醒，执行相应的分配操作，然后 semncnt 减去 1。

（3）sem_op=0，表示调用者希望 semval 变为 0。如果为 0，则立即返回；如果不为 0，且没有设置 IPC_NOWAIT，则相应信号量的 semzcnt 加 1，进程将进入睡眠状态，直到信号量的值为 0；如果 semval 值不为 0，且设置了 IPC_NOWAIT，则返回错误。

参数 sem_flag 是信号量操作的属性标志。如果为 0，则表示正常操作；如果为 IPC_NOWAIT，那么调用线程在信号量的值不满足条件的情况下不会被阻塞，而是直接返回−1，并将 errno 设置为 EAGAIN；如果为 SEM_UNDO，那么将维护进程对信号量的调整值，以便当操作的进程退出后，取消该进程对 sem 进行的操作，恢复信号量的状态。

可以看到，System V 信号量可以对信号量集中的某一信号量进行加或减 sem_op，该值不仅仅为 1，在 POSIX 信号量中只能对信号量进行加或减 1 的操作。

2. System V 信号量例子

以下程序采用 System V 信号量，sem.c 源代码说明了 P、V 操作过程：

```c
# include < stdio. h >
# include < sys/types. h >
# include < sys/ipc. h >
# include < sys/sem. h >
union semun {                           // sem.h 中注释掉了,因此在程序中要加入此联合体的定义
      int val;                          // value for SETVAL
      struct semid_ds * buf;            // buffer for IPC_STAT, IPC_SET
      unsigned short * array;           // array for GETALL, SETALL
      struct seminfo * __ buf;          // buffer for IPC_INFO
};
/ *** 对信号量数组 semnum 编号的信号量做 P 操作 *** /
int P( int semid, int semnum)
{
      struct sembuf sops = {semnum, − 1, SEM_UNDO};
      return (semop(semid,&sops,1));
}
/ *** 对信号量数组 semnum 编号的信号量做 V 操作 *** /
int V( int semid, int semnum)
{
      struct sembuf sops = {semnum, + 1, SEM_UNDO};
      return (semop(semid,&sops,1));
}

int main( int argc, char ** argv)
{
      int key ;
      int semid, ret;
      union semun arg;
      struct sembuf semop;
      int flag ;

      if( (key = ftok("/tmp", 0x66 ))< 0 ){
            perror("ftok key error") ;
            return − 1 ;
      }
// 本程序创建了 3 个信号量,实际使用时只用了一个 0 号信号量
if( semid = semget(key, 3, IPC_CREAT | 0600)) == − 1 ){
            perror("create semget error");
            return − 1;
      }
      if ( argc == 1 ){                 //如果程序没有参数,则设置信号量初始值
            arg. val = 1;               //信号量的 semval 值
            if( (ret = semctl(semid, 0, SETVAL, arg))< 0 ){     //对 0 号信号量设置初始值
                  perror("ctl sem error");
                  semctl(semid, 0, IPC_RMID, arg);
                  return − 1 ;
            }
```

```
        }
        ret = semctl(semid,0,GETVAL,arg);          //打印 P 操作之前 0 号信号量的值
        printf("after semctl setval sem[0].val = % d\n",ret);
        system("date");
        printf("P operate begin\n");
        if( P(semid,0)<0 ){
                perror("P operate error");
                return - 1;
        }
        printf("P operate end\n");
        ret = semctl(semid,0,GETVAL,arg);          //打印 P 操作之后 0 号信号量的值
        printf("after P sem[0].val = [ % d]\n",ret);
        system("date");
        if ( argc == 1 ) sleep(20);                //P 之后、V 之前是一段临界代码,这里以 sleep 代替
        printf("V operate begin\n");                //P 之后、V 之前的时刻几乎相同,不再打印
        if (V(semid, 0) < 0){
                perror("V operate error");
                return - 1;
        }
        printf("V operate end\n");
        ret = semctl(semid,0,GETVAL,arg);          //打印 V 操作之后 0 号信号量的值
        printf("after V sem[0].val = % d\n",ret);
        system("date");
        if ( argc > 1 ) semctl(semid,0,IPC_RMID,arg);      //由带参数的程序来删除信号量
        return 0;
}
```

编译:gcc sem.c -o sem。在一个终端中运行./sem,这时会增加信号量;在另一个终端中运行./sem test,这时会删除信号量,其中 test 为参数。注意运行顺序,体会执行结果。

12.1.5 多线程

线程是程序中的一个执行流(执行任务),每个线程都有自己的专有寄存器(栈指针、程序计数器等),但是代码区是共享的,即在不同的线程中可以执行相同的函数。

多线程是指程序中包含多个执行流,即在一个程序中可以同时运行多个不同的线程来执行不同的任务,单个程序创建多个并行执行的线程来完成不同的任务。

头文件 # include < pthread.h >。

1. 优势

(1) 提高程序响应速度。

(2) 提高 CPU 运行效率。

(3) 改善程序结构。

2. 主要函数

1) 线程创建函数

```
int pthread_create(thread,attr, * func,arg);
```

参数说明如下。

- thread:指向线程标识符指针,线程 id。
- attr:一个不透明的属性对象,可以被用来设置线程属性。您可以指定线程属性对象,也可以使用默认值 NULL。
- * func:线程运行函数的地址,一旦线程被创建就会执行。
- arg:运行函数的参数。它必须通过把引用作为指针强制转换为 void 类型进行传递。如果没有传递参数,则使用 NULL。

返回值：线程创建成功返回 0,否则返回错误编号。

2）线程终止函数

```
void pthread_exit(void * retval);
```

参数说明：retval 用于存放线程结束的退出状态。

3）线程连接函数

```
int pthread_join(thread, * reval);
```

参数说明如下。

- thread：指向线程标识符指针,线程 id。
- * reval：用来存储被等待线程的返回值,如果线程没有返回值可以设置成 NULL。

说明：pthread_join 以阻塞其他线程的方式等待 thread 指定的线程结束。当 thread 指定的线程结束时,其他线程继续执行。

4）线程分离函数

```
pthread_detach(thread);
```

参数说明：thread 是指向线程的标识符,线程 id。

说明：pthread_detach 函数是将线程分离,线程之间是相互独立的。

3. 实例

join_test. c 测试程序如下：

```
# include < stdio. h >
# include < pthread. h >
# include < sys/times. h >
void print()
{
    int i = 0;
    while (i < 5)
    {
        printf("子线程"\n) ;
        i++;
        sleep(1);
    }
}
int main()
{
    pthread_t th;                                        //创建线程 id
    int ret;
    ret = pthread_create(&th, NULL, (void * )&print, NULL);   //创建线程
    if (ret != 0)
    {
        printf("线程创建失败!\n");
    }
    pthread_join(th, NULL);                              //线程连接
    int i = 0;
    while (i < 5)
    {
        printf("父线程"\n) ;
        i++;
        sleep(1);
    }
    pthread_eixt(th);                                    //线程退出
    return 0;
}
```

编译文件：gcc -o join_test -lpthread join_test. c 将 join_test. c 源码编译成可执行文件。

注意：在对多线程进行编译时一定要连接多线程的库，-lpthread，否则会报错。

执行文件：

`./join_test`

运行结果如下：

```
主线程
子线程
主线程
子线程
主线程
子线程
主线程
子线程
主线程
子线程
```

12.1.6　互斥锁和条件变量

访问共享资源时，要对互斥量进行加锁。如果互斥量已经上了锁，那么调用线程会出现阻塞，直到互斥量被解锁。在完成了对共享资源的访问后，要对互斥量进行解锁。互斥锁的主要特点是：互斥锁必须由上锁的进程或线程释放，如果拥有锁的进程或线程不释放，那么其他的进程或线程永远也没有机会获得所需的互斥锁。

条件变量是利用线程间共享的全局变量进行同步的一种机制，主要包括两个动作：一个线程等待"条件变量的条件成立"而挂起；另一个线程使"条件成立"（给出条件成立信号）。为了防止竞争，条件变量的使用总是和一个互斥锁结合在一起。

考虑下面的场景。假定线程 A 需要改变一个共享变量 X 的值，为了保证在修改的过程中，X 不会被其他进程修改，线程 A 必须获得对 X 的锁。现在假定 A 已经获得锁了，然而，由于业务的需要，只有当 X 的值小于 0 时，线程 A 才能执行后续的逻辑。于是，为了防止死锁，线程 A 必须把互斥锁释放掉。因此，进程必须不停地主动获得锁、检查 X 条件、释放锁、再获得锁、再检查、再释放，一直到满足运行条件为止，而在此过程中，其他线程一直在等待该线程的结束，这种方式比较消耗系统的资源，而且效率低下，因此需要另外一种不同的同步方式，当线程发现被锁定的变量不满足条件时会自动释放锁并把自身置于等待 CPU 的状态，让出CPU 的控制权给其他线程。其他线程此时就有机会去修改 X 的值，当修改完成后再通知那些由于条件不满足而陷入等待状态的线程。这是一种通知模型的同步方式，大大节省了资源，减少了线程之间的竞争，而且提高了线程之间系统工作的效率。这种同步方式就是互斥锁与条件变量一起使用的优势所在。

互斥锁的一个明显缺点是只有两种状态：锁定和非锁定。而条件变量通过允许线程阻塞和等待另一个线程发送信号唤醒阻塞线程的方法弥补了互斥锁的不足，常和互斥锁一起使用。使用时，条件变量被用来阻塞一个线程，当条件不满足时，线程往往会解开相应的互斥锁并等待条件发生变化。一旦其他的某个线程改变了条件变量，就通知相应的条件变量唤醒一个或多个正被此条件变量阻塞的线程。这些线程将重新锁定互斥锁并重新测试条件是否满足。

1. 互斥锁函数

互斥锁用来保护临界区资源，实际上保护的是临界区中被操纵的数据，互斥锁通常用于保护由多个线程或多进程分享的共享数据。一般是一些可供线程间使用的全局变量，以达到线程同步的目的，即保证任何时刻只有一个线程或进程在执行其中的代码，其伪代码结构如下：

```
pthread_mutex_lock()
临界区
pthread_mutex_unlock()
```

互斥锁 API 函数包括初始化互斥锁、加锁、尝试加锁和解锁函数。在使用锁之前必须初始化,互斥锁的初始化有两种方式:

(1) 静态分配的互斥锁,一般用宏赋值的方式初始化:

```
static pthread_mutex_t mutex = PTHREAD_MUTEX_INITIALIZER;
```

(2) 动态分配的互斥锁(如调用 malloc)或分配在共享内存中,则必须调用如下函数进行初始化:

```
pthread_mutex_init(pthread_mutex * mutex, pthread_mutexattr_t * mutexattr)
```

如果 mutexattr 为 NULL,则用默认值初始化由 mutex 所指向的互斥锁,否则使用指定的 mutexattr 初始化互斥锁。使用 PTHREAD_MUTEX_INITIALIZER 与具有 NULL 属性的 pthread_mutex_init()动态分配等效,不同之处在于 PTHREAD_MUTEX_INITIALIZER 宏不进行错误检查。在有线程正在使用互斥锁时,不能重新初始化互斥锁或将其销毁。

加锁函数 pthread_mutex_lock(pthread_mutex_t * mutex):用此函数加锁时,如果 mutex 已经被锁住,那么当前尝试加锁的线程会被阻塞,直到互斥锁被其他线程释放。当此函数返回时,说明互斥锁已经被当前线程成功加锁。

尝试加锁函数 pthread_mutex_trylock(pthread_mutex_t * mutex):用此函数解锁时,如果 mutex 已经被锁住,那么当前尝试加锁的线程不会被阻塞,而是立即返回,返回的错误码为 EBUSY。

解锁函数 pthread_mutex_unlock(pthread_mutex_t * mutex):用此函数解锁时,如果 mutex 已经被锁住,那么当前尝试解锁的线程就会阻塞,直到互斥锁被其他线程释放。当此函数返回成功时,说明互斥锁已经被当前线程成功释放。

注销函数 pthread_mutex_destroy(pthread_mutex_t * mutex):用此函数注销一个互斥锁。销毁一个互斥锁即意味着释放其所占用的资源,且要求锁当前处于开放状态。由于在 Linux 中,互斥锁并不占用任何资源,因此 LinuxThreads 中的 pthread_mutex_destroy()除了检查锁状态(锁定状态则返回 EBUSY)以外没有其他动作。

2. 条件变量函数

与用于上锁的互斥锁不同,条件变量用于等待。与条件变量相关的条件由程序自己定义并检查。由于条件变量是用于等待的,因此特别适合需要解决进行同步的问题,例如,线程 A、B 存在依赖关系,B 要在某个条件发生之后才能继续执行,而这个条件只有 A 才能满足,这时就可以使用条件变量来完成此操作,过程如下:

(1) 创建和该条件相关联的条件变量,并初始化。

(2) 线程 A 设置这个条件,通知等待在相关联条件变量上的线程。

(3) 线程 B 检查这个条件,如果不满足要求,则阻塞在相关联的条件变量上。

由于条件变量并没有包含任何需要检测的条件的信息,因此对这个条件需要用其他方式来保护,条件变量需要和互斥锁一起使用,每个条件变量总是有一个互斥锁与其关联。

条件变量 API 函数包括初始化、阻塞、解除阻塞和注销函数。在使用条件变量之前必须初始化,条件变量的初始化有两种初始化方式。

(1) 静态分配的条件变量,一般用宏赋值的方式初始化:

```
static pthread_mutex_t my_cond = PTHREAD_COND_INITIALIZER;
```

（2）动态分配的条件变量，调用以下函数初始化：

```
pthread_cond_init(pthread_cond_t * cond, pthread_condattr_t * attr)
```

如果 attr 为 NULL，则用默认值初始化由 cond 所指向的条件变量，否则使用指定的 attr 初始化条件变量。使用 PTHREAD_COND_INITIALIZER 与具有 NULL 属性的 pthread_cond_init()动态分配等效，二者的不同之处在于 PTHREAD_COND_INITIALIZER 宏不进行错误检查。多个线程不能同时初始化或重新初始化同一个条件变量。如果要重新初始化或销毁某个条件变量，则应用程序必须确保该条件变量未被使用。

基于条件变量阻塞函数 pthread_cond_wait(pthread_cond_t * cond，pthread_mutex_t * mutex)以原子方式释放 mutex 所指向的互斥锁，并导致调用线程阻塞在 cond 所指向的条件变量上。pthread_cond_wait()在被唤醒之前将一直保持阻塞状态，会在被阻塞之前以原子方式释放相关的互斥锁，并在返回之前以原子方式再次获取该互斥锁。通常情况下对条件表达式的检查是在互斥锁的保护下进行的。如果条件表达式为假，那么线程就会基于条件变量阻塞。然后，当其他线程更改条件值时，就会唤醒它（通过 pthread_cond_signal 或 pthread_cond_broadcast）。这种变化会导致至少一个正在等待该条件的线程解除阻塞并尝试再次获取互斥锁。pthread_cond_wait()返回时，由 mutex 指定的互斥锁将再次被锁住，调用成功返回，失败返回-1。

- 在指定的时间之前阻塞：pthread_cond_timedwait(pthread_cond_t * cond，pthread_mutex_t * mutex, const struct timespec * abstime)的用法与 pthread_cond_wait()函数的用法基本相同，二者的区别在于前者在由 abstime 指定的时间之后不再被阻塞。
- 解除条件变量阻塞线程：分为解除阻塞在该条件变量上的一个线程的 pthread_cond_signal(pthread_cond_t * cond)和解除阻塞在该条件变量上的所有线程的 pthread_cond_broadcast(pthread_cond_t * cond)。解除阻塞线程，应在互斥锁的保护下修改相关条件，该互斥锁应该是与该条件变量相关联的互斥锁（即调用 pthread_cond_wait()时指定的互斥锁），否则，可能在条件变量的测试和 pthread_cond_wait()阻塞之间修改该变量，这会导致无限期的等待。如果没有任何线程基于条件变量阻塞，则调用 pthread_cond_signal()、pthread_cond_broadcast()不起作用。由于 pthread_cond_broadcast()会导致所有基于该条件阻塞的线程再次争用互斥锁，因此即便使用了 pthread_cond_broadcast()，实际上最终也只有一个线程可以获得锁并开始运行。虽然都是只有一个线程可以运行，但是这种情形与 pthread_cond_signal()是有所区别的：

① 如果有多个线程阻塞在条件变量上，并且 pthread_cond_signal()唤醒了其中一个线程，则其他线程仍然在等待被唤醒然后再尝试获取相应的互斥锁，它们阻塞在条件变量上。

② 如果有多个线程阻塞在条件变量上，并且 pthread_cond_broadcast()唤醒它们，则所有线程都开始竞争互斥锁，胜利者开始执行，失败者阻塞在互斥锁上。

- 注销条件变量：pthread_cond_destroy(pthread_cond_t * cond)函数用于注销 cond 所指向的条件变量相关联的任何状态，但没有释放用来存储条件变量的空间。

3. 互斥锁与条件变量例子

每个条件变量总是有一个互斥锁与之关联。现在采用条件变量实现生产者与消费者问题，程序如下：

以下程序为互斥量结合条件变量实现生产者与消费者之间的同步。

```
# include < stdio. h >
# include < stdlib. h >
# include < unistd. h >
```

```
#include <pthread.h>
#include <errno.h>
#define MAXNITEMS 1000000
#define MAXNTHREADS 100
int nitems;
struct{
    pthread_mutex_t mutex;
    int buff[MAXNITEMS];
    int nput;
    int nval;
} shared = {
    PTHREAD_MUTEX_INITIALIZER
};
//条件变量
struct {
    pthread_mutex_t mutex;
    pthread_cond_t cond;
    int nready;
}nready = {
 PTHREAD_MUTEX_INITIALIZER, PTHREAD_COND_INITIALIZER
};

void *produce(void *);
void *consume(void *);

int main(int argc, char *argv[])
{
    int i, nthreads, count[MAXNTHREADS];
    pthread_t tid_produce[MAXNTHREADS], tid_consume;
    if(argc != 3){
        printf("usage: producongs2 <#itmes> <#threads>. \n");
        exit(0);
    }
    nitems = atoi(argv[1]);
    nthreads = atoi(argv[2]);
    pthread_setconcurrency(nthreads + 1);
    for(i = 0; i < nthreads; ++i){
        count[i] = 0;
        pthread_create(&tid_produce[i], NULL, produce, &count[i]);
    }
    pthread_create(&tid_consume, NULL, consume, NULL);
    for(i = 0; i < nthreads; i++){
        pthread_join(tid_produce[i], NULL);
        printf("count[%d] = %d\n", i, count[i]);
    }
    pthread_join(tid_consume, NULL);
    exit(0);
}

void *produce(void *arg)
{
    printf("producer begins work\n");
for(; ;){
    pthread_mutex_lock(&shared.mutex);
    if(shared.nput >= nitems){
        pthread_mutex_unlock(&shared.mutex);
        return ;
    }
    shared.buff[shared.nput] = shared.nval;
    shared.nput++;
    shared.nval++;
```

```
    pthread_mutex_unlock(&shared.mutex);
    pthread_mutex_lock(&nready.mutex);
    if(nready.nready == 0)
        pthread_cond_signal(&nready.cond);          //通知消费者
    nready.nready++;
    pthread_mutex_unlock(&nready.mutex);
    * ((int *) arg) += 1;
}
}
void * consume(void * arg)
{
    int i;
    printf("consuemer begins work.\n");
    for(i = 0;i < nitems;i++){
        pthread_mutex_lock(&nready.mutex);
        while(nready.nready == 0)
            pthread_cond_wait(&nready.cond,&nready.mutex);   //等待生产者
        nready.nready -- ;
        pthread_mutex_unlock(&nready.mutex);
        if(shared.buff[i] != i)
            printf("buff[ % d] = % d\n",i,shared.buff[i]);
    }
    return;
}
```

12.2 TCP/IP 网络编程

12.2.1 概述

TCP/IP(Transmission Control Protocol/Internet Protocol,传输控制协议/网际互联协议)是 Internet 最基本的协议,由网络层的 IP 协议和传输层的 TCP 协议组成。TCP/IP 定义了电子设备如何连入 Internet,以及数据在它们之间传输的标准。协议采用了 4 层的层级结构,每一层都调用其下一层所提供的协议来完成自己的需求。

TCP/IP 的 4 层参考模型是首先由 ARPANET 所使用的网络体系结构。这个体系结构在其两个主要协议出现以后被称为 TCP/IP 参考模型(TCP/IP Reference Model)。这一网络协议共分为 4 层:网络接入层、互联网层、传输层和应用层,如图 12-2 所示。

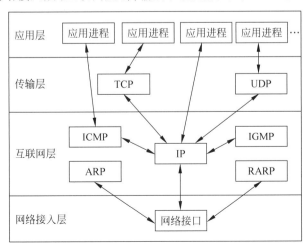

图 12-2 TCP/IP 协议模块关系

1. 网络接入层

网络接入层（Network Access Layer）在 TCP/IP 参考模型中并没有详细描述，只是指出主机必须使用某种协议与网络相连。

2. 互联网层

互联网层（Internet Layer）是整个体系结构的关键部分，其功能是使主机把分组发往任何网络，并使分组独立地传向目标。互联网层使用网际协议（Internet Protocol，IP）。IP 层接收由更低层（网络接入层，例如以太网设备驱动程序）发来的数据包，并把该数据包发送到更高层的 TCP（Transmission Control Protocol）或 UDP（User Datagram Protocol）层；相反，IP 层也把从 TCP 或 UDP 层接收的数据包传送到更低层。IP 数据包是不可靠的，因为 IP 并没有做任何事情来确认数据包是否按顺序发送或者是否被破坏，IP 数据包中含有发送它的主机的地址（源地址）和接收它的主机的地址（目的地址）。

3. 传输层

传输层（Transport Layer）使源端和目的端机器上的对等实体可以进行会话。在这一层定义了两个端到端的协议：传输控制协议（TCP）和用户数据报协议（UDP）。TCP 是面向连接的通信协议，通过 3 次握手建立连接，通信完成时要拆除连接。由于 TCP 是面向连接的，所以只能用于端到端的通信。TCP 提供的是一种可靠的数据流服务，采用"带重传的肯定确认"技术来实现传输的可靠性；采用"滑动窗口"方式进行流量控制，窗口表示接收能力，用来限制发送方的发送速度。如果 IP 数据包中有已经封好的 TCP 数据包，那么 IP 将把它们向"上"传送到 TCP 层。TCP 将包排序并进行错误检查，同时实现虚电路间的连接。TCP 数据包中包括序号和确认消息，所以未按照顺序收到的包可以被排序，而损坏的包可以被重传。TCP 将其信息送到更高层的应用程序，例如，Telnet 的服务程序和客户程序。应用程序轮流将信息送回 TCP 层，TCP 层便将其向"下"传送到 IP 层、设备驱动程序和物理介质，最后到接收方。UDP 是面向无连接的不可靠传输的协议，主要用于不需要 TCP 的排序和流量控制等功能的应用程序；UDP 数据包括目的端口号和源端口号信息，由于通信不需要连接，所以可以实现广播发送。UDP 通信时不需要接收方确认，属于不可靠的传输，可能会出现丢包现象，实际应用中要求程序员编程验证。UDP 与 TCP 位于同一层，但不管数据包的顺序、错误或重发。因此，UDP 不被应用于使用虚电路的面向连接的服务，主要用于面向查询-应答的服务，例如 NFS。欺骗 UDP 包比欺骗 TCP 包更容易，因为 UDP 没有建立初始化连接（也可以称为握手）（因为在两个系统间没有虚电路），也就是说，与 UDP 相关的服务面临着更大的危险。

4. 应用层

应用层（Application Layer）包含所有的高层协议，包括虚拟终端协议（Telecommunications Network，Telnet）、文件传输协议（File Transfer Protocol，FTP）、电子邮件传输协议（Simple Mail Transfer Protocol，SMTP）、域名服务（Domain Name Service，DNS）、网上新闻传输协议（Net News Transfer Protocol，NNTP）和超文本传送协议（HyperText Transfer Protocol，HTTP）等。Telnet 允许一台机器上的用户登录到远程机器上，并进行工作；FTP 提供有效地将文件从一台机器上移到另一台机器上的方法；SMTP 用于电子邮件的收发；DNS 用于把主机名映射到网络地址；NNTP 用于新闻的发布、检索和获取；HTTP 用于在广域网上获取主页。

IP 分组的基本格式如图 12-3 所示。头和数据有效负荷都具有可变的长度，最大长度是 65535 字节。

一个 Internet 地址是一个数字（早期的 IP 版本是 32 位，IPv6 中是 128 位）。IP 地址的典

4位版本号	4位首部长度	8位服务类型(TOS)	16位总长度(字节数)	
16位标识			3位标识	13位标识偏移量
8位生存时间(TTL)		8位协议	16位首部校验和	
32位源地址				
32位目的地址				
选项、填充				
数据				

图 12-3　IP 分组的基本格式

型写法是 XXX．XXX．XXX．XXX。用户和应用指向 Internet 节点的名字,例如 foo．baz．com,通过调用域名服务器(DNS)翻译成 IP 地址,DNS 是一种建立在 IP 顶部的高层次的服务。

　　在大多数嵌入式系统中,代码的规模都是一个需要重点考虑的问题,因此虽然 Internet 提供了大量基于 IP 构造的服务,然而可达 Internet 系统必须在体系结构方面做出一定的抉择,以确定哪些 Internet 服务是系统需要的。这种选择一方面依赖于所需的数据服务的类型(例如,无连接或面向连接、流式或非流式),另一方面依赖于应用代码及其服务。

12.2.2　TCP 通信过程

　　TCP/IP 协议是十分复杂的,要编写一个优秀的网络程序也是十分困难的,本节简单介绍基于 TCP 的 Socket 编程,尽可能简化相关细节的讨论,以便读者对网络程序的编写有一个概貌性的理解,而不是拘泥于各种细节之中。以最常用的 TCP 协议为例,一个典型的通信过程如图 12-4 所示。

　　工作过程如下:服务器首先启动,通过调用 socket()建立一个套接字,然后调用 bind()将该套接字和本地网络地址联系在一起,再调用 listen()使套接字做好侦听的准备,并规定其请求队列的长度,之后就调用 accept()来接受连接,返回一个新的对应于此次连接的套接字。客户在建立套接字后就可调用 connect()和服务器建立连接。连接一旦建立,客户机和服务器之间就可以通过新的套接字调用 send()和 recv()来发送和接收数据。最后,待数据传送结束后,双方调用 close()关闭套接字。

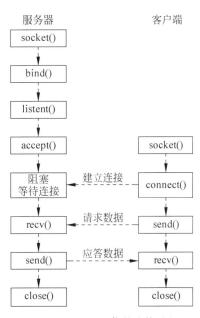

图 12-4　TCP 通信的连接过程

12.2.3　基本 socket 接口

　　Linux 系统是通过提供 socket(套接字)接口来进行网络编程的。网络的 socket 数据传输是一种特殊的 I/O,socket 也是一种文件描述符。socket 也有一个类似于打开文件的函数——socket()。调用 socket(),该函数返回一个整型的 socket 的描述符,随后的连接建立、数据传输等操作也都通过该 socket()实现。

1. socket()函数
语法:

```
int socket(int domain, int type, int protocol)
```

函数调用成功,返回 socket 文件描述符;调用失败,返回 −1,并设置 errno。参数 domain

指明所使用的协议族,通常为 PF_INET,表示 TCP/IP 协议。参数 type 指定 socket 的类型,基本上有 3 种:数据流套接字 SOCK_STREAM、数据报套接字 SOCK_DGRAM、原始套接字 SOCK_RAW。参数 protocol 表示使用的协议号,family 和 type 的默认协议号为 0。

两个网络程序之间的一个网络连接包括 5 种信息:通信协议、本地协议地址、本地主机端口、远端主机地址和远端协议端口。socket 数据结构中包含这 5 种信息。

2. bind()函数

语法:

```
int bind( int sock_fd, struct sockaddr_in * my_addr, socklen_t addrlen)
```

该函数用于将套接字和指定的端口相连。调用成功返回 0,否则返回 -1,并设置 errno。参数 sock_fd 是调用 socket()函数返回的值。参数 my_addr 是一个指向包含有本机 IP 地址及端口号等信息的 sockaddr_in 类型的指针,struct sockaddr_in 结构类型是用来保存 socket 信息的,定义如下:

```
struct sockaddr_in {
    short int sin_family;              // Internet 协议族
    unsigned short int sin_port;       // 端口号(2 字节)
    struct in_addr sin_addr;           // Internet 地址(4 字节)
    unsigned char sin_zero[8];         // 添 0(8 字节)
};
```

保存 socket 信息的另外一种表示方法是:

```
struct sockaddr{
    unsigned short sa_family;          // address 族,AF_xxx
    char sa_data[14];                  // 14 bytes 的协议地址
};
```

sockaddr_in. sin_addr. s_addr 中存储的是需要绑定的 IP 地址,一般采用表示任意的 IP 地址的宏 INADDR_ANY,表示在服务器程序中接受所有的外部连接。当然,也可以指定某个具体的 IP 地址,这要用到后面的 inet_addr()函数,例如,inet_addr("192.168.1.1"),表示只能接受 192.168.1.1 这个 IP 的连接请求。sin_port 中存储的是需要绑定的端口号,可以为 0～65535,共 65536 个端口,有以下 3 点需要注意。

(1) 当指定的端口号为 0 时,表示由系统动态分配一个可用的端口。对服务端,一个端口对应某种服务,所以必须指定端口号。对客户端,由系统动态分配比较方便。

(2) 使用端口号小于 1024 的端口需要具有 root 权限,一般设置为 1024 以上的端口号就能满足需要了。

(3) 如果设置的端口号已分配给了别的进程,那么 bind()函数将出错,并设置 errno 为 EADDRINUSER。

参数 addrlen 为 sockaddr 的长度,用 sizeof(struct sockaddr)表示。

3. connect()函数

语法:

```
int connect( int sock_fd, struct sockaddr * serv_addr, socklen_t addrlen)
```

见图 12-4,客户端发送服务连接,成功返回 0,否则返回 -1,并设置 errno。参数 sock_fd 是 socket()函数返回的 socket 描述符。参数 serv_addr 是包含远端主机 IP 地址和端口号的指针。参数 addrlen 是结构 sockaddr_in 的长度,用 sizeof(struct sockaddr)表示。客户端调用 connect()函数来连接服务器,这个函数将启动 TCP 协议的 3 次握手并建立连接。注意,客户端在调用该函数之前没有调用 bind() 函数,因此并不指定自身的 IP 和端口号,系统会自动从 1024~5000 的端口号范围内选择一个可用的端口号,并把本地的 IP 地址和分配的端口号填充到套接字的地址结构中。

4. listen() 函数

语法:

```
int listen(int sock_fd, int backlog)
```

该函数用在服务器端,等待在指定的端口出现客户端连接。服务器端在 socket()、bind() 函数后建立的套接字仍然是一个未连接的套接字,这时还不能够接受内核向此套接字提出的连接请求。调用 listen() 函数之后就将这个套接字由 CLOSED 状态转换为 LISTEN 状态,这时才可以准备接受内核发出的连接请求的信号。参数 sockfd 是由 socket() 系统调用获得的一个套接字描述符。参数 backlog 是未经过处理的连接请求队列可以容纳的最大数目。由于可能会有多个客户端连接请求,所以参数 backlog 用于确定连接请求队列的长度,也即本地能够等待的最大连接数目。

5. accept() 函数

语法:

```
int accept(int sock_fd, struct sockadd * addr, socklen_t * addrlen)
```

当服务器端执行了 listen() 调用后,一般就使用 accept() 函数来接受客户端的服务请求。accept() 函数默认为阻塞函数,调用该函数后,将一直阻塞,直到有连接请求为止,成功则返回新的 socket,失败返回 −1,并设置 errno。后续的客户端与服务器之间的信息交互,全部使用这个新的 socket;原来的 sock_fd 仍然用于倾听客户端的连接请求,一直到服务器提出时才关闭,所以一般一个服务器值只需一个一直存在的倾听套接字。参数 sock_fd 仍然是 socket() 函数创建的 socket。参数 addr 在调用 accept() 函数后返回客户端的 IP 地址和端口,是一个 sockadd 结构数据。参数 addrlen 在调用 accept() 函数后返回填入客户端的 addr 结构体的大小。

6. 数据通信函数

一旦成功建立了连接,就得到了一个 socket,剩下要做的就是进行数据通信。由于 socket 的本质就是文件描述符,因此,大多数基于文件描述符的 I/O 函数都可以用于数据通信,如 read()、write()、put()、get() 等。然而,read() 或 write() 函数并不完全是针对套接字而设计的,它们缺少对网络的控制选项。

对 TCP 数据通信而言,最基本的两个函数是 send() 和 recv()。与 write() 和 read() 函数的功能很相似,区别只是其参数设置更便于对套接字进行读写操作控制。

```
ssize_t send(int sockfd, const void * buf, size_t len, int flags);
ssize_t recv(int sockfd, const void * buf, size_t len, int flags);
```

参数 flags 是发送或接收的标记,一般设为 0,此时 send/recv 与 write/read 是等效的。常用的 flags 有以下几个。

- MSG_DONTROUTE:不使用网关来发送报文,只发送到直接联网的主机。这个标志常用于诊断或者路由程序。
- MSG_DONTWAIT:读写非阻塞操作。
- MSG_EOR:终止一个记录。
- MSG_MORE:调用者有更多的数据需要发送。

- MSG_NOSIGNAL：当另一端终止连接时，请求在基于流的错误套接字上不要发送 SIGPIPE 信号。
- MSG_OOB：发送或接收带外数据（Out Of Band），需要优先处理，同时现行协议必须支持此种操作。
- MSG_PEEK：从接收队列起始位置读取数据且不删除。
- MSG_WAITALL：等待接收所有的数据，否则阻塞。

具体的设置可以参考相关的 Linux 帮助文档。

send()函数在调用后会返回其真正发送数据的长度。需要注意的是，send()函数所发送的数据可能少于参数指定的长度，因为如果赋予 send()的参数中包含的数据长度远远大于 send()所能一次发送的数据，则 send()函数只发送它所能发送的最大数据长度。所以，如果 send()函数的返回值小于 len，那么需要再次发送剩下的数据，以保证数据的完整性。如果要发送的数据包足够小（小于 1KB），那么 send()一般都会一次发送完毕。同很多函数一样，如果发生错误，send()函数返回 −1，错误代码存储在全局变量 errno 中。

recv()函数返回所真正收到的数据的长度（也就是存到 buf 中数据的长度）。如果返回 −1，则代表发生了错误（例如，网络意外中断、对方关闭了套接字连接符等），全局变量 errno 中存储了错误代码。

对 UDP 数据通信而言，最基本的两个函数是 sendto()和 recvfrom()。

```
ssize_t sendto(int sockfd, const void * buf, size_t len, int flags, const struct sockaddr * dest_addr, socklen_t addrlen);
ssize_t recvfrom(int sockfd, void * buf, size_t len, int flags, struct sockaddr * src_addr, socklen_t * addrlen);
```

其中，sendto(sockfd,buf,len,flags,NULL,0)等效于 send(sockfd,buf,len,flags)，recvfrom(sockfd,buf,len,flag,NULL,NULL)等效于 recv(sockfd,buf,len,flag)。

7. close()函数

语法：

```
int close(int sock_fd)
```

当所有的数据操作结束以后，调用 close()函数来释放该 socket，从而停止在该 socket 上的任何数据操作。成功则返回 0，否则返回 −1，并设置 errno。

8. shutdown()函数

如果希望对网络套接字的关闭进行进一步的操作，则可以使用函数 shutdown()，允许进行单向的关闭操作，或是直接禁止网络通信。shutdown()的函数原型为：

```
# include < sys/socket.h>
int shutdown(int sockfd, int how);
```

参数 sockfd 是一个要关闭的套接字描述符。参数 how 取值可为 0、1、2，其中，0 表示不允许以后数据的接收操作；1 表示不允许以后数据的发送操作；2 表示和 close()一样，不允许以后的任何操作（包括接收、发送数据）。shutdown()如果执行成功将返回 0，如果在调用过程中发生了错误，则返回 −1，全局变量 errno 中存储了错误代码。

12.2.4 socket 编程的其他函数

1. 字节顺序转换函数

每一台机器内部对变量的字节存储顺序不同（大端、小端），而网络传输的数据是一定要统一顺序的。因此,对内部字节表示顺序与网络字节顺序不同的机器,一定要对数据进行转换。从程序的可移植性要求来讲,就算本机的内部字节表示顺序与网络字节顺序相同,也应该在传输数据以前先调用数据转换函数,以保证程序移植到其他机器上后也能正确执行,至于真正转换还是不转换,是由系统函数自己来决定的。网络字节转换的函数有以下两个。

- uint32_t htons(uint32_t hostlong):对无符号长整型数(8B)进行操作,主机字节顺序转换成网络字节顺序。
- uint16_t htons(uint16_t hostshort):对无符号短整型数(4B)进行操作,主机字节顺序转换成网络字节顺序。

相应地,uint32_t ntohl(uint32_t netlong)和 uint16_t ntohs(uint16_t netshort)分别操作长整型数据和短整型数据,把网络字节顺序转换成主机字节顺序。

2. IP 地址转换函数

有 3 个函数用于对数字点形式表示的字符串 IP 地址与 32 位网络字节顺序的二进制形式的 IP 地址进行转换。

- unsigned long int inet_addr(const char * cp):该函数把一个用数字和点表示的 IP 地址的字符串转换成一个无符号长整型数,例如,

```
struct sockaddr_in ina;
ina.sin_addr.s_addr = inet_addr("202.206.17.101")
```

该函数成功时,返回转换结果;失败时返回常量 INADDR_NONE,该常量等于−1。二进制的无符号整数−1 相当于 255.255.255.255,这是一个广播地址,所以在程序中调用 inet_addr()时,该函数无法对失败调用进行处理。由于该函数不能处理广播地址,所以在程序中应该使用函数 inet_aton()。

- int inet_aton(const char * cp,struct in_addr * inp):此函数将字符串形式的 IP 地址转换成二进制形式的 IP 地址,成功时返回 1,否则返回 0,转换后的 IP 地址存储在参数 inp 中。
- char * inet_ntoa(struct in_addr in):将 32 位二进制形式的 IP 地址转换为数字点形式的 IP 地址,结果在函数返回值中返回,返回的是一个指向字符串的指针。

3. 字节处理函数

socket 地址是多字节数据,不是以空字符结尾的,这和 C 语言中的字符串是不同的。Linux 提供了两组函数来处理多字节数据,一组以 b(byte)开头,是和 BSD 系统兼容的函数,另一组以 mem(内存)开头,是 ANSI C 提供的函数。以 b 开头的函数有以下 3 个。

- void bzero(void * s, int n):将参数 s 指定的内存的前 n 个字节设置为 0,通常用来将套接字地址清零。
- void bcopy(const void * src,void * dest,int n):从参数 src 指定的内存区域复制指定数目的字节内容到参数 dest 指定的内存区域。
- int bcmp(const void * s1,const void * s2,int n):比较参数 s1 指定的内存区域和参数 s2 指定的内存区域的前 n 个字节内容,如果相同则返回 0,否则返回非 0。

以 mem 开头的函数有以下 3 个:

- void * memset(void * s,int c,size_t n):将参数 s 指定的内存区域的前 n 个字节设置为参数 c 的内容。
- void * memcpy(void * dest,const void * src,size_t n):功能同 bcopy(),区别在于函数 bcopy()能处理参数 src 和参数 dest 所指定的区域有重叠的情况,memcpy()则不能。

- int memcmp(const void * s1,const void * s2,size_t n)：比较参数 s1 和参数 s2 指定区域的前 n 个字节内容，如果相同则返回 0，否则返回非 0。

4. DNS 操作

在实际应用中，IP 地址是很难记忆的，通常都是借助 DNS 服务，以一个容易记忆的名字替代 IP。这涉及 DNS(Domain Name Service，域名服务)操作。POSIX 规范中定义的 API、IPv6 中新引入的 getaddrinfo()函数是协议无关的，既可用于 IPv4，也可用于 IPv6。getaddrinfo()函数能够处理名字到地址以及服务到端口这两种转换，返回的是一个 addrinfo 的结构(列表)指针而不是一个地址清单。这些 addrinfo 结构随后可由套接口函数直接使用，且把协议相关性安全隐藏在这个库函数内部，应用程序只要处理由 getaddrinfo()函数填写的套接口地址结构。函数原型为：

```
# include < netdb. h >
int getaddrinfo( const char * node, const char * service, const struct addrinfo * hints,
struct addrinfo ** res);
```

由于 getaddrinfo()返回的所有存储空间都是动态获取的，所以这些存储空间必须通过调用 freeaddrinfo()返回给系统。

```
# include < netdb. h >
void freeaddrinfo( struct addrinfo * ai );
```

参数 ai 应指向由 getaddrinfo()返回的 struct addrinfo ** res 第一个 addrinfo 结构。这个链表中的所有结构及其指向的任何动态存储空间都被释放掉。Linux 的所有帮助文档可以用命令 man 进行查找。

12.2.5 TCP 通信编程实例

本例分为 TCP 服务器端和客户端。其中，服务器接收客户端的连接请求，成功后即可进行二者间通信，用户的输入字符串以回车符结束，当服务器或者客户端发送"QUIT"字符后结束当前通信，退出程序。

TCP 服务器程序如下：

```
# include < stdio. h >
# include < stdlib. h >
# include < string. h >
# include < errno. h >
# include < sys/types. h >
# include < sys/socket. h >
# include < netinet/in. h >
# include < unistd. h >

# define MAXLINE 7777            //服务器端口号

int main(int argc, char ** argv){
    int listenfd, connfd;
    struct sockaddr_in servaddr;
    char recv_buff[1024] = {0};
    char send_msg[1024] = {0};

    int n;

    if( (listenfd = socket(AF_INET, SOCK_STREAM, 0)) == -1 ){
      printf("create socket error: % s(errno: % d)\n",strerror(errno),errno);
            fflush(stdout);
```

```
        return 0;
    }

    memset(&servaddr, 0, sizeof(servaddr));
    servaddr.sin_family = AF_INET;
    servaddr.sin_addr.s_addr = htonl(INADDR_ANY);
    servaddr.sin_port = htons(6666);

    if( bind(listenfd, (struct sockaddr * )&servaddr, sizeof(servaddr)) == -1){
        printf("bind socket error: %s(errno: %d)\n",strerror(errno),errno);
            fflush(stdout);

        return 0;
    }

    if( listen(listenfd, 10) == -1){
        printf("listen socket error: %s(errno: %d)\n",strerror(errno),errno);
        return 0;
    }

    printf("====== waiting for client's request ======\n");
        fflush(stdout);

        memset(send_msg,0,sizeof(send_msg));
        if( (connfd = accept(listenfd, (struct sockaddr * )NULL, NULL)) == -1){
            printf("accept socket error: %s(errno: %d)",strerror(errno),errno);
            // continue;
        }
                while(1){
                        n = recv(connfd, recv_buff, MAXLINE, 0);
                        recv_buff[n] = '\0';
                        printf("recv msg from client: %s",recv_buff);
                            fflush(stdout);

                        if(strncmp(recv_buff,"QUIT",4) == 0)          //被动收到 quit 消息
                                {
                                 printf("client send : QUIT\n");
                                 fflush(stdout);
                                 close(listenfd);
                            return 0;
                                }

                            printf("please input msg:\n");
                            fflush(stdout);

                            fgets(send_msg,sizeof(send_msg),stdin);
                            if(strncmp(send_msg,"QUIT",4)==0)  //主动发起 quit 消息
                            {
                                printf("server send : QUIT\n");
                                fflush(stdout);

                                        send(connfd,"QUIT",4,0);
                                close(listenfd);
                                return 0;
                            }

                            send(connfd,send_msg,strlen(send_msg),0);
        }
    close(listenfd);
    return 0;
}
```

TCP 客户端程序如下：

```
# include < stdio. h >
# include < stdlib. h >
# include < string. h >
# include < errno. h >
# include < sys/types. h >
# include < sys/socket. h >
# include < netinet/in. h >
# include < arpa/inet. h >
# include < unistd. h >
# define MAXLINE 4096

int main( int argc, char ** argv){
    int sockfd, n;
    char recvline[4096], sendline[4096];
    struct sockaddr_in servaddr;

    if( argc != 2){
        printf("usage: ./client < ipaddress >\n");
            fflush(stdout);
        return 0;
    }

    if( (sockfd = socket(AF_INET, SOCK_STREAM, 0)) < 0){
        printf("create socket error: % s(errno: % d)\n", strerror(errno),errno);
            fflush(stdout);
        return 0;
    }

    memset(&servaddr, 0, sizeof(servaddr));
    servaddr.sin_family = AF_INET;
    servaddr.sin_port = htons(6666);
    if( inet_pton(AF_INET, argv[1], &servaddr.sin_addr) < = 0){
        printf("inet_pton error for % s\n",argv[1]);
            fflush(stdout);
        return 0;
    }

    if( connect(sockfd, (struct sockaddr * )&servaddr, sizeof(servaddr)) < 0){
        printf("connect error: % s(errno: % d)\n",strerror(errno),errno);
        fflush(stdout);
        return 0;
    }


    while(1){
            memset( recvline,0,sizeof( recvline));
            memset( sendline,0,sizeof( sendline));

         printf("send msg to server: \n");
            fflush(stdout);
        if(fgets(sendline, 4096, stdin) == NULL)          //主动结束
        {
                printf("fgets is err\n");
                fflush(stdout);
        }
         if(strstr(sendline,"QUIT")!= NULL)               //send QUIT to server.
         {
                send(sockfd, sendline, strlen(sendline), 0);
                printf("client send QUIT , client quit ok\n");
```

```
                    fflush(stdout);
                     close(sockfd);
                    return 0;
           }

        if( send(sockfd, sendline, strlen(sendline), 0) < 0){
           printf("send msg error: % s(errno: % d)\n", strerror(errno), errno);
                    fflush(stdout);
           return 0;
        }
        if(recv(sockfd, recvline, sizeof( recvline), 0)< 0) //被动结束
            {
                    printf("recv is fail\n");
                    fflush(stdout);
            }
        else{
                        printf("tcpsever send msg: % s\n",recvline);
                        fflush(stdout);
                        if(strstr(recvline,"QUIT")!= NULL)
                    {
                        printf("QUIT ok\n");
                        fflush(stdout);
                        break;
                    }
                }
        }
    close(sockfd);
    return 0;
}
```

12.2.6　UDP 通信过程

前面介绍了基于 TCP 的通信程序的设计,TCP 协议实现了连接的、可靠的、传输数据流的传输控制协议,而 UDP 是非连接的、不可靠的、传递数据报的传输协议。由于 UDP 不提供可靠性保证,使得它具有较少的传输时延,因此 UDP 协议常常用在一些对速度要求较高的场合。

UDP 通信的基本过程如下:在服务器端,服务器首先创建一个 UDP 数据报类型的套接字,该套接字类型为 SOCK_DGRAM,代码如下:

```
sockfd = socket(AF_INET, SOCK_DGRAM, 0);
```

然后服务器调用 bind()函数,给此 UDP 套接字绑定一个端口。由于不需要建立连接,因此在服务器端就可以通过调用 recvfrom()函数在指定的端口上等待客户端发送来的 UDP 数据报。在客户端,同样要先通过 socket()函数创建一个数据报套接字,然后有操作系统为该套接字分配端口号。此后客户端可以使用 sendto()函数向一个指定的地址发送一个 UDP 数据报。

服务器端接收到套接字后,从 recvfrom()返回,在对数据报进行处理后,再用 sendto()函数将处理的结果返回客户端。UDP 连接的通信过程如图 12-5 所示。

可见,UDP 连接的通信过程相对于 TCP 连接的通信过程来说要简单不少。由于 UDP 的服务器进程不需要像 TCP 协议的服务器那样需要监听套接字并接收客户端发来的连接请求,只需要在绑定的端口上等待客户端发

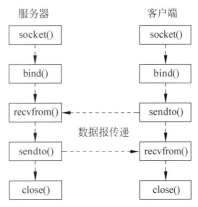

图 12-5　UDP 连接的通信过程

送来的数据报,因此 UDP 服务器通常是以循环的方式工作的。

还有一点不同之处,TCP 服务器通常在与客户端建立连接后就被一个客户机独占,若要同时为多个客户端提供服务,则需要采取多进程或多线程等来产生多个服务子进程或子线程。而 UDP 服务器并不同客户机建立连接,所以客户机并不会独占 UDP 服务器。例如,DNS 服务器采用的是 UDP 协议,当服务器处理完某个客户端发来的数据报后,便可以立即转去处理另外一个客户端的数据报,中间省略了许多费时的建立连接和销毁连接的过程,提高了服务器的处理容量。

12.2.7 UDP 通信编程实例

下面就通过一个实例来看一看 UDP 通信是如何实现的。

UDP 服务器端程序如下:

```c
# include < stdio. h >
# include < stdlib. h >
# include < unistd. h >
# include < errno. h >
# include < sys/types. h >
# include < sys/socket. h >
# include < netinet/in. h >
# include < string. h >

# define MYPORT 8887
# define ERR_EXIT(m) \
   do { \
   perror(m); \
   exit(EXIT_FAILURE); \
   } while (0)

void echo_ser(int sock)
{
  char recvbuf[1024] = {0};
    char sendbuf[1024] = {0};
  struct sockaddr_in peeraddr;
  socklen_t peerlen;
  int n;

  while (1)
  {
    peerlen = sizeof(peeraddr);
    memset(recvbuf, 0, sizeof(recvbuf));
    n = recvfrom(sock, recvbuf, sizeof(recvbuf), 0, (struct sockaddr * )&peeraddr, &peerlen);
    if (n <= 0)
    {
      if (errno == EINTR)
        continue;

      ERR_EXIT("recvfrom error");
    }else{
            if(strncmp(recvbuf,"QUIT",4) == 0)    //被动 QUIT
            {

                    printf(" 从客户端接收: % s UDPserver QUIT\n",recvbuf);
                    fflush(stdout);
                    break;

            }else{
```

```
                        printf("接收到的数据：% s\n",recvbuf);
                        fflush(stdout);
                        }
    }
            memset(recvbuf,0,sizeof(recvbuf));

            printf("please input msg you want to send: \n");
            fflush(stdout);
            if(fgets(sendbuf, sizeof(sendbuf), stdin) != NULL)
        {
                // printf("向客户端发送：% s\n",sendbuf);
                    //fflush(stdout);
                    if(strncmp(sendbuf,"QUIT",4) == 0)
                    {
                sendto(sock, sendbuf, strlen(sendbuf), 0, (struct sockaddr * )&peeraddr, sizeof
(peeraddr));
                            printf(" 向客户端发送：% s UDPserver QUIT \n",sendbuf);
                            fflush(stdout);

                            break;

                    }else{
                sendto(sock, sendbuf, strlen(sendbuf), 0, (struct sockaddr * )&peeraddr, sizeof
(peeraddr));
                    }
            memset(recvbuf,0,sizeof(recvbuf));
            }
    }
    close(sock);
}

int main(void)
{
    int sock;
    if ((sock = socket(PF_INET, SOCK_DGRAM, 0)) < 0)
        ERR_EXIT("socket error");

    struct sockaddr_in servaddr;
    memset(&servaddr, 0, sizeof(servaddr));
    servaddr.sin_family = AF_INET;
    servaddr.sin_port = htons(MYPORT);
    servaddr.sin_addr.s_addr = htonl(INADDR_ANY);

    printf("监听% d 端口\n",MYPORT);
        printf("服务器等待接收客户端的消息>>>\n");
        fflush(stdout);
    if (bind(sock, (struct sockaddr * )&servaddr, sizeof(servaddr)) < 0)
        ERR_EXIT("bind error");

    echo_ser(sock);

    return 0;
}
```

UDP 客户端程序如下：

```
# include < unistd. h >
# include < sys/types. h >
# include < sys/socket. h >
# include < netinet/in. h >
# include < arpa/inet. h >
```

```c
# include < stdlib. h >
# include < stdio. h >
# include < errno. h >
# include < string. h >

# define MYPORT 8887
char * SERVERIP ;

# define ERR_EXIT(m) \
    do \
{ \
    perror(m); \
    exit(EXIT_FAILURE); \
    } while(0)

void echo_cli( int sock)
{
    struct sockaddr_in servaddr;
    memset(&servaddr, 0, sizeof(servaddr));
    servaddr. sin_family = AF_INET;
    servaddr. sin_port = htons(MYPORT);
    servaddr. sin_addr. s_addr = inet_addr(SERVERIP);

    int ret;
    char sendbuf[1024] = {0};
    char recvbuf[1024] = {0};
    while(1)
        {
            printf("please input msg you want to send: \n");
                fflush(stdout);
        if(fgets(sendbuf, sizeof(sendbuf), stdin) != NULL)
        {
        //printf("向服务器发送: % s\n",sendbuf);
                //fflush(stdout);
                if(strncmp(sendbuf,"QUIT",4) == 0)
                {
                sendto(sock,sendbuf,strlen(sendbuf),0,(struct sockaddr * )&servaddr, sizeof
(servaddr));
                    printf("向服务器发送: % s . client QUIT \n",sendbuf);
                    fflush(stdout);
                    break;
                }else{
                sendto(sock, sendbuf, strlen(sendbuf), 0, (struct sockaddr * )&servaddr, sizeof
(servaddr));
                }
        }
            memset(sendbuf, 0, sizeof(sendbuf));
        ret = recvfrom(sock, recvbuf, sizeof(recvbuf), 0, NULL, NULL);
        if (ret == - 1)
        {
            if (errno == EINTR)
            continue;
        ERR_EXIT("recvfrom");
        }
            if(strncmp(recvbuf,"QUIT",4) == 0)              //被动 QUIT
            {
                printf("从服务器接收: % s, client QUIT\n",recvbuf);
                fflush(stdout);
                break;
            }
        printf("从服务器接收: % s\n",recvbuf);
```

```
            fflush(stdout);

            memset(recvbuf, 0, sizeof(recvbuf));
        }
    close(sock);
}

int main( int argc, char ** argv)
{
    int sock;
    if(argc != 2){
            printf("usage: ./udpxxx 192.168.x.x\n");
            return -1;
        }
    SERVERIP = argv[1]; //argv[1] is ip input
    if ((sock = socket(PF_INET, SOCK_DGRAM, 0)) < 0)
        ERR_EXIT("socket");

    echo_cli(sock);

    return 0;
}
```

服务器创建一个 UDP 的 socket,在 8887 号端口等待数据报,当服务器接收到新的数据报,获得客户端发来的消息后,就根据数据报中包含的发送者的地址信息向客户端回发信息。最后双方都判断接收到的消息是否为退出命令,如果不是,则继续上述工作;否则结束通信进程。

12.3　视频压缩与传输技术简介

12.3.1　H.264 视频编解码

ITU-T 的 H.264 标准和 ISO/IEC MPEG-4 第 10 部分(正式名称是 ISO/IEC 14496-10)在编解码技术上是相同的,这种编解码技术也被称为 AVC,即高级视频编码(Advanced Video Coding)。该标准第一版的最终草案已于 2003 年 5 月完成。

H.264 是 ITU-T 以 H.26x 系列为名称的标准之一,而 AVC 是 ISO/IEC MPEG 的名称,这个标准通常被称为 H.264/AVC(或者 AVC/H.264、H.264/MPEG-4 AVC 或 MPEG-4/H.264 AVC),明确地说明了来自于两方面的开发者。该标准最早来自于 ITU-T 的 H.26L 项目的开发。H.26L 这个名称虽然不太常见,但是一直在被使用。有时该标准也被称为"JVT 编解码器",这是由于该标准也是由 JVT 组织开发的(两个机构合作开发同一个标准,之前的视频编码标准 MPEG-2 也是由 MPEG 和 ITU-T 两方合作开发的,因此 MPEG-2 在 ITU-T 的命名规范中被称为 H.262)。

H.264/AVC 项目最初的目标是,希望新的编解码器能够在比以前的视频标准(如 MPEG-2 或者 H.263)低很多的比特率下(例如,一半或者更少)提供很好的视频质量;同时,并不需要增加很多复杂的编码工具,另一个目标是可适应性,即该编解码器能够在一个很广的范围内使用(例如,既包含高码率,也包含低码率以及不同的视频分辨率),并且能在各种网络和系统上(例如:组播、DVD 存储、RTP/IP 包网络、ITU-T 多媒体电话系统)工作。

用户感兴趣的所有视频标准都采用基于模块的处理方式。每个宏模块一般包含 4 个 8×8 的亮度块和 2 个 8×8 的色度块(4:2:0 色度格式)。视频编码基于运动补偿预测(MC)、变换与量化及熵编码。图 12-6 表示了一种典型的、基于运动补偿的视频编解码技术。在运动补偿中,通过预测与最新编码的视频帧处于同一区域的视频帧中各宏模块的像素来实现压缩。例如,背景区域通常在各帧之间保持不变,因此不需要在每个帧中重新传输。运动估计(ME)是确定当前帧,会在其参考帧的 16×16 区域范围内查找与其最相似的运动块(MB)。ME 通常是视频压缩中最消耗资源的功能。有关当前帧中各模块最相似区域相对位置的信息(运动矢量)被发送至解码器。

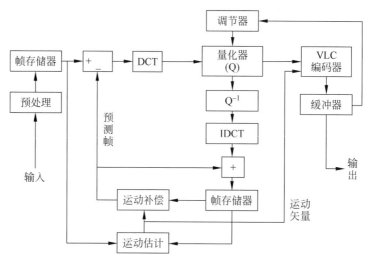

图 12-6　标准运动补偿视频编码

　　MC 之后的残差部分是 8×8 的模块,各模块综合利用变换编码、量化编码与可变长度编码技术进行编码。变换编码(如离散余弦变换或 DCT)利用残差信号中的空间冗余;量化编码可以消除感知冗余(perceptual redundancy)并且降低编码残差信号所需的数据量;可变长度编码利用残差系数的统计性质,通过 MC 进行的冗余消除过程在解码器中以相反过程进行编码,来自参考帧的预测数据与编码后的残差数据结合在一起产生对原始视频帧的再现。

　　在视频编解码器中,单个帧可以采用 3 个模式(即 I,P 或 B 帧模式)中的一个进行编码,如图 12-7 所示。几个称为 Intra (I)的帧单独编码无须参考任何其他帧(无运动补偿)。某些帧可以利用 MC 编码,以前一个帧为参考(前向预测),这些帧称为预测帧(P)。

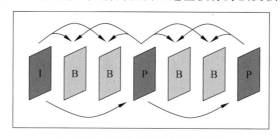

图 12-7　I、P 与 B 帧间预测图示

　　B 帧或双向预测帧通过之前的帧以及当前帧的后续帧进行预测。B 帧的优势是能够匹配阻塞在采用前向预测的上一帧中的背景区域。双向预测通过平衡前向及后向预测可以降低噪声。在编码器中采用这种功能会要求更多处理量,因为必须同时针对前向及后向预测执行 ME,而这会明显使运动估计计算需求加倍。为了保存两个参考帧,编码器与解码器都需要更多内存。B 帧工具需要更复杂的数据流,因为相对采集及显示顺序来说,帧不按顺序解码。这个特点会增加时延,因此不适合实时性要求较高的应用。B 帧不用于预测,因此可以针对某些

应用进行取舍。例如，在低帧速应用中可以跳过它们而不会影响随后 I 与 P 帧的解码。

12.3.2　RTP/RTCP 流媒体实时传输协议

流(Streaming)媒体主要是指通过网络传输多媒体数据的技术。流媒体包含广义和狭义两种内涵，广义上的流媒体是指使音频和视频形成稳定和连续的传输流和回放流的一系列技术、方法和协议，即流媒体技术；狭义上的流媒体是相对于传统的下载-回放方式而言的，指的是一种从 Internet 上获取音频和视频等多媒体数据的新方法，能够支持多媒体数据流的实时传输和实时播放。通过运用流媒体技术，服务器能够向客户机发送稳定和连续的多媒体数据流，客户机在接收数据的同时以一个稳定的速率回放，而不用等数据全部下载完之后再进行回放。

流式传输有顺序流式传输(Progressive Streaming)和实时流式传输(Realtime Streaming)两种方式。

实时传输协议(Realtime Transport Protocol，RTP)是针对 Internet 上多媒体数据流的一种传输协议，由 IETF 作为 RFC1889 发布，最新版本为 RFC3550。RTP 被定义为在一对一或一对多的传输情况下工作，其目的是提供时间信息和实现流同步。RTP 的典型应用建立在 UDP 上，但也可以在 TCP 等其他协议之上工作。RTP 本身只保证实时数据的传输，并不能为按顺序传送数据包提供可靠的传送机制，也不提供流量控制或拥塞控制，它依靠 RTCP 提供这些服务。

实时传输控制协议(Realtime Transport Control Protocol，RTCP)负责管理传输质量，在当前应用进程之间交换控制信息，提供流量控制和拥塞控制服务。在 RTP 会话期间，各参与者周期性地传送 RTCP 包，包中含有已发送的数据包的数量、丢失的数据包的数量等统计资料，因此，服务器可以利用这些信息动态地改变传输速率，甚至改变有效载荷类型。RTP 和 RTCP 配合使用，能以有效的反馈和最小的开销使传输效率最高，故特别适合传送网上的实时数据。

本章习题

1. 什么是进程？什么是线程？它们之间有什么区别？
2. 什么是共享内存？它起什么作用？共享内存调用的原型函数有几个？举例说明。
3. 什么是消息队列？它起什么作用？消息队列调用的原型函数有几个？举例说明。
4. 什么是信号量？它起什么作用？信号量调用的原型函数有几个？举例说明。
5. 什么是 POSIX 信号量？它与一般的 System V 信号量有什么区别？
6. 什么是互斥锁？它起什么作用？互斥锁的调用的原型函数有几个？举例说明。
7. 如何在线程中加条件变量，使得满足一定的条件后线程可以被执行？
8. 说明 TCP/IP 协议和 ISO 标准的相互关系。
9. 列出 TCP Server/Client、UDP Serve/Client 通信进程的流程图。
10. 套接字 Socket 有哪几种类型？请说明它们的作用。
11. 网络接口 API 有哪些基本操作？举例说明如何建立 Socket API 网络接口。
12. 编写一个 TCP Server/Client 通信程序，实现 2048B 的数据流网络传输。
13. 如何通过 DNS 操作进行 Socket 通信？

## 第 13 章

嵌入式系统应用实验

视频讲解

实验 19：以太网传输程序编写实验

一、实验目的

1. 通过实验了解以太网通信原理和驱动程序开发方法。
2. 通过实验了解 TCP 和 UDP 的功能和作用。
3. 通过实验了解基于 TCP/UDP 的 Socket 编程。

二、实验内容

1. 学习编写 KSZ8001L 网卡驱动程序。
2. 测试网卡功能，编写基于 TCP/UDP 网络聊天程序，通过键盘输入字符，客户端和服务器端可以进行字符数据的收发，即在客户端和服务器端进行通信。

三、实验设备

1. 硬件：PC，教学实验箱一台；网线；串口线。
2. 软件：PC 操作系统；Putty；服务器 Linux 操作系统；arm-v5t_le-gcc 交叉编译环境。
3. 环境：Ubuntu 12.04.4；文件系统版本为 filesys_test；烧写的内核版本为 uImage_wlw。

四、预备知识

1. C 语言的基础知识。
2. 软件调试的基础知识和方法。
3. Linux 的基本操作。
4. Linux 应用程序的编写。

五、实验说明

1. 概述

1）以太网的工作原理

以太网采用带冲突检测的载波帧听多路访问（CSMA/CD）机制。以太网中的节点可以看到在网络中发送的所有信息，因此，我们说以太网是一种广播网络。

当以太网中的一台主机要传输数据时，它将按如下步骤进行：

（1）帧听信道上是否有信号在传输。如果有，则表明信道处于忙状态，继续帧听，直到信道空闲为止。

（2）若没有帧听到任何信号，则传输数据。

（3）传输的时候继续帧听，如发现冲突则执行退避算法，随机等待一段时间后，重新执行步骤（1）（当冲突发生时，涉及冲突的计算机会发送冲突信息，并返回到帧听信道状态）。

注意：每台计算机一次只允许发送一个包和一个拥塞序列，以警告所有的节点。

（4）若未发现冲突则发送成功，计算机所有计算机在试图再一次发送数据之前，必须在最近一次发送后等待 $9.6\mu s$（以 10Mbps 速率运行）。

2）以太网帧传输原理

使用 KSZ8001L 网卡作为以太网的物理层接口。它的基本工作原理是：在收到主机发送的数据后（帧格式如图 13-1 所示，从目的地址域到数据域），先侦听并判断网络线路。若网络线路繁忙，则等待网络线路空闲；否则立即发送数据帧。在其过程中，先添加以太网帧头（帧格式如图 13-1 所示，包括前导码和帧开始标志），接着生成 CRC 校验码，最后将以数据帧形式将其发送到以太网上去。

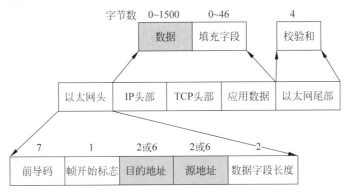

图 13-1　IEEE 802.3 帧格式

以太网的数据帧规定，以太网包头为 14B，IP 包头为 20B，TCP 包头为 20B，有些以太网的最大帧长为 1514B。

在网卡接收数据的过程中，从以太网收到的数据帧先经过解码、去帧头和地址检验等相关步骤后缓存在片内；再经过 CRC 校验后，通知网卡 KSZ8001L 已经接收到了数据帧；最后，用某种传输模式传送到 ARM 的存储器中。大多数嵌入式系统会内嵌一个以太网控制器，用来支持媒体独立接口（MII）和带缓冲的 DMA 接口（BDI）。可在半双工或全双工模式下提供 10Mbps/100Mbps 的以太网接入。在半双工模式下，控制器支持 CSMA/CD 协议，在全双工模式下控制器能够支持 IEEE 802.3 MAC 的控制层协议。

以太网内部控制器内部结构图如图 13-2 所示。

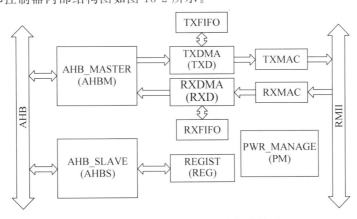

图 13-2　以太网内部控制器内部结构图

由图 13-2 可以看出模块的组成以及模块中各组成部分的连接方式。MAC 控制器各组成部分的特征或功能有：

（1）AHB_MASTER 同时支持大端和小端模式，可以根据需要自行设定。一旦决定了其模式，AHB_SLAVE 也将按这种模式工作。

（2）TXDMA 主要有读取发送状态描述符或将发送状态写入描述符、将要发送的数据包从发送缓存区中传送到 TXFIFO 中、控制 TXFIFO 的读写状态 3 个作用。

（3）RXDMA 也有 3 个作用，分别是读取接收状态描述符或将接收状态写入描述符、将要发送的数据包从 TXFIFO 中传送到接收缓存区中、控制 RXFIFO 的读写状态。

（4）TXMAC 的作用是将数据包从 TXFIFO 传送到网卡，RXMAC 的作用是将数据包从网卡接收到 RXFIFO 中。不论是接收到的还是要发送出去的数据都包括前缀、校验、发送状态等。

3）以太网发送和接收的流程

当 TXMAC 发送一个数据包时，它首先会检测网卡的状态，挂起发送装置直到网卡空闲。然后，TXMAC 给数据包加上前缀和校验信息，将数据包发送到网卡。如果在发送过程中 TXMAC 检测到冲突，则向网卡发送阻塞信号，然后检测冲突源是否是外来的，如果不是，则在等待忙-空闲的时间后，继续发送该数据包。发送的流程如图 13-3 所示。

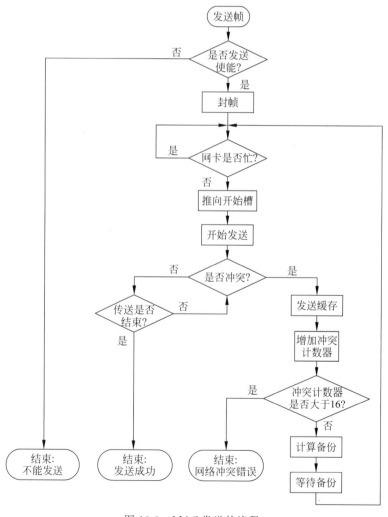

图 13-3 MAC 发送的流程

当网络上有数据包到达时,RXDMA 会将数据包从 RXMAC 中取出,并传送到 RXFIFO 中。当校验信息和数据包的地址都正确时,RXDMA 就会将收到的数据包保存在 RXFIFO 中,否则忽略该数据包。图 13-4 描述了 MAC 接收数据包的基本流程。

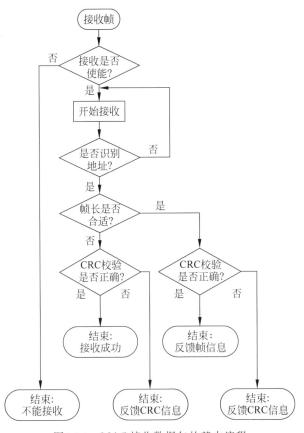

图 13-4　MAC 接收数据包的基本流程

4) 芯片介绍

KSZ8001L 是一款性能优良的支持自动协商和手动选择 10Mbps/100Mbps 速度和全/半双工模式的以太网控制器,完全适用于 IEEE 802.3u 协议,其引脚封装如图 13-5 所示。除了具备其他以太网控制芯片所具有的基本功能外,还有其独特的优点:工业级温度范围(0～ +80℃);1.8V 工作电压,功耗低;高度集成的设计,使用 KSZ8001L 可以将一个完整的以太网设计电路最小化,适合作为智能嵌入设备网络接口;独特的 Packet Page 结构,可自动适应网络通信模式的改变,占用系统资源少,从而提高系统效率。

(1) 相关寄存器介绍。

Register 0h—Basic Control:主要功能是进行一些基本的控制,包括设备的重启、重置、传输速率选择等。

Register 1h—Basic Status:基本标志位,主要是传输状态标志、传输速率标志等。

Register 4h—Auto-Negotiation Advertisement:自动协商广播,包括暂停、传输速率协商等。

Register 5h—Auto-Negotiation Link Partner Ability:自动协商链接对方寄存器。

Register 6h—Auto-Negotiation Expansion:自动协商扩展寄存器。

Register 15h—RXER Counter:接收计数寄存器。

Register 1bh—Interrupt Control/Status Register:中断控制/标志寄存器。

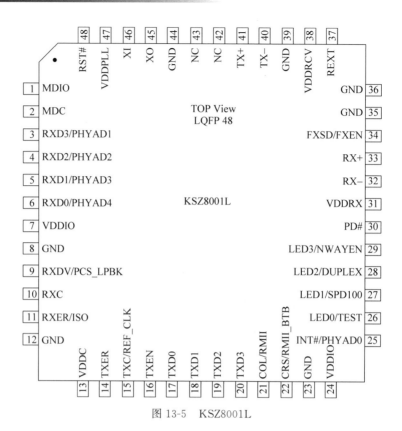

图 13-5　KSZ8001L

Register 1dh—LinkMD Control/Status Register：链接控制/标志寄存器。

Register 1eh—PHY Control：物理层控制寄存器。

（2）实现的功能。

- 实现网络的连通性。
- 实现网络传输数据。

（3）基本原理。

Linux 系统网络栈架构如图 13-6 所示。

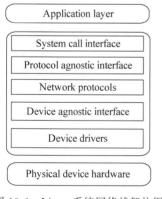

图 13-6　Linux 系统网络栈架构图

在图 13-6 中，最上面 Application Layer 是用户空间层，或称为应用层，其中定义了网络栈的用户。底部 Physical device hardware 是物理设备，提供了对网络的连接能力（串口或诸如以太网之类的高速网络）。中间是内核空间，即网络子系统。System call interface 是系统调用接口，它简单地为用户空间的应用程序提供了一种访问内核网络子系统的方法。Protocol agnostic interface 是一个协议无关层，它提供了一种通用方法来使用底层传输协议。Network protocols 为传输协议，在 Linux 中包括内嵌的协议 TCP、UDP、IP。Device agnostic interface 为另外一个协议无关层，提供了与各个设备驱动程序通信的通用接口，Device drivers 是设备驱动程序。

2. IP 网络协议原理

TCP/IP 是一组包括 TCP、IP、UDP、ICMP 和其他一些协议的协议组。

TCP/IP 采用分层结构，共分为 4 层，每一层独立完成指定功能，如图 13-7 所示。

- 网络接口层：负责接收和发送物理帧。
- 互联层：负责相邻接点之间的通信。
- 传输层：负责起点到终点的通信。
- 应用层：定义了应用程序使用互联网的规程。

| 应用层(第四层) |
| 传输层(第三层) |
| 互联层(第二层) |
| 网络接口层(第一层) |

3. TCP

图 13-7 TCP/IP 协议层

TCP 是面向连接的通信协议,通过 3 次握手建立连接,通信完成时要拆除连接,由于 TCP 是面向连接的,所以只能用于端到端的通信。

TCP 提供的是一种可靠的数据流服务,采用"带重传的肯定确认"技术来实现传输的可靠性。TCP 还采用一种称为"滑动窗口"的方式进行流量控制。所谓窗口,实际表示接收能力,用于限制发送方的发送速度。

如果 IP 数据包中有已经封好的 TCP 数据包,那么 IP 将把它们向"上"传送到 TCP 层。TCP 将包排序并进行错误检查,同时实现虚电路间的连接。TCP 数据包中包括序号和确认,所以未按照顺序收到的包可以被排序,而损坏的包可以被重传。

TCP 将它的信息送到更高层的应用程序,例如 Telnet 的服务程序和客户程序。应用程序轮流将信息送回 TCP 层,TCP 层便将它们向下传送到 IP 层、设备驱动程序和物理介质,最后到接收方。

面向连接的服务(例如,Telnet、FTP、Rlogin、X Window 和 SMTP)需要高度的可靠性,所以它们使用了 TCP。DNS 在某些情况下使用 TCP(发送和接收域名数据库),但使用 UDP 传送有关单个主机的信息。

TCP 是 Internet 的传输层协议,使用 3 次握手协议建立连接。当主动方发出 SYN 连接请求后,等待对方回答 SYN+ACK,并最终对对方的 SYN 执行 ACK 确认。这种建立连接的方法可以防止产生错误的连接,TCP 使用的流量控制协议是可变大小的滑动窗口协议。

如图 13-8 所示,TCP 的 3 次握手过程如下:

- 客户端发送 SYN(SEQ=x)报文给服务器端,进入 SYN_SEND 状态。
- 服务器端收到 SYN 报文,回应一个 SYN(SEQ=y)ACK(ACK=x+1)报文,进入 SYN_RECV 状态。
- 客户端收到服务器端的 SYN 报文,回应一个 ACK(ACK=y+1)报文,进入 Established 状态。

3 次握手完成,TCP 客户端和服务器端成功地建立连接,可以开始传输数据了。

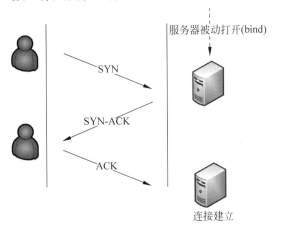

图 13-8 TCP 的 3 次握手

4. 基于 TCP 的 socket 编程

在服务器端,服务器首先启动,调用 socket() 创建套接字;然后调用 bind() 绑定服务器端的地址(IP+port);再调用 listen() 让服务器端做好侦听准备,并规定好请求队列长度,然后 server 进入阻塞状态,等待客户端的连接请求;最后通过 accept() 来接收连接请求,并获得 client 的地址。当 accept() 接收到一个客户端发来的连接请求时,将生成一个新的 socket,用于传输数据。

在客户端创建套接字并指定客户端的 socket 地址,然后就调用 connect() 和服务器端建立连接。一旦连接建立成功,客户端和服务器端之间就可以通过调用 recv() 和 send() 来接收和发送数据。一旦数据传输结束,服务器端和客户端通过调用 close() 来关闭套接字。原理图如图 13-9 所示。

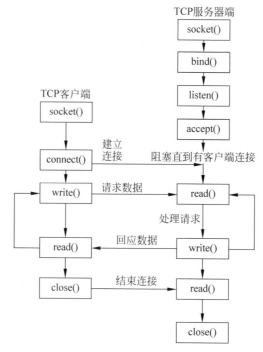

图 13-9 TCP 通信原理图

5. UDP

UDP 是面向无连接的通信协议,UDP 数据包括目的端口号和源端口号信息,由于通信不需要连接,所以可以实现广播发送。

UDP 通信时不需要接收方确认,属于不可靠的传输,可能会出现丢包现象,在实际应用中要求程序员编程验证。

UDP 与 TCP 位于同一层,但它不管数据包的顺序、错误或重发。因此,UDP 不被应用于那些使用虚电路的面向连接的服务,UDP 主要用于那些面向查询-应答的服务,例如 NFS。相对于 FTP 或 Telnet,这些服务需要交换的信息量较小。使用 UDP 的服务包括 NTP(网络时间协议)和 DNS(DNS 也使用 TCP)。

UDP 是 OSI 参考模型中一种无连接的传输层协议,它主要用于不要求分组顺序到达的传输中,分组传输顺序的检查与排序由应用层完成,提供面向事务的简单不可靠信息传送服务。UDP 基本上是 IP 与上层协议的接口。UDP 适用端口分别运行在同一台设备上的多个应用程序。

UDP 提供了无连接通信,且不对传送数据包进行可靠性保证,适合于一次传输少量数据,UDP 传输的可靠性由应用层负责。常用的 UDP 端口号如表 13-1 所示。

表 13-1　常用的 UDP 端口号

应 用 协 议	端 口 号
DNS	53
TFTP	69
SNMP	161

UDP 在 IP 报文中的位置如图 13-10 所示。

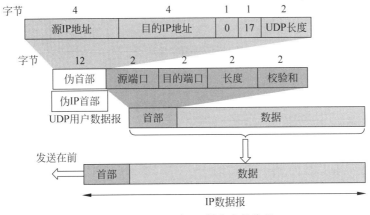

图 13-10　UDP 在 IP 报文中的位置

6. 基于 UDP 的 socket 编程

基于 UDP 的无连接 C/S 的工作流程：

- 在服务器端完成：服务器首先启动，调用 socket()创建套接字，然后调用 bind()绑定服务器的地址(IP+port)，调用 recvfrom()等待接收数据。
- 在客户端，先调用 socket()创建套接字，调用 sendto()向 server 发送数据。
- 服务器接收到客户端发来数据后，调用 sendto()向客户端发送应答数据，client 调用 recvfrom()接收 server 发来的应答数据。数据传输结束，服务器端和客户端通过调用 close()关闭套接字。其原理如图 13-11 所示。

7. 驱动开发的基本流程

驱动开发的基本流程见图 13-12。

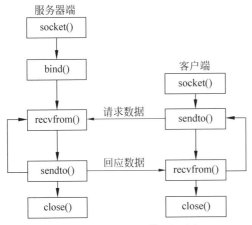

图 13-11　UDP 通信原理图

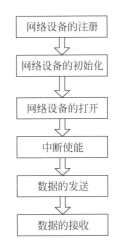

图 13-12　驱动开发的基本流程

驱动程序中的重要函数如下：

```
static int __init davinci_emac_init(void)
```

```
//网络设备驱动的注册
static void __exit davinci_emac_exit(void)
//网络设备的注销
static int __init davinci_emac_probe(struct platform_device * pdev)
//网络设备的检测,包括以太网的分配,时钟使能等
static void emac_enable_interrupt(struct emac_dev * dev, int ack_eoi)
//使能中断
static int emac_open(struct emac_dev * dev, void * param)
//设备打开,包括使能设备的硬件资源,申请中断,DMA,激活发送列队等
static int emac_send(struct emac_dev * dev, net_pkt_obj * pkt, int channel, bool send_args)
//数据包的发送
static int emac_net_rx_cb(struct emac_dev * dev, net_pkt_obj * net_pkt_list,void * rx_args)
//数据包的接收
```

六、实验步骤

步骤 1,硬件连接。

(1) 连接好实验箱的网线、串口线和电源。

(2) 首先通过 Putty 软件使用 SSH 通信方式登录到服务器,如图 13-13 所示(在 Host Name (or IP address)文本框中输入服务器的 IP 地址)。单击 Open 按钮,登录到服务器。

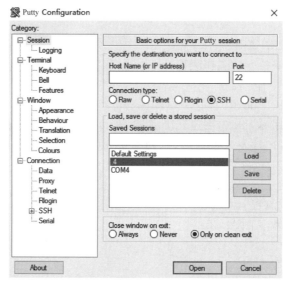

图 13-13 打开 Putty 连接

(3) 要使用 Serial 通信方式登录到实验箱,需要先查看端口号。具体步骤是: 右击"我的电脑"图标,在弹出的快捷菜单中选择"管理"命令,在出现的窗口选择"设备管理器"→"端口"选项,查看实验箱的端口号。如图 13-14 所示。

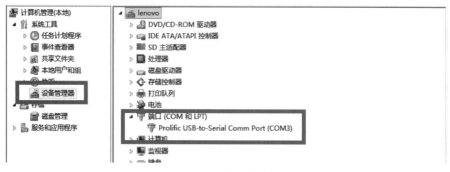

图 13-14 端口号查询

（4）在 Putty 软件端口栏输入步骤（3）中查询到的串口，设置波特率为 115200，连接实验箱，如图 13-15 所示。

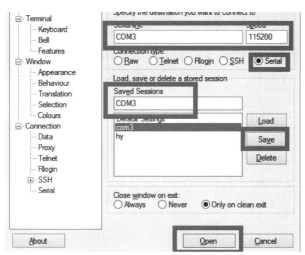

图 13-15　Putty 串口连接配置

（5）单击 Open 按钮，进入连接页面，打开实验箱开关，在 5s 内，按 Enter 键，然后输入挂载参数，再次按 Enter 键，输入 boot 命令，按 Enter 键，开始进行挂载。具体信息如下所示：

```
DM365 EVM :> setenv bootargs 'mem = 110M console = ttyS0,115200n8 root = /dev/nfs rw nfsroot = 192.
168.1.18:/home/shiyan/filesys_clwxl ip = 192.168.1.42:192.168.1.18:192.168.1.1:255.255.255.
0::eth0:off eth = 00:40:01:C1:56:78 video = davincifb:vid0 = OFF:vid1 = OFF:osd0 = 640x480x16,
600K:osd1 = 0x0x0,0K dm365_imp.oper_mode = 0 davinci_capture.device_type = 1 davinci_enc_mngr.
ch0_output = LCD'
DM365 EVM :> boot

Loading from NAND 1GiB 3,3V 8 - bit, offset 0x400000
  Image Name:  Linux - 2.6.18 - plc_pro500 - davinci_
  Image Type:  ARM Linux Kernel Image (uncompressed)
  Data Size:  1996144 Bytes = 1.9 MB
  Load Address: 80008000
  Entry Point: 80008000
# # Booting kernel from Legacy Image at 80700000 ...
  Image Name:  Linux - 2.6.18 - plc_pro500 - davinci_
  Image Type:  ARM Linux Kernel Image (uncompressed)
  Data Size:  1996144 Bytes = 1.9 MB
  Load Address: 80008000
  Entry Point: 80008000
  Verifying Checksum ... OK
  Loading Kernel Image ... OK
OK

Starting kernel ...

Uncompressing Linux.............................................................................
done, booting the kernel.
[    0.000000] Linux version 2.6.18 - plc_pro500 - davinci_evm - arm_v5t_le - gfaa0b471 - dirty
(zcy@punuo - Lenovo) (gcc version 4.2.0 (MontaVista 4.2.0 - 16.0.32.0801914 2008 - 08 - 30)) # 1
PREEMPT Mon Jun 27 15:31:35 CST 2016
[    0.000000] CPU: ARM926EJ - S [41069265] revision 5 (ARMv5TEJ), cr = 00053177
[    0.000000] Machine: DaVinci DM365 EVM
[    0.000000] Memory policy: ECC disabled, Data cache writeback
[    0.000000] DaVinci DM0365 variant 0x8
[    0.000000] PLL0: fixedrate: 24000000, commonrate: 121500000, vpssrate: 243000000
```

```
[    0.000000] PLL0: vencrate_sd: 27000000, ddrrate: 243000000 mmcsdrate: 121500000
[    0.000000] PLL1: armrate: 297000000, voicerate: 20482758, vencrate_hd: 74250000
[    0.000000] CPU0: D VIVT write-back cache
[    0.000000] CPU0: I cache: 16384 bytes, associativity 4, 32 byte lines, 128 sets
[    0.000000] CPU0: D cache: 8192 bytes, associativity 4, 32 byte lines, 64 sets
[    0.000000] Built 1 zonelists. Total pages: 28160
[        0.000000] Kernel command line: mem = 110M console = ttyS0,115200n8 root = /dev/nfs rw
nfsroot = 192.168.1.18:/home/shiyan/filesys_clwxl ip = 192.168.1.42:192.168.1.18:192.168.1.1:
255.255.255.0::eth0:off eth = 00:40:01:C1:56:78 video = davincifb: vid0 = OFF:vid1 = OFF: osd0 =
640x480x16,600K:osd1 = 0x0x0,0K dm365_imp. oper_mode = 0 davinci_capture. device_type = 1 davinci_enc_
mngr.ch0_output = LCD
[    0.000000] TI DaVinci EMAC: kernel boot params Ethernet address: 00:40:01:C1:56:78
...
...
KeypadDriverPlugin::create##################: optkeypad
keyboard input device ( "/dev/input/event0" ) is opened.
id = "0"
msqid = 0



MontaVista(R) Linux(R) Professional Edition 5.0.0 (0801921)
```

（6）按 Enter 键，输入用户名 root 登录实验箱，如下所示：

```
zjut login: root


Welcome to MontaVista(R) Linux(R) Professional Edition 5.0.0 (0801921).

login[737]: root login on 'console'

/ ****** Set QT environment ******** /

[root@zjut ~]#
```

步骤 2，测试网络连通性（在服务器窗口进行）。

利用 ping 命令测试，输入命令：

```
 $ ping 192.168.0.109      //192.168.0.109 为实验箱设定的 IP,根据实际情况设置
```

并观察响应时间和丢包率，判断连接是否正常，如果正常，则说明 ARP、IP、ICMP 工作正常。
按 Ctrl+C 键结束 ping。具体信息如下所示：

```
stx@ubuntu:~ $ ping 192.168.0.109
PING 192.168.0.109 (192.168.0.109) 56(84) bytes of data.
64 bytes from 192.168.0.109: icmp_req = 1 ttl = 64 time = 0.669ms
64 bytes from 192.168.0.109: icmp_req = 2 ttl = 64 time = 0.812ms
64 bytes from 192.168.0.109: icmp_req = 3 ttl = 64 time = 1.02ms
64 bytes from 192.168.0.109: icmp_req = 4 ttl = 64 time = 0.883ms
64 bytes from 192.168.0.109: icmp_req = 5 ttl = 64 time = 0.851ms
64 bytes from 192.168.0.109: icmp_req = 6 ttl = 64 time = 0.563ms
64 bytes from 192.168.0.109: icmp_req = 7 ttl = 64 time = 0.515ms
^C
- - - 192.168.0.109 ping statistics - - -
7 packets transmitted, 7 received, % packet loss, time 6002ms
rtt min/ avg/max/ndev = 0.515/0.760/1.028/0.171 ms
```

步骤 3，基于 TCP 的 socket 编程。

（1）在服务器窗口进行。

编写好 TCP 代码，包括服务器端和客户端代码。在 home 目录下创建 ethernet 目录，进

入该目录创建 tcpclient. c 和 tcpserver. c 文件,参考代码如下:

TCP-server 代码:

```c
#include <stdio.h>
#include <stdlib.h>
#include <string.h>
#include <errno.h>
#include <sys/types.h>
#include <sys/socket.h>
#include <netinet/in.h>
#include <unistd.h>
#define MAXLINE 7777
#define PORT 6666              //服务器端口号
int main(int argc, char ** argv){
    int listenfd, connfd;
    struct sockaddr_in servaddr;
    char recv_buff[1024] = {0};
    char send_msg[1024] = {0};
    int n;
    if( (listenfd = socket(AF_INET, SOCK_STREAM, 0)) == -1 ){
        printf("create socket error: %s(errno: %d)\n",strerror(errno),errno);
            fflush(stdout);
        return 0;
    }
    memset(&servaddr, 0, sizeof(servaddr));
    servaddr.sin_family = AF_INET;
    servaddr.sin_addr.s_addr = htonl(INADDR_ANY);
    servaddr.sin_port = htons(PORT);

    if( bind(listenfd, (struct sockaddr * )&servaddr, sizeof(servaddr)) == -1){
        printf("bind socket error: %s(errno: %d)\n",strerror(errno),errno);
            fflush(stdout);
        return 0;
    }

    if( listen(listenfd, 10) == -1){
        printf("listen socket error: %s(errno: %d)\n",strerror(errno),errno);
        return 0;
    }

    printf(" ====== waiting for client's request ====== \n");
    fflush(stdout);
    memset(send_msg,0,sizeof(send_msg));
    if( (connfd = accept(listenfd, (struct sockaddr * )NULL, NULL)) == -1){
        printf("accept socket error: %s(errno: %d)",strerror(errno),errno);
        // continue;
    }

        while(1){
                n = recv(connfd, recv_buff, MAXLINE, 0);
                recv_buff[n] = '\0';
                printf("recv msg from client: %s",recv_buff);
                    fflush(stdout);
                if(strncmp(recv_buff,"QUIT",4) == 0)//被动收到 quit 消息
                    {
                        printf("client send : QUIT\n");
                        fflush(stdout);
                        break;
                    }
                    printf("please input msg:\n");
```

```
                                fflush(stdout);
                                fgets(send_msg,sizeof(send_msg),stdin);
                                if(strncmp(send_msg,"QUIT",4) == 0)//主动发起quit消息
                                {
                                    printf("server send : QUIT\n");
                                    fflush(stdout);
                                            send(connfd,"QUIT",4,0);
                                    break;
                                }
                                send(connfd,send_msg,strlen(send_msg),0);
                }
        close(connfd);
        close(listenfd);
        return 0;
        }
```

TCP-client 代码:

```
# include < stdio. h >
# include < stdlib. h >
# include < string. h >
# include < errno. h >
# include < sys/types. h >
# include < sys/socket. h >
# include < netinet/in. h >
# include < arpa/inet. h >
# include < unistd. h >
# define MAXLINE 4096
# define PORT 6666

int main(int argc, char ** argv){
    int sockfd, n;
    char recvline[4096], sendline[4096];
    struct sockaddr_in servaddr;

    if( argc != 2){
        printf("usage: ./client < ipaddress >\n");
        fflush(stdout);
        return 0;
    }

    if( (sockfd = socket(AF_INET, SOCK_STREAM, 0)) < 0){
        printf("create socket error: % s(errno: % d)\n", strerror(errno),errno);
        fflush(stdout);
        return 0;
    }

    memset(&servaddr, 0, sizeof(servaddr));
    servaddr. sin_family = AF_INET;
    servaddr. sin_port = htons(PORT );
    if( inet_pton(AF_INET, argv[1], &servaddr. sin_addr) <= 0){
        printf("inet_pton error for % s\n",argv[1]);
        fflush(stdout);
        return 0;
    }

    if( connect(sockfd, (struct sockaddr * )&servaddr, sizeof(servaddr)) < 0){
        printf("connect error: % s(errno: % d)\n",strerror(errno),errno);
        fflush(stdout);
        return 0;
    }
```

```
    while(1){
            memset( recvline,0,sizeof( recvline));
            memset( sendline,0,sizeof( sendline));
            printf("send msg to server: \n");
                fflush(stdout);
            if(fgets(sendline, 4096, stdin) == NULL)                //主动结束
            {
                    printf("fgets is err\n");
                    fflush(stdout);
            }
            if(strstr(sendline,"QUIT")!= NULL)                      //send QUIT to server.
            {
                    send(sockfd, sendline, strlen(sendline), 0);
                    printf("client send QUIT , client quit ok\n");
                    fflush(stdout);
                    close(sockfd);
                    return 0;
            }
        if( send(sockfd, sendline, strlen(sendline), 0) < 0){
            printf("send msg error: % s(errno: % d)\n", strerror(errno), errno);
                    fflush(stdout);
            return 0;
        }
        if(recv(sockfd, recvline, sizeof( recvline), 0)< 0)   //被动结束
            {
                    printf("recv is fail\n");
                    fflush(stdout);
            }
            else{

                    printf("tcpsever send msg: % s\n",recvline);
                    fflush(stdout);
                    if( strstr(recvline,"QUIT")!= NULL)
                {

                        printf("QUIT ok\n");
                        fflush(stdout);
                        break;
                }

            }
    }
    close(sockfd);
    return 0;
}
```

编辑完毕客户端和服务器端程序后分别保存并进行编译：

```
$ arm_v5t_le - gcc tcpclient. c - o tcpclient_arm
```

对 tcpclient. c 进行交叉编译,在实验箱上运行。

```
$ gcc tcpserver.c - o tcpserver - gcc
```

对 tcpclient. c 进行编译,在服务器上运行。

然后将生成的可执行文件复制到挂载的文件系统/home/stx/filesys_test/opt/dm365 下：

```
$ cp tcpclient_arm /home/stx/filesys_test/opt/dm365
```

在服务器端(PC 端)直接运行 tcpserver-gcc 代码等待客户端连接,如下所示：

```
stl@ubuntu:~/ ethernet $  ./ tcpserver - gcc
====== waiting for client's request ======
```

(2) 在实验箱 COM 窗口进行。

输入"cd /opt/dm365"进入 dm365 目录,输入 ls 命令查看 tcpclient _arm 是否存在,如果不存

在则需要重新复制;如果存在则执行文件。输入"./tcpclient_arm 192.168.0.135",如下所示:

```
[ root@zjut dm365]# ./tcpclient_arm 192.168.0.135
send msg to server:
```

注意,192.168.0.135 是服务器的 IP 地址。

接着可以通过客户端向服务器发送消息,如下所示:

```
[ root@zjut dm365]# ./tcpclient_arm 192.168.0.135
send msg to server:
nihao woshi kehu
```

在服务器窗口的服务器端收到的消息为:

```
===== waiting for client's request =====
recv msg from client: nihao woshi kehu
```

通过服务器向客户端发送消息:

```
please input msg:
nihao woshi fuwu
```

实验箱窗口的客户端接收到的消息为:

```
tcpserver send msg:nihao woshi fuwu

send msg to server:
```

可以看到,服务器端收到了客户端的消息并且可以回复消息。

说明:本实验是将 TCP 通信中的客户端程序进行交叉编译,然后在实验箱上运行;将服务器程序进行编译,在服务器上运行。实验中也可以对服务器程序进行交叉编译,对客户端程序进行编译;或将客户端程序和服务器程序都进行交叉编译或者只进行编译,然后对比下结果。

步骤 4,基于 UDP 的 socket 编程。

(1) 在服务器窗口进行。

编写好 TCP 代码,包括服务器端和客户端代码。在 home 目录下创建 ethernet 目录,进入该目录创建 udpclient.c 和 udpserver.c 文件,参考代码如下:

UDP-server 代码:

```
#include<stdio.h>
#include<stdlib.h>
#include<unistd.h>
#include<errno.h>
#include<sys/types.h>
#include<sys/socket.h>
#include<netinet/in.h>
#include<string.h>
#define MYPORT 8887
#define ERR_EXIT(m) \
    do { \
    perror(m); \
    exit(EXIT_FAILURE); \
    } while (0)

void echo_ser(int sock)
{
    char recvbuf[1024] = {0};
        char sendbuf[1024] = {0};
    struct sockaddr_in peeraddr;
    socklen_t peerlen;
    int n;
```

```
    while (1)
    {

        peerlen = sizeof(peeraddr);
        memset(recvbuf, 0, sizeof(recvbuf));
        n = recvfrom(sock, recvbuf, sizeof(recvbuf), 0,
                (struct sockaddr * )&peeraddr, &peerlen);
        if (n <= 0)
        {
            if (errno == EINTR)
                continue;

            ERR_EXIT("recvfrom error");
        }else{
                if(strncmp(recvbuf,"QUIT",4) == 0) //被动 QUIT
                {

                        printf("从客户端接收: % s UDPserver QUIT\n",recvbuf);
                        fflush(stdout);
                        break;

                }else{
                printf("接收到的数据: % s\n",recvbuf);
                fflush(stdout);
                }
        }
            memset(recvbuf,0,sizeof(recvbuf));

            printf("please input msg you want to send: \n");
            fflush(stdout);
            if(fgets(sendbuf, sizeof(sendbuf), stdin) != NULL)
        {

            // printf("向客户端发送: % s\n",sendbuf);
                    //fflush(stdout);
                    if(strncmp(sendbuf,"QUIT",4) == 0)
                    {
                            sendto(sock, sendbuf, strlen(sendbuf), 0, (struct sockaddr * )
&peeraddr, sizeof(peeraddr));
                            printf("向客户端发送: % s UDPserver QUIT \n",sendbuf);
                            fflush(stdout);

                            break;

                    }else{
                sendto(sock, sendbuf, strlen(sendbuf), 0, (struct sockaddr * )&peeraddr, sizeof
(peeraddr));
                    }
            memset(recvbuf,0,sizeof(recvbuf));

            }


    }
    close(sock);
}

int main(void)
{
    int sock;
    if ((sock = socket(PF_INET, SOCK_DGRAM, 0)) < 0)
```

```
        ERR_EXIT("socket error");

    struct sockaddr_in servaddr;
    memset(&servaddr, 0, sizeof(servaddr));
    servaddr.sin_family = AF_INET;
    servaddr.sin_port = htons(MYPORT);
    servaddr.sin_addr.s_addr = htonl(INADDR_ANY);

    printf("监听%d端口\n",MYPORT);
        printf("服务器等待接收客户端的消息>>>\n");
        fflush(stdout);
    if (bind(sock, (struct sockaddr * )&servaddr, sizeof(servaddr)) < 0)
        ERR_EXIT("bind error");

    echo_ser(sock);

    return 0;
}
```

UDP-client 代码：

```
# include < unistd. h >
# include < sys/types. h >
# include < sys/socket. h >
# include < netinet/in. h >
# include < arpa/inet. h >
# include < stdlib. h >
# include < stdio. h >
# include < errno. h >
# include < string. h >
# define MYPORT 8887
char * SERVERIP ;

# define ERR_EXIT(m) \
    do \
{ \
    perror(m); \
    exit(EXIT_FAILURE); \
    } while(0)

void echo_cli( int sock)
{
    struct sockaddr_in servaddr;
    memset(&servaddr, 0, sizeof(servaddr));
    servaddr.sin_family = AF_INET;
    servaddr.sin_port = htons(MYPORT);
    servaddr.sin_addr.s_addr = inet_addr(SERVERIP);

    int ret;
    char sendbuf[1024] = {0};
    char recvbuf[1024] = {0};
    while(1)
    {
        printf("please input msg you want to send: \n");
            fflush(stdout);
      if(fgets(sendbuf, sizeof(sendbuf), stdin) != NULL)
      {

//printf("向服务器发送: %s\n",sendbuf);
            //fflush(stdout);
                if(strncmp(sendbuf,"QUIT",4) == 0)
```

```
                {
                        sendto(sock, sendbuf, strlen(sendbuf), 0, (struct sockaddr * )&servaddr,
sizeof(servaddr));
                        printf("向服务器发送: % s . client QUIT \n",sendbuf);
                        fflush(stdout);

                        break;

                }else{
    sendto(sock, sendbuf, strlen(sendbuf), 0, (struct sockaddr * )&servaddr, sizeof(servaddr));
                }

        }
                memset(sendbuf, 0, sizeof(sendbuf));
    ret = recvfrom(sock, recvbuf, sizeof(recvbuf), 0, NULL, NULL);
            if (ret == -1)
            {
                if (errno == EINTR)
                    continue;
    ERR_EXIT("recvfrom");
            }
            if(strncmp(recvbuf,"QUIT",4) == 0) //被动 QUIT
            {

                    printf("从服务器接收: % s, client QUIT\n",recvbuf);
                    fflush(stdout);

                    break;

            }
    printf("从服务器接收: % s\n",recvbuf);
            fflush(stdout);

    memset(recvbuf, 0, sizeof(recvbuf));

    }
    close(sock);
}

int main( int argc,char ** argv)
{
    int sock;
    if(argc != 2){
        printf("usage: ./udpxxx 192.168.x.x\n");
        return -1;
    }
    SERVERIP = argv[1]; //argv[1] is ip input
    if ((sock = socket(PF_INET, SOCK_DGRAM, 0)) < 0)
        ERR_EXIT("socket");

    echo_cli(sock);

    return 0;
}
```

客户端和服务器端程序编辑完毕后分别保存并进行编译。

对 tcpclient.c 进行交叉编译,在实验箱上运行。

```
$ arm_v5t_le-gcc udpclient.c -o udpclient_arm
```

对 tcpclient.c 进行编译,在服务器上运行。

```
$ gcc tcpsever.c - o udpsever - gcc
```

然后将生成的可执行文件复制到挂载的文件系统/home/stx/filesys_test/opt/dm365 下：

```
$ cp udpclient_arm /home/stx/filesys_test/opt/dm365
```

在服务器端(PC 端)直接运行 udpsever-gcc 代码等待客户端连接,如下所示：

```
stx@ubuntu: /ethernet $ ./udpserver - gcc
监听 8887 端口
服务器等待接收客户端的消息>>>
```

（2）在实验箱 COM 窗口进行。

输入"cd /opt/dm365"进入 dm365 目录,输入 ls 命令查看 udpclient_arm 是否存在,如果不存在则需要重新复制；如果存在则执行文件。输入"./udpclient_arm 192.168.0.135",如下所示：

```
[ root@zjut dm365]# ./udpclient_arm 192.168.0.135
please input msg you want to send:
```

注意：192.168.0.135 是服务器的 IP 地址。

接着可以通过客户端向服务器发送消息,如下所示：

```
[ root@zjut dm365]# ./udpclient_arm 192.168.0.135
please input msg you want to send:
nihao
```

在服务器窗口的服务器端收到的消息为：

```
stx@ubuntu: /ethernet $ ./udpserver - gcc
监听 8887 端口
服务器等待接收客户端的消息>>>
接收到的数据为：nihao
```

通过服务器向客户端发送消息：

```
please input msg you want send:
woshi fuwu
```

实验箱窗口的客户端接收到的消息为：

```
从服务器接收：nihao woshi fuwu
please input msg you want send:
```

可以看到,服务器端收到了客户端的消息并且可以回复消息。

说明：本实验是对 TCP 通信中的客户端程序进行交叉编译,然后在实验箱上运行；对服务器程序进行编译,在服务器上运行。实验中也可以对服务器程序进行交叉编译,对客户端程序进行编译；或将客户端程序和服务器程序都进行交叉编译或者只进行编译,然后观察运行结果并进行对比。

实验结束。

视频讲解

实验 20：视频采集播放程序编写实验

一、实验目的

1. 理解视频采集的原理。

2. 了解摄像头采集的方式。

二、实验内容

1. 掌握视频采集的方法。
2. 掌握视频播放的方法。

三、实验设备

1. 硬件：PC，教学实验箱一台，网线，串口线，SD 卡。
2. 软件：Putty 软件。
3. 环境：Ubuntu 系统版本 12.04，内核版本 kernel-for-mceb，文件系统 filesys_test，内核文件 uImage_wlw，应用层 encode 源码，DMAI 库。

四、预备知识

1. C 语言的基础知识。
2. 软件调试的基础知识和方法。
3. Linux 基本操作。
4. Linux 应用程序的编写。
5. 了解 DM365 设备 dvsdk 的使用。

五、实验说明

1. 概述

TI 公司的基于 DaVinci 技术的 TMS320DM365 芯片，集成了一颗 ARM926EJ-S 内核、一个图像处理子系统（VPSS）、一个 H. 264 高清编码器协处理器 HDVICP 和一个 MPEG-4/JPEG 高清编码器协处理器 MJCP，支持多格式编解码，特别适用于进行图像处理。

TMS320DM365 芯片上提供了一个视频处理子系统（VPSS），用于视频数据的实时采集、播放等功能。VPSS 内部集成了一个视频处理前端模块（VPFE）和一个视频处理后端模块（VPBE），VPFE 用来控制接入的外部图像采集设备，如图像传感器、视频解码器等。VPBE 用来控制接入的显示设备，如标清的模拟电视显示器、数字的 LCD 液晶显示屏等。

整个视频采集系统终端以 TMS320DM365 芯片作为处理器芯片，基本模块有 DDR2 SDRAM、NAND Flash、网口、串口，以及负责进行信令和视频数据传输的无线模块等。视频采集部分主要由 DM365 的 VPFE（视频处理前端）、一个多路转换器和两路视频数据采集芯片。（即豪威科技的 OV5640 数字视频采集芯片和 TI 公司的 TVP5151 模拟视频采集芯片）组成。摄像头硬件切换由 DM365 的 GPIO 口对多路转换器进行控制，选择输入到 VPFE 的数据源，应用程序通过 V4L2 接口和 DMAI 接口获取 VPFE 驱动中采集的视频数据。

视频数据的采集是系统的数据源获取部分，其过程是通过 CMOS 摄像头采集模拟视频信号并转化为数字信号。视频采集是一个从底层到上层的分层实现的过程。

2. 实现的功能

将摄像头捕捉到的模拟画面进行处理转化成数字信号并通过 DM365 上的视频处理子系统 VPSS 完成视频信号的采集，流程如图 13-16 所示。

3. 基本原理

V4L2（Video4Linux2）是 Linux 内核中关于视频数据处理的驱动框架，为上层应用程序访问底层的视频设备提供了统一的接口。V4L2 支持各种视频输入输出设备，当视频设备连接到 Linux 主机上时，视频处理驱动程序会在内核中注册一个主设备号为 81 的字符设备用于标识该硬件,然后内核会利用主设备号将该视频设备的驱动程序与视频处理驱动程序建立关联,同时加载设备驱动程序的各功能函数,并为其分配次设备号,使该设备可以正常工作。V4L2架构如图 13-17 所示,用户空间中的应用程序通过调用 V4L2 接口来访问内核空间中的设备驱动,用户空间与内核空间内存间的映射工作由 V4L2 接口来完成,设备的硬件在最下层,通过各种数据总线与设备驱动建立联系。

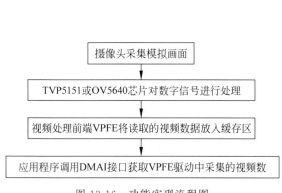

图 13-16　功能实现流程图　　　　　　　　图 13-17　V4L2 框架

下面介绍 V4L2 框架中视频数据的具体采集流程。

(1) 打开内核设备驱动节点 dev/video0:

```
int fd = open("dev/video0",O_RDWR);
```

打开视频设备后,可以设置该视频设备的属性,例如,裁剪、缩放等。这一步是可选的。在 Linux 编程中,一般使用 ioctl() 函数来对设备的 I/O 通道进行管理。

```
int ioctl(int fd, int cmd, … )
```

其中,

fd:设备的 ID,例如,刚才用 open 函数打开视频通道后返回的设备 ID;

cmd:具体的命令标识符。后面的省略号表示一些补充参数,一般最多一个,这个参数的有无和 cmd 的意义相关。

在进行 V4L2 开发时,一般会用到以下命令标识符:

VIDIOC_REQBUFS——分配内存。

VIDIOC_QUERYBUF——把 VIDIOC_REQBUFS 中分配的数据缓存转换成物理地址。

VIDIOC_QUERYCAP——查询驱动功能。

VIDIOC_ENUM_FMT——获取当前驱动支持的视频格式。

VIDIOC_S_FMT——设置当前驱动的帧捕获格式。

VIDIOC_G_FMT——读取当前驱动的帧捕获格式。

VIDIOC_TRY_FMT——验证当前驱动的显示格式。

VIDIOC_CROPCAP——查询驱动的修剪能力。

VIDIOC_S_CROP——设置视频信号的边框。

VIDIOC_G_CROP——读取视频信号的边框。

VIDIOC_QBUF——把数据从缓存中读取出来。

VIDIOC_DQBUF——把数据放回缓存队列。

VIDIOC_STREAMON——开始视频显示函数。

VIDIOC_STREAMOFF——结束视频显示函数。

VIDIOC_QUERYSTD——检查当前视频设备支持的标准,例如,PAL 或 NTSC。

（2）获取内核设备的性能,查询内核驱动能实现的功能:

```
ioctl(fd, VIDIOC_QUERYCAP, struct v4l2_capability)
```

其中,ioctl()函数设置了一个命令标识符,带有一个补充参数。

（3）设置视频输入,内核驱动支持多个设备同时采集视频数据:

```
ioctl(fd, VIDIOC_S_INPUT, struct v4l2_input)
```

（4）设置视频数据的分辨率和帧格式,如 D1、CIF,帧格式包括图像的长宽和像素排列等:

```
ioctl(fd, VIDIOC_S_STD, VIDIOC_S_FMT, struct v4l2_std_id, struct v4l2_format)
```

这里,ioctl()函数设置了 2 个命令标识符,分别有 1 个补充参数与命令标识符与之对应。

（5）向内核驱动申请缓存,用于存放采集上来的视频数据:

```
struct v4l2_requestbuffers
```

（6）利用 mmap()函数将内核空间申请的缓存映射到用户空间,这样应用层程序就可以对视频数据直接进行编解码工作。

（7）将申请到的缓存添加到缓存队列中:

```
ioctl(fd, VIDIOC_QBUF, struct v4l2_buffer)
```

（8）开始视频的采集。

（9）从缓存队列中取得视频原始数据。

（10）将缓存重新放回缓存队列,进行循环采集。

（11）停止视频的采集。

（12）关闭视频设备。

（13）解除内存映射。

4. 硬件平台架构

以 TI 公司 TMS320DM365 为核心的硬件平台能够实现视频采集功能,整个视频采集系统技术以 TMS320DM365 芯片作为处理器芯片,基本模块有 DDR2 SDRAM、NAND Flash、网口、串口,以及负责进行信令和视频数据传输的无线模块等。视频采集部分主要由 DM365 的 VPFE(视频处理前端)、一个多路转换器和两路视频数据采集芯片(OV5640 数字视频采集芯片和 TVP5151 模拟视频采集芯片)组成。摄像头硬件切换由 DM365 的 GPIO 口对多路转换器进行控制,选择输入到 VPFE 的数据源。由摄像头采集得到的视频原始数据经 VPFE 的图像管道存放到 SDRAM 中,供 DM365 的 VPBE(视频处理后端)使用,它可以对视频原始数据进行处理,然后直接输出到设备的 LCD 液晶显示屏上进行实时播放,硬件框架如图 13-18 所示。

按输出信号的类型摄像头可以分为数字摄像头和模拟摄像头,按照摄像头图像传感器材料构成,摄像头可以分为 CCD(电荷耦合)和 CMOS(互补金属氧化物导体)。数字摄像头的输出信号为数字信号,模拟摄像头的输出信号为标准的模拟信号。

本系统采用的摄像头均为 CMOS 摄像头,其制造技术和一般计算机芯片基本一样,主要是利用由硅和锗这两种元素制成的半导体,使其在 CMOS 上共存着带负极和带正极的半导体,这两个互补效应所产生的电流即可被处理芯片记录和解读成影像。CMOS 的缺点是容易出现杂点,这主要是因为早期的设计使 CMOS 在处理快速变化的影像时,电流变化过于频繁

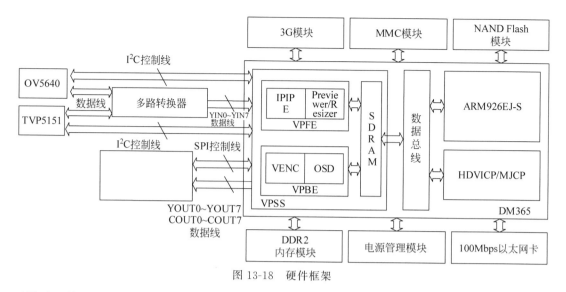

图 13-18　硬件框架

而导致过热引起的。

OV5640 支持输出最高 500 万像素的图像(2592×1944 分辨率),支持使用 VGA 时序输出图像数据,支持 YUV(422/420)、YCbCr422、RGB565 以及 JPEG 图像的数据格式,若直接输出 JPEG 格式的图像可大大减少数据量,便于进行网络传输。它还可以对采集得到的图像进行补偿,支持伽马曲线、白平衡、饱和度、色度等基础处理。根据不同的分辨率配置,传感器输出图像数据的帧率从 15～60 帧可调,工作时功率为 150～200mW。

TMS320DM365 核心处理器芯片内置的 DSP 协处理器负责视频数据的 H.264 压缩编码。但是接入核心处理器端的数据电压要求为 3.3V,即高电平的参考电压为 3.3V,但是 OV5640 摄像头端的高电平电压只有 1.8V,若直接接入 DM365 进行处理,将造成数字数据解码错误,故要在输入端进行一个电压转换,将 1.8V 的数据电压转换成 3.3V,OV5640 连接图如图 13-19 所示。

TVP5150 系列是使用简便、超低功耗、封装极小的数字视频解码器。使用单一 14.318 18MHz 时钟就可以实现 PAL/NTSC/SECAM 各种制式的解码,输出 8bit ITU-R BT.656 数据,也可输出分离同步。控制单元通过标准 I²C 接口控制 TVP5150 的诸多参数,比如色调、对比度、亮度、饱和度和锐度等。TVP5150 内部的 VBI 处理器可以分离解析出 VBI(Vertical Blanking Interval)里面的图文(teletext)、隐藏字幕(closed caption)等信息。

TVP5151 是 TVP5150AM1 的升级版本,其将 TVP5150AM1 的最新补丁固化在内部的程序存储器中,并扩大了内部 RAM 的空间。在硬件上唯一的改动就是时钟的输入频率,为 27MHz。其硬件和寄存器与 TVP5150AM1 完全兼容。所以,即使我们用的芯片是 TVP5151,但我们仍然可以用 TVP5150 命名,以便跟内核的名字一致,这样不需要修改,以防止名字更改时有漏洞。

当系统将模拟摄像头作为视频采集端接入时,需要先对模拟摄像头采集的 CVBS 模拟视频数据进行 A/D 转换,转换成数字信号以后再传给 TMS320DM365 进行编解码。本实验箱选用了 TVP5151,TVP5151 芯片支持自动调节对比度,而且功耗低。电路图设计如图 13-20 所示。模拟摄像头将采集到的一路视频信号接入 TVP5151 芯片中,芯片将根据 I²C 控制总线中的控制信息对视频进行相应的视频编码,并设置合适的视频格式、分辨率等参数。同时将视频信号选择芯片的 S0、S1、S2 配置成 010,才能将数据传给 TMS320DM365。

5. 软件系统架构

1) 视频采集驱动

视频采集驱动程序主要由 DM365 视频处理前端(VPFE)驱动和视频解码芯片驱动

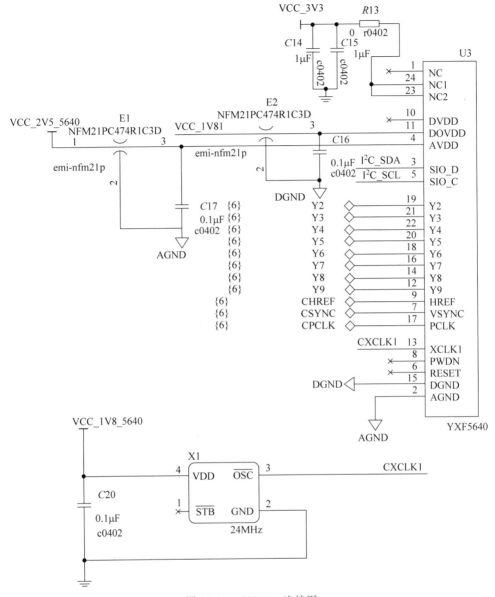

图 13-19 OV5640 连接图

(TVP5151 和 OV5640)两部分组成。其中 VPFE 支持各种图像传感器和视频解码器,它既可以接收 RGB 数据,也可以支持 YUV 格式的视频数据;OV5640 和 TVP5151 的驱动主要实现两个功能:一是将设备注册到 I²C 总线上;二是将摄像头驱动注册到内核 VPFE 驱动上,供采集设备调用。TVP5151 和 OV5640 的驱动基本一致,以 OV5640 为例,其驱动是通过 I²C 总线进行寄存器配置的,所以驱动首先要做的就是将设备注册到 I²C 总线上。

除了实现 I²C 注册的功能外,OV5640 驱动还有一个很重要的任务就是在内核的 VPFE 中注册一个设备对应的解码器,供具体的视频采集程序调用。通过这个解码器,采集程序可以访问到驱动程序。

VPFE 采集驱动通过标准的 V4L2 接口将底层硬件的功能暴露给了上层应用程序,当 VPFE 驱动注册到内核中时,会产生一个设备节点/dev/Video0,应用程序可以通过对/dev/Video0 进行一系列操作来调用 VPFE 驱动来实现相关的采集功能,VPFE 硬件模块支持以下

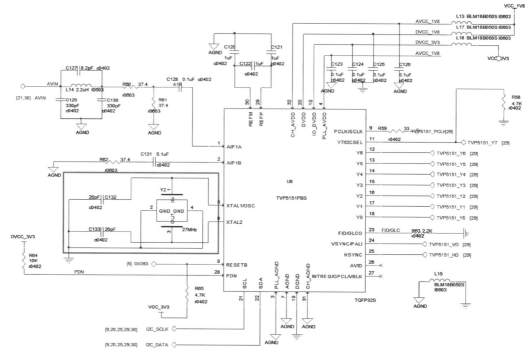

图 13-20　TVP5151 电路图设计

两种不同的数据管道,如图 13-21 所示。

- 输入接口通过 IPIPE 直接接入到 SDRAM 内存,所有型号的 SoC 都支持这个通道。
- 输入接口通过 IPIPE 接入到 Resizer 图像处理单元,并最终从 Resizer 输出两种不同分辨率大小的视频数据到 SDRAM,从 RSZ-A 输出的是 D1 格式分辨率为 720×576px 的图像,后续编码后会存放在 SD 卡中,从 RSZ-B 输出的是 CIF 格式分辨率为 352×288px 的图像,后续用于编码网络上传。

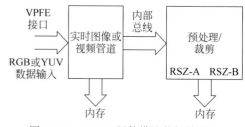

图 13-21　VPFE 硬件模块数据管道图

为了实现上传和本地存储功能,我们通过 VPFE 驱动将 VPFE 硬件模块配置成第二种数据流通道的采集方式。

(1) OV5640 驱动主要函数及结构体。

函数:

```
static int ov5640_i2c_init(void);
```

功能:初始化 OV5640。

参数:无。

函数:

```
static int ov5640_i2c_probe_adapter(struct i2c_adapter * adap);
```

功能:OV5640 设备探测函数。

参数:I^2C 设备适配结构体指针。

函数:

```
static int ov5640_i2c_detach_client(struct i2c_client * client);
```

功能：卸载驱动，释放资源。

参数：I^2C 客户结构体指针。

函数：

```
static int ov5640_initialize(void * dec, int flag);
```

功能：OV5640 初始化。

参数：第一个参数为设备属性指针，第二个参数为标识。

函数：

```
static int ov5640_write_regs(struct i2c_client * client, const struct ov5640_reg reglist[]);
```

功能：OV5640 写寄存器。

参数：第一个参数为 I^2C 上客户结构体指针，第二个参数为 OV5640 结构体数组。

结构体：

static struct decoder_device ov5640_dev 设备参数结构体。

```
static struct decoder_device ov5640_dev{
 .name = "OV5640",
  .if_type = INTERFACE_TYPE_YCBCR_SYNC_8,
  .channel_id = 0,
  .capabilities = V4L2_CAP_SLICED_VBI_CAPTURE | V4L2_CAP_VBI_CAPTURE,
  .initialize = ov5640_initialize,
  .std_ops = &standards_ops,
  .ctrl_ops = &controls_ops,
  .input_ops = &chan0_inputs_ops,
  .fmt_ops = &formats_ops,
  .params_ops = &params_ops,
  .deinitialize = ov5640_deinitialize,
  .get_sliced_vbi_cap = NULL,
  .read_vbi_data = NULL
};
```

结构体：

static struct ov5640_config ov5640_configuration 完成 OV5640 的配置。

```
static struct ov5640_config ov5640_configuration[OV5640_MAX_CHANNELS] = {

    {
    .no_of_inputs = 1,
    .input[0] = {
        .input_type = 0x05,
        .lock_mask = 0x0E,
        .input_info = {
            .name = "COMPONENT",//ov5640_cb_720p_vga_30
            /* .name = "COMPOSITE", */
            .index = 0,
            .type = V4L2_INPUT_TYPE_CAMERA,
            .std = V4L2_STD_OV5640_ALL
        },
    .no_of_standard = OV5640_MAX_NO_STANDARDS,
    .standard = (struct v4l2_standard * )ov5640_standards,
    .def_std = VPFE_STD_AUTO,
    .mode = (enum ov5640_mode( * )[])&ov5640_modes,
    .no_of_controls = OV5640_MAX_NO_CONTROLS,
    .controls = (struct ov5640_control_info * )&ov5640_control_information
    },
        .sliced_cap = {
        .service_set = (V4L2_SLICED_CAPTION_525 ,
                        V4L2_SLICED_WSS_625,
```

```
                        V4L2_SLICED_CGMS_525),
        },
        .num_services = 0
    }
};
```

（2）TVP5151 驱动的主要结构体。

```
struct tvp5151 {
    struct v4l2_subdev sd;
    v4l2_std_id norm; /* Current set standard */
    u32 input;
    u32 output;
    int enable;
    int bright;
    int contrast;
    int hue;
    int sat;
};

struct v4l2_subdev {
    struct list_head list;
    struct module * owner;
    u32 flags;
    struct v4l2_device * v4l2_dev;
    const struct v4l2_subdev_ops * ops;
    /* name must be unique */
    char name[V4L2_SUBDEV_NAME_SIZE];
    /* can be used to group similar subdevs, value is driver-specific */
    u32 grp_id;
    /* pointer to private data */
    void * priv;
};
```

（3）VPFE 的主要函数及结构体。

函数：

```
vpfe_init(void);
```

功能：vpfe_init（位于内核 davinci_vpfe.c）驱动模块中，主要是完成 video_device 的注册。

参数：无。

函数：

```
imp_hw_if(void);
```

功能：初始化 imp_hw_if 函数接口，将 VPFE 绑定于 IMP 接口函数组。

参数：无。

函数：

```
driver_register(&vpfe_driver);
```

功能：注册 VPFE 驱动。

参数：vpfe_driver，为 VPFE 驱动。

函数：

```
vpfe_probe(struct device * device);
```

功能：设备和驱动匹配后调用该函数注册驱动。

参数：device 为设备结构体。

函数：

```
vpfe_isr(int irq, void * dev_id);
```

功能：VPFE 对视频信号的中断处理函数。

参数：第一个参数 irq 为中断号,第二个参数为设备号。

函数：

```
vpif_register_decoder(&ov5640_dev[i])
```

功能：提供给解码芯片驱动的注册函数。

参数：OV5640 设备。

结构体：

static struct video_device vpfe_video_template 模板结构体。

```
static struct video_device vpfe_video_template = {
    .name = "vpfe",
    .type = VID_TYPE_CAPTURE,
    .hardware = 0,
    .fops = &vpfe_fops,
    .minor = -1,
};
```

结构体：

static struct file_operations vpfe_fops 操作结构体。

```
static struct file_operations vpfe_fops = {
    .owner = THIS_MODULE,
    .open = vpfe_open,
    .release = vpfe_release,
    .ioctl = vpfe_ioctl,
    .mmap = vpfe_mmap,
    .poll = vpfe_poll
};
```

2) 应用程序设计

视频的采集工作主要是由 ENCODE 进程的 capture 线程完成的。capture 线程通过调用 DMAI 接口函数与底层驱动交互,获取由摄像头驱动采集得到的原始数据,利用内核模块进行裁剪、缩放,最终配置成两路数据,通过管道将两路数据传给视频编码线程进行编码,一路 CIF: 352×288 大小的数据,一路 D1: 720×576 大小的数据。同时将其中一路 DI(720×576) 格式的数据裁剪成 VGA(640×480) 的数据,放入视频播放设备缓存进行实时播放,设计的 capture 线程如图 13-22 所示。其中,C 代表寄存器,C1~C10 为 10 个寄存器。

3) 应用程序的实现

(1) capture 线程具体实现的流程。

① 调用 Capture_detectVideoStd()函数,检测采集的视频标准;

② 调用 VideoStd_getResolution()函数,获取视频格式的分辨率;

③ 调用 BufTab_create()函数,创建缓存队列;

④ 调用 Capture_create()函数,创建视频采集实例;

⑤ 调用 Capture_get()函数,从采集设备读取一帧视频数据到 hCapBuf 中;

⑥ 调用 Display_get()函数,从显示设备获取一块空 Buf 用于存放经过裁剪的视频数据;

⑦ 调用 Framecopy_execute()函数,将 736×576 的数据裁剪成 720×576 的数据用于本地存储,还有一次是把 20×576 的数据裁剪成 640×480 的数据用于实时回放;

⑧ 调用 Capture_put()函数,发送一块缓冲单元给采集设备用于获取视频数据;

⑨ 调用 Display_put()函数,将经过裁剪的视频数据发送给显示设备用于实时显示;

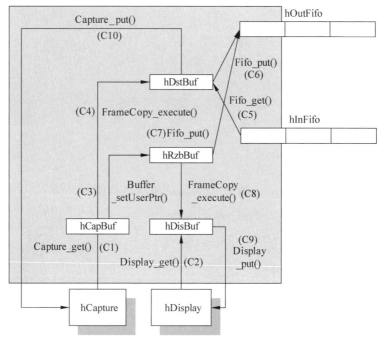

图 13-22 capture 线程设计图

⑩ 调用 Fifo_get() 函数，通过 hOutFifo 管道获取一块空缓冲单元，用于存放 D1 格式的视频数据；

⑪ 调用 Fifo_put() 函数，将 D1 和 CIF 格式的视频数据发送给 video 线程。

capture 线程的流程图如图 13-23 所示。

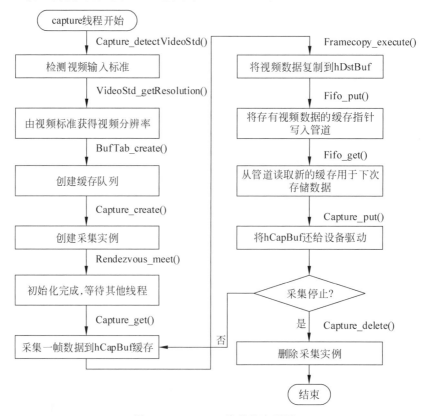

图 13-23 capture 线程的流程图

（2）变量及函数说明。

• 变量说明。

envp：线程创建时，由主线程传入的结构体环境变量；

cAttrs：capture 属性，初始化为 DM365 下 capture 属性的默认值；

dAttrs：display 属性，初始化为 DM365 下 display 属性的默认值；

hCapture：capture 设备描述符；

hDisplay：display 设备描述符。

• 函数说明。

`Int Capture_detectVideoStd(Capture_Handle hCapture, VideoStd_Type * videoStdPtr,Capture_Attrs * attrs)`

参数：

hCapture[in]——capture 采集设备驱动实例；

videoStdPtr[out]——函数检测到的视频标准由该指针返回；

Attrs[in]——用于创建 capture 设备驱动实例的属性。

返回值：返回 Dmai_EOK 表示成功，返回负值表示失败。

功能：检测与摄像头相连的视频流输入的视频标准。

`Int VideoStd_getResolution(VideoStd_Type videoStd,Int32 * widthPtr, Int32 * heightPtr)`

参数：

videoStd[in]——需要进行计算的视频标准；

widthPtr[out]——该指针返回此视频标准分辨率的宽度；

heightPtr[out]——该指针返回此视频标准分辨率的高度。

返回值：返回 Dmai_EOK 表示成功，返回负值表示失败。

功能：传入一个视频标准，输出此视频标准的分辨率。

`BufTab_Handle BufTab_create(Int numBufs, Int32 size, Buffer_Attrs * attrs)`

参数：

numBufs[in]——需要分配的内存数量；

size[in]——需要分配的每块内存的大小，单位为 B；

attrs[in]——创建内存所用的属性。

返回值：成功返回 BufTab_Handle 类型的临时变量，返回 NULL 表示失败。

功能：根据所需的内存大小和内存数量来创建一块内存表。

`Capture_Handle Capture_create(BufTab_Handle hBufTab, Capture_Attrs * attrs)`

参数：

hBufTab[in]——上一个函数创建的内存表，用于 capture 设备；

attrs[in]——创建 capture 设备实例所用的属性，可根据需求自行修改。

返回值：成功返回 Capture_Handle 类型的临时变量，返回 NULL 表示失败。

功能：创建一个采集驱动实例，打开设备节点，通过 attrs 属性对内核驱动做一些初始化配置，配置两路视频数据，其中一路为 D1（720×576）格式，用于编码本地存储，还有一路为 CIF（352×288）格式，用于编码上传。

`Display_Handle Display_create(BufTab_Handle hBufTab, Display_Attrs * attrs)`

参数：

hBufTab[in]——内存表,用于显示设备;

attrs[in]——创建显示设备实例所用的属性,可根据需求自行修改。

返回值:成功返回 Display_Handle 类型的临时变量,返回 NULL 表示失败。

功能:创建播放设备驱动实例,利用 attrs 参数对内核中播放设备驱动进行一些初始化配置。

Int Framecopy_execute(Framecopy_Handle hFc, Buffer_Handle hSrcBuf, Buffer_Handle hDstBuf)

参数:

hFc[in]——配置完成的 Framecoyp 句柄;

hSrcBuf[in]——裁剪之前的源数据内存;

hDstBuf[in]——裁剪之后的数据内存。

返回值:返回 Dmai_EOK 表示成功,返回负值表示失败。

功能:执行裁剪工作,将 hSrcBuf 内存中特定大小的视频数据裁剪成 hDstBuf 内存中设定好的视频大小。在我们的应用程序中两次调用了该函数:一次是将 736×576 的数据裁剪成 720×576 的数据;另一次是把 720×576 的数据裁剪成 640×480 的数据,用于视频实时播放。

Int Capture_get(Capture_Handle hCapture, Buffer_Handle * hBufPtr)

参数:

hCapture[in]——之前 capture_create()创建的采集设备句柄,视频数据由此获取;

hBufPtr[out]——该指针指向采集而得的视频数据的首地址。

返回值:返回 Dmai_EOK 表示成功,返回负值表示失败。

功能:从采集设备驱动中获取原始视频数据。

Int Display_get(Display_Handle hDisplay, Buffer_Handle * hBufPtr)

参数:

hDisplay[in]——之前 display_create()创建的显示设备句柄;

hBufPtr[out]——该指针指向显示设备提供的内存的首地址。

返回值:返回 Dmai_EOK 表示成功,返回负值表示失败。

功能:从显示设备驱动实例中获取一块空缓冲区,用于存放经过处理的、适应屏幕分辨率的视频数据。

Int Capture_put(Capture_Handle hCapture, Buffer_Handle hBuf)

参数:

hCapture[in]——之前 capture_create()创建的采集设备句柄;

hBuf[in]——发送给采集设备的 buffer。

返回值:返回 Dmai_EOK 表示成功,返回负值表示失败。

功能:发送一块 buffer 给采集设备驱动来获取视频数据。

Int Display_put(Display_Handle hDisplay, Buffer_Handle hBuf)

参数:

hDisplay[in]——之前 display_create()创建的显示设备句柄;

hBuf[in]——发送给显示设备的 buffer。

返回值:返回 Dmai_EOK 表示成功,返回负值表示失败;

功能:将 hBuf 中的经过缩放裁剪的视频数据传给显示设备进行实时播放。

六、实验步骤

步骤 1,硬件连接。

（1）连接好实验箱的网线、串口线和电源。

（2）首先通过 Putty 软件使用 SSH 通信方式登录到服务器，如图 13-24 所示（在 Host Name (or IP address) 文本框中输入服务器的 IP 地址）。单击 Open 按钮，登录到服务器。

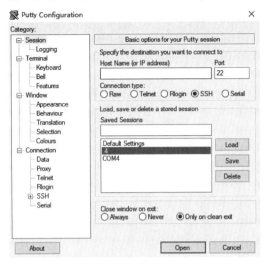

图 13-24　打开 Putty 连接

（3）要使用 Serial 通信方式登录到实验箱，需要先查看端口号。具体步骤是：右击"我的电脑"图标，在弹出的快捷菜单中选择"管理"命令，在出现的窗口选择"设备管理器"→"端口"选项，查看实验箱的端口号。如图 13-25 所示。

图 13-25　端口号查询

（4）在 Putty 软件端口栏输入步骤（3）中查询到的串口，设置波特率为 115200，连接实验箱，如图 13-26 所示。

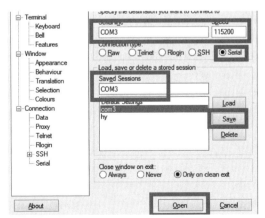

图 13-26　Putty 串口连接配置

（5）单击 Open 按钮，进入连接页面，打开实验箱开关，在 5s 内，按 Enter 键，然后输入挂载参数，再次按 Enter 键，输入 boot 命令，按 Enter 键，开始进行挂载。具体信息如下所示：

```
DM365 EVM :> setenv bootargs 'mem = 110M console = ttyS0,115200n8 root = /dev/nfs rw nfsroot = 192.
168.1.18:/home/shiyan/filesys_clwxl ip = 192.168.1.42:192.168.1.18:192.168.1.1:255.255.255.
0::eth0:off eth = 00:40:01:C1:56:78 video = davincifb:vid0 = OFF:vid1 = OFF:osd0 = 640x480x16,
600K:osd1 = 0x0x0,0K dm365_imp.oper_mode = 0 davinci_capture.device_type = 1 davinci_enc_mngr.
ch0_output = LCD'
DM365 EVM :> boot

Loading from NAND 1GiB 3,3V 8 - bit, offset 0x400000
 Image Name: Linux - 2.6.18 - plc_pro500 - davinci_
 Image Type: ARM Linux Kernel Image (uncompressed)
 Data Size: 1996144 Bytes = 1.9 MB
 Load Address: 80008000
 Entry Point: 80008000
# # Booting kernel from Legacy Image at 80700000 ...
 Image Name: Linux - 2.6.18 - plc_pro500 - davinci_
 Image Type: ARM Linux Kernel Image (uncompressed)
 Data Size: 1996144 Bytes = 1.9 MB
 Load Address: 80008000
 Entry Point: 80008000
 Verifying Checksum ... OK
 Loading Kernel Image ... OK
OK

Starting kernel ...

Uncompressing Linux.........................................................................................
done, booting the kernel.
[    0.000000] Linux version 2.6.18 - plc_pro500 - davinci_evm - arm_v5t_le - gfaa0b471 - dirty
(zcy@punuo - Lenovo) (gcc version 4.2.0 (MontaVista 4.2.0 - 16.0.32.0801914 2008 - 08 - 30)) #1
PREEMPT Mon Jun 27 15:31:35 CST 2016
[    0.000000] CPU: ARM926EJ - S [41069265] revision 5 (ARMv5TEJ), cr = 00053177
[    0.000000] Machine: DaVinci DM365 EVM
[    0.000000] Memory policy: ECC disabled, Data cache writeback
[    0.000000] DaVinci DM0365 variant 0x8
[    0.000000] PLL0: fixedrate: 24000000, commonrate: 121500000, vpssrate: 243000000
[    0.000000] PLL0: vencrate_sd: 27000000, ddrrate: 243000000 mmcsdrate: 121500000
[    0.000000] PLL1: armrate: 297000000, voicerate: 20482758, vencrate_hd: 74250000
[    0.000000] CPU0: D VIVT write - back cache
[    0.000000] CPU0: I cache: 16384 bytes, associativity 4, 32 byte lines, 128 sets
[    0.000000] CPU0: D cache: 8192 bytes, associativity 4, 32 byte lines, 64 sets
[    0.000000] Built 1 zonelists. Total pages: 28160
[    0.000000] Kernel command line: mem = 110M console = ttyS0,115200n8 root = /dev/nfs rw
nfsroot = 192.168.1.18:/home/shiyan/filesys_clwxl ip = 192.168.1.42:192.168.1.18:192.168.1.1:
255.255.255.0::eth0:off eth = 00:40:01:C1:56:78 video = davincifb:vid0 = OFF:vid1 = OFF:osd0 =
640x480x16,600K:osd1 = 0x0x0,0K dm365_imp.oper_mode = 0 davinci_capture.device_type = 1 davinci_enc_
mngr.ch0_output = LCD
[    0.000000] TI DaVinci EMAC: kernel boot params Ethernet address: 00:40:01:C1:56:78
...
...
KeypadDriverPlugin::create# # # # # # # # # # # # # # # # # # # # # # #: optkeypad
keyboard input device ( "/dev/input/event0" ) is opened.
id = "0"
msqid = 0


MontaVista(R) Linux(R) Professional Edition 5.0.0 (0801921)
```

（6）按 Enter 键，输入用户名 root 登录实验箱，如下所示：

```
zjut login: root


Welcome to MontaVista(R) Linux(R) Professional Edition 5.0.0 (0801921).

login[737]: root login on 'console'

/ ****** Set QT environment ******** /

[root@zjut ~]#
```

步骤 2,编译 dvsdk 的代码(在服务器窗口操作)。

首先确保 PC 或服务器上已经安装了 dvsdk,接着进入到 dvsdk 的 encode 源码目录。

```
$ cd /root/wy/dvsdk/dvsdk_demos_2_10_00_17/dm365/encode
```

注意:/wy/dvsdk 表示 dvsdk 安装目录在/root/wy/dvsdk,请根据实际安装情况进行修改。

先执行编译清除命令"make clean",然后执行编译命令 make,如下所示:

```
stx@ubuntu: /root/wy/ dvsdk/dvsdk_demos_2_10_00_17/dm365/encode $ make clean
Removing generated files. .
stx@ubuntu: /root/wy/ dvsdk/dvsdk_demos_2_10_00_17/dm365/encode $ make

======== Building encode ========
Configuring application using encode.cfg

making package.mak (because of package.bld) . .
generating interfaces for package encode_config (because package/package.xdc.inc is
older than package.xdc) . .
configuring encode.x470MV from package/cfg/encode_x470MV.cfg . .
Auto register ti . sdo . fc . ires . hdvicp . HDVICP
Auto register ti . sdo . fc . ires . vicp . VICP2
Auto register ti . sdo . fc . ires . addrspace . ADDRSPACE
Auto register ti . sdo . fc . ires . edna3chan . EDMA3CHAN
    will link with ti . sdo . simpLewidget: 1ib/ simplewidget dm365 . a470MV
```

如果在普通用户环境下编译出错,那么可以尝试使用超级管理员 root 的方式编译代码,命令为:"sudo su",输入密码,即可切换到 root 用户。

编译完成后可以通过命令"ls -ls"查看目录。可以看到,生成了 encode 可执行文件,如下所示:

```
stx@ubuntu: /root/wy/dvsdk/dvsdk_demos_2_10_00_17/dm365/encode $ ls - ls
total 15272
20   - rwxrwxrwx    1   stl  stx  19969     5 月 15 2017      !
16   - rwxrwxrwx    1   stx  stx  16173     12 月 26 2016     capture.c
     - rwxrwxrwx    1   stl  stx  1238      3 月 30 2016      capture.h
20   - rw - rw - r - -  1   stl  stl  18284     5 月 8 15:12      capture.o
4    - rwxrwxrwx    1   stl  stx  435       3 月 30 2016      CIFppssps.txt
4    - rwxrwxrwx    1   stx  stx  3118      3 月 30 2016      codecs.c
8    - rw - rw - r - -  1   stx  stx  4356      5 月 8 15:12      codecs.o
72   - rwxrwxrwx    1   stl  stx  73728     5 月 10 2016     cscope.in.out
128  - rwxrwxrwx    1   stl  stx  127175    5 月 10 2016     cscope.out
92   - rwxrwxrwx    1   stl  stx  90372     5 月 10 2016     cscope.po.out
4    - rwxrwxrwx    1   stx  stx  604       3 月 30 2016      D1ppssps.txt
1028 - rwxrwxr - x   1   stx  stx  1052442   5 月 8 15:12      **encode**
```

将编译后生成的 encode 可执行文件复制到挂载的文件系统 filesys_test 的/opt/dm365 目录下并将其改名为 encode_stx,如下所示:

```
stx@ubuntu: /root/wy/dvsdk/dvsdk_demos_2_10_00_17/dm365/encode $ cp encode /home/ stx/filesys
test/ opt/ dm365/ encode stx
stx@ubuntu: /root/wy/dvsdk/dvsdk_demos_2_10_00_17/dm365/encode $
```

步骤 3,修改配置文件(在实验箱 COM 口操作)。

接着在 PC 机或服务器上修改/opt/dm365 下的两个文件 task_db_1.sh 和 task_db_2.sh。先修改 task_db_1.sh 文件。

第一处:

```
#!/bin/sh
killall cncode
echo ============== /opt/dm365/task_db_1 ===============
```

将上面信息改为如下所示信息:

```
#!/bin/sh
killall cncode_stx
echo ============== /opt/dm365/task_db_1 ===============
```

第二处:

```
sleep 3
DMAI_DEBUG = 2 encode − y 9 − v h.264 − 0 lcd > encode.log &
# ./encodedb − y 2 − v h.254 − 0 lcd − s 1.g711 &
```

将上面信息改为如下所示信息:

```
sleep 3
DMAI_DEBUG = 2 encode_stx − y 9 − v h.264 − 0 lcd > encode.log &
# ./encodedb − y 2 − v h.254 − 0 lcd − s 1.g711 &
```

同理,将 task_db_2.sh 文件对应位置的 encode 改为 encode_stx。

第一处:

```
#!/bin/sh
killall cncode_stx
echo ============== /opt/dm365/task_db_2 ===============
```

第二处:

```
sleep 3
DMAI_DEBUG = 2 encode_stx − y 9 − v h.264 − 0 lcd > encode.log &
# ./encodedb − y 2 − v h.254 − 0 lcd − s 1.g711 &
```

当设置完毕后记得要保存。接着按键盘第二排第四个按钮将出现视频画面(如果没有出现画面,那么按第四排第四个按键切换摄像头),如图 13-27 所示。

图 13-27　lcd 显示图

接着插入 SD 卡,然后点击开始录像功能,录制一段时间后单击"停止录像"按钮,那么视屏就会被保存在本地的 SD 卡中,如图 13-28 所示,单击"停止录像"按钮后的界面如图 13-29 所示。

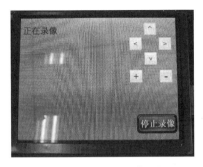

图 13-28　单击"开始录像"按钮后

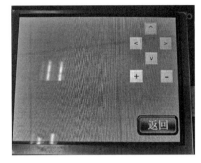

图 13-29　单击"停止录像"按钮后

此时查看/mnt/mmc/video 目录,可以看到生成视频文件如下所示:

```
[ root@zjut video]    # ls
2017 - 01 - 13 - 08 - 08 - 13CIF. 264 2017 - 01 - 13 - 08 - 08 - 13D1.264
[ root@z jut video ]    #
```

播放方式一:

使用播放软件播放 SD 卡中的视频文件,如使用 VLC 软件。

取出保存有上面提到的 H264 格式的视频文件的 SD 卡,然后在 PC 上使用能够支持 H264 文件格式的播放器播放 SD 卡中的文件,如图 13-30 所示。

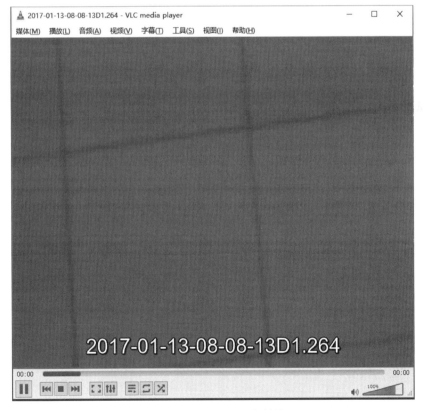

图 13-30　在 PC 上进行播放

实验结束。

本实验设计的主要代码如下所示：

```c
/*
 * capture.c *
 ==============================================================================
 * Copyright (c) Texas Instruments Inc 2009
 *
 * Use of this software is controlled by the terms and conditions found in the
 * license agreement under which this software has been supplied or provided.
 *
 ==============================================================================
*/
#include <xdc/std.h>
#include <string.h>

#include <ti/sdo/dmai/Fifo.h>
#include <ti/sdo/dmai/Pause.h>
#include <ti/sdo/dmai/BufTab.h>
#include <ti/sdo/dmai/Capture.h>
#include <ti/sdo/dmai/Display.h>
#include <ti/sdo/dmai/VideoStd.h>
#include <ti/sdo/dmai/Framecopy.h>
#include <ti/sdo/dmai/BufferGfx.h>
#include <ti/sdo/dmai/Rendezvous.h>

#include "capture.h"
#include "../demo.h"

#define MODULE_NAME     "Capture Thread"

/* Buffering for the display driver */
#define NUM_DISPLAY_BUFS      3

/* Buffering for the capture driver */
#define NUM_CAPTURE_BUFS      3

/* Number of buffers in the pipe to the capture thread */
/* Note: It needs to match capture.c pipe size */
#define VIDEO_PIPE_SIZE       3

#define NUM_BUFS (NUM_CAPTURE_BUFS + NUM_DISPLAY_BUFS + VIDEO_PIPE_SIZE)

/******************************************************************************
 * captureThrFxn
 ******************************************************************************/
Void *captureThrFxn(Void *arg)
{
    CaptureEnv           *envp    = (CaptureEnv *) arg;
    Void                 *status  = THREAD_SUCCESS;
    Capture_Attrs        cAttrs   = Capture_Attrs_DM365_DEFAULT;
    Display_Attrs        dAttrs   = Display_Attrs_DM365_VID_DEFAULT;
    Framecopy_Attrs      fcAttrs  = Framecopy_Attrs_DEFAULT;
    BufferGfx_Attrs      gfxAttrs = BufferGfx_Attrs_DEFAULT;
    BufferGfx_Attrs      RzbgfxAttrs = BufferGfx_Attrs_DEFAULT;
    Capture_Handle       hCapture = NULL;
    Display_Handle       hDisplay = NULL;
    Framecopy_Handle     hFcDisp  = NULL;
    Framecopy_Handle     hFcEnc   = NULL;
    BufTab_Handle        hBufTab  = NULL;
    Buffer_Handle        hDstBuf, hCapBuf, hDisBuf, hRzbBuf, hBuf;
    BufferGfx_Dimensions disDim, capDim;
```

```
VideoStd_Type          videoStd;
Int32              width, height, lcdwidth, lcdheight, bufSize, RzbbufSize;
Int             fifoRet;
ColorSpace_Type     colorSpace = ColorSpace_YUV420PSEMI;   //ColorSpace_UYVY;
Int             bufIdx;
Bool             frameCopy = TRUE;

# ifdef PDEBUG
 FILE          * outFile       = NULL;
 /* Open the output video file */
 outFile = fopen("display736x576_yuv420sp.yuv", "w");

 if (outFile == NULL) {
    ERR("Failed to open %s for writing\n", "display736x576_yuv420sp.yuv");
    cleanup(THREAD_FAILURE);
 }
# endif

 /* Create capture device driver instance */
 cAttrs.numBufs = NUM_CAPTURE_BUFS;
 cAttrs.videoInput = envp->videoInput;
 cAttrs.videoStd = envp->videoStd;

 if (Capture_detectVideoStd(NULL, &videoStd, &cAttrs) < 0) {
    ERR("Failed to detect video standard, video input connected?\n");
    cleanup(THREAD_FAILURE);                      //detect
 }

 /* We only support D1 & 720P input */
 if (videoStd != VideoStd_D1_NTSC && videoStd != VideoStd_D1_PAL
     && videoStd != VideoStd_720P_60 && videoStd != VideoStd_VGA && videoStd != VideoStd_720P_
30 && videoStd != VideoStd_D1_30) {               //ov5640_cb_d1_720p

    ERR("Need D1/720P input to this demo\n");
    cleanup(THREAD_FAILURE);
 }

 if (envp->imageWidth > 0 && envp->imageHeight > 0) {
    if (VideoStd_getResolution(videoStd, &width, &height) < 0) {
       ERR("Failed to calculate resolution of video standard\n");
       cleanup(THREAD_FAILURE);
    }

    if (width < envp->imageWidth && height < envp->imageHeight) {
       ERR("User resolution (%ldx%ld) larger than detected (%ldx%ld)\n",
        envp->imageWidth, envp->imageHeight, width, height);
       cleanup(THREAD_FAILURE);
    }

    capDim.x        = 0;
    capDim.y        = 0;
    capDim.height     = envp->imageHeight;
    capDim.width      = envp->imageWidth;
    capDim.lineLength = BufferGfx_calcLineLength(width, colorSpace);
 } else {
    /* Calculate the dimensions of a video standard given a color space */
    if (BufferGfx_calcDimensions(videoStd, colorSpace, &capDim) < 0) {
       ERR("Failed to calculate Buffer dimensions\n");
       cleanup(THREAD_FAILURE);
    }
```

```
                envp -> imageWidth    = capDim. width;
                envp -> imageHeight = capDim. height;
        }
        /* If it is not component capture with 720P resolution then use framecopy as
           there is a size mismatch between capture, display and video buffers. */
        if((envp -> imageWidth == VideoStd_720P_WIDTH) &&
           (envp -> imageHeight == VideoStd_720P_HEIGHT)) {
            frameCopy = FALSE;            //lcy_720P
        }
        /* Calculate the dimensions of a video standard given a color space */
        envp -> imageWidth    = capDim. width;
        envp -> imageHeight = capDim. height;

        /* TODO: Add resizer support for frameCopy = FALSE */
        if(frameCopy == FALSE) {
            gfxAttrs. dim. height = capDim. height;
            gfxAttrs. dim. width = capDim. width;
            gfxAttrs. dim. lineLength =  ((Int32) ((BufferGfx_calcLineLength (gfxAttrs. dim. width,
    colorSpace) + 31)/32)) * 32;
            gfxAttrs. dim. x = 0;
            gfxAttrs. dim. y = 0;
            if (colorSpace ==   ColorSpace_YUV420PSEMI) {
                bufSize = gfxAttrs. dim. lineLength * gfxAttrs. dim. height * 3 / 2;
            } else {
                bufSize = gfxAttrs. dim. lineLength * gfxAttrs. dim. height * 2;
            }

            /* Create a table of buffers to use with the device drivers */
            gfxAttrs. colorSpace = colorSpace;
            hBufTab = BufTab_create(NUM_BUFS, bufSize,
                         BufferGfx_getBufferAttrs(&gfxAttrs));
            if (hBufTab == NULL) {
                ERR("Failed to create buftab\n");
                cleanup(THREAD_FAILURE);
            }
        } else {
            gfxAttrs. dim = capDim;
        }
        /* Update global data for user interface */
        gblSetImageWidth(envp -> imageWidth);
        gblSetImageHeight(envp -> imageHeight);

        /* Report the video standard and image size back to the main thread */
        Rendezvous_meet(envp -> hRendezvousCapStd);

        if(envp -> videoStd == VideoStd_720P_60) {
            cAttrs. videoStd = VideoStd_720P_30;
        } else {
            cAttrs. videoStd = envp -> videoStd;
        }
        cAttrs. numBufs    = NUM_CAPTURE_BUFS;
        cAttrs. colorSpace = colorSpace;
        cAttrs. captureDimension = &gfxAttrs. dim;
        /* Create the capture device driver instance */
        hCapture = Capture_create(hBufTab, &cAttrs);

        if (hCapture == NULL) {
            ERR("Failed to create capture device\n");
            cleanup(THREAD_FAILURE);
        }
```

```
/* Create display device driver instance */
/* TODO: Set the videooutput to LCD according to the envp */
dAttrs.videoOutput = Display_Output_LCD;
dAttrs.numBufs     = NUM_DISPLAY_BUFS;
dAttrs.colorSpace = colorSpace;
hDisplay = Display_create(hBufTab, &dAttrs);

if (hDisplay == NULL) {
    ERR("Failed to create display device\n");
    cleanup(THREAD_FAILURE);
}
if (frameCopy == TRUE) {
    /* Create a buffer for the output of resizer b */
    RzbgfxAttrs.colorSpace = ColorSpace_YUV420PSEMI;
    /* TODO: Get the resolution from resizer b */
    width = envp->resizeWidth;
    height = envp->resizeHeight;
    RzbgfxAttrs.dim.width  = width;
    RzbgfxAttrs.dim.height = height;
    /* Ensure that lineLength is multiple of 32 */
    RzbgfxAttrs.dim.lineLength =
    ((Int32)((BufferGfx_calcLineLength(RzbgfxAttrs.dim.width,
                ColorSpace_YUV420PSEMI) + 31)/32)) * 32;
    RzbgfxAttrs.bAttrs.reference = TRUE;

    printf("width#############======= %d\n", width);
    printf("height#############======= %d\n", height);

    if (colorSpace ==  ColorSpace_YUV420PSEMI) {
        RzbbufSize = RzbgfxAttrs.dim.lineLength
                * RzbgfxAttrs.dim.height * 3 / 2;
    } else {
        RzbbufSize = RzbgfxAttrs.dim.lineLength
                * RzbgfxAttrs.dim.height * 2;
    }
    hRzbBuf = Buffer_create(RzbbufSize, BufferGfx_getBufferAttrs(&RzbgfxAttrs));

    if (hRzbBuf == NULL) {
        ERR("Failed to create DstBuf\n");
        cleanup(THREAD_FAILURE);
    }

       /* Get a buffer from the video thread */
    fifoRet = Fifo_get(envp->hInFifo, &hDstBuf);

    if (fifoRet < 0) {
        ERR("Failed to get buffer from video thread\n");
        cleanup(THREAD_FAILURE);
    }

    /* Did the video thread flush the fifo? */
    if (fifoRet == Dmai_EFLUSH) {
        cleanup(THREAD_SUCCESS);
    }

    /* Create frame copy module for display buffer */
        fcAttrs.accel = TRUE;
    hFcDisp = Framecopy_create(&fcAttrs);

    if (hFcDisp == NULL) {
        ERR("Failed to create frame copy job\n");
```

```
            cleanup(THREAD_FAILURE);
        }

        /* Configure frame copy jobs */
        if (Framecopy_config(hFcDisp,
                    BufTab_getBuf(Capture_getBufTab(hCapture), 0),
                    BufTab_getBuf(Display_getBufTab(hDisplay), 0)) < 0) {
            ERR("Failed to configure frame copy job\n");
            cleanup(THREAD_FAILURE);
        }

        /* Create frame copy module for encode buffer */
        fcAttrs.accel = TRUE;
        hFcEnc = Framecopy_create(&fcAttrs);

        if (hFcEnc == NULL) {
            ERR("Failed to create frame copy job\n");
            cleanup(THREAD_FAILURE);
        }

        if (Framecopy_config(hFcEnc,
                    BufTab_getBuf(Capture_getBufTab(hCapture), 0),
                    hDstBuf) < 0) {
            ERR("Failed to configure frame copy job\n");
            cleanup(THREAD_FAILURE);
        }
    }else {
        for (bufIdx = 0; bufIdx < VIDEO_PIPE_SIZE; bufIdx++) {
            /* Queue the video buffers for main thread processing */
            hBuf = BufTab_getFreeBuf(hBufTab);
            if (hBuf == NULL) {
                ERR("Failed to fill video pipeline\n");
                cleanup(THREAD_FAILURE);
            }
            /* Send buffer to video thread for encoding */
            if (Fifo_put(envp->hOutFifo, hBuf) < 0) {
                ERR("Failed to send buffer to video thread\n");
                cleanup(THREAD_FAILURE);
            }
        }
    }
}
/* Signal that initialization is done and wait for other threads */
Rendezvous_meet(envp->hRendezvousInit);

while (!gblGetQuit()) {
    /* Pause processing? */
    Pause_test(envp->hPauseProcess);

    /* Capture a frame */
    if (Capture_get(hCapture, &hCapBuf) < 0) {
        ERR("Failed to get capture buffer\n");
        cleanup(THREAD_FAILURE);
    }

    /* Get a buffer from the display device */
    if (Display_get(hDisplay, &hDisBuf) < 0) {
        ERR("Failed to get display buffer\n");
        cleanup(THREAD_FAILURE);
    }

    if (frameCopy == TRUE) {
```

```
    /* Set hRzbBuf's UserPtr to the offset of the hCapBuf */
    Buffer_setUserPtr(hRzbBuf,(Int8 *)(Buffer_getUserPtr(hCapBuf)
                         + Buffer_getSize(hCapBuf)));


    /* Get a buffer from the video thread */
    fifoRet = Fifo_get(envp->hInFifo, &hDstBuf);

    if (fifoRet < 0) {
        ERR("Failed to get buffer from video thread\n");
        cleanup(THREAD_FAILURE);
    }

    /* Did the video thread flush the fifo? */
    if (fifoRet == Dmai_EFLUSH) {
        cleanup(THREAD_SUCCESS);
    }

    /* Copy the captured buffer to the encode buffer */
    if (Framecopy_execute(hFcEnc, hCapBuf, hDstBuf) < 0) {
        ERR("Failed to execute frame copy job\n");
        cleanup(THREAD_FAILURE);
    }

    /* Send buffer to video thread for encoding */
    if (Fifo_put(envp->hOutFifo, hDstBuf) < 0) {
        ERR("Failed to send buffer to video thread\n");
        cleanup(THREAD_FAILURE);
    }

    /* Send resized buffer to video thread for encoding */
    if (Fifo_put(envp->hOutFifo, hRzbBuf) < 0) {
        ERR("Failed to send buffer to video thread\n");
        cleanup(THREAD_FAILURE);
    }
}else {
    /* Send buffer to video thread for encoding */
    if (Fifo_put(envp->hOutFifo, hCapBuf) < 0) {
        ERR("Failed to send buffer to video thread\n");
        cleanup(THREAD_FAILURE);
    }
}
if (frameCopy == TRUE) {
    /* Framecopy start at the user defined (x,y) */
    BufferGfx_getDimensions(hCapBuf, &capDim);
    /* TODO */
    capDim.x = (720 - 640)/2;
    capDim.y = (576 - 480)/2 & ~0x1;
    BufferGfx_setDimensions(hCapBuf, &capDim);

    /* Copy the captured buffer to the display buffer */
    if (Framecopy_execute(hFcDisp, hCapBuf, hDisBuf) < 0) {
        ERR("Failed to execute frame copy job\n");
        cleanup(THREAD_FAILURE);
    }

    /* Framecopy start at the user defined (x,y) */
    BufferGfx_getDimensions(hCapBuf, &capDim);
    /* TODO */
    capDim.x = 0;
    capDim.y = 0;
```

```
                BufferGfx_setDimensions(hCapBuf, &capDim);

    # ifdef PDEBUG
            if (fwrite(Buffer_getUserPtr(hCapBuf),
                    635904, 1, outFile) != 1) {
                ERR("Error writing the data to file\n");
                cleanup(THREAD_FAILURE);
            }
            cleanup(THREAD_FAILURE);
    # endif

            /* Release display buffer to the display device driver */
            if (Display_put(hDisplay, hDisBuf) < 0) {
                ERR("Failed to put display buffer\n");
                cleanup(THREAD_FAILURE);
            }
        } else {
            /* Release display buffer to the display device driver */
            if (Display_put(hDisplay, hCapBuf) < 0) {
                ERR("Failed to put display buffer\n");
                cleanup(THREAD_FAILURE);
            }
        }

        if (frameCopy == TRUE) {
            /* Return the buffer to the capture driver */
            if (Capture_put(hCapture, hCapBuf) < 0) {
                ERR("Failed to put capture buffer\n");
                cleanup(THREAD_FAILURE);
            }
        } else {
            /* Return the buffer to the capture driver */
            if (Capture_put(hCapture, hDstBuf) < 0) {
                ERR("Failed to put capture buffer\n");
                cleanup(THREAD_FAILURE);
            }
        }

        /* Increment statistics for the user interface */
        gblIncFrames();

    }

cleanup:
    /* Make sure the other threads aren't waiting for us */
    Rendezvous_force(envp -> hRendezvousCapStd);
    Rendezvous_force(envp -> hRendezvousInit);
    Pause_off(envp -> hPauseProcess);
    Fifo_flush(envp -> hOutFifo);

    /* Meet up with other threads before cleaning up */
    Rendezvous_meet(envp -> hRendezvousCleanup);

    /* Clean up the thread before exiting */
    if (hFcDisp) {
        Framecopy_delete(hFcDisp);
    }

    if (hFcEnc) {
        Framecopy_delete(hFcEnc);
    }
```

```
    if (hDisplay) {
        Display_delete(hDisplay);
    }

    if (hCapture) {
        Capture_delete(hCapture);
    }

    /* Clean up the thread before exiting */
    if (hBufTab) {
        BufTab_delete(hBufTab);
    }

    if (hRzbBuf) {
        Buffer_delete(hRzbBuf);
    }

#ifdef PDEBUG
    if (outFile) {
        fclose(outFile);
    }
#endif

    return status;
}
```

Makefile 文件代码如下所示:

```
# Makefile
# ==========================================================================
# Copyright (c) Texas Instruments Inc 2009
#
# Use of this software is controlled by the terms and conditions found in the
# license agreement under which this software has been supplied or provided.
# ==========================================================================

ROOTDIR = ../../..
TARGET = $(notdir $(CURDIR))

include $(ROOTDIR)/Rules.make

# Comment this out if you want to see full compiler and linker output.
VERBOSE = @

# Package path for the XDC tools
XDC_PATH = $(USER_XDC_PATH);../../packages;$(DMAI_INSTALL_DIR)/packages;$(CE_INSTALL_
DIR)/packages;$(FC_INSTALL_DIR)/packages;$(LINK_INSTALL_DIR)/packages;$(XDAIS_INSTALL_
DIR)/packages;$(LINUXUTILS_INSTALL_DIR)/packages;$(CODEC_INSTALL_DIR)/packages;$(EDMA3_
LLD_INSTALL_DIR)/packages

# Where to output configuration files
XDC_CFG     = $(TARGET)_config

# Output compiler options
XDC_CFLAGS  = $(XDC_CFG)/compiler.opt

# Output linker file
XDC_LFILE   = $(XDC_CFG)/linker.cmd

# Input configuration file
XDC_CFGFILE  = $(TARGET).cfg
```

```
# Platform (board) to build for
XDC_PLATFORM = ti.platforms.evmDM365

# Target tools
XDC_TARGET = gnu.targets.MVArm9

# The XDC configuration tool command line
CONFIGURO = $(XDC_INSTALL_DIR)/xs xdc.tools.configuro

C_FLAGS += -Wall -g

LD_FLAGS += -lpthread -lpng -ljpeg -lfreetype -lasound

COMPILE.c = $(VERBOSE) $(MVTOOL_PREFIX)gcc $(C_FLAGS) $(CPP_FLAGS) -c
LINK.c = $(VERBOSE) $(MVTOOL_PREFIX)gcc $(LD_FLAGS)

SOURCES = $(wildcard *.c) $(wildcard ../*.c)
HEADERS = $(wildcard *.h) $(wildcard ../*.h)

OBJFILES = $(SOURCES:%.c=%.o)

.PHONY: clean install

all:dm365

dm365:dm365_al

dm365_al: $(TARGET)

install: $(if $(wildcard $(TARGET)), install_$(TARGET))

install_$(TARGET):
        @install -d $(EXEC_DIR)
        @install $(TARGET) $(EXEC_DIR)
        @install $(TARGET).txt $(EXEC_DIR)
        @echo
        @echo Installed $(TARGET) binaries to $(EXEC_DIR)..

$(TARGET): $(OBJFILES) $(XDC_LFILE)
        @echo
        @echo Linking $@ from $^..
        $(LINK.c) -o $@ $^

$(OBJFILES): %.o: %.c $(HEADERS) $(XDC_CFLAGS)
        @echo Compiling $@ from $<..
        $(COMPILE.c) $(shell cat $(XDC_CFLAGS)) -o $@ $<

$(XDC_LFILE) $(XDC_CFLAGS): $(XDC_CFGFILE)
        @echo
        @echo ======== Building $(TARGET) ========
        @echo Configuring application using $<
        @echo
        $(VERBOSE) XDCPATH="$(XDC_PATH)" $(CONFIGURO) -c $(MVTOOL_DIR) -o $(XDC_CFG) -t
$(XDC_TARGET) -p $(XDC_PLATFORM) $(XDC_CFGFILE)

clean:
        @echo Removing generated files..
        $(VERBOSE) -$(RM) -rf $(XDC_CFG) $(OBJFILES) $(TARGET) *~ *.d .dep0
```

播放方式二:

编译 dvsdk 目录下的视频解码代码。

具体操作如下：

（1）制作解码可执行文件。

在用户目录下，执行命令"cd dvsdk_decode/dvsdk_demos_2_10_00_17/dm365/decode/"，进入制作解码可执行文件的目录。进入目录后执行 make 命令生成 decode 代码，如下所示。

```
st1@ubuntu:~ $ cd /root/wy/dvsdk/dvsdk_demos_2_10_00_17/dm365/decode
st1@ubuntu:/root/wy/dvsdk/dvsdk_demos_2_10_00_17/dm365/decode $ make clean
Removing generated files..
st1@ubuntu:/root/wy/dvsdk/dvsdk_demos_2_10_00_17/dm365/decode $ ls
codecs.c         cscope.po.out    display.c        loader.c   Makefile   tags
cscope.in.out    decode.cfg       display.c.bak    loader.h   speech.c   video.c
cscope.out       decode.txt       display.h        main.c     speech.h   video.h
st1@ubuntu:/root/wy/dvsdk/dvsdk_demos_2_10_00_17/dm365/decode $ make

======== Building decode ========
Configuring application using decode.cfg

making package.mak (because of package.bld) ...
generating interfaces for package decode_config (because package/package.xdc.inc is older than
package.xdc) ...
configuring decode.x470MV from package/cfg/decode_x470MV.cfg ...
...
...
Linking decode from codecs.o display.o loader.o main.o speech.o video.o ../ctrl.o ../uibuttons.o
../ui.o decode_config/linker.cmd..
st1@ubuntu:/root/wy/dvsdk/dvsdk_demos_2_10_00_17/dm365/decode $ ls
codecs.c         decode           display.c.bak    loader.o   speech.h   video.o
codecs.o         decode.cfg       display.h        main.c     speech.o
cscope.in.out    decode_config    display.o        main.o     tags
cscope.out       decode.txt       loader.c         Makefile   video.c
cscope.po.out    display.c        loader.h         speech.c   video.h
```

视频解码生成成功。

将生成好的可执行文件复制到挂载目录下面。同样以本机为例，复制到挂载文件系统 opt/dm365 下面。

cp decode /home/st1/filesys_test/opt/dm365/decode_st1，该命令表示将 decode 文件复制到用户 st1 的 filesys_test/opt/dm365 下，并命名为 decode_st1。读者可以根据自己喜好改为 decode_xxx。

（2）修改解码脚本。

在服务器上用户目录下，进入到挂载文件的 dm365 下面。以本机所挂载为 filesys_test 文件系统为例，执行命令"cd filesys_test/opt/dm365"。找到视频解码所用的脚本 dec_task_D1.sh，如下所示：

```
st1@ubuntu:~ $ cd  /home/st1/filesys_test/opt/dm365/
st1@ubuntu: /home/st1/filesys_test/opt/dm365 $ ls  dec *
decode_zhfinal       decode_D1.log        dec_task_D1.sh
decode_st1           dec_zh.sh
```

打开视频解码脚本，找到解码命令参数行。找到解码可执行文件 decode 以及所要解码的视频名称，如下所示：

```
insmod irqk.ko
insmod edmak.ko
insmod dm365mmap.ko
sleep 3
```

```
# DMAI_DEBUG = 2 decode_st1 - y 2 - v /mnt/mmc/video/2016 - 11 - 07 - 09 - 56 - 55.264 - O lcd >
decode_D1.log &
```

其中,decode_st1 为解码的可执行文件,/mnt/mmc/video/2016-12-22-10-43-24.264 是采集到的 264 格式视频路径以及名称。读者可根据个人喜好修改 decode_xxx 以及选择解码视频的名称。所要选择的解码视频是事先采集好存储在 SD 卡中的,板子上目录/mnt/mmc/video/。进入 dm365 目录,查看 sd 中视频的命令为 ls /mnt/mmc/video/,如下所示;

```
[ root@zjut dm365]# ls   /mnt/mmc/video
2016 - 11 - 07 - 09 - 56 - 55.264
```

这里录制在 SD 卡中的名字和采集部分看到的视频名字不同,是因为使用了不同的 SD 卡,并不影响实验操作。

(3)运行解码脚本。

在 COM 口对应的 Putty 中输入命令"./dec_task_D1.sh"。

```
[ root@zjut dm365]# ./dec_task_D1.sh
```

按下实验板上最右边的第二个按键,当脚本执行,开始解码线程的时候,就可以看见解码的视频,如图 13-31 所示。

图 13-31 视频解码图

图 13-31 左上角显示的 2016.12.22 10.43 是解码的视频名称,与上面/mnt/mmc/video/2016-12-22-10-43-24.264 路径下的视频文件相对应,解码成功。

视频讲解

实验 21：WiFi 程序编写实验

一、实验目的

1. 熟悉 RT5370STA 网卡以及硬件电路连接。
2. 掌握 RT5370STA 无线网卡驱动配置。
3. 掌握 WiFi 驱动模块的加载。
4. 熟悉 WiFi 驱动模块的工作原理和测试。

二、实验内容

1. 掌握通过 insmod 上电自动加载 WiFi 驱动模块。
2. WiFi 接入点功能的实现。
3. 测试 WiFi 驱动模块。

三、实验设备

1. 硬件：PC,教学实验箱一台；网线；串口线；WiFi 天线。

2. 软件：PC 操作系统；Linux 服务器；arm-v5t_le-gcc 交叉编译环境；有人网络调试助手.apk；DPA_RT5572_LinuxSTA_2.6.1.4_20121211.tar.bz2 软件包源码。

3. 环境：Ubuntu 12.04.4；文件系统版本为 filesys_test；烧写的内核版本为 uImage_wlw。

四、预备知识

1. 概述

WiFi(Wireless Fidelity)又名无线保真技术,它是一种将电子设备接入到一个无线局域网(WLAN)的技术,以 IEEE 802.11 协议为技术标准,通常使用 2.4GHz UHF 或 5GHz SHF ISM 射频频段。由于目前很多设备厂商采用的是 IEEE 802.11b 协议,因此业界很多人称 WiFi 为 IEEE 802.11b 协议。WiFi 作为当今应用最广泛的无线技术之一,给人们的日常生活带来了极大的方便,使用户在家里、办公室或旅行途中实现对互联网的访问。

因此,WiFi 除了具有一般无线网络所具有的特征外,还具有如下特点。

(1) 无线覆盖范围广。

通常基于蓝牙技术的无线覆盖范围会非常小,半径约为 15m,而 WiFi 在室外开阔地的通信半径可达 300m,在室内信号有遮挡的情况下,最大也有 100m,非常适合在办公室及单位楼层内部使用。

(2) 传输速度快。

虽然 WiFi 技术传输的无线通信质量一般,数据安全性较差,传输质量也有待改进,但是传输的速度非常快,传输速度最高的 IEEE 802.11a 协议与 IEEE 802.11g 协议,都可以达到 54Mbps,而目前常用 IEEE 802.11b 协议最高传输速度也可达到 11Mbps。

(3) 成本低廉。

一般来说,只需要架设一台无线路由器即可将有线网络转化成无线信号。这样由于"路由"所发射出的电波可以达到接入点半径数十米至 100 米的地方。也就是说,不用耗费资金来进行网络布线接入,从而节省了大量的成本。

(4) 健康安全。

IEEE 802.11 规定其发射功率是不可以超过 100mW 的,而实际的发射功率为 60～70mW,其中手机发射功率在 200mW～1W,手持式的对讲机则高达 5W,并且无线网络的使用方式并非和手机直接接触人体一样,是绝对安全的。

WiFi 所使用的协议 IEEE 802.11 主要结合了物理层和 MAC 层的优化来充分提高WLAN 技术的吞吐。IEEE 802.11 协议的无线帧结构是由帧头、净荷和帧校验序列组成的,帧头又包括了帧控制域、生命周期、地址域、序列控制域；帧体主要包含了上层的数据单元,长度为 0～2312B；帧校验序列包含 32 位的循环冗余码。所使用的帧数据格式如图 13-32 所示。

			MAC帧头					
2B	2B	6B	6B	6B	2B	6B	0~2312B	4B
帧控制	生存周期ID	地址1	地址2	地址3	序列控制	地址4	帧实体	FCS

2B	2B	4B	1B	1B	1B	1B	1B	1B	1B	1B
协议版本	类型	子类型	To DS	From DS	More Frag	重传域	能量管理域	更多数据域	保护帧	序号帧

图 13-32　IEEE 802.11 帧数据格式

WiFi 是工作在 2.4GHz 的 ISM 频段上的无线传输技术,最高速度可达到 11Mbps。但 2.4GHz 的频段被世界上绝大多数的国家所使用,所以工作的频段被分成 14 个信道。定义的理论传输速率为 1Mbps 和 2Mbps,在 IEEE 802.11b 中,调试方式的改变导致传输速率达到 5.5Mbps 和 11Mbps。本实验箱使用的 WiFi 无线通信模块选取的是 RALINK 公司的 RT5370 嵌入式模块,如图 13-33 所示。使用 RT5370 作为 WiFi 模块可以连接 150m 内的无线接入热点(基于不同的环境会有不同)。可以简单快速的接收和传输文件。传输速度可达 150Mbps,遵循 IEEE 802.11b/g 或 IEEE 802.11n 标准,使用 2.4GHz 频段,具体规范如表 13-2 所示。

图 13-33   RT5370 的实物图

表 13-2   RT5370 的具体规范

协议和标准	IEEE 802.11b/g 或 IEEE 802.11n
接口	USB 1.1,USB 2.0
频段	2.412~2.4835GHz
数据速率	IEEE 802.11b/g:峰值速率 54Mbps,峰值吞吐量 27Mbps
	IEEE 802.11n:峰值速率 150Mbps,峰值吞吐量 90Mbps
信号传输强度	IEEE 802.11b:19dBm;IEEE 802.11g:15dBm;IEEE 802.11n:14dBm
数据加密	WEP 64/128,WPA,WPA2,IEEE 802.1X,WPS
传输距离	室内可达 100m,室外可达 300m(标准传输距离会受环境影响)
操作系统	支持 Windows CE/2000/XP/Vista/7,Linux,macOS X

2. WiFi 的协议

(1) IEEE 802.11 简介如表 13-3 所示。

表 13-3   IEEE 802.11 简介

技术协议标准	发布时间	工作频段	标准速度	理想最高速率	覆盖范围(室内十室外)
802.11a	1999	5.15~5.35/ 5.47~5.725/ 5.725~5.875GHZ	25Mbps	54Mbps	30m/45m
802.11b	1999	2.4~2.5GHz	6.5Mbps	11Mbps	30m/100m
802.11g	2003	2.4~2.5GHZ	25Mbps	54Mbps	30m/100m
802.11n	2009	2.4GHz 或 5GHz	300Mbps	600Mbps	70m/250m
802.11ac	2011	5GHZ	433Mbps/ 867Mbps	867Mbps/ 1.73Gbps/ 3.47Gbps/ 6.93Gbps	

(2) WiFi 总共有 14 个信道,如图 13-34 所示。

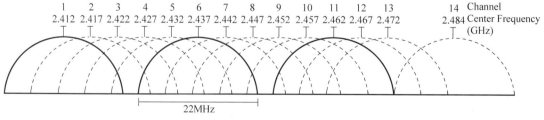

图 13-34   WiFi 信道

① IEEE 802.11b/g 标准工作在 2.4GHz 频段,频率范围为 2.400～2.4835GHz,共 83.5Mbps 带宽。

② 划分为 14 个子信道。

③ 每个子信道宽度为 22MHz。

④ 相邻信道的中心频点间隔 5MHz。

⑤ 相邻的多个信道存在频率重叠(如 1 信道与 2、3、4、5 信道有频率重叠)。

⑥ 整个频段内只有 3 个(1、6、11)互不干扰的信道。

(3) SSID 和 BSSID。

① 基本服务集(BSS)。

基本服务集是 IEEE 802.11 LAN 的基本组成模块。能互相进行无线通信的工作站 (STA)可以构成一个 BSS(Basic Service Set)。如果一个站移出 BSS 的覆盖范围,那么它将不能再与 BSS 的其他成员通信。

② 扩展服务集(ESS)。

多个 BSS 可以构成一个扩展网络,称为扩展服务集(ESS)网络,一个 ESS 网络内部的 STA 可以互相通信,是采用相同 SSID 的多个 BSS 形成的更大规模的虚拟 BSS。连接 BSS 的组件称为分布式系统(Distribution System,DS)。

③ SSID 服务集的标识,在同一 SS 内的所有 STA 和 AP 必须具有相同的 SSID,否则无法进行通信。

SSID 是一个 ESS 的网络标识(如:TP_Link_1201),BSSID 是一个 BSS 的标识,BSSID 实际上就是 AP 的 MAC 地址,用来标识 AP 管理的 BSS,在同一个 AP 内 BSSID 和 SSID 一一映射。在一个 ESS 内 SSID 是相同的,但对于 ESS 内的每个 AP 与之对应的 BSSID 是不相同的。如果一个 AP 可以同时支持多个 SSID,则 AP 会分配不同的 BSSID 来对应这些 SSID。

(4) 无线接入过程的 3 个阶段。

STA(工作站)在初始化完成、开始正式使用 AP 传送数据帧前,要经过 3 个阶段才能够接入(IEEE 802.11 MAC 层负责客户端与 AP 之间的通信,包括扫描、接入、认证、加密、漫游和同步等功能):扫描(Scan)阶段、认证(Authentication)阶段和关联(Association)阶段。

3. Linux 内核驱动配置

本 WiFi 模块设计使用 RT5370。RT5370 是一款雷凌公司生产的 WiFi 模块,它支持 IEEE 802.11b/g/n 协议,源码驱动可以从官方网站下载。WiFi 网络可以将有线网络信号转换成无线网络信号,提供无线热点信号给计算机、手机、PAD 等设备连接。

RT5370 无线网卡驱动正常工作所需要的驱动程序包括两部分:WLAN 驱动和 USB 接口驱动。WLAN 驱动的作用在数据接收和传输过程中显得非常重要,它既要接收从应用层传来的数据,把数据从 USB 接口转发到 DM365 上,又要处理平台传送过来的中断,用 USB 驱动注册的接口函数读取硬件缓冲区的数据流,传递数据到应用层。RT5370 无线网卡设备在 Linux 中被当成一般以太网设备来识别。驱动模块的编译将在实验步骤中详细介绍。

因为扫描、认证、关联 3 个模块是相互依赖的,Linux 系统中,将这 3 个模块放入文件系统的 modules 目录下,添加在文件系统 etc/rc.d/rc3.d/S87demo 下,并设置为开机自动加载 WiFi 模块驱动,加载的顺序依次是:

```
insmod rtutil5572sta.ko
insmod rt5572sta.ko
insmod rtnet5572sta.ko
```

4. 硬件平台框架

硬件主控模块采用 TI 公司的 TMS320DM365,这是一款基于 DaVinci 技术的高性能处理器。它以 ARM926EJ-S 为核心,主频率达到 300MHz,支持 32 位的精简指令集(RISC)微处理器和 16 位的 THUMB 指令集,本设计主要运行于 ARM(32 位)模式下。该处理器在图像视频处理方面性能很好,非常适用于物联网设备的开发,对于网关系统以后的外围音频和视频设备扩展非常有帮助,且对于本设计来说完全能达到要求。

WiFi 是一种技术,被授权许可的 WiFi 设备可以连接到一个无线局域网,使用的视频频段为 2.4GHz,设备连接到无线局域网是要有密码保护的。其传输数据的安全性没有蓝牙传输方式高,但是传输速率较高,达到 54Mbps,且发射信号功率低。

本实验箱选择 RT5370 模块作为实验箱的 WiFi 模块。该模块传输距离远,室内最远可达 100m,室外最远可以 300m。采用 USB 接口方式进行数据传输,工作电压为 3.3V,且模块连接方式简单,共有 7 个连接脚:两个数据引脚、两个电源脚、一个 LED 指示引脚、一个地、一个脚悬空。WiFi 模块硬件电路图如图 13-35 所示。

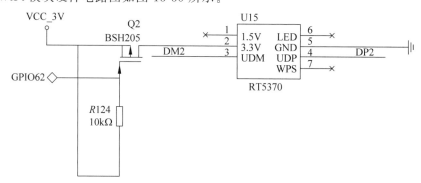

图 13-35 WiFi 模块硬件电路

5. 总体硬件结构设计

WiFi 模块总体硬件电路图 13-36 所示。

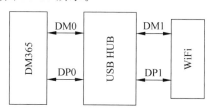

图 13-36 WiFi 模块总体硬件电路图

五、实验步骤

步骤 1,硬件连接。

(1) 连接好实验箱的网线、串口线和电源。

(2) 首先通过 Putty 软件使用 SSH 通信方式登录到服务器,如图 13-37 所示(在 Host Name (or IP address)文本框中输入服务器的 IP 地址)。单击 Open 按钮,登录到服务器。

(3) 要使用 Serial 通信方式登录到实验箱,需要先查看端口号。具体步骤是:右击“我的电脑”图标,在弹出的快捷菜单中选择“管理”命令,在出现的窗口选择“设备管理器”→“端口”选项,查看实验箱的端口号。如图 13-38 所示。

(4) 在 Putty 软件端口栏输入步骤(3)中查询到的串口,设置波特率为 115200,连接实验箱,如图 13-39 所示。

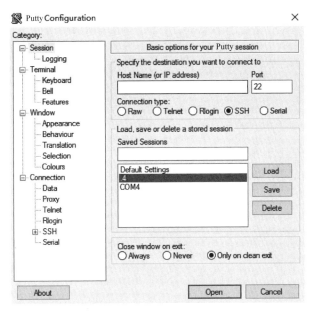

图 13-37 打开 Putty 连接

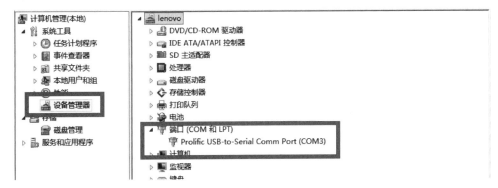

图 13-38 端口号查询

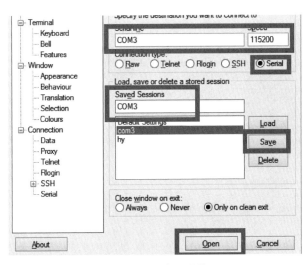

图 13-39 Putty 串口连接配置

（5）单击 Open 按钮，进入连接页面，打开实验箱开关，在 5s 内，按 Enter 键，然后输入挂载参数，再次按 Enter 键，输入 boot 命令，按 Enter 键，开始进行挂载。具体信息如下所示：

```
DM365 EVM :> setenv bootargs 'mem = 110M console = ttyS0,115200n8 root = /dev/nfs rw nfsroot = 192.
168.1.18:/home/shiyan/filesys_clwxl ip = 192.168.1.42:192.168.1.18:192.168.1.1:255.255.255.
0::eth0:off eth = 00:40:01:C1:56:78 video = davincifb:vid0 = OFF:vid1 = OFF:osd0 = 640x480x16,
600K:osd1 = 0x0x0,0K dm365_imp.oper_mode = 0 davinci_capture.device_type = 1 davinci_enc_mngr.
ch0_output = LCD'
DM365 EVM :> boot

Loading from NAND 1GiB 3,3V 8 - bit, offset 0x400000
  Image Name: Linux - 2.6.18 - plc_pro500 - davinci_
  Image Type: ARM Linux Kernel Image (uncompressed)
  Data Size: 1996144 Bytes = 1.9 MB
  Load Address: 80008000
  Entry Point: 80008000
# # Booting kernel from Legacy Image at 80700000 ...
  Image Name: Linux - 2.6.18 - plc_pro500 - davinci_
  Image Type: ARM Linux Kernel Image (uncompressed)
  Data Size: 1996144 Bytes = 1.9 MB
  Load Address: 80008000
  Entry Point: 80008000
  Verifying Checksum ... OK
  Loading Kernel Image ... OK
OK

Starting kernel ...

Uncompressing Linux................................................................................
done, booting the kernel.
[    0.000000] Linux version 2.6.18 - plc_pro500 - davinci_evm - arm_v5t_le - gfaa0b471 - dirty
(zcy@punuo - Lenovo) (gcc version 4.2.0 (MontaVista 4.2.0 - 16.0.32.0801914 2008 - 08 - 30)) #1
PREEMPT Mon Jun 27 15:31:35 CST 2016
[    0.000000] CPU: ARM926EJ - S [41069265] revision 5 (ARMv5TEJ), cr = 00053177
[    0.000000] Machine: DaVinci DM365 EVM
[    0.000000] Memory policy: ECC disabled, Data cache writeback
[    0.000000] DaVinci DM0365 variant 0x8
[    0.000000] PLL0: fixedrate: 24000000, commonrate: 121500000, vpssrate: 243000000
[    0.000000] PLL0: vencrate_sd: 27000000, ddrrate: 243000000 mmcsdrate: 121500000
[    0.000000] PLL1: armrate: 297000000, voicerate: 20482758, vencrate_hd: 74250000
[    0.000000] CPU0: D VIVT write - back cache
[    0.000000] CPU0: I cache: 16384 bytes, associativity 4, 32 byte lines, 128 sets
[    0.000000] CPU0: D cache: 8192 bytes, associativity 4, 32 byte lines, 64 sets
[    0.000000] Built 1 zonelists. Total pages: 28160
[    0.000000] Kernel command line: mem = 110M console = ttyS0,115200n8 root = /dev/nfs rw
nfsroot = 192.168.1.18:/home/shiyan/filesys_clwxl ip = 192.168.1.42:192.168.1.18:192.168.1.1:
255.255.255.0::eth0:off eth = 00:40:01:C1:56:78 video = davincifb:vid0 = OFF:vid1 = OFF:osd0 =
640x480x16,600K:osd1 = 0x0x0,0K dm365_imp.oper_mode = 0 davinci_capture.device_type = 1 davinci_enc_
mngr.ch0_output = LCD
[    0.000000] TI DaVinci EMAC: kernel boot params Ethernet address: 00:40:01:C1:56:78


KeypadDriverPlugin::create # # # # # # # # # # # # # # # # # # # # # # #: optkeypad
keyboard input device ( "/dev/input/event0" ) is opened.
id = "0"
msqid = 0


MontaVista(R) Linux(R) Professional Edition 5.0.0 (0801921)
```

（6）按 Enter 键，输入用户名 root 登录实验箱，如下所示：

```
zjut login: root



Welcome to MontaVista(R) Linux(R) Professional Edition 5.0.0 (0801921).
```

```
login[737]: root login on 'console'

/ ****** Set QT environment ******** /

[root@zjut ~]#
```

步骤 2,编译 WiFi 驱动模块。

(1) 模块驱动源码是网上购买 RT5370 迷你 USB 无线网卡自带的,将 DPA_RT5572_ LinuxSTA_2.6.1.4_20121211.tar.bz2 解压出来。使用"tar -zxvf DPA_RT5572_LinuxSTA_ 2.6.1.4_20121211.tar.bz2"命令即可得到源码。在对驱动进行编译之前,需要对于源码的相关配置进行修改,使驱动适配相应的芯片。在 Windows 端使用 Putty 中 SSH 服务登录服务器,之后执行 cd 命令进入模块驱动源码的目录并用 ls 命令查看驱动源码的文件,如下所示,之后进行相应修改。

```
ubuntu :: ~/Desktop » cd DPA_RT5572_LinuxSTA_2.6.1.4_20121211
ubuntu :: Desktop/DPA_RT5572_LinuxSTA_2.6.1.4_20121211 » ls
config.mk    cp_module.sh   Makefile        Makefile.inc    NETIF
config.mk~   cp_util.sh     Makefile.clean  MODULE          UTIL
ubuntu :: Desktop/DPA_RT5572_LinuxSTA_2.6.1.4_20121211 »
```

(2) 修改驱动目录下的 config.mk 文件,使用 vim 命令进行修改。将第 28 行 HAS_ WPA_SUPPLICANT=n 修改为 HAS_WPA_SUPPLICANT = y;同样地,将第 37 行中 HAS_NATIVE_WPA_SUPPLICANT_SUPPORT = n 中的 n 改为 y,表示支持 wpa_ supplicant 工具。修改完毕后的 config.mk 文件如下所示:

```
ubuntu :: Desktop/DPA_RT5572_LinuxSTA_2.6.1.4_20121211 » vim config.mk
23 # Support AP - Client function
24 HAS_APCLI = n
25
26 # Support Wpa_Supplicant
27 # i.e. wpa_supplicant - Dralink
28 HAS_WPA_SUPPLICANT = y
29
30
31 # Support Native WpaSupplicant for Network Maganger
32 # i.e. wpa_supplicant - Dwext
33
34 # what if user want to use wpa_supplicant to serve P2P function/feature,
35 # in case, it must use Ralink Propriectary wpa_supplicant to do.
36 # and this compile flag will report P2P Related Event to Ralink wpa_supplicant.
37 HAS_NATIVE_WPA_SUPPLICANT_SUPPORT = y
38
39 # Support Net interface block while Tx - Sw queue full
40 HAS_BLOCK_NET_IF = n
41
42 # Support IGMP - Snooping function.
43 HAS_IGMP_SNOOP_SUPPORT = n
```

(3) 修改 MODULE 目录下的 Makefile,进入 MODULE 目录,使用 vim 修改 Makefile,具体包括:将 PLATFORM 改为 SMDK,即注释第 30 行;将第 49 行 # PLATFORM = SMDK 注释删除;在第 270 行中将 LINUX_SRC 内核路径修改为驱动依赖的当前服务器使用的内核路径;CROSS_COMPILE 修改为所要使用的交叉编译工具路径,比如 CROSS_ COMPILE= /mv_pro_5.0/montavista/pro/devkit/arm/v5t_le/bin。保存退出后 NETIF 和 UTIL 下的 Makefile 也会相应改变。如下所示的部分代码是需要修改的代码。

```
30 ♯ PLATFORM = PC
49 PLATFORM = SMDK
269 ifeq ( $ (PLATFORM),SMDK)
270 ♯LINUX_SRC = /home/bhushan/itcenter/may28/linux - 2.6 - samsung
271 ♯CROSS_COMPILE = /usr/local/arm/4.2.2 - eabi/usr/bin/arm - linux -
272 LINUX_SRC = /home/kxq/Desktop/kernel - for - mceb
273 CROSS_COMPILE = /mv_pro_5.0/montavista/pro/devkit/arm/v5t_le/bin
274 endif
```

（4）在 DPA_RT5572_LinuxSTA_2.6.1.4_20121211/目录下执行 make。正确编译后在 MODULE/os/linux/目录下会生成 rt5572sta. ko，在 NETIF/os/linux/目录下会生成 rtnet5572sta. ko，在 UTIL/os/linux/目录下会生成 rtutil5572sta. ko。

```
kxq@ubuntu:pts/0 ->/home/kxq/Desktop/DPA_RT5572_LinuxSTA_2.6.1.4_20121211 (0)
> make
make - C UTIL/ osutil
make[1]: 正在进入目录 `/home/kxq/Desktop/DPA_RT5572_LinuxSTA_2.6.1.4_20121211/UTIL'
cp - f os/linux/Makefile.6.util /home/kxq/Desktop/DPA_RT5572_LinuxSTA_2.6.1.4_20121211/UTIL/
os/linux/Makefile
make - C /home/kxq/Desktop/kernel - for - mceb SUBDIRS = /home/kxq/Desktop/DPA_RT5572_LinuxSTA_
2.6.1.4_20121211/UTIL/os/linux modules
make[2]: 正在进入目录 `/home/kxq/Desktop/kernel - for - mceb'
 Building modules, stage 2.
 MODPOST
make[2]:正在离开目录 `/home/kxq/Desktop/kernel - for - mceb'
make[1]:正在离开目录 `/home/kxq/Desktop/DPA_RT5572_LinuxSTA_2.6.1.4_20121211/UTIL'
/bin/sh cp_util.sh

make - C MODULE/ build_tools
make[1]: 正在进入目录 `/home/kxq/Desktop/DPA_RT5572_LinuxSTA_2.6.1.4_20121211/MODULE'
make - C tools
make[2]: 正在进入目录 /home/kxq/Desktop/DPA_RT5572_LinuxSTA_2.6.1.4_20121211/MODULE/tools'
gcc - g bin2h.c - o bin2h
make[2]:正在离开目录 /home/kxq/Desktop/DPA_RT5572_LinuxSTA_2.6.1.4_20121211/MODULE/tools'
/home/kxq/Desktop/DPA_RT5572_LinuxSTA_2.6.1.4_20121211/MODULE/tools/bin2h
make[1]:正在离开目录 `/home/kxq/Desktop/DPA_RT5572_LinuxSTA_2.6.1.4_20121211/MODULE'
make - C MODULE/ osdrv
make[1]: 正在进入目录 `/home/kxq/Desktop/DPA_RT5572_LinuxSTA_2.6.1.4_20121211/MODULE'
cp - f os/linux/Makefile.6 /home/kxq/Desktop/DPA_RT5572_LinuxSTA_2.6.1.4_20121211/MODULE/os/
linux/Makefile
make - C /home/kxq/Desktop/kernel - for - mceb SUBDIRS = /home/kxq/Desktop/DPA_RT5572_LinuxSTA_
2.6.1.4_20121211/MODULE/os/linux modules
make[2]: 正在进入目录 `/home/kxq/Desktop/kernel - for - mceb'
 CC [M] /home/kxq/Desktop/DPA_RT5572_LinuxSTA_2.6.1.4_20121211/MODULE/os/linux/../../common/
rtmp_mcu.o
 LD [M] /home/kxq/Desktop/DPA_RT5572_LinuxSTA_2.6.1.4_20121211/MODULE/os/linux/rt5572sta.o
 Building modules, stage 2.
 MODPOST
 LD [M] /home/kxq/Desktop/DPA_RT5572_LinuxSTA_2.6.1.4_20121211/MODULE/os/linux/rt5572sta.ko
make[2]:正在离开目录 `/home/kxq/Desktop/kernel - for - mceb'
make[1]:正在离开目录 `/home/kxq/Desktop/DPA_RT5572_LinuxSTA_2.6.1.4_20121211/MODULE'
/bin/sh cp_module.sh
make - C NETIF/ osnet
make[1]: 正在进入目录 `/home/kxq/Desktop/DPA_RT5572_LinuxSTA_2.6.1.4_20121211/NETIF'
cp - f os/linux/Makefile.6.netif /home/kxq/Desktop/DPA_RT5572_LinuxSTA_2.6.1.4_20121211/
NETIF/os/linux/Makefile
make - C /home/kxq/Desktop/kernel - for - mceb SUBDIRS = /home/kxq/Desktop/DPA_RT5572_LinuxSTA_
2.6.1.4_20121211/NETIF/os/linux modules
make[2]: 正在进入目录 `/home/kxq/Desktop/kernel - for - mceb'
 Building modules, stage 2.
```

```
      MODPOST
make[2]:正在离开目录 '/home/kxq/Desktop/kernel-for-mceb'
make[1]:正在离开目录 '/home/kxq/Desktop/DPA_RT5572_LinuxSTA_2.6.1.4_20121211/NETIF'
kxq@ubuntu:pts/0 ->/home/kxq/Desktop/DPA_RT5572_LinuxSTA_2.6.1.4_20121211 (0)
```

（5）使用cp命令将生成的这3个.ko驱动模块复制到挂载的文件系统中。相关命令如下所示：

```
ubuntu :: Desktop/DPA_RT5572_LinuxSTA_2.6.1.4_20121211 » cp MODULE/os/linux/rt5572sta.ko /
home/kxq/share/filesys_test/modules
ubuntu :: Desktop/DPA_RT5572_LinuxSTA_2.6.1.4_20121211 » cp NETIF/os/linux/rtnet5572sta.ko /
home/kxq/share/filesys_test/modules
ubuntu :: Desktop/DPA_RT5572_LinuxSTA_2.6.1.4_20121211 » cp UTIL/os/linux/rtutil5572sta.ko /
home/kxq/share/filesys_test/modules
```

步骤3，配置WiFi文件，打开WiFi设备（在实验箱COM口操作）。

（1）输入"cd /modules"进入modules文件夹，使用ls命令查看相关的.ko文件是否存在，如下所示：

```
9:10:36 kxq@ubuntu modules ls
at24cxx.ko                lcd.ko           rtc-x1205.ko       sr04.ko
davinci_dm365_gpios.ko    ov5640_i2c.ko    rtnet5370ap.ko     srd.ko
egalax_i2c.ko             rt5370ap.ko      rtnet5572sta.ko    ts35xx-i2c.ko
fm1188_i2c.ko             rt5370sta.ko     rtutil5370ap.ko    ttyxin.ko
i2c.ko                    rt5572sta.ko     rtutil5572sta.ko
9:10:39 kxq@ubuntu modules
```

（2）输入lsmod命令查看WiFi驱动模块是否存在，如下所示：

```
[root@zjut ~]# lsmod
Module          Size  Used by      Tainted: P
dm365mmap 5336 0 - Live 0xbf1c1000
edmak 13192 0 - Live 0xbf1bc000
irqk 8552 0 - Live 0xbf1b8000
cmemk 28172 0 - Live 0xbf1b0000
ov5640_i2c 9572 1 - Live 0xbf1ac000
rtnet5572sta 53652 0 - Live 0xbf19d000
rt5572sta 1574568 1 rtnet5572sta, Live 0xbf01b000
rtutil5572sta 80052 2 rtnet5572sta,rt5572sta, Live 0xbf006000
egalax_i2c 16652 0 - Live 0xbf000000
[root@zjut ~]#
```

说明：rtutil5572sta.ko、rt5572sta.ko、rtnet5572sta.ko是静态加载的，使用lsmod可以查看到这3个文件。

（3）如果这3个.ko文件不存在，则需要手动加载。加载顺序为：insmod rtutil5572sta.ko、insmod rt5572sta.ko、insmod rtnet5572sta.ko。

注意：一定按照上述顺序加载。

（4）接着输入iwconfig命令，查看是否存在一个ra0的无线设备，若有，则说明WiFi设备已经正常开启；若没有，则说明实验箱的内核配置不正确，需要重新配置内核并烧写。

```
[root@zjut ~]# iwconfig
lo      no wireless extensions.

eth0    no wireless extensions.

tun10   no wireless extensions.

gre0    no wireless extensions.

ra0     Ralink STA
```

（5）输入"cd /etc"进入根目录中的 etc 文件夹下，在终端输入"vi wpa_supplicant. conf"（注：如果不好修改，则可以修改/etc/wps_supplicant. conf 文件），配置连接的 WiFi 热点，如下所示：

```
[root@zjut etc]# vi wpa_supplicant.conf
ctrl_interface = /var/run/wpa_supplicant
network = {
ssid = "Honour"
psk = "96497583"
key_mgmt = WPA - EAP WPA - PSK IEEE8021X NONE
pairwise = TKIP CCMP
group = CCMP TKIP WEP104 WEP40
}
```

其中，ssid 就是我们要连接的热点，将之更换为其需要连接的热点名称；psk 是热点的密码，更换为其需要连接的热点名称密码；key_mgmt 是加密模式。要连接计算机或手机的热点，只需将 ssid 改成热点名称，psk 改成热点的密码。

步骤 4，连接指定 WiFi 热点。

（1）运行"wpa_supplicant -B -ira0 -c /etc/wpa_supplicant. conf -Dwext"，可以连接配置好的 WiFi 热点，会出现以下打印信息。

```
[root@zjut ~]# wpa_supplicant - B - ira0 - c /etc/wpa_supplicant.conf - Dwext
[   100.410000] NICLoadFirmware: We need to load firmware
[   100.560000] <-- RTMPAllocTxRxRingMemory, Status = 0
[   100.560000] RTMP_TimerListAdd: add timer obj c70e9a90!
[   100.790000] P2pGroupTabInit .
[   100.800000] P2pScanChannelDefault <=== count = 3, Channels are 1, 6,11 separately
[   100.810000] P2pCfgInit::
[   100.810000] RTMP_TimerListAdd: add timer obj c7032910!
[   100.860000] -- > RTUSBVenderReset
[   100.860000] <-- RTUSBVenderReset
[   101.160000] Key1Str is Invalid key length(0) or Type(0)
[   101.200000] 1. Phy Mode = 5
[   101.210000] 2. Phy Mode = 5
[   101.210000] NVM is Efuse and its size = 2d[2d0 - 2fc]
[   101.250000] phy mode > Error! The chip does not support 5G band 15!
[   101.260000] RTMPSetPhyMode: channel is out of range, use first channel = 1
[   101.290000] 3. Phy Mode = 9
[   101.300000] AntCfgInit: primary/secondary ant 0/1
[   101.300000] NICInitRT5390RFRegisters: Initialize frequency - EEPROM = 46, RF_R17 = 0
[   101.330000] AsicSetRxAnt, switch to main antenna
[   101.350000] bAutoTxAgcG = 0
[   101.350000] --- > InitFrequencyCalibration
[   101.360000] InitFrequencyCalibration: frequency offset in the EEPROM = 46
[   101.360000] <--- InitFrequencyCalibration
[   101.380000] MCS Set = ff 00 00 00 01
[   101.390000] <==== rt28xx_init, Status = 0
[   101.410000] 0x1300 = 00064300
[root@zjut ~]# [   103.670000] ===>rt_ioctl_giwscan. 18(18) BSS returned, data - > length =
2019
[   103.680000] ==> rt_ioctl_siwfreq::SIOCSIWFREQ(Channel = 11)
alarm
Failed
Script chat - s - v - f /etc/ppp/peers/chat - wcdma - connect finished (pid 1009), status = 0x3
Connect script failed

[root@zjut ~]#
```

（2）输入 iwconfig 查看连接的热点名称以及 MAC 地址等信息，如下所示：

```
[root@zjut ~]# iwconfig
lo          no wireless extensions.

eth0        no wireless extensions.

tun10       no wireless extensions.

gre0        no wireless extensions.

ra0         Ralink STA ESSID:"Honour" Nickname:"RT2870STA"
            Mode:Managed Frequency = 2.462 GHz Access Point: 88:F8:72:65:D1:D5
            Bit Rate = 65 Mb/s
            RTS thr:off Fragment thr:off
            Encryption key:A94F - E34C - E8D0 - 13DE - FE7A - 9F11 - 6C6D - 2EAD Security mode:open
            Link Quality = 100/100 Signal level: - 44 dBm Noise level: - 44 dBm
            Rx invalid nwid:0 Rx invalid crypt:0 Rx invalid frag:0
            Tx excessive retries:0 Invalid misc:0 Missed beacon:0

p2p0        Ralink P2P ESSID:""
            Mode:Managed Channel:11 Access Point: 7E:DD:90:91:2E:0C
            Bit Rate = 150 Mb/s
            Link Quality = 100/100 Signal level: - 44 dBm Noise level: - 44 dBm
            Rx invalid nwid:0 Rx invalid crypt:0 Rx invalid frag:0
            Tx excessive retries:0 Invalid misc:0 Missed beacon:0

[root@zjut ~]#
```

（3）输入"wpa_cli -ira0 status"可以查看连接状态，如下所示：

```
[root@zjut ~]# wpa_cli - ira0 status
bssid = 88:f8:72:65:d1:d5
ssid = Honour
id = 0
mode = station
pairwise_cipher = CCMP
group_cipher = CCMP
key_mgmt = WPA2 - PSK
wpa_state = COMPLETED
[root@zjut ~]#
```

（4）输入"udhcpc -ira0 -q"为连接设备分配一个 IP 地址，如下所示：

```
[root@zjut ~]# udhcpc - ira0 - q
udhcpc (v1.6.0) started
Setting IP addre[ 338.340000] RTMP_TimerListAdd: add timer obj c712899c!
ss 0.0.0.0 on ra0
Sending discover...
Sending discover...
Sending select for 192.168.43.143...
Lease of 192.168.43.143 obtained, lease time 3600
Setting IP address 192.168.43.143 on ra0
Deleting routers
route: SIOC[ADD|DEL]RT: No such process
Adding router 192.168.43.1
Recreating /tmp/resolv.conf
Adding DNS server 192.168.43.1
[root@zjut ~]#
```

（5）执行"ping 202.108.22.5"测试，可以 ping 通外网了，如下所示：

```
[root@zjut ~]# ping 202.108.22.5
PING 202.108.22.5 (202.108.22.5): 56 data bytes
```

```
64 bytes from 202.108.22.5: seq = 0 ttl = 46 time = 121.1 ms
64 bytes from 202.108.22.5: seq = 1 ttl = 46 time = 48.1 ms
64 bytes from 202.108.22.5: seq = 2 ttl = 46 time = 81.5 ms
64 bytes from 202.108.22.5: seq = 3 ttl = 46 time = 50.0 ms
64 bytes from 202.108.22.5: seq = 4 ttl = 46 time = 49.5 ms
64 bytes from 202.108.22.5: seq = 5 ttl = 46 time = 48.8 ms
64 bytes from 202.108.22.5: seq = 6 ttl = 46 time = 47.8 ms
64 bytes from 202.108.22.5: seq = 7 ttl = 46 time = 52.0 ms

[1] + Stopped(SIGTSTP)      ping 202.108.22.5
[root@zjut ~]#
```

步骤 5,实验箱与手机网络调试助手进行通信。

(1) 在了解 TCP 的通信原理后,编写基于该协议的聊天程序,在客户端和服务器端相互发送消息,熟悉协议原理。在此,实验箱作为客户端,手机端的网络调试助手作为服务器。客户端代码如下:

```c
//tcpclient.c
# include < stdio.h >
# include < string.h >
# include < errno.h >
# include < netinet/in.h >
# define PORT 1024                            //服务器端口号
# define HOST_ADDR "192.168.43.1"             //手机热点 IP 地址
int main ()
{
    struct sockaddr_in server;
    int s, ns;
    int pktlen, buflen;
    char buf1[256], buf2[256];
    s = socket(AF_INET, SOCK_STREAM, 0);
    server.sin_family = AF_INET;
    server.sin_port = htons(PORT);
    server.sin_addr.s_addr = inet_addr (HOST_ADDR); //connect 第一个参数是 client 的 socket 描
                                                    //述符,第二个参数是 server 的 socket 地址,
                                                    //第三个为地址长度
    if (connect(s, (struct sockaddr * )&server, sizeof(server)) < 0)
    {
        perror("connect()");
        return;
    }
    //进行网络 I/O
    for (;;) {
        printf ("Enter a line: ");
        gets (buf1);                           //从 stdin 流中读取字符串,直至接受到换行符
        buflen = strlen (buf1);
        if (buflen == 0)
            break;
        send(s, buf1, buflen + 1, 0);
        recv(s, buf2, sizeof (buf2), 0);
        printf("Received line: %s\n", buf2);
    }
    close(s);
    return 0;
}
```

(2) 编辑完客户端程序后将之保存为 tcpclient.c,输入命令编译:arm_v5t_le-gcc tcpclient.c -o tcpclient。然后将生成的可执行文件复制到文件系统的/opt/dm365 下:cp tcpclient/home/lt/filesys_lt/opt/dm365。

```
Desktop % arm_v5t_le-gcc tcpclient.c - o tcpclient
/tmp/ccoSpNJa.o: In function `main':
tcpclient.c:(.text + 0x88): warning: the `gets'function is dangerous and should not be used.
Desktop % cp tcpclient /home/kxq/share/filesys_test/opt/dm365
```

（3）将手机设置为服务器，实验箱作为客户端，测试手机和实验箱通话是否正常。在手机 Android 客户端下载有人网络助手 APK 软件，网址为 https://www.usr.cn/Download/29.html。测试通话流程需要一台实验箱 WiFi 设备连接手机热点，并在开启手机热点的手机上打开网络调试助手，在网络调试助手上选择"tcp server"配置，端口设置为 1024（可以任意设置，注意不要与其他应用层协议使用的端口有冲突，比如不要设置为端口 80，若有冲突，则更换为其他的端口号），如图 13-40 和图 13-41 所示。

图 13-40　手机端网络调试助手配置界面　　　图 13-41　手机端网络调试助手配置界面

（4）在实验箱执行客户端的应用程序 tcpclient，然后在客户端向服务器端发消息 a，服务器端回 b，客户端发 c，服务器端回 d。实验箱客户端显示如下：

```
[root@zjut dm365]# ./tcpclient
Enter a line: a
Received line: b
Enter a line: c
Received line: d
Enter a line:
```

手机网络调试助手服务器端显示如图 13-42 所示。

思考实验：假如要传输一张图片或者一个 Word 文档或者是一首歌，甚至是一个小视频，该如何解决呢？

提示：在 socket 编程中 for 循环将输入字符的程序替换成 fp＝fopen(path,"rb")，将该文件以二进制流形式读出 fread(buf,1,size_k,fp)，再通过本程序中的 send 函数发送出去即可，接收端 recv 不变，当然相应的缓冲区可以加大，使传输速率加快。

图 13-42　手机网络调试助手服务器端显示

实验 22：蓝牙程序编写实验

视频讲解

一、实验目的

1. 了解 Linux 串口通信原理。
2. 了解蓝牙的协议栈原理。
3. 了解蓝牙透传传输工作原理。
4. 熟悉蓝牙发送字符串工作原理。

二、实验内容

1. 编写设置蓝牙发送 AT 指令的测试程序。
2. 熟悉蓝牙串口发送 AT 指令,操作 AT 指令。
3. 熟悉蓝牙串口 AT 指令,发送 AT 指令设置蓝牙,建立两个蓝牙设备之间的连接。
4. 学习串口操作并实现字符串的发送。

三、实验设备

1. 硬件:PC,教学实验箱一台;蓝牙模块 2 个;网线;串口线;跳线帽。
2. 软件:PC 操作系统;Putty;服务器 Linux 操作系统;arm-v5t_le-gcc 交叉编译环境。
3. 环境:Ubuntu 12.04.4;文件系统版本为 filesys_test;烧写的内核版本为 uImage_wlw。

四、预备知识

1. C 语言的基础知识。
2. 软件调试的基础知识和方法。
3. Linux 基本操作。
4. Linux 应用程序的编写。
5. 蓝牙协议。

五、实验说明

1. 概述

蓝牙(Bluetooth)是一种短距离无线通信技术,可以实现固定设备、移动设备和楼宇等个域网之间的短距离数据交换。蓝牙工作在 2.4GHz 的 ISM 频段。全球任何单位、任何人均可开发开放的标准接口。采用电路交换和分组交换技术,支持异步数据传输、3 路语音信道及二者同时传输信道。蓝牙数据传输速率可达 1Mbps,同时具有功耗低、通信安全、组网简单方便的技术特点。

从最初的 1.0 版本到现在推出了 5.0 版本的最新一代蓝牙标准,蓝牙技术有了全面的提升,无论是通信速度、通信距离还是通信容量都有极大的改善。现在市面上常用的是 4.2LE 版本,它最重要的特点是省电,拥有极低的待机和运行功耗,可以利用一颗纽扣电池连续工作长达数年之久。另外,还具有跨厂商互操作性、低成本、3ms 低延迟、100m 以上超长距离、AES-128 加密等很多特色,其可以应用于计步器、智能仪表、传感器物联网、心律监视器等众多的领域。

蓝牙协议规范定义了两种无线技术:基本速率(BR)和蓝牙低功耗(BLE)。BLE 系统旨在每次传输非常小的数据包,因此消耗的电量更低。

蓝牙无线技术中 4.0 版本是三位一体的蓝牙技术,它将传统蓝牙低功耗蓝牙和高速蓝牙技术融合在一起,这三种规格可以组合或单独使用。其所构成的蓝牙个人局域网,规定了单个主从设备之间的网络发现、网络形成、地址解析、地址分配、域名解析、桥接或路由和网络完全的网络接入,以及一个或多个蓝牙设备的网络接入。

HM-10 蓝牙模块采用 TI CC2541 芯片,配置 256Kb 空间,支持 AT 指令,用户可根据需要更改角色(主、从模式)以及串口波特率、设备名称、配对密码等参数,使用灵活。HM 系列蓝牙模块出厂默认的串口配置为波特率 9600bps,无校验,数据位 8,停止位 1,无流控。蓝牙协议:Bluetooth Specification V4.0 BLE。USB 协议:USB V2.0。工作频率:2.4GHz ISM band。供电电源：+3.3VDC 50mA。

本实验采用 HM-10 蓝牙 4.0 模块，如图 13-43 所示。

2. 实现的功能

(1) 通过 AT 指令设置蓝牙模块参数。

(2) 蓝牙模块建立蓝牙。

(3) 蓝牙模块之间的互发。

图 13-43 蓝牙模块实物图

3. 基本原理

串口是计算机进行串行通信的物理接口。在计算机的发展史上，串口曾经被广泛用于连接计算机、终端设备和各种外部设备。虽然以太网接口和 USB 接口也是以串行流方式进行数据传送的，但是串口连接通常特指那些与 RS-232 标准兼容的硬件或者调制解调器的接口。虽然现在在很多个人计算机上，原来用于连接外部设备的串口大多已被 USB 和 Firewire 替代；原来用于连接网络的串口则被以太网替代，用于连接终端的串口设备已经被 MDA 或者 VGA 替代。但是，一方面因为串口本身造价便宜、技术成熟，另一方面因为串口的控制台功能 RS-232 标准高度标准化并且非常普及，所以直到现在它仍然广泛应用于各种设备。某些计算机使用一个叫作 UART 的集成电路来作为串口设备。这个集成电路可以进行字符和异步串行通信序列之间的转换，并且可以自动地处理数据的时序。

Linux 串口编程由 4 部分组成。

(1) 打开串口。

Linux 下串口映射为设备文件，位于/dev 目录下，/dev/ttyS0 为串口 1，/dev/ttyS1 为串口 2。打开串口使用标准文件操作函数 open()。

```
int fd = open("/dev/ttyS1", O_RDWR | O_NONBLOCK | O_NOCTTY);
```

(2) 设置串口参数。

可以设置的参数有波特率、停止位、校验位等。串口设置数据结构体 termios 如下：

```
struct termios
{
tcflag_t c_iflag;                              //输入模式标志
  tcflag_t c_oflag;                            //输出模式标志
  tcflag_t c_cflag;                            //控制模式标志
  tcflag_t c_lflag;                            //本地模式标志
  cc_t c_cc[NCCS];                             //特殊控制模式
};
```

通过控制结构体各成员值来设置相应参数。

```
tcgetattr(fd, &Opt);                           //获取串口参数
tcflush(fd, TCIOFLUSH);                        //清空输入输出缓存
cfsetispeed(&Opt,B9600);                       //设置输入波特率
cfsetospeed(&Opt,B9600);                       //设置输出波特率
tcsetattr(fd,TCSANOW,&Opt);                    //立即设置串口参数
tcflush(fd, TCIOFLUSH);
Opt.c_cflag &= ~CSIZE;
Opt.c_cflag |= CS8;                            //设置数据位数为8位
Opt.c_cflag &= ~PARENB;                        //清除校验位
Opt.c_iflag &= ~INPCK;                         //使能奇偶 校验
Opt.c_cflag &= ~CSTOPB;                        //设置停止位
Opt.c_lflag &= ~(ICANON | ECHO | ECHOE | ISIG); //行方式输入,不经处理直接发送
Opt.c_oflag &= ~OPOST;                         //使用原始输出
Opt.c_iflag &= ~(IXON | IXOFF | IXANY);        //把软件流控制屏蔽
Opt.c_cc[VTIME] = 150;                         //设置超时为15s
Opt.c_cc[VMIN] = 0;
```

```
tcflush(fd, TCIFLUSH);
tcsetattr(fd,TCSANOW,&Opt);
```

（3）读写串口。

设置完串口参数后，可以将串口当作文件处理，串口读写函数为：write（int fd，char＊buffer，int length）和 read(int fd，char ＊buffer，int length)。

（4）关闭串口。

处理完串口数据后，使用 close(fd)关闭串口设备文件。流程如图 13-44 所示。

在 Linux 中，串口初始化需要设置串口波特率、数据流控制、帧的格式（即数据位个数、停止位、校验位、数据流控制），参考蓝牙通信实验文件夹。

串口初始化模块由 3 部分组成：设置波特率、设置数据流控制和设置帧的格式。

4. 蓝牙协议栈

协议是一系列的通信标准，通信双方需要共同按照这一标准进行正常的数据发送和接收。协议栈是协议的具体实现形式，通俗地说，就是协议栈是协议和用户之间的一个接口，开发人员通过使用协议栈来使用这个协议的，进而实现无线数据收发。

协议栈包括两个部分：控制器和主机。控制器和主机在标准蓝牙 BR/EDR 设备这两个部分通常是单独实现的。任何配置文件和应用程序都是建立在 GAP 和 GATT 协议层上，如图 13-45 所示。

图 13-44　串口编程流程图

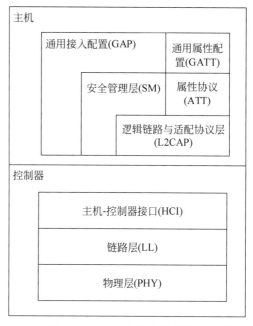

图 13-45　BLE 协议栈的结构图

PHY 层：1Mbps 自适应跳频 GFSK（高斯频移键控），运行在免授权的 2.4GHz 频段。

LL 层：RF 控制器，控制设备处于待机（standby）、广播（advertising）、监听/扫描（scanning）、初始化（initiating）、连接（connected）这 5 种状态之一。

HCI 层：为接口层，向上为主机提供软件应用程序接口（API），对外为外部硬件控制接口，可以通过串口、SPI、USB 来实现设备控制。

L2CAP 层：为上层提供数据封装服务，允许逻辑上的端到端数据通信。

SM 层：提供配对和密钥分发服务，实现安全连接和数据交换。

ATT 层：导出特定的数据（称为属性）到其他设备。

　　GAP 层：直接与应用程序或配置文件(profiles)通信的接口,处理设备发现和连接相关服务。另外还处理安全特性的初始化。

　　GATT 层：定义了使用 ATT 的服务框架和配置文件(profiles)的结构。BLE 中所有的数据通信都需要经过 GATT。

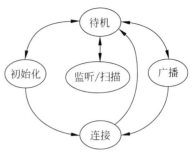

图 13-46　控制设备状态转换图

　　物理层(PHY)处于协议栈最底层,使用 1Mbps 自适应调频技术,运行在 2.4GHz 频段。链路层(LL)为 RF 控制器,它的功能是执行一些基带协议底层数据包管理协议,控制设备处于待机、广播、监听/扫描、初始化、连接 5 种工作状态中的一种,状态转换关系如图 13-46 所示。主机控制接口层(HCI),向主机和控制器提供一个标准化的接口,该层可以由软件 API 实现或者使用硬件接口 UART、SPI、USB 来控制。逻辑链路与适配协议层(L2CAP),可以让用户进行点对点通信。安全管理层(SM),提供配对和密钥分发。通用接入层(GAP),定义接口供应用层调用底层模块。属性协议层(ATT)和通用属性剖面(GATT)负责数据检索,以及为检索提供配置文件的结构。

5. 蓝牙协议栈设计

　　在蓝牙 4.0 BLE 设备构成的无线网络中,一般有 4 种设备类型：Central(主机)、Peripheral(从机)、Observer(观察者)、Broadcaster(广播者),通常主机和从机一起使用,然后观察者和广播者一起使用。

　　主机：扫描设备并发起链接,在单链路层或多链路层中作为主机。

　　从机：可链接,在单个链路层链接中作为从机。

　　观察者：扫描得到,但不能链接。

　　广播者：非连接性的信号装置。

　　主机和从机数据交换过程如图 13-47 所示。

　　蓝牙协议栈 BLE-stack 支持 40 个通道的跳频机制,其中 3 个通道用于广播,剩下的通道用于动态数据通信。协议栈主要有物理层、链路层、HCI 接口层、GAP 层、GATT 层等。链路层有 5 种状态：准备、广播、扫描、初始化、连接,状态转换关系如图 13-48 所示。

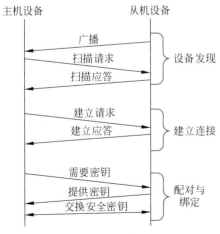

图 13-47　主机和从机数据交换过程

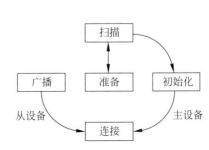

图 13-48　蓝牙链路层状态转换图

6. 蓝牙串口透传通信工作原理

　　所谓透传,是指不管数据是以怎样的比特组合,都能够在链路上传输,即帧的传输具有透明性。蓝牙通过 RS232 与串行终端设备交换数据,通过网络端与远程网络设备相连接。系统对网络接口与串行链路之间的通信数据进行转换与传输,根据接收的不同标志,筛选来自网络的数据帧,转换成串行数据发送到串行终端设备上。对于来自串行设备的数据流,将其转换为在网络中传输的数据帧。

在硬件连接上,蓝牙模块的 TX 连接主板的 RX,蓝牙模块的 RX 连接主板上的 TX,配置相关的寄存器和波特率。串口通信(Serial Communications)的概念非常简单,串口按位(bit)发送和接收字节。尽管比按字节(byte)的并行通信速度慢,但是串口可以在使用一根线发送数据的同时用另一根线接收数据。

此实验箱使用的蓝牙模块为 HM-10,使用的协议栈为已经封装,不能修改,支持 AT 指令集。

透传是指不管所传数据采用什么样的比特组合,都应当能够在链路上传送。当所传输数据中的比特组合恰巧与某一个控制信息完全一样时,就必须采取适当的措施,使接收方不会将这样的数据误认为是某种控制信息。这样才能保证数据链路层的传输是透明的。

蓝牙调试模块主芯片为 CC2541,配置串口工作的波特率为 115 200bps,数据位 8 位、停止位 1 位,没有奇偶校验位。其中波特率定义代码为"♯define NPI_UART_BR HAL_UART_BR_9600"。

对于主机程序,当 CC2541 接收到串口数据后会调用 sbpSerialAppCallback()函数,如下所示:

```
void sbpSerialAppCallback(uint8 port,uint8 event)
{
    uint8 pktBuffer[SBP_UART_RX_BUF_SIZE];
    (void)event;
    HalLcdWriteString("SerialControl",HAL_LCD_LINE_4);
    if(numBytes = Hal_UART_RxBufLen(port))> 0)
    {
        (void)HalUARTRead(port,pktBuffer,numBytes);
        CommonHandle(pktBuffer,numBytes);
    }
}
```

该函数接收全部的串口数据后,调用 CommondHandle()函数开始解析 AT 命令。例如,AT 用于串口测试,如果程序运行并且串口通畅,会返 OK;AT＋ROLE? 用于查询设备当前的主从模式,如果程序运行并且串口通畅,会返回 1(表示为主设备)或者 0(表示从设备)。AT＋DISC? 用于扫描从机设备,如果程序运行并且串口通畅,会返回收到的蓝牙设备地址。

```
//AT         串口测试,返回 OK
//AT + ROLE?    获取当前角色
//AT + DISC?    扫描从机设备
//AT + DISCON   断开连接
void CommondHandle(uint8 * pBuffer, uint16 length){
  if(length < 2)
return;
  if(pBuffer[0]!= 'A'&&pBufffer[1]!= 'T')
return;
  if(length <= 4){
SerialPrintString("OK\r\n");
return;
  }
  if(length >= 8&&str_cmp(pBuffer + 3, "ROLE?", 5) == 0){
SerialPrintString("Central\r\n");
return;
  }
if(length >= 8&&str_cmp(pBuffer + 3, "DISC?", 4) == 0){
  simpleBLEScanning = TRUE;
  simpleBLEScanRes = 0;
```

```
…
}
… }
```

如果串口接收到的数据是非 AT 打头,那么认为是透传的数据,数据将直接通过 GATT Write 函数发送到从机:

```
uint sbpGattWriteString(uint8 * pBuffer, uint16 length){
 uint8 status;
 uint8 len;
if(length > 20)
 len = 20;
else
 len = length;
attWriteReg_t reg;
req. handle = simpleBLECharHdl;
req. len = len;
req. sig = 0;
req. cmd = 0;
osal_memcpy(req. value, pBuffer, len);
status = GATT_WriteCharValue(simpleBLEConnHandle, &req, simpleBLETaskId);
return status;
}
```

对于从机程序,从机工程和主机工程非常类似,尤其是串口代码部分,二者最大的不同是数据的发送上。主机向从机发送数据是通过调用 GATT_WriteCharValue(GATT 的 client 主动发送数据,这里的主机是 GATT 的 client),从机向主机发送数据是通过调用 GATT_Notification(GATT 的 Server 主动向 client 发送数据,这里的从机是 GATT 的 service)。具体示例如下:

```
void sbpSerialAppSendNoti(uint8 * pBuffer, uint16 length){
 uint8 len;
if(length > 20)
 len = 20;
else
 len = length;
 static attHandleValueNoti_t pReport;
 pReport. handle = 0x2E;
 pReport. len = len;
 osal_memcpy(pReport. value, pBuffer, len);
 GATT_Notification(0, &pReport, FALSE);
}
```

7. 硬件平台框架

硬件主控模块采用 TI 公司的 TMS320DM365,这是一款基于 DaVinci 技术的高性能处理器。它以 ARM926EJ-S 为核心,主频达到 300MHz,支持 32 位的精简指令集(RISC)微处理器和 16 位的 THUMB 指令集,本设计主要运行于 ARM(32 位)模式下。该处理器在图像视频处理方面性能很好,非常适用于物联网设备的开发,对于网关系统以后的外围音视频设备扩展非常有帮助,且对于本设计来说完全能达到要求。它的片上功能如下:

- 512MB 的 NAND Flash 存储器。
- 128MB DDR2-533MHz 闪存。
- 10Mbps/100Mbps 的网卡。
- USB 2.0 接口可配置为主/从两种模式。
- 可配置的 BOOT 模式。
- 可配置的 JTAG 模式。
- 通过插接件引出全部 I/O 接口。

(1) 硬件电路框图。

本设计的系统硬件部分主要分为 CPU、以太网模块、存储模块、WiFi 模块、4G 模块、ZigBee 模块、蓝牙模块、电源管理模块等,CPU 就是 TMS320DM365,外扩大容量的 NAND Flash 存储器与 DDR2 闪存,通过串口、USB 或以太网与其他设备通信。此外,物联网应用领域的广泛性,也能根据需要外扩触摸屏、LCD 和摄像头等外部设备。如图 13-49 所示为系统平台的硬件功能框图。

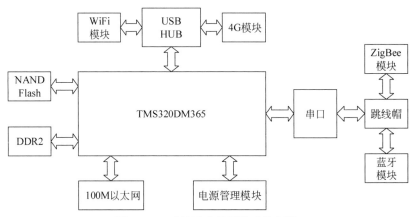

图 13-49　系统平台的硬件功能框图

(2) 蓝牙模块的电路图。

- 串口模块:TMS320DM365 有两个串口,因为 ZigBee 模块和蓝牙模块都需要用到串口,而且还需要一个用于调试的串口,所以增加了一个跳线帽,图 13-50 是跳线帽选择电路,用于两个模块间的切换。

图 13-50　跳线帽选择电路

- 蓝牙模块:蓝牙模块可以完成无线数据传输和音频传输。本设计选择的是 TI 公司的 CC2541BLE,该模块集成了高性能、低功耗的 8051 微控制器内核,可靠传输距离达 200m,无线传输速率达 1Mbps。蓝牙模块电路原理图如图 13-51 所示。

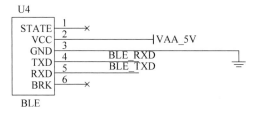

图 13-51　蓝牙模块电路原理图

8. 总体硬件结构设计

蓝牙模块相互之间发送数据总体硬件电路如图 13-52 所示。

9. 软件框架

(1) 软件流程。

蓝牙应用程序的多线程通信流程如图 13-53 所示。

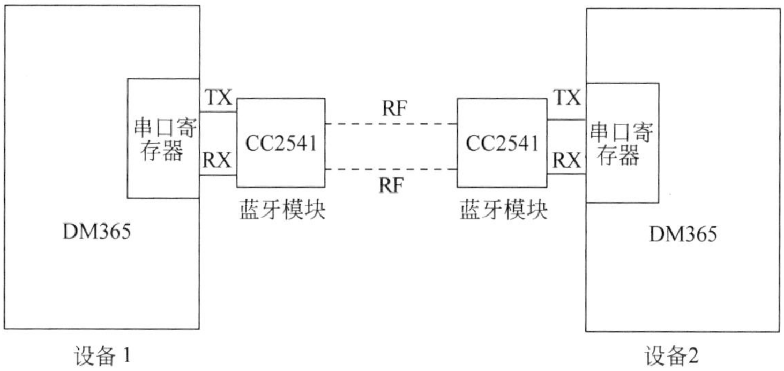

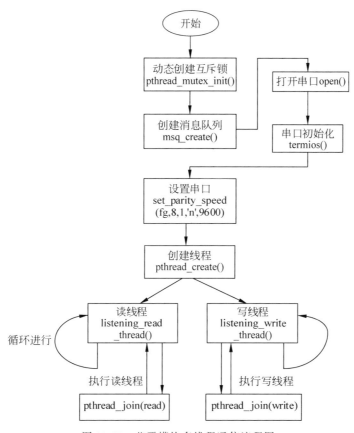

图 13-52　总体硬件框图

图 13-53　蓝牙模块多线程通信流程图

（2）操作函数的接口函数和结构体。

① bluetooth1.c 源码函数分析。

串口操作的头文件

```
# include < stdio.h >              / * 标准输入输出定义 * /
# include < stdlib.h >             / * 标准函数库定义 * /
# include < string.h >
# include < ctype.h >
# include < unistd.h >
# include < termios.h >            / * PPSIX 终端控制定义 * /
# include < fcntl.h >              / * 文件控制定义 * /
# include < errno.h >              / * 错误号定义 * /
# include < limit.h >
```

```
cfsetispeed(&Opt,B9600);                    //设置输入 9600bps
cfsetospeed(&Opt,B9600);                    //设置输出 9600bps
tcsetattr(fd,TCANOW,&Opt);                  //立即设置串口参数
opt.c_cflag& = ~CSIZE;                      //设置 8 位数据
opt.c_cflag | = CS8;
opt.c_cflag & = ~PARENB;                    //清除效应位
opt.c_iflag & = ~INPCK;                     //使能奇偶效验
opt.c_cflag & = ~CSTOPB;                    //停止位 1 位
```

函数：

```
int main(int argc, char ** argv);
```

功能：主函数,函数的入口。

参数：

argc——命令行总的参数个数。

argv——argc 个参数,其中第 0 个参数是程序的全名,以后的参数命令行后面跟的用户输入的参数。

函数：

```
strcpy(ATCmd,argv[k]);
```

功能：从 ATCmd 地址开始且含有 NULL 结束符的字符串复制到以 argv[k]开始的地址空间,即将第二个参数开始的字符串复制到第一个参数的字符串位置。

② blue_qt.c 源码函数分析。

函数：

```
pthread_create(&listening_write_thread,NULL,Write_blueteeth_Listening,&pthreadEnv);
```

功能：创造一个线程,监听蓝牙串口写的线程,若成功则返回 0,否则返回出错编号。

参数：

&listening_write_thread——指向线程标识符的指针,即线程 ID。

NULL——设置线程属性。

Write_blueteeth_Listening——线程运行函数的起始地址。

&pthreadEnv——传递给线程函数的参数。

函数：

```
pthread_create(&listening_read_thread,NULL,Read_blueteeth_Listening,&pthreadEnv);
```

功能：创造一个线程,监听蓝牙串口读的线程,若成功则返回 0,否则返回出错编号。

参数：

&listening_read_thread——指向线程标识符的指针,即线程 ID。

NULL——设置线程属性。

Read_blueteeth_Listening——线程运行函数的起始地址。

&pthreadEnv——传递给线程函数的参数。

函数：

```
pthread_join(listening_write_thread,NULL);
```

功能：使主线程用来等待蓝牙串口写线程的结束才结束,线程间同步的操作。

参数：

listening_write_thread——线程标识符,即线程 ID,等待退出的线程号。

NULL——用户定义的指针,用来存储被等待线程的返回值,0 代表成功。若失败,则返回错误号。

函数:

```
pthread_join(listening_read_thread,NULL);
```

功能:使主线程用来等待蓝牙串口读线程的结束,线程间同步的操作。

参数:

listening_read_thread——线程标识符,即线程 ID,等待退出的线程号。

NULL——用户定义的指针,用来存储被等待线程的返回值,0 代表成功。若失败,则返回错误号。

函数:

```
pthread_mutex_init(&blueteeth_mutex,NULL);
```

功能:函数是以动态方式创建互斥锁的。

参数:

&blueteeth_mutex——是指向要初始化的互斥锁的指针。

NULL——指定了新建互斥锁的属性如果参数 NULL 为空,则使用默认的互斥锁属性,默认属性为快速互斥锁。

函数:

```
pthread_mutex_lock(&blueteeth_mutex);
```

功能:函数锁住由 mutex 指定的 mutex 对象。如果 mutex 已经被锁住,则调用这个函数的线程再次加锁阻塞,直到 mutex 释放为止。

函数:

```
pthread_mutex_unlock(&blueteeth_mutex);
```

功能:函数解锁由 mutex 指定的 mutex 对象。如果 mutex 已经被锁住,则调用这个函数的线程解锁 mutex。

③ msqlib. c 源码分析。

```
int msqid;
key_t lKey;
      if((lKey = ftok("PATH",1)) == -1)
      {
          perror("ftok");
          exit(1);
}
      if((msqid = msgget(lKey,IPC_CREAT|0666)) == -1)
      {
          printf("Create Msq failed!\n");
    return -1;
      }
   return msqid;
      }
```

分析:该值唯一确定一个消息队列。在多个进程中多次使用 msgget()函数来生成同一消息队列号的消息队列,虽然得到的标识号可能不一样,但是实质上是同一个消息队列,可以相互通信。本终端中,由 ftok("/etc/profile",1)确定一个消息队列。

msgget():调用者提供一个消息队列的键标(用于表示消息队列的唯一名字),当这个消息队列存在的时候,这个消息调用负责返回这个队列的标识号;如果这个队列不存在,则创建一个消息队列,然后返回这个消息队列的标识号,主要由 sys_msgget()执行。

函数:

```
msgrcv(msqid,msg,sizeof(msg_bluetooth), type, IPC_NOWAIT);
```

功能:函数被用来从消息队列中读出消息,成功返回 0,不成功返回-1。

参数:

msqid——由消息队列的标识符。

msg——消息缓冲区指针。消息缓冲区结构为:

```
struct msg_bluetooth{
long int msg_type;
unsigned int m_type;
char text[TEXTLEN]; //TEXTLEN 500
};
```

sizeof(msg_bluetooth)——读取消息数据的长度。

type——决定从队列中返回哪条消息。

- =0 返回消息队列中第一条消息。
- >0 返回消息队列中等于 msg_type 类型的第一条消息。
- <0 返回 msg_type<=type 绝对值最小值的第一条消息。

IPC_NOWAIT——非阻塞方式。

函数:

```
msgsnd(msqid,&msg,sizeof(msg_bluetooth),IPC_NOWAIT);
```

功能:将一个新的消息写入队列,将一个新的消息写入队列。

参数:

msqid——由消息队列的标识符。

msg——消息缓冲区指针。消息缓冲区结构为:

```
struct msg_bluetooth{
long int msg_type;
unsigned int m_type;
char text[TEXTLEN]; //TEXTLEN 500
};
```

sizeof(msg_bluetooth)——写入的消息数据的长度。

type——决定从队列中返回哪条消息。

- =0 返回消息队列中第一条消息。
- >0 返回消息队列中等于 msg_type 类型的第一条消息。
- <0 返回 msg_type<=type 绝对值最小值的第一条消息。

IPC_NOWAIT——非阻塞方式。

六、实验步骤

步骤 1,硬件连接。

(1) 连接好实验箱的网线、串口线和电源。

(2) 首先通过 Putty 软件使用 SSH 通信方式登录到服务器,如图 13-54 所示(在 Host Name (or IP address)文本框中输入服务器的 IP 地址),单击 Open 按钮,登录到服务器。

(3) 要使用 Serial 通信方式登录到实验箱,需要先查看端口号。具体步骤是:右击"我的

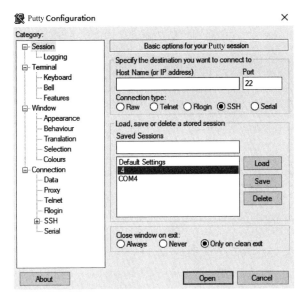

图 13-54　打开 Putty 连接

电脑"图标,在弹出的快捷菜单中选择"管理"命令,在出现的窗口选择"设备管理器"→"端口"选项,查看实验箱的端口号。如图 13-55 所示。

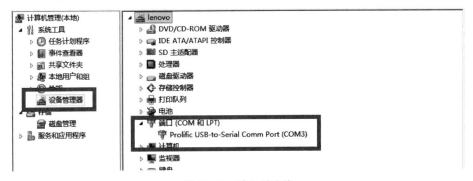

图 13-55　端口号查询

（4）在 Putty 软件端口栏输入步骤(3)中查询到的串口,设置波特率为 115200,连接实验箱,如图 13-56 所示。

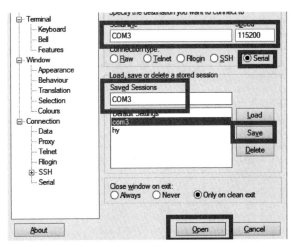

图 13-56　Putty 串口连接配置

（5）单击 Open 按钮，进入连接页面，打开实验箱开关，在 5s 内，按 Enter 键，然后输入挂载参数，再次按 Enter 键，输入 boot 命令，按 Enter 键，开始进行挂载。具体信息如下所示：

```
DM365 EVM :> setenv bootargs 'mem = 110M console = ttyS0,115200n8 root = /dev/nfs rw nfsroot = 192.
168.1.18:/home/shiyan/filesys_clwxl ip = 192.168.1.42:192.168.1.18:192.168.1.1:255.255.255.
0::eth0:off eth = 00:40:01:C1:56:78 video = davincifb:vid0 = OFF:vid1 = OFF:osd0 = 640x480x16,
600K:osd1 = 0x0x0,0K dm365_imp. oper_mode = 0 davinci_capture. device_type = 1 davinci_enc_mngr.
ch0_output = LCD'
DM365 EVM :> boot

Loading from NAND 1GiB 3,3V 8 - bit, offset 0x400000
 Image Name: Linux - 2.6.18 - plc_pro500 - davinci_
 Image Type: ARM Linux Kernel Image (uncompressed)
 Data Size: 1996144 Bytes = 1.9 MB
 Load Address: 80008000
 Entry Point: 80008000
# # Booting kernel from Legacy Image at 80700000 ...
 Image Name: Linux - 2.6.18 - plc_pro500 - davinci_
 Image Type: ARM Linux Kernel Image (uncompressed)
 Data Size: 1996144 Bytes = 1.9 MB
 Load Address: 80008000
 Entry Point: 80008000
 Verifying Checksum ... OK
 Loading Kernel Image ... OK
OK

Starting kernel ...

Uncompressing Linux...................................................................................
done, booting the kernel.
[    0.000000] Linux version 2.6.18 - plc_pro500 - davinci_evm - arm_v5t_le - gfaa0b471 - dirty
(zcy@punuo - Lenovo) (gcc version 4.2.0 (MontaVista 4.2.0 - 16.0.32.0801914 2008 - 08 - 30)) #1
PREEMPT Mon Jun 27 15:31:35 CST 2016
[    0.000000] CPU: ARM926EJ - S [41069265] revision 5 (ARMv5TEJ), cr = 00053177
[    0.000000] Machine: DaVinci DM365 EVM
[    0.000000] Memory policy: ECC disabled, Data cache writeback
[    0.000000] DaVinci DM0365 variant 0x8
[    0.000000] PLL0: fixedrate: 24000000, commonrate: 121500000, vpssrate: 243000000
[    0.000000] PLL0: vencrate_sd: 27000000, ddrrate: 243000000 mmcsdrate: 121500000
[    0.000000] PLL1: armrate: 297000000, voicerate: 20482758, vencrate_hd: 74250000
[    0.000000] CPU0: D VIVT write - back cache
[    0.000000] CPU0: I cache: 16384 bytes, associativity 4, 32 byte lines, 128 sets
[    0.000000] CPU0: D cache: 8192 bytes, associativity 4, 32 byte lines, 64 sets
[    0.000000] Built 1 zonelists. Total pages: 28160
[    0.000000] Kernel command line: mem = 110M console = ttyS0,115200n8 root = /dev/nfs rw
nfsroot = 192.168.1.18:/home/shiyan/filesys_clwxl ip = 192.168.1.42:192.168.1.18:192.168.1.1:
255.255.255.0::eth0:off eth = 00:40:01:C1:56:78 video = davincifb:vid0 = OFF:vid1 = OFF:osd0 =
640x480x16,600K:osd1 = 0x0x0,0K dm365_imp. oper_mode = 0 davinci_capture. device_type = 1 davinci_enc_
mngr. ch0_output = LCD
[    0.000000] TI DaVinci EMAC: kernel boot params Ethernet address: 00:40:01:C1:56:78
...
...
KeypadDriverPlugin::create# # # # # # # # # # # # # # # # # # # # # #: optkeypad
keyboard input device ( "/dev/input/event0" ) is opened.
id = "0"
msqid = 0


MontaVista(R) Linux(R) Professional Edition 5.0.0 (0801921)
```

（6）按 Enter 键，输入用户名 root 登录实验箱，如下所示：

```
zjut login: root

Welcome to MontaVista(R) Linux(R) Professional Edition 5.0.0 (0801921).

login[737]: root login on 'console'

/ ****** Set QT environment ******** /

[root@zjut ~]#
```

步骤 2,编译蓝牙通信程序(在服务器窗口进行)。

在/home/st1/目录下创建 BLE 文件夹,执行"mkdir BLE"命令,编写测试程序 bluetooth. c,
参考代码如下所示:

```c
# include < stdio. h >
# include < stdlib. h >
# include < string. h >
# include < ctype. h >
# include < unistd. h >
# include < termios. h >
# include < fcntl. h >
# include < errno. h >
# include < limits. h >

int fd;
char dev[32] = "/dev/ttyS1";          // device
char ATCmd[100];                       // at cmd
/*  int count = 4;                     // - c count */
/*  int intval = 2;                    // - i interval */
/*  int debug = 0;                     // print debug infor */

int init_tts(void)
{
     struct termios opt;

     bzero( &opt, sizeof(opt));
//   cfmakeraw(&opt);

//   tcgetattr(fd,&opt);
     tcflush(fd,TCIOFLUSH);

     cfsetispeed(&opt, B9600);
     cfsetospeed(&opt, B9600);

     opt.c_cflag | = (CLOCAL | CREAD);// ignore modem control lines, enable receiver

     opt.c_cflag& = ~CSIZE;
     opt.c_cflag | = CS8;

     opt.c_cflag & = ~ PARENB;
     opt.c_iflag & = ~ INPCK;          // disable input parity checking
     opt.c_cflag & = ~CSTOPB;
//   tcflush(fd,TCIFLUSH);

     opt.c_cflag & = ~CRTSCTS;
     opt.c_cc[VTIME] = 20;    // 2 seconds, Timeout in deciseconds for noncanonical read
     opt.c_cc[VMIN] = 4;               // min receiving bytes 1 = blocked

//   opt.c_lflag & = ~(ICANON | ECHO | ECHOE | ISIG);
```

```
//      opt.c_lflag |= ICANON; // (ICANON | ECHO | ECHONL);
        opt.c_lflag &= ~ICANON;
        opt.c_iflag &= ~(IGNBRK | IGNCR | IXON | IXOFF | IXANY);   //ignore CR on input
        tcflush(fd,TCIOFLUSH);

        if( tcsetattr(fd,TCSANOW,&opt) == 0 ){                           // active the setting
//      if( debug ) printf("Setting the attributions of %s successed.\n",dev);
    }else{
      printf("Setting the attributions of %s failed!\n",dev);
    }

  return 0;
}

int atCheck(void)
{
    unsigned char    rbuf[2048];
    fd_set    rdfd;
    int       ret, i, m;
    struct    timeval timeout;


    memset(rbuf,0,sizeof(rbuf));

    if(strncmp(ATCmd, "AT", 2) == 0)
    {
            m = write(fd,ATCmd,strlen(ATCmd));
                if( m > 0) printf("Send( %d): %s\n",m,ATCmd);

                while(1){
                FD_ZERO(&rdfd);
                FD_SET(fd,&rdfd);
                    if(strncmp(ATCmd, "AT + START", 8) == 0){ // AT + START 并不是蓝牙协议栈定
                                                              //义的命令而是自己编写的用于
                                                              //开始等待接收数据的命令
                        timeout.tv_sec = 20;     // set wait read wait timeout, 20s
                    timeout.tv_usec = 0;
                                }
                        else{
                    timeout.tv_sec = 3; // set write cmd wait timeout, 3s,即每次输入一个 AT 控制
                                        //命令如 AT + ROLE1,3s 后就会自动结束程序运行,无须手
                                        //动结束程序运行
                    timeout.tv_usec = 0;
                            }
                ret = select(fd + 1,&rdfd,NULL,NULL,&timeout);
                    if( ret == -1 ){
                        perror("select error");
                        return -1;
                    }else if( ret == 0 ){                        // timeout
                        printf("read %s timeout\n",dev);
                        return -1;
                    }else{

                            if( FD_ISSET(fd,&rdfd) ){
                                //while(1){
                                        memset(rbuf,0,sizeof(rbuf));
                                m = read(fd,rbuf,sizeof(rbuf));
                                    if( m == -1 ){
                                        printf("read %s error\n",dev);
                                    }
```

```
                                               if(strncmp(rbuf,"quit", 4) == 0)
                                               {
                                                   printf("stop bluetooth
                                                   communicate!\n");

                                                   break;
                                               }
                                       printf("Rec( % d): % s\n",m,rbuf);

                                   }
                               }
                       }
       }else{
            m = write(fd,ATCmd,strlen(ATCmd));
            if( m > 0) printf("Send( % d): % s\n",m,ATCmd);

            }
       /* printf("Rec( % d): % s",m,rbuf); */
       /* if( count > 1 ) sleep(intval); */

    return 0;
}

int main( int argc, char ** argv)
{
    int     k = 0, val, ret;


    if( argc > = 2 ){
       for( k = 1;k < argc;k++){
                    strcpy(ATCmd,argv[k]);
# if 0
       /*   if( strncmp(argv[k],"AT",2) == 0 || strncmp(argv[k],"at",2) == 0 ){ */
            strcpy(ATCmd,argv[k]);
            /* strcat(ATCmd,"\r\n"); */
         /* }else if( strcmp(argv[k],"AT + BAUD?") == 0 || strcmp(argv[k],"AT + BAUD0") == 0 ){
            strcpy(ATCmd,argv[k]);
            // Check for various possible errors
         /* if( (errno == ERANGE && (val == LONG_MAX || val == LONG_MIN)) || (errno != 0 && val ==
0)) { */
                /* perror("strtol"); */
                /* exit(EXIT_FAILURE); */
            /* } */
            /* if( strcmp(argv[k]," - c") == 0 ) count   = val; */
            /* else                 intval = val; */
            /* k++; */
         /* }else{
            /* printf("Usage: % s [device_name = /dev/tts/USB1] [ATCmd = at + csq] [ - c count =
4] [ - i interval = 2s] [debug = no]\n",argv[0]); */
       /*     return 0; */
# endif
        }
    }

    fd = open(dev,O_RDWR|O_NOCTTY|O_SYNC); // | O_NDELAY);

    if( fd == -1 )
    {
    printf("open port: unable to open % s - ",dev);
    perror("");
    return - 1;
    }
```

```
/*    else{
    fcntl(fd, F_SETFL, O_NONBLOCK); // set block 0|FNDELAY
    }
*/
    init_tts();
    ret = atCheck();
    close(fd);
    return ret;
}
```

代码编写好后进行编译。

```
$ arm_v5t_le-gcc bluetooth.c -o bluetooth
```

生成 bluetooth 可执行文件,将其复制到文件系统中。

```
$ cp bluetooth /home/st1/filesys_test/opt/dm365
```

步骤 3,执行蓝牙可执行程序(在实验箱 COM 口进行)。

通过蓝牙发送 AT 指令建立蓝牙之间的连接,并发送字符串。

注:蓝牙模块实现了串口的发送和接收,由于步骤 2 中编译的应用程序波特率设置是根据蓝牙模块默认的出厂波特率 9600,可以用命令 AT+BAUD? 可以查看当前蓝牙模块的波特率,切勿输入 AT+BAUD1~AT+BAUD08,不建议修改蓝牙的波特率,更改蓝牙模块的波特率会导致上面的应用执行没有返回值。如果重新设置了蓝牙模块的波特率为其他值,只需要将应用程序的波特率调整为当前设置值。

以下给出实现蓝牙模块建立连接的 AT 指令操作步骤。

(1) 测试蓝牙是否工作过程中。输入"bluetooth AT",如果蓝牙模块正常工作,则返回 OK。Send 后面的为发送的指令,Rec 后面的为蓝牙的应答。按 Ctrl+C 键结束当前操作,操作如下所示:

```
[root@zjut opt]# ./bluetooth AT
Send(2):AT
Rec(2): OK
```

(2) 查询本机蓝牙模块 mac 地址。输入"bluetooth AT+ADDR? ",串口返回蓝牙模块的 mac 地址,地址为 12 位:04A31606F609,如下所示:

```
[root@zjut opt]# ./bluetooth AT + ADDR?
Send(8):AT + ADDR?
Rec(8): OK + ADDR:
Rec(8):04A31606
Rec(4):F609
```

(3) 设置主从模式。输入"bluetooth AT+ROLE1",把蓝牙设置为主模式,如下所示:

```
[root@zjut opt]# ./bluetooth AT + ROLE1
Send(8):AT + ROLE1
Rec(8): OK + Set:1
```

输入"bluetooth AT+ROLE0",把蓝牙设置为从模式,如下所示:

```
[root@zjut opt]# ./bluetooth AT + ROLE0
Send(8):AT + ROLE0
Rec(8): OK + Set:0
```

(4) 设置蓝牙工作类型。输入"bluetooth AT+IMME1",把蓝牙工作类型设置为上电等待型。如果刚刚设置为上电等待型,则要重新上电,才会设置成功。此命令只需要给主模式蓝牙模块设置,从模式蓝牙模块不需要设置,如下所示:

```
[root@zjut opt]# ./bluetooth AT + IMME1
Send(8):AT + IMME1
Rec(8): OK + Set:1
```

(5) 把蓝牙模块设置为透传+远控模式。输入"bluetooth AT+MODE2",主从模式蓝牙模块都需要设置,如下所示:

```
[root@zjut opt]# ./bluetooth AT + MODE2.
Send(8):AT + MODE2
Rec(8): OK + Set:2
```

(6) 搜索蓝牙模式。输入"bluetooth AT+DISC?",返回的是代号为 0 的从模块的蓝牙地址:00158720018B。如果输入后没有显示。应确认一下蓝牙设置为主模式 AT+ROLE1,蓝牙工作类型设置为上电等待模式 AT+IMME1,若没有同时满足两个条件,则会搜索不到蓝牙信号。

```
[root@zjut opt]# ./bluetooth AT + DISC?
Send(8):AT + DISC?
Rec(8): OK + DISCS
Rec(8): OK + DIS0:
Rec(8): 00158720
Rec(4): 018B
Rec(8): OK + DISCE
```

(7) 链接指定地址的从设备。输入"bluetooth AT+CONN0",则可链接搜索到的代号为 0 的蓝牙设备,实验中搜索到蓝牙设备最多为 6 个,返回的代号为 0~5,输入对应的代号即可建立蓝牙之间的连接。

```
[root@zjut opt]# ./bluetooth AT + CONN0
Send(8):AT + CONN0
Rec(8): OK + CONN0
```

以上的 7 个步骤已经建立了主从蓝牙模块之间的连接,同时建立连接的 2 个蓝牙模块上的指示灯由闪烁变为常亮,现在可以在蓝牙模块之间发送字符串;蓝牙模块断开连接后指示灯由常亮变为闪烁。

发送方发送字符串:输入 bluetooth+发送的内容,例如,输入"bluetooth 123",则从模式蓝牙模块收到的内容为 123。此时接收方需要比发送方更早执行"bluetooth AT+START"命令进入接收等待状态(AT+START 是自定义的命令,与协议栈无关,只为了区分发送和接收功能)。

下面是两台实验箱之间进行蓝牙通信示例:

两台实验箱的蓝牙一台设置为主模式,另一台设置为从模式。主模式蓝牙模块实验箱执行"bluetooth AT+START",此时,应用程序一直处于阻塞状态无法读出串口数据(如果超过一定的时间没有等到消息就会结束程序),如下所示:

```
[root@zjut opt]# ./bluetooth AT + START
Send(8):AT + START
```

接着从模式蓝牙模块实验箱执行"bluetooth 123",即发送消息 123 到主模式蓝牙模块,如下所示:

```
[root@zjut opt]# ./bluetooth 123
Send(3):123
```

此时在主模式蓝牙模块接收端可看到如下所示内容:

```
[root@zjut opt]# ./bluetooth AT + START
Send(8):AT + START
Rec(3): 123
```

实验结束。

视频讲解

实验 23：温度/湿度传感器实验

一、实验目的

1. 掌握温度/湿度计 DHT11 的基本工作原理。
2. 掌握温度/湿度计的驱动程序。

二、实验内容

1. 在 Linux 环境中学会手动加载温度/湿度计驱动程序并运行,观察实验现象,记录实验数据。

2. 了解并编写 DHT11 模块的驱动程序。

三、实验设备

1. 硬件：PC；教学实验箱一台；网线；串口线,DTH11 温度/湿度计一个。

2. 软件：PC 操作系统(Windows XP)；Linux 服务器；超级终端等串口软件；内核等相关软件包。

3. 环境：Ubuntu 12.04.4 系统。文件系统版本为 filesys_test、烧写的内核版本为 uImage_wlw。驱动生成的.ko 文件名为 dht11.ko。

四、预备知识

1. 概述

DHT11 数字温度/湿度传感器是一款含有已校准数字信号输出的温度/湿度复合传感器。它应用专用的数字模块采集技术和温度/湿度传感技术,确保产品具有极高的可靠性与卓越的长期稳定性。传感器包括一个电阻式感湿元件和一个 NTC 测温元件,并与一个高性能 8 位单片机相连接。因此该产品具有品质卓越、超快响应、抗干扰能力强、性价比极高等优点。图 13-57 为温度/湿度传感器原理图。

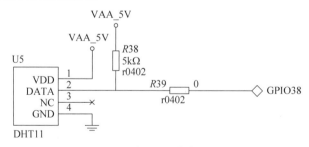

图 13-57 温度/湿度传感器原理图

本实验通过 DHT11 的 2 号数据引脚与 DM365 的 GPIO38 保持数据通信。

2. 实现的功能

(1) 加载 DHT11 温度/湿度计的驱动,使温度/湿度计能够在实验箱上正常工作。

(2) 通过温度/湿度计测量本地的温度和湿度。

3. 基本原理

DATA 引脚用于微处理器与 DHT11 之间的通信和同步,采用单总线数据格式,一次通信时间约为 4ms,数据分小数部分和整数部分,具体格式在下面说明,当前小数部分用于以后扩

展,现读出为零。操作流程如下:

(1) 一次完整的数据传输为 40bit,高位先出。

(2) 数据格式:8bit 湿度整数数据+8bit 湿度小数数据+8bit 温度整数数据+8bit 温度小数数据+8bit 校验和。数据传送正确时,校验和数据等于温度/湿度整数和小数相加所得结果的末 8 位。用户控制器发送一次开始信号后,DHT11 从低速模式转换到高速模式,等待主机开始信号结束后,DHT11 发送响应信号,送出 40bit 数据,并触发一次信号采集,用户可选择读取部分数据。在从模式下,DHT11 接收到开始信号触发一次温度/湿度采集,如果没有接收到主机发送开始信号,那么 DHT11 不会主动进行温度/湿度采集。采集数据后转换到低速模式。

DHT11 的通信过程如图 13-58 所示。

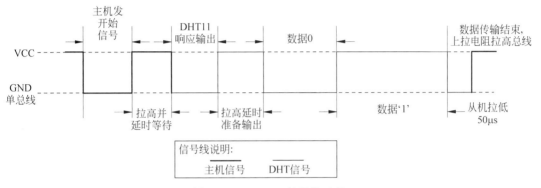

图 13-58 DHT11 的通信过程

总线空闲状态为高电平,主机把总线拉低等待 DHT11 响应,主机把总线拉低必须大于 18ms,保证 DHT11 能检测到起始信号。DHT11 接收到主机的开始信号后,等待主机开始信号结束,然后发送 80μs 低电平响应信号。主机发送开始信号结束后,延时等待 20～40μs 后,读取 DHT11 的响应信号,主机发送开始信号后,可以切换到输入模式或者输出高电平,总线由上拉电阻拉高。

总线为低电平,说明 DHT11 发送响应信号,DHT11 发送响应信号后,再把总线拉高 80μs,准备发送数据,每一比特数据都以 50μs 低电平时隙开始,高电平的长短决定了数据位是 0 还是 1。格式见图 13-59 和图 15-60。如果读取响应信号为高电平,则 DHT11 没有响应,请检查线路是否连接正常。当最后一比特数据传送完毕后,DHT11 拉低总线 50μs,随后总线由上拉电阻拉高进入空闲状态。

数字 0 信号表示方法如图 13-59 所示。

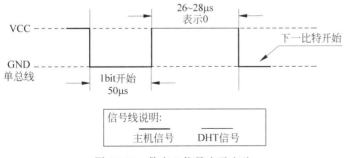

图 13-59 数字 0 信号表示方法

数字 1 信号表示方法如图 13-60 所示。

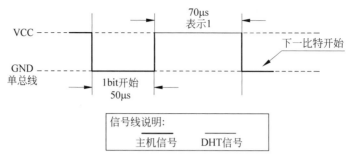

图 13-60　数字 1 信号表示方法

4. DHT11 设备驱动程序及流程

(1) DTH11 设备驱动程序流程图(见图 13-61)。

(2) 主要驱动函数说明。

- static int __ init dht11_init(void)：该函数的主要功能是申请和注册设备,分配主次设备号,初始化字符设备 DTH11,向系统添加一个字符设备,创建节点和设备节点。

- static void __ exit dht11_exit(void)：该函数的主要功能是注销设备,删除设备节点。

- static int read_word_data(void)：该函数的主要功能是获取 DTH11 采集上来的 0 1 数据。

- static ssize_t dht11_read(struct file * filp, char __ user * buf, size_t count, loff_t * f_pos)：该函数的主要功能是将获取到的 0、1 数据按照 DHT11 采集数据的传递到用户空间,成为我们能需要的温度和湿度数据。

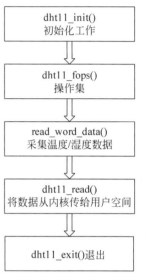

图 13-61　DHT11 设备驱动
程序流程

五、实验步骤

步骤 1,硬件连接。

(1) 连接好实验箱的网线、串口线和电源。

(2) 首先通过 Putty 软件使用 SSH 通信方式登录到服务器,如图 13-62 所示(在 Host Name

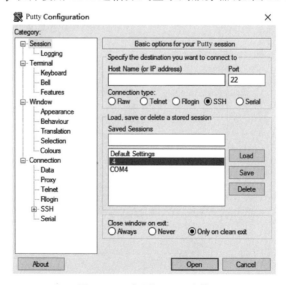

图 13-62　打开 Putty 连接

(or IP address)文本框中输入服务器的 IP 地址），单击 Open 按钮，登录到服务器。

（3）要使用 Serial 通信方式登录到实验箱，需要先查看端口号。具体步骤是：右击"我的电脑"图标，在弹出的快捷菜单中选择"管理"命令，在出现的窗口选择"设备管理器"→"端口"选项，查看实验箱的端口号。如图 13-63 所示。

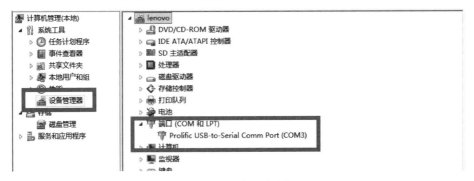

图 13-63　端口号查询

（4）在 Putty 软件端口栏输入步骤（3）中查询到的串口，设置波特率为 115200，连接实验箱，如图 13-64 所示。

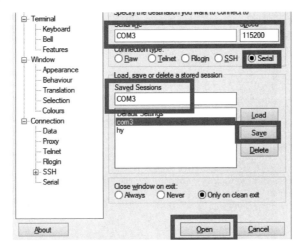

图 13-64　Putty 串口连接配置

（5）单击 Open 按钮，进入连接页面，打开实验箱开关，在 5s 内，按 Enter 键，然后输入挂载参数，再次按 Enter 键，输入 boot 命令，按 Enter 键，开始进行挂载。具体信息如下所示：

```
DM365 EVM :> setenv bootargs 'mem = 110M console = ttyS0,115200n8 root = /dev/nfs rw nfsroot = 192.
168.1.18:/home/shiyan/filesys_clwxl ip = 192.168.1.42:192.168.1.18:192.168.1.1:255.255.255.
0::eth0:off eth = 00:40:01:C1:56:78 video = davincifb:vid0 = OFF:vid1 = OFF:osd0 = 640x480x16,
600K:osd1 = 0x0x0,0K dm365_imp. oper_mode = 0 davinci_capture.device_type = 1 davinci_enc_mngr.
ch0_output = LCD'
DM365 EVM :> boot

Loading from NAND 1GiB 3,3V 8 - bit, offset 0x400000
  Image Name: Linux - 2.6.18 - plc_pro500 - davinci_
  Image Type: ARM Linux Kernel Image (uncompressed)
  Data Size: 1996144 Bytes = 1.9 MB
  Load Address: 80008000
  Entry Point: 80008000
# # Booting kernel from Legacy Image at 80700000 ...
  Image Name: Linux - 2.6.18 - plc_pro500 - davinci_
```

```
    Image Type: ARM Linux Kernel Image (uncompressed)
    Data Size: 1996144 Bytes = 1.9 MB
    Load Address: 80008000
    Entry Point: 80008000
    Verifying Checksum ... OK
    Loading Kernel Image ... OK
OK

Starting kernel ...

Uncompressing Linux.................................................................................
done, booting the kernel.
[    0.000000] Linux version 2.6.18 - plc_pro500 - davinci_evm - arm_v5t_le - gfaa0b471 - dirty
(zcy@punuo - Lenovo) (gcc version 4.2.0 (MontaVista 4.2.0 - 16.0.32.0801914 2008 - 08 - 30)) #1
PREEMPT Mon Jun 27 15:31:35 CST 2016
[    0.000000] CPU: ARM926EJ - S [41069265] revision 5 (ARMv5TEJ), cr = 00053177
[    0.000000] Machine: DaVinci DM365 EVM
[    0.000000] Memory policy: ECC disabled, Data cache writeback
[    0.000000] DaVinci DM0365 variant 0x8
[    0.000000] PLL0: fixedrate: 24000000, commonrate: 121500000, vpssrate: 243000000
[    0.000000] PLL0: vencrate_sd: 27000000, ddrrate: 243000000 mmcsdrate: 121500000
[    0.000000] PLL1: armrate: 297000000, voicerate: 20482758, vencrate_hd: 74250000
[    0.000000] CPU0: D VIVT write - back cache
[    0.000000] CPU0: I cache: 16384 bytes, associativity 4, 32 byte lines, 128 sets
[    0.000000] CPU0: D cache: 8192 bytes, associativity 4, 32 byte lines, 64 sets
[    0.000000] Built 1 zonelists. Total pages: 28160
[        0.000000] Kernel command line: mem = 110M console = ttyS0,115200n8 root = /dev/nfs rw
nfsroot = 192.168.1.18:/home/shiyan/filesys_clwxl ip = 192.168.1.42:192.168.1.18:192.168.1.1:
255.255.255.0::eth0:off eth = 00:40:01:C1:56:78 video = davincifb:vid0 = OFF:vid1 = OFF:osd0 =
640x480x16,600K:osd1 = 0x0x0,0K dm365_imp.oper_mode = 0 davinci_capture.device_type = 1 davinci_enc_
mngr.ch0_output = LCD
[    0.000000] TI DaVinci EMAC: kernel boot params Ethernet address: 00:40:01:C1:56:78
...
...
KeypadDriverPlugin::create# # # # # # # # # # # # # # # # # # # # # #: optkeypad
keyboard input device ("/dev/input/event0") is opened.
id = "0"
msqid = 0


MontaVista(R) Linux(R) Professional Edition 5.0.0 (0801921)
```

(6) 按 Enter 键,输入用户名 root 登录实验箱,如下所示:

```
zjut login: root

Welcome to MontaVista(R) Linux(R) Professional Edition 5.0.0 (0801921).

login[737]: root login on 'console'

/ ****** Set QT environment ******** /

[root@zjut ~]#
```

此时,DTH11 温度/湿度传感器模块已经插牢可以正常工作,模块插在实验箱上(多孔朝外)。

步骤 2,编写测距模块驱动及相应的测试程序(在服务器窗口进行操作)。

(1) 编写驱动程序。在编写完驱动程序后,需要编写相应的 Makefile 生成.ko 模块文件,以便能够编译成模块动态加载进内核,让驱动程序和内核一起运行。请注意,编写的 Makefile 应当和你编写的驱动程序放在同一目录(编写的程序可参考实验文件夹内的程序 dth11.c 和

Makefile,注意 Makefile 程序的第一行路径应指向内核主目录,即：KDIR:=/home/xxx/
kernel/kernel-for-mceb)。编写完驱动和 Makefile 后,在该目录下输入编译命令 make 即可编
译驱动。再把编写好的驱动复制到挂载文件中的 modules 文件夹内。

```
cp dth11.ko /home/xxx/modules
```

其中,xxx 路径由实际挂载的文件的位置决定。

Makefile 文件如下：

```
KDIR: = /home/xxx/kernel/kernel - for - mceb
CROSS_COMPILE      = arm_v5t_le -
CC      = $ (CROSS_COMPILE)gcc
.PHONY: modules clean
obj - m : = dht11.o
modules:
    make - C $ (KDIR) M = `pwd` modules
clean:
    make - C $ (KDIR) M = `pwd` modules clean
```

说明：KDIR 内核路径为自己内核所在的路径。

驱动代码如下：

```
# include < linux/init.h >
# include < linux/module.h >
# include < linux/delay.h >
# include < linux/kernel.h >
# include < linux/moduleparam.h >
# include < linux/types.h >
# include < linux/fs.h >
# include < asm/arch/gpio.h >
# include < linux/cdev.h >
# include < asm/uaccess.h >
# include < linux/errno.h >
# include < linux/device.h >
# include < asm/uaccess.h >

# define TIME_DEALY_80us 100                    //delay 80us
# define TIME_DEALY_50us 100
# define TIME_DEALY_40us 100

static int dht11_major = 0;
static int dht11_minor = 0;
unsigned short temperature = 0;
unsigned short humidity = 0;
unsigned char checknum = 0;
static volatile unsigned char values[6] = {0,0,0,0,0,0};
struct dht11_device {
    struct cdev cdev;
};

struct dht11_device dht11_dev;

static struct class * dht11_class;
static struct class_device * dht11_class_dev;

static void set_pin_outhigh(void) {
    gpio_direction_output(38,1);
}

static void set_pin_outlow(void) {
    gpio_direction_output(38,0);
```

```
    }
    static int set_pin_delay_get(unsigned int time) {
        gpio_direction_input(38);
        udelay(time);
        if(gpio_get_value(38)) {
            return 1;
        }
        else {
            return 0;
        }
    }
    static int pin_get(void) {
        if(gpio_get_value(38)) {
            return 1;
        }
        else {
            return 0;
        }
    }
    static void dht11_dev_init(void) {
        set_pin_outhigh();
    }
    static int dht11_open(struct inode * inode, struct file * file){
        printk("hello dht11\n");

        dht11_dev_init();

        printk(KERN_NOTICE "open dht11 successful\n");
        return 0;
    }
    static int read_word_data(void) {
        int i;
        int ret = 0;
        int timerout_counter = 0;
        int timerout_flag = 0;
        int counter = 0;

start:
        set_pin_outlow();
        mdelay(20);
        set_pin_outhigh();
        if(set_pin_delay_get(50)) {
            printk(KERN_INFO"can not detect the low ack!");
            printk("＃＃＃＃＃＃＃＃＃＃＃＃＃＃＃＃＃＃＃＃＃＃＃＃＃＃");
            counter++;
            if(counter>5) {
                ret = -1;
                goto stop;
            }
            goto start;
        }
        counter = 0;
        while((!pin_get())&&(timerout_counter++<TIME_DEALY_80us)) udelay(10);
        if(timerout_counter>=TIME_DEALY_80us) {
            printk("1\n");
            timerout_flag = 1;
            goto out_err;
        }
        timerout_counter = 0;
```

```
while((pin_get())&&(timerout_counter++<TIME_DEALY_80us)) udelay(10);
if(timerout_counter >= TIME_DEALY_80us) {
    printk("2\n");
    timerout_flag = 1;
    goto out_err;
}
for(i = 0;i < 16;i++) { //湿度
    humidity << = 1;
    timerout_counter = 0;
    while((!pin_get())&&(timerout_counter++<TIME_DEALY_50us)) udelay(10);    //delay 50us
    if(timerout_counter >= TIME_DEALY_50us){
            printk("3\n");
        timerout_flag = 1;
        goto out_err;
    }
    if(set_pin_delay_get(45)) {
        humidity | = 1;
        timerout_counter = 0;
        while(pin_get()&&(timerout_counter++<TIME_DEALY_40us)) udelay(10); //delay 40us
        if(timerout_counter >= TIME_DEALY_40us) {
            printk("4\n");
            timerout_flag = 1;
            goto out_err;
        }
    }
    else {
        humidity | = 0;
    }
}

for(i = 0;i < 16;i++) {                                              //温度
    temperature << = 1;
    timerout_counter = 0;
    while((!pin_get())&&(timerout_counter++<TIME_DEALY_50us)) udelay(10); //delay 50us
    if(timerout_counter >= TIME_DEALY_50us){
        printk("5\n");
        timerout_flag = 1;
        goto out_err;
    }
    if(set_pin_delay_get(30)) {
        temperature | = 1;
        timerout_counter = 0;
        while(pin_get()&&(timerout_counter++<TIME_DEALY_40us)) udelay(10); //delay 40us
        if(timerout_counter >= TIME_DEALY_40us) {
            printk("6\n");
            timerout_flag = 1;
            goto out_err;
        }
    }
    else {
        temperature | = 0;
    }
}
for(i = 0;i < 8;i++) {
    timerout_counter = 0;
    checknum << = 1;
    while((!pin_get())&&(timerout_counter++<TIME_DEALY_50us)) udelay(10);
    if(timerout_counter >= TIME_DEALY_50us) {
        printk("7\n");
        timerout_flag = 1;
```

```
                goto out_err;
            }
            if(set_pin_delay_get(30)) {
                checknum |= 1;
                timerout_counter = 0;
                while(pin_get()&&(timerout_counter < TIME_DEALY_40us)) udelay(10);
                if(timerout_counter >= TIME_DEALY_40us) {
                    printk("8\n");
                    timerout_flag = 1;
                    goto out_err;
                }
            }
            else {
                checknum |= 0;
            }
        }
    set_pin_outhigh(); //最后要置高
    stop:
        return ret;
    out_err:
        if(timerout_flag == 1) {
            ret = -2;
            return ret;
        }
}
static ssize_t dht11_read(struct file * filp, char __user * buf, size_t count, loff_t * f __pos)
{
    int ret = 0;
    unsigned char temp ;
    ret = read_word_data();
    if(ret >= 0) {
        values[0] = (temperature & 0xff00)>> 8;
        values[1] = temperature & 0x00ff;
        values[2] = (humidity & 0xff00)>> 8;
        values[3] = humidity & 0x00ff;
        temp = values[0] + values[1] + values[2] + values[3];
        if (temp != checknum) {
            ret = -3;
            goto out;
        }
    }
    if (copy_to_user(buf, (void * )values, count)) {
        ret = -EFAULT;
        goto out;
    }
    else {
        printk(KERN_INFO "read %d bytes(s) \n", count);
        ret = count;
        goto out;
    }
    out:
        return ret;
}
static struct file_operations dht11_fops = {
    .owner = THIS_MODULE,
    .open = dht11_open,
    .read = dht11_read,
};
static int __init dht11_init(void) {
    int ret;
    int err;
```

```
        dev_t dev = 0;
        dev = MKDEV(dht11_major,dht11_minor);
        if (dht11_major ) {
            ret = register_chrdev_region(dev,1,"dht11");
        }
        else {
            ret = alloc_chrdev_region(&dev,0,1,"dht11");
            dht11_major = MAJOR(dev);
        }
        if (ret < 0){
            printk(KERN_WARNING "DHT11: failed to get major\n");
            return ret;
        }
        cdev_init(&dht11_dev.cdev,&dht11_fops);
        dht11_dev.cdev.owner = THIS_MODULE;
        err = cdev_add(&dht11_dev.cdev,dev,1);
        if (err) {
            printk(KERN_WARNING "ERROR % d add dht11\n",err);
        }
        dht11_class = class_create(THIS_MODULE,"dht11_sys_class");
        if (IS_ERR(dht11_class)) {
            return PTR_ERR(dht11_class);
        }
        dht11_class_dev = class_device_create(dht11_class,NULL,dev,NULL,"dht11");
        printk(KERN_INFO "Register dht11 driver\n");
        return 0;
}
static void __ exit dht11_exit(void) {
        cdev_del(&dht11_dev.cdev);
        class_device_destroy(dht11_class, MKDEV(dht11_major, 0));
        unregister_chrdev_region(MKDEV(dht11_major,0),1);
        class_destroy(dht11_class);
        printk (KERN_INFO "char driver cleaned up\n");
}
module_init(dht11_init);
module_exit(dht11_exit);
MODULE_LICENSE("Dual BSD/GPL");
```

（2）编写测试程序（程序可参考实验文件夹内的 dht11_test.c）。在编辑完毕测试程序后输入命令编译。

dth11_test.c 测试程序如下：

```
# include < stdio. h>
# include < stdlib. h>
# include < fcntl. h>
# include < unistd. h>
# include < string. h>
# include < assert. h>
# include < errno. h>
# include < sys/ioctl. h>
# include < sys/types. h>
# include < linux/types. h>
int main( int argc,char ** argv)
{
    unsigned char values[4];
    int fd;
    int ret;
    int counter = 5;

    fd = open("/dev/dht11",O_RDWR);
    if(fd < 0)
```

```
        {
            printf("open error!\n");
            exit(1);
        }
    while(counter -- > 0)
    {
    ret = read(fd, values, 4 * sizeof(unsigned char));
    if(ret > 0)
    {
    printf("the temprature is: % d. % d C", values[0], values[1]);
    printf(" the humity is: % d. % d% RH\r\n", values[2], values[3]);
    }
    else
    {
    printf("read err!\r\n");
    printf("read err code is % d!\r\n", ret);
    }
    sleep(1);
     // usleep(5000);
    }
    close(fd);
    return 0;
}
```

对 dht11_test.c 进行交叉编译:

```
$ arm_v5t_le - gcc dht11_test.c - o dht11_test
```

将生成的可执行文件 dth11_test 复制到文件系统/opt/dm365 的目录中:

```
cp dth11_test /home/xxx/filesys_test/opt/dm365/
```

说明: 这里文件的路径为自己的文件路径。

步骤 3,加载温度/湿度模块驱动(在实验箱 COM 口操作)。

(1) 输入 cd /modules,进入到 modules 目录下,利用命令 ls 查看模块是否存在。

```
adc_driver.ko              dht11.ko      egalax_i2c.ko       i2c.ko        ov5640_i2c.ko
    sr04.ko        ts35xx - i2c.ko
davinci_dm365_gpios.ko     egalax.ko          hello.ko          misc.ko          rt5370sta.ko
          sr04_driver.ko
```

(2) 利用 lsmod 命令查看模块是否被加载,如下所示。

```
[root@zjut modules]# lsmod
Module              Size  Used by    Not tainted
dm365mmap 5336 0  - Live 0xbf0cd000
edmak 13192 2  - Live 0xbf0c8000
irqk 8552 0  - Live 0xbf0c4000
cmemk 28172 0  - Live 0xbf0bc000
sr04_driver 3908 0  - Live 0xbf0ba000
dht11 4972 0  - Live 0xbf0b7000
egalax_i2c 16620 0  - Live 0xbf0b1000
rt5370sta 719920 0  - Live 0xbf000000
```

(3) 如果模块没有被加载,则输入"insmod dht11.ko"加载模块。若出现如下信息,则表示模块加载成功。

```
[root@zjut modules] # insmod dht11.ko
[ 347.770000] Register dht11 driver
```

步骤 4,执行测试程序(在实验箱 COM 口操作)。

(1) 执行"cd /opt/dm365"命令,进入板子的文件系统,再输入 ls,查看执行程序,如下所示:

```
[root@zjut modules]# cd / opt/dm365
[root@zjut dm365]# ls
3g_guard.sh       czzq              image             sr04_app
Config.dat        daemon            info              sr04_test
adc               data              irqk.Ko           startup wlw.sh
Adctest           dev_app_cl        1anyareceive      task_db_1.sh
adx1335           dht11_app         1anyasend         task_db_2.sh
amixer            dm365mmap.ko      lcd_evm           task_wlw.sh
app_sr04shi       edmak.ko          1m.sh             temp
blend             encode            1ongPresgKey      test_z_Y
blueqt            encode.log        myThread          tvp2ov.sh
bluetooth         encode_mceb       ov2tvp5151.sh     uart57600
bluetooth1        encodecl          play              wlw
cal1              getip.sh          pnrtc             wlw.tar.gz
check_u6100       gps_app           pollcsq           world
clear.sh          gpscfg.xm1        qt
cmemk.Ko          guard_wcdma.sh    script
cznj_app          i2c_test_5151_1   sip_app
```

（2）找到模块的执行程序，超声波测距模块执行程序名为 dht11_test。执行程序后界面会显示温度和湿度，如下所示：

```
[root@zjut dm365]# ./dht11_test
the temprature is:30.0 C    the humity is:79.0% RH
the temprature is:28.0 C    the humity is:60.0% RH
the temprature is:28.0 C    the humity is:60.0% RH
```

测试完毕输入 cd /modules，进入到 modules 目录下，输入"rmmod dht11.ko"，卸载温度/湿度模块。

实验 24：超声波程序编写实验

视频讲解

一、实验目的

1. 掌握超声波测距传感器的基本工作原理。
2. 掌握超声波测距传感器驱动程序的编写。

二、实验内容

1. 在 Linux 环境中学会手动加载测距传感器驱动程序并运行，观察实验现象，记录实验数据。
2. 了解并编写超声波测距传感器模块的驱动程序。

三、实验设备

1. 硬件：PC；教学实验箱一台；网线；串口线，HC-SR04 超声波测距模块一个。
2. 软件：PC 操作系统（Windows XP）；Linux 服务器；超级终端等串口软件；内核等相关软件包。
3. 环境：Ubuntu 12.04.4 系统。文件系统版本为 filesys_test、烧写的内核版本为 uImage_wlw。驱动生成的 .ko 文件名为 sro4.ko。

四、预备知识

1. 概述

HC-SR04 超声波测距模块可提供 2～400cm 的非接触式距离感测功能，测距精度可达

3mm；模块包括超声波发射器、接收器与控制电路。本次实验的要求如下：

（1）理解 SR04 的测距原理。

（2）学习并编写测距驱动程序。

（3）学习并编写测距应用程序。

2. 实现的功能

（1）加载超声波传感器驱动。

（2）在超声波测距传感器前放置物品，并进行测距实验。

3. 基本原理

1）超声波测距原理

通过超声波发射装置发出超声波，根据接收器接到超声波时的时间差就可以知道距离了

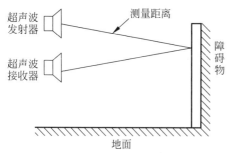

图 13-65　HC-SR04 测距原理图

（见图 13-65）。这与雷达测距原理相似。超声波发射器向某一方向发射超声波，在发射时刻开始计时，超声波在空气中传播，途中碰到障碍物就立即返回，超声波接收器收到反射波就立即停止计时。

2）测距传感器

HC-SR04 测距传感器实物图见图 13-66 所示。

如图 13-67 所示的时序图表明只需要提供一个 $10\mu s$ 以上脉冲触发信号，超声波测距传感器模块内部将发出 8 个 40kHz 周期电平并检测回波。一旦

检测到有回波信号则输出回响信号。回响信号的脉冲宽度与所测的距离成正比。

图 13-66　HC-SR04 实物图

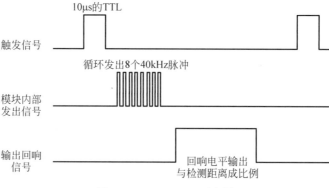

图 13-67　HC-SR04 时序图

图 13-68 为测距模块电路图,工作原理如下:

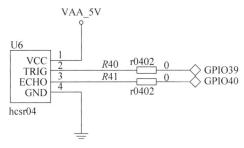

图 13-68　测距模块电路图

(1) 采用 I/O 口 TRIG 触发测距,开始测距时,此 TRIG 口要给最少 $10\mu s$ 的高电平信号。

(2) 模块自动发送 8 个 40kHz 的方波,自动检测是否有信号返回。

(3) 有信号返回,通过 I/O 口 ECHO 输出一个高电平,高电平持续的时间就是超声波从发射到返回的时间。

$$测试距离 = (高电平时间 \times 声速(340m/s))/2$$

4. 硬件平台框架

硬件主控模块采用 TI 公司的 TMS320DM365,这是一款基于 DaVinci 技术的高性能处理器。它以 ARM926EJ-S 为核心,主频率为 300MHz,支持 32 位的精简指令集(RISC)微处理器和 16 位的 THUMB 指令集,本设计主要运行于 ARM(32b)模式下。该处理器在图像视频处理方面性能很好,非常适用于物联网设备的开发,对于本设计来说完全能达到要求。它的片上功能如下:

- 512MB 的 NAND Flash 存储器。
- 128MB DDR2-533MHz 闪存。
- 10Mbps/100Mbps 的网卡。
- USB 2.0 接口可配置为主/从两种模式。
- 可配置的 BOOT 模式。
- 可配置的 JTAG 模式。
- 通过插接件引出全部 I/O 接口。

本设计的系统硬件部分主要分为 CPU、以太网模块、存储模块、WiFi 模块、4G 模块、ZigBee 模块、蓝牙模块、电源管理模块等,CPU 就是 TMS320DM365,外扩大容量的 NAND Flash 存储器与 DDR2 闪存,通过串口、USB 或以太网与其他设备通信。此外,根据需要可以外扩触摸屏、LCD 和摄像头等外部设备。图 13-69 为系统平台的硬件功能框图。

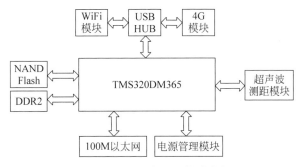

图 13-69　系统平台的硬件功能框图

5. 软件程序构架简介

1) 设备驱动程序主要函数说明

(1) static int sr04_open(struct inode * inode,struct file * file)：该函数主要用于打开测距模块。

(2) static void sr04_dev_init(void)：该函数用于初始化两个 GPIO 口。

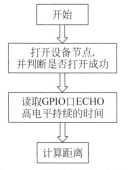

(3) static int pin_get(void)：该函数用于检测 GPIO40 的高低电平。

(4) static int time_get(void)：该函数用于获取 GPIO 持续高电平的时间。

(5) static int sr04_read(struct file * filp,char __ user * buf,size_t count,loff_t * f_ops)：该函数读取所获取到的时间。并传给用户缓存。

2) 设备应用程序流程

设备应用程序流程见图 13-70。

图 13-70　测距应用程序流程

测距应用实例如下：

```c
# include < stdio. h >
# include < stdlib. h >
int main(int argc,char ** argv)
{ int t;
  static int time[1];
  static int sr04_fd = 1;
  float sr04_distance;
  sr04_fd = open("/dev/sr04", 0);
  if (sr04_fd < 0){
     printf("open sr04_file fail\n");
     return - 1;
  }
  else{
     printf("open sr04_file successful\n");
  }
  printf("checking data...\n");
  read(sr04_fd,time,sizeof (int));
  t = time[0];
  printf("the continue time is % d ",t);
  sr04_distance = (float)(34 * t/1000) + 2;
  printf("the distance is % f cm",sr04_distance);
  close(sr04_fd);
  return 0;
}
```

五、实验步骤

步骤 1,硬件连接。

(1) 连接好实验箱的网线、串口线和电源。

(2) 首先通过 Putty 软件使用 SSH 通信方式登录到服务器,如图 13-71 所示(在 Host Name(or IP address)文本框中输入服务器的 IP 地址),单击 Open 按钮,登录到服务器。

(3) 要使用 Serial 通信方式登录到实验箱,需要先查看端口号。具体步骤是:右击"我的电脑"图标,在弹出的快捷菜单中选择"管理"命令,在出现的窗口选择"设备管理器"→"端口"选项,查看实验箱的端口号。如图 13-72 所示。

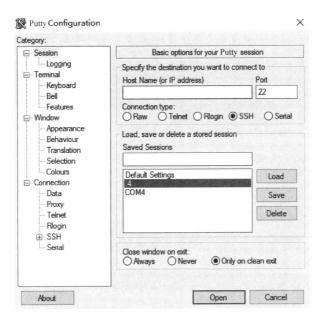

图 13-71　打开 Putty 连接

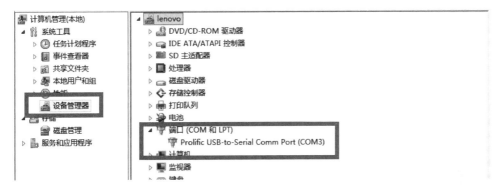

图 13-72　端口号查询

（4）在 Putty 软件端口栏输入步骤（3）中查询到的串口，设置波特率为 115200，连接实验箱，如图 13-73 所示。

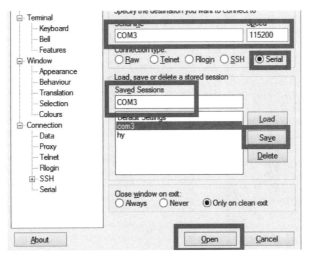

图 13-73　Putty 串口连接配置

（5）单击 Open 按钮，进入连接页面，打开实验箱开关，在 5s 内，按 Enter 键，然后输入挂载参数，再次按 Enter 键，输入 boot 命令，按 Enter 键，开始进行挂载。具体信息如下所示：

```
DM365 EVM :> setenv bootargs 'mem = 110M console = ttyS0,115200n8 root = /dev/nfs rw nfsroot = 192.
168.1.18:/home/shiyan/filesys_clwxl ip = 192.168.1.42:192.168.1.18:192.168.1.1:255.255.255.
0::eth0:off eth = 00:40:01:C1:56:78 video = davincifb:vid0 = OFF:vid1 = OFF:osd0 = 640x480x16,
600K:osd1 = 0x0x0,0K dm365_imp.oper_mode = 0 davinci_capture.device_type = 1 davinci_enc_mngr.
ch0_output = LCD'
DM365 EVM :> boot

Loading from NAND 1GiB 3,3V 8 - bit, offset 0x400000
 Image Name: Linux - 2.6.18 - plc_pro500 - davinci_
 Image Type: ARM Linux Kernel Image (uncompressed)
 Data Size: 1996144 Bytes = 1.9 MB
 Load Address: 80008000
 Entry Point: 80008000
# # Booting kernel from Legacy Image at 80700000 ...
 Image Name: Linux - 2.6.18 - plc_pro500 - davinci_
 Image Type: ARM Linux Kernel Image (uncompressed)
 Data Size: 1996144 Bytes = 1.9 MB
 Load Address: 80008000
 Entry Point: 80008000
 Verifying Checksum ... OK
 Loading Kernel Image ... OK
OK

Starting kernel ...

Uncompressing Linux......................................................................
done, booting the kernel.
[    0.000000] Linux version 2.6.18 - plc_pro500 - davinci_evm - arm_v5t_le - gfaa0b471 - dirty
(zcy@punuo - Lenovo) (gcc version 4.2.0 (MontaVista 4.2.0 - 16.0.32.0801914 2008 - 08 - 30)) #1
PREEMPT Mon Jun 27 15:31:35 CST 2016
[    0.000000] CPU: ARM926EJ - S [41069265] revision 5 (ARMv5TEJ), cr = 00053177
[    0.000000] Machine: DaVinci DM365 EVM
[    0.000000] Memory policy: ECC disabled, Data cache writeback
[    0.000000] DaVinci DM0365 variant 0x8
[    0.000000] PLL0: fixedrate: 24000000, commonrate: 121500000, vpssrate: 243000000
[    0.000000] PLL0: vencrate_sd: 27000000, ddrrate: 243000000 mmcsdrate: 121500000
[    0.000000] PLL1: armrate: 297000000, voicerate: 20482758, vencrate_hd: 74250000
[    0.000000] CPU0: D VIVT write - back cache
[    0.000000] CPU0: I cache: 16384 bytes, associativity 4, 32 byte lines, 128 sets
[    0.000000] CPU0: D cache: 8192 bytes, associativity 4, 32 byte lines, 64 sets
[    0.000000] Built 1 zonelists. Total pages: 28160
[    0.000000] Kernel command line: mem = 110M console = ttyS0,115200n8 root = /dev/nfs rw
nfsroot = 192.168.1.18:/home/shiyan/filesys_clwxl ip = 192.168.1.42:192.168.1.18:192.168.1.1:
255.255.255.0::eth0:off eth = 00:40:01:C1:56:78 video = davincifb:vid0 = OFF:vid1 = OFF:osd0 =
640x480x16,600K:osd1 = 0x0x0,0K dm365_imp.oper_mode = 0 davinci_capture.device_type = 1 davinci_enc_
mngr.ch0_output = LCD
[    0.000000] TI DaVinci EMAC: kernel boot params Ethernet address: 00:40:01:C1:56:78


KeypadDriverPlugin::create# # # # # # # # # # # # # # # # # # # #: optkeypad
keyboard input device ("/dev/input/event0") is opened.
id = "0"
msqid = 0


MontaVista(R) Linux(R) Professional Edition 5.0.0 (0801921)
```

（6）按 Enter 键，输入用户名 root 登录实验箱，如下所示：

```
zjut login: root

Welcome to MontaVista(R) Linux(R) Professional Edition 5.0.0 (0801921).

login[737]: root login on 'console'

/ ****** Set QT environment ******** /

[root@zjut ~]#
```

sr04 超声波测距模块已经插在实验箱上,可以正常工作。

步骤 2,编写测距模块驱动及相应的测试程序(在服务器窗口进行操作)。

(1) 编写驱动程序。在编写完驱动程序后,需要编写相应的 Makefile 生成.ko 模块文件,以便能够编译成模块动态加载进内核,让驱动程序和内核一起运行。请注意,编写的 Makefile 应当和你编写的驱动程序放在同一目录(编写的程序可参考实验文件夹内的程序 sro4.c 和 Makefile,注意,Makefile 程序的第一行路径应指向内核主目录,即 KDIR:=/home/xxx/kernel/kernel-for-mceb。编写完驱动和 Makefile 后,在该目录下输入编译命令 make 即可编译驱动。再把编写好的驱动复制到挂载文件中的 modules 文件夹内。

cp sro4.ko /home/xxx(这里×××由实际挂载的文件的位置决定)。

Makefile 文件内容如下:

```
KDIR: = /home/xxx/kernel/kernel - for - mceb
CROSS_COMPILE = arm_v5t_le -
CC = $ (CROSS_COMPILE)gcc
.PHONY: modules clean
obj - m : = sr04.o
modules:
    make - C $ (KDIR) M = `pwd` modules
clean:
    make - C $ (KDIR) M = `pwd` modules clean
```

说明: KDIR 内核路径为自己内核所在路径。

驱动代码如下:

```
# include < linux/init.h >
# include < linux/module.h >
# include < linux/delay.h >
# include < linux/kernel.h >
# include < linux/moduleparam.h >
# include < linux/types.h >
# include < linux/fs.h >
# include < asm/arch/gpio.h >
# include < linux/cdev.h >
# include < asm/uaccess.h >
# include < linux/errno.h >
# include < linux/device.h >
# include < asm/uaccess.h >
static volatile int time [1] = {0};
static int sr04_major = 0;
static int sr04_minor = 0;
struct sr04_device{
    struct cdev cdev;
};
struct sr04_device sr04_dev;

static struct class * sr04_class;
```

```
static struct class_device * sr04_class_dev;

static int pin_get(void){
      if (gpio_get_value(40)){
            return 1;
      }
      else {
            return 0;
      }
}

static void sr04_dev_init(void){
      gpio_direction_output(39,0);
      gpio_direction_input(40);
}
static int sr04_open(struct inode * inode,struct file * file){
      printk("hello sr04\n");
      sr04_dev_init();
      printk(KERN_NOTICE"open sr04 successful\n");
      return 0;
}
static int time_get(void){
      int value = 0;
      gpio_direction_output(39,1);
      udelay(15);
  gpio_direction_output(39,0);
      while(!pin_get());
      while(pin_get()){
            udelay(1);
        value++;
      }
      //mdelay(60);
      return value;
}
static int sr04_read(struct file * filp,char __ user * buf,size_t count,loff_t * f __ ops){

    int ret = 0;
    ret = time_get();
    time[0] = ret;
    if( copy_to_user(buf,(void * )time,count))
    {
      return -1;
    }
    else
      printk("counter = % d\n",ret);
      return 0;
}

static struct file_operations sr04_fops = {
      .owner = THIS_MODULE,
      .open = sr04_open,
      .read = sr04_read,
};

static int __ init sr04_init(void){
      int ret;
      int err;
      dev_t dev = 0;
      dev = MKDEV(sr04_major,sr04_minor);
      if (sr04_major){
            ret = register_chrdev_region(dev,1,"sr04");
```

```
        }
        else {
                ret = alloc_chrdev_region(&dev,0,1,"sr04");
                sr04_major = MAJOR(dev);
        }
        if (ret < 0){
                printk(KERN_WARNING"sr04:failed to get major\n");
                return ret;
        }

        cdev_init(&sr04_dev.cdev,&sr04_fops);
        sr04_dev.cdev.owner = THIS_MODULE;
        err = cdev_add(&sr04_dev.cdev,dev,1);
        if (err){
                printk(KERN_WARNING"ERROR %d add sr04\n",err);
        }

        sr04_class = class_create(THIS_MODULE,"sr04_sys_class");
        if (IS_ERR(sr04_class)){
                return PTR_ERR(sr04_class);
        }

        sr04_class_dev = class_device_create(sr04_class,NULL,dev,NULL,"sr04");
        printk(KERN_INFO"Register sr04 driver");
        return 0;
}

static void __exit sr04_exit(void){
        cdev_del(&sr04_dev.cdev);
        class_device_destroy(sr04_class,MKDEV(sr04_major,0));
        unregister_chrdev_region(MKDEV(sr04_major,0),1);
        class_destroy(sr04_class);
        printk(KERN_INFO"char driver cleaned up\n");
}

module_init(sr04_init);
module_exit(sr04_exit);
MODULE_LICENSE("Dual BSD/GPL");
```

（2）编写测试程序（程序可参考实验文件夹内的 test.c）。在编辑完毕测试程序后输入命令编译。

测试程序 test.c 如下：

```
#include < stdio.h>
#include < stdlib.h>

int main(int argc,char ** argv)
{
    int t;
  static int time[1];
  static int sr04_fd = 1;
  float sr04_distance;
  sr04_fd = open("/dev/sr04", 0);
  if (sr04_fd < 0){
      printf("open sr04_file fail\n");
      return -1;
  }
  else{
      printf("open sr04_file successful\n");
  }
```

```
        printf("checking data...\n");
        int i;
        for(i = 0; i < 10; i++)
        {
            read(sr04_fd, time, sizeof (int));
            t = time[0];
            printf("the continue time is %d \t", t);
            sr04_distance = (float)(34 * t/1000) + 2;
            printf("the distance is %f cm\n", sr04_distance);
            sleep(1);
        }

        close(sr04_fd);
        return 0;
}
```

对 sr04_test.c 进行交叉编译：

```
$ arm_v5t_le - gcc sr04_test.c - o sr04
```

将生成的可执行文件 sr04_test 复制到文件系统/opt/dm365 的目录中：

```
cp sr04_test /home/ xxx/filesys_test/opt/dm365/
```

说明：这里的文件路径为自己的文件路径。

步骤 3，加载超声波测距模块驱动（在实验箱 COM 口操作）。

（1）输入"cd /modules"命令，进入到 modules 目录下，用命令 ls 查看模块是否存在。

```
adc_driver.ko        dht11.ko            egalax_i2c.ko      i2c.ko        ov5640_i2c.ko
sr04.ko              ts35xx - i2c.ko
davinci_dm365_gpios.ko   egalax.ko        hello.ko           misc.ko       rt5370sta.ko
       sr04_driver.ko
```

（2）利用 lsmod 命令查看模块是否被加载，如下所示。

```
[root@zjut modules]# lsmod
Module              Size  Used by      Not tainted
sr04 3748 0 - Live 0xbf0ba000
dm365mmap 5336 0 - Live 0xbf0cd000
edmak 13192 2 - Live 0xbf0c8000
irqk 8552 0 - Live 0xbf0c4000
cmemk 28172 0 - Live 0xbf0bc000
dht11 4972 0 - Live 0xbf0b7000
egalax_i2c 16620 0 - Live 0xbf0b1000
rt5370sta 719920 0 - Live 0xbf000000
```

（3）如果模块没有被加载，则输入"insmod sro4.ko"加载模块。若出现如下信息，则表示模块加载成功。

```
[root@zjut modules] # insmod sr04.ko
[ 77.050000] Register sr04 driver [ root@zjut modules]#
```

步骤 4，执行测试程序（在实验箱 COM 口操作）。

（1）输入"cd /opt/dm365"命令，进入板子的文件系统，再输入命令 ls，查看执行程序。

```
[root@zjut modules]# cd /opt/dm365
[root@zjut dm365]# ls
3g_ guard. sh       czzq                image              sr04_ app
Config . dat        daemon              info               sr04_test
adc                 data                irqk. Ko           startup wlw. sh
Adctest             dev_app_cl          1anyareceive       task_db_1.sh
adx1335             dht11_app           1anyasend          task_db_2.sh
```

```
amixer          dm365mmap.ko    lcd_evm         task_wlw. sh
app_ sr04shi    edmak . ko      1m. sh          temp
blend           encode          1ongPresgKey    test_z_Y
blueqt          encode . log    myThread        tvp2ov. sh
bluetooth       encode_mceb     ov2tvp5151. sh  uart57600
bluetooth1      encodecl        play            wlw
cal1            getip. sh       pnrtc           wlw. tar. gz
check_u6100     gps_app         pollcsq         world
clear. sh       gpscfg. xm1     qt
cmemk. Ko       guard_wcdma. sh script
cznj_app        i2c_test_5151_1 sip_app
```

（2）找到模块的执行程序，超声波测距模块执行程序名为 sr04_test，用遮挡物挡在超声波模块的不远处，开始检测，屏幕会显示遮挡物到超声波模块的距离，如下所示：

```
[root@zjut /]# ./sr04_test
[  845.090000] hello sr04
[  845.090000] open sr04 successful
open    sr04_file    successful[  845.100000] counter = 1083
1
checking data...
the continue time is 1083     the distance is 38.000000 cm
[  846.110000] counter = 621
the continue time is 621      the distance is 23.000000 cm
[  847.110000] counter = 616
the continue time is 616      the distance is 22.000000 cm
[  848.120000] counter = 770
the continue time is 770      the distance is 28.000000 cm
[  849.120000] counter = 947
the continue time is 947      the distance is 34.000000 cm
[  850.130000] counter = 1070
the continue time is 1070     the distance is 38.000000 cm
[  851.130000] counter = 648
the continue time is 648      the distance is 24.000000 cm
[  852.140000] counter = 504
the continue time is 504      the distance is 19.000000 cm
[  853.140000] counter = 390
the continue time is 390      the distance is 15.000000 cm
[  854.150000] counter = 310
the continue time is 310      the distance is 12.000000 cm
```

测试完毕，输入"cd /modules"，进入到 modules 目录，输入"rmmod sr04. ko"，卸载超声波测距模块。

实验结束。

实验 25：加速度计程序编写实验

视频讲解

一、实验目的

1. 掌握加速度计的工作原理。

2. 掌握 DM365 的 ADC 工作原理

3. 熟悉加速度计模块 ADC 驱动。

二、实验内容

1. 编写加速度计测试程序。

2. 调试加速度计模块测试程序。

三、实验设备

1. 硬件：PC,教学实验箱一台；网线；串口线,加速计模块。
2. 软件：PC 操作系统；Putty；服务器 Linux 操作系统；arm-v5t_le-gcc 交叉编译环境。
3. 环境：Ubuntu 12.04.4 系统,文件系统 filesys_test,内核版本 uImage_wlw。

四、预备知识

1. 加速度计概念

加速度传感器是一种能够测量加速力的电子设备。加速力就是当物体在加速过程中作用在物体上的力,就好比地球引力(也就是重力)。通过测量一个平面上某个点由于外力引起的加速度,可以计算出设备相对于水平面的倾斜角度。通过分析动态加速度,可以分析出设备移动的方式。

本实验系统中采用的加速度计是 ADI 公司的 ADXL335,该传感器是一款小尺寸、低功耗、完整的三轴加速计,外观小而薄,功耗低,分辨率为 3.9mg/LSB,测量范围为 ±3g。输出结果为 16 位二进制补码,通过 ADC 接口与 DM365 相连。该模块既可以在静止状态下测出加速度值,也可以在运动状态下测出动态加速度值,甚至能测出角度值变化在 1° 时的加速度值,是一款可靠性较高的加速度计。

该传感器的基本原理是利用微小的机械结构受到的加速度对其进行测量。由质量块、弹

簧和电容组成。当物体受到加速度作用时,质量块会产生相应的位移,弹簧会受到压缩或拉伸的力,从而改变电容的值。通过测量电容的变化,即可得到加速度的信息。

该传感器晶圆顶部为多晶硅表面微加工结构加速计,多晶硅弹簧悬挂于晶圆表面的结构之上,在有加速度时,提供加速度力量阻力。差分电容由独立固定板和活动质量块组成,能对结构偏转进行测量。固定板由 180° 反相方波驱动。加速度使活动质量块偏转,使差分电容失衡,从而使传感器输出的幅度与加速度成比例。然后,使用相敏解调技术决定加速度的幅度和方向,加速度计的实物模块如图 13-74 所示。

图 13-74　加速度计的实物图

2. 实现的功能

(1) 测量出设备在运动中的加速度。

(2) 计算加速度的方向,确定设备的移动方式。

3. 基本原理

1) ADXL335 加速度计的工作原理

ADXL335 是一款电子加速度计,具有小尺寸、低功耗的特点,它的三轴加速度范围为 ±3g,它可以提供经过信号调理的电压输出给系统,可以测量倾斜检测应用中的静态重力加速度,以及运动、冲击或振动导致的动态加速度。

实际数据测量时,用 C_X、C_Y 和 C_Z 引脚上的电容 X_{OUT}、Y_{OUT} 和 Z_{OUT} 选择该加速度计的带宽。根据实际需要选择合适的带宽,其中 X 轴和 Y 轴的带宽是 $0.5 \sim 1600\,\text{Hz}$,Z 轴的带宽是 $0.5 \sim 550\,\text{Hz}$。ADXL335 传感器加速度敏感轴如图 13-75 所示。

ADXL335 传感器模块水平放置时,X、Y 轴方向的加速度为 0,Z 轴上为 1。当顺着某个方向旋转 $90°$ 时,其加速度加 1,反向则 -1。如图 13-76 所示。

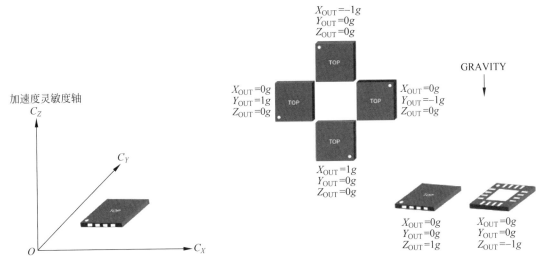

图 13-75　ADXL335 传感器加速度敏感轴　　　图 13-76　输出响应与相对于重力的方向加速度值

模拟信号转换为数字信号时采用抽样量化方法,而给 ADXL335 的供电电压为 $3.3V$,当模块变动时,会产生电压差,从而将这个电压差抽样量化为一个与加速度和电压相关的参数,从而可根据最初的电压来计算加速度的值。

静止时 zero_G$=512.0$,输出的加速度对应于电压 VCC/2 等效值。如果采用 10bit 量化,则 10bit ADC 范围是 $0\sim2^{10}$,即 $0\sim1023$;当 ADC 输出 1023 最大时,三轴线上的对应电压值为 VCC。此时,加速度对应的标度值为:

$$scale = 102.3 = 330\times1023/3.3/1000 = 330(mV/g)\times1023/3300mV$$

其中,$330mV/g$ 为加速度分辨率,scale 的单位为 $1/g$。我们通过 scale 值可以计算出加速度值,即:加速度值=ADC 值/scale。

我们以芯片模块所在平面为基准划分三维空间轴。在 3 条空间轴上都有一个传感器,当模块向某个方向运动时,该平面上的传感器元件发生了变化,电路上的电压发生了变化,通过检测输出的电压,就可以计算出设备的加速度和运动方向。

2)加速度计的输出分析

加速度计 3 个轴的输出电压变化见图 13-77。

在图 13-77 中,从上到下依次是 X、Y、Z 三个轴上的加速度数据。让我们分析一下,为什么会产生这样的输出。首先看图 13-78。

在图 13-78 中,矩形框 $1\sim3$ 标识区域 1,$3\sim6$ 标识区域 2,7 标识区域 3。

这 3 个区域分别代表了 3 次绕不同轴旋转的过程。第一个是绕 X 轴旋转 $\pm90°$,第二个对应 Y 轴旋转,第三个对应 Z 轴旋转。下面逐一分析,首先看区域 1,它的 3 个矩形分别代表了这样 3 个子过程:

(1)绕 X 轴旋转 $90°$。

解释如下:当绕 X 轴旋转 $90°$ 时,Y 轴慢慢向上翘,Z 轴慢慢向下靠。当完全达到 $90°$ 时,由于 Y 轴与重力方向刚好相反,所以 Y 轴的输出是 $1g$($1g=9.8m/s^2$),而 Z 轴的值从原来的 1 逐渐减小为 0,对应矩形 1 和 2 之间的平坦区域。

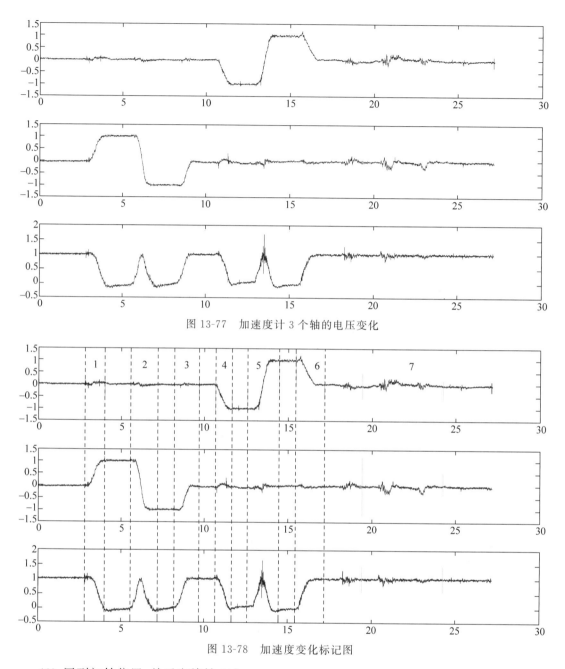

图 13-77 加速度计 3 个轴的电压变化

图 13-78 加速度变化标记图

（2）回到初始位置，并反向旋转 90°。

解释如下：接着当回到初始位置时，Y 轴数据慢慢减小为 0，而 Z 轴数据慢慢上升为 1。然后逆向旋转 90°，Y 轴慢慢减小，直至为 −1，因为此时 Y 轴方向与重力方向一致了，反映出来的加速度值应该是负值，而 Z 轴慢慢减小为 0。

（3）回到初始位置。

解释如下：然后从逆向 90° 回到初始位置。此时 Y 轴和 Z 轴的数据慢慢恢复到初始值，Y 轴为 0，而 Z 轴为 1。

3）ADC 工作原理

将模拟信号转换成数字信号的电路称为模数转换器（简称 A/D 转换器或 ADC，Analog to Digital Converter），A/D 转换的作用是将时间连续、幅值也连续的模拟量转换为时间离散、幅值也离散的数字信号,因此,A/D 转换一般要经过取样、保持、量化及编码 4 个过程。在实际电路中,这些过程有的是合并进行的,例如,取样和保持,量化和编码往往都是在转换过程中同时实现的。其原理简单地说就是将温度、压力、声音或者图像等信号,通过 ADC 转换成更容易存储、发送等的二进制数字信号。

模数转换器的分辨率是指,对于允许范围内的模拟信号,它能输出离散数字信号值的个数。这些信号值通常用二进制数来存储,因此分辨率经常用比特作为单位,且这些离散值的个数是 2 的幂指数。例如,一个具有 8 位分辨率的模数转换器可以将模拟信号编码成 256 个不同的离散值(因为 $2^8=256$),从 0～255(即无符号整数)或从 -128～127(即带符号整数)。至于使用哪一种,则取决于具体的应用。

在此版本内核中,ADC 通用驱动文件为 driver/char/adc/adc_driver.c,它属于杂项设备的驱动,杂项设备(miscdevice)共享一个主设备号 MISC_MAJOR(10),但次设备号不同。所有的杂项设备形成一条链表,访问时内核根据设备号来查找对应的杂项设备,然后调用其file_operations 结构体中注册的文件操作接口进行操作。驱动代码已编译进内核,无须更改。

4. 硬件平台框架

硬件主控模块采用 TI 公司的 TMS320DM365,这是一款基于 DaVinci 技术的高性能处理器。它以 ARM926EJ-S 为核心,主频率达到 300MHz,支持 32 位的精简指令集(RISC)微处理器和 16 位的 THUMB 指令集,本设计主要运行于 ARM(32b)模式下。该处理器在图像视频处理方面性能很好,非常适合用于物联网设备的开发,对于本设计来说完全能达到要求。

1) 硬件电路框图

物联网实验箱主要包括主芯片 TMS320DM365、数据采集传感器(RFID、GPS、测距模块、温度/湿度模块、加速度计模块)、无线数据传输(ZigBee 模块、蓝牙模块、WiFi)、人机接口(LCD 液晶屏、按键)、音视频采集处理模块、USB HUB 模块,其他模块电路(UART 电路、RTC 时钟、RS-485 云台电路)和电源管理电路。具体结构如图 13-79 所示。

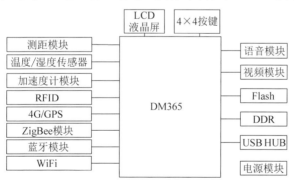

图 13-79　系统框架图

2) 在 DM365 上的 ADC 结构图

DM365 有 6 通道 10 位 ADC 接口,采集数据的传输通道以及寄存器和 ADC 通道接口如图 13-80 所示。

3) 加速度计的电路图

ADXL335 加速度计模块连接图如图 13-81 所示,该模块供电电压为 3.3V,且满足三轴加速度测量,但这里只需要两个方向的加速度,故其中一个悬空。另外,加速度计所测的数据是一个模拟数据,所以要先进行 A/D 转换。数据线连接在 DM365 的两个 A/D 口上,在内部将完成 A/D 的转换。

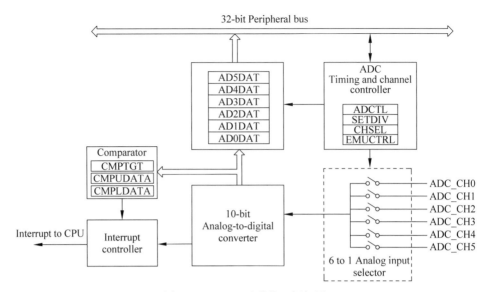

图 13-80　ADC 通道接口框架图

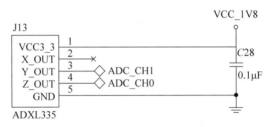

图 13-81　ADXL335 加速度计模块连接图

5. 总体硬件结构图

硬件电路图如图 13-82 所示。

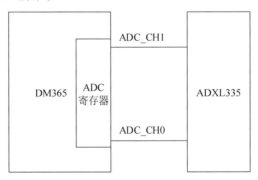

图 13-82　总体硬件框图

考虑到摔倒检测是模拟人在三维空间的行走状态,只可能向前或者向后跌倒,综合考虑不选用 X_OUT 引脚,因此加速度计模块 ADXL335 上的 Z_OUT 与 DM365 的 ADC_CH0 连接,Y_OUT 与 DM365 的 ADC_CH1 连接。

其中 DM365 作为主控 CPU。

ADXL335 用于加速计模块采集模拟数据。

6. 软件框架

1)加速度计的软件设计

摔倒检测的设计思路是用手摆动加速度计模块,设备能比对最初位置从而判断出此时是否为摔倒状态。设计主要分为 3 部分：首先按下测试按钮后，开始计算在正常情况下的电压值，以便后续比较使用；其次每改变一次角度其电压就会改变，与之前的电压值进行比较；最后经过转换后，将结果显示在界面窗口上。

```
fd = open("/dev/adc",O_RDWR);
for (i = 0;i < 150;i++)
{
read(fd,&data,sizeof(data));
z_1 = (((float) data[0] - zero_G)/scale);
sum = sum + z_1;
}
z_3 = sum/150;
```

以上代码的第一行就是描述打开驱动设备，之后的 for 循环是为了从文件中读取 150 次数据后取平均值，作为正常状态比较值。其中 $((float)data[0] - zero\_G)/scale$ 是一个电压转化为加速度的公式。

模块 ADXL335 的电压(VCC)为 3.3V；水平放置时，输出的加速度等同于电压 VCC/2 等效值，即 $zero\_G = 512.0$；输出 10bit ADC 范围是 $0 \sim 1023$，ADC 最大 1023 时，三轴线上的电压是 VCC。加速度对应的标度值为 $scale = 102.3 = 330 * 1023/3.3/1000 = 330(mv/g) * 1023/(3300mv)$；330mV/g，代表的是加速度灵敏度；scale 单位为 1/g。data[0] 表示的是模块旋转后三轴上的电压转换对应的 ADC 值，除以 scale 后得到相应的加速度值。下面代码描述的是改变角度后获取此时的 ADC 值并与静态值 zero_G 比较算出加速度值。

```
read(fd,&data,sizeof(data)){
  n = data[0];
  z_2 = (((float)n - zero_G)/scale);
  if (fabs(z_2 - z_3) <= 0.35)
  {
    printf("正常情况～ z = %f\n",z_2);
  }
  else if ((fabs(z_2 - z_3) > 0.35)&(fabs(z_2 - z_3) < 0.9))
  {
    printf("注意!有摔倒趋势 z = %f\n",z_2);
  }
  else{
    printf("已摔倒 z = %f\n",z_2)
    }
}
```

其中，多个 if/else 就是判断的过程，当差值小于 0.35 时就表示处在正常状态下，未摔倒；当差值为 0.35～0.9 时表示即将摔倒；当差值大于 0.9 时表示已经摔倒。0.35 表示当角度旋转为 15°时得出的加速度值，0.9 是在摔倒 45°时得出的加速度值。实验规定：大于 45°表示已经摔倒；15°～45°之间有摔倒倾向；小于 15°则不算摔倒。

温度/湿度测试应用软件设计程序图如图 13-83 所示。

2) 驱动主要函数说明

- 函数：

```
MODULE_LICENSE("Dual BSD/GPL");
```

功能：将模块的许可协议设置为 BSD 和 GPL 双许可。

- 函数：

```
module_init(adc_init_module);
```

功能：module_init 是内核模块的一个宏。其用来声明模块的加载函数，也就是使用

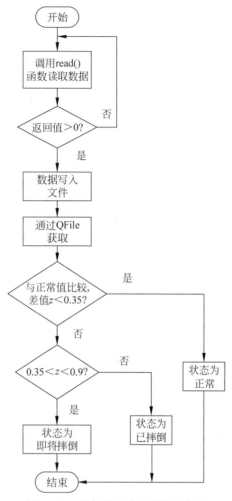

图 13-83　摔倒实验应用软件程序图

insmod 命令加载模块时调用的函数 adc_init_module()。

- 函数:

```
module_exit(adc_exit_module);
```

功能: module_exit 是内核模块的一个宏。其用来声明模块的释放函数,也就是使用 rmmod 命令卸载模块时调用的函数 adc_exit_module()。

- 函数:

```
static int adc_init_module(void);
```

功能: 加载函数调用驱动注册函数实现驱动程序在内核的注册,同时还有可能对设备进行初始化,在驱动程序加载时被调用。

- 函数:

```
static void adc_exit_module(void);
```

功能: 卸载函数调用解除注册函数实现驱动程序在内核的中的解除注册,同时在驱动程序卸载时被调用。

- 函数:

```
static const struct file_operations adc_fops = {
```

```
        .owner = THIS_MODULE,
        .read = adc_read,
        .open = adc_open,
        .release = adc_release,
    };
```

功能：这是名为 adc_fops 的 file_operations 的结构体变量，并对其部分成员用 adc_open（指定 adc 设备的打开）、adc_read（指定设备的读函数）进行初始化，adc_read()、adc_open()、adc_release()函数分别对应 adc_fops 的一个接口函数，构成字符设备驱动程序的主体。

参数：adc 指设备名称。

• 函数：

```
static int adc_open(struct inode * inode, struct file * file);
```

功能：open()函数使用 MOD_INC_USE_COUNT 宏增加驱动程序打开的次数，以防止还有设备打开卸载驱动程序，如果是初次打开该设备，则对该设备进行初始化。

参数：

inode——对应文件的 inode 节点。

file——设备的私有数据指针。

• 函数：

```
static int adc_release(struct inode * inode, struct file * file);
```

功能：release()函数使用 MOD_DEC_USE_COUNT 宏减少驱动程序打开的次数，以防止还有设备打开时卸载驱动程序。

参数：

inode——关闭文件的 inode 节点。

file——设备的私有数据指针。

• 函数：

```
static ssize_t adc_read (struct file * filp, const char __ user * buf, size_t count, loff_t * f_pos);
```

功能：read()函数从设备端口读取数据。

参数：

filp——文件结构体指针。

buf——用户空间内存的地址，该地址在内核空间不能直接读写。

count——读取的字节数。

f_pos——读取位置相对于文件开头的偏移。

• 函数：

```
copy_to_user(buf, data, count);
```

功能：函数从 data 内核空间复制 count 个字节到 buf，并将数据传给用户空间。

参数：

buf——用户空间的缓冲区地址。

data——内核空间的缓冲区地址。

count——内核空间复制的字节数。

五、实验步骤

步骤 1，硬件连接。

（1）连接好实验箱的网线、串口线和电源。

（2）首先通过 Putty 软件使用 SSH 通信方式登录到服务器，如图 13-84 所示（在 Host Name（or IP address）文本框中输入服务器的 IP 地址），单击 Open 按钮，登录到服务器。

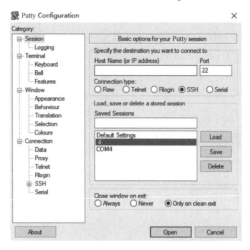

图 13-84　打开 Putty 连接

（3）要使用 Serial 通信方式登录到实验箱，需要先查看端口号。具体步骤是：右击"我的电脑"图标，在弹出的快捷菜单中选择"管理"命令，在出现的窗口选择"设备管理器"→"端口"选项，查看实验箱的端口号。如图 13-85 所示。

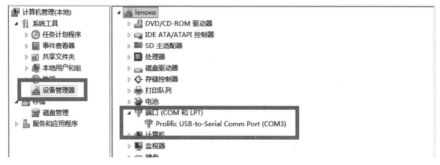

图 13-85　端口号查询

（4）在 Putty 软件端口栏输入步骤（3）中查询到的串口，设置波特率为 115200，连接实验箱，如图 13-86 所示。

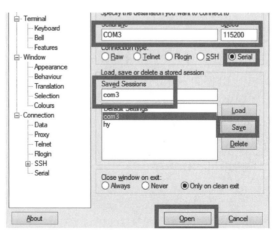

图 13-86　Putty 串口连接配置

（5）单击 Open 按钮，进入连接页面，打开实验箱开关，在 5s 内，按 Enter 键，然后输入挂载参数，再次按 Enter 键，输入 boot 命令，按 Enter 键，开始进行挂载。具体信息如下所示：

```
DM365 EVM :> setenv bootargs 'mem = 110M console = ttyS0,115200n8 root = /dev/nfs rw nfsroot = 192.
168.1.18:/home/shiyan/filesys_clwxl ip = 192.168.1.42:192.168.1.18:192.168.1.1:255.255.255.
0::eth0:off eth = 00:40:01:C1:56:78 video = davincifb:vid0 = OFF:vid1 = OFF:osd0 = 640x480x16,
600K:osd1 = 0x0x0,0K dm365_imp.oper_mode = 0 davinci_capture.device_type = 1 davinci_enc_mngr.
ch0_output = LCD'
DM365 EVM :> boot

Loading from NAND 1GiB 3,3V 8 - bit, offset 0x400000
 Image Name: Linux - 2.6.18 - plc_pro500 - davinci_
 Image Type: ARM Linux Kernel Image (uncompressed)
 Data Size: 1996144 Bytes = 1.9 MB
 Load Address: 80008000
 Entry Point: 80008000
# # Booting kernel from Legacy Image at 80700000 ...
 Image Name: Linux - 2.6.18 - plc_pro500 - davinci_
 Image Type: ARM Linux Kernel Image (uncompressed)
 Data Size: 1996144 Bytes = 1.9 MB
 Load Address: 80008000
 Entry Point: 80008000
 Verifying Checksum ... OK
 Loading Kernel Image ... OK
OK

Starting kernel ...

Uncompressing   Linux..............................................................
done, booting the kernel.
[    0.000000] Linux version 2.6.18 - plc_pro500 - davinci_evm - arm_v5t_le - gfaa0b471 - dirty
(zcy@punuo - Lenovo) (gcc version 4.2.0 (MontaVista 4.2.0 - 16.0.32.0801914 2008 - 08 - 30)) #1
PREEMPT Mon Jun 27 15:31:35 CST 2016
[   0.000000] CPU: ARM926EJ - S [41069265] revision 5 (ARMv5TEJ), cr = 00053177
[   0.000000] Machine: DaVinci DM365 EVM
[   0.000000] Memory policy: ECC disabled, Data cache writeback
[   0.000000] DaVinci DM0365 variant 0x8
[   0.000000] PLL0: fixedrate: 24000000, commonrate: 121500000, vpssrate: 243000000
[   0.000000] PLL0: vencrate_sd: 27000000, ddrrate: 243000000 mmcsdrate: 121500000
[   0.000000] PLL1: armrate: 297000000, voicerate: 20482758, vencrate_hd: 74250000
[   0.000000] CPU0: D VIVT write - back cache
[   0.000000] CPU0: I cache: 16384 bytes, associativity 4, 32 byte lines, 128 sets
[   0.000000] CPU0: D cache: 8192 bytes, associativity 4, 32 byte lines, 64 sets
[   0.000000] Built 1 zonelists. Total pages: 28160
[     0.000000] Kernel command line: mem = 110M console = ttyS0,115200n8 root = /dev/nfs rw
nfsroot = 192.168.1.18:/home/shiyan/filesys_clwxl ip = 192.168.1.42:192.168.1.18:192.168.1.1:
255.255.255.0::eth0:off eth = 00:40:01:C1:56:78 video = davincifb:vid0 = OFF:vid1 = OFF:osd0 =
640x480x16,600K:osd1 = 0x0x0,0K dm365_imp.oper_mode = 0 davinci_capture.device_type = 1 davinci_enc_
mngr.ch0_output = LCD
[   0.000000] TI DaVinci EMAC: kernel boot params Ethernet address: 00:40:01:C1:56:78


KeypadDriverPlugin::create# # # # # # # # # # # # # # # # # # # # # #: optkeypad
keyboard input device ( "/dev/input/event0" ) is opened.
id = "0"
msqid = 0


MontaVista(R) Linux(R) Professional Edition 5.0.0 (0801921)
```

（6）按 Enter 键，输入用户名 root 登录实验箱，如下所示：

```
zjut login: root

Welcome to MontaVista(R) Linux(R) Professional Edition 5.0.0 (0801921).

login[737]: root login on 'console'

/ ****** Set QT environment ******** /

[root@zjut ~]#
```

加速度计模块已经插在实验箱上,可以正常工作。

步骤2,编写加速度驱动及相应的测试程序(在服务器窗口进行操作)。

(1)编写驱动程序。在编写完驱动程序后,需要编写相应的 Makefile 生成.ko 模块文件,以便能够编译成模块动态加载进内核,让驱动程序和内核一起运行。请注意,编写的 Makefile 应当和你编写的驱动程序放在同一目录。(编写的程序可参考实验文件夹内的程序 adc_driver.c 和 Makefile,注意 Makefile 程序第一行的路径应当在内核主目录下)。编写完驱动和 Makefile 后,在该目录下输入编译命令 make 即可编译驱动。再把编写好的驱动复制到挂载文件中的 modules 文件夹内。

输入"cp adc_driver.ko /home/xxx/modules",其中,xxx(路径由实际挂载的文件的位置决定)。

Makefile 文件如下:

```
KDIR: = /home/xxx/kernel/kernel - for - mceb
CROSS_COMPILE   = arm_v5t_le -
CC   = $ (CROSS_COMPILE)gcc
.PHONY: modules clean
obj - m : = sr04.o
modules:
    make - C $ (KDIR) M = `pwd` modules
clean:
    make - C $ (KDIR) M = `pwd` modules clean
```

说明: KDIR 内核路径为自己内核所在路径。

驱动代码如下:

```
# include < linux/errno.h >
# include < linux/miscdevice.h >
# include < linux/slab.h >
# include < linux/ioport.h >
# include < linux/fcntl.h >
# include < linux/mc146818rtc.h >
# include < linux/init.h >
# include < linux/proc_fs.h >
# include < linux/seq_file.h >
# include < linux/spinlock.h >
# include < linux/io.h >
# include < linux/uaccess.h >
# include "adc.h"
# define ADC_VERSION "1.0"
void * dm365_adc_base;
int adc_single(unsigned int channel)
{
 if (channel > = ADC_MAX_CHANNELS)
   return - 1;
 //select channel
 iowrite32(1 << channel,dm365_adc_base + DM365_ADC_CHSEL);
 //start coversion
```

```
iowrite32(DM365_ADC_ADCTL_BIT_START,dm365_adc_base + DM365_ADC_ADCTL);
// Wait for conversion to start
while (!(ioread32(dm365_adc_base + DM365_ADC_ADCTL) &DM365_ADC_ADCTL_BIT_BUSY))
    {
  cpu_relax();
 }
// Wait for conversion to be complete.
 while ((ioread32(dm365_adc_base + DM365_ADC_ADCTL) &
DM365_ADC_ADCTL_BIT_BUSY)){
  cpu_relax();
 }
 return ioread32(dm365_adc_base + DM365_ADC_ADODAT + 4 * channel);
}
ingle_open(file, adc_proc_read, NULL);
tatic spinlock_t adc_lock = SPIN_LOCK_UNLOCKED;

static void adc_read_block(unsigned short * data, size_t length)
{
 int i;
 spin_lock_irq(&adc_lock);
  for(i = 0; i < length; i++) {
    data [i] = adc_single(i);
  }
 spin_unlock_irq(&adc_lock);
}
# ifndef CONFIG_PROC_FS
static int adc_add_proc_fs(void)
{
 return 0;
}
# else
static int adc_proc_read(struct seq_file * seq, void * offset)
{
 int i;
 unsigned short data [ADC_MAX_CHANNELS];
 adc_read_block(data,ADC_MAX_CHANNELS);
 for(i = 0; i < ADC_MAX_CHANNELS; i++) {
  seq_printf(seq, "0x%04X\n", data[i]);
 }
 return 0;
}
static int adc_proc_open(struct inode * inode, struct file * file)
{
 return single_open(file, adc_proc_read, NULL);
}
static const struct file_operations adc_proc_fops = {
 .owner = THIS_MODULE,
 .open = adc_proc_open,
 .read = seq_read,
 .release = single_release,
};
static int adc_add_proc_fs(void)
{
 if (!proc_create("driver/adc", 0, NULL, &adc_proc_fops))
   return - ENOMEM;
 return 0;
}
# endif / * CONFIG_PROC_FS * /
static ssize_t adc_read(struct file * file, char __ user * buf,size_t count, loff_t * ppos)
{
 unsigned short data [ADC_MAX_CHANNELS];
```

```
    if (count < sizeof(unsigned short))
      return - ETOOSMALL;

  adc_read_block(data,ADC_MAX_CHANNELS);
  if (copy_to_user(buf, data, count))
    return - EFAULT;
  return count;
}
static int adc_open(struct inode * inode, struct file * file)
{
  return 0;
}
static int adc_release(struct inode * inode, struct file * file)
{
  return 0;
}
static const struct file_operations adc_fops = {
  .owner = THIS_MODULE,
  .read = adc_read,
  .open = adc_open,
  .release = adc_release,
};
static struct miscdevice adc_dev = {
  NVRAM_MINOR,
  "adc",
  &adc_fops,
};
static int adc_init_module(void)
{
  int ret;
  ret = misc_register(&adc_dev);
  if (ret) {
    printk(KERN_ERR "adc: can't misc_register on minor = % d\n",NVRAM_MINOR);
    return ret;
  }
/ ***********
  ret = adc_add_proc_fs();
  if (ret) {
    misc_deregister(&adc_dev);
    printk(KERN_ERR "adc: can't create /proc/driver/adc\n");
    return ret;
  }
  ************* /
  if (!request_mem_region(DM365_ADC_BASE,64,"adc"))
      {
        printk("request men region failed");
        return - EBUSY;
      }
  dm365_adc_base = ioremap_nocache(DM365_ADC_BASE, 64); // Physical address, Number of bytes to
                                                         //be mapped
  if (!dm365_adc_base)
    return - ENOMEM;
  printk(KERN_INFO "TI Davinci ADC v" ADC_VERSION "\n");
  return 0;
}
static void adc_exit_module(void)
{
  remove_proc_entry("driver/adc", NULL);
  misc_deregister(&adc_dev);
      printk( KERN_DEBUG "Module adc exit\n" );
}
```

```
module_init(adc_init_module);
module_exit(adc_exit_module);
MODULE_DESCRIPTION("TI Davinci Dm365 ADC");
MODULE_AUTHOR("Shlomo Kut,,, (shlomo at infodraw.com)");
MODULE_LICENSE("GPL");
```

（2）编写测试程序（程序可参考实验文件夹内的 adc_test.c）。在编辑完毕测试程序后输入命令编译。

测试程序 adc_test.c 如下：

```
# include < stdio.h >
# include < sys/types.h >
# include < fcntl.h >
# include < stdlib.h >
# include < math.h >
int main(void)
{
    unsigned short data[6];
    short m,n,p;
  int fd;
  float i,sum = 0.0 ;
  float z_1;
  float z_2;
  float z_3;
  float zero_G = 512.0;            //ADC is 0~1023 the zero g output equal to Vs/2
            //ADXL335 power supply by Vs 3.3V
  float scale = 102.3 ;           //ADXL335330 Sensitivity is 330mv/g
              //330 * 1024/3.3/1000
    fd = open("/dev/adc",O_RDWR);
  printf("准备中\n");

  for (i = 0;i < 150;i++)
  {
    read(fd,&data,sizeof(data));
    m = data[0];
    z_1 = (((float)m - zero_G)/scale);
    sum = sum + z_1;
  }
  z_3 = sum/150;
  while (1){
      read(fd,&data,sizeof(data));
    n = data[0];
    z_2 = (((float)n - zero_G)/scale);
    if (fabs(z_2 - z_3) <= 0.35)
        {
          printf("正常情况~ z = %f\n",z_2);
          }
      else if ((fabs(z_2 - z_3) > 0.35)&(fabs(z_2 - z_3) < 0.9))
          {
          printf("注意!有摔倒趋势 z = %f\n",z_2);
           }
      else{
          printf("已摔倒 z = %f\n",z_2);
          }
    }
  return 0;
}
```

对 adc_test.c 进行交叉编译：

```
$ arm_v5t_le - gcc adc_test.c - o adc_test
```

将生成的可执行文件 adc_test 复制到文件系统/opt/dm365 的目录中：

```
cp adc_test /home/ xxx/filesys_test/opt/dm365/
```

说明：这里的文件路径是自己的文件路径。

步骤 3，加载加速度计模块驱动（在实验箱 COM 口操作）。

（1）输入"cd /modules"，输入命令 ls 查看模块是否存在。

```
adc_driver.ko          dht11.ko          egalax_i2c.ko          i2c.ko          ov5640_i2c.ko
sr04.ko                ts35xx - i2c.ko
davinci_dm365_gpios.ko egalax.ko         hello.ko               misc.ko         rt5370sta.ko
       sr04_driver.ko
```

（2）利用 lsmod 命令查看模块是否被加载，如下所示。

```
[root@zjut modules]# lsmod
Module          Size    Used by      Not tainted
dm365mmap 5336 0 - Live 0xbf0cd000
edmak 13192 2 - Live 0xbf0c8000
irqk 8552 0 - Live 0xbf0c4000
cmemk 28172 0 - Live 0xbf0bc000
dht11 4972 0 - Live 0xbf0b7000
egalax_i2c 16620 0 - Live 0xbf0b1000
rt5370sta 719920 0 - Live 0xbf000000
```

（3）如果模块没有被加载，则输入"insmod adc_driver. ko"加载模块。若出现如下信息，则表示模块加载成功。

```
[root@zjut modules] # insmod adc_driver.ko
[ 77.050000] Register adc_driver
```

步骤 4，执行测试程序（在实验箱 COM 口操作）。

（1）执行"cd /opt/dm365"命令，进入板子的文件系统，再输入 ls，查看执行程序，如下所示：

```
[root@zjut /]# ls
Settings                init                sbin
USB1                    lib                 shm
adc_test                linuxrc             sr04.ko
bin                     lost + found        sr04_test
box                     mnt                 sys
dev                     modules             tmp
dhtll_test              nfs                 usr
etc                     opt                 var
filesys_wlw_nand.tar .gz proc               ver.txt
i2C_test                root                zigbee
```

（2）找到模块的执行程序，加速度计模块执行程序名为 adc_test。测试程序先是在加速度稳定 10s 后算出该状态的加速度值，并以此作为初值，然后再根据接下来的加速度值变化判定是否倾斜或者摔倒。用手摆动加速度计模块，界面会显示加速度数据，和原来最初位置对比来判定是否摔倒，如下所示：

```
正常情况～ z = 4.956012
正常情况～ z = 4.809384
注意!有摔倒趋势 z = 4.613881
注意!有摔倒趋势 z = 4.379276
注意!有摔倒趋势 z = 4.574780
注意!有摔倒趋势 z = 4.340176
注意!有摔倒趋势 z = 4.525904
注意!有摔倒趋势 z = 4.418377
注意!有摔倒趋势 z = 4.457478
注意!有摔倒趋势 z = 4.379276
```

注意!有摔倒趋势 z = 4.418377
注意!有摔倒趋势 z = 4.359726
注意!有摔倒趋势 z = 4.437928
注意!有摔倒趋势 z = 4.379276
注意!有摔倒趋势 Z = 4.389052
正常情况～ z = 4.770283
注意!有摔倒趋势 z = 4.281525
注意!有摔倒趋势 z = 4.418377
正常情况～ z = 4.995112
注意!有摔倒趋势 z = 4.232649
正常情况～ z = 4.916911
正常情况～ z = 4.995112

参 考 文 献

[1] 杨水清,张剑,施云飞. ARM 嵌入式 Linux 系统开发技术详解[M].北京:电子工业出版社,2008.11.
[2] 朱丽霞.基于 ARM-Linux 的嵌入式教学实验平台构建[J].中国现代教育装备,2010(23):42-43.
[3] 王金宇.嵌入式系统及其发展趋势研究[J].电脑知识与技术,2010.2(5):1229-1231.
[4] 毕兰兰.浅谈嵌入式 Internet 技术的未来发展[J].福建电脑,2009(9):53-54.
[5] 周立功. ARM 嵌入式系统基础教程[M].2 版.北京:北京航空航天大学出版社,2005.
[6] 张克非.嵌入式实时操作系统分析[J].计算机工程与设计,2005.8(8):2020-2023.
[7] Carlos Eduardo Pereira, Luigi Carro. Distributed real-time embedded systems: Recent advances, future trends and their impact on manufacturing plant control[J]. Annual Reviews in Control, 2007(Volume 31, lussue 1):81-92.
[8] 章民融,徐亚锋.嵌入式教学关键点的研究和嵌入式实验教学平台的设计[J].计算机应用与软件,2009. 3(3):160-162.
[9] 盛惠兴,王海滨,姚家坤.嵌入式 Linux 系统的开发与优化[J].微电子学与计算机,2007(6):94-96.
[10] 田泽.嵌入式系统开发与应用[M].北京:北京航空航天大学出版社,2005.
[11] Fei Xie, Guowu Yang, Xiaoyu Song. Component-based hardware/software co-verifi - cation for building trustworthy embedded systems[J]. The Journal of Systems and Software, 2007(80):643-654.
[12] 百度百科[OL].http://baike.baidu.com/view/1195294.htm.
[13] 马维华.嵌入式系统原理及应用[M].北京:北京邮电大学出版社,2006.
[14] 王自然.浅谈嵌入式处理器的特点与进展[J].电脑知识与技术,2009(22):6302-6303.
[15] 张志敏.SoC 分类及其技术发展趋势[OL].http://wenku.baidu.com/view/c9636e 24ccbff121dd3683c3. html.
[16] 于莉.操作系统结构与功能分析[J].软件导刊,2011.1(1):29-30.
[17] M. F. Breeuwsma. Forensic imaging of embedded systems using JTAG(boundary-scan)[J]. Digital Investigation, 2006(3):32-42.
[18] 王金刚,宫霄霖,苏淇. JTAG 调试技术及其 ARM 仿真器应用[J].电子测量技术,2004(4):24-25.
[19] 连丽红.嵌入式调试技术的研究与实现[D].厦门:厦门大学,2009.
[20] 王福刚,杨文君,葛良全.嵌入式系统的发展与展望[J].计算机测量与控制,2014,22(12):3843- 3847+3863.
[21] TMS320DM365 Digital Media System-on-Chip(DMSoC)[Z].2010.
[22] TW2835 4 Channel Video and Audio Controller For Security Applications Preliminary Data Sheet from Techwell, Inc[Z].2006-10.
[23] 薛霆,李红.嵌入式存储器发展现状[J].中国集成电路,2007(10):83-86.
[24] 田华,张晋敏.使用 DDR-SDRAM 存储芯片实现数据存储系统设计[J].黑龙江科技信息,2009. 2(2):113.
[25] Hynix Corp. 512Mb DDR SDRAM HY5DU121622C(L)TP datesheet[Z].2005.
[26] 刘会忠,程煜,袁达. Flash 存储管理在嵌入式系统中的实现[J].计算机工程,2010.4(8):88-90.
[27] 王长清,张素娟,蒋景红.基于以太网帧的嵌入式数据传输方案及实现[J].计算机工程与设计, 2011(6):1952-1956.
[28] 沙占友.新型单片开关电源的设计与应用[M].北京:电子工业出版社,2001.
[29] 美国 ARM 公司.使用 ADS1.2 进行嵌入式软件开发(上)[J].电子设计应用,2003(4):60-63.
[30] 英国 ARM 公司.使用 ADS1.2 进行嵌入式软件开发(下)[J].电子设计应用,2003(5):53-56,66.
[31] 王鹏,高海东. ARMboot 在 Proteus ISIS 仿真环境中的移植[J].微机处理,2009.8(4):91-94.
[32] 邓德新.硬盘关键技术的发展简述[J].移动通信,2009(6):40-45.

［33］ 朱园.Linux 设备驱动程序的研究与开发［J］.仪表技术，2008(2)：32-34.

［34］ 孙天泽,袁文菊,张海峰.嵌入式设计及 Linux 驱动开发指南：基于 ARM9 处理器［M］.电子工业出版社，2005.

［35］ 李桦,高飞,孙磊.嵌入式 Linux 设备驱动程序研究［J］.微计算机信息（嵌入式与 SOC），2006(5-2)：68-70.

［36］ 刘祎玮.Visual C++视频/音频开发实用工程案例精选［M］.北京：人民邮电出版社，2004.

［37］ 孙鑫,余安萍.VC++深入详解［M］.北京：电子工业出版社，2006.

［38］ 陆其明.DirectShow 务实精选［M］.北京：科学出版社，2004.

［39］ 卞正才.嵌入式系统原理、设计与应用［M］.北京：清华大学出版社，2012.

［40］ 孟祥莲.嵌入式系统原理及应用教程［M］.北京：清华大学出版社，2010.

［41］ S3C44B0X 中文数据手册［Z］.杭州立泰电子有限公司，2004.

［42］ 李驹光.ARM 应用系统开发详解：基于 S3C4510B 的系统设计［M］.北京：清华大学出版社，2013.

［43］ ARM Ltd.ARM7 data sheet［Z］.Advanced RISC Machines Ltd,1994.

［44］ ARM 嵌入式系统开发综述［EB/OL］.电子工程专辑.www.eetchina.com.

［45］ 代洪涛,赵清晨.Linux 操作与服务器配置使用［M］.北京：清华大学出版社，2014.

［46］ 徐端全.嵌入式系统原理与设计［M］.北京：北京航空航天大学出版社，2009.

［47］ 弓雷,等.ARM 嵌入式 Linux 系统开发详解［M］.2 版.北京：清华大学出版社，2014.

［48］ 德州仪器中文官网.Davinci ARM＋视频解决方案［EB/OL］.http：//www.ti.com.cn/Isds/ti_zh/arm/arm_video_solutions/products.page，2013-01-15.

［49］ ov5640 介绍［EB/OL］.https：//blog.csdn.net/qq_33300585/article/details/88412717.

［50］ Linux 内核地址映射［EB/OL］.https：//blog.csdn.net/baidu_24256693/article/details/68961423.

［51］ 邵长彬，李洪亮.用 Busybox 制作嵌入式 Linux 根文件系统［J］.微计算机信息，2007(29)：48-50.

［52］ Linux 文件系统详解［EB/OL］.https：//www.cnblogs.com/bellkosmos/p/detail_of_linux_file_system.html.

［53］ Texas Instruments.Ultralow-Power NTSC/PAL/SECAM Video Decoder［Z］.2011-10.

［54］ SAMSUNG.K9K8G08U0A datesheet［Z］.https：//www.samsung.com/Products/Semiconductor.

［55］ 何尚平.嵌入式系统原理与应用［M］.重庆：重庆大学出版社，2019.

［56］ 韩洁,姚敏,高宇鹏.嵌入式系统设计及应用［M］.武汉：华中科技大学出版社，2019.

［57］ 谭会生.ARM 嵌入式系统原理及应用开发［M］.西安：西安电子科技大学出版社，2017.